高职高专教材

化工工艺学

曾之平
王扶明　主编

U0359603

化学工业出版社

教材出版中心

·北京·

图书在版编目(CIP)数据

化工工艺学/曾之平，王扶明主编．—北京：化学工业
出版社，2000（2024.2重印）
高职高专教材
ISBN 978-7-5025-3065-5

Ⅰ．化… Ⅱ.①曾… ②王… Ⅲ．化学：工艺学-高等
学校：技术学校-教材 Ⅳ．TQ

中国版本图书馆 CIP 数据核字（2000）第 80025 号

责任编辑：杨 菁 何 丽 装帧设计：于 兵
封面设计：麻雪丽

出版发行：化学工业出版社 教材出版中心（北京市东城区青年湖南街 13 号 邮政编码 100011）
印 装：北京虎彩文化传播有限公司
787mm×1092mm 1/16 印张 25¾ 字数 589 千字 2024 年 2 月北京第 1 版第 27 次印刷

购书咨询：010-64518888 售后服务：010-64518899
网 址：http://www.cip.com.cn
凡购买本书，如有缺损质量问题，本社销售中心负责调换。

前　　言

　　《化工工艺学》是化工类专业极为重要的专业课程之一。在学完基础课和专业基础课后，如何运用所学的理论知识，解决化工过程中的实际问题，真正做到学以致用，历来为读者所关心。本书即为此目的而编写。

　　《化工工艺学》以典型的基本无机化工和基本有机化工产品为主导，阐述化工反应原理，评价工艺流程，筛选工艺条件，进行工艺计算。意在加强基础理论，提高技能技巧，培养工程观点和分析解决化工过程中实际问题的能力。

　　考虑到成人高等教育教学的特点，在每章开始提出了"本章学习要求"，列出了需要"熟练掌握"、"理解"和"了解"的内容；并通过思考练习题反复练习以达到熟练掌握和理解的目的。

　　为照顾不同类型和不同专业的需要，本书部分章节内容列出选学，用"＊"号标出（包括部分习题）。因此，本书既可作为各类高职高专化工工艺类专业的教材，也可作为全日制化工工艺类专业的大专教材。

　　本书由郑州大学曾之平、青岛化工学院王扶明主编，并统稿定稿。参加编写工作的有：张保林（第一、二、三章）、刘金盾（第四、五章）、汤建伟（第六、七、八章）、曾之平（第九、十、十一章）、吴天祥（第十二、十三、十七章）、王扶明（第十四、十五、十六章），赵红坤在书稿整理过程中做了大量的工作。

　　本书由郑州大学方文骥教授和青岛化工学院丁士均副教授主审。

　　在编写过程中，得到了郑州大学、青岛化工学院各级领导的大力支持和协助，在此向他们表示谢意。

　　由于编者水平有限，错误和不当之处望广大读者批评指正。

编者

目　　录

第一章　合成氨原料气的制备

本章学习要求

1. 熟练掌握的内容

优质固体燃料气化、气态烃蒸气转化、重油部分氧化等不同原料制气过程的基本原理；原料和工艺路线；主要设备和工艺条件的选择；消耗定额的计算和催化剂的使用条件。

2. 理解的内容

原料气制备反应机理和有关动力学方程的导出；主要设备的结构原理；催化剂的组成及组分的作用。

3. 了解的内容

劣质煤制气和石脑油蒸汽转化制气方法。

第一节　固体燃料气化

固体燃料气化是指用氧或含氧气化剂对固体燃料（指煤和焦炭）进行热加工，使其转化为可燃性气体的过程，简称为"造气"。气化所得到的可燃性气体称为煤气，进行气化反应的设备称为煤气发生炉。

煤气的成分取决于燃料和气化剂的种类以及气化条件。工业上按照所用气化剂各异可得到下列几种不同的煤气：

空气煤气：是以空气作为气化剂所制得的煤气。其成分主要为氮和二氧化碳。

水煤气：系以水蒸气为气化剂制得的煤气，主要成分为氢气和一氧化碳，两者含量之和可达到 85％左右。

混合煤气：以空气和水蒸气同时作为气化剂所制得的煤气，其配比量以维持反应能够自热进行为原则。

半水煤气：以适量空气（或富氧空气）与水蒸气作为气化剂，所得气体的组成符合（CO+H_2）/N_2＝3.1～3.2（摩尔比）以能满足生产合成氨对氢氧比的要求。

合成天然气：以水蒸气和氢气作为气化剂，生产主要含 CH_4 的高热值煤气。该煤气成分与天然气相似。本节主要讨论煤气化法制取半水煤气的生产工艺及其基本原理。

一、固体燃料气化的基本原理

固体燃料煤在煤气发生炉中由于受热分解放出低分子量的碳氢化合物，而煤本身逐渐焦化，此时可将煤近似看作碳。碳再与气化剂空气或水蒸气发生一系列的化学反应，生成气体产物。

（一）化学平衡

1. 以空气为气化剂

以空气为气化剂时，碳和氧之间发生如下反应：

$$C+O_2 \Equalscirc CO_2, \quad \Delta H^{\circ}_{298} = -393.8 \text{ kJ/mol} \qquad (1-1)$$

$$C+CO_2 \Equalscirc 2CO, \quad \Delta H^{\circ}_{298} = 172.3 \text{ kJ/mol} \qquad (1-2)$$

$$C+\frac{1}{2}O_2 \Equalscirc CO, \quad \Delta H^{\circ}_{298} = -110.6 \text{ kJ/mol} \qquad (1-3)$$

$$CO+\frac{1}{2}O_2 \Equalscirc CO_2, \quad \Delta H^{\circ}_{298} = -283.2 \text{ kJ/mol} \qquad (1-4)$$

在同时存在多个反应的复杂反应系统达到平衡时，应根据独立反应的概念来确定平衡组成。一般地说，独立反应数等于反应系统中所有的物质数减去组成这些物质的元素数。如忽略惰气氮，则此系统中含有 O_2、C、CO、CO_2 四种物质，它们都是由 C、O 两种元素所组成。故独立反应数应为：4−2=2。一般可选 (1-1)、(1-2) 两个反应计算其平衡组成。由于系统中 O_2 的平衡含量甚微，故描述该平衡体系可简化为用 (1-2) 式来表示。有关反应的平衡常数参见表 1-1。

表 1-1　反应式 (1-1) 和 (1-2) 的平衡常数

温度/K	$C+O_2\Equalscirc CO_2$ $K_{p_1}=p(CO_2)/p(O_2)$	$C+CO_2\Equalscirc 2CO$ $K_{p_2}=p^2(CO)/p(CO_2)$	温度/K	$C+O_2\Equalscirc CO_2$ $K_{p_1}=p(CO_2)/p(O_2)$	$C+CO_2\Equalscirc 2CO$ $K_{p_2}=p^2(CO)/p(CO_2)$
298.16	1.233×10^{69}	1.023×10^{22}	1100	6.345×10^{18}	1.236
600	2.516×10^{34}	1.892×10^{-7}	1200	1.737×10^{17}	5.771
700	3.182×10^{29}	2.708×10^{-5}	1300	8.251×10^{15}	2.111×10
800	6.708×10^{25}	1.509×10^{-3}	1400	6.048×10^{14}	6.368×10
900	9.257×10^{22}	1.951×10^{-2}	1500	6.290×10^{13}	1.643×10^2
1000	4.751×10^{20}	1.923×10^{-1}			

为计算平衡组成，设总压为 p，各组分分压分别为 $p(CO)$、$p(CO_2)$ 及 $p(N_2)$，假定 O_2 全部生成 CO_2 并按式 (1-2) 部分的转化为 CO。设 CO_2 的平衡转化率为 α，空气中 $N_2/O_2=3.76$（摩尔比），平衡时 CO_2 为 $(1-\alpha)$ mol，CO 为 2α mol，气相总量为 $(4.76+\alpha)$ mol，则：

$$p(CO_2)=\frac{1-\alpha}{4.76+\alpha}p, \qquad p(CO)=\frac{2\alpha}{4.76+\alpha}p, \qquad p(N_2)=\frac{3.76}{4.76+\alpha}p$$

$$K_{p_2}=\frac{p^2(CO)}{p(CO_2)}=\frac{4\alpha^2 p}{(4.76+\alpha)(1-\alpha)}$$

整理得：

$$\left(1+\frac{4p}{K_{p_2}}\right)\alpha^2+3.76\alpha-4.76=0$$

将不同温度下的 $K_{(p_2)}$ 值及总压 p 代入上式即可解出 α，从而求出系统的平衡组成。

2. 以蒸汽为气化剂

以蒸汽为气化剂时，碳和水蒸气发生如下反应：

$$C+H_2O\text{ (g)} \Equalscirc CO+H_2, \quad \Delta H^{\circ}_{298}=131.4 \text{ kJ/mol} \qquad (1-5)$$

$$C+2H_2O\text{ (g)} \Equalscirc CO_2+2H_2, \quad \Delta H^{\circ}_{298}=90.2 \text{ kJ/mol} \qquad (1-6)$$

$$CO+H_2O\text{ (g)} \Equalscirc CO_2+H_2, \quad \Delta H^{\circ}_{298}=-41.2 \text{ kJ/mol} \qquad (1-7)$$

$$C+2H_2 \Equalscirc CH_4, \quad \Delta H^{\circ}_{298}=-74.9 \text{ kJ/mol} \qquad (1-8)$$

在上述反应系统中，除 C 和 H_2O 外，产物中还有 H_2、CO、CO_2 和 CH_4，共有 6 种组分，构成 6 种组分的元素为 C、H、O 三种，故其独立反应数为 6−3=3。这样，在计算该系统的平衡组成时，可选取反应 (1-5)、(1-7)、(1-8)，其反应平衡常数值见表 1-2。

表 1-2　反应式（1-5）、（1-7）、（1-8）的平衡常数

温度/K	$C+H_2O =$ $CO+H_2$ $K_{P_5}=$ $\dfrac{p(CO)p(H_2)}{p(H_2O)}$	$CO+H_2O =$ CO_2+H_2 $K_{P_7}=$ $\dfrac{p(CO_2)p(H_2)}{p(CO)p(H_2O)}$	$C+2H_2 =$ CH_4 $K_{P_8}=$ $\dfrac{p(CH_4)}{p^2(H_2)}$	温度/K	$C+H_2O =$ $CO+H_2$ $K_{P_5}=$ $\dfrac{p(CO)p(H_2)}{p(H_2O)}$	$CO+H_2O =$ CO_2+H_2 $K_{P_7}=$ $\dfrac{p(CO_2)p(H_2)}{p(CO)p(H_2O)}$	$C+2H_2 =$ CH_4 $K_{P_8}=$ $\dfrac{p(CH_4)}{p^2(H_2)}$
298.16	1.014×10^{-17}	9.926×10^{4}	7.916×10^{8}	1100	1.172	0.9444	3.677×10^{-2}
600	5.117×10^{-6}	27.08	1.000×10^{2}	1200	4.047	0.6966	1.608×10^{-2}
700	2.439×10^{-4}	9.017	8.972	1300	1.155×10	0.5435	7.932×10^{-3}
800	4.456×10^{-3}	4.038	1.413	1400	2.832×10	0.4406	4.327×10^{-3}
900	4.304×10^{-2}	2.204	3.250×10^{-1}	1500	6.566×10	0.3704	2.557×10^{-3}
1000	2.654×10^{-1}	1.374	9.829×10^{-2}				

计算系统平衡组成时,其平衡关系为:

$$K_{P_5}=\frac{p(CO)p(H_2)}{p(H_2O)} \tag{1-9}$$

$$K_{P_7}=\frac{p(CO_2)p(H_2)}{p(CO)p(H_2O)} \tag{1-10}$$

$$K_{P_8}=\frac{p(CH_4)}{p^2(H_2)} \tag{1-11}$$

在上述三个方程式中共有 5 种气体组分为未知数,因而还需再建立两个独立关系式才能求解。由于气相中各组分的氢和氧元素均来自于水,根据水中氢和氧的物料平衡和压力关系:

$$p(H_2)+2p(CH_4)=p(CO)+2p(CO_2) \tag{1-12}$$

由分压和总压的关系:

$$p(H_2)+p(CH_4)+p(H_2O)+p(CO)+p(CO_2)=p \tag{1-13}$$

根据以上 5 式可求得不同温度、压力下的平衡组成。图 1-1、图 1-2 示出了 0.1013 MPa 和 2.026 MPa 下不同温度条件的平衡组成计算结果。

由图 1-1 可知,在 0.1013MPa 和温度高于 900℃时,水蒸气和碳反应的平衡产物中,含有等量的 H_2 和 CO,其他组分含量接近于零。随着温度的降低,H_2O、CO_2 和 CH_4 等的平衡含量逐渐增加。对比图 1-1 及图 1-2 可知,在相同温度下,压力升高,气体中 H_2O、CO_2 和 CH_4 含量增加,而 H_2 及 CO 含量减少。因此,欲制得 CO 和 H_2 含量高的水煤气,就平衡角度而言,应在低压、高温下进行。

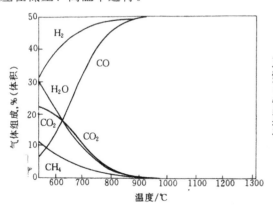

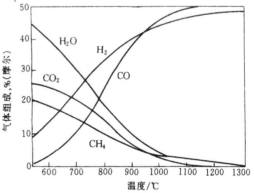

图 1-1　0.1013MPa 下碳-蒸汽反应的平衡组成　　图 1-2　2.026MPa 下碳-蒸汽反应的平衡组成

4

（二）化学反应速度

固体燃料中的碳和气化剂在煤气发生炉中所进行的反应，属于气固相系统的多相反应。其反应速度的大小，不仅与碳和气化剂的化学反应速度有关，同时还受气化剂向碳的表面扩散速度的影响。

1. 碳和氧的反应

碳和氧的反应为不可逆的强放热反应。研究表明，碳和氧按式（1-1）反应速度大致可表示为：

$$r_c = ky(O_2) \tag{1-14}$$

式中　$y(O_2)$——氧的浓度；

　　　k——反应速度常数。

k与温度、活化能的关系符合阿累尼乌斯方程式。气化剂一定，反应的活化能取决于燃料的种类、结构和杂质含量。不同燃料的活化能数值一般按无烟煤、活性炭、烟煤、褐煤的顺序递减。

在高温下进行反应，k值相当大，此时反应属扩散控制。碳和氧的燃烧机理比较复杂，燃烧产物一氧化碳、二氧化碳的量符合经验公式：

$$\frac{c(CO)}{c(CO_2)} = 2500\exp(-6249/T) \tag{1-15}$$

式中　$c(CO)$、$c(CO_2)$——分别为燃烧气中CO、CO_2的浓度；

　　　T——反应温度，℃。

由上式可知，在温度高于1000℃时，燃烧产物主要为CO，而在500℃以下的低温时，燃烧产物主要为CO_2。

根据对碳和氧反应的研究，当反应温度在775℃以下时，反应属于动力学控制。高于900℃时，反应属于扩散控制。若操作条件界于扩散控制和动力学控制之间，此时反应处于过渡阶段，即整个过程速度将同时受到上述两种因素的明显控制作用。

在碳和氧的反应过程中，燃烧产物CO_2还会同床层上部的碳进行如反应（1-2）所示的还原反应。一般认为，碳和二氧化碳之间的反应速度要比碳的燃烧反应速度慢很多。在2000℃以下，基本上属于动力学反应控制。反应速度也大致为CO_2的一级反应。

2. 碳和水蒸气的反应

碳和水蒸气的反应，在温度为400～1100℃的范围内，速度仍较慢，属于动力学控制。当温度超过1100℃时，反应速度较快，开始为扩散控制。反应速度与气相分压间的关系式为：

$$K(H_2O) = \frac{kp(H_2O)}{1 + K(H_2O)p(H_2O) + K(H_2)p(H_2)} \tag{1-16}$$

式中　$K(H_2O)$、$K(H_2)$——分别为水蒸气和氢气的吸附平衡常数；

　　　k——反应速度常数。

不同类型的燃料和水蒸气的反应，其活性大小次序与上述碳和氧的反应情况基本相同。

二、制取半水煤气的工业方法

制取半水煤气的方法很多，有各种不同的分类方法。按气化反应性质可分为：以水蒸气为气化剂的蒸汽转化法；以纯O_2或富O_2（有时也同时加入水蒸气）空气作为气化剂的部分氧化法；按气化炉床层形式又可分为：移动床（又称固定床）、流化床、气流床和熔融床；按排渣的形态还可分为：固体排渣式和液体排渣式。

（一）半水煤气生产的特点

由半水煤气特性知道，它的组成中（CO＋H_2）与 N_2 的比例为 3.1～3.2。据其反应过程可以看出，以空气为气化剂时，可得含 N_2 的吹风气。以水蒸气为气化剂时，可得到含 H_2 的水煤气。从气化系统的热平衡看，碳和空气的反应是放热的，而碳和水蒸气的反应是吸热的。如果外界不提供热源，而是通过前者的反应热为后者提供反应所需的热，并能维持系统自热平衡的话，事实上是不可能获得合格组成的半水煤气。反之，若欲获得组成合格的半水煤气，该系统就不能维持自热平衡。下面以算例说明。

为简化起见，以式（1-2）表示碳和氧的反应，以式（1-5）表示碳和水蒸气的反应。根据空气中 O_2 和 N_2 的比例，式（1-2）可写成：

$$2C＋O_2＋3.76N_2 = 2CO＋3.76N_2$$
$$\Delta H = -221.189 \text{ kJ/mol} \tag{1-17}$$

而碳和水蒸气的反应为：

$$C＋H_2O = CO＋H_2 \quad \Delta H = 131.39 \text{ kJ/mol}$$

若只考虑基准温度下的反应热，每消耗 1 mol 氧的反应热可使 x mol 碳和水蒸气进行反应，则：

$$x = \frac{221.189}{131.390} = 1.68$$

而该系统达到自热平衡时的总反应式为：

$$3.68C＋O_2＋1.68H_2O＋3.76N_2 = 3.68CO＋1.68H_2＋3.76N_2 \tag{1-18}$$

根据式（1-18）不难算出理想混合煤气的组成为：

$$CO：40.35\%、H_2：18.42\%、N_2：41.23\%$$

由此得：

$$(CO＋H_2)/N_2 = 1.43$$

此值远远小于 3.1～3.2。为了解决供热和制备合格半水煤气这一矛盾，通常可以采用下列方法解决：

1. 间歇制气法

先将空气送入煤气炉以提高燃料层的温度，此时生成的气体（吹风气）大部分放空。然后送入蒸汽进行气化反应，燃料层温度逐渐下降。在所得的水煤气中配入部分吹风气即成半水煤气。如此间歇地送空气和蒸汽重变进行，是目前比较普遍采用的补充热量的方法。

2. 富氧空气（或纯氧）气化法

此法不用空气来加氮，可以进行连续制气。若欲制得合格的原料气，以（CO＋H_2）/N_2＝3.2计，则式（1-18）中 N_2 的计量系数将由 3.76 降至 1.68，即：

$$3.68C＋O_2＋1.68N_2＋1.68H_2O = 3.68CO＋1.68N_2＋1.68H_2 \tag{1-19}$$

此时，富氧空气中的最低氧含量为：

$$\frac{1}{1+1.68} \times 100\% = 37.3\%$$

在实际生产中，存在各种热损失。因此，移动床连续气化法所需富氧空气的氧含量约为 50%，而 O_2/H_2O 比为 0.5～0.6。

当以纯氧为气化剂时，为制得合成氨原料气，应在后续工序中补加纯 N_2，以使氢、氮比符合工艺要求。

3. 外热法

此法目前尚处于研究阶段。主要是利用核反应余热或其他廉价高温热源，以适当的介质作为载热体直接加热反应系统或预热气化剂，以提供气化过程所需热量。

（二）间歇式制取半水煤气的工作循环

间歇式煤气炉为移动床气固反应设备。煤、炭从炉顶部加入，经干燥层和干馏层，进入气化层（吹风时为氧化层和还原层），然后进入底部的灰渣层，再由炉底排出。

间歇气化时，自本次开始送入空气至下一次再送入空气时止，称为一个工作循环，每个工作循环一般包括五个阶段。

1. 吹风阶段

由煤气发生炉底部送入空气，提高燃料层温度，吹风气放空。

2. 上吹制气阶段

水蒸气由炉底送入，经灰渣层预热、进入气化层进行气化反应，生成的煤气送入气柜。随着反应的进行，燃料层下部温度下降，上部升高，造成煤气带走的显热增加。因此，操作一段时间后需更换气流方向。

3. 下吹制气阶段

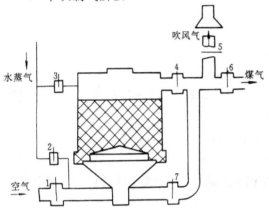

水蒸气自上而下通过燃料层进行气化反应。煤气由炉底引出，经回收热量后送入气柜。由于煤气下行时经过灰渣层温度下降，从而减少了煤气带走的显热损失，燃料层温度均衡。

4. 二次上吹阶段

水蒸气自炉底送入，目的是要将存在于煤气炉底部的煤气排净，为下一循环吹入空气作好安全准备。

5. 空气吹净阶段

目的是要回收存在于煤气炉上部及管道中残余的煤气，此部分吹风气亦应加以回收，作为半水煤气中 N_2 的来源。

图 1-3　间歇式制取半水煤气各阶段气体流向示意图

间歇式制气中各阶段气体的流向如图 1-3，阀门开闭情况见表 1-3。

表 1-3　阀门开闭情况

阶　段	阀　门　开　闭　情　况						
	1	2	3	4	5	6	7
吹　风	○	×	×	○	○	×	×
一次上吹	×	○	×	○	×	○	×
下　吹	×	×	○	×	×	○	○
二次上吹	×	○	×	○	×	○	×
空气吹净	○	×	×	○	×	○	×

○—阀门开启；×—阀门关闭。

（三）制气的工艺条件

间歇式煤气炉合适的气化条件包括原料、设备和工艺操作等方面，现分述如下：

1. 原料

气化过程的工艺条件，随燃料性能的不同而有很大差异。燃料性能包括粒度、灰熔点、机械强度、热稳定性以及反应活性等。

间歇制气的煤气炉为固体出渣炉。为使气化反应能在更高的温度下进行，要求焦炭和白煤的灰熔点 t_2（软化温度）大于 $1300℃$，至少不低于 $1250℃$。原料煤保持干燥，入炉粒度保持在 $15\sim100$ mm 之间。

2. 设备

对制气过程影响较大的是风机和煤气炉的炉箅。采用高效风机，即节省电能又利于实施强风短吹，降低吹风气中 CO 的损失并争取更多的有效制气时间。通常风机容量大小和吹风时间有关。风机容量大，吹风时间则短；反之，则吹风时间长。一般而言，风机容量的大小以吹风百分比为 15% 适宜。再增大风机风量，降低吹风气中 CO 损失和争取制气时间的作用已不明显。

采用新型炉箅，使气体沿截面均匀分布，炭层均匀下移，具有较强的破渣能力，而局部阻力损失较低。从而有利于在良好的气固接触和高限温度（软化点）下操作，提高气化效率。

3. 工艺条件

（1）温度 燃料层温度是沿着炉子的轴向而变化，以氧化层温度最高。操作温度一般指氧化层温度，简称炉温。从化学平衡角度看，高炉温时煤气中 CO 和 H_2 含量高，H_2O 含量低；从动力学角度看，高炉温有利于加快反应速度。总的表现为蒸汽分解率高、煤气产量大、质量好。但炉温的高低是由吹风阶段确定的，高炉温意味着吹风气温度高，CO 含量高，造成热损失大。为解决这一矛盾，在工艺条件上，增大风速以降低吹风气中 CO 含量。在流程设计上，对吹风气的显热和 CO 等可燃气体的燃烧热作充分的回收。操作温度的高限为燃料的熔点温度。实际操作中，炉温要较熔点温度（t_2）低 $50℃$。

（2）吹风速度 在吹风和制气的辩证关系中，吹风是直接决定放热的一方。吹风量一定，吸热一方的蒸汽量就随之而定。从某种意义上来说，吹风与制气这一对矛盾，吹风是矛盾的主要方面。应强调提高对吹风风量和吹风百分比重要性的认识，以确定合适的吹风百分比及其风量。

在氧化层中，碳的燃烧反应速度很快，属扩散控制。而在还原层中，CO_2 的还原反应速度较慢，属动力学控制。因此，提高吹风速度，可使氧化层反应加快，且使 CO_2 在还原层停留时间减少，从而降低吹风气中 CO 含量，减少热损失。但是，炉内的高限温度受到燃料软化温度 t_2 的限制，吹风总量越大，每一循环气化层温度变化相应增大。所以，过量吹风不能提高气化层温度，不利于制气反应的进行。

根据热平衡计算，当煤气炉设有水夹套时，每产 1 Nm^3 半水煤气，约消耗 $0.95\sim1.0$ Nm^3 的空气（对优质原料，蒸汽分解率高，取低限；对劣质煤蒸汽分解率低，可取高限值）。如纯系吹风则空气用量通常在 $0.65\sim0.70$ Nm^3/Nm^3 半水煤气。

（3）蒸汽用量 蒸汽用量是改善煤气质量和提高煤气产量的重要手段之一，随着蒸汽的流速和加入的延续时间而改变。在上吹制气时，炉温较高，煤气的产量及质量均高。但随气化过程的进行，气化层温度迅速下降并上移，造成出口煤气温度升高，热损失变大。故上吹一定时间后，要进行蒸汽下吹，以保持气化层处于正常位置。为使气化层温度始终处于高限条件，蒸汽用量必须合适。一般，蒸汽用量随炉子大小而异。如内径为 2.74 m 的煤气炉，蒸汽用量为 $5\sim7$ t/h；内径为 1.98 m 的煤气炉，蒸汽用量为 $2.2\sim2.8$ t/h。蒸汽用量过大，将导致其分解率下降；反之，产气量将减小，气化层温度高，容易引起炉子结疤。

（4）循环时间及其分配 一个工作循环所需的时间，称为循环时间。一般地讲，循环时间长，气化层温度、煤气的产量和质量波动大；循环时间短，气化层温度波动小，煤气的产量和质量波动也小，但阀门开闭占用的时间多，影响煤气炉气化强度。而且由于阀门开闭频繁，易于损坏。一般循环时间等于或略少于 3 min，不作随意调整。在操作中可由改变循环中各阶段的时间分配来改善气化炉的工况。

各阶段时间的分配，随燃料的性质和粒度的大小而异。在一般情况下，二次上吹和空气吹净的时间，以能够排净煤气炉下部空间和上部空间的残余煤气为原则。后者还兼有调节煤气中 N₂ 含量的作用。吹风时间，以能维持制气所必需的热量为限。其长短决定于燃料的灰熔点及空气流速等。上、下吹制气时间分配以维持气化层稳定、煤气质量高和热能的合理利用为原则。而吹风和制气阶段的时间分配，要根据炉内的热平衡确定，关键是确定吹风时间。不同燃料气化的循环时间分配的百分比大致范围列于表 1-4。

表 1-4　不同燃料循环时间分配示例

燃料品种	工作循环中各阶段时间分配,%				
	吹　风	上　吹	下　吹	二次上吹	空气吹净
无烟煤，粒度 25~75mm	24.5~25.5	25~26	36.5~37.5	7~9	3~4
无烟煤，粒度 15~25mm	25.5~26.5	26~27	35.5~36.7	7~9	3~4
焦炭，粒度 15~50mm	22.5~23.5	24~26	40.5~42.5	7~9	3~4
石灰碳化煤球	27.5~29.5	25~26	36.5~37.5	7~9	3~4

（5）其他条件　在制气过程中，要根据原料的性质如粒度和灰熔点来确定吹风时间、吹风气量、蒸汽用量以及燃料层高度；视炉温情况调整制气各阶段的时间分配；根据气体的成分，调节加氮空气量或空气吹净时间。维持气化层位置的相对稳定防止因局部温度过高而造成严重结疤或其他事故。做到综合考虑、及时处理，提高制气效率。

（四）工艺流程和主要设备

间歇式制气的工艺流程是由煤气发生炉、余热回收装置、煤气的除尘、降温和贮存等设备所组成。由于间歇制气的吹风气必须放空，故备有两套管路以交替使用。由于每个工作循环中有五个不同阶段，因此，流程中须安装足够的阀门，并自动控制阀门的开闭。下面以带有燃烧室的制气流程为例作以介绍。

带有燃烧室的制气流程属固定层煤气发生炉（U.G.I型）制半水煤气的系统，如图 1-4 所示。固体燃料由加料机从炉顶间歇加入炉内。吹风气经鼓风机自下而上通过燃料层，再经燃烧室及废热锅炉回收热量后由烟囱放空。燃烧室中加入二次空气，将吹风气中的可燃性气体燃烧，加热室内蓄热砖格子，使其温度升高。燃烧室盖子具有安全阀作用，当系统发生爆炸时可以泄压，以减轻对设备的破坏。蒸汽上吹制气时，煤气经燃烧室及废热锅炉回收余热后，再经洗气箱和洗气塔进入气柜。下吹制气时，蒸汽从燃烧室顶部进入，经预热后自上而下流经燃料层。由于温度较低，可直接由洗气箱经洗涤塔进入气柜。二次上吹时，气体流向与上吹相同。空气吹净时，气体经燃烧室、废热锅炉、洗气箱和洗气塔后进入气柜。此时燃烧室不必加入二次空气。在上、下吹制气时，如配入加氮空气，其送入时间应稍迟于水蒸气的送入，并在蒸汽停送之前切断，以避免空气与煤气相遇时发生爆炸。燃料气化后，灰渣经旋转炉箅由刮刀刮入灰箱，定期排出炉外。

其他流程与上述流程基本上相同。在小型合成氨厂，近年推广应用造气蒸汽自给新技术，除利用传统的措施外，在燃烧炉产生的高温烟气系统里设置蒸汽过热器，可有效提高过热蒸汽温度；同时，设置烟气余热锅炉回收高温燃烧气余热，产生低压饱和蒸汽，使吹风气潜热回收率显著提高。

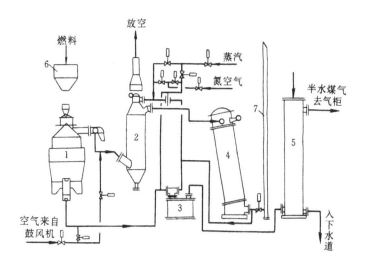

图 1-4 固定层煤气发生炉（U.G.I 型）制半水煤气工艺流程

1—煤气发生炉；2—燃烧炉；3—水封槽（即洗气箱）；4—废热锅炉；5—洗气塔；6—燃料贮仓；7—烟囱

造气工序的主要设备为煤气发生炉。当前生产中，$\phi 2740$ mm 和 $\phi 3000$ mm 的煤气炉主要用于中型合成氨厂，而 $\phi 2260$ mm 炉主要用于小型合成氨厂。

·三、间歇制气法原料煤消耗分析

合成氨厂中，原料煤的消耗是构成成本的主要部分。对原料消耗进行全面分析，找出降低消耗的有效途径，已引起人们的极大关注。本节从物料平衡和热量平衡的概念出发，介绍原料煤消耗的分析方法。

（一）理想条件下的热平衡

理想热平衡即造气炉处于既无不完全燃烧损失，又无各项显热损失的状态。此时的热平衡条件为：

$$q_R = q_G \tag{1-20}$$

式中 q_R 和 q_G 分别为 1000 Nm³ 煤气所耗煤的热值和气体本身的热值。

将煤气各组分的摩尔燃烧热 Q_i^m 和入炉煤的燃烧低热值 Q_R 代入式（1-20），可得理想热平衡原料消耗为：

$$g_R = g_G = \frac{1000}{22.4} \cdot \frac{1}{Q_R} \Sigma y_i Q_i^m \tag{1-21}$$

此 g_R 值实际较转入煤气的煤量 g_M 大，而

$$g_M = \frac{1000}{(1 - y_{R,A}) \cdot 22.4} \Sigma y_{C,i} M_C \tag{1-22}$$

式中　$y_{R,A}$——原料煤中灰分含量，分率；

　　　$y_{C,i}$——煤气中各含碳物质的含量，分率；

　　　M_C——每生成 1 摩尔含碳物质转入煤气中的量。对于 CO 和 CO_2，$M_C = 12$；对于 CH_4，由于氢来源于煤中有机质，故 $M_C = 16$。

显然，理想热平衡消耗 g_R 较转入煤气的煤量 g_M 大，其差值即为理想吹风消耗。在通常合成氨厂半水煤气组成情况下，理想吹风耗碳约占理想热平衡耗碳量的 20%。

（二）真实过程的热平衡

真实的煤气炉制气过程中，存在着灰渣不完全燃烧损失 q_{AI} 和显热损失 q_{AL}，吹风不完全燃烧损失 q_{BI} 和显热损失 q_{BL}，制气过程显热损失 q_{PL} 以及炉体传热散热损失 q_{TL}，其总能量衡算

式为：

$$q_R = q_G + q_{AI} + q_{AL} + q_{BI} + q_{BL} + q_{PL} + q_{TL} \qquad (1\text{-}23)$$

根据吹风供热和制气吸热的平衡关系，可得

$$\left(\frac{V_B}{22.4}\right)\left[y_B(CO)\cdot Q_F^m(CO) + y_B(CO_2)\cdot Q_F^m(CO_2)\right] = q_{RE} + q_{AL} + q_{BL} + q_{TL} + q_{PL} \qquad (1\text{-}24)$$

式中　　　　　V_B——吹风气量，$Nm^3/1000Nm^3$ 半水煤气；

$y_B(CO)$、$y_B(CO_2)$——吹风气中 CO 和 CO_2 含量，分率；

$Q_F^m(CO)$、$Q_F^m(CO_2)$——CO 和 CO_2 摩尔生成热，kJ/kmol；

q_{RE}——制气反应所吸收的热，其值等于 $q_G - q_M$。

而 q_{BI} 和 q_{BL} 均与 V_B 有关，即

$$q_{BI} = \frac{V_B}{22.4}\left[y_B(CO)\cdot Q_b^m(CO) + y_B(H_2)\cdot Q_b^m(H_2) + y_B(CH_4)\cdot Q_b^m(CH_4)\right] \qquad (1\text{-}25)$$

$$q_{BL} = \frac{V_B}{22.4}\bar{c}_{P_B}(t - t_0) \qquad (1\text{-}26)$$

式中　　$y_B(CO)$、$y_B(H_2)$、$y_B(CH_4)$、t——分别为吹风气出口衡算系统的 CO、H_2、CH_4 的含量和温度；

$Q_b^m(CO)$、$Q_b^m(H_2)$、$Q_b^m(CH_4)$——分别为 CO、H_2、CH_4 的摩尔燃烧热。

将式（1-25）、（1-26）代入式（1-23）和（1-24）中，可导出：

$$q_R = q_G + q_{RE}A + (q_{AL} + q_{PL} + q_{TL})(1 + A) + q_{AI} \qquad (1\text{-}27)$$

式中　A——衡算系统中吹风过程热损失率；

$$A = \frac{吹风过程损失热}{有效吹风放热}$$

$$= \frac{y_B(CO)\cdot Q_b^m(CO) + y_B(H_2)\cdot Q_b^m(H_2) + y_B(CH_4)\cdot Q_b^m(CH_4) + \bar{c}_{P_B}(t - t_0)}{y_B(CO)Q_F^m(CO) + y_B(CO_2)Q_F^m(CO_2) - \bar{c}_{P_B}(t - t_0)} \qquad (1\text{-}28)$$

t_0——基准温度，℃；

c_{P_B}——吹风气摩尔平均热容，kJ/（kmol·℃）。

可以看出，出系统的吹风气中，CO、H_2 含量和温度越高，吹风热损失越大，A 值亦越大；反之，A 值越低。

将式（1-27）除以原料煤低热值 Q_R，则可得原料煤消耗 g_R 与各消耗项的关系式：

$$g_R = g_G + (g_G - g_M)A + (g_{AL} + g_{PL} + g_{TL})(1 + A) + g_{AI} \qquad (1\text{-}29)$$

（三）灰渣残炭损失及其计算

灰渣残炭损失是造气炉的重要损失项之一。根据造气炉的灰平衡，入炉煤带入的灰一般由炉底的渣中排出，或由炉顶气流以飞灰形式带出。以 1 kg 纯灰为计算基准，如渣排出量为 a kg 则从飞灰中带出量为（$1-a$）kg，因此，排出 1 kg 纯灰带来的炭损失为：

$$\left[a\cdot\frac{y_{s,c}}{1 - y_{s,c}} + (1 - a)\frac{y_{f,c}}{1 - y_{f,c}}\right]$$

其中，$y_{s,c}$ 和 $y_{f,c}$ 为渣和飞灰中的炭含量（质量分率）。将其折算成灰渣损失 g_{AI}，则

$$g_{AI} = \frac{401933}{12Q_R}g_R y_{R,A}\left[a\frac{y_{s,c}}{1 - y_{s,c}} + (1 - a)\frac{y_{f,c}}{1 - y_{f,c}}\right] \qquad (1\text{-}30)$$

将式（1-30）代入式（1-29）整理合并得：

$$g_R = \frac{g_G + (g_G - g_M)A + (g_{AL} + g_{PL} + g_{TL})(1 + A)}{1 - B} \qquad (1\text{-}31)$$

式中 B——灰渣残炭损失率。

$$B = \frac{401933}{12Q_R} y_{R,A} \left[a\, \frac{y_{s,c}}{1-y_{s,c}} + (1-a)\frac{y_{f,c}}{1-y_{f,c}} \right] \tag{1-32}$$

利用式（1-31）可进行间歇式造气炉原料煤消耗的分析和计算。

（四）各项显热损失

吹风过程显热损失已计入 A 值中。制气过程的显热损失 g_{PL} 为过量未反应蒸汽的显热损失、反应蒸汽带入显热（以常温 t_0 为衡算基准）和半水煤气带出显热三者之和，可整理为如下关系式：

$$g_{PL} = \frac{1000}{22.4Q_R} \left\{ y_G(H_2) \cdot \bar{c}_{PS} \left[\left(\frac{1}{\eta} - 1 \right)(\bar{t}(out) - \bar{t}(in) - \right. \right.$$
$$\left. \left. (\bar{t}(in) - t_0) \right] + \bar{c}_{P,G}(\bar{t}(out) - t_0) \right\} \tag{1-33}$$

式中 $y_G(H_2)$——半水煤气中 H_2 含量，摩尔分率；

       $\bar{c}_{P,S}, \bar{c}_{P,G}$——分别为蒸汽和半水煤气平均摩尔热容，$kJ/(kmol \cdot ℃)$；

         η——蒸汽分解率；

    $\bar{t}(out) \cdot \bar{t}(in)$——气体出衡算系统和蒸汽入衡算系统的平均温度，$℃$。

灰渣显热损失较小，通常可以忽略。炉体传热和散热损失与炉体大小、夹套锅炉高度和操作温度有关，通常可通过夹套锅炉发汽量来确定。

第二节 烃类蒸气转化

烃类蒸气转化法是以气态烃和石脑油为原料生产合成氨最经济的方法。具有不用氧气、投资省和能耗低的优点。

烃类蒸气转化系将烃类与蒸汽的混合物流经管式炉管内催化剂床层，管外加燃料供热，使管内大部分烃类转化为 H_2、CO 和 CO_2。然后将此高温（$850 \sim 860℃$）气体送入二段炉。此处送入合成氨原料气所需的加 N_2 空气，以便转化气氧化并升温至 $1000℃$ 左右，使 CH_4 的残余含量降至约 0.3%，从而制得合格的原料气。

烃类蒸气转化法系在加压条件下进行的，随着耐高温、高强度合金钢的研制成功，压力不断提高，目前已达 $4.5 \sim 5.0 MPa$。

气态烃原料是各种烃的混合物。主要成分为 CH_4，此外还有一些其他烷烃和少量烯烃。当与蒸汽作用时，可以同时进行若干反应，下面将作详细介绍。

一、气态烃蒸气转化的化学反应

在烃类蒸气转化过程中，各种烃类主要进行如下反应：

烷烃：
$$C_nH_{2n+2} + \frac{n-1}{2}H_2O = \frac{3n+1}{4}CH_4 + \frac{n-1}{4}CO_2$$

或
$$C_nH_{2n+2} + nH_2O = nCO + (2n+1)H_2$$

$$C_nH_{2n+2} + 2nH_2O = nCO_2 + (3n+1)H_2$$

烯烃：
$$C_nH_{2n} + nH_2O = nCO + 2nH_2$$

或
$$C_nH_{2n} + 2nH_2O = nCO_2 + 3nH_2$$

$$C_nH_{2n} + \frac{n}{2}H_2O = \frac{3n}{4}CH_4 + \frac{n}{4}CO_2$$

由此可见，不论何种低碳烃与水蒸气反应都要经历甲烷蒸气转化阶段。因此，气态烃的蒸气转化可用甲烷蒸气转化表述。甲烷与蒸汽的转化反应是一个复杂的反应平衡系统，其可能发生的反应有：

$$CH_4 + H_2O \Longrightarrow CO + 3H_2 \tag{1-34}$$

$$CH_4 + 2H_2O \Longrightarrow CO_2 + 4H_2 \tag{1-35}$$

$$CH_4 + CO_2 \Longrightarrow 2CO + 2H_2 \tag{1-36}$$

$$CH_4 + 2CO_2 \Longrightarrow 3CO + H_2 + H_2O \tag{1-37}$$

$$CH_4 + 3CO_2 \Longrightarrow 4CO + 2H_2O \tag{1-38}$$

$$CO + H_2O \Longrightarrow CO_2 + H_2 \tag{1-39}$$

$$CH_4 \Longrightarrow C + 2H_2 \tag{1-40}$$

$$2CO \Longrightarrow C + CO_2 \tag{1-41}$$

$$CO + H_2 \Longrightarrow C + H_2O \tag{1-42}$$

其中，反应（1-34）～（1-39）为主反应，（1-40）～（1-42）为副反应。

对于复杂的反应平衡系统，首先确定其独立反应数。在此平衡系统中，共有 CH_4、H_2、CO、CO_2、H_2O 和 C（炭黑）6 种物质，而它们都是由 C、H、O 3 种基本元素组成，故独立反应数为 6－3＝3。这样，只要选择反应（1-34）、（1-39）、（1-40），就可导出其余 6 个反应。如果系统中没有炭黑生成，则独立反应数为 2，此时选用式（1-34）、（1-39）即可。

二、甲烷蒸气转化反应热力学

对于反应（1-34）和（1-39）两个独立反应，前者为吸热反应，后者为放热反应。其平衡常数随温度的变化参见表 1-5。由表可以看出，反应（1-34）的平衡常数随温度升高而增大，反应（1-39）则相反。这两个反应的平衡常数分别为：

$$K_{P_{34}} = \frac{p(CO)p^3(H_2)}{p(CH_4)p(H_2O)}$$

$$K_{P_{39}} = \frac{p(CO_2)p(H_2)}{p(CO)p(H_2O)}$$

式中　$p(CH_4)$、$p(H_2O)$、$p(CO)$、$p(CO_2)$、$p(H_2)$——分别为系统平衡时甲烷、水蒸气、一氧化碳、二氧化碳、氢气的分压，MPa。

表 1-5　反应式（1-34）和（1-39）的平衡常数

温度/℃	$K_{P_{34}} = \dfrac{p(CO)p^3(H_2)}{p(CH_4)p(H_2O)}$	$K_{P_{39}} = \dfrac{p(CO_2)p(H_2)}{p(CO)p(H_2O)}$	温度/℃	$K_{P_{34}} = \dfrac{p(CO)p^3(H_2)}{p(CH_4)p(H_2O)}$	$K_{P_{39}} = \dfrac{p(CO_2)p(H_2)}{p(CO)p(H_2O)}$
200	4.735×10^{-14}	2.279×10^2	650	2.756×10^{-2}	1.923
250	8.617×10^{-12}	$8.65^1 \times 10^1$	700	1.246×10^{-1}	1.519
300	6.545×10^{-10}	3.922×10^1	750	4.877×10^{-1}	1.228
350	2.548×10^{-8}	2.034×10^1	800	1.687	1.015
400	5.882×10^{-7}	1.170×10^1	850	5.234	8.552×10^{-1}
450	8.942×10^{-6}	7.311	900	1.478×10^1	7.328×10^{-1}
500	9.689×10^{-5}	4.878	950	3.834×10^1	6.372×10^{-1}
550	7.944×10^{-4}	3.434	1000	9.233×10^1	5.61×10^{-1}
600	5.161×10^{-3}	2.527			

注：压力单位已按 MPa 换算。

反应（1-34）和（1-39）的平衡常数与温度的关系，还可以下式计算：

$$\lg K_{P_{34}} = \frac{-9864.75}{T} + 8.3666\lg T - 2.0814 \times 10^{-3}T + 1.8737 \times 10^{-7}T^2 - 11.894 \tag{1-43}$$

$$\lg K_{p_{39}} = \frac{2183}{T} - 0.09361\lg T + 0.632\times10^{-3}T - 1.08\times10^{-7}T^2 - 2.298 \qquad (1\text{-}44)$$

式中　T——温度，K。

合成氨生产要求转化气中的残余 CH_4 含量不超过 0.5%（体积）。为此，可利用平衡常数计算一定条件下各组分的平衡含量。

已知条件：m——原料气中的水碳比（H_2O/CH_4）；

$\quad\quad\quad\quad\quad p$——系统压力，MPa；

$\quad\quad\quad\quad\quad t$——转化温度，℃。

计算基准：1mol CH_4。

假定在 CH_4 转化反应达到平衡时，按式（1-34）转化了的 CH_4 为 x 摩尔，按式（1-39）变换了的 CO 为 y 摩尔，则可得各组分平衡组成及分压。见表 1-6。

表 1-6　各组分的平衡组成及分压

组　分	反应前	平衡时	平衡分压/MPa
	mol		
CH_4	1	$1-x$	$p(CH_4) = \dfrac{1-x}{1+m+2x}p$
H_2O	m	$m-x-y$	$p(H_2O) = \dfrac{m-x-y}{1+m+2x}p$
CO		$x-y$	$p(CO) = \dfrac{x-y}{1+m+2x}p$
H_2		$3x+y$	$p(H_2) = \dfrac{3x+y}{1+m+2x}p$
CO_2		y	$p(CO_2) = \dfrac{y}{1+m+2x}p$
合　计	$1+m$	$1+m+2x$	p

将表中各平衡分压分别代入反应（1-34）、（1-39）的平衡常数表达式得：

$$K_{p_{34}} = \frac{p(CO)p^3(H_2)}{p(CH_4)p(H_2O)} = \frac{(x-y)(3x+y)^3}{(1-x)(m-x-y)}\left(\frac{p}{1+m+2x}\right)^2 \qquad (1\text{-}45)$$

$$K_{p_{39}} = \frac{p(CO_2)p(H_2)}{p(CO)p(H_2O)} = \frac{(3x+y)y}{(x-y)(m-x-y)} \qquad (1\text{-}46)$$

利用式（1-45）、（1-46）可求得已知转化温度、总压和原料气初始组成下各气体的平衡组成。

以上系以甲烷代表烃类原料。若要计算其他烃类原料蒸气转化反应的平衡组成时，可将其他的烃类依碳数折算成甲烷的碳数。例如：

已知某天然气组成为（mol%）：

CH_4	C_2H_6	C_3H_8	C_4H_{10}	C_5H_{12}	其他
81.6	5.7	5.6	2.3	0.3	4.5

折合碳数应为：

$$81.6 + 5.7\times2 + 5.6\times3 + 2.3\times4 + 0.3\times5 = 120.5$$

应该注意的是，式（1-45）、（1-46）为非线性联立方程组，无法直接求解。通常用图解法或迭代法求出 x、y，而后按表（1-6）算出各组分的摩尔分率

转化气中的甲烷含量受到水碳比、温度和压力的影响。在给定条件下水碳比越高，甲烷平衡含量越低。但水碳比也不可过大，过大不仅经济上不合理，而且也影响生产能力；温度增加，甲烷平衡含量下降，反应温度每降低 10℃，甲烷平衡含量约增加 $1.0\%\sim1.3\%$。实际

生产中不允许温度过高，因反应管不能承受太高温度。为此，采用提高水碳比和二段转化工艺来解决；蒸汽转化反应是一个体积增大的反应。压力增加，甲烷平衡含量亦将随之增大。但为了减少原料气的压缩功耗，目前蒸汽转化法所采用的压力均较高（3.5 MPa 以上）。

总之，从热力学方面考虑，高温、低压和高水碳比是有利于降低甲烷平衡含量的。但是，即使在相当高的温度下，反应的速度仍然很慢，所以需要催化剂来加速反应。因此，还需要研究烃类转化的动力学。

三、甲烷蒸气转化反应动力学

甲烷蒸气转化过程比较复杂，随研究方法、实验条件和处理方法的不同，所得动力学方程也各异。其反应机理和反应速率方程至今仍没有一个公认的令人满意的结论。

（一）反应机理和动力学方程

甲烷蒸气转化机理说法不一。一种认为甲烷逐级分解成次甲基、乙烷、乙烯和碳，同时，这些分解产物与水蒸气反应生成氢气、一氧化碳和二氧化碳；另一种认为甲烷先裂解成碳和氢，然后碳再由水蒸气气化生成一氧化碳和氢气；其次认为镍催化剂的表面，甲烷转化的速度比甲烷分解的速度快得多，中间产物中不会有碳的生成。

波特罗夫和捷姆金等人结合自己的实验数据提出如下机理：镍催化剂表面甲烷和水蒸气解离成次甲基（CH₂）和原子态氧，并在催化剂表面互相作用，最后生成 CO、CO₂ 和 H₂。以下列 5 个步骤表示该反应历程：

1　$CH_4 + Z \rightleftharpoons Z(CH_2) + H_2$

2　$Z(CH_2) + H_2O(g) \rightleftharpoons Z(CO) + 2H_2$

3　$Z(CO) \rightleftharpoons Z + CO$

4　$H_2O(g) + Z \rightleftharpoons Z(O) + H_2$

5　$CO + Z(O) \rightleftharpoons CO_2 + Z$

将 1、2、3 式相加即得：

$$CH_4 + H_2O(g) \rightleftharpoons CO + 3H_2$$

4、5 式相加得：

$$CO + H_2O(g) \rightleftharpoons CO_2 + H_2$$

式中　　　　　　　Z——镍催化剂表面的活性中心；

$Z(CH_2)$、$Z(CO)$、$Z(O)$——分别为化学吸附态的次甲基、一氧化碳和氧原子。

按照上述机理，假定步骤 1 为控制步骤，催化剂表面的能量是均匀的。根据均匀表面吸附理论，其反应速率为：

$$r = kp(CH_4)\theta_z \tag{1-47}$$

式中　k——反应速度常数；

θ_z——镍催化剂表面活性中心空位分率。

由于步骤 3 和 4 为非控制步骤，很快达到平衡，故

$$\frac{p(CO)\theta_z}{\theta(CO)} = \frac{1}{b} \tag{1-48}$$

$$\frac{p(H_2)\theta(O)}{p(H_2O) \cdot \theta_z} = a \tag{1-49}$$

式中　$\theta(CO)$、$\theta(O)$——分别表示催化剂表面一氧化碳和原子态氧的化学吸附态所占分率；

a、b——分别为步骤 4 的平衡常数和一氧化碳的吸附平衡常数。

由于次甲基吸附所占的分率很小，可忽略，则

$$\theta_Z + \theta(CO) + \theta(O) = 1 \tag{1-50}$$

从式(1-48)、(1-49)得到的 $\theta(CO)$、$\theta(O)$ 表达式代入(1-50)式，整理得：

$$\theta_Z = \cfrac{1}{1 + a\cfrac{p(H_2O)}{p(H_2)} + bp(CO)}$$

将 θ_Z 代入式(1-47)，得：

$$r = k\cfrac{p(CH_4)}{1 + a\cfrac{p(H_2O)}{p(H_2)} + bp(CO)} \tag{1-51}$$

以镍箔为催化剂时，根据实验，式 (1-51) 中的 a、b 常数值如下：

700℃时，$a = 0.5$、$b = 1.0$

800℃时，$a = 0.5$、$b = 2.0$

900℃时，$a = 0.2$、$b = 0$

当 a、b 值很小时，甲烷蒸气转化反应速率可近似认为与甲烷浓度成正比，即属于一级反应：

$$r = kp(CH_4) \tag{1-52}$$

从目前文献上已发表的动力学方程（参见表 1-7）看，大部分表示与甲烷分压呈一次方关系，而与氢和水蒸气的关系则不很一致。就氢气而言，有的对反应呈抑制关系，有的呈非抑制关系；对水蒸气而言，有的对反应呈现推动作用，也有对吸附呈抑制作用，或二者兼有之。

表 1-7　甲烷蒸气转化反应动力学方程式

序号	反应动力学方程式	使用条件	活化能 kJ/(g·mol)
1	$r = k[p(CH_4)/p(H_2)]$ $r = k[p(CH_4)/p^{0.5}(H_2)]$ $r = k\cfrac{p(CH_4)}{1 + a\cfrac{p(H_2O)}{p(H_2)} + bp(CO)}$	低于或等于 500℃ 镍箔 ГИАП-3 600℃ 镍箔 ГИАП-3 高于或等于 700℃ 镍箔 ГИАП-3 0.1 MPa	76.6~130
2	$r = k\dfrac{p(CH_4)}{p(H_2)}\left(1 - \dfrac{p(CO)p^3(H_2)}{K_{p1}p(CH_4)p(H_2O)}\right)$	600~800℃ ГИАП-3 4.1 MPa	90.4
3	$r = kp(CH_4)\left(1 - \dfrac{1}{K_{p1}}\dfrac{p(CO)p^3(H_2)}{p(CH_4)p(H_2O)}\right)$	340~640℃ Ni-硅藻土 0.1~4.8 MPa	66.2
4	$r = k\dfrac{p(CH_4)p(H_2O)}{10p(H_2) + p(H_2O)}$	400~700℃ Ni-Al$_2$O$_3$ 0.1 MPa	96
5	$r = kp(CH_4)\left(1 - \dfrac{p(CO_2)p(H_2)}{K_{p2}p(CH_4)p^2(H_2O)}\right)$	600~850℃ RKS2-105 0.1~3.5 MPa Ni-Al$_3$O$_3$	37.3~41.7
6	$r = kp(CH_4)p^2(H_2O)\left(1 - \dfrac{p(CO_2)p^4(H_2)}{K_{p_2}p(CH_4)p^2(H_2O)}\right)$	0.1 MPa	147
7	$r = k\dfrac{p(CH_4)p(H_2O)\left(1 - \dfrac{p(CO)p^3(H_2)}{K_{p1}p(CH_4)p(H_2O)}\right)}{[p(H_2O) + l_1p(H_2) + l_2p^2(H_2) + l_3p^3(H_2)]\left(1 + K\dfrac{p(H_2O)}{p(H_2)}\right)}$	470~700℃ Ni 箔 0.1 MPa	114.2

序号	反应动力学方程式	使用条件	活化能 kJ/(g·mol)
8	$r=k\dfrac{p(CH_4)p(H_2O)\left[\dfrac{p(H_2O)}{p(H_2)}\right]^{-a_1}}{p(H_2O)+(l_1p(H_2)+l_2p^2(H_2)\left[\dfrac{Kp(H_2O)}{p(H_2)}\right]^{(a_2-a_1)}+l_3p^3(H_2)}$	470～490℃ Ni箔 0.1 MPa	93.20
9	$r=kp^{1.0}(CH_4)\quad p^{0.5}(H_2O)\quad p^{-0.05}(CO_2)\quad p^{-0.04}(CO)$	Al-Ni 共沉淀法	
10	$r=kp(CH_4)p(H_2O)\quad p^{-n}(H_2)\quad n=0.2\sim0.5$	650～800℃ Z～107 3.0 MPa	
11	$p(CH_4)(out)=\dfrac{k}{3000}\exp\left(\dfrac{6700}{T}\right)\dfrac{3P^2}{1000+20p}$ $\times(1-0.145m)(1+0.1V_{SO})$(出口甲烷分压经验方程)	700～850℃ 3.0～4.0 MPa $V_{SO}=1000\sim2000$ h^{-1}	55.7

注：$K_{p1}=\dfrac{p^*(CO_2)p^{*3}(H_2)}{p^*(CH_4)p^*(H_2O)}$，$K_{p2}=\dfrac{p^*(CO_2)}{p^*(CH_4)}\dfrac{p^{*4}(H_2)}{p^{*2}(H_2O)}$，$K=\dfrac{p^*(H_2)}{p^*(H_2O)}$，$p$ 总压，m 水碳比，V_{SO} 空速，上标 $*$ 表示处于平衡状态。

（二）宏观影响

计算和实验均表明，在甲烷蒸气转化管的工业生产条件下，外扩散影响很小，可以忽略不计。甲烷蒸气转化反应受内扩散控制。表1-8列出了不同粒度的催化剂对甲烷蒸气转化反应速率的影响。

表 1-8   900℃及 0.101MPa 下催化剂粒度对甲烷蒸气转化反应的影响

粒度 mm	外表面 cm²/g	混合气组成,kPa					宏观速度常数 k mol/(MPa·h·g)	内表面利用率 η
		$p(CO_2)$	$p(CO)$	$p(H_2)$	$p(CH_4)$	$p(H_2O)$		
5.4	7.8	3.900	12.87	54.09	4.933	25.02	59.1	0.07
5.3	8.0	4.052	11.65	51.46	6.027	27.65	51.6	0.08
2.85	14.5	3.596	15.20	59.97	2.715	19.45	132	0.10
1.86	22.5	3.242	14.79	57.74	5.387	19.85	133	0.23
1.20	34.5	4.285	13.57	57.84	2.462	22.69	245	0.29
1.20	34.5	4.569	11.75	53.49	3.718	27.45	214	0.32
1.20	34.5	4.153	12.97	55.21	4.224	24.41	223	0.30

由上表数据可知，随着催化剂粒度减小，单位重量催化剂外表面积增加，反应速度常数也相应增大；催化剂粒度愈小，内表面利用率愈高。但由于不同粒度的内表面利用率都不大，因此表现出了其内扩散控制的这一特征。为了提高内表面利用率，工业催化剂应具有合适的微孔结构。同时采用环形、带槽沟以及车轮圆柱体催化剂，既减少了孔扩散的最大距离，又减少了床层阻力，且保持其较高的强度。

在工程设计中所使用的宏观动力学方程式，通常包括催化剂颗粒大小、毒物浓度、使用时间和压力等项校正因子。对不同的催化剂，动力学方程式不同，其校正因子的差异也很大。

在不同的装置中，一般转化反应器管内装填镍催化剂，烃类原料和蒸汽的混合物自上而下通过，反应所需吸收的热量由管外热源供给。因此，烃类蒸气转化是具有同时传热和传质的一种过程，这就导致了化学反应动力学计算的复杂性。

表1-9和图1-5所示为随着反应器长度不同而变化的顶烧式管式炉（一段炉）工况和其组成的电算结果。

表 1-9　一段转化炉工况计算结果

距入口 m	催化剂温度 ℃	管内壁温度 ℃	管外壁温度 ℃	转化炉膛内壁温度 ℃	热负荷 ×10⁶kJ/h	压力 MPa	接触时间 s	甲烷浓度（体积％干基）	析碳极限温度 ℃
0	520	663.1	700	1024.17	0	3.464	0	84.19	0
1	543.78	756.89	826.42	1194.30	24.07	3.452	0.36	58.73	363.9
2	585.94	808.97	872.93	1228.20	53.72	3.440	0.69	44.14	450.6
3	627.71	829.50	890.04	1222.68	83.19	3.427	1.00	35.01	518.9
4	663.65	841.11	896.34	1264.52	110.53	3.412	1.28	28.73	570.9
5	693.15	848.76	898.65	1183.54	135.44	3.396	1.54	23.97	608.8
6	717.70	854.55	899.50	1162.58	157.94	3.378	1.79	20.21	638.6
7	738.58	859.33	899.82	1142.55	178.23	3.361	2.03	17.18	658.0
8	756.68	863.44	899.93	1123.98	196.53	3.342	2.26	14.75	675.2
9	772.57	867.19	899.98	1105.63	213.02	3.323	2.47	12.76	689.2
10	786.65	870.53	899.99	1088.68	227.62	3.302	2.69	11.12	700.9
11	799.22	873.58	900.00	1072.60	241.20	3.281	2.89	9.75	710.7
11.2	801.61	874.21	900.00	1069.22	243.71	3.277	2.93	9.51	712.5

（三）平衡温距的应用

所谓平衡温距是指转化炉出口气体的实际温度与出口气体组成相对应的平衡温度之差，通常被称作"接近平衡温度差"，简称为"平衡温距"，用 ΔT 表示。

$$\Delta T = T - T_P \qquad (1-53)$$

式中　T——实际出口温度；

T_P——与出口组成相应的平衡温度。

转化反应（1-34）为吸热反应，变换反应（1-39）为放热反应。吸热反应和放热反应的平衡温距分别表示于图 1-6 和图 1-7 中。

可以看出对于吸热反应，出口组成的 $J_p < K_p$，则 $T > T_p$，ΔT 为正值；而放热反应，出口组成仍保持 $J_p < K_p$，则 $T < T_p$，ΔT 为负值（其中 J_p 为反应未平衡时的各气体组成表示成反应平衡常数的表达形式）。实际上，转化炉出口转化反应和变换反应的平衡温距均为正值，这是由于变换反应的逆反应造成的。

平衡温距与催化剂活性和操作条件有关，其值愈低，说明催化剂活性愈好。工业设计中，

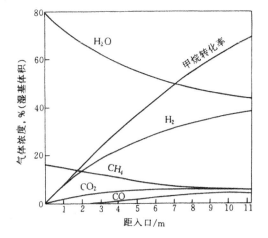

图 1-5　反应器内气体浓度
和甲烷转化率的轴向分布

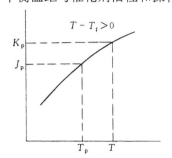

图 1-6　吸热反应的平衡温距

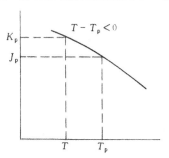

图 1-7　放热反应的平衡温距

一、二段转化炉的平衡温距通常分别在 10～15℃和 15～30℃间。

四、烃类蒸气转化催化剂

烃类蒸气转化反应是吸热的可逆反应，高温对反应平衡和反应速度都有利。但即使温度在 1000℃时，其反应速度仍然很低。因此，需用催化剂来加快反应的进行。

由于烃类蒸气转化过程是在高温下进行的，且存在析碳问题，这样就要求催化剂除具有高活性、高强度外，还要具有较好的热稳定性和抗析碳能力。

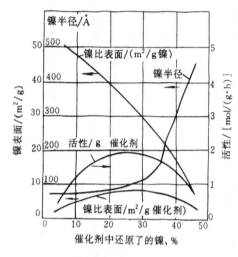

图 1-8 转化催化剂的镍含量与
镍比表面、孔尺寸、活性的关系

（一）催化剂的活性组分

处于元素周期表上第Ⅷ族的过渡元素，对烃类蒸汽转化反应一般都有活性。但从性能和经济方面考虑，以镍为最佳。在制备的镍催化剂中，镍是以 NiO 状态存在的，其含量在 4%～30%，还原后使用时呈金属镍状态。

烃类蒸气转化催化剂的活性决定于镍微晶的表面积。催化剂中镍的比表面积随镍含量的增加而下降（见图 1-8）。这是因为各微晶相互接近，晶体聚集的结果。因此，单位质量催化剂的活性以镍的含量为 15%～35% 时最高。

（二）载体和助催化剂

催化剂的载体应具有使镍的晶体尽量分散、达到较大的比表面并阻止镍晶体熔结的特性，起分散和稳定活性组分微晶的作用。镍的熔点为 1455℃，而转化温度在其半熔温度以上，分散的镍微晶在这样高的温度下很易活动，相互熔结。因此，作为催化剂的载体要能耐高温、机械强度高。一般载体的熔点要在 2000℃，且多为金属氧化物。这类载体有氧化铝（熔点 2015℃），氧化镁（熔点 2800℃）。

用于提高活性、延长寿命和增加抗析碳能力的助催化剂有氧化铝、氧化镁、氧化钾、氧化钙、氧化铬、氧化钛和氧化钡等。它们起到使镍高度分散、晶粒变细、抗老化和抗析碳等作用。国内、外常用转化催化剂的典型组成参见表 1-10。

表 1-10 一些转化催化剂的典型组成（质量分数）

型号	外型尺寸	NiO	Al₂O₃	MgO	CaO	SiO₂	Cr₂O₃	Fe₃O₄	K₂O	TiO₂	用途
CN—2	φ19×19×9，环形	13.84	48.7	0.68	15.33	1.93		1.02			天然气一段转化
CN—9	15.9×16，轮环形	15.8	82.5			≤0.2		0.13			天然气一段转化
Z107	φ15.5×16×6，环形	>14	～85			≤0.2		0.2			天然气一段转化
ICI57—1	φ17×17×5，环形	32	54		14	0.1					天然气一段转化
ICI54—2	φ17×17×5，环形	18	67		15	0.1					天然气二段转化
ICI46—1	φ17×17×5，环形	21	32	13	11	16			7		石脑油转化
RKS—1	φ19×19×9，环形 φ13×13×6，环形	12.7	61.8	20.69	0.86	1.22		0.48			天然气一段转化
RKS—2	φ19×19×9，环形 φ13×13×6，环形	12.7	61.8	～21	<0.2	<0.2			<0.1		二段转化
RKN	φ13×17×6，环形 φ16×16×6，环形	25	10.9	54.65		<0.2			<0.3		石脑油转化
UCIC₁₁₋₉	φ15.4×16×5.8，环形	15.1	84			<0.2			<1	<0.4	<0.05 天然气一段转化
UCI C₁₅₋₁₋₀₂	φ19，球形	6	92		<0.05	<0.05	2.0				二段炉顶部

五、工业生产方法

在工业生产中，以烃为原料，采用蒸汽转化法制取合成氨原料气时，大多采用二段转化流程。

（一）转化过程的分段

1. 转化深度

甲烷在氨合成过程中为一惰性气体，它在合成回路中逐渐积累而有害无利。因此要求转化气中残余的甲烷含量一般应控制在 0.5%（干基）以下。为此，在加压操作条件下，相应地蒸汽转化温度应控制在 1000℃ 以上。因烃类蒸气转化反应为吸热反应，故应在高温下进行。除了采用蓄热式的间歇催化转化法之外，现代大型合成氨厂多采用外热式的连续催化转化法。鉴于目前耐热合金钢管只能在 800～900℃ 下工作，合成氨过程中不仅要有氢气，而且还应有氮气。因此，工业上采用了分段转化的流程。

首先，在较低温度下，在外热式一段转化炉内进行烃类蒸气转化反应，而后在较高温度下，于耐火砖衬里的钢制转化炉（二段转化炉）中加入空气，利用反应热将甲烷转化反应进行到底。

2. 二段转化的化学反应

在二段转化炉内也装有催化剂，由于加入了空气，来自一段转化炉的转化气先与空气作用：

$$2H_2 + O_2 \rightleftharpoons 2H_2O \text{ (g)}, \quad \Delta H^\circ_{298} = -483.99 \text{ kJ/mol} \qquad (1\text{-}54)$$

$$2CO + O_2 \rightleftharpoons CO_2, \quad \Delta H^\circ_{298} = -565.95 \text{ kJ/mol} \qquad (1\text{-}55)$$

甲烷则与水蒸气作用：

$$CH_4 + H_2O \rightleftharpoons CO + 3H_2$$

与其他反应相比，氢的燃烧反应（1-54）速度要快 $1 \times 10^3 \sim 1 \times 10^4$ 倍。因此入炉氧气在催化剂床层的上部空间就几乎全部被氢所消耗。其理论火焰温度为 1203℃。随后由于甲烷转化反应的吸热，沿催化剂床层温度逐渐降低，到炉的出口处气体温度约在 1000℃ 左右。

加入空气量的多少对二段炉出口转化气组成和温度有直接影响。由于合成氨原料气对氢、氮比有一定要求，因此加入的空气量应基本一定，这样二段转化炉内燃烧反应所放出的热量也就一定。一般情况下，一、二段转化炉出口气中残余甲烷含量应分别控制在 10%、0.5% 以下。

（二）烃类蒸气转化的工艺条件

1. 压力

从化学平衡考虑，转化反应宜在低压下进行。但是现代实际生产装置的操作压力已提高到 3.5～5.0 MPa，其原因如下：

（1）节约动力消耗 烃类蒸气转化反应为体积增大反应，压缩含烃原料气和二段转化所需的空气远比压缩转化气消耗的功低。

（2）提高过量蒸汽热回收的价值 操作压力越高，一定水碳比的气体混合物中水蒸气分压也就越大，相应的冷凝温度就高，过量蒸汽余热利用的价值就越大。同时，压力高，气体的传热系数大，热回收设备容积相应减小。

（3）减小设备容积，降低投资费用 加压操作后，转化、变换、脱碳的设备容积大为减小，可以节省投资费用。

2. 温度

无论从化学平衡或从反应速度来考虑，提高温度对转化反应都是有利的。但一段转化炉的受热程度要受到管材耐温性能的限制。

一段转化炉出口温度是决定转化出口气组成的主要因素。提高出口温度，可降低残余甲烷含量。为了降低工艺蒸汽的消耗，希望降低一段转化炉的水碳比，此时就需提高出炉气体温度。但是温度对转化炉管的使用寿命影响很大，在可能条件下，转化炉出口温度不要太高，需视转化压力的不同而有所区别。转化压力低，出口温度可稍低；转化压力高，出口温度宜稍高。可控制平衡温距在 10～22℃ 范围。

二段转化炉的出口温度，可按压力、水碳比和残余甲烷含量小于 0.5% 的要求，以 20～45℃ 的平衡温距来选定。压力增加，水碳比减小，出口温距则相应提高；反之则相应降低。

3. 水碳比

加压转化时，温度不能太高，要保证一段炉出口残余甲烷含量，主要手段是提高水碳比。但过高的水碳比经济上是不合理的，同时还会增加系统阻力和热负荷。因此，从降低能耗考虑，应适当降低水碳比。现今国外的低能耗装置设计中，水碳比已由传统的 3.5 降至 2.5。

4. 空间速度

空间速度表示单位容积催化剂每小时所处理的气量，它有不同的表示方法。

（1）原料气空速　表示每立方米催化剂每小时通过的含烃原料的标准立方米数（Nm³/m³·h）。

（2）碳空速　以碳数为基准，用含烃原料中所有的烃类碳数都折算成甲烷的碳数，即每立方米催化剂每小时通过甲烷的标准立方米数或千摩尔数。

（3）理论氢空速　假定含烃原料全部进行转化和 CO 变换，将其折合成 H_2，其中 1 Nm³CO 相当于 1 Nm³H_2，1 Nm³CH_4 相当于 4 Nm³H_2。因此，理论氢空速应指每立方米催化剂每小时通过理论 H_2 的标准立方米数。

（4）液空速　指每升催化剂每小时通过液态烃的升数。只用于以液态烃类原料时。

一般地讲，空速表示催化剂的反应能力。压力越高，反应速度越快，可适当采取较高的空速。一段转化炉炉管的管径较小，填充床传热较好，管内温升和转化反应均较快，相应可采用较大的空速。图 1-9，1-10 分别示出了一段转化炉和二段转化炉空速和主要参数的关系。

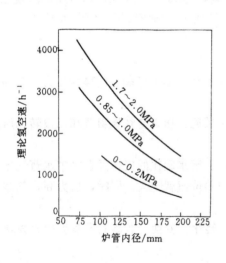

图 1-9　一段转化炉空速与压力的关系

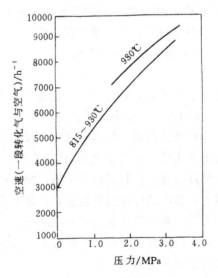

图 1-10　二段转化炉空速与压力的关系

（三）工艺流程和设备

从烃类制取合成氨原料气，目前采用的蒸汽转化法有美国凯洛格（Kellogg）法、丹麦托普索（Topsфe）法、英国帝国化学工业公司（ICI）法等。除一段转化炉及烧嘴结构各具特点外，在工艺流程上均大同小异，都包括一、二段转化炉、原料预热及余热回收。现以天然气为原料的具有 ICI 特点的 UHDE-AMV 流程为例作一介绍。

1. 工艺流程

图 1-11 为日产 1000 tNH$_3$ 且具有 ICI-AMV 制氨工艺特征的伍德（UHDE）法一、二段转化工艺流程。天然气经脱硫后，总硫含量应在 $1×10^{-5}$（质量分数）以下，随后在 4.90 MPa、368℃左右条件下配入中压蒸汽（水碳比控制在 2.75 左右），送入一段转化炉对流段加热到 580℃，然后将此混合气体经辐射段顶部的上集气管分配进入各反应管中。气流自上而下经过催化剂层进行转化反应。离开转化管的气体压力为 4.35 MPa，温度为 804℃，甲烷含量 16.3%，汇集于下集气管。然后经总管送入二段转化炉底部，再由炉内中心管上升到顶部燃烧区。

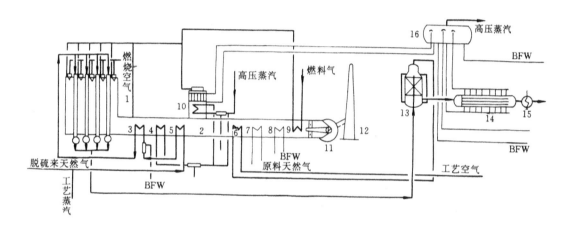

图 1-11　天然气蒸汽转化工艺流程（UHDE-AMY）

1—段炉辐射段；2—对流段；3—混合气预热器；4—高压蒸汽过热加热器；
5—原料气预热器；6—工艺空气预热器；7—天然气预热器；8—锅炉给水（BFW）
预热器；9—燃料气预热器；10—辅助锅炉；11—引风机；12—烟囱；13—二段
转化炉；14—工艺气冷却器；15—高压蒸汽过热器；16—高压汽包

工艺空气经空气压缩机加压到 4.50 MPa、140℃后经对流段加热到 500℃，入二段炉顶部与一段转化气相混合，于锥形顶部燃烧区进行燃烧反应。反应放热，温度升到 1250℃左右。此高温气体流经催化剂床层将剩余的甲烷继续转化。出二段炉的气体温度为 980℃左右，甲烷含量在 0.9%以下。

二段转化气依次流经工艺气体冷却器和高压蒸汽过热器后温度降至 370℃进入一氧化碳变换工序。

燃料天然气在对流段预热至 110℃，进入辐射段顶部烧嘴与来自燃气轮机的尾气混合并燃烧。烟气自上而下流动与管内反应气流方向完全一致，同时进行热量交换，离开辐射段的烟气温度约在 1000℃左右。该气体进入对流段后依次通过混合气、高压过热蒸汽、工艺空气、原料气天然气、锅炉给水、燃料气等加热盘管，其温度降至 130℃左右，借排风机排入大气。

为了平衡全厂蒸汽的需求量，设置了一台辅助锅炉。它的烟气与一段炉对流段高压蒸汽过热器下游位置相连接。因此，与一段炉共用一半对流段、一台排风机和一个烟囱。辅助锅炉同几台废热锅炉共用一个汽包，产生 12.5 MPa 的高压蒸汽。

2. 主要设备

（1）一段转化炉　一段转化炉是烃类蒸气转化法制氨的关键设备之一。由若干根反应管和加热室的辐射段及回收热量的对流段两个主要部分组成。反应管要长期处于高温、高压和气体腐蚀的苛刻条件下运行，需要采用耐热合金钢管。因此，价格昂贵，整个转化炉的投资约占全厂总设备投资的 30%，而转化管的费用占转化炉的一半。

通常，一段转化炉的炉型按烧嘴安置方式分类有顶烧式、侧烧式、梯台式和底烧式（如图 1-12 所示）。由于各种炉型的炉管均垂直置于炉膛内，管内装催化剂，含烃气体及蒸汽的混合物自上而下流动，在催化剂床层中进行转化反应。因此，不同的烧嘴安装方式，实质上造成了加热介质和反应介质间不同的相对流动形式。例如

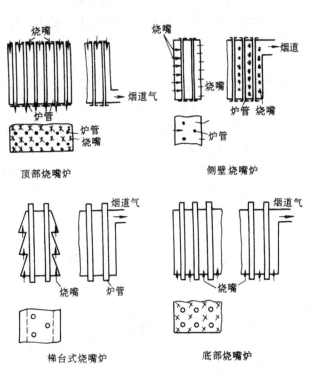

图 1-12　一段转化炉的炉型

顶烧炉为并流加热，侧烧炉为错流加热，梯台炉为改进型错流加热，底烧炉为逆流加热。顶部烧嘴和侧壁烧嘴的蒸汽转化炉结构参见图 1-13。

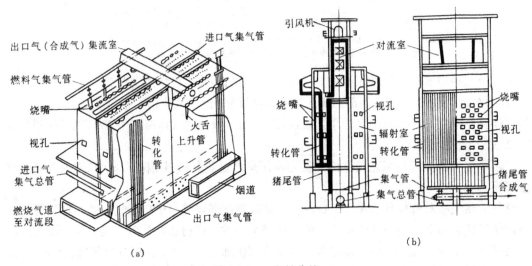

图 1-13　一段转化炉

（a）顶部烧嘴蒸汽转化炉辐射室结构　　　　（b）侧壁烧嘴蒸汽转化炉

（2）二段转化炉 二段转化是在 1000℃ 以上高温下把残余的甲烷进一步转化，是合成氨生产中温度最高的催化反应过程。与一段转化不同，这里加入空气燃烧一部分转化气以实现内部自热，同时也补入了必要的氮。其量约为与转化气中 H_2、CO、CH_4 全部燃烧所消耗空气量的 13%。

二段转化炉为一直立式圆筒。壳体材质为碳钢，内衬耐火材料，炉底有水夹管。图1-14 为 ICI-AMV 系统中二段炉结构。

本装置与 K、T[1] 型装置的二段炉结构的主要不同处：K、T 型装置的一段转化气是从炉顶部的侧壁进入的。而本装置是从炉底部进入，经炉内中心管上升，由气体分布器入炉顶部空间，然后与从空气分布器出来的空气相混合以进行燃烧反应，这样的结构较简单。

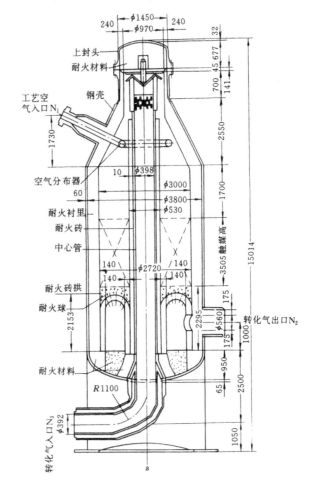

图 1-14 ICI 二段转化炉

第三节 重油部分氧化

重油是石油加工到 350℃ 以上所得到的馏分。若将重油继续减压蒸馏到 520℃ 以上，所得到的馏分称为渣油。重油、渣油以及各种深度加工所得残渣习惯上都称为"重油"。它是以烷烃、环烷烃和芳香烃为主的混合物，其虚拟分子式为 $C_mH_nS_r$。

重油部分氧化法是以重油为原料，利用氧气进行不完全燃烧，使烃类在高温下发生裂解并使裂解产物与燃烧产物——水蒸气和二氧化碳在高温下与甲烷进行转化反应，从而获得以氢气和一氧化碳为主体（$CH_4 < 0.5\%$）的合成气。

一、重油气化的基本原理

重油气化的化学反应与烃类的蒸气转化有许多相似之处。其中甲烷蒸气转化反应（1-34）式和变换反应（1-39）式也是重油气化的主要反应。但由于炭黑的析出会造成巨大的危害，同时更应重视析碳反应。

所谓部分氧化反应，乃是重油不完全氧化生成 CO 和 H_2 的反应，其主要总反应为：

---

[1] K、T 型分别为美国 Kellogg 型和日本 TEC 型。

$$C_mH_nSr + \frac{m}{2}O_2 \Longrightarrow mCO + \left(\frac{n}{2} - r\right)H_2 + rH_2S \tag{1-56}$$

此反应强烈放热,造成了高温反应条件。此时,重油会发生裂解反应:

$$C_mH_nSr \Longrightarrow \left(\frac{n}{4} - \frac{r}{2}\right)CH_4 + \left(m - \frac{n}{4} + \frac{r}{2}\right)C + rH_2S \tag{1-57}$$

按照反应 (1-56) 进行时,理论绝热温升约 1700℃,目前耐火材料尚承受不了如此高温。为此,在加入氧的同时,还须加入一些蒸汽,从而又发生吸热的蒸汽转化反应:

$$CH_4 + H_2O \Longrightarrow CO + 3H_2 \qquad (甲烷转化) \tag{1-34}$$

$$C + H_2O \Longrightarrow CO + H_2 \qquad (碳转化) \tag{1-5}$$

$$COS + H_2 \Longrightarrow H_2S + CO \qquad (有机硫加氢) \tag{1-58}$$

$$CO + H_2O \Longrightarrow CO_2 + H_2 \qquad (CO变换) \tag{1-39}$$

$$\frac{1}{2}N_2 + \frac{3}{2}H_2 \Longrightarrow NH_3 \qquad (NH_3合成) \tag{1-59}$$

上述反应同时发生时,可使重油部分氧化炉的出口温度维持在 1300~1400℃。因此,重油部分氧化法实质上是以纯氧进行不完全的氧化燃烧,并用蒸汽控制温度,以制得 CO 和 H_2 的高含量合格原料气。

(一) 化学平衡

重油和氧的反应是不可逆的。因此,反应平衡时,生成气体中游离态的氧是不存在的。在反应体系中,有 CO、CO_2、H_2、H_2O、CH_4、COS、H_2S、N_2、NH_3 和 C 十种物质(不计微量组分)存在,分别由 C、H、O、N 和 S 5 种元素组成,因此只有 5 个独立反应存在。5 个独立反应可取 (1-34)、(1-39)、(1-5)、(1-58)、(1-59) 式。其中反应 (1-34)、(1-39)、(1-5) 式的平衡常数前面已列出,氨平衡反应 (1-59) 的平衡常数可参见表 3-1。氧硫化碳与硫化氢间的反应 (1-58) 式的平衡常数与温度的关系可表示如下:

$$\lg K_{P_S} = \frac{p(H_2S)p(CO)}{p(COS)p(H_2)} = -\frac{625.18}{T} - 0.4733\lg T - 0.3608 \times 10^{-3}T$$

$$+ 0.8091 \times 10^{-7}T^2 + 3.6542 \tag{1-60}$$

在正常生产时(平衡系统中可认为碳不存在),该体系共有 9 种物质,由 5 种元素组成,其独立反应数为 4,以反应 (1-34)、(1-39)、(1-58)、(1-59) 表示。

取 1 kg 重油为衡算基准,若已知重油组成、氧油比 (O_2 Nm³/kg 重油)、蒸汽油比和操作压力,则由 C、H、O、S、N 5 种元素可列出重油氧化过程的 5 个物料平衡式,加上 4 个独立反应的平衡常数式和 1 个过程热平衡关系式。根据此 10 个方程式可解出 10 个未知数如下:

1. 平衡系统的气化温度,℃;

2. 产气率,Nm³/kg 重油;

3. 8 个生成气的气相组成。虽然气相组分有 9 个,但它们的摩尔分率之和为 1,故仅有 8 个组分为未知变量。

以此方法可解出重油气化的各组分平衡组成。但由于其未知数较多,方程式又为非线性的,一般需借助于计算机求解。

(二) 反应过程和速率

重油部分氧化反应过程分两个阶段进行。第一阶段系氧和部分重油进行完全燃烧反应:

$$C_mH_nSr + \left(m + \frac{n}{4} - \frac{r}{2}\right)O_2 \Longrightarrow (m-r)CO_2 + \frac{n}{2}H_2O + rCOS \tag{1-61}$$

此阶段发生在氧完全消失以前。重油在高温下气化并与周围存在的氧进行完全反应，放出大量热，温度可达 1700℃。同时，未与氧接触的重油在高温下裂解，按反应式（1-57）生成甲烷、炭黑和硫化氢。

第二阶段进行二氧化碳和蒸汽对甲烷和炭黑的转化反应，即按反应式（1-36）、（1-5）反应和二氧化碳的转化反应：

$$CH_4 + CO_2 \Longrightarrow 2CO + 2H_2 \tag{1-36}$$
$$C + CO_2 \Longrightarrow 2CO \tag{1-41}$$

重油部分氧化第一个阶段的反应甚快，第二阶段的反应速度缓慢。这些反应为高温反应，至今尚无公认的动力学关系。表 1-11 列出了重油气化炉平衡温距、逗留时间与压力间的大致关系。

表 1-11 重油气化炉的平衡温距和逗留时间

气化炉压力/MPa（绝）	0.101	1.72	3.04	5.6～8.7
变换反应温距/℃	0	25～30		100～200
甲烷转化反应温距/℃	500～600	300～350	170	95～130
逗留时间/s	≥2.5		9	13

注：逗留时间指操作压力、温度下生成气在气化炉中的时间。

可以看出，随着压力的提高，气化炉的逗留时间将不断增加。这是因为相同的逗留时间意味着生产能力随压力线性增加。而一般反应器的生产能力与压力呈 0.4～0.5 次方关系。压力增加必须以气化温度提高相配合。因此，压力提高对甲烷转化反应速度有利，使其平衡温距减小，但却增加了变换反应的负荷，而使变换反应的平衡温距增大。

二、重油气化的工艺条件

重油气化的主要生产条件为压力、温度、氧油比、蒸汽油比和原料预热温度等。

（一）温度

一般认为，甲烷、碳与水蒸气的转化反应是重油气化的控制步骤。两反应均为可逆吸热反应，因而，提高温度可提高甲烷和碳的平衡转化率。从反应速度方面考虑，提高温度有利于加快甲烷和炭黑与蒸汽的转化反应，对降低合成气中甲烷和炭黑含量是有利的。目前国内工厂为保护炉衬和喷嘴，气化炉出口温度很少超过 1300℃。

（二）压力

重油气化是一个体积增大的反应，从热力学分析，提高压力是不利的，但对加速反应是有利的。从图 1-15 可知，甲烷平衡含量是随压力的提高而增加，但这一影响可由提高温度得到补偿。例如，在 3.04 MPa 下进行气化，为了保持 CH₄ 低

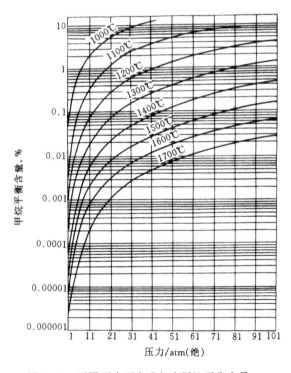

图 1-15 不同压力下合成气中甲烷平衡含量
1atm＝0.101325MPa

于 0.5%，其操作温度应为 1300℃。但在 8.61 MPa 下进行气化时，则操作温度必须维持在 1400℃以上。因此，高压气化炉的工业实现的关键之一在于要有足够好的耐高温衬里材料。

另外，增高压力可以节省动力，有利于提高气化炉生产强度和降低投资。目前，8.61 MPa 的气化装置已经工业化，15.02 MPa 下的气化装置正在实验中。但是继续提高气化压力将会导致提高合成气中 CH_4 的含量，同时炭黑含量也会相应提高，系统阻力也将增大，对设备的要求也更苛刻。因此，操作压力需根据全系统的技术经济效果来确定。

（三）氧油比

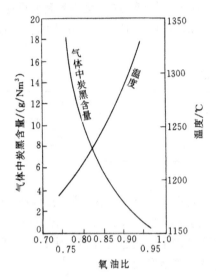

图 1-16 氧油比与温度及气体中炭黑含量的关系

氧油比（Nm^3O_2/kg 重油）对重油气化有决定性影响，氧消耗又是主要经济指标，因此，它是控制生产的主要条件之一。

重油气化炉中氧的加入，使重油中的碳被氧化为碳氧化物，氢被氧化成水或游离态氢。此过程强烈放热，是气化炉维持高温气化条件的热源。图 1-16 示出了氧油比和气化温度以及生成气中炭黑含量间的关系。由图可见，氧油比每提高 0.01，温度约高 10℃；氧油比增大，气体中的炭黑含量随之减少。

氧油比还必须满足部分氧化反应的要求。根据化学计量，氧/碳（O/C）比应为 1，对每千克含碳量为 86%的重油，约需 0.8 Nm^3 氧。实际氧油比通常控制在 0.75～0.83 Nm^3/kg 重油。

（四）蒸汽油比

重油部分氧化时加入的蒸汽，不仅是作为气化剂，同时也是作为缓冲炉温和抑制炭黑生成的重要手段。

加入蒸汽量的大小可用蒸汽油比（kg 汽/kg重油或 kg 汽/t 重油）来表示。蒸汽油比与合成气的组成及产气量关系如图 1-17 所示。

由图 1-17 可知，随蒸汽油比的增大，气体中 CH_4 含量降低，而 CO_2 含量增加。虽然总的干气产量有所增加，但有效气（$CO+H_2$）产量反而略微减低。降低蒸汽油比可以减少汽耗，但也不能过低。通常蒸汽油比控制在 300～500kg/t 重油。

此外，提高原料重油的预热温度，可使干气产量、有效气产量、有效气成分以及蒸汽分解率相应增加，并使氧耗量下降。但此温度也不宜过高，以防重油

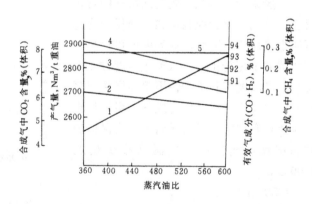

图 1-17 蒸汽油比与合成气组成及产量的关系
1—合成气中 CO_2 含量，%；2—有效气产量，Nm^3/t 油；
3—合成气中 CH_4 含量，%；4—有效气成分，
（$CO+H_2$）%；5—干气产量，Nm^3/t 油

在管壁结焦或发生断火事故。重油预热也是为了喷嘴雾化的需要，一般预热温度控制在 150～200℃。

三、工艺流程

重油部分氧化法制取合成氨原料气的工艺流程包括五个部分:原料油和气化剂的加压、预热和预混合;高温非催化部分氧化;高温水煤气废热的回收;水煤气的洗涤和消除炭黑;炭黑回收及污水处理。

通常按照废热回收方式的不同可分为激冷流程和废热锅炉流程两大类。

(一) 激冷流程

将一定温度的炭黑水在激冷室与高温气体直接接触,水迅速气化而进入气相,急剧地降低气体温度。含大量水蒸气的合成气,在不断继续降温前提下,经各洗涤器进一步清除微量炭黑后直接进入变换系统。图 1-18 为日产 1000 t 氨重油气化工艺流程。自炭黑回收工序送来的油炭浆(含炭 2.8%,溶于重油中),与加压至 10.13 MPa 和 10.44 MPa、450℃的高压蒸汽混合进入蒸汽油预热器,温度升至 320℃,以悬浊状态进入喷嘴的外环管。氧气压缩至 10.13 MPa,预热至 150℃进入喷嘴的中心管。两股物料在相互作用下以高速喷入炉内。

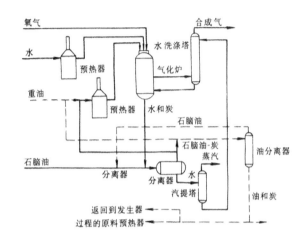

图 1-18　日产 1000 t 氨渣油气化激冷工艺流程

反应在 1400℃高温和 8.61 MPa 高压下进行,生成含量大于 92%的 $(CO+H_2)$ 和 CH_4 含量低于 0.4%的合成气。气化炉的下半段为激冷室(见图 1-22)。高温气体以浸没燃烧方式与炭黑喷溅接触,洗掉约 90%的炭黑,同时蒸发掉大量水分。出激冷室的气体温度降至 260℃左右(略高于其露点温度),经进一步洗涤残余炭黑至 10 mg/Nm³ 以下。含炭污水送回收工序处理。

(二) 废热锅炉流程 (简称废锅流程)

此流程是采用废热锅炉间接换热回收高温气体的热能。出废锅的气体可进一步冷却至 45℃左右,再经脱硫进入变换工序。因此,对重油含硫量无限制,副产的高压蒸汽使用比较方便灵活。

当采用低硫重油或应用耐硫变换催化剂时,激冷流程较废锅流程的设备简单。

图 1-19 示出了谢尔(Shell)废热锅炉工艺流程。气化炉出口气体经废热锅炉回收热量产生高压蒸汽后,再经炭黑捕集器和洗涤塔而得原料粗气。谢尔工艺适用于压力为 6.59 MPa 以下的重油气化。

激冷流程是由德士古公司开发,废锅流程是由谢尔公司开发。目前世界上很多重油气化装置均采用这两种工艺。两者间的区别可参见表 1-12。

四、主要设备

重油部分氧化工艺中设备较多,在此仅介绍关键设备——喷嘴和气化炉。

(一) 喷嘴

喷嘴是重油气化的关键设备,其雾化性能好与坏,直接影响到气化工艺的优劣;寿命和运转的稳定可靠性将直接影响气化的技术经济指标。然而,火焰的刚性、直径和长度是直接

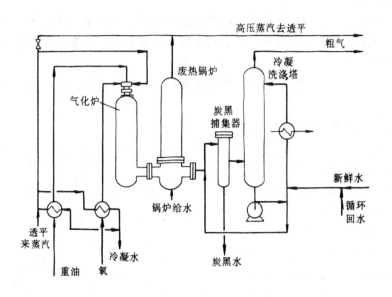

图 1-19　谢尔 (Shell) 废锅工艺流程

表 1-12　德士古法和谢尔法重油气化的比较

项　目	德士古法	谢尔法
气化炉的最大能力/(t 氨/h)	1350	800
气化炉的压力/MPa	8.61(工业规模) 15.20～17.22(实验装置)	6.08～6.58(工业规模) 10.13(实验装置)
气化炉形式	燃烧室+激冷室(燃烧室+废锅)	燃烧室+废锅
热回收流程	根据最终产品决定(生产 NH_3 采用激冷,生产 CO 和 CH_3OH 采用废锅)	废锅
使用原料范围(含烃的天然气、炼厂气等原料也适用)	石脑油、原油、重油、常压渣油、减压渣油	石脑油、原油、重油、常压渣油
喷嘴形式	内侧通道:氧气 外侧通道:油+水蒸气	内侧通道:油 外侧通道:氧+水蒸气
废热锅炉型式	立式螺旋管式	卧式或立式螺旋管式两种
炭黑的除去方法	大部分炭黑在激冷室除去,剩余部分在文氏管洗涤器和洗涤塔除去,CO 变换前不脱硫	炭黑在文氏管洗涤器和洗涤塔除去,同时降温;在低温下脱硫
炭黑的回收方法	用轻油、重油萃取炭黑。回收的炭黑油浆作为原料或作为燃料的一部分使用	用重油萃取炭黑,制成炭粒回收,一部分与原料油混合循环用,一部分作燃料使用

影响气化炉寿命的关键。因此,喷嘴的正确设计、制造和安装都是非常重要的。

1. 重油气化对喷嘴的要求

(1) 雾化良好,操作平稳可靠,负荷调节范围宽;

（2）气化反应好，合成气中甲烷、炭黑含量少；

（3）寿命长，保证装置能周期性连续运转；

（4）能耗低，即在一定气化压力条件下，要求较低的氧、油、蒸汽的初压力，以节省压缩功；

（5）要求一定的雾化角和适当长度的火焰黑区，确保既不烧坏炉衬和喷嘴，又使生成气在炉内均匀流动。

2. 喷嘴的结构和型式

喷嘴一般由三部分组成：（1）原料重油和气化剂（氧和蒸汽）流动通道；（2）控制流体流速和方向的喷出口；（3）防止喷嘴被高温辐射而熔化的水冷装置。

喷嘴的类型是多种多样的，目前国内通用的有三种。一是适用于低压（1.01MPa）下操作的三套管喷嘴；二是在较高压力下操作带文氏管的二次气流雾化双套管喷嘴；三是适用于高、低压、一次机械雾化和二次气流雾化的双水冷、外混式（蒸汽和氧在嘴外混合并预热）双套管喷嘴（参见图1-20）。图1-21示出了德士古公司的喷嘴。油和蒸汽的混合物经预热炉后，由喷嘴外环管喷出，而氧气导入中心管。在喷口处与蒸汽-油混合流相冲击，使油滴进一步雾化。

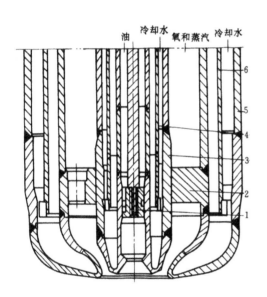

图 1-20　外混式双水冷双套管喷嘴头部
1—油雾化器；2—氧和蒸汽分布器；3—内喷嘴；
4—内部冷却水折流筒；5—外喷嘴；
6—外冷却水折流筒

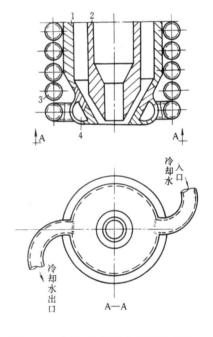

图 1-21　蒸汽-油外混式双套管喷嘴
1—外套管；2—内套管；3—冷却水管；
4—冷却室

（二）气化炉

气化炉为高温加压反应设备。外形有直立式和卧式两种，国内工业生产中均为立式炉。其壳体内衬耐火保温材料。

图1-22为激冷流程所用气化炉。炉顶部和喷嘴相组合，其结构应满足喷嘴的装卸。为避免喷嘴喷出的火焰直接冲刷耐火衬里并确保反应的完成，炉的有效高度与有效直径应有适宜的比值。一般长径比取5左右。

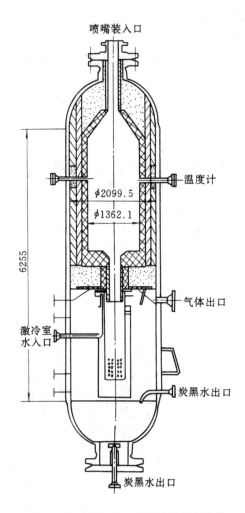

图 1-22 日产 1000t 氨激冷流程气化炉

为了便于砌筑耐火材料和保温材料,在钢壳内焊有 2~4 层托架,以分层承受砖层的重量,减少砖层及砌缝在高温下的收缩下沉。由于焊接了托架,壳壁局部可能会过热。为防止这种情况,可在托架位置的外壳壁焊装散热片。

耐火砖及保温材料既有高温下的受热膨胀,又有随时间的收缩。为解决膨胀问题,砖层中设有 2~3 道横向阶梯膨胀缝,缝宽一般取 10~20 mm。膨胀缝间隙用石棉绳和其他耐高温物质充填。

激冷流程气化炉,下部直接与激冷室相连,此部位为高低温急剧变化段,热应力很大。因此,合理的结构设计极为重要。

为防止气化炉壳体在耐火材料一旦被烧穿时受到损坏,目前国内、外采用了两种办法:一是在壳体的中、上部设置水夹套,用软水循环冷却炉壁;二是在外壳表面涂以变色漆,当壁温超高时,发生颜色变化显示,同时在外壳设置超温极警装置。

思考练习题

1-1 以煤为原料的半水煤气制备过程中,大多采用间歇法制气的原因是什么?如何才能使生产连续化?

1-2 间歇式制取半水煤气过程中,一个工作循环要分为几个阶段?各个阶段的作用以及时间分配的原则是什么?试画出各阶段气体流向图。

1-3 在天然气蒸汽转化系统中,将水碳比从 3.5~4.0 降至 2.5,试分析一段炉可能出现的问题及其解决办法。

1-4 试分析烃类蒸气转化过程中加压的原因和确定操作温度的依据。

1-5 重油部分氧化法的实质是什么?试据工艺条件的确定说明。

1-6 原料煤固定碳含量 75%,灰分含量 15%,每吨氨煤耗 1250 kg(标煤),当灰渣中残碳含量由 16%降至 14%时,试计算可降低煤耗多少 kg?

1-7 以白煤为原料制得半水煤气组成如下:

组 分	H_2	CO	CO_2	CH_4	N_2+Ar
mol%	41.0	28.0	8.0	1.5	21.5

吹风气中 H_2 1%、CO 5%、CO_2 16%。炉顶平均温度 300℃,蒸汽分解率 40%,上、下吹平均温度 250℃,

蒸汽入口温度 150℃，原料煤灰分 20%，低热值 25121 kJ/kg，灰渣含碳 18%。吹风气、水蒸气、半水煤气平均热容分别为 32.15、34.74、30.14 kJ/kmol·℃，若不计飞灰中碳损失，$g_{AL}+g_{TL}=88$ kJ/tNH$_3$，半水煤气单耗为 3200 Nm^3/tNH$_3$，试计算：

①原料煤单耗（kg 标煤/tNH$_3$）；

②理想热平衡单耗、显热损耗和吹风损耗。

1-8 已知二段转化炉出口温度为 974℃，压力 2.93 MPa，气体组成为：

组　分	H$_2$	CO	CO$_2$	CH$_4$	N$_2$ 等
mol%	56.23	12.33	8.70	0.25	22.49

试判断二段转化炉内催化剂的活性状况。

1-9 已知一段转化炉进口气体组成如下：

组　成	CH$_4$	C$_2$H$_6$	C$_3$H$_8$	C$_4$H$_{10}$	C$_5$H$_{12}$	其他
mol%	81.18	7.31	3.37	1.12	0.45	6.57

一段转化炉处理气量为 1165 kmol/h（干气），催化剂装填量为 15.2 m^3，试计算：一段转化炉的原料气空速、碳空速、理论氢空速。

1-10 重油经元素分析，结果如下：

元素组成	C	H	N	S	O
%	84.4	11.58	0.92	1.40	1.37

以该重油为原料用部分氧化法制合成氨原料气时，其氧油比应为多少？（以 molO$_2$/C 原子或 Nm^{3}O$_2$/kg 重油表示）。

第二章　合成氨原料气的净化

本章学习要求

1. 熟练掌握的内容

原料气的脱硫、一氧化碳变换（高变和低变）、脱碳和精炼过程的基本原理，工艺流程确定；工艺参数和主要设备的选择；净化系统各种催化剂的应用条件和方法；有关的物料衡算和热量衡算。

2. 理解的内容

原料气净化反应机理和有关动力学方程式的导出；气固相催化反应、气液反应、伴有化学反应的吸收过程等的特点。

3. 了解的内容

变换及甲烷化催化剂的制造方法；液氮洗涤的原理及工艺过程分析。

第一节　原料气的脱硫

原料气中硫化物的形态可分为无机硫（H_2S）和有机硫。有机硫包括二硫化碳（CS_2）、硫氧化碳（COS）、硫醇（R—SH，R 代表烃基）、硫醚（R—S—R'）和噻吩（C_4H_4S）等。在以煤为原料所制得的半水煤气中，每标准立方米气体中含有硫化氢一般仅有几克。而用高硫煤为原料时，硫化物含量可高达 $20\sim30$ g/Nm^3。天然气、石脑油、重油中硫化物含量因地区不同差别很大。

硫化物对各种催化剂具有强烈的中毒作用，同时还会腐蚀设备和管道。在以烃类为原料的蒸汽转化法中，要求烃原料中总硫含量必须控制在 5×10^{-7}（质量分数）以下。

现今脱硫的方法很多。但可归纳为干法和湿法两大类，参见表 2-1。

表 2-1　脱硫方法的分类

种　类	硫　　化　　物	
	无　机　硫	有　机　硫
干　法	氧化铁、活性炭、氧化锌、氧化锰法	钴 钼加氢法、氧化锌法等
湿　法	化学吸收法-氨水催化、ADA、乙醇胺法等	冷氢氧化钠吸收法（脱除硫醇）、热氢氧化钠吸收法（脱除硫氧化碳）
	物理吸收法-低温甲醇洗涤法等	
	物理化学综合吸收法-环丁砜法等	

一、干法脱硫

干法脱硫系指采用固体吸收剂或吸附剂以脱除硫化氢或有机硫。常见的干法脱硫有：氧化铁法、活性炭法、钴-钼加氢和氧化锌法等。由于固体脱硫剂硫容量（单位质量脱硫剂所能脱除硫的最大数量）有限，一般适于脱低硫且反应器体积较庞大。如果原料气中硫含量较高，吸收剂使用周期短且因再生频繁、操作费用大而变得不利。下面对钴-钼加氢转化和氧化锌脱硫作以介绍。

（一）钴-钼加氢转化

钴-钼加氢转化是一种有效脱除含氢原料气中有机硫的预处理措施。有机硫化物脱除较难，但将其加氢转化成硫化氢后再加以脱除就容易得多了。采用钴-钼催化剂可使天然气、石脑油原料中的有机硫几乎全部地转化成硫化氢，再以氧化锌便可将硫化氢脱除到 2×10^{-8}（体积分数）以下。

在钴-钼催化剂的作用下，有机硫加氢转化成硫化氢的反应如下：

$$CS_2 + 4H_2 \Longrightarrow 2H_2S + CH_4 \tag{2-1}$$

$$COS + H_2 \Longrightarrow CO + H_2S \tag{2-2}$$

$$RCH_2SH + H_2 \Longrightarrow RCH_3 + H_2S \tag{2-3}$$

$$C_4H_4S + 4H_2 \Longrightarrow C_4H_{10} + H_2S \tag{2-4}$$

$$R—S—R' + 2H_2 \Longrightarrow RH + R'H + H_2S \tag{2-5}$$

$$R—S—S—R' + 3H_2 \Longrightarrow RH + R'H + 2H_2S \tag{2-6}$$

当原料气中存在碳的氧化物和氧时，钴-钼催化剂上还会发生甲烷化反应和脱氧反应：

$$CO + 3H_2 \Longrightarrow CH_4 + H_2O$$

$$CO_2 + 4H_2 \Longrightarrow CH_4 + 2H_2O$$

$$O_2 + 2H_2 \Longrightarrow 2H_2O$$

钴-钼催化剂还能使烯烃加氢，借以避免烯烃在管式炉镍催化剂上结碳，其反应为：

$$RCH \Longrightarrow R'CH + H_2 \Longrightarrow RCH_2—CH_2R' \tag{2-7}$$

钴-钼催化剂系以氧化铝为载体，由氧化钼和氧化钴组成。氧化态的钴和钼加氢活性不大，须经硫化后才具有相当的活性。硫化后活性组分主要是 MoS_2 和 Co_9S_8。通常认为 MoS_2 提供催化活性，而 Co_9S_8 的主要作用是保持 MoS_2 具有活性的微晶结构，以阻止发生 MoS_2 活性衰退时进行微晶集聚的过程。

工业上钴-钼催化剂的操作条件为：温度 $350\sim430℃$、压力 $0.7\sim7.0$ MPa，气态烃空速 $500\sim1500$ h^{-1}，液态烃空速 $0.5\sim6.0$ h^{-1}。所需的加氢量是根据气体中含硫量多少来确定，一般相当于原料气中含氢量的 $5\%\sim10\%$。

（二）氧化锌法

氧化锌是一种内表面颇大，硫容较高的接触反应型脱硫剂，能直接吸收硫化氢和硫醇反应如下：

$$ZnO + H_2S \Longrightarrow ZnS + H_2O \tag{2-8}$$

$$ZnO + C_2H_5SH \Longrightarrow ZnS + C_2H_5OH \tag{2-9}$$

$$ZnO + C_2H_5SH \Longrightarrow ZnS + C_2H_4 + H_2O \tag{2-10}$$

而 COS 和 CS_2 的脱除是先被加氢转化成 H_2S，然后被 ZnO 所吸收。氧化锌对噻吩加氢转化的能力很低，单用氧化锌不能有效地将有机硫化物全部除尽。

除硫醇外，氧化锌脱硫是靠反应式（2-1）来完成的。这是一个放热反应，其平衡常数随温度升高而减小，参见表 2-2。

表 2-2 不同温度下氧化锌脱除硫化氢反应的平衡常数

温度/℃	200	300	350	400
$K_p = \dfrac{p(H_2O)}{p(H_2S)}$	2×10^8	6.25×10^6	1.73×10^6	5.55×10^5

对于含有水蒸气的烃类气体，温度和水蒸气对出口气体中硫化氢平衡含量的影响可参见表 2-3。

表 2-3　出口气体中硫化氢平衡含量（体积分数）

入口气体中水蒸气含量 %	200℃		300℃		350℃		400℃	
	干气	湿气	干气	湿气	干气	湿气	干气	湿气
0.5	0.000025	0.000025	0.0008	0.0008	0.0029	0.0029	0.009	0.009
5	0.00027	0.00025	0.008	0.008	0.030	0.029	0.095	0.09
10	0.00055	0.0005	0.018	0.016	0.065	0.058	0.20	0.180
20	0.00125	0.0010	0.040	0.032	0.145	0.116	0.45	0.360
30	0.0021	0.0015	0.070	0.048	0.250	0.174	0.77	0.540
40	0.0033	0.0020	0.107	0.064	0.387	0.232	1.2	0.720
50	0.005	0.0025	0.160	0.080	0.580	0.290	1.80	0.900

从表 2-3 可以看出，在温度为 400℃，水蒸气高达 50% 时，出口气体中硫化氢平衡含量仍有 1.8×10^{-6}（体积分数）。实际上，含烃原料中水蒸气含量很低。如按 0.5% 计算，温度为 400℃ 时的硫化氢平衡含量仅 9×10^{-9}（体积分数）。在用作低变催化剂的保护剂时，气体中的水蒸气含量高，但其操作温度低，仍可满足要求。例如，以 200℃ 和 50% 水蒸气含量来计算，硫化氢的平衡含量为 5×10^{-9}（体积分数）。一般情况下，反应（2-8）可视作不可逆反应，所以氧化锌法也是一种理想的脱硫方法。

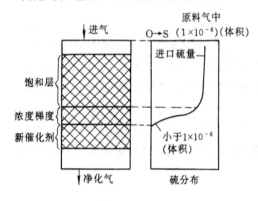

图 2-1　氧化锌脱硫床层分布示意

氧化锌脱有机硫一般要求应有较高的温度，在室温下其脱硫效果较差。温度升高，反应速度显著增大，其反应速度也视有机硫的种类不同而异。

研究证明，氧化锌脱硫的反应速度受内扩散控制。所以氧化锌脱硫剂大都做成高孔隙率的球形小颗粒。脱硫反应几乎是瞬时的，反应器内氧化锌反应吸收区很窄。靠近气体入口处的氧化锌先被硫饱和，随着使用时间的增长，沿着气流方向，饱和层逐渐扩大下移，直至反应区下移至近出口端。反应器中脱硫的床层分区情况如图 2-1 所示。

国内外各种型号的脱硫剂性能可参见表 2-4，各种干法脱硫剂脱除有机硫的性能可参见表 2-5。

表 2-4　氧化锌脱硫剂的性能

型　号	T302	G-72C	C7-2	ICI32-4
厂　家		盖德勒（Girdler）	美国催化剂和化学品公司（CCI）	卡塔尔柯（Katalco）
组　成	ZnO	ZnO	80%ZnO	ZnO
形　状	球	球	片状	球
尺寸/mm		3～5	5	3～5
堆密度/（kg/L）	1.0～1.1	1.1	1.12	1.1
使用温度/℃	200～350	室温～430	204～427	室温～450
使用压力/MPa	常压～5.0	常压～5.0	不限	常压～5.0
硫容（质量%）	18～20	15～20	3～18	22～24
脱除硫化物种类	H_2S、COS、RSH、RSR′	H_2S、COS、RSH	H_2S、RSH	H_2S、CS_2、COS、RSH

表 2-5 干法脱硫剂脱除有机硫的比较

种　　　类	活性炭	氧化铁	氧化锌	氧化锰 （锰矿）	钴-钼加氢[①] 催化剂
能脱除的有机硫	RSH、CS$_2$、COS	RSH、COS	RSH、CS$_2$、COS	RSH、CS$_2$、COS	C$_4$H$_4$S、RSH、CS$_2$、COS
出口总硫 1×10^{-6}（体积）	<1	<1	<1	<3	
温度/℃	常温	340～400	350～400	400	350～430
压力/MPa	0～3.0	0～3.0	0～5.0	0～2.0	0.7～7.0
空速/h^{-1}	400		400	1000	500～1500
硫容（质量%）	—	2	15～25	10～14	转化为 H$_2$S
再生情况	可用过热蒸汽再生	可用过热蒸汽再生	不再生	不再生	析碳后可再生
杂质影响	C$_3$ 以上烃类影响脱硫效率	水蒸气对平衡影响大	水蒸气对平衡及硫容都有影响	CO 甲烷化反应大	CO、CO$_2$ 能降低活性，NH$_3$ 是毒物

① 脱硫预处理措施，需后置氧化锌脱硫剂。

二、湿法脱硫

虽然干法脱硫净化度高，并能脱除各种有机硫化物，但脱硫剂难于或不能再生，且系间歇操作，设备庞大。因此不适于用作对大量硫化物的脱除。

采用溶液吸收硫化物的脱硫方法通称为湿法脱硫。适用于含大量硫化氢气体的脱除。其优点之一是脱硫液可以再生循环使用并回收富有价值的硫磺。

湿法脱硫方法众多，可分为化学吸收法、物理吸收法和物理-化学吸收法三类。常见的有碳酸钠、氨水和醇胺溶液等吸收硫化氢的方法属化学吸收法；用冷甲醇吸收硫化氢的方法属物理吸收法。依再生方式又可分为循环法和氧化法。循环法是将吸收硫化氢后的富液在加热降压或气提条件下解吸硫化氢。氧化法是将吸收硫化氢后的富液用空气进行氧化，同时将液相中的 HS$^-$ 氧化成单质硫。其过程示意如下：

$$载氧体（氧化态）+HS^- \Longrightarrow 载氧体（还原态）+S \downarrow$$

$$载氧体（还原态）+\frac{1}{2}O_2（空气）\Longrightarrow 载氧体（氧化态）+H_2O$$

上述过程是在催化剂的作用下进行的。工业上使用的催化剂有对苯二酚、蒽醌二磺酸钠（简称 ADA）、萘醌、拷胶和螯合铁等。

氧化法的关键是选择适宜的氧化型催化剂。下面用电化学理论分析氧化型催化剂应具备的条件。

（一）氧化型催化剂的选择

硫的氧化反应可用下式表示：

$$H_2S+\frac{1}{2}O_2 \Longrightarrow H_2O+S \tag{2-11}$$

其氧化还原过程如下：

$$H_2S \longrightarrow 2e+2H^+ +S \tag{2-12}$$

$$Q+2H^+ +2e \longrightarrow H_2Q \tag{2-13}$$

$$H_2Q+\frac{1}{2}O_2 \longrightarrow Q+H_2O \tag{2-14}$$

式中　Q——醌态（氧化态）催化剂；

H_2Q——酚态（还原态）催化剂。

将式（2-12）、（2-13）相加得：

$$H_2S+Q \longrightarrow H_2Q+S \qquad (2-15)$$

要使此过程析硫完全，催化剂的氧化电位必须足够大。据能斯特（Nernst）方程，可写出反应（2-15）进行的电极电位：

$$\Delta E = E°(Q/H_2Q) - E°(S/H_2S) = \frac{0.059}{2}\lg\left(\frac{a(H_2Q)}{a(H_2S)a(Q)}\right)$$

式中　　a——各反应组分的活度。

当反应达到平衡时，$\Delta E = 0$

又因　　　　　　　　　　　$E°(S/H_2S) = 0.141V$

根据实验，欲使反应进行完全，必须满足$\dfrac{a(H_2Q)}{a(H_2S)a(Q)}\geqslant 100$的条件，以 100 计可得：

$$E°(Q/H_2Q) = 0.141V + 0.0295\lg 100V = 0.2V$$

不难看出，氧化型催化剂只有当 $E°$ 大于 0.2V 时，有可能进行有效脱硫和析硫。

由于还原态的催化剂要被空气氧化，而 $E°(O_2/H_2O) = 1.23V$，故氧化型催化剂的标准电极电位的上限应为：

$$E°(Q/H_2Q) = E°(O_2/H_2O) - 0.0295\lg 100 = 1.17V$$

为避免 H_2S 过度氧化成 SO_4^{2-} 和 $S_2O_3^{2-}$，$E°(Q/H_2Q)$ 应不超过 0.75V。于是，可被选作氧化催化剂的 $E°$ 范围是：

$$0.75V > E°(Q/H_2Q) > 0.2V \qquad (2-16)$$

标准电极电位是选择氧化型催化剂的先决条件。但在选择氧化催化剂时，还应考虑原料来源、价格、污染与否以及腐蚀大小等因素。表 2-6 是几种常用氧化型催化剂的 $E°$ 值。

表 2-6　几种氧化催化剂的 $E°$ 值

类　别	有　机			无　机	
方　法	氨水催化	改良 ADA	萘醌	改良砷碱	络合铁盐
催化剂	对苯二酚	蒽醌二磺酸钠	1，4-萘醌	As^{3+}/As^{5+}	Fe^{2+}/Fe^{3+}
$E°/V$	0.699	0.228	0.535	0.670	0.770

（二）常用的湿法氧化法脱硫

1. 氨水催化法

此法已广泛用于合成氨厂脱硫。一般采用氨水浓度为 8～22 滴度（1 滴度为 $\frac{1}{20}$M 氨浓度），并加有 0.2～0.3 g/L 的对苯二酚作为催化剂。相应的脱硫和再生反应如下：

$$NH_4OH + H_2S \Longleftrightarrow NH_4HS + H_2O \qquad (2-17)$$

$$NH_4HS + \frac{1}{2}O_2 \overset{对苯二酚}{\Longleftrightarrow} NH_3 + S + H_2O \qquad (2-18)$$

通常认为对苯二酚为还原剂，在碱性溶液中能被空气氧化为对苯醌：

硫氢化铵在对苯醌的作用下氧化为单体硫：

$$NH_4HS + \underset{O}{\overset{O}{\bigcirc}} + H_2O \Longrightarrow NH_4OH + S + \underset{OH}{\overset{OH}{\bigcirc}}$$

总的氧化反应系按下式进行:

$$H_2S + \frac{1}{2}O_2 \Longrightarrow H_2O + S \tag{2-19}$$

由于对苯醌的氧化电位较高 (0.699V), 故其浓度不能过高, 否则易发生硫的过度氧化反应:

$$2NH_4HS + 2O_2 \Longrightarrow (NH_4)_2S_2O_3 + H_2O$$

氨水催化法有氨损失大、硫容量低 (0.15 gH_2S/L) 的缺点, 当煤气中硫含量高时, 相应地应增加溶液循环量。

2. 改良 ADA 法

ADA 是蒽醌二磺酸(Anthraquinone Disulphonic Acid)的英文缩写。它是含有 2,6-或2,7-蒽醌二磺酸钠的一种混合体。两者结构式如下:

2,6-蒽醌二磺酸钠　　　　2,7-蒽醌二磺酸钠

此法 (ADA 法) 脱硫由于析硫过程缓慢, 生成硫代硫酸盐较多, 在该溶液中加入偏钒酸钠后, 可使析硫速度大为加快, 称为改良 ADA 法脱硫。反应历程为:

在脱硫塔中, 以 pH 值为 8.5~9.2 的稀碱液吸收硫化氢:

$$Na_2CO_3 + H_2S \Longrightarrow NaHS + NaHCO_3 \tag{2-20}$$

硫氢化物与偏钒酸钠反应生成元素硫:

$$2NaHS + 4NaVO_3 + H_2O \Longrightarrow Na_2V_4O_9 + 4NaOH + 2S \downarrow \tag{2-21}$$

氧化态 ADA 氧化焦钒酸钠为偏钒酸钠:

$$Na_2V_4O_9 + 2ADA(氧化态) + 2NaOH + H_2O \Longrightarrow 4NaVO_3 + 2ADA(还原态) \tag{2-22}$$

在再生塔中, 还原态 ADA 被空气中的氧氧化成氧化态:

$$2ADA(还原态) + O_2 \Longrightarrow 2ADA(氧化态) + 2H_2O \tag{2-23}$$

经再生后的溶液可送入吸收塔循环使用。

改良 ADA 法脱硫液中, 还加有酒石酸钾钠, 少量三氯化铁和乙二胺四乙酸 (EDTA)。酒石酸钾钠的作用在于稳定溶液中的钒, 防止生成"钒-氧-硫"复合物沉淀; 加入三氯化铁, 可加速还原态 ADA 的氧化速度 [Fe^{3+} 浓度为 $(50 \sim 100) \times 10^{-6}$ (质量分数)]; 而螯合剂 EDTA 的加入, 可防止 Fe^{3+} 生成 Fe(OH)$_3$ 沉淀, EDTA 的加入量至少应与 Fe^{3+} 等摩尔数。ADA 溶液的硫容可达 1000×10^{-6} (体积分数) 以上。典型的 ADA 溶液组成见表 2-7。

表 2-7　典型 ADA 溶液组成

组　　成	Na$_2$CO$_3$, mol/L	ADA, g/L	NaVO$_3$, g/L	KNaC$_4$H$_4$O$_6$, g/L
加压、高硫化氢	0.5	10	5	2
常压、低硫化氢	0.2	5	2~3	1

改良 ADA 法脱硫范围较宽, 精度较高 [H_2S 含量可脱至小于 1×10^{-6} (体积分数)], 温

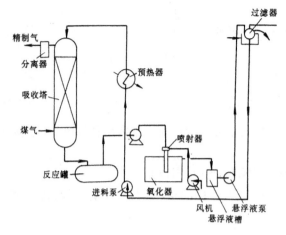

度从常温到 60℃ 间变化。其成分复杂，溶液费用较高。目前国内中型合成氨厂大多采用此法脱硫。

除此之外，目前工业上应用的脱硫方法还有醇胺法、拷胶法、MSQ 法（硫酸锰-水杨酸-对苯二酚-偏钒酸钠为混合催化剂，简称 MSQ 催化剂）、螯合铁法等。

原料气的脱硫选择哪一种方法，是一个涉及面很广的问题。它与原料气的生产方法、净化过程的总体方案以及原料气中硫含量的高低和硫化物类型有关。应根据具体情况，因地制宜的进行选择。

图 2-2　喷射再生法脱硫工艺流程

（三）湿法氧化法脱硫工艺流程

湿法氧化法脱硫再生可分喷射氧化再生和高塔鼓泡再生两大类，如图 2-2 和图 2-3 所示。

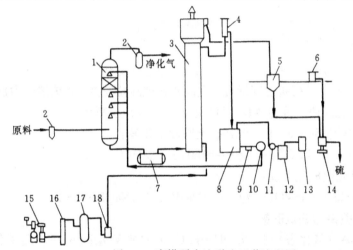

图 2-3　高塔再生法脱硫工艺流程图

1—吸收塔；2—分离器；3—再生塔；4—液位调节器；5—硫泡沫槽；6—温水槽；7—反应槽；
8—循环槽；9—溶液过滤器；10—循环泵；11—原料泵；12—地下槽；13—溶碱槽；
14—过滤器；15—空压机；16—空气冷却器；17—缓冲罐；18—空气过滤器

喷射氧化再生系利用溶液在喷射器内的高速流动形成的负压以自吸空气，这样可以省去空气鼓风机。但是，喷射器要消耗溶液的静压能；高塔再生设备投资较大，并需压缩机送入空气。

再生塔上部出来的硫泡沫，过滤洗涤后经熔硫釜熔融即可得到熔硫。

第二节　一氧化碳变换

半水煤气或其他原料气中含有大量一氧化碳，一般须经变换反应，使其转化成易于清除的二氧化碳和氢气，反应如下：

$$CO + H_2O(g) \rightleftharpoons CO_2 + H_2, \Delta H°_{298} = -41.19 \text{ kJ/mol} \tag{2-24}$$

反应过程中消耗的只是水蒸汽。因此，一氧化碳变换既是原料气的净化过程，又是原料气制备的继续。而残余的少量一氧化碳再通过其他净化方法加以脱除。

工业上，一氧化碳变换是在催化剂存在下进行的。根据使用催化剂活性温度的高低，又可分为中温变换（或称高温变换）和低温变换。中温变换催化剂是以 Fe_3O_4 为主体，反应温度为 $350\sim550℃$，变换后气体中仍含有 3% 左右的 CO。低温变换是以铜或硫化钴-硫化钼为催化剂主体，操作温度为 $180\sim280℃$，出口气中残余 CO 可降至 0.3% 左右。

以煤为原料的中、小型合成氨厂，变换过程要消耗大量的蒸汽，是合成氨厂耗能的主要部分之一。因此，降低变换系统的能耗对合成氨厂节能具有重要意义。

一、一氧化碳变换的基本原理

（一）变换反应的化学平衡

在一氧化碳变换系统中，含有 C、H、O 等三种元素，从热力学角度讲，不仅可进行式 (2-24) 的变换反应，同时还可进行其他反应，如：

$$CO+H_2 \Longrightarrow C+H_2O \tag{2-25}$$

$$CO+3H_2 \Longrightarrow CH_4+H_2O \tag{2-26}$$

由于变换催化剂对 (2-24) 反应具有良好的选择性，因此，仅考虑反应 (2-24) 的平衡即可。

常压下变换反应的平衡常数 K_p 和热效应 ΔH 见表 2-8 和表 2-9。计算表明，压力小于 5.0MPa 时，可不考虑压力对平衡常数及热效应的影响。

表 2-8 变换反应的平衡常数

$$K_p = \frac{p(CO_2)p(H_2)}{p(CO)p(H_2O)}$$

温度 ℃	K_p	温度 ℃	K_p	温度 ℃	K_p	温度 ℃	K_p
200	2.279×10^2	290	4.540×10^1	380	1.444×10^1	470	6.174
205	2.049×10^2	295	4.217×10^1	385	1.368×10^1	475	5.928
210	1.846×10^2	300	3.922×10^1	390	1.298×10^1	480	5.695
215	1.667×10^2	305	3.652×10^1	395	1.232×10^1	485	5.474
220	1.509×10^2	310	3.406×10^1	400	1.170×10^1	490	5.265
225	1.369×10^2	315	3.180×10^1	405	1.113×10^1	495	5.067
230	1.244×10^2	320	2.973×10^1	410	1.059×10^1	500	4.878
235	1.133×10^2	325	2.783×10^1	415	1.008×10^1	505	4.700
240	1.034×10^2	330	2.608×10^1	420	9.610	510	4.530
245	9.447×10^1	355	2.447×10^1	425	9.165	515	4.368
250	8.651×10^1	340	2.298×10^1	430	8.748	520	4.215
255	7.936×10^1	345	2.161×10^1	435	8.356	525	4.069
260	7.293×10^1	350	2.034×10^1	440	7.986	530	3.929
265	6.712×10^1	355	1.916×10^1	445	7.639	535	3.797
270	6.189×10^1	360	1.807×10^1	450	7.311	540	3.670
275	5.714×10^1	365	1.706×10^1	455	7.002	545	3.550
280	5.285×10^1	370	1.612×10^1	460	6.710	550	3.434
285	4.894×10^1	375	1.525×10^1	465	6.435	555	3.325

表 2-9 变换反应的热效应

温度/℃	25	200	250	300	350	400	450	500	550
$-\Delta H/$ (kJ/mol)	41.19	40.07	39.67	39.25	38.78	38.32	37.86	37.30	36.82

现以 1 mol 湿原料气为基准，以 y_a、y_b、y_c 和 y_d 分别代表初始组成中 CO、H_2O、CO_2 和 H_2 的摩尔分率，x_p 为 CO 的平衡转化率（变换率），则各组分的平衡浓度分别为：

$$y_a - y_a x_p、\quad y_b - y_a x_p、\quad y_c + y_a x_p、\quad y_d + y_a x_p$$

故 $\qquad K_p = \dfrac{p(CO_2)p(H_2)}{p(CO)p(H_2O)} = \dfrac{(y_c + y_a x_p)(y_d + y_a x_p)}{(y_a - y_a x_p)(y_b - y_a x_p)}$

解此二次方程可得：

$$x_p = \frac{U - \sqrt{U^2 - 4WV}}{2y_a W} \tag{2-27}$$

式中　$U = K_p(y_a + y_b) + y_c + y_d$；

$\qquad W = K_p - 1$；

$\qquad V = K_p y_a y_b - y_c y_d$。

工业生产中，只要测定变换炉进出口气体中的 CO 含量，就可确定反应的变换率。以 1mol 干原料气（不含氧）为基准，则原料气中 CO 量应等于反应了的 CO 量与变换气中 CO 量之和：

$$y_a = y_a x + (1 + y_a x)y'_a$$

由此可得：

$$x = \frac{y_a - y'_a}{y_a(1 + y'_a)} \times 100 \tag{2-28}$$

式中　y_a、y'_a——分别为原料气中和变换气中 CO 的摩尔分率（干基）。

一氧化碳变换是放热反应，对一定的原料气初始组成，随着温度的降低，变换气中 CO 的平衡含量减少。表 2-10 列出了半水煤气变换后一氧化碳平衡含量与 H_2O/CO 比和温度的关系。

表 2-10　不同温度及水蒸气比例下，干变换气中 CO 的平衡含量，摩尔分数

（干原料气组成：$CO = 0.317$，$CO_2 = 0.080$，$H_2 = 0.400$，$N_2 + CH_4 + Ar = 0.203$）

温度/℃	H_2O/CO，摩尔比			
	1	3	5	7
150	0.009538	0.001757	0.000065	0.000035
200	0.016999	0.002137	0.000216	0.000120
250	0.027318	0.003017	0.000576	0.000316
300	0.059030	0.008375	0.004314	0.002900
350	0.078495	0.015234	0.008030	0.005436
400	0.099126	0.024781	0.013469	0.009210
450	0.120184	0.036818	0.020748	0.014310
500	0.141059	0.050849	0.029791	0.020951
550	0.161286	0.066249	0.040362	0.028866
600	0.180547	0.082407	0.052123	0.037937

由表可见，当 $H_2O/CO = 3$、温度 450℃ 时，CO 含量为 3.68%；当温度为 200℃ 时 CO 含量降至 0.21%。因此，低温变换后残余 CO 含量有较大降低。水蒸气加入量对平衡组成的影响也很大。若要求 CO 平衡含量低，则需要 H_2O/CO 大。在 450℃，$H_2O/CO = 3$ 时，CO 平衡含量要由 3.68% 降至 1.43%，则 H_2O/CO 需由 3 增大至 7。因此，合理选择变换率是降低汽耗的重要因素。

（二）变换反应动力学

1. 动力学方程

变换反应的动力学方程，由于催化剂性能的差异及各研究者采用实验条件的不同，至今文献上发表的中温变换动力学方程式至少有 30 多种。但对低温变换催化剂的研究尚不充分。

在工艺计算中，较常用的动力学方程式有三种类型：

（1）一级反应：$\qquad r_{CO} = k_0(y_a - y_a^*)$ $\tag{2-29}$

式中　r_{CO}——反应速率，（Nm^3CO/m^3 催化剂·h）；

　　y_a、y_a^*——分别为 CO 的瞬时含量及平衡含量，摩尔分率；

　　　k_0——反应速率常数，h^{-1}。其等温积分式为：

$$k_0 = V_{SP} \lg \frac{1}{1-x/x_p} \qquad (2\text{-}30)$$

$$或 \ k_0 = V_{SP} \lg \frac{y_1 - y_1^*}{y_2 - y_2^*} \qquad (2\text{-}31)$$

　　V_{SP}——湿原料气空速，h^{-1}；

　　y_1、y_2——分别为进出口气体中 CO 含量，摩尔分率；

　　y_1^*、y_2^*——分别为进出口气体中 CO 平衡含量，摩尔分率。

用式（2-31）对低变催化剂的反应速率数据进行整理，可得如下关系式：

$$k_0 = 1.81 \times 10^5 p^{0.45} \exp\left(-\frac{1877}{T}\right) \qquad (2\text{-}32)$$

式中　p——压力，MPa；

　　T——平均温度，K。

　　式（2-32）是以 CuO-ZnO 系低变催化剂在温度为 180～270℃、压力 0.1～1.2 MPa 下作出。根据方程式算出的催化剂用量还需乘上一个安全系数。

　　（2）二级反应　$r_{CO} = k\left(y_a y_b - \frac{y_c y_d}{K_p}\right)$ $\qquad (2\text{-}33)$

式中　　k——反应速率常数 h^{-1}；

y_a、y_b、y_c、y_d——分别为 CO、H_2O、CO_2、H_2 的瞬时含量，摩尔分率。

　　（3）幂函数型动力学方程式　系一种通用型动力学方程式，(1)、(2)类动力学方程可视作本类型的一种特例。幂函数型动力学方程式可表示为如下形式：

$$r(CO) = k p^e(CO) p^m(H_2O) p^n(CO_2) p^q(H_2)(1-\beta) \qquad (2\text{-}34)$$

$$或 \ r(CO) = k p^\delta [y^e(CO) y^m(H_2O) y^n(CO_2) y^q(H_2)](1-\beta)$$

式中　　　　　$r(CO)$——反应速率/$[molCO/(g \cdot h)]$；

　　　　　　　k——反应速率常数/$[molCO/(g \cdot h \cdot MPa^\delta)]$；

　　　　　　　δ——幂指数之和，即 $\delta = e+m+n+q$；

$p \cdot p(CO)$、$p(H_2O)$、$p(CO_2)$、$p(H_2)$——分别为总压和各组分分压/MPa；

$$\beta——\frac{p(CO_2)p(H_2)}{K_p \cdot p(CO)p(H_2O)} \ 或 \frac{y(CO_2)y(H_2)}{K_p y(CO)y(H_2O)}$$

对于不同类型的中变催化剂，各幂指数的范围为：$e = 0.8 \sim 1.0$、$m = 0 \sim 0.3$、

$$n = 0.2 \sim 0.6 、 q = 0。$$

　　对于低变催化剂也有类似的动力学方程式。

　　2. 扩散过程的影响

　　一般认为，变换反应内扩散的影响是显著的，有时表现为强内扩散控制。催化剂的内表面利用率与反应的温度、压力和组成以及催化剂的规格、结构、反应活性有关。图 2-4 示出中变催化剂内表面利用率与其影响因素的关系。

　　由图可知，对同一规格的催化剂，在相同压力下由于温度升高，一氧化碳的扩散速度有所增加，而催化剂内表面反应的速度常数增加更迅速，总的表现出内表面利用率降低。在相同温度和压力下，小颗粒的催化剂内表面利用率较高。这是由于外表面大，内表面扩散易于

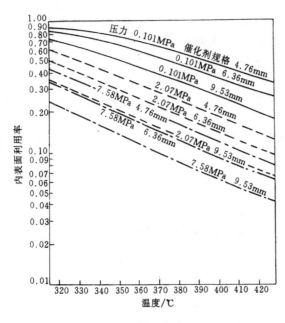

图 2-4 中变催化剂在不同温度、
压力下的内表面利用率

进行,但其阻力相应增大。对于同一规格的中变催化剂,在相同温度下,随着压力的提高,反应速度增大,而一氧化碳的有效扩散系数显著变小,因此内表面利用率迅速减小。

二、变换催化剂

(一) 铁-铬催化剂

铁-铬催化剂是化学工业中研究和应用最早的催化剂之一。研究表明,以 Fe_2O_3 为主体的中变催化剂,加入铬、铜、钾、锌、钴、镍等的氧化物可以改善催化剂的耐热和耐毒性能。目前广泛采用的中变催化剂,是以 Fe_2O_3 为主体,以 Cr_2O_3 为主要添加剂的多成分铁-铬系催化剂,主要性能见表 2-11。

铁-铬系催化剂还原前一般含 Fe_2O_3 $80\%\sim90\%$、Cr_2O_3 $7\%\sim11\%$,并含有 K_2O、MgO 及 Al_2O_3 等助剂组分。

表 2-11 国产铁-铬系中变催化剂性能

型 号	B 104	B 106	B 109	B 110	B 107 B 108 WB-2	BMC
旧型号	$C_{A\sim2}$	C_6	C_9	C_{10}	(共沉淀法)	低温耐硫
成分	Fe_2O_3、MgO、Cr_2O_3、少量 K_2O	Fe_2O_3、Cr_2O_3、MgO $SO_3<0.7\%$	Fe_2O_3、Cr_2O_3、K_2O,SO_4^{2-} $\approx0.18\%$	Fe_2O_3、Cr_2O_3、K_2O_9,$S<0.06\%$	Fe_2C_3、Cr_2O_3、K_2O、MgO	Fe_2O_3、MoO_3
规格/mm	圆柱体 $\phi7\times(5\sim15)$	圆柱体 $\phi9\times(7\sim9)$	圆柱体 $\phi9\times(7\sim9)$	片剂 $\phi5\times5$	圆柱体 $\phi9\times(5\sim7)$	圆柱形片剂 $\phi9\times(7\sim9)$
堆积密度/(kg/L)	1.0	$1.4\sim1.5$	1.5	1.6	$1.3\sim1.4$	$1.5\sim1.6$
机械强度/N	轴向压碎强度<200	轴向压碎强度 1500 以上	轴向压碎强度 1500 以上	轴向压碎强度 1440 侧向 180	轴向压碎强度 <2000,侧向 >250	
400℃还原后比表面/(m²/g)	$30\sim40$	$40\sim45$	>70	55	$80\sim100$	~50
400℃还原后孔隙率,%	$40\sim50$	~50			$45\sim50$	20
使用温度范围(最佳活性温度)/℃	$380\sim520$ $(450\sim500)$	$360\sim500$ $(375\sim450)$	$320\sim500$ $(350\sim450)$	同 B 109	$320\sim480$ $(350\sim450)$	$310\sim480$ $(350\sim450)$
操作条件 进口气机温度/℃	380 以上	360 以上	$330\sim350$	$350\sim380$	$330\sim350$	$310\sim340$
操作条件 H_2O/CO(摩尔比)	$3\sim5$	$3\sim4$	$2.5\sim3.5$	原料气含 CO 13%时为 $3.5\sim7$	$2.5\sim3.5$	$2.2\sim3.0$

	型　号	B 104	B 106	B 109	B 110	B 107　B 108 WB-2	BMC
操作条件	常压下干气空速/h⁻¹	300~400	300~500	300~500 300~1500 (1.0 MPa 以上)	原料气含CO 13％时为2000~3000 (3.0~4.0 MPa)	300~500 800~1500 (1.0 MPa 以上)	300~500 800~1500 (1.0 MPa 以上)
	H₂S 允许含量 g/m³	<0.3	<0.1	<0.05		<0.05	1~1.5

由于 Cr_2O_3 和 Fe_2O_3 具有相同的晶系,制成固熔体后,可高度地分散于活性组分 Fe_3O_4 晶粒之间,使催化剂具有更细的微孔结构及更大的比表面。在高温下,Cr_2O_3 可防止还原后的 Fe_3O_4 的结晶长大,可使催化剂耐热性能提高,寿命增长。同时,Cr_2O_3 还具有提高催化剂的机械强度和防止析碳等副反应的作用。因此,各种添加物中以 Cr_2O_3 最为重要。添加 K_2O 也能提高催化剂的活性,添加 MgO 和 Al_2O_3 可提高催化剂的耐热性,MgO 还有明显的抗硫能力。

铁-铬催化剂能使有机硫转化为无机硫:

$$COS+H_2O \Longleftrightarrow H_2S+CO_2 \tag{2-35}$$

$$CS_2+H_2O \Longleftrightarrow COS+H_2S \tag{2-36}$$

对 COS 而言,转化率可达 90％以上。以煤为原料的小型合成氨厂,主要靠变换来完成有机硫转化为 H_2S 的过程。

铁-铬系催化剂中,Fe_2O_3 需经还原成 Fe_3O_4 后才具有活性。在生产中,通常用含 H_2 或 CO 的气体进行还原,反应如下:

$$3Fe_2O_3+CO \Longrightarrow 2Fe_3O_4+CO_2, \Delta H^\circ_{298}=-50.811 \text{ kJ/mol} \tag{2-37}$$

$$3Fe_2O_3+H_2 \Longrightarrow 2Fe_3O_4+H_2O(g), \Delta H^\circ_{298}=-9.621 \text{ kJ/mol} \tag{2-38}$$

催化剂中的 Cr_2O_3 不能被还原。当用含 CO 或 H_2 的气体配入水蒸气(H_2O/干气=1)对催化剂进行还原时,干气每消耗1％的 CO,约可造成7℃的温升,而消耗1％的 H_2 温升约为1.5℃。因此,在还原催化剂时,气体中的 CO 或 H_2 的含量提高不宜太快,避免催化剂因超温而降低活性。当系统停车时,必须对催化剂进行钝化处理。

铁-铬催化剂在还原过程中,Fe_2O_3 除可转化为 Fe_3O_4 外,在一定条件下还可以转化为 FeO 和 Fe 等物质。因此,在还原和生产操作时,务必严格控制工艺条件,以免发生过度还原反应。

（二）低变催化剂

目前工业上应用的低变催化剂均以 CuO 为主体。还原后具有活性的组分是细小的铜结晶——铜微晶。显然,较高的铜含量和较小尺寸的微晶,对提高反应活性是有利的。

单纯的铜微晶,在操作温度下极易烧结,导致微晶增大、比表面减小、活性降低和寿命缩短。因此,需要加入适宜的添加物。目前,常用的添加物有 ZnO、Cr_2O_3 及 Al_2O_3 等。作用是分散于铜微晶的周围,将微晶有效的分隔开,提高其稳定性。根据添加物的不同,低变催化剂可分为 CuO-ZnO 系、CuO-ZnO-Cr_2O_3 系、CuO-ZnO-Al_2O_3 系等。

低变催化剂的组成范围为:CuO 15.3％~31.2％(高铜催化剂可达42％)、ZnO32％~62.2％、Al_2O_3 0~40.5％。国产低变催化剂的性能见表2-12。

低变催化剂用 H_2 或 CO 还原时,发生如下反应:

$$CuO+H_2 \Longrightarrow Cu+H_2O(g), \Delta H^\circ_{298}=-86.7 \text{ kJ/mol} \tag{2-39}$$

$$CuO+CO \Longrightarrow Cu+CO_2, \Delta H^\circ_{298}=-127.7 \text{ kJ/mol} \tag{2-40}$$

表 2-12 国产低变催化剂的性能

型　　号	B 201	B 202	B 204	EB-1、SB-1
旧型号	0701	0702	0704	—
主要成分	CuO、ZnO、Cr_2O_3	CuO、ZnO、Al_2O_3	CuO、ZnO、Al_2O_3	CoS、MoS_2、Al_2O_3
规格/mm	片剂,$\phi5\times5$	片剂,$\phi5\times5$	片剂,$\phi5\times4\sim4.5$	球形,$\phi4$、$\phi5$、$\phi6$ 片剂,$\phi5\times4$
堆积密度/(kg/L)	1.5～1.7	1.3～1.4	1.4～1.7	1.05、1.25
比表面/(m²/g)	63	61	69	
操作条件 使用温度,℃	180～260	180～260	210～250	160～400 185～260
操作条件 水蒸气比(摩尔比)	H_2O/CO 6～10	H_2O/CO 6～10	水蒸气/干气 0.5～1.0	水蒸气/干气 1.0～1.2 入口 $H_2S>0.05g/m^3$
操作条件 干气空速/h⁻¹	1000～2000 (2.0MPa)	1000～2000 (2.0MPa)	2000～3000 (3.0MPa)	625～2000 (0.71～0.86MPa)

催化剂还原时,可用氮气、天然气或过热蒸气作载气,配入适量的还原性气体。生产中一般用纯 N_2(N_2 含量大于 99.95%)配氢还原,反应从 160～180℃开始,此时 H_2 含量为 0.1%～0.5%。随着反应的进行,H_2 含量可逐步增至 3%,还原后期可增至 10%～20%,以确保催化剂还原彻底。

与中变催化剂相比,低变催化剂对毒物十分敏感。能引起催化剂中毒或活性降低的主要物质有:硫化物、氯化物和冷凝水。

变换系统的气体中,含有大量的水蒸气,为避免冷凝水的出现,低变操作温度一定要高于该条件下气体的露点温度。

氯化物是对低变催化剂危害最大的毒物,其毒性较硫化物大 5～10 倍,系永久性中毒的毒物。氯化物的主要来源是工艺蒸汽或冷激用的冷凝水。为保护催化剂,蒸汽中氯含量越低越好,一般要求应小于 3×10^{-8}(质量分数),有的甚至要求低于 3×10^{-9}(质量分数)。

（三）钴-钼耐硫催化剂

铁-铬系催化剂虽然在工业上得到广泛应用,但一般仅适用于含硫很低的煤气中 CO 的变换。随着重油氧化法和煤气化法的发展,制得的原料气中含硫量过高,铁-铬系催化剂已不能适应耐大量硫的要求。70 年代初期,人们成功的研制出了钴-钼系耐硫变换催化剂。此种催化剂将 Co-Mo 载于氧化铝载体上,活性温度较 Fe-Cr 系催化剂低 60～80℃,变换率与 Fe-Cr 系催化剂相同。例如,某一中变耐硫催化剂,含有 MoS_2 9.8%,Co_9S_8 4.7%,其余为 Al_2O_3 载体。在加压下,反应温度 350～400℃、空速 1000 h^{-1},变换率与 Fe-Cr 催化剂相同。加入 H_2S 含量为 18 g/Nm³ 的原料气,对变换过程无影响。特别对于重油部分氧化法制取的原料气,可以在除去炭黑后直接送入变换,而无需将气体冷却至常温再经过脱硫后才送变换。这样不仅节省能量,而且可以在脱除原料气中 H_2S 的同时,与脱除变换气中 CO_2 的过程一并考虑,可以大大简化工艺过程。

钴-钼耐硫催化剂制成品中,钴和钼是以 CoO 和 MoO 状态存在,使用前必须进行硫化处理使其转化为活性态 MoS_2 和 Co_9S_8。为了硫化钴和硫化钼的稳定性,正常操作时,气体中总硫不应低于 0.1 g/Nm³。钴-钼催化剂的活性温度范围为 180～475℃。活性比较见表 2-13。

表 2-13　耐硫催化剂的活性比较

催 化 剂	压力/MPa	温度/℃	假一级速率常数 min⁻¹
Fe-Cr	0.101	404	81.2
Cu-Zn-Cr	0.101	300	80.0
硫化的 Co-Mo-Cs	0.101	404	6481
硫化的 Co-Mo-Cs	0.101	300	418.9

可以看出，耐硫催化剂活性远高于铁-铬和铜-锌系催化剂的活性。

三、工艺条件的选择

本节将根据上述反应动力学、热力学及催化剂的讨论，结合变换系统的工艺特点，对变换过程的工艺条件：温度、压力、汽/气比等加以论述。

（一）压力

压力对变换反应的平衡几乎没有影响，而反应速率与总压约成 0.45 次方的比例关系。因此，变换反应过程的空速随总压的提高而增大。例如，以煤为原料的中、小型合成氨厂，常压下中变催化剂的干气空速为 300～500 h⁻¹，而压力为 1.0～2.0 MPa 的加压变换，其空速可达 800～1500 h⁻¹。以烃类为原料的大型合成氨厂，由于原料气中 CO 含量较低，当压力为 3.0 MPa 时，空速可达到 2500～3000 h⁻¹。压力对低变催化剂的反应速度也有相似的影响。通常，低变的压力随中变而定。

从能量消耗上看，加压操作也是有利的。由于干原料气的摩尔数小于干变换气的摩尔数，所以，先将原料气压缩后再进行变换的能耗，要比常压变换后再压缩变换气的能耗低。一般可降低能耗 10%～15%。同时，加压变换也提高了过量蒸汽的回收价值。但是加压变换需要较高的蒸汽压力，对设备材质的要求相对要高。具体压力应由压缩机各段压力分配而定。一般小型氨厂与碳化等压操作，压力为 0.7～1.2 MPa；中型合成氨厂与脱碳等压操作，压力为 1.2～1.8 MPa。

（二）温度

变换反应是一个可逆放热反应。从反应动力学可知，温度升高，反应速度常数增大，而平衡常数随温度的升高而减小。CO 平衡含量增大，反应推动力将变小。可见温度对两者的影响互为矛盾。因此，对于一定催化剂和气相组成以及对应每一个转化率时，必定对应一个最大的反应速度值。与该值相对应的温度称为最适宜温度。可以根据动力学方程式推导出最适宜温度的计算式：

$$T_m = \frac{T_e}{1 + \dfrac{RT_e}{E_2 - E_1} \ln \dfrac{E_2}{E_1}} \tag{2-41}$$

式中　T_m、T_e——分别为最适宜温度和平衡温度，K；

R——气体常数，kJ/（kmol·K）；

E_1、E_2——正、逆反应活化能，kJ/（kmol·K）。

从式（2-41）可知，随着 CO 变换过程的进行，最适宜温度不断降低，这是和绝热催化反应的温度升高互为矛盾的。为了解决这一矛盾，工业生产中通常采用多段变换的办法，即用多段反应、多段冷却的方法进行变换反应。多段冷却的方式又可分为中间换热式、喷水冷激式和蒸汽过热式等三种形式。

中间换热式是利用反应气预热入炉的半水煤气，从而降低自身温度。此法要求中间换热器和副线设计合理，以便于温度的调控。

喷水冷激式是采用在反应器中喷水冷凝水使其蒸发，从而既降低反应气体的温度，又增加水蒸气含量，以满足变换过程对水蒸气的要求。喷水后要使水蒸气和气体混合均匀，确保床层间同一平面温差较低和均匀。

蒸汽过热法是利用导入的饱和蒸汽来冷却反应气体，从而降低反应温度并使蒸汽过热。此法的最大优点在于避免热交换器冷端出现冷凝液、遭受严重腐蚀。

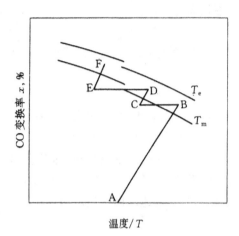

图 2-5 CO 变换过程的 T-x 图

上述三种方式也可以混合使用。一般而言，在添加饱和蒸汽的场合，采用蒸汽过热法较为有利；在水质良好的条件下，采用喷水冷激有利于降低蒸汽的消耗。尽可能不用半水煤气冷激和蒸汽冷激。图 2-5 为带有中间换热和喷水冷激的三段变换过程的 T-x 图。段间为中间换热时，平衡曲线（T_e）和最适宜温度曲线（T_m）因水蒸气比例不变，未作移动。在绝热反应中操作线也称温升曲线，与变换率的关系几乎成一直线。段间换热，喷水（蒸气）冷激时，气体变换率不变，反降低了气体温度；$\overline{BC}$、$\overline{DE}$呈水平方向的直线。但由于水蒸气的比例增大，平衡曲线和最适宜温度曲线均发生上移。AB、CD、EF 分别为一、二、三段绝热操作线，$\overline{BC}$ 和 $\overline{DE}$ 为段间降温线。

变换过程的温度应在催化剂活性温度范围内进行操作。反应开始温度一般应高于催化剂起活温度约 20℃。不同型号的中变催化剂，一般反应开始温度为 320～380℃，热点温度在 450～550℃范围。

对于低变过程，由于温升很小，催化剂不必分段。但应特别注意根据气相中水蒸气含量，确定低变过程的温度下限。一般地讲，操作温度的下限应比该条件下气体的露点温度高 20～30℃，以避免气体入低变系统后达到露点温度而出现液滴。在设计中，可根据总压和气体湿含量，计算出露点温度再加上 20～30℃即为低变操作温度的下限。

（三）汽/气比（水蒸气比例）

汽/气比是指水蒸气/干半水煤气或 H_2O/CO（摩尔比）。改变水蒸气比例是工业变换反应中最重要的调节手段。反应初期远离平衡，正反应速率起主导作用，此时 H_2O/CO 的增加对反应速率并无明显影响，且对 CO 和 CO_2 含量的稀释起了重要作用。而 CO 含量的正影响大于 CO_2 含量的负影响。因此，反应速率是随水蒸气比例增大而减小的。

反应后期接近平衡时，提高水蒸气比例可使平衡反应向正反应方向移动，有利于提高最终转化率。

但是，水蒸气用量是变换过程中最主要的消耗指标。工业生产上应在满足生产要求的前提下尽可能降低水蒸气比例。以降低水蒸气的消耗。当然水蒸气的消耗还与合理地确定 CO 最终变换率或残余 CO 含量有关，同时注意余热回收和利用；另一方面，也应看到原料气中较高的氧含量会引起催化剂床层的温度剧升，从而也会导致蒸汽消耗的增大。因而以煤为原料的制气操作中应尽量降低半水煤气中的氧含量。另外，采用新型低温活性催化剂，段间水冷激，在不需导入外界能耗的条件下，增加了催化剂床层后段的蒸汽比例，这对降低蒸汽消耗也是十分有利的。冷激用水一定要用工艺系统的冷凝水或去离子水，否则会造成催化剂的表面结皮，急剧地降低催化剂的活性。

四、变换的工艺流程

变换工艺流程的设计，首先应依据原料气中CO含量高低来加以确定。CO含量高，应采用中温变换。这是由于中变催化剂操作温度范围较宽，而且价廉易得，使用寿命长。当CO含量高于15%时，应考虑将反应器分为二段或三段变换。其次是根据进入系统的原料气温度和湿含量，考虑气体预热和增湿，合理利用余热。第三应将CO变换和脱除残余CO的方法结合考虑，如果CO脱除方法允许CO残量较高，则仅用中变即可。否则，采用中变与低变串联，以降低变换气中CO含量。现对两种流程分述如下：

（一）中变-低变串联流程

此种流程一般与甲烷化法配合使用。例如天然气蒸气转化法制氨流程，由于天然气转化所得到的原料气中CO含量较低，这样只需配置一段变换即可。如图2-6所示，将含有CO 13%～15%的原料气经废热锅炉降温，在压力3.04 MPa，温度为370℃的工况下进入高变炉。因原料气中水蒸气的含量较高，一般无需另加蒸汽。经变换反应后的气体中，CO可降至3%左右，温度相应为425～440℃。此气体通过高压废热锅炉，冷却到330℃，可使锅炉产生10.13 MPa的饱和蒸汽。此变换气还可预热其他工艺气体（如加热甲烷化炉进气）而被冷却至220℃，然后进入低变炉。低变炉绝热温升仅为15～20℃，此时残余CO可降至0.3%～0.5%。该反应热还可以进一步回收。为

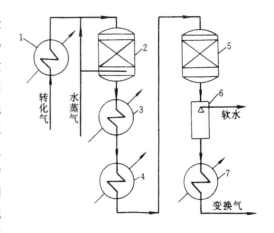

图 2-6　一氧化碳中变-低变串联流程
1—废热锅炉；2—高变炉；3—高变废热锅炉；
4—甲烷化炉进气预热器；5—低变炉；
6—饱和器；7—贫液再沸器

提高其传热效果可喷入少量水于气体中，使其达到饱和状态。这样，当气体进入脱碳贫液再沸器时，水蒸气即行冷凝，使传热系数增大。气体离开变换系统后，送脱碳系统脱除CO_2。目前，这种流程的主要差别在于中变废热锅炉的不同。大型合成氨厂可产生高压蒸汽，而中、小合成氨厂产生中压蒸汽或预热锅炉给水。

（二）多段中变流程

以煤为原料的中、小型氨厂制得的半水煤气中含有较高的CO，需采用多段中变流程。多段中变流程包括：1. 多段变换炉及段间冷却设备；2. 保证变换炉一段入口达到反应温度所需的热交换器；3. 回收过量反应蒸汽潜热的设备，如饱和塔、热水塔和水加热器；4. 冷却变换气的冷凝塔；5. 开车升温所用的电热炉或煤气升温炉。

小型氨厂三段加压中变流程如图2-7所示。

经压缩机加压的半水煤气入饱和塔，出口气与经变换炉二、三段间过热蒸汽相混合，然后进入热交换器管内预热，经开工升温用电热炉，进变换炉一段催化剂床层反应。一段出口气经喷水冷激后，入二段床层反应，二段出口气经蒸汽过热器降温后入三段床层反应。三段出口气入热交换器管间初步回收显热后，入第一水加热器，间壁加热由饱和塔来的循环热水，提高半水煤气的饱和温度。然后进入热水塔直接加热循环热水，回收过量蒸汽的冷凝潜热。再经第二水加热器进一步回收剩余蒸汽的冷凝潜热，用于加热循环水，供铜洗再生过程所需热量。变换气经冷却塔或冷却器降至常温送下一工序。

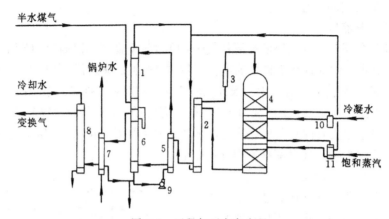

图 2-7　三段加压中变流程

1—饱和塔；2—热交换器；3—电热炉；4—变换炉；5—第一水加热器；6—热水塔；
7—第二水加热器；8—冷凝塔；9—热水泵；10—第一冷激器；11—蒸汽过热器

第三节　二氧化碳的脱除

一、概述

无论是以固体燃料还是烃类为原料制得的原料气中，经 CO 变换后都含有相当量（15%～40%）的 CO_2。在入合成系统前必须将 CO_2 气体清除干净。而 CO_2 又是制造尿素、碳酸氢铵和纯碱等的原料。因此，CO_2 脱除和回收净化是脱碳过程的双重任务。

脱除气体中 CO_2 的过程称作"脱碳"。工业上常用的脱碳方法为溶液吸收法。该法可分为两大类：一类是循环吸收过程，即吸收 CO_2 后在再生塔解吸出纯态 CO_2，供尿素生产用；另一类是将吸收 CO_2 的过程与生产产品同时进行，例如碳酸氢铵、联碱和联尿等产品的生产过程。

循环吸收法据所用吸收剂的性质不同，可分为物理、化学和物理化学吸收法三种。

物理吸收法是利用 CO_2 能溶解于水或有机溶剂的特性进行操作的。常用的方法有水洗法、低温甲醇法（Rectisol 法）、碳酸丙烯酯法（Fluor 法）、聚乙二醇二甲醚法（Selexol 法）等。吸收能力的大小取决于 CO_2 在该溶液中的溶解度。溶液的再生采用减压闪蒸法。

化学吸收法是用碳酸钾、有机胺和氨水等碱性溶液作为吸收剂，实际上属于酸碱中和反应。此类方法名目繁多。例如，用碳酸钾吸收 CO_2 时，由于向溶液中添加活化剂不同，又可分为改良热钾碱法或称本菲尔（Benfield）法、催化热钾碱法或称卡特卡朋（Catacarb）法和氨基乙酸法等。新开发的低能耗脱碳方法称为 N-甲基二乙醇胺（MDEA）法。

在化学吸收法中，溶剂的吸收能力由反应的化学平衡决定。溶液的再生通常都采用"热法"。再生的热耗量是评价和选择脱碳方法的一个重要经济指标。

环丁砜（Sulfinol）法和聚乙二醇二甲醚（Selexol）法是兼有物理吸收和化学吸收的方法。环丁砜法所用的吸收剂是环丁砜和烷基醇胺类的水溶液。其中环丁砜（学名为 1-1-二氧化四氢噻吩）对 CO_2 是一种良好的物理吸收剂。而烷基醇胺（常用的有二异丙醇胺、一乙醇胺、二乙醇胺）很容易与 CO_2 发生化学反应。用一定比例的环丁砜和醇胺水溶液吸收 CO_2，当气相中 CO_2 分压较小时，以化学吸收为主；当 CO_2 分压较大时，物理吸收和化学吸收同时进行。这样既保持溶液对 CO_2 有较大的吸收能力，又可保证脱碳气体较高的净化度。

下面对物理吸收法和化学吸收法脱除 CO_2 的基本原理、工艺特征和节能方面等加以简介。

二、物理吸收法脱碳

（一）概述

物理吸收脱除 CO_2 的方法，由于选择性差，且仅以减压闪蒸的方法进行再生，一般 CO_2 回收率不高，此法仅适用于 CO_2 有富余的合成氨厂。例如以煤为原料间歇制气生产合成氨，加工产品为尿素的流程或重油部分氧化生产合成氨原料气，而最终加工产品为尿素的流程中常采用此法脱碳。

物理吸收法脱碳，按操作温度可分为常温循环吸收法和低温甲醇洗涤法。前者所用的吸收剂通常有水、碳酸丙烯酯和聚乙二醇二甲醚，它们的溶解度系数列于表2-14。由表可知，碳酸丙烯酯对 CO_2 的溶解度比水大 4 倍，而聚乙二醇二甲醚对 CO_2 的溶解度比前两者更大。特别是它对 H_2S 的溶解度很大。因此，尤其适用于含 CO_2 的气流中选择性吸收 H_2S 的场合。甲醇是吸收 CO_2、H_2S、COS 等极性气体的良好溶剂，尤其是在低温下，上述气体在甲醇中的溶解度更大。表 2-15 示出了不同温度和压力下 CO_2 在甲醇中的溶解度。

表 2-14　常用物理吸收剂在 25℃ 下的溶解度系数

溶解度系数	溶　　剂		
	水	碳酸丙烯酯	聚乙二醇二甲醚
$H(CO_2)$, $(m^3)_n(m^3 \cdot MPa)$	7.49	34.2	39.1
$H(H_2S)$, $(m^3)_n(m^3 \cdot MPa)$	22.27	118.4	361.8
$H(H_2S)/H(CO_2)$	2.97	3.46	9.25
$H(COS)$, $(m^3)_n(m^3 \cdot MPa)$	4.70	49.3	98.7
$H(COS)/H(H_2S)$	0.211	6.416	0.273
$H(H_2)$, $(m^3)_n(m^3 \cdot MPa)$	0.1731	0.296	
$H(CO_2)/H(H_2)$	43.3	115.5	

表 2-15　不同温度和压力下二氧化碳在甲醇中的溶解度

（cm^3 二氧化碳/g 甲醇）

$p(CO_2)/MPa$	温度/℃				$p(CO_2)/MPa$	温度/℃			
	−26	−36	−45	−60		−26	−36	−45	−60
0.101	17.6	23.7	35.9	68.0	0.912	223.0	444.0		
0.203	36.2	49.8	72.6	159.0	1.013	268.0	610.0		
0.304	55.0	77.4	117.0	321.4	1.165	343.0			
0.405	77.0	113.0	174.0	960.7[①]	1.216	385.0			
0.507	106.0	150.0	250.0		1.317	468.0			
0.608	127.0	201.0	362.0		1.418	617.0			
0.709	155.0	262.0	570		1.520	1142.0			
0.831	192.0	355.0							

① 二氧化碳分压 0.425MPa。

由表 2-15 可以看出，CO_2 在甲醇中的溶解度随压力的增加而增大，温度对溶解度的影响更大，尤其是当温度低于 −30℃ 时，溶解度随温度的降低而剧增。与温度接近于 CO_2 的露点时，气体在该压力下的溶解度趋近于无穷大。

（二）碳酸丙烯酯法（简称碳丙法）

1. 碳酸丙烯酯脱碳的基本原理

碳酸丙烯酯（分子式 $CH_3CHOCO_2CH_2$，结构式为：$CH_3{-}CH{-\!\!\!-}CH_2$ ）是一种具有一定极性

的有机溶剂。对 CO_2、H_2S 等酸性气体有较大的溶解能力，而 H_2、N_2、CO 等气体在其中的溶解度甚微。各种气体在碳丙中的溶解度如表 2-16 所示。

表 2-16 不同气体在碳酸丙烯酯中的溶解度

Nm³ 气体/m³ 溶剂（$p=0.1$ MPa，$t=25℃$）

气　　体	CO_2	H_2S	H_2	CO	CH_4	COS	C_2H_2
溶解度	3.47	12.0	0.03	0.5	0.3	5.0	8.6

不同温度和压力下 CO_2、H_2S 在碳酸丙烯酯中的溶解度示于图 2-8。

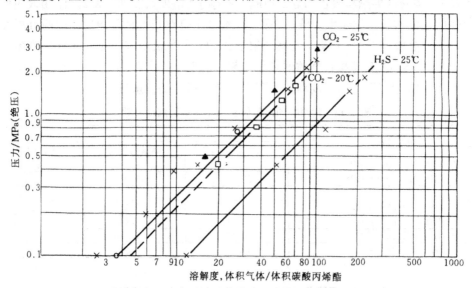

图 2-8　不同压力、温度下 CO_2、H_2S 在碳丙中的溶解度

由表 2-16 知，在 25℃ 和 0.1 MPa 下，CO_2 在碳酸丙烯酯中的溶解为 3.47 Nm³/m³，而在同样条件下，H_2 的溶解度仅为 0.03 Nm³/m³。因此，可以利用碳酸丙烯酯从气体混合物中选择性吸收 CO_2。

由碳酸丙烯酯吸收 CO_2 的动力学研究表明，在通常条件下，其吸收速率属液膜控制。

烃类在碳丙中的溶解度也很大。因此当原料气中含有较多的烃类时，工业上多采用多级膨胀再生的方法回收被吸收的烃类。

碳丙是吸收 CO_2 的一种理想溶剂，其吸收能力与压力成正比，特别适于高压下进行。溶剂的蒸汽压低，可以在常温下吸收。吸收 CO_2 以后的富液经减压解吸或鼓入空气，可使之得到再生，无需消耗热量。生产工艺简单，整个脱碳系统的设备都可用碳钢制造。本法的缺点是溶液价格较高，溶剂稍有漏损就会造成操作费用的增高。

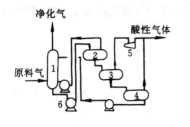

图 2-9　碳酸丙烯酯吸收二氧化碳流程

2. 生产流程

碳酸丙烯酯脱碳的典型流程见图 2-9。

温度约 55℃、含 CO_2 35% 左右的原料气由吸收塔下部导入。温度为 35℃ 的碳丙在操作压力为 2.7 MPa 下在吸收塔吸收 CO_2。出塔净化气中的 CO_2 残量约 1%。吸收了 CO_2 的碳丙溶液由塔底引出，先经水力透平回收能量后再进入一级膨胀器 2（$p=1.01$ MPa），在此溶解于溶

剂中的高级烃类和氢、氮气首先闪蒸出来。这些气体经压缩机压缩后返回系统。由一级膨胀器流出的溶剂又分别在 0.05 MPa 和 0.01 MPa 下经过两级膨胀 3、5,膨胀气作为 CO_2 回收。为提高气体的净化度,溶剂由三级膨胀器 4 流出后可送汽提塔用空气进一步再生,然后返回吸收塔再用。

三、化学吸收法脱碳

工业上化学吸收法脱碳主要有热碳酸钾、有机醇胺和氨水等吸收法。化学吸收法具有选择性好、净化度高、二氧化碳纯度和回收率均高的优点。因此,在原料气中二氧化碳量不能满足工艺需求的情况下,宜采用化学吸收法。

我国小化肥厂广泛采用浓氨水吸收变换气中 CO_2,同时生产碳酸氢铵化肥,从而降低了脱碳的成本,简化了生产流程。以有机胺为吸收剂脱除 CO_2 已显示出节能的特点。下面主要介绍应用较广的热碳酸钾水溶液吸收法和低能耗的 *N*-甲基二乙醇胺 (MDEA) 吸收法。

(一) 热碳酸钾法脱除 CO_2

1. 概述

碳酸钾水溶液具有强碱性,它与 CO_2 的反应如下:

$$CO_2 + K_2CO_3 + H_2O \rightleftharpoons 2KHCO_3$$

生成的 $KHCO_3$ 在减压和受热时,解吸出 CO_2,溶液重新再生为 K_2CO_3 循环使用。

为了提高碳酸钾吸收二氧化碳的反应速度,吸收操作是在较高温度 (105~130℃) 下进行,因此该法又称作热碳酸钾法。热法有利于提高 $KHCO_3$ 的溶解度,并应用浓度较高的 K_2CO_3 溶液以提高吸收 CO_2 的能力。在操作中,吸收和再生的温度基本相同,可以节省溶液再生的热耗,有效地简化了生产流程。但在此温度下,以单纯的 K_2CO_3 水溶液吸收 CO_2,其吸收速率仍很慢,而且对设备腐蚀严重。在溶液中加入某些活化剂则可大大加快对 CO_2 的吸收速度。可作为活化剂的有:三氧化二砷、硼酸或磷酸的无机盐以及氨基乙酸、二乙撑三胺、一乙醇胺、二乙醇胺、二甲胺基乙醇等有机胺类。为了减轻强碱液对设备的腐蚀,在溶液中还加有缓蚀剂。这样,吸收和再生的主要设备可用碳钢制造。

目前,脱碳应用最多的方法有:以氨基酸为活化剂、五氧化二钒为缓蚀剂的氨基乙酸法;以二乙醇胺为活化剂、五氧化二钒为缓蚀剂的改良热钾碱法;以二乙醇胺和硼酸的无机盐为活化剂、五氧化二钒为缓蚀剂的催化热钾碱法。下面以改良热钾碱法为例作一介绍。

2. 基本原理

(1) 反应的平衡　K_2CO_3 水溶液与 CO_2 的吸收反应如下:

$$CO_2\ (g)$$

$$\Updownarrow$$

$$CO_2\ (L) + K_2CO_3 + H_2O \rightleftharpoons 2KHCO_3 \tag{2-42}$$

这是一个可逆反应。假定气相中的 CO_2 在碱液中的溶解度符合亨利定律,则由上述反应的化学平衡和气液相平衡关系式可以导出下式:

$$p^*(CO_2) = \frac{[KHCO_3]^2}{[K_2CO_3]} \cdot \frac{\alpha^2}{K_w \cdot H \cdot \beta \cdot \gamma} \tag{2-43}$$

式中　　$p^*(CO_2)$——气相 CO_2 平衡分压,MPa;

K_w——化学平衡常数,可由各组分的标准自由能计算而得;

α、β、γ——分别为 $KHCO_3$、K_2CO_3、H_2O 的活度系数,由实验确定;

$[KHCO_3]$、$[K_2CO_3]$——分别为 $KHCO_3$、K_2CO_3 的摩尔浓度,$kmol/m^3$;

H——溶解度系数,$kmol/(m^3 \cdot MPa)$。

若以 x 表示溶液中转化为 $KHCO_3$ 的 K_2CO_3 的摩尔分数,以 N 表示溶液中 K_2CO_3 的原始摩尔浓度,用 K 表示 $K_w \cdot H$,将各参数代入式(2-43)可得:

$$p^*(CO_2) = \frac{4N \cdot x^2}{K(1-x)} \cdot \frac{\alpha^2}{\beta \cdot \gamma} \tag{2-44}$$

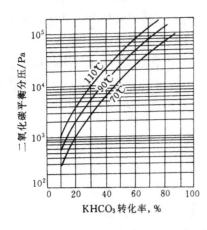

图 2-10 30%K_2CO_3 溶液的 CO_2 平衡分压

式(2-44)表示在一定温度、一定气相 CO_2 分压下溶液中各组分间的平衡关系。由该式可计算出一定浓度的 K_2CO_3 水溶液在一定温度和转化率下的 CO_2 平衡分压。图 2-10 示出了 30% K_2CO_3 溶液液面上的 CO_2 平衡分压与液相间的平衡关系。

(2)反应机理和反应速度 纯 K_2CO_3 水溶液与 CO_2 间的反应速度较慢,提高反应速度的最简单方法是提高反应温度。如将溶液温度提高到 120~130℃,可得到较大的反应速度。但 K_2CO_3-$KHCO_3$ 溶液对碳钢设备有极强的腐蚀性。当 K_2CO_3 溶液中加入少量 DEA(DEA 学名:2,2-二羟基二乙胺,简写 R_2NH)时,系统与 CO_2 发生如下反应:

$$
\begin{aligned}
K_2CO_3 &\Longrightarrow 2K^+ + CO_3^{2-} \\
R_2NH + CO_2(L) &\Longrightarrow R_2NCOOH \\
R_2NCOOH &\Longrightarrow R_2NCOO^- + H^+ \\
H^+ + CO_3^{2-} &\Longrightarrow HCO_3^- \\
K^+ + HCO_3^- &\Longrightarrow KHCO_3
\end{aligned} \tag{2-45}
$$

以上各步中以 DEA 与液相中 CO_2 的反应式(2-45)为最慢,成为整个过程的控制步骤。其反应速度可以下式表示:

$$r = k_{Am} \cdot [R_2NH] \cdot [CO_2] \tag{2-46}$$

式中 k_{Am}——反应速度常数,$T = 25℃$ 约为 $10^4 L/(mol \cdot s)$;

$[R_2NH]$——液相中游离胺浓度,mol/L。

计算表明,在 $T = 25℃$、总胺浓度为 $0.1 mol/L$ 时,溶液中游离胺浓度为 $10^{-2} mol/L$,代入式(2-46)可算出其反应速度值为:

$$r = 10^4 \times 10^{-2}[CO_2] = 10^2[CO_2] \ mol/(L \cdot s)$$

此数值相当于以纯 K_2CO_3 水溶液吸收 CO_2 反应速度的 10~1000 倍。不过,DEA 类有机胺在溶液中会与 HCO_3^- 形成较稳定的胺基甲酸盐,导致促进剂效率的降低。

为了提高活化剂对反应过程的促进作用,目前国外正在开展对空间位阻胺活化剂的研究。所谓空间位阻胺,就是在胺基氮的邻碳位上接入一个较大的取代基团。例如:

由于空间位阻胺不会形成胺基甲酸盐，因而所有的胺都能发挥促进剂的作用。

（3）K_2CO_3 溶液对气体中其他组分的吸收　热碳酸钾溶液除了能吸收 CO_2 以外，还能吸收 H_2S，并能将 COS、CS_2 转化为 H_2S，然后被溶液吸收。在生产条件下，吸收率可达 $75\%\sim99\%$。吸收反应如下：

$$COS + H_2O \Longleftrightarrow CO_2 + H_2S \tag{2-47}$$

$$CS_2 + H_2O \Longleftrightarrow CO_2 + 2H_2S \tag{2-48}$$

$$K_2CO_3 + H_2S \Longleftrightarrow KHCO_3 + KHS \tag{2-49}$$

此外，K_2CO_3 尚能吸收硫醇和氰化氢：

$$K_2CO_3 + R\text{—}SH \Longleftrightarrow RSK + KHCO_3 \tag{2-50}$$

$$K_2CO_3 + HCN \Longleftrightarrow KCN + KHCO_3 \tag{2-51}$$

（4）溶液的再生　K_2CO_3 溶液吸收 CO_2 以后，应进行再生以便循环使用。再生反应为：

$$2KHCO_3 \Longleftrightarrow K_2CO_3 + H_2O + CO_2 \tag{2-52}$$

加热有利于 $KHCO_3$ 的分解。溶液的再生在带有再沸器的再生塔中进行。即在再沸器内利用间接加热将溶液煮沸并使大量的水蒸气从溶液中蒸发出来，沿着再生塔向上流动以作为气提的介质。水蒸气可降低气相中 CO_2 分压，从而增加了 CO_2 解吸的推动力，使溶液再生更好。

再生后的溶液中仍残留有少量的 $KHCO_3$，通常用转化度（F_C）表示溶液中 $KHCO_3$ 的含量，如下式所示：

$$F_C = \frac{\text{转化为 } KHCO_3 \text{ 的 } K_2CO_3 \text{ 的摩尔数}}{\text{溶液中 } K_2CO_3 \text{ 的总摩尔数}}$$

工业上也常用溶液的再生度来表示溶液的再生程度，再生度的定义为：

$$f_C = \frac{\text{溶液中总 } CO_2 \text{（碳酸盐和重碳酸盐）摩尔数}}{\text{溶液中总 } K_2O \text{ 的摩尔数}}$$

很显然，$f_C = F_C + 1$。

3. 流程和工艺条件

（1）流程的选择　热碳酸钾法脱除 CO_2 的流程很多。其中最简单的是一段吸收一段再生流程，见图 2-11（a）。工业生产中应用较多的是两段吸收两段再生流程，见图 2-11（b）。在吸收塔的中、下部，由于气相 CO_2 分压较大，在此用由再生塔中部取出的具有中等转化度的溶液（称为半贫液）在较高的温度下（相当于再生塔中部的沸腾温度）吸收气体，就可以保证有足够的吸收推动力。同时，由于吸收温度高，加快了 CO_2 和 K_2CO_3 的反应速度，有利于

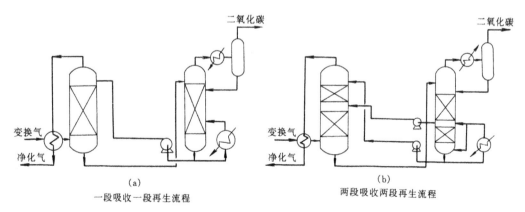

(a)	(b)
一段吸收一段再生流程	两段吸收两段再生流程

图 2-11　脱碳的原则流程

吸收过程的进行，可将大部分的 CO_2 吸收。为了提高气体的净化度，在吸收塔上部继续用在再生塔内经过进一步再生的、并在进入吸收塔以前经过冷却的贫液进行吸收。由于贫液的转化度低，且在较低温度下吸收，溶液的 CO_2 平衡分压很小，出塔气体中 CO_2 浓度可达到 0.1%（摩尔）以下。

通常贫液量仅为溶液总量的 20%～25%。因此该流程基本保持了吸收和再生等温操作的优点，节省了热量，简化了流程，达到了较高的气体净化度。

在工业生产中，流程的设计和选择除应满足上述要求外，还应考虑到系统热和能的综合利用、物料的损失和回收、操作的稳定和可靠性以及开停车操作的方便。以天然气为原料生产合成氨的凯洛格（Kellogg）脱碳工艺流程如图 2-12 所示。

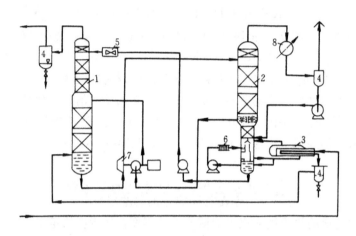

图 2-12　脱碳的生产流程
1—吸收塔；2—再生塔；3—再沸器；4—分离器；5—冷却器；
6—过滤器；7—水力透平；8—冷凝器

含 CO_2 18% 左右的变换气于 2.74 MPa、127℃下经吸收塔底部的气体分布器进入吸收塔，在塔内分别用 110℃的半贫液和 70℃左右的贫液进行吸收。出塔气体的温度约 70℃，CO_2 浓度低于 0.1%，经分离器分离去除夹带的液滴后，送至甲烷化系统。

富液由吸收塔底部引出，在进再生塔前先经水力透平减压膨胀以回收能量后，借减压后的余压被压至再生塔顶部。溶液在再生塔顶部闪蒸出部分水蒸气和 CO_2，然后在塔内与由再沸器加热产生的蒸汽逆流接触，以逐步放出残余 CO_2。由塔中部引出的半贫液，温度约为 112℃，经半贫液泵加压后送入吸收塔中部。再生塔底部的贫液约为 120℃，经换热器冷却到 70℃左右，经贫液泵加压后送至吸收塔的顶部。

再沸器所需的热量主要来自低变气。由低变气回收的热量基本可满足再生所需的热量。

再生塔顶排出的温度为 100～125℃、蒸汽/二氧化碳（摩尔分数）比为 1.8～2.0 的再生气经冷凝器冷却至 40℃左右，并在分离冷凝水后，几乎纯净的 CO_2 被送往尿素工序。

图 2-13 示出了两段吸收和具有蒸汽喷射泵压缩机的一段再生的 Uhde-AMV 脱碳工艺流程。

Uhde-AMA 流程的突出特点是：

①再生能耗低　自再生塔底流出的溶液入闪蒸槽 6，采用四级蒸汽喷射泵 4 和蒸汽压缩机 5，使闪蒸槽形成减压闪蒸，闪蒸出来的水蒸气和 CO_2，由喷射泵和压缩机抽出，经压缩送回再生塔下部。即从低温热源（闪蒸槽）吸取热量，送往高温热源（再生塔下部）。送回再生

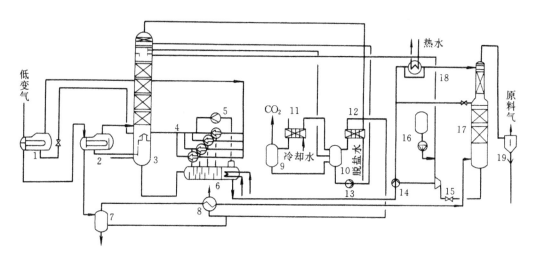

图 2-13　Uhde-AMV 脱碳工艺流程

1—气体冷却器；2—再沸器；3—再生塔；4—四级蒸汽喷射泵；5—蒸汽压缩机；6—溶液闪蒸槽；
7、9、10、19—分离器；8、12—脱盐水预热器；11—CO$_2$ 冷却器；13—冷凝泵；14—溶液泵；
15—水力透平；16—部量泵；17—再生塔；18—热水加热器

塔的水蒸气，一部分起冷凝传递热量的作用，还有一部分起到气提介质的作用，有利于降低溶液转化度。同时，蒸汽喷射泵所用的水蒸气是由气体冷却器 1 提供的饱和蒸汽，而该热源来自低变气，是低变气提供的热量在气体冷却器 1 中产生的蒸汽。这些蒸汽先用来作功而后作为供热。此流程的再生能耗为 763 kW/Nm^{3}CO$_2$，仅为 Kellogg 流程能耗的一半。

②热能回收量大　经再沸器 2 换热后的低变气温度为 132℃，本流程又设置脱盐水换热器以回收热量，使入吸收塔的低变气温度降至 95℃，大大减少了带入吸收塔的水蒸气量，有利于循环系统的水平衡和吸收塔底温度的操作控制。同时配置热水加热器 18、CO$_2$ 脱盐水预热器 12 等，有效地回收了系统的大量余热。而散热损失仅为原有类型的 20%。

③系统水平衡好　低变气 95℃进入吸收塔，在该温度下所带入溶液系统的水量基本上与脱除 CO$_2$ 后的净化气在 70℃下带出水蒸气加上再生 CO$_2$ 气在 40℃下带出水蒸气量之和相当。同时，再生 CO$_2$ 气中所带出水蒸气的冷凝液几乎全部用于脱碳系统，排放量甚少（1.5t/h）。

(2) 工艺条件

①溶液的组成　脱碳溶液中，吸收组分为碳酸钾。提高碳酸钾的含量可增加溶液对 CO$_2$ 的吸收能力，加快吸收 CO$_2$ 的反应速度。但其浓度越高，对设备的腐蚀越严重。溶液浓度还受到结晶溶解度的限制。若碳酸钾浓度过高，一旦操作不慎，特别是开停车时，容易生成结晶堵塔，造成操作事故。因此通常碳酸钾浓度维持在 27%～30%（质量）为宜。也有厂采用 40%浓度的。

溶液中除了碳酸钾之外，还有一定量的活化剂 DEA 以提高反应速度。一般含量约为 2.5%～5%，用量过高对吸收速率增加并不明显。

为了减轻碳酸钾溶液对设备的腐蚀，大多是以偏钒酸盐作为缓蚀剂。在系统开车时，为了使设备表面生成牢固的钝化膜，溶液中总钒浓度应控制在 0.7%～0.8%以上（以 KVO$_3$ 计，质量）；而在正常操作中，溶液中的钒主要用于维持和"修补"已生成的钝化膜，溶液中总钒含量保持在 0.5%左右即可。其中五价钒的含量为总钒含量的 10%以上。

溶液起泡时可用消泡剂消泡。常用的消泡剂有硅酮型、聚醚型和高级醇类。消泡剂的作用在于破坏气泡间液膜的稳定性；加速气泡的破裂，降低塔内溶液的起泡高度。其用量为 $(1\sim20)\times10^{-6}$（质量分数）即可。

②吸收压力　提高吸收压力，可以增加吸收推动力，减小吸收设备体积，提高气体净化度。但对化学吸收而言，溶液的最大吸收能力是受到吸收剂化学计量的限制。压力提高到一定程度，对吸收的影响将不明显。工业上究竟要采用多大压力，要视原料组成、气体净化度的工艺要求以及合成氨厂的总体设计来决定。以天然气为原料的合成氨厂中，吸收压力一般为 2.74～2.84 MPa。而以煤焦为原料的合成氨厂，吸收压力大多为 1.8～2.0 MPa。

③吸收温度　毫无疑问，提高吸收温度可使吸收系数加大，但是往往会使吸收推动力降低。通常在保持足够大的推动力前提下，应尽量将吸收温度提高到与再生温度相同或接近的程度。在两段吸收两段再生的流程中，半贫液温度与再生塔中部温度几乎相同。这主要决定于再生操作压力和溶液组成，一般温度为 110～115℃。而贫液温度则应根据吸收压力和工艺中要求的净化气中 CO_2 含量来确定，通常为 70～80℃。

④溶液的转化度　再生后贫液、半贫液的转化度（F_c）的大小是再生好坏的一个标志。对吸收而言，要求转化度越小越好。转化度小，吸收速度快，气体净化度高。但对再生，为达到较低的转化度就要付出较多的热量为代价，再生塔和再沸器的尺寸也需要相应增大。

在两段吸收两段再生的改良热钾碱法脱碳液中，贫液转化度为 0.15～0.25，半贫液的转化度约为 0.35～0.45。

4. 吸收塔和再生塔

吸收塔和再生塔可用填充塔和筛板塔。填充塔操作稳定、可靠，有成熟的设计和操作经验。因此，大多数工厂的吸收塔和再生塔都用填料塔，而筛板塔较少采用。

两段吸收两段再生流程中所用的填料吸收塔和再生塔结构如图 2-14 和图 2-15 所示。

（二）MDEA 法脱碳

MDEA 即 N-甲基二乙醇胺，其结构式为：

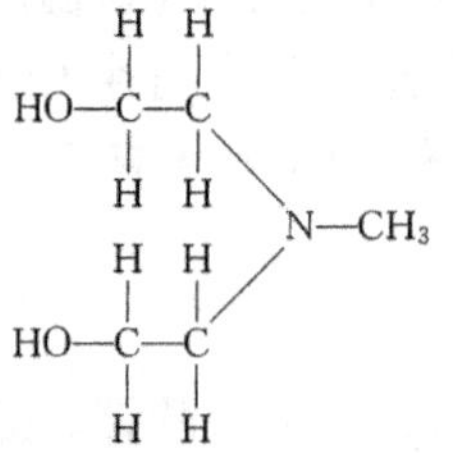

MDEA 为叔胺，在溶液中会与 H^+ 结合生成 R_2NH^+，呈现弱碱性。因此被吸收的二氧化碳易于再生。特别是它可以采用与物理吸收法相同的闪蒸再生方法，从而节省大量的热量。MDEA 很稳定，对碳钢不腐蚀。其氮原子是三耦合的，二氧化碳仅形成亚稳态的碳酸氢盐，即

$$CO_2+H_2O+R_3N \longrightarrow R_3NH^+ +HCO_3^- \tag{2-53}$$

其实质系 MDEA 对二氧化碳水解反应的催化作用所致，即胺和水的键合增加了水对二氧化碳的活性。

MDEA 溶液吸收二氧化碳的反应由二氧化碳与 OH^- 以及式（2-53）反应所构成。由于对二氧化碳的吸收速率较小，为加速反应（2-53）的进行，在 MDEA 溶液中还要添加活化剂，以加快吸收和再生速率。

活化 MDEA 法脱碳的工艺流程如图 2-16 所示。粗原料气在 2.8 MPa 下进入吸收塔，塔

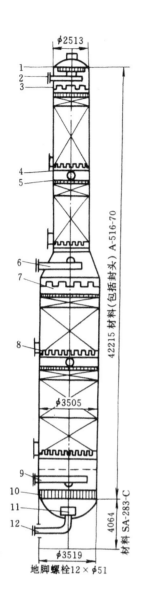

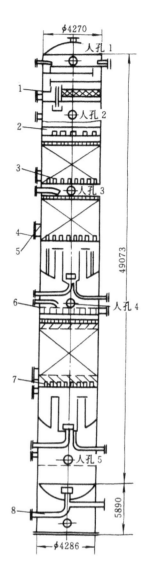

图 2-14 吸收塔简图

1—除沫器;2、6—液体分配管;3、7—液体分布器;4—填料支承板;
5—压紧箅子板;8—填料卸出口(4 个);9—气体分配管;
10—消泡器;11—防涡流挡板;12—富液出口

图 2-15 再生塔简图

1—除沫器;2—液体分配器(25.4mm);
3、4、7—液体再分布器;5—填料卸出口(3 个);
6—液体分配器(50.8mm);8—贫液出口

的下段用降压闪蒸脱吸的溶液进行吸收,上塔用经过蒸汽加热再生的溶液洗涤。从吸收塔出来的富液相继通过两个闪蒸槽而降压。溶液第一次降压的能量由透平回收,用于驱动半贫液泵。富液在高压闪蒸槽释放出的闪蒸气含有较多的氢和氮,可以压缩送回脱碳塔。出高压闪蒸槽的溶液继续降压后,在低压闪蒸槽中释放绝大部分二氧化碳。大部分半贫液用半贫液泵送入吸收塔下段。另一小部分送入蒸汽加热的再生塔再生,所得贫液送吸收塔上段使用。再生塔顶所得含水蒸气的二氧化碳气体,送入低压闪蒸槽作为脱气介质使用。

本法所获得的净化气可使二氧化碳降至 100×10^{-6},所耗热量在 4.31×10^{4} kJ/kmol 二氧化碳,较蒸汽喷射低能耗的 Benfield(本菲尔)法降低 42% 左右,被人们称之为现代低能耗脱碳工艺。

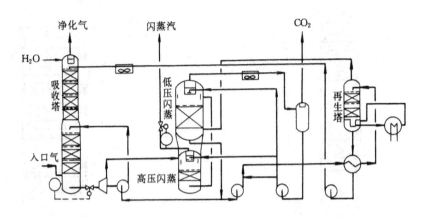

图 2-16 活性 MDEA 脱除二氧化碳工艺流程

第四节 原料气的最终净化

经一氧化碳变换和二氧化碳脱除后的原料气中尚含有少量残余的 CO、CO_2、O_2 和硫化物等。为防止它们对氨合成催化剂的毒害作用，原料气在送往合成之前，还必须经过最后的严格净化处理，此净化处理工序称为原料气的最终净化（简称精炼）。通常规定最终净化后的原料气中 CO 和 CO_2 总含量不得超过 10×10^{-6}（体积分数）。

最终净化的方法一般有三种，即铜氨液吸收法、甲烷化法和深冷液氮洗涤法。近年又出现变压吸附法。

一、铜氨液吸收法

此法于 1913 年已经工业化。在高压和低温下采用铜盐的氨溶液吸收 CO、CO_2、H_2S 和 O_2，然后吸收液在减压和加热条件下进行再生。此法简称为"铜洗"，铜盐氨溶液简称"铜液"。对净化后的气体又称为"铜洗气"或"精炼气"。本法常用于以煤为原料间歇制气的中、小型氨厂。

"铜液"是一种由铜离子、酸根及氨组成的水溶液。其中分为氯化铜氨液、蚁酸铜氨液、碳酸铜氨液和醋酸铜氨液数种。国内一般采用"醋酸铜氨液"吸收法，这里将此法加以介绍。

（一）铜液的组成

铜液的组成比较复杂。醋酸铜氨液由金属铜溶于醋酸、氨和水而制成。所用的水中不含有氯化物和硫酸盐，以避免对设备腐蚀。由于金属铜不能直接溶于醋酸和氨中，在制备新鲜铜液时必须加入空气，这样金属铜就容易被氧化为高价铜，而形成络合物，其反应如下：

$$2Cu + 4HAC + 8NH_3 + O_2 \rightleftharpoons 2Cu(NH_3)_4AC_2 + 2H_2O \tag{2-54}$$

生成的高价铜再把金属铜氧化成低价铜，从而使铜逐渐溶解：

$$Cu(NH_3)_4AC_2 + Cu \rightleftharpoons 2Cu(NH_3)_2AC \tag{2-55}$$

1. 铜离子

铜液中的铜离子分别以低价和高价两种形式存在。前者以 $[Cu(NH_3)_2]^+$ 形态存在，是吸收 CO 的主要活性组分；后者以络合态 $[Cu(NH_3)_4]^{2+}$ 形态存在，它无吸收 CO 的能力，但溶液中又必须有它存在，防止溶液中析出金属铜：

$$2Cu(NH_3)_2AC \rightleftharpoons Cu(NH_3)_4AC_2 + Cu \downarrow \tag{2-56}$$

低价铜离子和高价铜离子浓度之和称之为"总铜"，用 $T(Cu)$ 表示。而低价铜与高价铜之比 $\left(\dfrac{Cu^+}{Cu^{2+}}\right)$ 称为"铜比"，以 $R(Cu)$ 表示。若以 $A(Cu)$ 表示低价铜的浓度，则

$$\frac{A(\text{Cu})}{T(\text{Cu})} = \frac{\text{Cu}^+}{\text{Cu}^+ + \text{Cu}^{2+}} = \frac{R(\text{Cu})}{1 + R(\text{Cu})}$$

由此可见,低价铜离子浓度与总铜 $T(\text{Cu})$ 成正比,并随铜比 $R(\text{Cu})$ 的增大而增大。但是,铜液中的总铜量有一极限值,这个极限值由铜在铜液中的溶解度决定。在相同的温度下,铜在铜液中的溶解度随铜液中酸根浓度的增大而增大。一般,总铜应维持在 2.2～2.5 mol/L。

总铜一定时,若提高铜比,亦可提高低价铜的浓度。但由于呈 $\frac{R(\text{Cu})}{1 + R(\text{Cu})}$ 关系,当 $R(\text{Cu})$ 很低时,低价铜浓度与 $R(\text{Cu})$ 成正比;当 $R(\text{Cu})$ 很高时,低价铜趋近于总铜浓度,而几乎与 $R(\text{Cu})$ 无关。因此,当 $R(\text{Cu}) > 8$ 时,提高铜比对增加低价铜浓度已无意义。同时,为了避免按式 (2-56) 反应形成金属铜的沉淀,按平衡常数为 5.7×10^{-2} L/mol 计,便可得出极限铜比 (R_M) 与总铜的关系,其结果可参见表 2-17。

表 2-17 极限铜比与总铜的关系

T (Cu) / (mol/L)	0.5	1.0	1.5	2.0	2.5	3.0	3.5
R_M	37.4	18.5	12.6	9.67	8.06	6.17	5.88

由表 2-17 可看出,总铜为 2.2～2.5mol/L 时,R_M 在 8～10 间。实际生产中,为安全起见,铜比一般控制在 5～8 范围。

低价铜离子无色,高价铜离子呈蓝色,高价铜离子浓度越高,铜液的颜色越深。

2. 氨

氨也是铜液的主要组分,它是以络合氨、固定氨和游离氨三种形式存在的。

"络合氨"是指与高价铜、低价铜络合在一起的氨。"固定氨"是以铵离子状态存在的氨。而"游离氨"是物理溶解状态的氨。三种氨浓度之和称为"总氨"。

铜液中氨含量对稳定铜液组成和增加铜的溶解度是有利的。同时也有利于对 CO 和 CO_2 的吸收。但过高时易导致氨耗增大,一般应控制在 9～11 mol/L 之间为宜。

3. 醋酸

不论何种铜氨液,溶液中的高价铜和低价铜均以阳离子状态存在,都需要酸根与之结合。为确保总铜含量,醋酸铜氨溶液中需有足够的醋酸。生产中,醋酸含量以超过总铜含量的 10%～15% 为宜,一般为 2.2～3.0 mol/L。

4. 残余的 CO 和 CO_2

铜液再生后,总还有残余的 CO 和 CO_2 存在。为了保证铜液吸收效果,要求再生后铜液中的 CO 小于 0.05 Nm^3/m^3 铜液,CO_2 小于 1.5 mol/L。

(二) 铜液吸收反应

铜液不仅能吸收气体中的 CO,而且还能吸收 CO_2、O_2 和 H_2S 等,其反应为:

$$\text{Cu(NH}_3)_2^+ + \text{CO} + \text{NH}_3 \Longrightarrow \text{Cu(NH}_3)_3\text{CO}^+ \quad \Delta H = -52.44\text{kJ/mol} \quad (2\text{-}57)$$

$$2\text{NH}_3 + \text{CO}_2 \Longrightarrow \text{NH}_2\text{COONH}_4 \quad (2\text{-}58)$$

$$\text{NH}_2\text{COONH}_4 + 2\text{H}_2\text{O} + \text{CO}_2 \Longrightarrow 2\text{NH}_4\text{HCO}_3 \quad (2\text{-}59)$$

$$4\text{Cu(NH}_3)_2^+ + 4\text{NH}_4^+ + 4\text{NH}_3 + \text{O}_2 \Longrightarrow 4\text{Cu(NH}_3)_4^{2+} + 2\text{H}_2\text{O} \quad \Delta H = -348.8\text{kJ/mol}$$

$$(2\text{-}60)$$

$$\text{NH}_3 + \text{H}_2\text{S} \Longrightarrow \text{NH}_4^+ + \text{HS}^- \quad (2\text{-}61)$$

$$2\text{Cu(NH}_3)_2^+ + \text{HS}^- \Longrightarrow \text{Cu}_2\text{S} \downarrow + 2\text{NH}_4^+ + 2\text{NH}_3 \quad (2\text{-}62)$$

其中，反应（2-60）和（2-62）均为瞬间反应，完全脱除 O_2 和 H_2S，但其含量不能过高。否则，除导致铜比下降外，形成的沉淀（Cu_2S）将提高铜液的粘性，既增加了铜耗，又易引起铜塔带液事故，甚至发生堵塞管道和设备事故。一般 H_2S 含量要小于 5×10^{-6}（体积分数）。

（三）铜液吸收一氧化碳的基本原理

1. 吸收平衡

铜液吸收 CO 的反应是一个包括气液相平衡和液相中化学平衡的吸收反应。其平衡关系为：

$$K' = \frac{C[\mathrm{Cu(NH_3)_3CO^+}]}{C[\mathrm{Cu(NH_3)_2^+}]C(\mathrm{NH_3}) \cdot p(\mathrm{CO})} \tag{2-63}$$

式中　K'——综合了气液相平衡和化学平衡的总平衡常数，它与温度、铜液性质和组成有关，其关系式如下：

$$\lg K' = \frac{-\Delta H}{2.303RT} - 0.04J - C \tag{2-64}$$

ΔH——铜液吸收 CO 的热效应；

R——气体常数；

J——离子强度，$J = \frac{1}{2}\sum C_i z_i^2$，$C_i$ 为第 i 种离子的浓度，z_i 为第 i 种离子的化学价数；

C——常数。

由于铜液中游离氨浓度难于具体确定，习惯上常将 $C(\mathrm{NH_3})$ 与 K' 合并为一吸收系数 $\alpha[\alpha = K'C(\mathrm{NH_3})]$。令 $\mathrm{Cu(NH_3)_2^+}$ 转化为 $\mathrm{Cu(NH_3)_3^+}$ 的分率为 x，则

$$\alpha = \frac{x}{p(\mathrm{CO}) - xp(\mathrm{CO})} \tag{2-65}$$

或

$$x = \frac{\alpha p(\mathrm{CO})}{1 + \alpha p(\mathrm{CO})} \tag{2-66}$$

α 随溶液组成和温度而定。图 2-17 示出了碳化流程和水洗流程中醋酸铜氨液的 α 值。

单位容积铜液达到平衡时的 CO 吸收量 $V(\mathrm{CO})$（$\mathrm{Nm^3/m^3}$）称为铜液的吸收能力，可表示为：

$$V(\mathrm{CO}) = 22.4A(\mathrm{Cu})x = 22.4A(\mathrm{Cu})\frac{\alpha p(\mathrm{CO})}{1 + \alpha p(\mathrm{CO})} \tag{2-67}$$

由（2-67）式可知，吸收能力随 $A(\mathrm{Cu})$、α、$p(\mathrm{CO})$ 增大而提高，而 α 值随温度的升高而降低。因此，增大低价铜浓度，降低温度和提高压力均增加铜液的吸收能力。

铜氨液吸收原料气中 CO 时，用量取决于塔底的平衡，通常吸收量只达到平衡时的 $60\% \sim 70\%$，铜液循环量一般约为 $4 \sim 6\ \mathrm{m^3/tNH_3}$。

2. 吸收速率

铜液吸收 CO 的反应为瞬间可逆反应。吸收速率取决于气膜扩散与液膜 $\mathrm{Cu(NH_3)_3CO^+}$ 扩散相加和的结果。而液膜的传质速率可表示为：

$$N(\mathrm{CO}) = k_1\{c[\mathrm{Cu(NH_3)_3CO^+}], i - c[\mathrm{Cu(NH_3)_3CO^+}], I\}$$

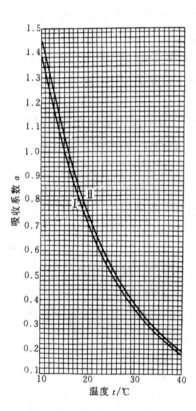

图 2-17　铜液的 α 值

$$=k_1c[Cu(NH_3)_2^+]\left\{\frac{\alpha p(CO),i}{1+\alpha p(CO),i}-c[Cu(NH_3)_3CO^+],I\right\}$$

式中　$c[Cu(NH_3)_3CO^+],i$ 和 $c[Cu(NH_3)_3CO^+],I$ 分别为界面和液流主体的

$$Cu(NH_3)_3CO^+ 浓度;$$

$c[Cu(NH_3)_2^+]$——铜液中总的低价铜浓度;

$p(CO),I$——界面 CO 分压。

将上式与气膜传质式相结合,可解得包括气液相作用结果的吸收速率式为:

$$N(CO)=\frac{B+\sqrt{B^2-4AC}}{2A} \tag{2-68}$$

式中

$$A=\frac{\alpha}{k_1k_g};$$

$$B=\frac{1+\alpha p_g}{k_1}+\frac{\alpha c[Cu(NH_3)_2^+]-c[Cu(NH_3)_3CO^+],I}{k_g}$$

$$c=\alpha p_g c[Cu(NH_3)_2^+]-(1-\alpha p_g)c[Cu(NH_3)_3CO^+],I$$

据此,已知气膜和液膜传质系数 k_g、k_1 和铜液吸收 CO 的吸收系数 α 值,在一定铜液组成和气相 CO 分压下,可利用式 (2-68) 计算其吸收速率。

（四）工艺条件

1. 压力

铜洗的压力是根据铜洗液的吸收能力,精炼工艺对净化度的要求和技术经济方面的比较确定的。如前所述,铜液吸收能力与 CO 分压有关,在 CO 含量一定时,提高系统压力,CO 分压也随之增大。在一定温度下吸收能力随 CO 分压的增大而增大。但当超过 0.5 MPa 后,分压的升高对增大吸收能力的作用已不再明显。在 CO 含量为 3.5%～4.5% 时,相应于操作总压为 10.0～14.0 MPa。

从经济角度考虑,过高压力将引起 CO 压缩功和铜液输送功增大。因此不可随意提高操作压力,一般铜洗的操作压力在 12 MPa 上下。

2. 温度

随吸收温度的降低,铜液吸收能力提高（α 增大）,精炼气中 CO 含量降低。但过低会导致铜液粘度变大,系统阻力提高,一般铜液温度以 8～12℃ 为宜。

（五）铜液的再生

为了循环使用铜液,必须考虑铜液的再生。铜液的再生包括两方面内容:一是把吸收的 CO、CO_2 完全解吸出来;二是将被氧化的高价铜进行还原以恢复铜比,同时调整总铜为适宜值,并将氨的损失控制到最低限度。

1. 再生的化学反应

铜液从铜洗塔出来后,经减压并加热至沸腾,使被吸收的 CO、CO_2 解吸出来。此外,进行高价铜还原为低价铜的反应,即高价铜被溶解态的 CO 还原为低价铜过程。溶解态的 CO 易被高价铜氧化成 CO_2,称之为"湿法燃烧反应":

$$Cu(NH_3)_3CO^+ + 2Cu(NH_3)_4^{2+} + 4H_2O \Longrightarrow 3Cu(NH_3)_2^+ + 2NH_4^+ + 2CO_2 + 3NH_4OH$$

$$\Delta H_{298}^\circ = 128710 \text{ kJ/mol} \tag{2-69}$$

可以看出,再生和还原是相互依存的过程。

2. 再生操作条件

铜液中 CO 残余含量是再生操作的主要指标之一,含量的高低与压力、温度和铜液在再生

器中的停留时间等因素有关。

降低再生的压力有利于CO、CO_2的解吸。通常只保持再生器出口略有压力，以使再生气能克服管路和设备阻力到达回收系统。

提高再生温度具有两方面的影响：一方面可增大还原反应速率，另一方面加快了CO、CO_2解吸。但回收氨的能力会下降。综合再生和氨回收的要求，常压再生温度为76～80℃，离开回流塔的温度不宜超过60℃，而还原过程的温度以65℃左右为宜。

铜液在再生器内的停留时间称为再生时间。在实际生产中，该时间不要低于20 min。

（六）铜洗的工艺流程

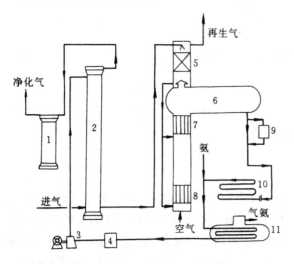

图2-18 醋酸铜氨液洗涤、再生工艺流程
1—分离器；2—铜洗塔；3—铜液泵；4—过滤器；
5—回流塔；6—再生器；7—上加热器；8—下加热器；
9—化铜桶；10—水冷器；11—氨冷器

铜洗的流程由吸收和再生两部分组成，典型流程如图2-18所示。

脱碳后压缩至12 MPa以上的原料气经油分离器后送入铜洗塔底部。气体在塔内与塔顶喷淋下来的铜液进行逆流接触，CO、CO_2、O_2和H_2S被铜液吸收。精制后的氢氮混合气从塔顶出来，经分离器后送往压缩。铜塔出来的铜液经减压送再生系统。

再生后的铜液，经过铜液过滤器除去杂质，经氨冷器使温度降至8～12℃。然后经铜液泵加压至12 MPa以上送到铜洗塔顶部入口，在塔内吸收CO、CO_2等气体，如此循环使用。

二、甲烷化法

甲烷化法是在催化剂的作用下将CO、CO_2加氢生成甲烷而达到气体精炼的方法。此法可将原料气中的碳氧化物总量脱至$1×10^{-5}$（体积分数）以下。由于甲烷化过程消耗H_2而生成无用的CH_4。因此仅适用于气体中CO、CO_2含量低于0.5%的工艺过程中。

（一）化学反应及其平衡

碳氧化物加氢的反应如下：

$$CO+3H_2 \Longrightarrow CH_4+H_2O, \quad \Delta H^\circ_{298}=-206.16 \text{ kJ/mol} \tag{2-70}$$

$$CO_2+4H_2 \Longrightarrow CH_4+2H_2O, \quad \Delta H^\circ_{298}=-165.08 \text{ kJ/mol} \tag{2-71}$$

当原料气中有O_2存在时O_2和H_2反应生成水：

$$O_2+2H_2 \Longrightarrow 2H_2O, \quad \Delta H^\circ_{298}=-241.99 \text{ kJ/mol} \tag{2-72}$$

在某种条件下，还会发生如下副反应：

$$2CO \Longrightarrow C+CO_2 \tag{2-73}$$

$$Ni+4CO \Longrightarrow Ni(CO)_4 \tag{2-74}$$

反应式（2-70）、（2-71）和（2-72）的热效应和平衡常数见表2-18。

由表可见，甲烷化反应的平衡常数随温度升高而下降。但在常用温度（280～420℃）条件下，平衡常数的值都很大。由于原料气中水蒸气含量很低和碳氧化物的平衡含量与压力成反比。因此在反应器正常进气组成条件下，工业上要求甲烷化炉出口气体中CO和CO_2含量

低于 5×10^{-6}（体积分数）是没有问题的。

表 2-18 反应式（2-70）、（2-71）、（2-72）的热效应和平衡常数

| 温度/K | $CO+3H_2 \Longrightarrow CH_4+H_2O$ | | $CO_2+4H_2 \Longrightarrow CH_4+2H_2O$ | | $O_2+2H_2 \Longrightarrow 2H_2O$ | |
| | 热效应 | 平衡常数 | 热效应 | 平衡常数 | 热效应 | 平衡常数 |
	$-\Delta H$ kJ/kmol	$K_P = \dfrac{p(CH_4)p(H_2O)}{p(CO)p^{13}(H_2)}$	$-\Delta H$ kJ/kmol	$K_P = \dfrac{p(CH_4)p^2(H_2O)}{p(CO_2)p^4(H_2)}$	$-\Delta H$ kJ/kmol	$K = \dfrac{p^2(H_2O)}{p(O_2)p^2(H_2)}$
500	214.71	1.56×10^{11}	174.85	8.43×10^9	243.99	7.58×10^{23}
600	217.97	1.93×10^8	179.06	7.11×10^6	244.92	4.24×10^{19}
700	220.65	3.62×10^5	182.76	4.02×10^5	245.80	3.78×10^{16}
800	222.80	3.13×10^3	185.94	7.73×10^2	246.61	1.91×10^{14}

（二）甲烷化催化剂

甲烷化反应系甲烷蒸气转化反应的逆反应,所用的催化剂都是以镍为活性组分。而甲烷化反应是在较低温度下进行的,要求催化剂有很高活性。

为满足高活性要求,甲烷化催化剂中的镍含量要比甲烷蒸气转化为高,一般为 15%～30%（以 Ni 计）,有时还加入稀土元素作为促进剂。催化剂可作成压片、挤条或球形,粒度在 4～6 mm 之间。

除预还原型催化剂外,甲烷化催化剂中的镍均以 NiO 存在,使用前需先以 H_2 或脱碳后的原料气还原。在用原料气还原时,为避免床层温升过大,要尽量控制碳氧化物含量在 1% 以下。还原后的镍催化剂容易自燃,务必防止同氧化性气体接触。而且不能用含有 CO 的气体升温,防止在低温时生成羰基镍。

硫、砷、卤素以及脱碳的带液造成的盐类覆盖催化剂表面,均导致活性的严重丧失,应予注意。

（三）甲烷化反应动力学

有人研究认为,在制氨和制氢装置的操作条件下,在镍催化剂上的甲烷化反应速度相当快。为适应工程计算的需要,常假定 CO 和 CO_2 的甲烷化反应都是一级反应。当同时有 CO 和 CO_2 存在时,据研究认为,CO_2 对 CO 的甲烷化反应速度没有影响,而 CO 对 CO_2 的甲烷化反应速度有抑制作用。也就是说,CO_2 比 CO 更难进行甲烷化,而 CO 具有优先甲烷化的趋势。因此,在计算 CO 和 CO_2 的甲烷化总速度时,常将 CO_2 进口含量加倍后作为 CO 含量来处理。混合气体的甲烷化反应可用下式表示:

$$k = V_s \lg \frac{y(CO),1 + 2y(CO_2),1}{y(CO),2 + y(CO_2),2} \qquad (2-75)$$

式中　　　　　　　　　　V_s——空速,h^{-1};

$y(CO),1$ 和 $y(CO),2$——反应器进、出口 CO 含量;

$y(CO_2),1$ 和 $y(CO_2),2$——反应器进、出口 CO_2 含量;

k——表观反应速度常数, 视不同催化剂而异。

甲烷化表观反应速度常数与温度和压力有关,在计算时,需加以校正。图 2-19 为甲烷化催化剂 G-33、G-65 的表观反应速度常数与温度的关系,图 2-20 示出了不同压力时的校正系数。

三、液氮洗涤法

液氮洗涤法的突出优点是可以得到只含 1×10^{-4}（体积分数）以下惰性气体的氢氮混合气。该法常与设有空分装置的重油部分氧化、煤富氧气化以及采用焦炉气分离制氢的工艺相

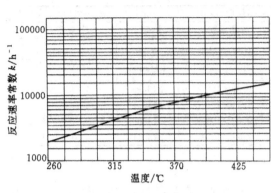

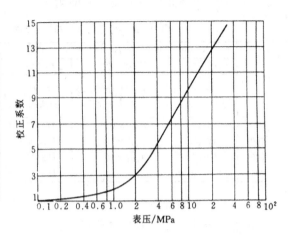

图 2-19 催化剂 G-33、G-65
的反应速度常数与温度的关系

图 2-20 催化剂 G-33、G-65 的压力校正系数

配用。

（一）基本原理

该法是一种深冷分离法。是基于各种气体的沸点不同这一特性进行的。CO 具有比氮的沸点高以及能溶解于液态氮的特性，同时考虑到 N_2 是合成氨的直接原料之一，从而在工业上实现以液态氮洗涤微量 CO 的方法。用液氮洗涤时 CO 冷凝在液相中，而一部液氮蒸发到气相中。如果进入氮洗系统的气体中含有少量的 O_2、CH_4 和 Ar，由于它们的沸点都比 CO 高。故在脱除 CO 的同时也将这些组分除去。

液氮洗涤 CO 为物理吸收过程，CO 在液氮中的溶解度遵从亨利定律。在不同温度下的 CO 溶解度和亨利系数同温度的关系见图 2-21 和图 2-22。在液氮中 CO 的亨利系数高于纯 CO 的饱和蒸汽压 20%～30%。

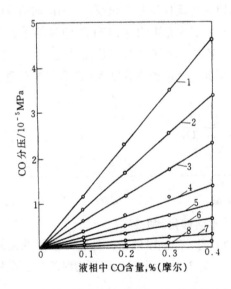

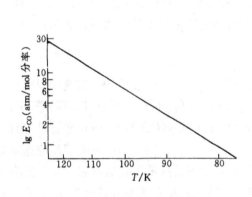

图 2-21 各种不同温度下液氮中一氧化碳的溶解度
1—110K；2—105K；3—100K；4—95K；
5—90K；6—85K；7—80K；8—75K

图 2-22 一氧化碳的亨利系数与温度的关系
注：1atm＝0.1013MPa

（二）工艺流程

在工艺流程设计中应考虑下列几个问题：

1. 氮的来源

氮由空气分离装置以气态或液态形式提供。要求氮气中氧含量小于4%（体积分数），液氮中氧含量小于 2×10^{-5}（质量分数）。在部分氧化和煤纯氧气化时液氮洗涤过程中氮的蒸发即提供氮。

2. 冷源

为补充正常操作时从环境漏入热量以及各种换热器热端温差引起的冷量损失，必须解决冷源问题以提供冷量。通常采用的方法有：节流效应，等熵膨胀和外加氨冷等。液氮洗涤的冷源通常藉高压氮洗所得富CO馏分节流至低压的致冷效应获得的。

3. 预处理

由于低温会使水和 CO_2 凝结成固体，影响传热和堵塞管道及设备。因此，入本系统的原料气必须符合完全不含水蒸气和二氧化碳的工艺要求。

焦炉气和合成气中常含有微量氮氧化物及不饱和烃，在深冷设备中会相互沉积为树枝状物质，很易自燃引爆。因此，工艺上以活性炭等吸附剂作最终脱除，以确保安全。氮洗部分工艺流程如图 2-23 所示。原料气在冷箱 1 内冷却至 -190 ℃后入氮洗

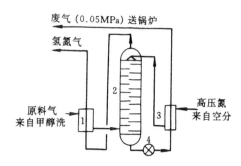

图 2-23　氮洗工艺流程

塔 2，液氮从塔顶加入，脱除原料气中CO、CH_4、Ar 等。CO 含量可脱至 5×10^{-6}（体积分数）以下。塔底流出的含CO的液氮，经 4 节流降压并由 3 回收冷量后的废气送锅炉房作燃料。某日产 1000t 氨厂氮洗系统物料情况见表 2-19。

表 2-19　氮洗装置的物料

组　　分	原料气	氢氮混合气	废　气
H_2	94.10%	75.00%	16.14%
N_2	0.05%	25.00%	43.79%
CO	4.85%	$<5 \times 10^{-6}$（体积分数）	33.28%
Ar	0.50%	6×10^{-5}（体积分数）	3.29%
CH_4	0.50%	1×10^{-6}（体积分数）	3.50%
$COS+H_2S$	1×10^{-5}（体积分数）	无	
H_2O	3×10^{-6}（体积分数）	无	
NO	1×10^{-8}（体积分数）	无	
O_2	$<1 \times 10^{-5}$（体积分数）		
压力/MPa	8.27	8.06	0.050
温度/℃	5	30	30
流量/（m^3/h）	90900	111000	13250

可以看出，深冷法精炼气体质高，对氨的合成是非常有利的。

思考练习题

2-1　氧化型催化剂选择的先决条件是什么？可供选择的范围如何确定？

2-2　工业生产中,变换反应如何实现尽量接近最适宜温度曲线操作?变换炉段间降温方式和可用的介质有哪些?

2-3 物理吸收法脱碳与化学吸收法相比，吸收剂比用量的影响因素有哪些异同？

2-4 铜液中各种离子的浓度如何确定？该系统发生的化学反应主要有哪些？铜洗塔设计时主要依据哪些吸收反应来确定其结构尺寸？

2-5 采用甲烷化法的先决条件是什么？其操作温度的高低决定于什么？

2-6 说明下列名词的意义及其影响因素：硫容、氧化型催化剂、变换率、平衡变换率、平衡温度、最适宜温度、平衡温距、饱和度、转化度、再生度、离子强度、铜比、结合氨、络合氨。

2-7 某小合成氨厂，每小时处理 6840 Nm³ 半水煤气，煤气中 H₂S 含量为 3 g/Nm³，现用氨水液相催化法脱硫，硫容取 0.2 g/L，脱硫效率 90%，试计算该厂的脱硫溶液循环量。

2-8 变换系统处理原料气量为 36000 Nm³/h，若系统压力为 2.05 MPa，饱和塔出口气体温度 164℃、饱和度 90%，当控制变换炉进口汽/气＝1 时，试计算需补加的水蒸气量。

2-9 已知半水煤气中 CO 30%，O₂ 0.5%，变换气中 CO 含量 0.3%，试计算：

①变换炉需达到的变换率；

②半水煤气流量为 11600 Nm³/h，需变换 CO 的负荷；

③离开变换系统的原料气量。

2-10 已知 CO₂ 吸收塔入口流量为 160000 Nm³/h，气体中 CO₂ 16.78%，吸收塔操作压力 2.8 MPa，溶液温度 70℃，总碱度 27%，平均密度 1260 kg/m³，试求：

①K₂CO₃ 溶液的最大吸收能力；

②当吸收塔出口气中 CO<1×10⁻³（体积分数），进塔贫液中残余 CO₂ 为 13.3 Nm³/m³，该贫液的转化度；

③当半贫液和贫液转化度分别为 0.42 和 0.83 时，溶液平均吸收能力（贫液/半贫液＝3：7）；

④溶液的循环量。

2-11 某铜洗系统操作条件如下：

①铜洗操作压力：15 MPa；

②铜塔出口铜液温度 30℃、出口气中 CO 含量：1×10⁻⁵（体积分数）

③铜液组成：

组 分	T（NH₃）	T（HAC）	T（Cu）	Cu⁺	残余 CO₂
mol/L	9.0	3.55	2.49	2.19	0.17

④原料气处理量 28000 Nm³/h，其中：CO₂ 0.1%，CO 3%；

⑤铜液流量 44 m³/h。试计算：

a 溶液离子强度；　　　　　　b 平衡常数 K'；

c 自由氨浓度；　　　　　　　d CO 吸收度 x；

e CO 的平衡分压 p*(CO)；　　f 全塔平均吸收推动力。

2-12 某甲烷化炉进口气量 24000 Nm³/h，其中 CO 0.5%、CO₂ 0.4%，操作压力 3.0 MPa；入口温度 300℃。若催化剂性能与 G-65 相同，出甲烷化炉气体中 CO、CO₂ 含量均为 5×10⁻⁶（体积分数），试计算该甲烷化炉需要装填的催化剂量。

第三章　氨 的 合 成

本章学习要求

1. 熟练掌握的内容

氨合成反应热力学、本征动力学方程在工业上的应用及其影响因素；氨合成催化剂的应用及其维护；氨合成塔的结构特点及最适宜温度分布；氨合成反应热的回收方式；工艺条件的确定；氨分解基衡算方法的应用和物料、热量衡算。

2. 理解的内容

氨合成反应机理及捷姆金方程的类型及其相互关系；催化剂的结构、组成及其作用；合成工艺流程的类型和比较分析。

3. 了解的内容

合成氨发展现状，排放气回收处理方法。

第一节　氨合成反应热力学

一、氨合成反应的化学平衡

氨合成反应式为：

$$\frac{1}{2}N_2 + \frac{3}{2}H_2 \Longrightarrow NH_3 \text{ (g)}, \quad \Delta H_{298}^\circ = -46.22 \text{ kJ/mol} \tag{3-1}$$

这是一个可逆放热和摩尔数减少的反应。常压下此平衡常数仅是温度的函数，可表示为：

$$\lg K_p \text{ (p→0)} = \lg K_f = \frac{2001.6}{T} - 2.69112 \lg T - 5.5193 \times 10^{-5}T$$
$$+ 1.8489 \times 10^{-7}T^2 + 3.6842 \tag{3-2}$$

加压下的化学平衡常数 K_p 不仅与温度有关，而且与压力和气体组成有关，因而应以逸度表示。K_p 和 K_f 间的关系为：

$$K_f = \frac{f^*(NH_3)}{[f^*(N_2)^{\frac{1}{2}}(f^*(H_2))^{3/2}} = \frac{p^*(NH_3)\gamma^*(NH_3)}{[p^*(N_2)\gamma(N_2)]^{1/2} \cdot [p^*(H_2)\gamma(H_2)]^{3/2}} = K_p K_\gamma \tag{3-3}$$

式中 f 和 γ 为各平衡组分的逸度和逸度系数。当已知各平衡组分的逸度系数 γ 时，利用式 (3-3) 可以计算加压下的 K_p 值。

由于高压下的气体混合物可视为一种非理想溶液，各组分的 γ 值不仅与温度、压力有关，而且还取决于气体组成。比较准确的 γ 值可用下式计算：

$$RT\ln\gamma_i = [(B_{oi} - A_{oi}/RT - C_i/T^3) + (A_{oi}^{0.5} - S_{um})^2/RT]p \tag{3-4}$$

式中　p——反应系统压力，MPa；

　　　R——0.008315；

　　　T——温度，K；

　　S_{um}——$\Sigma y_i (A_{oi})^{0.5}$（包括 CH_4 和 A_r 在内）。

气体的各特征系数值为：

组分 i	A_{oi}	B_{oi}	C_i
H_2	0.02001	0.02096	0.0504×10^4
N_2	0.13623	0.05046	4.20×10^4
NH_3	0.24247	0.03415	476.87×10^4
CH_4	0.23071		
A_r	0.13078		

按式 (3-4) 计算 γ 值时须先知道各组分的平衡组成，而各组分的平衡组成又决定于该条件下的平衡常数，因此要用迭代法求解。不同温度、压力下 1：3 纯氮氢气的 K_p 值列入表3-1。

表 3-1　不同温度、压力下氨合成反应的 K_p 值

温度 ℃	压力/MPa					
	0.1013	10.13	15.20	20.27	30.39	40.53
350	2.5961×10^{-1}	2.9796×10^{-1}	3.2933×10^{-1}	3.5270×10^{-1}	4.2346×10^{-1}	5.1357×10^{-1}
400	1.2540×10^{-1}	1.3842×10^{-1}	1.4742×10^{-1}	1.5759×10^{-1}	1.8175×10^{-1}	2.1146×10^{-1}
450	6.4086×10^{-2}	7.1310×10^{-2}	7.4939×10^{-2}	7.8990×10^{-2}	8.8350×10^{-2}	9.9615×10^{-2}
500	3.6555×10^{-2}	3.9882×10^{-2}	4.1570×10^{-2}	4.3359×10^{-2}	4.7461×10^{-2}	5.2259×10^{-2}
550	2.1302×10^{-2}	2.3870×10^{-2}	2.4707×10^{-2}	2.5630×10^{-2}	2.7618×10^{-2}	2.9883×10^{-2}

如将各反应组分的混合物看成是真实气体的理想溶液，则各组分的 γ 值可取“纯”组分在相同温度及总压下的逸度系数，由普遍化逸度系数图可查取 γ 值。不同温度、压力下的 K_γ 值见图 3-1。

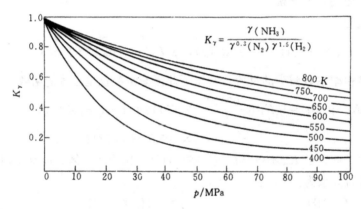

图 3-1　氨合成反应的 K_γ 值

氨合成反应的平衡常数 K_p 可表示为：

$$K_p = \frac{p^*(NH_3)}{[p^*(N_2)]^{1/2}[p^*(H_2)]^{3/2}} = \frac{1}{p}\frac{y^*(NH_3)}{[y^*(N_2)]^{1/2}[y^*(H_2)]^{3/2}} \quad (3-5)$$

式中　y_i^*——各组分平衡摩尔分率；

　　　　p_i^*——各组分的平衡分压，MPa。

将 $y^*(H_2)$ 和 $y^*(N_2)$ 表示成平衡氨含量 $y^*(NH_3)$、惰气含量 y_i^* 和氢氮比 r^* 的函数：

$$y^*(H_2) = [1 - y^*(NH_3) - y_i^*]\frac{r^*}{1+r^*},$$

$$y^*(N_2) = [1 - y^*(NH_3) - y_i^*]\frac{1}{1+r^*}$$

将上式代入式(3-5)得到：

$$K_p = \frac{1}{p} \frac{y^*(NH_3)}{[1-y(NH_3)-y_i]^2} \cdot \frac{(1+r^*)^2}{(r^*)^{1.5}} \tag{3-6}$$

当 $r^*=3$ 时,上式可简化为：

$$\frac{y^*(NH_3)}{[1-y^*(NH_3)-y_i^*]^2} = 0.325 K_p \cdot p \tag{3-7}$$

利用此二关系式均可计算不同温度、压力和惰气含量下的 $y^*(NH_3)$。同时可以看出, $y^*(NH_3)$ 随压力升高、温度降低、惰气含量减少而增大。如不考虑组成对平衡常数的影响,由式（3-6）可知,当 $r^*=3$ 时, $y^*(NH_3)$ 有最大值。在考虑组成对平衡常数的影响时,具有最大 $y^*(NH_3)$ 的氢氮比 r^* 略小于 3,它随压力而异,一般在 2.68~2.9 之间。

合成氨反应过程中物料的总摩尔数随反应进行而减小,起始惰气含量 y_i 不等于惰气的平衡含量 y_i^*。为计算方便,令 y_{i0} 为无氨基（或氨分解基）惰气含量。即 $y_{i0}=y_i/[1+y(NH_3)]$。实验证明,当 $y_{i0}<0.20$ 时,惰气对 $y^*(NH_3)$ 的影响可以下式表示：

$$y^*(NH_3) = \frac{1-y_{i0}}{1+y_{i0}}[y^\circ(NH_3)]^* \tag{3-8}$$

式中 $[y^\circ(NH_3)]^*$ 为惰性气体含量为零时的平衡氨含量。因此,升高压力,降低温度,低的惰性气体含量和合适的氢氮比（近于 3）,有利于提高平衡氨含量。

二、氨合成反应的热效应

氨合成反应的热效应不仅与温度有关,而且还受到压力、气体组成的影响。不同温度、压力下,纯氢氮混合气完全转化为氨的反应热效应为：

$$-\Delta H_F = 38338.9 + \left[0.23131 + \frac{356.61}{T} + \frac{159.03 \times 10^6}{T^3}\right]p + 22.3864T$$

$$+10.572 \times 10^{-4}T^2 - 7.0828 \times 10^{-6}T^3 \text{ kJ/kmol} \tag{3-9}$$

在工业生产中,反应产物为氮、氢、氨和惰性气体的混合物。热效应为上述反应热与产物混合热之和。由于混合时吸热,实际热效应小于式（3-9）的计算值。表 3-2 示出了氨浓度为 17.6% 的混合热 ΔH_M。

表 3-2　纯 $3H_2$-N_2 生成 17.6%NH_3 系统的 ΔH_F、ΔH_M 和 ΔH_R/ (kJ/kmol)

温度 ℃		压力/MPa				
		0.1013	10.13	20.27	30.40	40.53
150	ΔH_F	−48450	−53491	−62467	−63723	−64368
	ΔH_M	0	2470	11940	13084	13000
	ΔH_R	−48450	−51021	−50527	−50639	−51368
200	ΔH_F	−49764	−52963	−57338	−61098	−62647
	ΔH_M	0	1453	5996	9826	11016
	ΔH_R	−49764	−51510	−51342	−51272	−51631
300	ΔH_F	−51129	−53026	−55337	−57518	−59511
	ΔH_M	0	419	2470	5091	7398
	ΔH_R	−51129	−52607	−52867	−52427	−52113
400	ΔH_F	−52670	−53800	−55316	−56773	−58238
	ΔH_M	0	251	1193	2742	4647
	ΔH_R	−52670	−53549	−54123	−54031	−53591
500	ΔH_F	−53989	−54722	−55546	−56497	−57560
	ΔH_M	0	126	356	1193	3098
	ΔH_R	−53989	−54596	−55150	−55304	−54462

混合热是气体混合物非理想性的标志。它随着压力的提高，温度的降低而增大。当反应压力较高时，总反应热效应 ΔH_R 应为 ΔH_F 和 ΔH_M 之和。

第二节　氨合成反应动力学

一、动力学方程式

氮和氢在铁催化剂上的反应，一般认为氮在催化剂上被活性吸附，离解为氮原子，然后逐级加氮，依次生成 NH、NH_2、NH_3。

1939 年捷姆金和佩热夫根据上述机理，提出以下几点假设：①氮的活性吸附是反应速度的控制步骤；②催化剂表面很不均匀；③吸附态主要是氮，吸附遮盖度中等；④气体为理想气体，反应距平衡不很远。从而导出如下微分动力学方程式：

$$r(NH_3) = k_1 p(N_2)\left(\frac{p^3(H_2)}{p^2(NH_3)}\right)^\alpha - k_2\left(\frac{p^2(NH_3)}{p^3(H_2)}\right)^{1-\alpha} \tag{3-10}$$

式中　$r(NH_3)$——合成反应的瞬时速率；

　　　k_1、k_2——正、逆反应的速度常数；

　　　α——常数，视催化剂性质及反应条件而异。

对于工业铁催化剂，α 可取 0.5。则上式可变为：

$$r(NH_3) = k_1 p(N_2)\frac{p^{1.5}(H_2)}{p(NH_3)} - k_2\frac{p(NH_3)}{p^{1.5}(H_2)} \tag{3-11}$$

式中　$k_1 = k_{10}e^{-E_1/RT}$、$k_2 = k_{20}e^{-E_2/RT}$。它们与平衡常数的关系为：

$$\frac{k_1}{k_2} = K_p^2 \tag{3-12}$$

正、逆反应的活化能 E_1 和 E_2 的数值随催化剂而变化。对于一般铁催化剂，E_1 约在 58620～75360 kJ/kmol 范围，而 E_2 在 167470～192590 kJ/kmol 间。

式（3-11）适用于理想气体，在加压下是有偏差的，k_1、k_2 随压力增大而减小。

当反应远离平衡时，特别是 $p(NH_3) = 0$ 时，由式（3-11）知 $r(NH_3) = \infty$，这显然是不合理的。为此，捷姆金提出远离平衡的动力学方程式为：

$$r(NH_3) = k^1 p^{0.5}(N_2) p^{0.5}(H_2) \tag{3-13}$$

1963 年，捷姆金等人推导出新的普遍化的动力学方程式：

$$r(NH_3) = \frac{k^* p^{1-\alpha}(N_2)\left(1 - \frac{p^2(NH_3)}{K_p^2 p(N_2) p^3(H_2)}\right)}{\left(\frac{1}{p(H_2)} + \frac{1}{K_p^2} \times \frac{p^2(NH_3)}{p(N_2) p^3(H_2)}\right)^\alpha \left(\frac{1}{p(H_2)} + 1\right)^{1-\alpha}}$$

式中 $\frac{1}{p(H_2)}$ 为吸附态 N_2 脱吸速度与氢化速度之比。式（3-10）、（3-13）即该方程式在系统接近平衡或远离平衡时的特例。

在工业实际中，利用式（3-11）对氨合成塔进行计算，其结果已令人满意。其中 $r(NH_3)$ 是瞬时速度，它可以定义为单位催化剂表面上瞬时合成氨的千摩尔数，即

$$r(NH_3) = dn(NH_3)/dS \tag{3-14}$$

式中　　S——催化剂内表面积，m^2；

　　$n(NH_3)$——单位时间内合成氨的量，kmol/h；

$r(\mathrm{NH_3})$——瞬时速度，$\mathrm{kmol/m^2}$ 催化剂表面 $\mathrm{h^{-1}}$。

而
$$n(\mathrm{NH_3}) = Ny(\mathrm{NH_3}) \tag{3-15}$$

式中　N——混合气体流量，$\mathrm{kmol/h}$；

　　$y(\mathrm{NH_3})$——混合气体中氨的摩尔分率。

为统一物料基准，采用氨分解基流量（以 N_0 示之），则：

$$N = \frac{N_0}{1 + y(\mathrm{NH_3})} = \frac{V_0}{22.4[1 + y(\mathrm{NH_3})]} \tag{3-16}$$

式中　V_0——氨分解基流量，$\mathrm{Nm^3/h}$。

将式(3-16)代入(3-15)并微分后得：

$$\mathrm{d}n(\mathrm{NH_3}) = \frac{V_0}{22.4[1 + y(\mathrm{NH_3})]^2}\mathrm{d}y(\mathrm{NH_3}) \tag{3-17}$$

而
$$S = \sigma V_{\mathrm{K}}$$

式中　σ——催化剂比表面积，$\mathrm{m^2/m^3}$；

　　V_{K}——催化剂堆积体积，$\mathrm{m^3}$。

所以
$$r(\mathrm{NH_3}) = \frac{\mathrm{d}n(\mathrm{NH_3})}{\mathrm{d}S} = \frac{V_0}{22.4\sigma} \cdot \frac{1}{[1 + y(\mathrm{NH_3})]^2} \cdot \frac{\mathrm{d}y(\mathrm{NH_3})}{\mathrm{d}V_{\mathrm{K}}} \tag{3-18}$$

现取 $r^* = 3$，联解式(3-11)和(3-18)，并令：

$$L = \frac{y^*(\mathrm{NH_3})}{[1 - y^*(\mathrm{NH_3}) - y_i^*]^2} = 0.325p \cdot K_{\mathrm{p}};$$

$$b = (1 + y_{i0})/(1 - y_{i0});$$

$k_1/k_2 = K_{\mathrm{p}}^2$　则可得：

$$V_0 \frac{\mathrm{d}y(\mathrm{NH_3})}{\mathrm{d}V_{\mathrm{K}}} = k_2 p^{-0.5}\left(\frac{4}{3}\right)^{1.5}\frac{22.4\sigma[1 + y(\mathrm{NH_3})]^2(1 - y_{i0})^{-1.5}}{y(\mathrm{NH_3})[1 - by(\mathrm{NH_3})]^{1.5}}$$
$$\{L^2(1 - y_{i0})^4[1 - by(\mathrm{NH_3})]^4 - y^2(\mathrm{NH_3})\} \tag{3-19}$$

令
$$k = \left(\frac{4}{3}\right)^{1.5} \times 22.4\sigma k_2 \tag{3-20}$$

则式(3-19)可简化为：

$$\frac{\mathrm{d}y(\mathrm{NH_3})}{\mathrm{d}\tau_0} = \frac{V_0\mathrm{d}y(\mathrm{NH_3})}{\mathrm{d}V_{\mathrm{K}}} = kp^{-0.5}(1 - y_{i0})^{-1.5}$$

$$\frac{[L^2(1 - y_{i0})^4(1 - by(\mathrm{NH_3}))^4 - y^2(\mathrm{NH_3})][1 + y(\mathrm{NH_3})]^2}{y(\mathrm{NH_3})[1 - by(\mathrm{NH_3})]^{1.5}}$$

$$\tag{3-21}$$

式中　$\tau_0 = \dfrac{V_{\mathrm{K}}}{V_0}$——氨分解基的虚拟接触时间，$\mathrm{h}$。

将式(3-21)移项积分得：

$$\tau_0 = \frac{1}{V_{\mathrm{SO}}} = p^{0.5}\int_0^{y(\mathrm{NH_3})}\frac{y(\mathrm{NH_3})[1 - by(\mathrm{NH_3})]^{1.5} \cdot (1 - y_{i0})^{1.5}}{k[1 + y(\mathrm{NH_3})]\{L^2(1 - y_{i0})^4[1 - by(\mathrm{NH_3})]^4 - y^2(\mathrm{NH_3})\}}\mathrm{d}y(\mathrm{NH_3})$$

$$\tag{3-22}$$

式中　V_{SO}——氨分解基空间速度，$\mathrm{h^{-1}}$；

　　k——反应速度常数，$\mathrm{MPa^{0.5} \cdot h^{-1}}$ 或 $\mathrm{MPa^{0.5} \cdot s^{-1}}$。

式(3-21)、(3-22)为工程上常用动力学方程的形式。式(3-22)是催化剂用量计算基本公式。我国 A 型催化剂反应速度常数示于表 3-3。

表 3-3　A 型催化剂的反应速度常数

型　　号	压力/MPa	$k/(\mathrm{MPa}^{0.5} \cdot \mathrm{s}^{-1})$	$k_{450\mathrm{C}}$
A106	29.42	$k = 1.081 \times 10^{13} \exp\left(-\dfrac{21137}{T}\right)$	2.184
A109	29.42	$k = 2.416 \times 10^{12} \exp\left(-\dfrac{19980}{T}\right)$ ·	2.419
A110	20.27	$k = 1.9621 \times 10^{11} \exp\left(\dfrac{-17040}{T}\right)$	11.49
A201	20.27	$k = 1.0936 \times 10^{11} \exp\left(\dfrac{-16536}{T}\right)$	12.85

二、扩散对反应速度的影响

工业反应器中，除了考虑纯化学反应对速度的影响之外，尚需考虑扩散对反应速度的影响。大量的研究工作表明，工业反应器的气流条件是以保证气流和催化剂外表面的传递过程能强烈地进行。因而，外扩散的阻力可忽略不计。但内扩散的影响则不容忽视。

图 3-2 为压力 30.40 MPa 不同温度和粒度催化剂条件下测得的合成塔出口氨含量。可以看出，温度低于 380℃时，出口氨含量受粒度影响较小；超过 380℃，在催化剂活性温度范围之内，粒度的影响就较显著了。

内扩散的影响通常以内表面利用率 ξ 表示，实际的氨合成反应速率是内表面利用率和化学动力学速率 $r(\mathrm{NH_3})$ 的乘积。内表面利用率的大小与催化剂粒度和反应条件有关。在压力为 30 MPa 下某催化剂内表面利用率与温度、粒度、氨含量的关系见表 3-4。

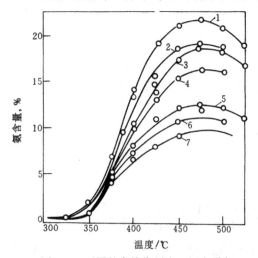

图 3-2　不同粒度催化剂出口氨含量与温度的关系（30.40 MPa，30000 h⁻¹）

1—0.6 mm；2—2.5 mm；3—3.75 mm；4—6.24 mm；
5—8.03 mm；6—10.2 mm；7—16.25 mm

表 3-4　30.40MPa 某催化剂内表面利用率与温度、粒度、氨含量的关系

温度/℃	氨含量,%	颗粒平均直径/mm			
		4	6	8	10
400	3	0.4041	0.2865	0.2214	0.1802
	6	0.6578	0.5048	0.4043	0.3358
	9	0.7958	0.6587	0.5497	0.4675
	12	0.8696	0.7606	0.6599	0.5755
	15	0.9112	0.8272	0.7406	0.6613
425	3	0.3522	0.2470	0.1899	0.1541
	6	0.5945	0.4448	0.3520	0.2905
	9	0.7425	0.5946	0.4867	0.4093
	12	0.8285	0.7017	0.5945	0.5104
	15	0.8796	0.7759	0.6778	0.5939
450	3	0.3086	0.2146	0.1644	0.1331
	6	0.5351	0.3925	0.3078	0.2527

温度/℃	氨含量,%	颗粒平均直径/mm			
		4	6	8	10
450	9	0.6863	0.5337	0.4302	0.3586
	12	0.7812	0.6403	0.5313	0.4502
	15	0.8399	0.7175	0.6116	0.5270
475	3	0.2714	0.1876	0.1433	0.1158
	6	0.4801	0.3467	0.2700	0.2208
	9	0.6283	0.4768	0.3792	0.3139
	12	0.7268	0.5769	0.4700	0.3942
	15	0.7808	0.6510	0.5420	0.4603
500	3	0.2898	0.1650	0.1257	0.1014
	6	0.4297	0.3064	0.2373	0.1935
	9	0.5695	0.4224	0.3329	0.2741
	12	0.6650	0.5120	0.4107	0.3414
	15	0.7266	0.5767	0.4699	0.3940

注：1. 原始气体组成：$y(CH_4)=4\%$, $y(Ar)=8\%$, $H_2:N_2=3$；

2. 合成氨逆反应速度常数 $k_{450}=3.14\ MPa^{0.5} \cdot s^{-1}$；活化能 $E_2=172287\ kJ/mol$；

3. 颗粒平均直径为筛析平均直径，形状系数 $\phi_s=0.66$。

由表不难看出，在通常情况下，温度越高，内表面利用率越小；氨含量越大，内表面利用率越大；随催化剂粒度的增加，内表面利用率大幅度下降。采用小颗粒催化剂可提高内表面利用率。但颗粒过小，单位容积填充质量降低。而且易发生中毒而失活，需综合考虑。

第三节 氨合成催化剂

近几十年来，合成氨工业的巨大进展，在很大程度上是由于催化剂质量的改进而取得的。在合成氨生产中，很多工艺指标和操作条件都是由催化剂的性质所决定。因此，其作用是不言而喻的。

一、化学组成和结构

对氨合成具有活性的金属很多，如锇、铂、钼、钨、铀、锰、铬、铁等。其中以铁为主体并添加促进剂的催化剂价廉易得，活性良好，使用寿命长，在工业上得到了广泛的应用。

目前，大多数铁催化剂都是经过精选的天然磁铁砂利用熔融法制备的，其活性组分为金属铁。未还原的铁系催化剂活性组分为 FeO 和 Fe_2O_3，其中 FeO 约占 24%～38%（质量），Fe^{2+}/Fe^{3+} 约为 0.5，此成分相当于 Fe_3O_4，具有尖晶石的结构。可作为促进剂的成分有 Al_2O_3、K_2O、CaO、MgO、SiO_2、BaO、CoO 等多种。

Al_2O_3、MgO 是通过改善还原态铁的结构而呈现促进作用的，称作结构型促进剂；K_2O 和 CaO 可以使金属电子的逸出功降低，有利于氮的活性吸附，从而提高催化剂活性，属于电子型促进剂。同时，CaO 还可以降低熔体的熔点和粘度，有利于 Al_2O_3 和 Fe_3O_4 固熔体形成；SiO_2 除具有"中和" K_2O、CaO 等碱性组分的作用外，尚可提高催化剂的抗水毒害和耐烧结性能。

为提高氨合成催化剂的低温活性，还可以加入 CaO 作促进剂，可使其晶粒减小 100Å，比表面增大（$3\ m^2/g$）。

通常制得的催化剂为黑色不规则颗粒，有金属光泽。堆密度随粒度增大而增大，一般为 2.5～3.0 kg/L，堆积孔隙率为 36%～45%。国内已制出球形氨合成催化剂，填充床阻力降较不规则颗粒低 30%～50%。

催化剂还原后 Fe_3O_4 晶体被还原成细小的 α-Fe 晶体,疏松地处于 Al_2O_3 骨架上,其结构变成多孔海绵状,这些孔呈不规则树枝状,内表面积约为 $4\sim16\ m^2/g$。国内、外氨合成催化剂一般性能列于表 3-5。

表 3-5 氨合成催化剂的一般性能

国别	型号	组成	外形	堆积密度 kg/L	使用温度 ℃	主要性能
中国	A106	Fe_3O_4,Al_2O_3,K_2O,CaO	黑色光泽 不规则颗粒	平均 2.9	400~520	380℃还原已很明显。550℃耐热 20h,活性不变
	A109	Fe_3O_4,Al_2O_3,K_2O,CaO,MgO,SiO_2	黑色光泽 不规则颗粒	2.7~2.8	380~500 活性优于 A106	还原温度比 A106 低 20~30℃。350℃还原已很明显。525℃耐热 20h,活性不变
	A110	Fe_3O_4,Al_2O,K_2O,CaO,MgO,SiO_2,BaO	黑色光泽 不规则颗粒	2.7~2.8	380~490 低温活性优于 A106	还原温度比 A106 型低 20~30℃,350℃还原已很明显。500℃耐热 20h,活性不变 抗毒能力强
	A201	Fe_3O_4,Al_2O_3,K_2O,CaO,CoO	黑色光泽 不规则颗粒	2.6~2.9	360~490	易还原,低温下活性较高,短期 500℃活性不变,比 A110 活性提高 10%
丹麦	KM I	Fe_3O_4,Al_2O_3,K_2O,CaO,MgO,SiO_2	黑色光泽 不规则颗粒	2.35~2.80	380~550	还原自 390℃开始,耐热、耐毒性能较好。耐热温度 550℃
	KMR	KM 型预还原催化剂	同 KM I	1.83~2.18	同 KM I	室温至 100℃,在空气中稳定,其他性能同 KM I,寿命不变
英国	ICI35-4	Fe_3O_4,Al_2O_3,K_2O,CaO,MgO,SiO_2	黑色光泽 不规则颗粒	2.65~2.85	350~530	当温度超过 530℃时,催化剂活性下降
美国	C73-1	Fe_3O_4,Al_2O_3,K_2O,CaO,SiO_2	黑色光泽 不规则颗粒	2.83±0.16	370~540	一般在 570℃以下是稳定的,高于 570℃很快丧失稳定性
	C73-2-03	Fe_3O_4,Al_2O_3,K_2O,CaO,CoO	黑色光泽 不规则颗粒	2.88±0.16	360~500	500℃下活性稳定

注:A110 催化剂有各种牌号,有的牌号加 BaO,有的牌号不加 BaO。

二、催化剂的还原与活性保持

氨合成催化剂的主要活性组分是 Fe_3O_4,必须经过还原后才有活性。该活性不仅与还原前的化学组成和结构有关,而且与制备方法及还原条件有很大关系。催化剂还原反应式为:

$$Fe_3O_4+4H_2 \Longrightarrow 3Fe+4H_2O\ (g),\quad \Delta H^\circ_{298}=149.9\ kJ/mol \tag{3-23}$$

可以看出,还原过程是吸热的。工业上一般用电加热器或加热炉提供热。在还原后期可由上层已还原好的催化剂在氨合成时放出的反应热来提供。

确定还原条件的原则是:要使 Fe_3O_4 充分还原为 α-Fe,同时对还原生成的铁晶体不因重结晶而长大,以确保催化剂具有最大比表面和更多活性中心。因此应选择适宜的还原温度、压力、空速和还原气组成。

催化剂在使用过程中,由于长期处于高温下,发生细晶长大、毒物的毒害、机械杂质遮盖减小比表面等会导致活性不断下降。表 3-6 列出了催化剂在使用 13 个月后各层性态的变化。

可以看出使用前后,促进剂成分改变甚微,而中、上层的表面积却显著下降,孔隙率增加,平均孔径增大。这说明由于结晶的长大,其结构趋于一种活性很低的稳定状态。同时,在催化剂使用后硫含量明显提高,说明硫化物对催化剂的中毒是十分敏感的。能使催化剂中毒的物质有:氧和含氧化合物(O_2、CO、CO_2、H_2O 等)、硫及硫化合物(H_2S、SO_2 等)、磷及磷化合物(PH_3 等)、砷及砷化合物(AsH_3 等)以及润滑油、铜氨液等。

表 3-6　催化剂使用前后的性态变化

试　样		促进剂含量,%					表面积	氨含量	反应速度	总孔隙率	平均孔径
		Al_2O_3	CaO	SiO_2	K_2O	SO_3	m²/g	%	常数 k	%	Å
使用前		3.82	3.55	0.9	1.2	痕量	13.0	13.1	609.9	32.5	107.0
使用后	上层	3.92	3.55	0.93	1.28	0.08	9.2	0.1	0.025	37.4	166.0
	中层	3.92	3.55	0.98	1.29	0.01	10.0	4.6	79.16	35.8	150.0
	下层	3.92	3.55	0.98	1.29	0.01	13.0	5.9	110.3	35.4	107.0

注：氨含量的试验条件为：$P=30.40$ MPa，空速 30000 h^{-1}，$t=400$℃。

为此，送往合成系统的原料气必须严格脱除各种毒物。一般要求（$CO+CO_2$）$\leqslant 1\times10^{-5}$（体积分数）（小型氨厂$<2.5\times10^{-5}$（体积分数））。

只要对催化剂使用、维护保养得当，一般可使用数年仍能保持相当高的催化活性。

第四节　工艺条件的选择

氨合成的工艺条件一般包括压力、温度、空速、氢氮比、惰气和初始氨含量等。工艺条件的选择，一方面应尽量满足反应本身的要求，同时考虑实际可能的条件使单位产品的总能耗最低，做到长周期、安全、稳定地运转，达到良好的技术经济指标。

一、压力

从化学平衡和反应速度的角度来看，较高的操作压力是有利的。但压力的高低直接影响到设备的投资、制造和合成氨功耗的大小。

生产上选择操作压力的主要依据是能耗以及包括能量消耗、原料费用、设备投资在内的综合费用，即取决于技术经济效果。

能量消耗主要包括原料气压缩功、循环气压缩功和氨分离的冷冻功。图 3-3 示出了合成系统能耗随压力的变化。可以看出，总功耗在压力为15～30 MPa 间相差不大，且数值较小。压力过高则原料气压缩功耗太大；而压力过低则循环气压缩功、氨分离冷冻功又太高。

几十年来，氨合成操作压力变化很大，早期各国普遍采用 30～35 MPa 压力，到 50 年代提高到 40～50 MPa。此后，由于蒸汽透平驱动的离心压缩机采用和合理利用大型装置，操作压力降至15～24 MPa。随着合成氨工艺的改进，例如采用多级氨冷以及按不同蒸发压力分级，由离心式氨压缩机抽吸，使冷冻功耗明显降低；采用径向合成塔，填充高活性催化剂均有效提高合成率并降低循环机功耗。此时合成压力可降低至 10～15 MPa，又不引起总功耗的上升。目前国内中、小型合成氨厂均采用 20～32 MPa 压力。

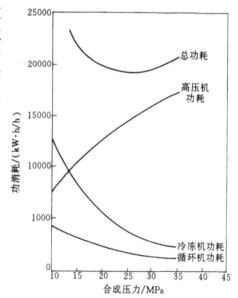

图 3-3　氨合成压力与功耗的关系

二、温度

氨合成反应温度决定于所使用的催化剂及合成塔的结构。同其他的可逆放热反应一样存在一个最适宜温度 T_m（或最佳温度）的问题。

T_m 与平衡温度 T_e 及正、逆反应活化能 E_1、E_2 的关系为：

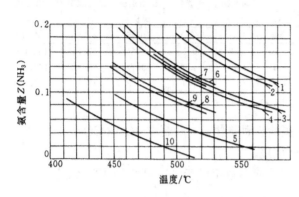

图 3-4 $H_2/N_2=3$ 条件下平衡温度与最适宜温度关系
1、2、3、4、5—分别为（30.40 MPa y_{i0}＝12％）、（30.40 MPa，
y_{i0}＝15％）、（20.27 MPa y_{i0}＝15％）、（27.27 MPa y_{i0}＝18％）、
（15.20 MPa，y_{i0}＝13％）的平衡温度曲线；
6、7、8、9、10—分别为（30.40 MPa y_{i0}＝12％）、（30.40
MPa y_{i0}＝15％）、（20.27 MPa，y_{i0}＝15％）、（20.27 MPa，y_{i0}＝18％）、
（15.20 MPa，y_{i0}＝13％）的最适宜温度曲线

$$T_m = \frac{T_e}{1 + \dfrac{RT_e}{E_2 - E_1} \ln \dfrac{E_2}{E_1}} \quad (3\text{-}24)$$

图 3-4 为 A106 催化剂在 $H_2/N_2=3$ 条件下平衡温度和化学动力学控制时最适宜温度间的关系线。

由图 3-4 可见，最适宜温度随氨浓度增加而下降，随压力降低，惰气含量的增加而降低。同时，催化剂活性对最适宜温度的影响也是显著的。

催化剂床层的进口温度的低限由催化剂起始反应温度决定，床层热点温度的高限由催化剂的耐热温度决定。因此合成反应温度一般控制在 $400 \sim 500\,^\circ\!C$，到生产后期，催化剂活性已经下降，操作温度应相当地提高。

三、空间速度

空间速度的大小，不仅与氨净值（合成塔进出口氨含量之差）、循环气量、系统阻力降和催化剂生产强度有关，而且还直接影响到反应热的合理利用。提高空间速度虽然增加催化剂的生产强度（指单位时间单位体积催化剂上生成氨的量），但将导致出塔气体中氨含量的下降。表 3-7 示出了压力为 30.4 MPa、温度为 $500\,^\circ\!C$、$H_2/N_2=3$ 条件下生产强度与空速的相对关系。

表 3-7　空间速度的影响

空间速度/h^{-1}	1×10^4	2×10^4	3×10^4	4×10^4	5×10^4
出塔氨含量，％	21.7	19.02	17.33	16.07	15.0
生产强度/[$kgNH_3/(m^3 \cdot h)$]	1350	2417	3370	4160	4920

采用高空速强化生产的方法，由于造成出塔氨含量的降低，从而导致循环气量及压力降增大，增加了循环机和冰机的功耗，降低了反应热的回收率。因此，这种方法已不再被人们推荐。

若已知空间速度和合成塔进、出口氨含量，通过物料衡算可求得合成塔产氨量 n_a 和催化剂生产强度 G。

$$n_a = N_2 y_2(NH_3) - N_1 y_1(NH_3) = \frac{N_0 [y_2(NH_3) - y_1(NH_3)]}{[1 + y_1(NH_3)][1 + y_2(NH_3)]}$$

$$= \frac{N_1 \Delta y(NH_3)}{1 + y_2(NH_3)} = \frac{N_2 \Delta y(NH_3)}{1 + y_1(NH_3)} \quad (3\text{-}25)$$

$$G = \frac{17 \times 24}{22.4 \times 1000} V_{S1} \frac{\Delta y(NH_3)}{1 + y_2(NH_3)} = \frac{17 \times 24}{22.4 \times 1000} V_{S2} \frac{\Delta y(NH_3)}{1 + y_1(NH_3)}$$

$$= \frac{17 \times 24}{22.4 \times 1000} V_{S0} \cdot \frac{\Delta y(NH_3)}{[1 + y_1(NH_3)][1 + y_2(NH_3)]} \quad (3\text{-}26)$$

式中　　　　　　　　n_a——合成塔产氨速率，kmol/h；

N_1、N_2——分别为合成塔进、出口气体流量，kmol/h；

N_0——氨分解基气体流量，kmol/h；

$y_1(NH_3)$、$y_2(NH_3)$——分别为进出塔气体氨含量，摩尔分率；

V_{S1}、V_{S2}——分别为进出塔的空间速度，h^{-1}；

V_{S0}——氨分解基空间速度，h^{-1}；

G——催化剂生产强度，t/（$m^3 \cdot d$）。

一般地讲，氨合成操作压力高，反应速度快，空速可高一些；反之可低一些。例如，30 MPa 的中压法合成氨空速在 20000～30000 h^{-1}间；15 MPa 的轴向冷激式合成塔，其空速为 10000 h^{-1}。

四、合成塔进口气体组成

合成塔进口气体组成包括氢氮化、惰气含量和初始氨含量。

最适宜氢氮比与反应偏离平衡的状况有关。当接近平衡时，氢氮比为 3，可获得最大平衡氨含量；当远离平衡时，氢氮比为 1 最适宜。生产实践证明，最适宜的循环氢氮比应略低于 3，通常在 2.5～2.9 间，而对含钴催化剂，该氢氮比在 2.2 左右。

惰气的存在，无论从化学平衡、反应动力学还是动力消耗讲，都是不利的。但要维持较低的惰气含量需要大量地排放循环气，导致原料气单耗增高。生产中必须根据新鲜气中惰性气体含量、操作压力、催化剂活性等综合考虑。

进塔氨含量的高低，需综合考虑氨冷凝的冷负荷和循环机的功耗。通常操作压力为 25～30 MPa 时采用一级氨冷，进塔氨含量控制在 3%～4%；而在 20 MPa 合成时采用二级氨冷，15 MPa 下合成时采用三级氨冷，此时进塔氨含量可降至 1.5%～2.0%。

第五节　氨 的 分 离

即使在 100 MPa 的压力下合成氨，合成塔出口气体的氨含量也只能达到 25% 左右。因此，必须将生成的氨分离出来，将未反应的氢氮气送回系统循环利用。

氨的分离方法有冷凝分离法和水或溶剂吸收法。溶剂吸收法尚未获得工业应用。目前，工业生产中主要为冷凝法分离氨。

冷凝法分离氨是利用氨气在高压下易于液化的原理进行的。高压下，与液氨呈平衡的气相氨含量随温度降低、压力增高而下降，近似可以下式计算：

$$\lg y°(NH_3) = 4.1856 + \frac{1.9060}{\sqrt{p}} - \frac{1099.5}{T} \qquad (3\text{-}27)$$

式中　$y°(NH_3)$——与液氨呈平衡的气相氨含量，%；

p——混合气总压力，MPa；

T——温度，K。

如操作压力在 45 MPa 以上，用水冷却即可使氨冷凝。而在 20～30 MPa 下操作，水冷只能分出部分氨，气相中尚含有 7%～9% 的氨，需进一步以液氨为冷冻剂冷至 0℃ 以下，方可将气相氨含量降至 2%～4%。

冷凝的液氨在氨分离器中与气体分开后经减压送入贮槽。同时带入一定量的氢、氮、甲烷和氢气（包括溶解和夹带），这些气体大部分在氨贮槽中释放出来，工业上称为"贮槽气"或"弛放气"。

上述气体在液氨中的溶解度，可依亨利定律近似计算，溶解度系数与温度 t（℃）的关系为：

氢气　$0.454+7.6\times10^{-3}t$，Nm^3/m^3 液氨 MPa；

氮气　$0.509+7.60\times10^{-3}t$，Nm^3/m^3 液氨 MPa；

甲烷　$1.589+2.40\times10^{-2}t$，Nm^3/m^3 液氨 MPa；

氩气　$0.722+8.55\times10^{-3}t$，Nm^3/m^3 液氨 MPa。

第六节　氨合成工艺流程

根据氨合成的工艺特点，工艺过程系采用循环流程。其中包括氨的合成、分离、氢氮原料气的压缩并补入循环系统，未反应气体补压后循环利用、热量的回收以及排放部分循环气以维持循环气中惰性气体的平衡等。

在工艺流程的设计中，要合理地配置上述各环节。重点是合理的确定循环压缩机、新鲜原料气的补入以及惰气放空的位置、氨分离的冷凝级数（冷凝法）、冷热交换器的安排和热能回收的方式等。

采用柱塞式压缩机的氨合成系统，活塞环采用注油润滑，压缩后气体中夹带油雾，新鲜气补入及循环压缩机的位置均不宜设置在合成塔之前。循环机宜尽量置于流程中气量较少、温度较低的部位，以降低功耗。一般设置在水冷与氨冷之间。而补充气宜补入水冷与氨冷之间的循环机滤油器中，以便在氨冷中利用液氨进一步脱除其中的水、油和微量二氧化碳。

采用离心式压缩机的合成氨系统，气体中不存在油雾，而且循环气和新鲜气是在同一压缩机的不同段里进行，有的甚至直接在压缩机的缸内混合。因此，新鲜气的补入和循环压缩机在流程中处于同一位置。

惰气的放空显然应设在惰气含量高，氨含量较低的部位。氨分离冷凝的级数以及冷热交换的安排均以节省冷量为原则。同时有利于回收合成反应热以降低系统能耗。

氨合成流程据所用压缩机型式、氨分离冷凝级数、热能回收的方式的不同而出现不同的流程。图 3-5 和图 3-6 分别示出了中压氨合成流程和凯洛格（Kellogg）氨合成工艺流程。

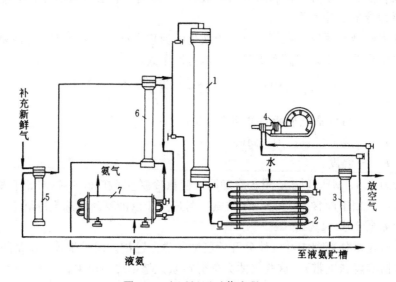

图 3-5　中压氨厂工艺流程

1—氨合成塔；2—水冷器；3—氨分离器；4—循环压缩机；5—滤油器；6—冷凝塔；7—氨冷器

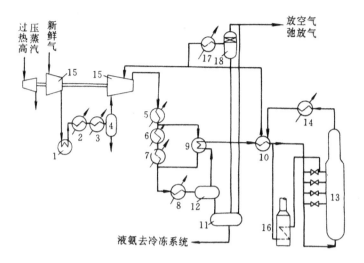

图 3-6 凯洛格氨合成工艺流程

1—新鲜气甲烷化气换热器；2、5—水冷却器；3、6、7、8—氨冷却器；9—冷热换热器；
10—热热换热器；11—低压氨分离器；12—高压氨分离器；13—氨合成塔；14—锅炉给水预热器；
15—离心压缩机；16—开工加热炉；17—放空气氨冷器；18—放空气分离器

图 3-5 为传统的中压氨合成工艺流程。而图 3-6 为大型合成氨厂的典型流程。该类流程采用汽轮机驱动带循环节的离心式压缩机，气体不受油污染，合成反应热也回收较好。同时，由于近年来世界能源价格不断上涨，高能耗的合成氨工厂面临竞争的挑战，出现了一批节能型氨合成流程。目前已工业化的有英国 ICI 公司的"AMV"流程，美国 Braun 公司的低温净化流程和美国 Kellogg 公司的低能耗流程等。能耗均达到了 29.3×10^6 kJ/tNH$_3$ 以下。图 3-7 示出了体现"AMV"技术的 Uhde 制氨流程。

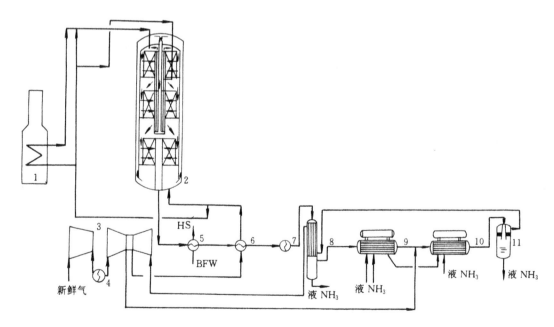

图 3-7 UHDE-AMV 氨合成工艺流程

1—开工加热炉；2—合成塔；3—合成气压缩机；4—段间冷却器；5—废热锅炉；6—热交换器；
7—气体冷却器；8—冷交换器；9—第一氨冷器；10—第二氨冷器；11—氨分离器

该流程的特点是：氨合成压力 10.58 MPa、温度 479℃，均较低；采用了径向合成塔和两级氨冷；合成塔压降仅 0.41 MPa；新鲜气从第二氨冷器前加入，可彻底清除新鲜气中微量的 CO_2、H_2O 等；新鲜气压缩后的氨冷与循环气的一级氨冷系同一氨冷器，既减少了冷量损失，又节省了设备投资。为弥补放空气量（占循环气量的 6%，一般为 3%）大的不足，设置了放空气的氢回收系统。

第七节　氨合成塔

氨合成塔是整个合成氨生产工艺中最主要的设备。它必须适应过程在接近最适宜温度下操作，力求小的系统阻力降以减少循环气的压缩功耗，结构上应简单可靠，满足合成反应高温高压操作的需要。

一、结构特点

在氨合成的温度压力条件下，氢、氮气对碳钢具有明显的腐蚀作用。这种腐蚀作用，一类是氢脆，即氢溶解于金属晶格中，使钢材在缓慢变形时发生脆性破坏；另一类是氢腐蚀，即氢渗透到钢材内部，使碳化物分解并生成甲烷，甲烷聚积于晶界微观孔隙中形成高压，导致应力集中，沿晶界出现破坏裂纹。有时还会出现鼓泡。氢腐蚀与压力、温度有关，温度超过 221℃，氢分压大于 1.43 MPa，氢腐蚀开始发生。

在高温、高压下，氮与钢中的铁及其他很多合金元素也会形成硬而脆的氮化物，从而导致金属机械性能的降低。

为合理解决上述问题，合成塔通常都由内件和外筒两部分组成。进入合成塔的气体先经过内件和外筒之间的环隙。内件外面设有保温层（或死气层），以减少向外筒散热。因而，外筒主要承受高压而不承受高温，可用普通低合金钢或优质低碳钢制成。正常情况下，寿命达 40~50 年。内件虽在 500℃左右的温度下操作，但只承受高温而不承受高压。承受的压力为环隙气流和内件气流的压差，此压差一般为 0.5~2.0 MPa。可用镍铬不锈钢制作。内件由催化剂筐、热交换器、电加热器三个主要部分构成。大型氨合成塔的内件一般不设电加热器，由塔外供热炉供热。

氨合成塔的结构形式繁多。工业上，按降温方式不同，可分为冷管冷却型、冷激型和中间换热型。一般而言，冷管冷却型用于 $\phi500 \sim \phi1000$ 的小型氨合成塔。冷激型具有结构简单，制造容易的特点。中间换热型氨合成塔是当今世界的发展趋势，但其结构较复杂。近年来将传统的塔内气流由轴向流动改为径向流动以减小压力降，降低压缩功耗已受到了普遍重视。

二、主要型式

（一）连续换热式（冷管冷却型）

连续换热式又叫内部换热式，特点是在催化剂床层中设置冷却管，通过冷却管进行床层内冷、热气流的间接换热，以达到调节床层温度的目的。冷却管的形式有单管、双管和三套管之分。根据催化剂床层和冷却管内气体流动的方向，又有并流式和溢流式冷却管之分。图 3-8 和图 3-9 示出了两种并流冷管床层冷却的示意结构。

（二）冷激式

合成塔内的催化剂床层分为若干段，在段间通入未予热的氢、氮混合气直接冷却，故称为多段直接冷激式氨合成塔。以床层内气体流动方向的不同，可分为沿中心轴方向流动的轴向塔和沿半径方向流动的径向塔。图 3-10 为凯洛格四层轴向冷激式氨合成塔，催化剂床层温度和氨含量分布如图 3-11 所示。

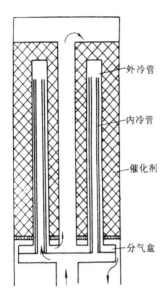

图 3-8　并流三套管示意图

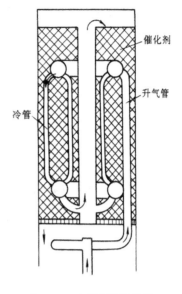

图 3-9　单管并流示意图

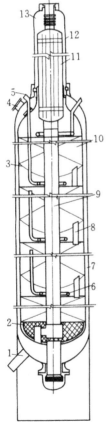

图 3-10　轴向冷激式氨合成塔

1—塔底封头接管；2—氧化铝球；3—筛板；

4—人孔；5—冷激气接管；6—冷激管；7—下筒体；

8—卸料管；9—中心管；10—催化剂筐；11—换热器；

12—上筒体；13—波纹连接管

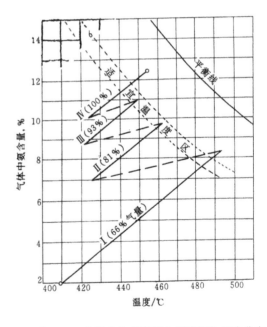

图 3-11　冷激式合成塔催化剂床层的温度分布

（凯洛格型，4 层，14 MPa，入口惰气为

13.6%，旧催化剂）

（三）中间换热式

70 年代后期，世界能源的日趋短缺，一系列节能型的氨合成塔应运而生。如 Topsφe 公司的 S-200 型、Kellogg 公司的带中间换热器的卧式合成塔，Braun 绝热合成塔和 Uhde 三段中间换热式径向合成塔等。图 3-12 为 Topsφe S-200 型氨合成的两种型式（带下部换热器型和不带换热器型）。

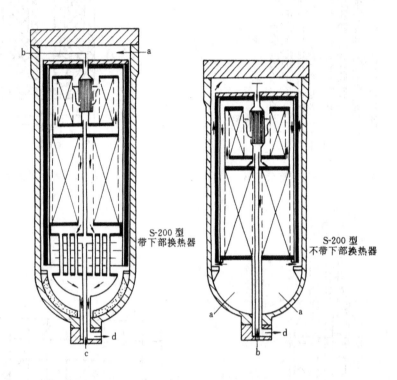

图 3-12　Topsφe S-200 型氨合成塔简图
a—主线进口；b—冷气进口；c—冷副线；d—气体出口

该塔采用了径向中间冷气换热的 Topsφe S-200 型内件，代替原有层间冷激的 Topsφe S-100 型内件。由于取消了层间冷激，不存在因冷激降低氨浓度的不利因素，使合成塔出口氨浓度有较大的提高，功耗较原冷激内件节省 46 万 kJ/tNH$_3$。

思考练习题

3-1　根据氨合成反应的特点，简述氨合成系统平衡组成计算的主要步骤方法。

3-2　试分析提高平衡氨含量的主要途径和氨合成过程最适宜温度的影响因素。

3-3　试综合讨论在补充气和循环气量不变情况下，压力和温度的上升意味着生产的优化还是恶化？如允许补充气和循环气体相应变化，结果如何？并说明原因。

3-4　已知氨合成反应在 500℃和 30 MPa 下进行，当入塔气中 H$_2$/N$_2$＝3 时，计算该条件下平衡常数 K_p 和气相中氨的平衡含量。

3-5　某 30 万 t/a 氨厂，合成塔进气流量 900000 Nm^3/h，已知进塔气中 NH$_3$ 含量 4.0%，出塔气中 NH$_3$ 含量 16.23%，合成塔催化剂装填量 90 m^3，试计算：

①空间速度；　　②催化剂生产强度；

③合成塔产氨速率；　④氨净值。

3-6 已知某合成氨系统操作条件如下：

①补充气组成：
	H_2	N_2	CH_4	Ar	H_2/N_2
mol%	74.22	24.74	0.75	0.29	3

②合成塔进口 NH_3 3%、出口 NH_3 13%、进口 $H_2/N_2=2.9$；

③放空气中惰气（CH_4+Ar）：17%；

④氨分离器出口气体温度37℃，压力30.0 MPa；

⑤损失气和溶解于液氨的气量为补充气量的3.35%。

试计算：a. 理论和实际补充气量；b. 放空气量；c. 合成塔进、出口气量及出口气组成。

（以生产 tNH₃ 为基准）

第四章 硫 酸

本章学习要求

1. 熟练掌握的内容

硫铁矿沸腾焙烧、炉气的净化及干燥原理；主要工艺条件及典型工艺流程；重点掌握二氧化硫催化氧化的化学平衡及动力学。

2. 理解的内容

三氧化硫吸收的基本原理；工艺流程及尾气治理；硫铁矿焙烧过程的物料衡算。

3. 了解的内容

硫酸的性质和用途；制酸用原料。

第一节 概 述

一、硫酸的性质和用途

（一）物理性质

纯硫酸是一种无色透明的油状液体，故有"矾油"之称。在 10.5℃时凝固成晶体。市售浓硫酸相对密度为 1.84～1.86 g/ml。浓度 98% 的硫酸沸点为 330℃。

工业上的硫酸，是指三氧化硫与水以任意比例溶合的溶液。如果三氧化硫与水的摩尔比小于 1，则形成硫酸水溶液；若其摩尔比等于 1，则是 100% 的纯硫酸；若其摩尔比大于 1，称之为发烟硫酸。换言之，凡溶有游离三氧化硫的纯硫酸都叫发烟硫酸。

发烟硫酸浓度通常有三种表示方法：

①以含有游离的三氧化硫质量百分比表示；

②以酸中所含的三氧化硫总量百分比表示；

③以硫酸的质量百分比表示。

三者之关系，可由下列换算实例一目了然。

例如，20% 的发烟硫酸（以上述第 1 种形式表示的浓度），换算成总的三氧化硫质量百分比（以 $A(SO_3)$ 表示）：

$$A(SO_3) = \left[(100-20) \times \frac{80}{98} + 20 \right] \div 100 = 85.3\%$$

如果换算成硫酸质量百分比浓度，则

$$[H_2SO_4] = \left[(100-20) + 20 \times \frac{98}{80} \right] \div 100 = 104.5\%$$

至今，工厂习惯将 20% 发烟硫酸称之为 105 酸，即为此理。

工业硫酸及发烟硫酸的产品规格参见表 4-1。

1. 结晶温度

硫酸水溶液或发烟硫酸，能形成六种结晶状态的化合物，这些结晶化合物所对应的结晶温度差别甚大，如表 4-2 所示。

表 4-1　硫酸的组成

名　　称	H_2SO_4 %（质量）	SO_3/H_2O 分子数比	组成,%（质量）	
			SO_3,%	H_2O,%
92%硫　酸	92.00	0.680	75.10	24.90
98%硫　酸	98.00	0.903	80.00	20.00
无水硫酸	100.00	1.000	81.63	18.37
20%发烟硫酸	104.50	1.300	85.30	14.70
65%发烟硫酸	114.62	3.290	93.57	6.43

表 4-2　硫酸的六种结晶状态化合物

分　子　式	H_2SO_4,%	$SO_{3(总)}$,%	$SO_{3(游)}$,%	结晶温度/℃
$SO_3 \cdot 5H_2O$ 或 $H_2SO_4 \cdot 4H_2O$	57.6	46.9	—	−24.4
$SO_3 \cdot 4H_2O$ 或 $H_2SO_4 \cdot 2H_2O$	73.2	59.8	—	−39.6
$SO_3 \cdot 2H_2O$ 或 $H_2SO_4 \cdot H_2O$	84.5	69.0	—	+8.1
$SO_3 \cdot H_2O$ 或 H_2SO_4	100.0	81.6	0	10.45
$2SO_3 \cdot H_2O$ 或 $H_2SO_4 \cdot SO_3$	110.1	89.9	44.95	35.85
$3SO_3 \cdot H_2O$ 或 $H_2SO_4 \cdot 2SO_3$	113.9	93.0	62.0	1.2

　　我国南北方气候尤其是冬夏季相差很大,硫酸生产须根据当地冬夏的气候条件,正确选择适宜的浓度。我国北方硫酸厂冬季生产浓度为92%的硫酸,夏季可生产98%的硫酸,以防止硫酸因结晶堵塞生产设备及运输设备的事故发生。

　　2. 相对密度

　　硫酸水溶液的密度,随着硫酸浓度的增加而增大,于98.3%时密度达最大值,然后逐渐减小;发烟硫酸的密度,随其中三氧化硫含量的增加而增加,如图4-1所示。

　　3. 沸点及蒸汽压

　　一般来讲,硫酸水溶液的沸点,随着硫酸浓度的增加而增加,但存在一个恒沸点,此时硫酸的含量为98.3%,恒沸点温度为336℃。由此可知,稀硫酸浓缩不可能获得100%硫酸。图4-2显示,恒沸点右侧,随着酸浓度连续增加,它所对应的三氧化硫分压上升,而沸点反而下降。

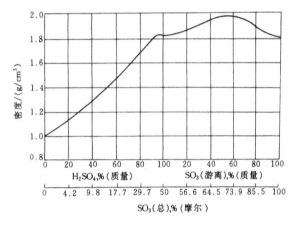

图 4-1　SO_3 水溶液在 40℃时的密度变化

　　值得注意的是,浓硫酸的平衡水蒸气压很低,甚至远远低于同一温度下的饱和水蒸气压。依据这一特性,浓硫酸（浓度为90%以上）可广泛用作干燥剂,用来干燥那些不与它反应的各种气体。

　　4. 粘度

　　与一般流体的性质相似,无论是硫酸还是发烟硫酸,其粘度随着浓度的增加而增加,随着温度的升高而降低,如图4-3所示。

　　（二）主要化学性质

　　硫酸是活泼的无机酸,可与许多物质发生化学反应。

　　1. 硫酸与金属及金属氧化物反应,生成该金属硫酸盐,例如:

$$Zn + H_2SO_4(稀) = ZnSO_4 + H_2 \tag{4-1}$$

$$CuO + H_2SO_4 = CuSO_4 + H_2O \tag{4-2}$$

$$Al_2O_3 + 3H_2SO_4 = Al_2(SO_4)_3 + 3H_2O \tag{4-3}$$

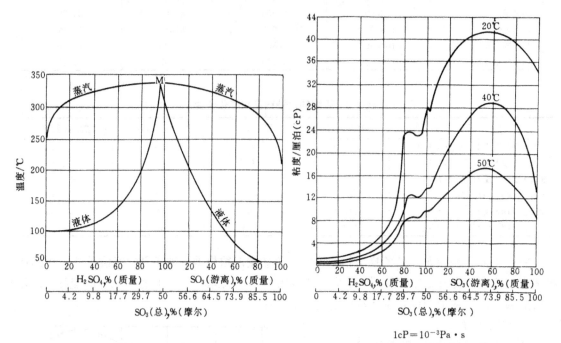

图 4-2　H₂O-SO₃ 系的沸点　　　　图 4-3　硫酸和发烟硫酸的粘度

$ZnSO_4$ 可用于制造锌钡白等，$Al_2(SO_4)_3$ 作胶凝剂广泛用于水处理，$CuSO_4$ 在农业上是波尔多液的主要原料，用于防治果林害虫。

2. 硫酸与氨及其水溶液反应，生成硫酸铵。

$$2NH_3 + H_2SO_4 = (NH_4)_2SO_4 \tag{4-4}$$

根据此反应，可净化焦炉气中的氨制成化肥。

3. 硫酸与其它酸类盐反应，生成较弱和较易挥发的酸。例如磷酸及过磷酸钙的生产：

$$Ca_3(PO_4)_2 + 3H_2SO_4 = 2H_3PO_4 + 3CaSO_4 \tag{4-5}$$

$$2Ca_5F(PO_4)_3 + 7H_2SO_4 + 3H_2O = 3[Ca(H_2PO_4)_2 \cdot H_2O] + 7CaSO_4 + 2HF \tag{4-6}$$

4. 硫酸与水的强烈反应

浓硫酸与水有很强的结合力，能夺取木材、布、纸张甚至动植物组织有机体中的水分，使有机体烧焦（碳化）。例如，人体组织中含有大量的水分，遇到浓硫酸时，就会发生严重的灼伤。糖是碳水化合物，遇到浓硫酸发生碳化反应，夺去这类物质里与水分子组成相当的氢和氧，而留下游离的碳。

5. 在有机合成工业中，硫酸常用作磺化剂，以—SO₂OH基团取代有机化合物的氢原子，从而发生磺化反应。苯用硫酸磺化则为一典型的例子：

$$C_6H_6 + H_2SO_4 = C_6H_5SO_3H + H_2O \tag{4-7}$$

（三）硫酸的用途

硫酸素有"工业之母"之称，在国民经济各部门有着广泛用途，诸如，石油精制，金属材料的酸洗，铜、铝、锌等有色金属的提炼，纺织品的漂白、印染，毛皮的鞣制，淀粉的生产，除草剂、炸药等的制造都需要大量的硫酸。尤其是现代尖端科学技术领域，从铀矿中提取纯铀。作为火箭高能燃料的氧化剂，耐高温轻质钛合金和高温涂料的制造等，都离不开硫酸或发烟硫酸。

就化学工业本身而言，如化学肥料和酸类的制造，各种无机盐的生产，多种工业气体的干燥等都要使用很多硫酸；在有机化工领域，染料中间体、塑料、药品、橡胶、人造纤维、合成洗涤剂、蓄电池等的生产也都要以硫酸做原料。据统计，化学工业本身使用的硫酸量为最大，占总产量的 $70\%\sim80\%$，其中，化学肥料所用量占 $1/3\sim2/3$。

由此可知，硫酸在国民经济中占有十分重要的地位。

二、硫酸的生产方法

硫酸的工业生产，基本上有两种方法，即亚硝基法和接触法。亚硝基法中又可分为铅室法和塔式法。铅室法始于18世纪，因其设备庞大，生产强度低，如今已被淘汰。塔式法是在铅室法基础上发展起来的。

铅室法生产硫酸的化学反应为

$$SO_2 + NO_2 = SO_3 + NO \tag{4-8}$$

$$2NO + O_2 = 2NO_2 \tag{4-9}$$

$$SO_3 + nH_2O = H_2SO_4 + (n-1)H_2O \tag{4-10}$$

$$NO_2 + NO = N_2O_3 \tag{4-11}$$

$$SO_2 + N_2O_3 + H_2O = H_2SO_4 + 2NO \tag{4-12}$$

塔式法是将上述基本上属于气相的反应，利用较小的塔设备并喷淋硫酸，从而转入反应速度较快的液相中进行，以提高生产能力，反应式为：

$$NO + O_2 = NO_2$$

$$NO + NO_2 = N_2O_3$$

$$2NO_2 + H_2SO_4 = HNO_3 + HNSO_5 \tag{4-13}$$

$$N_2O_3 + H_2SO_4 = 2HNSO_5 + H_2O \tag{4-14}$$

$$HNSO_5 \xrightarrow{\triangle} H_2SO_4 + NO \tag{4-15}$$

无论是铅室法还是塔式法，虽然在历史上起过重要作用，但终因存在不足较多，诸如酸浓度低，酸中杂质多，生产中耗用大量的硝酸或亚硝酸盐等。所以，塔式法已全部被接触法所取代。

接触法的基本原理是在催化剂存在下，以空气中的氧氧化二氧化硫，其生产过程分三步：

1. 从含硫原料制造二氧化硫气体，如：

$$S + O_2 = SO_2 \tag{4-16}$$

$$4FeS_2 + 11O_2 = 2Fe_2O_3 + 8SO_2 \tag{4-17}$$

2. 将 SO_2 氧化为三氧化硫

$$SO_2 + \frac{1}{2}O_2 \xrightarrow{V_2O_5} SO_3 \tag{4-18}$$

该反应若无催化剂很难进行，工业上借助于 V_2O_5 催化剂，在一定温度下可大大提高反应速度。接触法则因此得名。

3. 三氧化硫与水结合生成硫酸

$$nSO_3 + H_2O = H_2SO_4 + (n-1)SO_3 \tag{4-19}$$

接触法不仅可制得任意浓度的硫酸，而且可制得无水三氧化硫及不同浓度的发烟酸。该法操作简单、稳定、热能利用率高，因此，在硫酸工业中占有重要地位。

三、生产硫酸的原料

目前，世界各国生产硫酸的原料主要有硫铁矿、硫磺及其他含硫原料。

（一）硫铁矿

硫铁矿是当前硫酸生产最主要的原料，其主要成分是FeS_2，理论含硫量53.45%，含铁46.55%。实际上，根据不同的矿产区，硫铁矿还可能含有铜、锌、铅、锑、钴等有色金属。一般富矿含硫30%~48%，贫矿含硫在25%以下。

硫铁矿按二硫化铁的晶形结构不同可分为①黄硫铁矿，属立方晶系，密度4.95~5.00 g/cm^3；②白硫铁矿，属斜方晶系，密度4.55 g/cm^3；③磁硫铁矿，构造较为复杂，其分子式一般可用Fe_nS_{n+1}（n≥5）表示，其中以Fe_7S_8最为普遍，密度4.58~4.70 g/cm^3，具有磁性。

硫铁矿按其来源不同又可分为普通硫铁矿、浮选硫铁矿和含煤硫铁矿。

（二）硫磺

硫磺在常温下为固体，结晶形的硫有多种分子变形体。最稳定的为八原子硫S_8，通常有α、β、γ三种同素异形体。α为正交晶系，在95.35℃下较稳定，95.4℃开始转变为β、γ型硫。

目前，硫磺是国外制酸的最主要原料，国外的硫磺大部分由石油化工回收而得。硫磺一般杂质含量少，只要在焙烧前略经除杂纯化，制成的炉气无需复杂的精制过程，经降温至420℃后便可进入转化系统。与以硫铁矿为原料的制酸流程相比，节省投资费用，也可避免硫铁矿焙烧所产生的难以处理的矿渣及矿渣环境污染问题。

（三）硫酸盐

自然界存在的硫酸盐，以石膏贮量最为丰富，天然存在的石膏有三种，即无水石膏，雪花石膏和纤维石膏。尤其是无水石膏，许多国家都贮量甚丰。

我国天然石膏资源也十分丰富，分布极广，若将其综合利用，使硫酸厂与水泥厂联合生产，对发展我国硫酸和水泥工业具有重要意义。

（四）冶炼气

几乎所有金属冶炼工业都产生含有二氧化硫的尾气，这也是目前世界上制造硫酸的重要资源。回收尾气制酸，这对保护生态环境意义重大。我国政府对此项工程也十分重视。但是由冶炼气制酸要求尾气中二氧化硫含量不得低于5%~7%。

四、当代硫酸工业的特点

世界硫酸工业的发展，主要表现在扩大生产规模，采用先进技术，节约能源，提高劳动生产率和消除环境污染等方面。60年代，采用了两转两吸新技术，使二氧化硫总转化率提高到99.8%以上；为强化生产，提高了进入转化器二氧化硫浓度；采用提高余热利用效率及将传统的柱状催化剂改为环形催化剂，改进设备结构及减小系统阻力等措施；开发了硫酸尾气治理工艺，使排入大气的二氧化硫含量降至$1×10^{-4}$（体积分数）或$5×10^{-5}$（体积分数）以下；在生产规模和设备上采用大型化，从而降低了成本，取得了显著的经济效益。

第二节　二氧化硫炉气的制造及净化

一、硫铁矿的焙烧

（一）焙烧反应

硫铁矿的焙烧，主要是矿石中的二硫化铁与空气中的氧反应，生成二氧化硫炉气，这一

反应，通常需要在 600℃ 以上的温度进行。焙烧反应分两步进行

1. 二硫化铁受热分解为一硫化铁和硫磺

$$2FeS_2 =\!=\!= 2FeS + S_2 \qquad \Delta H^\circ_{298} = 295.68 \text{ kJ} \qquad (4\text{-}20)$$

该反应为吸热反应，温度越高，对硫铁矿的热分解越有利。事实上，从硫磺的平衡蒸汽压数据也能看出这一点（如表 4-3）。

表 4-3　硫磺平衡蒸汽压与温度的关系

温度/℃	580	600	620	650	680	700
压力/Pa	166.67	733.33	2879.9	15133	66799	261331

硫铁矿释放出硫磺后，开始形成多孔形的一硫化铁。

2. 生成的单体硫及一硫化铁与氧反应

$$S_2 + 2O_2 =\!=\!= 2SO_2 \qquad \Delta H^\circ_{298} = -724.07 \text{ kJ} \qquad (4\text{-}21)$$

$$4FeS + 7O_2 =\!=\!= 2Fe_2O_3 + 4SO_2 \qquad \Delta H^\circ_{298} = -2453.3 \text{ kJ} \qquad (4\text{-}22)$$

$$3FeS + 5O_2 =\!=\!= Fe_3O_4 + 3SO_2 \qquad \Delta H^\circ_{298} = -1723.79 \text{ kJ} \qquad (4\text{-}23)$$

综合（4-20）～（4-23）式，得到硫铁矿焙烧总反应式：

$$4FeS_2 + 11O_2 =\!=\!= 8SO_2 + 2Fe_2O_3 \qquad \Delta H^\circ_{298} = -3310.08 \text{ kJ}$$

$$3FeS_2 + 8O_2 =\!=\!= 6SO_2 + Fe_3O_4 \qquad \Delta H^\circ_{298} = -2366.28 \text{ kJ} \qquad (4\text{-}24)$$

应当指出的是，硫铁矿焙烧时，着火点与矿石种类、粒度及矿石中易燃的含量等因素有关。为了保证硫铁矿焙烧完全，工业上应控制焙烧温度在 600℃ 以上。

（二）焙烧反应动力学

硫铁矿的焙烧是非均相反应过程。反应在两相的接触表面上进行，整个反应过程由一系列反应步骤所组成。

首先是 FeS_2 的分解；氧向硫铁矿表面扩散；氧与一硫化铁反应；生成的二氧化硫由表面向气流主体扩散。此外，在表面上还存在着硫磺蒸汽向外扩散及氧和硫的反应等。

从前面焙烧反应的分析可知，氧和硫铁矿之间的化学反应，大致可分为二硫化铁分解和一硫化铁氧化两步。氧和 FeS 之间的反应在矿料颗粒外表面及整个颗粒内部进行。当矿粒外表面一硫化铁与氧反应后，由于生成了氧化铁，因此，当氧要与颗粒内部的一硫化铁继续反应时，必须通过颗粒表面的氧化铁层。对于内部生成的二氧化硫来讲，也必须通过氧化铁层后扩散出来。不难想象，随着焙烧反应的进行，氧化铁层越厚，氧和二氧化硫通过该层的阻力也越大。

焙烧反应动力学重点讨论过程速率。它与过程的扩散阻力及化学反应速率有关。确定焙烧过程究竟是动力学控制，还是扩散控制，只能通过实验来完成。具体讲，就是要考察操作温度、反应时间及颗粒大小等因素对过程的影响。

1. 反应速率

图 4-4 显示了二硫化铁及一硫化铁在空气中的氧化速率与 FeS_2 在氮气中的分解速率。由图可见，FeS_2 的分解速度大于 FeS 的氧化速度，由此可得出，FeS 氧化反应是整个反应过程的控制步骤。

2. 温度

二硫化铁的分解速度随温度的升高而迅速加快，如图 4-5，其反应活化能约为126 kJ/mol。所以 FeS_2 的分解速度必须在较高温度下才有较大提高，属动力学控制。而一硫化铁氧化反应

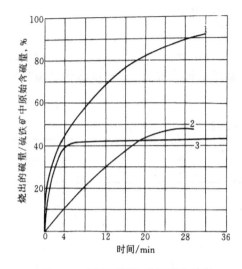

图 4-4 脱硫速度的舟皿试验结果

1—FeS_2 在空气中燃烧；2—FeS 在空气
中燃烧；3—FeS_2 在氮气中加热

活化能为 13 kJ/mol，尽管该反应速度随温度的增加而增加，但增加并不显著，见图 4-6，因此属扩散控制。要提高 FeS 的氧化速度，就需要增加气固相际接触面积，为此，需减小矿石粒度。

随着温度的升高，化学反应速度的增长远远超过扩散速率的增长，因此在高温时，硫铁矿焙烧会转为扩散控制。实践证明，提高氧的浓度会加快焙烧过程的总速率。因此，氧是影响扩散速率的主要因素。但是用富氧空气焙烧硫铁矿并不经济，通常只用空气焙烧即可。

综上所述，提高硫铁矿焙烧速率的途径在于提高焙烧温度；减小矿石粒度，增强气固两相间的相互运动，提高入炉空气中的氧含量等。

（三）硫铁矿焙烧过程的物料及热量衡算

硫铁矿的焙烧反应，生成的二氧化硫及其他气

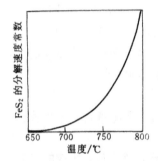

图 4-5 硫铁矿分解速度与温度的关系

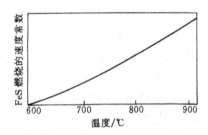

图 4-6 一硫化铁燃烧速度与温度的关系

体（过量氧气、氮气及水蒸气）统称为炉气；铁和氧反应生成的氧化铁等称之为炉渣。当然炉渣中尚包括由其他可燃物生成的氧化物及不可燃烧物如石头等。硫铁矿焙烧时，炉气组成、空气用量、矿渣组成及产率、反应热效应等可以根据化学反应式来衡算。

1. 炉气组成

工业上一般都采用空气来焙烧硫铁矿。现设：m 代表参加反应的氧分子数与反应生成的二氧化硫分子数之比；n 表示空气或其他含氧气体中的氧含量%（体积分数）；$c(O_2)$、$c(SO_2)$、$c(SO_3)$ 分别表示炉气中 O_2、SO_2、SO_3 的含量%（体积分数）。

计算是以干矿石为基准，若无 SO_3 生成时，对于生成 100 体积的干炉气，显然，需要的空气（或其他含氧气体）量为：

$$100-c(SO_2)+mc(SO_2)$$

相应地，所加入空气（或其他含氧气体）中的氧量为：

$$\frac{n}{100}[100-c(SO_2)+mc(SO_2)]=\frac{n}{100}[100+(m-1)c(SO_2)]$$

由此可知，炉气中反应剩余的氧含量应为：

$$c(O_2)=\frac{n}{100}[100+(m-1)c(SO_2)]-mc(SO_2)=n+\left[\frac{n(m-1)}{100}-m\right]c(SO_2) \quad (4\text{-}25)$$

如果炉气中有 SO_3 存在时，炉气中的氧含量为：

$$c(O_2) = n + \left[\frac{n(m-1)}{100} - m\right]c(SO_2) - \left[m' - \frac{n(m'-1)}{100}\right]c(SO_3) \qquad (4\text{-}26)$$

式中，m' 为参加反应的 O_2 分子数与生成的 SO_3 分子数之比，显然，

$$m' = m + 0.5 \qquad (4\text{-}27)$$

必须强调，当采用不同原料焙烧制取 SO_2 炉气时，化学反应方程式不同，因而相应的 m 及 m' 值也不同。若以空气为焙烧介质，对于式（4-17）

则：

$$m = \frac{11}{8} = 1.375$$

$$c(O_2) = 21 - 1.296c(SO_2) \qquad (4\text{-}28)$$

假如炉气中没有剩余的氧，按公式当取 $c(O_2) = 0$ 时，便可求得炉气中 SO_2 的最大浓度，$c(SO_2)_{max} = 16.2\%$

实际生产中，为了使硫铁矿燃烧完全，必须使氧量过剩。工业上将实际的空气量与理论空气量之比称为空气过剩系数。如果不考虑三氧化硫生成，如前所述，实际空气量：

$$100 - c(SO_2) + mc(SO_2)$$

理论空气量为：

$$m \cdot c(SO_2) \cdot \frac{100}{n}$$

因此，空气过剩系数 α 为：

$$\alpha = \frac{n}{m \cdot c(SO_2)} + \frac{n(m-1)}{100m} \qquad (4\text{-}29)$$

2. 烧渣量的计算

硫铁矿焙烧过程中，FeS_2 几乎全部分解为 FeS，焙烧过程产生的烧渣主要有三部分组成，即反应生成的氧化铁、矿石中不可燃烧物及未完全燃烧的硫化铁。

假设焙烧反应按式（4-17）进行，矿渣中未烧去的硫以 FeS 的形式存在。

在 100 kg 硫铁矿中含 FeS_2：

$$p \cdot \frac{120}{64} = 1.875p \text{ kg}$$

式中 p——干矿中的硫含量，%。

在 100 kg 的矿渣中含 FeS：

$$q \cdot \frac{88}{32} = 2.75q \quad (kg)$$

式中 q——矿渣中的硫含量，%。

如果用 x 表示矿渣产率，则由 100 kg 硫铁矿所得到的矿渣中，含 $2.75q \cdot x$ kg FeS，这相当于 $3.75q \cdot x$ kg FeS_2，其余部分等于 $1.875p - 3.75q \cdot x$ kg，并以 Fe_2O_3 的形式转入炉渣中，Fe_2O_3 的质量为 $1.25p - 2.5q \cdot x$ kg，因此，由 100kg 干硫铁矿可得到

FeS	$2.75q \cdot x$
Fe_2O_3	$1.25p - 2.5q \cdot x$
脉石等	$100 - 1.875p$

所以，矿渣总量等于上述三项之和：

$$100x = 100 - 0.625p + 0.25q \cdot x$$

矿渣产率等于：

$$x = \frac{100 - 0.625p}{100 - 0.25q} \quad (\text{kg 矿渣/kg 矿石}) \tag{4-30}$$

3. 硫铁矿中硫的烧出率

以 100 kg 干矿为基准，则原矿总含硫量 $p$kg，产渣量 $x$kg，渣中含硫 $x \cdot q$kg，则硫的烧出率应为

$$\eta_{烧} = \frac{p - x \cdot q}{p} \times 100\% \tag{4-31}$$

式中　$\eta_{烧}$——硫的烧出率，质量%；

一般工业生产中硫的烧出率 $\eta_{烧} > 98\%$

4. 炉气的体积及燃烧所需空气量

炉气体积和燃烧用空气量，可根据炉气中 SO_2 含量及硫铁矿中被烧出的硫量来计算。

焙烧每 1000 kg 任意含硫原料制得炉气体积为

$$V_{炉气} = \frac{1000 \times \eta_{烧} \times 22.4 \times 100}{100 \times 32 \times c(SO_2)} = \frac{700\eta_{烧}}{c(SO_2)} \quad \text{Nm}^3/1000\text{kg 矿石} \tag{4-32}$$

由此可推导出，每焙烧 1000 kg 含硫原料所需空气体积

$$V_{空气} = V_{炉气} \cdot \frac{100 - c(SO_2) + mc(SO_2)}{100}$$

$$= \left[\frac{700}{c(SO_2)} + 7(m-1) \right] \eta_{烧} \quad \text{Nm}^3/1000\text{kg 矿石} \tag{4-33}$$

若按生产 1000 kg 硫酸为基准，所需的炉气及空气体积为

$$V_{炉气(酸)} = \frac{1000}{98} \times 22.4 \times \frac{100}{\eta_{总}} \cdot \frac{1}{c(SO_2)} = \frac{22860}{\eta_{总} \cdot c(SO_2)} \quad \text{Nm}^3/1000\text{kg 酸} \tag{4-34}$$

$$V_{空气(酸)} = \frac{22860}{\eta_{总} \cdot c(SO_2)} \left[\frac{100 + (m-1)c(SO_2)}{100} \right] \quad \text{Nm}^3/1000\text{kg 酸} \tag{4-35}$$

式中　$\eta_{总} = \eta_{烧} \cdot \eta_{净化} \cdot \eta_{转化}\eta_{吸收}$

5. 焙烧过程的热衡算

硫铁矿焙烧反应的热衡算，是在物料衡算基础上，依据盖斯(Guiss)定律，按下述步骤进行

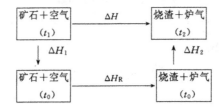

式中　t_1——矿石及空气入炉时的温度，℃；

t_2——烧渣及炉气出炉时的温度，℃；

t_0——热衡算基准温度，℃。

由盖斯定律知，$\Delta H = \Delta H_1 + \Delta H_2 + \Delta H_R$

(1) ΔH_1 的计算

对于干矿石与空气从温度 t_1 变化到 t_0，仅有显热变化；但物料除干矿石、干空气外，还需考虑矿石中的水分及空气中的水分。若将空气作为一个整体，则有四种物料，这一步骤热效应为：

$$\Delta H_1 = \sum_{i=1}^{4} m_i \bar{c}_{pi}(t_0 - t_1) \tag{4-36}$$

式中 m_i——分别代表干矿石、干空气、矿中水及空气中水的物料量,kg;

$\bar{c}_{pi}$——上述四种物料在 $t_0 \sim t_1$ 温度范围内的平均热容,kJ/(kg·℃)。

(2) ΔH_R 的计算

在基准温度 t_0 下,ΔH_R 应该等于该温度下的反应热减去矿石及空气中水分在该温度下的汽化潜热。

$$\Delta H_R = m_{\mathnormal{矿}} \cdot \Delta H_{t_0}^{\circ} - m_{\mathnormal{水}} \cdot \Delta H_r^{\circ} \tag{4-37}$$

式中 $m_{\mathnormal{矿}}$——矿石中 FeS_2 量,kg;

$\Delta H_{t_0}^{\circ}$——矿中每千克 FeS_2 在 t_0 温度下反应的热焓,kJ/kg FeS_2;

$m_{\mathnormal{水}}$——矿石中及空气中所含水分之和,kg;

ΔH_r°——每千克水在 t_0 温度下等压汽化的潜热,kJ/kg。

应该注意,按热力学定义,$\Delta H_{t_0}^{\circ} < 0$;$\Delta H_r^{\circ} > 0$。

(3) ΔH_2 的计算

对于炉气及烧渣而言,包括 N_2,O_2,SO_2,SO_3,H_2O,矿渣,矿尘六个组分,与(1)相类似:

$$\Delta H_2 = \sum_{i=1}^{6} m'_i \bar{C}'_{pi}(t_2 - t_0) \tag{4-38}$$

式中 m'_i——为上述六组分的物料量,kg;

$\bar{C}'_{pi}$——为上述六组分的平均等压热容,kJ/kg·℃。

(4) ΔH 的计算

对于硫铁矿焙烧有以下两种情况:

当过程为绝热时,$\Delta H = 0$;

当过程为非绝热时,需考虑器壁散热,假定焙烧炉器壁散热为热量总收入的 $\eta_{\mathnormal{散}}$%,则

$$\Delta H = \eta\% \cdot (\Delta H_1 + \Delta H_R) \tag{4-39}$$

二、原料预处理及沸腾焙烧

(一) 原料预处理

直接由矿山开采的硫铁矿一般呈大小不一的块状,在送往焙烧工序之前,必须将矿石进行粉碎、分级筛选粒度和配矿等处理;尾砂虽然不需破碎,因其含水量高,冬季贮藏易结块,故对尾砂需进行干燥脱水处理。

1. 硫铁矿的破碎

送入沸腾炉焙烧的硫铁矿,一般粒度不得超过 4~5 mm,因此,硫铁矿破碎通常需要经过粗碎和细碎两道工序。粗碎使用颚式破碎机,细碎用辊式压碎机或反击式破碎机。对于因水分而结块的尾矿需用鼠笼式破碎机。

2. 配矿

硫铁矿往往因产地不同,成分相差较大。在生产中为了稳定操作。保证炉气成份均一,符合制酸工艺要求。焙烧时宜用混合均匀、含硫成份稳定的矿料。通常用铲车或行车将贫矿和富矿按比例抓取、翻堆混合,以保证入炉混矿含硫量符合工艺规定的要求。也使低品位矿料得到充分利用。

3. 脱水

块矿含水一般低于 5%,而尾砂含水量较多,高达 15%~18%。沸腾炉干法加料要求湿度(含水)在 6% 以内,水量过多,会影响炉子的正常操作。因此需将湿矿进行脱水。一般采用自然

干燥,大型工厂采用滚筒干燥机进行烘干。

（二）沸腾焙烧

硫铁矿的沸腾焙烧,是流态化技术在硫酸制造工业的具体应用。流体通过一定粒度的颗粒床层,随着流体流速的不同,床层会呈现固定床、流化床及流体输送三种状态,这些内容已在化工原理课程有详尽的讨论,此不赘述。需要强调的是,硫铁矿焙烧,需要保持矿粒在炉中处于流化床状态。这取决于硫铁矿颗粒平均直径大小、矿料的物理性能及与之相适应的气流速度。对沸腾焙烧来讲,必须保持气流速度在临界速度与吹出速度之间。对于不均匀粒径的硫铁矿,通常取床层内粒子的平均粒径来计算临界流态化速度和吹出速度。

采用沸腾焙烧与常规焙烧相比,具有以下优点:

①操作连续,便于自动控制;

②固体颗粒较小,气固相间的传热和传质面积大;

③固体颗粒在气流中剧烈运动,使得固体表面边界层受到不断地破坏和更新,从而使化学反应速度、传热和传质效率大为提高。

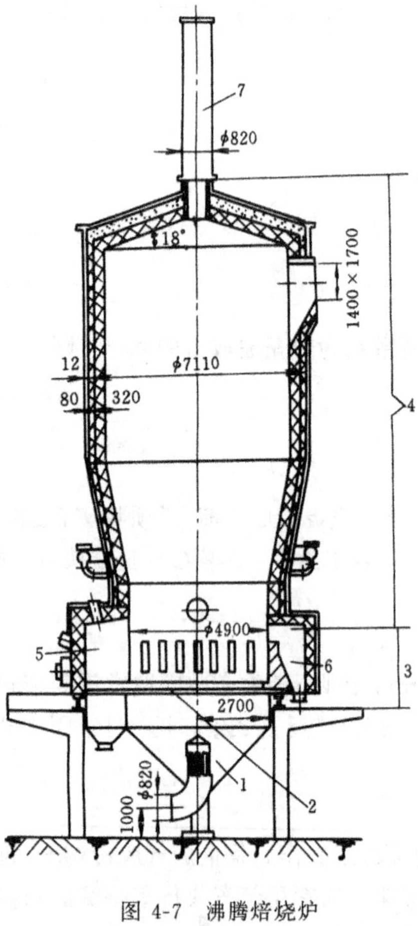

（三）沸腾炉结构

沸腾炉炉体为钢壳,内衬保温砖再衬耐火砖。为防止冷凝酸腐蚀,钢壳外面有保温层,如图 4-7 所示。炉子上部为扩大段,中部为炉膛,下部为空气分布室。分布板上安装许多风帽。空气由鼓风机引入风室,经风帽均匀分布向炉膛喷出。炉膛下部有加料室,矿料由此进入炉膛空间。为避免因温度过高导致炉料熔结,通常在炉膛或炉壁周围安装水箱或冷却器以带走热量,保护炉体。炉后设有废热锅炉,用于产生蒸汽。

目前世界上容积最大的硫铁矿沸腾炉建于 1982 年,其炉床面积达 123 m^2,容积 2800 m^3,设计能力为日产千吨硫酸。我国日产 100t 硫酸的沸腾炉沸腾区直径为 2.5 m,分布板上风帽近 400 个,风帽风口开孔率约为沸腾区炉截面积的 1%～1.5%,操作气速为 1.5～3 m/s,风帽小孔处气速达 15～50 m/s,气体在沸腾炉内的停留时间为 10 s 左右。

（四）沸腾炉焙烧的工艺条件

为了提高硫的烧出率,一般控制操作炉温在 850～950℃,炉底压力 9～12 kPa,炉气中 SO_2 含量为 14%。这三项指标是相互联系的。其中炉温对稳定生产尤为重要。为了保持炉温稳定,必须要稳定空气加入量、矿石组成及投矿量。同时采用增减炉内冷却元件数量来控制炉床温度。

图 4-7 沸腾焙烧炉
1—壳体;2—空气室;3—空气分布板;4—空气分布帽;5—出渣口

三、炉气的净化及干燥

（一）炉气的净气

硫铁矿焙烧得到的炉气除含有二氧化硫外,还含有三氧化硫、水分、三氧化二砷、二氧化硒、氟化氢及矿尘等。炉气中的矿尘不仅会堵塞设备与管道,而且会造成后工序催化剂失活。砷和硒则是催化剂的毒物;炉气中的水分及三氧化硫极易形成酸雾,不仅对设备产生严重腐蚀,而且很难被吸收除去。因此,在炉气送去转化之前,必须先对炉气进行净化,应达到下述净化指标。

砷……………<1 mg/Nm^3 水分……………<0.1 g/Nm^3

酸雾……………<0.03 g/Nm^3 尘…………痕迹

1. 矿尘的清除

工业上对炉气矿尘的清除,依尘粒大小,可相应采取不同的净化方法。对于尘粒较大的(10 μm 以上)可采用自由沉降室或旋风分离器等机械除尘设备;对于尘粒较小的($0.1\sim10$ μm)可采用电除尘器;对于更小颗粒的矿尘(<0.05 μm)可采用液相洗涤法。

2. 砷和硒的清除

砷和硒在焙烧过程中分别形成 As_2O_3 和 SeO_2,它们在气体中的饱和含量随着温度降低而迅速下降。如表 4-4 所示。

表 4-4 不同温度下 As_2O_3 和 SeO_2 在气体中饱和时的含量

温度/℃	As_2O_3 含量 g/Nm^3	SeO_2 含量 g/Nm^3	温度/℃	As_2O_3 含量 g/Nm^3	SeO_2 含量 g/Nm^3
50	1.6×10^{-5}	4.4×10^{-5}	150	0.28	0.53
70	3.1×10^{-4}	8.8×10^{-4}	200	7.90	13
100	4.2×10^{-3}	1.0×10^{-3}	250	124	175
125	3.7×10^{-2}	8.2×10^{-2}			

由表看出,当炉气温度降至 50℃ 时,气体中的砷和硒的氧化物已降至净化所规定的指标以下。采用湿法净化工艺,用水或稀硫酸洗涤炉气,在 50℃ 以下可达到较好的净化效果。砷、硒氧化物一部分被洗涤液带走,其余部分呈固体微粒悬浮于气相中,形成酸雾中心。

3. 酸雾的清除

为了有效地去除酸雾,首先要明白酸雾形成的原理。

(1) 酸雾的形成 由于采用硫酸溶液或水洗涤炉气,洗涤液中有相当数量的水蒸气进入气相,使炉气中的水蒸气含量增加。当水蒸气与炉气中的三氧化硫接触时,则可生成硫酸蒸气。

$$SO_3 + H_2O \Longrightarrow H_2SO_4 \qquad (4\text{-}40)$$

反应达到平衡时,平衡常数为:

$$K_p = \frac{p(SO_3) \cdot p(H_2O)}{p(H_2SO_4)} \qquad (4\text{-}41)$$

式中 $p(SO_3)$、$p(H_2O)$、$p(H_2SO_4)$——SO_3 蒸气、水蒸气、H_2SO_4 蒸气的分压。

不同温度下的 K_p 值见表 4-5。

表 4-5 不同温度下 SO_3 与水蒸气反应的 K_p 值

温度/℃	100	200	300	400
K_p	5.88×10^{-4}	0.528	45.43	1.043×10^3

由表可知,温度越高,平衡常数越大,说明气相中硫酸蒸气分压减小。反之,温度越低平衡常数越小,气相中硫酸的蒸气分压越大。因此,如果将含有三氧化硫和水蒸气的气体混合物温度缓慢降低,则会首先生成硫酸蒸气,然后冷凝成液体。

被洗涤的炉气中硫酸的蒸气分压,与同一温度下所接触的硫酸液面上饱和蒸汽压之比称

为过饱和度，即

$$S = \frac{p(H_2SO_4)}{p_{饱}} \qquad (4-42)$$

式中　$p_{饱}$——在同一温度下,洗涤酸液面上的饱和蒸汽压;

$p(H_2SO_4)$——同一温度下,炉气中硫酸蒸气分压;

　　　　S——过饱和度。

当过饱和度等于或大于过饱和度的临界值时: $S \geqslant S_{临}$
硫酸蒸气就会在气相中冷凝,形成在气相中悬浮的微小液滴,称之为酸雾。硫酸蒸气的临界过饱和度,与蒸汽本身的特性、温度以及气相中是否存在冷凝中心有关。温度越高,临界过饱和度数值越小;当气相中原来就存在悬浮粒子时,它们会形成酸雾的凝聚中心降低过饱和度。

实践证明,气体的冷却速度越快,蒸汽的过饱和度越高,越易达到临界值而形成酸雾。为防止酸雾形成,必须控制一定的冷却速度,使整个过程硫酸蒸气的过饱和度低于临界值。当用水洗涤炉气时,由于炉气温度迅速降低,形成酸雾也是不可避免的。

(2)酸雾的清除　通常是在电除雾器中完成。电除雾器的除雾效率与雾粒直径成正比,为提高电除雾效率,一般采用逐级增大粒径、逐级分离的方法。一是逐级降低洗涤酸浓度,从而使气体被增湿,酸雾吸收水分而增大粒径。二是气体被逐级冷却,使酸雾也被冷却,同时气体中的水分在酸雾表面冷凝而增大粒径。此外增加电除雾器的段数,降低气体在电除雾器中的流速,也能达到提高除雾效率之目的。

(二)　炉气净化工艺流程

以硫铁矿制酸的炉气净化主要分为水洗流程、酸洗流程及热酸洗流程三种。

1. 水洗流程

水洗净化是将炉气经初步冷却和旋风除尘后,用大量水喷淋,洗涤掉炉气中的有害杂质,再经干燥送去转化。

我国大多数中小型硫酸厂采用我国自行开发的水洗流程,诸如"文—泡—文","文—泡—电"等。

在水洗流程中,文丘里起着很重要的作用。当炉气在文丘里收缩管端以极高流速(50～100 m/s)喷出时,在喉管引入的水被雾化成细小的滴沫,增加了与炉气的接触表面,从而达到冷却、除尘、洗涤之目的。泡沫塔的作用是使炉气进一步增湿,同时增大酸雾粒径,便于第二文丘里或电除雾器清除酸雾。图4-8为"二文—器—电"典型水洗流程示意图。

水洗流程的优点是设备简单,投资省,除尘、降温、除砷、除氟效率高,生产技术易于掌握。其缺点是污水排放量大,生产每吨酸污水排放达10～15 t。由于污水中含有大量矿尘、砷及氟等有害杂质且酸性较强,对环境造成严重危害,近年来较少使用。

2. 酸洗流程

酸洗流程是用稀硫酸洗涤炉气,除去其中的矿尘和有害杂质,降低炉气温度。大中型硫酸厂多采用酸洗流程。酸洗流程通常设置两级洗净系统,每级自成循环。第一级的功能为原料气的净化和绝热增湿,常用设备有空塔、文丘里洗涤器。第二级的功能是除热、除湿及原料气的进一步净化,常用设备有空塔、填料塔、静电除雾器。采用稀酸直接洗涤、冷却原料气,再以稀酸冷却器间接换热,移去酸中热量。图4-9为典型酸洗净化流程示意图。

酸洗流程一般可用水作为原始洗涤液,洗涤液在系统中不断循环,吸收原料气中的三氧化硫而成为硫酸。此法污酸量小,便于处理或利用,应用日益广泛。

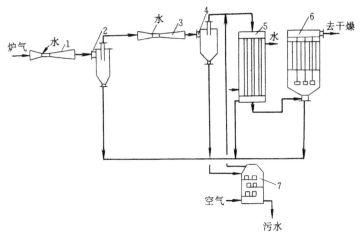

图 4-8 二文—器—电水洗流程示意图

1—第一文氏管；2，4—旋风分离器；3—第二文氏管；
5—间接冷却器；6—电除雾器；7—脱吸塔

（三）炉气的干燥

炉气经洗涤降温和除雾后，虽已除去砷、硒、氟和酸雾，但炉气被水蒸气所饱和。这些水蒸气如果进入二氧化硫转化器，会与三氧化硫再次形成酸雾，且会造成对钒催化剂的破坏。因此，炉气在进入转化工序前务必进行严格的干燥，使炉气中水蒸气含量小于 $0.1\,g/m^3$（炉气）。

1. 干燥原理

浓硫酸具有强烈的吸水性，故常用来作干燥剂。在同一温度下，硫酸的浓度越高，其液面上水蒸气的平衡分压越小。当

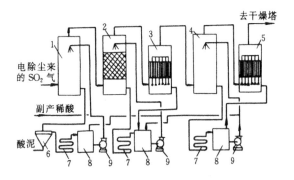

图 4-9 三塔两电酸洗流程

1—第一洗涤器；2—第二洗涤塔；3—第一段电除雾器；
4—增湿塔；5—第二段电除雾器；6—沉淀槽；7—冷却器；
8—循环槽；9—循环酸泵

炉气中的水蒸气分压大于硫酸液面上的水蒸气分压时，炉气即被干燥。不同浓度和温度的硫酸，其液面上的水蒸气分压，如图 4-10 所示。

2. 工艺条件的选择

（1）喷淋酸浓度 由干燥原理及图 4-10 知，喷淋酸浓度越大，硫酸液面上水蒸气分压越小，干燥效果亦越好。以 98.3% 硫酸液面上水蒸气分压为最低。当浓度超过 98.3% 时，硫酸液面上有三氧化硫存在，可与炉气中水蒸气生成酸雾。在工业上既要考虑酸的吸水能力，又要考虑尽量避免酸雾的形成，通常采用浓度为 93%～95% 的硫酸作为干燥酸。

（2）喷淋酸的温度 喷淋酸温度高，可减少炉气中二氧化硫的溶解损失，但同时增加了酸雾生成量，降低了干燥效率，加剧对设备管道的腐蚀。综合考虑上述因素，实际生产中，进塔酸温度一般在 20～40℃，夏季不超过 45℃。

（3）气体温度 进入干燥塔的气体温度，越低越好。温度越低，气体带入塔内的水分就越少，干燥效率就越高。一般气体温度控制在 30℃，夏季不应超过 37℃。

（4）喷淋密度 干燥过程中，喷淋酸在吸收炉气中水分时会放出大量的热。若喷淋酸太少，会导致酸浓度显著降低，温度显著升高，从而使干燥效率下降，并且会加速酸雾形成。喷

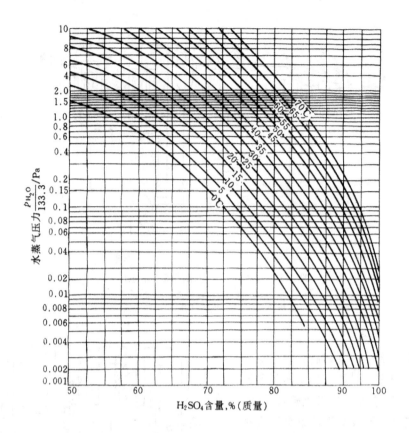

图 4-10 H₂SO₄ 溶液上的水蒸汽分压

淋酸量若过大,会增加流体阻力及动力消耗。因此,喷淋密度一般采用 $10\sim15$ m³/m²·h,这样可以保证塔内酸的温度和浓度的变化控制在 $0.2\%\sim0.5\%$ 之间。

第三节 二氧化硫的催化氧化

一、二氧化硫催化氧化的基本原理

二氧化硫氧化为三氧化硫,只有在催化剂存在下才能有效地进行。要从理论上认识氧化反应的规律,需要从化学平衡、反应动力学等方面综合考虑。

（一）二氧化硫氧化反应的化学平衡

二氧化硫氧化为三氧化硫的反应,是一个可逆、放热及体积缩小的反应。

$$SO_2 + \frac{1}{2}O_2 \Longleftrightarrow SO_3 \quad \Delta H^{\circ}_{298} = -96.25 \text{kJ/mol} \tag{4-18}$$

其平衡常数可表示为:

$$K_p = \frac{p^*(SO_3)}{p^*(SO_2)p^{*0.5}(O_2)} \tag{4-43}$$

式中 $p^*(SO_2)$, $p^*(O_2)$, $p^*(SO_3)$ ——分别为 SO_2、O_2 及 SO_3 的平衡分压。

在 $400\sim700℃$ 范围内,平衡常数与温度的关系可用下式表示:

$$\lg K_p = \frac{4905.5}{T} - 4.6455 \tag{4-44}$$

平衡常数 K_p 随着温度降低而增大。平衡转化率则反映在某一温度下,反应可以进行的极限程度。

$$x_T = \frac{p^*(SO_3)}{p^*(SO_2) + p^*(SO_3)} \tag{4-45}$$

式中　x_T——反应的平衡转化率。

由此不难得出：

$$x_T = \frac{K_p}{K_p + \dfrac{1}{\sqrt{p^*(O_2)}}} \tag{4-46}$$

若以 a, b 分别表示混合气体中 SO_2, O_2 的初始体积或摩尔含量，p 表示系统总压力 (MPa)。当 100 体积的混合气反应达平衡时，被氧化的 SO_2 体积为 ax_T，所消耗的氧体积为 $0.5ax_T$；O_2 的剩余体积 $b - 0.25ax_T$，平衡时气体混合物的总体积为 $100 - 0.5ax_T$，故氧的平衡分压可表示为：

$$p^*(O_2) = \frac{b - 0.5ax_T}{100 - 0.5ax_T} \cdot p \tag{4-47}$$

将式（4-47）代入式（4-46）得

$$x_T = \frac{K_p}{K_p + \sqrt{\dfrac{100 - 0.5ax_T}{(b - 0.5ax_T) \cdot p}}} \tag{4-48}$$

式（4-48）是关于 x_T 的隐含数，可由试差法求解。表 4-6 列出了常压下不同温度及气体组成时 x_T 的计算结果。

表 4-6　用空气焙烧普通硫铁矿时，x_T 与温度的关系

$t/℃$	$a=7$ $b=11$	$a=7.5$ $b=10.5$	$a=8$ $b=9$	$a=9$ $b=8.1$	$a=10$ $b=6.7$
400	0.992	0.991	0.990	0.988	0.984
410	0.990	0.989	0.988	0.985	0.980
420	0.987	0.986	0.984	0.982	0.974
430	0.983	0.983	0.980	0.977	0.968
440	0.979	0.978	0.975	0.971	0.961
450	0.975	0.973	0.969	0.964	0.952
460	0.969	0.976	0.963	0.957	0.942
470	0.962	0.960	0.954	0.947	0.930
480	0.954	0.952	0.945	0.937	0.917
490	0.944	0.942	0.934	0.924	0.902
500	0.934	0.931	0.921	0.910	0.886
510	0.921	0.918	0.907	0.895	0.868
520	0.907	0.903	0.891	0.877	0.848
530	0.891	0.887	0.874	0.858	0.826
540	0.874	0.869	0.854	0.837	0.807
550	0.855	0.849	0.833	0.815	0.779
560	0.834	0.828	0.810	0.790	0.754

需强调：常压下平衡转化率已较高，通常达 95%～98%，在工业生产中无需采用高压。

（二）二氧化硫氧化反应动力学

二氧化硫在催化剂表面上和氧进行的氧化反应由以下几个步骤组成：（1）氧分子从气相扩散到催化剂表面；（2）氧分子被催化剂表面吸附；（3）分子键断裂，形成活化态氧；（4）二氧化硫被催化剂表面吸附；（5）催化剂表面吸附态的二氧化硫与氧原子进行电子重排，形成三氧化硫；（6）三氧化硫气体从催化剂表面脱附并扩散入气相主体。

上述步骤中，以（2）氧的吸附为最慢，因此，它是整个催化氧化过程的控制步骤。

国际上众多学者对二氧化硫在钒催化剂上氧化反应动力学进行过系统研究，但由于所用钒催化剂的结构、特性及实验条件不同，因而各自所得的动力学方程也颇不相同。至今比较认可的当属 Г.К. 波列斯科夫方程：

$$R = -\frac{dc(SO_3)}{d\tau} = k \cdot c(O_2) \cdot \left(\frac{c(SO_2) - c^*(SO_2)}{c(SO_3)}\right)^{0.8} \tag{4-49}$$

式中　　　　　　R——化学反应速度，$kmol/(m^3(cat) \cdot s)$；

　　　　　　　　k——反应速度常数；

$c(O_2), c(SO_2), c(SO_3)$——分别为气体混合物中 O_2, SO_2, SO_3 的浓度，$kmol/m^3$；

　　　　　$c^*(SO_2)$——在反应温度下，混合气中 SO_2 平衡浓度，$kmol/m^3$。

如果将 SO_2, O_2 的起始浓度 a, b 及转化率 x 代入式（4-49），整理得：

$$\frac{dx}{d\tau} = \left(\frac{273}{273+t}\right)\left(\frac{k'}{a}\right)\left(\frac{x_T - x}{x}\right)^{0.8}\left(b - \frac{1}{2}ax\right) \tag{4-50}$$

积分得：

$$\tau_0 = \frac{a}{k'}\int_0^x\left[\left(\frac{x}{x_T - x}\right)^{0.8} \cdot \left(\frac{273+t}{273}\right)\left(\frac{1}{b - \frac{1}{2}ax}\right)\right]dx \tag{4-51}$$

式（4-51）不能直接积分，必须由图解积分或数值积分来计算出不同温度、不同气体组成及不同转化率下需要的接触时间，由此求得达到某一转化率时所需的催化剂体积。

由式（4-51）不难看出，随着 k' 的增加，τ_0 相应减小，即反应速度常数的提高意味着反应时间的缩短；SO_2 浓度增加，则混合气中 O_2 含量相应降低，τ_0 值增大，也就是说需要更多的钒触媒；当 $x \to x_T$ 时，$V_R \to \infty$，说明越是接近平衡，氧化反应越难进行。

国内学者向德辉考虑到逆反应速度的影响，提出了二氧化硫在钒催化剂上进行氧化反应的本征动力学模型。

$$\gamma = k\left(b - \frac{1}{2}ax\right)\left(\frac{1-x}{1-0.2x}\right)\left[1 - \frac{x^2}{K_p^2(1-x)^2\left(b - \frac{1}{2}ax\right)}\right] \tag{4-52}$$

二、二氧化硫氧化用催化剂

二氧化硫氧化反应所用催化剂，主要用铂、氧化铁及钒三种。铂催化剂活性高，但价格昂贵，且易中毒。氧化铁催化剂价廉易得，在 640℃ 以上高温时才具活性，转化率仅有 50% 左右，难以令人满意。相比之下，钒催化剂无论其活性、热稳定性还是机械强度都比较理想，而且价格适宜。因而现今在工业上已获得广泛使用。

钒催化剂是以五氧化二钒为主要活性成分，以碱金属盐类（硫酸盐）作助催化剂，以硅胶、硅藻土、硅酸盐作载体。其主要化学成分一般为：V_2O_5 5%～9%，K_2O 9%～13%，Na_2O 1%～5%，SO_3 10%～20%，SiO_2 50%～70%，并含有少量的 Fe_2O_3，Al_2O_3，CaO，MgO 等。产品一般为圆柱形，直径 4～10 mm，长 6～15 mm。

引起钒催化剂中毒的主要毒物有砷、氟、酸雾及矿尘等。除了矿尘属覆盖催化剂表面降低钒催化剂活性外，其他三种毒物都是以化学中毒形式。例如砷与 V_2O_5 能形成一种挥发性化合物，而使钒催化剂活性降低或丧失。

表 4-7 和表 4-8 分别列出了国内外有代表性的钒催化剂的主要性能。

表 4-7 S1 系钒催化剂的主要物理化学性质

项　目	型　号						
	S101	S102	S105	S106	S107	S101—2	S107—2
颗粒尺寸 mm	$\phi5\times$ (10~15) 圆柱形	$\phi5/\phi2\times$ (10~15) 环　形	$\phi5\times$ (10~15) 圆柱形	环　形	$\phi5\times$ (10~15) 圆柱形	$\phi4\sim\phi8$ 球　形	$\phi4\sim\phi8$ 球　形
堆密度 kg/L	0.50~0.60	0.45~0.55	0.50~0.60	0.50~0.60	0.50~0.60	0.40~0.50	未　测
孔隙率,%	0.50~0.60	0.50~0.60	0.50~0.60	0.50~0.60	0.50~0.60	0.50~0.60	未　测
机械强度	$>15kgf/cm^2$	$>2kgf/颗$	$>15kgf/cm^2$		$>15kgf/cm^2$	$>7kgf/颗$	$>4kgf/颗$
燃起温度 ℃	390~400	390~400	365~375		365~375	390~400	365~375
V_2O_5,% K_2SO_4,% Na_2SO_4,%	7.0~8.0 17~20	7.0~8.0 17~20	7.0~8.5 17~25 6~10	7.0~8.5 17~20	5.5~6.5 14~16 5~6	7.0~8.0 17~20	5.5~6.5 14~16 5~6

注: $1kgf/cm^2=0.98$ MPa。

表 4-8 国外 SO_2 氧化催化剂品种及主要性能

国别	品　种	形　状	燃起温度 ℃	堆比重 kg/L	催化剂定额 1/t(酸)·d	寿　命	备　注
美国	孟山都—516	粒状,$\phi^{5}/_{16}''\times^{7}/_{16}''$			165~205		阻力较 210 型小 30%, 筛用周期长 50%
	孟山都—210	粒状$\phi^{7}/_{32}''\times\phi^{3}/_{8}''$				有十七年 以上记录	用于前两段,高温活性 及抗毒性好(四段床 层)
	孟山都—11						用于后面两段,低温活 性好(四段床层)
	CCI—C116—1	球状 $\phi4\sim8$ mm	400~620 (使用温度)	0.6±0.08			用于后面两段,低温活 性好(四段床层)
	CCI—C116—2	球状 $\phi4\sim8$ mm	400~620 (使用温度)				V_2O_5 8.2±0.25%用于 前两段
	861 型	粒状,比普通催化剂大 2 倍	370			>5 年	
	Code40	片剂$^{3}/_{16}''\times^{3}/_{16}''$	316~349	0.768		>10 年	
	开米柯型	片剂$\phi8\times4.8$mm	421~600 (使用温度)	0.74			
前苏联	БАВ СВА СВД СВС NK₂ NK₄	粒状 环状	400~600 (使用温度) 410	0.6 0.62			使用时不需预饱和 适于低浓度 SO_2 转化 低温活性好 低温活性好 高温(>470℃)活性好
日本	日触—SS	挤条,$\phi4\times9$ mm				10 年以上	低温型,最后一段用, V_2O_5 8.5±0.2%
	日触—S	挤条$\phi5\sim10\times7\sim12$				10 年以上	低温型,各段可用 V_2O_5 7.5±0.2%
	日触—H	挤条$\phi6\sim10\times8.5\sim$ 12	700 (使用温度)			10 年以上	高温型第一段用 V_2O_5 6.2±0.2%
	三菱化工机型					不详	20%(浓)SO_2 转化用
英国	ICI—33—2 ICI—33—4 ISC 型	片剂$\phi6\times6$ 片剂$\phi6\times6$	370~390 390~395 360	0.90 0.80 0.65	180 180	8~10 年 8~10 年	用于后半段 用于后半段

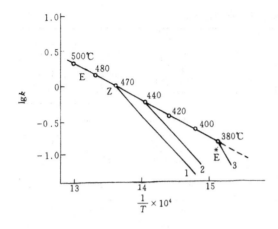

图 4-11 钒催化剂的 k 与反应温度的关系
1—$x<0.60$；2—$x=0.75$；3—$x=0.95$

对于钒催化剂，在某温度范围内有两个反应速度常数和相应的活化能数值，这是有别于其他催化剂的一个特点。在用阿累尼乌斯方程表示的反应速度常数与温度的关系曲线图中，出现一折点 Z（如图 4-11）。之所以出现这种折点 Z，是因为在低温下，析出了无活性的四价钒，从而使催化剂的低温活性降低。值得注意的是，折点 Z 不是固定不变的，而是与气体组成及催化剂中 K_2O/V_2O_5 比值有关，随着 K_2O/V_2O_5 的比值及转化率的提高，折点 Z 向着低温方向移动。

在设计反应器时，会遇到在某一温度下，如何选取反应速度常数的问题。一般来讲，对反应初期的过程，因为反应从低温到高温，且转化率较低，此时可选取较低的反应速度常数值。反之，若转化率从较高开始，则必须选取较高的反应速度常数值。

三、二氧化硫催化氧化工艺条件的选择

通过上面的热力学和动力学分析，将进一步讨论二氧化硫催化氧化最优化的工艺条件。

（一）最佳温度

如前已述，二氧化硫氧化是一个可逆放热反应。显然，温度降低对化学平衡是有利的。但从动力学角度看，要提高反应速度，就必须适当提高反应温度。因此，温度对平衡和动力学两者的影响是互为矛盾的，存在一个最佳反应温度。在该温度下，对于一定的炉气组成和欲要达到的某瞬时转化率，其反应速度为最大。

若反应体系炉气的组成、压力及催化剂等一定，反应速度仅是温度和转化率的函数。如果过程为动力学控制，用函数求极值的方法即可得到最佳温度的计算公式：

$$T_m = \frac{T_e}{1 + \dfrac{RT_e}{E_2 - E_1} \ln \dfrac{E_2}{E_1}} \qquad (4-53)$$

式中　T_m——最佳温度，K；

　　　T_e——平衡温度，K；

E_1，E_2——分别为正、逆反应的活化能，J/mol；

　　　R——气体常数，8.314 J/mol·K。

图 4-12 表示在相应的转化率下，反应温度与反应速度的关系。图中 A-A 线为最佳温度连线，B-B 和 C-C 线则是反应速度相当于最大反应速度 0.9 倍的各点连线。由图 4-13 可以看出，转化率越高，最佳温度越低，在相同温度下，转化率越高则反应速度越小。参见图 4-12。

值得注意，最佳温度与平衡温度关系式（4-53）是依照反应为动力学控制导出的。当催化剂颗粒较大，内扩散影响不可忽略，此时宏观动力学模型很复杂，应根据催化剂内表面利用率来作修正。

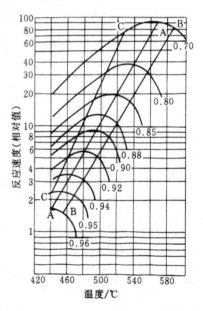

图 4-12　反应速率与温度的关系

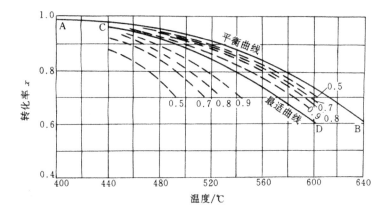

图 4-13　温度与转化率的关系

此外，如果最佳温度的计算值超出了催化剂的活性温度范围，必须以催化剂的活性温度来确定操作温度。换句话说，最佳温度只有在催化剂的活性温度范围内，才具有工业实际意义。

（二）二氧化硫最适宜浓度的确定

二氧化硫最适宜浓度的确定，首先应在保证产量和最大经济效益前提下作考虑。硫酸产量决定于其心脏设备——送风机的能力。一般硫酸厂为了节省电力，都是采用送风量大而风压低的罗茨机或离心式送风机。众所周知，硫酸厂系统阻力的 70% 是集中在转化器的触媒层。显然，若炉气中二氧化硫浓度过低，势必会影响硫酸产量。若采用较浓的二氧化硫炉气，对增产虽然有好处，但又必须增加催化剂装填量才能保证达到工艺规定的转化率。这样也将

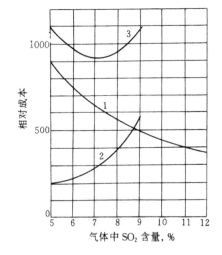

图 4-14　SO₂浓度对生产成本的影响
1—设备折旧费与二氧化硫原始浓度的关系；
2—最终转化率为 97.5% 时，催化剂用量与二氧化硫原始浓度的关系；3—系统生产总费用与二氧化硫原始浓度的关系

导致触媒层阻力增大。由此可见，二氧化硫最适宜浓度在很大程度上取决于触媒层的阻力。实践证明，炉气中 SO_2 浓度在 7% 左右，其综合经济效益是最佳的。参见图 4-14。

若采用两转两吸工艺，二氧化硫浓度在原来基础上可提高 1%～2%。

（三）最终转化率选择

最终转化率，也是硫酸生产的主要指标。提高最终转化率，不仅可降低尾气中 SO_2 含量，减少环境污染；而且可提高硫的利用率。但与此同时会导致催化剂用量和流体阻力的增加。因此，最终转化率的确定也同样存在最优化问题。

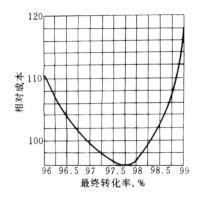

图 4-15　最终转化率对成本的影响

最终转化率与采用的工艺、设备及操作条件密切相关。对于"一转一吸"流程，在尾气不回收的情况下，最终转化率与成本关系见图 4-15。

由图可见，当最终转化率为 97.5%～98% 时，硫酸的生产成本最低。对于有 SO_2 回收装置，最终转化率可取得低些。如果采用"两转两吸"工艺，最终转化率可达到 99.5%。

四、工艺流程及主要设备

工业生产中，为了使转化器中二氧化硫氧化过程尽可能遵循最佳温度曲线进行，以获得最佳经济效益，必须及时地从反应系统中移走反应热。为此，二氧化硫转化多为分段进行，在每段间采用不同的冷却形式。

（一）绝热操作方程式

对于反应器的绝热操作，操作温度与转化率的关系可由催化床的热量衡算确定。

$$T = T_0 + \lambda (x - x_0) \tag{4-54}$$

式中 T_0，T——气体混合物在催化床入口及某截面处的温度，K；

x_0，x——催化床入口及某截面处的 SO_2 转化率，%；

λ——绝热温升，K。

一般情况下，λ 为常数，其数值随原料气中 SO_2 的原始含量（a）而变化。对于用空气焙烧硫铁矿得到的混合气体，λ 值随 SO_2 的变化如表 4-9。

表 4-9 λ 值与 SO_2 原始含量 a 的关系

a%	4	5	6	7	8	9	10	11	12
λ	116	144	171	199	225	252	279	302	324

（二）中间冷却方式

为有效地移去多段转化器每一段产生的热量，在段间多采用间接换热和冷激式两种冷却方式。

1. 间接换热

间接换热就是使反应前后的冷热气体在换热器中进行间接接触，达到使反应后气体冷却的目的。依换热器安装位置不同，又分为内部间接换热和外部间接换热两种形式。参见图 4-16。

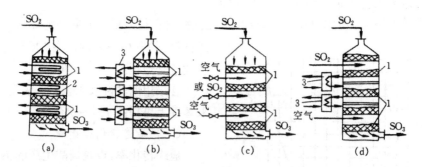

图 4-16 多段中间换热式转化器
(a) 内部间接换热式；(b) 外部间接换热式；(c) 冷激式；(d) 部分冷激式
1—催化剂床层；2—内部换热器；3—外部换热器

内部间接换热式转化器，结构紧凑，系统阻力小，热损失少，但结构复杂，不利于检修。尤其不利于生产的大型化。而外部换热式转化器结构简单，虽然系统管线长，阻力及热损失都会增加,但易于大型化生产。目前在大中型硫酸厂得到广泛应用。

多段间接换热式转化器中 SO_2 氧化过程的温度(t)与转化率(x)的关系如图 4-17。

在图 4-17 中,各段绝热操作线斜率 λ 值相同,冷却线均为水平线。这是因为绝热操作线 λ 值仅受 SO_2 原始浓度的影响,且在冷却过程中,混合气体中 SO_2 转化率不会发生变化。

对于多段间接换热器而言,各段始末温度和转化率的分配存在着优化问题,其目标是要使过程更接近最佳温度线,并且催化剂用量为最少。表 4-10 列出了四段中间换热转化器各段的最佳分配结果。

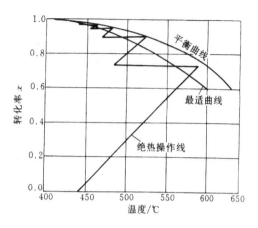

图 4-17　多段反应过程的 t-x 图

应该指出,尽管段数多,对提高二氧化硫转化率及使操作接近最佳温度线越有利,但段数越多,设备及操作更为复杂。因此,在实际生产中分段并非越多越好,通常采用 4～5 段。

表 4-10　四段中间间接换热式转化器各段最佳条件

段	项　目	气体组成(a＝% SO_2, b＝% O_2)			
		a＝6.0 b＝12.7	a＝7.0 b＝11.3	a＝7.5 b＝10.5	a＝8.0 b＝9.8
I	x_e	0.755	0.725	0.707	0.689
	T_i	440	440	440	440
	T_e	571	585	591	596
	τ	0.448	0.548	0.613	0.680
II	x_e	0.905	0.918	0.920	0.923
	T_i	486	463	451	440
	T_e	512	501	497	493
	τ	0.270	0.582	0.834	1.174
III	x_e	0.961	0.970	0.971	0.971
	T_i	450	438	436	434
	T_e	460	448	446	444
	τ	0.458	0.953	1.271	1.712
IV	x_e	0.980	0.980	0.980	0.980
	T_i	437	432	429	425
	T_e	439	434	434	427
	τ	0.714	0.976	1.418	2.134
	$\Sigma\tau$	1.890	3.059	4.136	5.700

注:x_e——转化率,分率;

　　T_i——起始温度,℃;

　　T_e——末尾温度,℃;

　　τ——接触时间,s。

2. 冷激式

所谓冷激,是指采用冷的气体与反应后的热气体直接混合,使反应物系温度降低。冷激所用的冷气体不同,又分为炉气冷激和空气冷激。

(1)炉气冷激　进入转化系统的新鲜炉气,一部分进入第一段催化床,其余的炉气作冷激用。图 4-18 系四段炉气冷激过程的 t-x 图。

与间接换热不同,冷却线不是水平线而是斜线。因为炉气被冷激后,所加入的部分新鲜炉气,使二氧化硫转化率有所下降。另外,炉气冷激与间接换热相比,要达到相同的转化率,

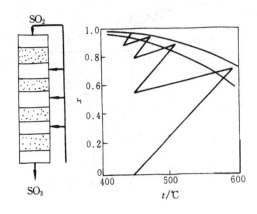

图 4-18　四段炉气冷激 t-x 图

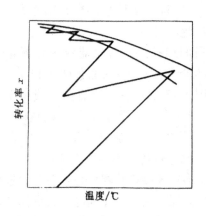

图 4-19　第一、第二段之间进行冷激的
四段中间换热式转化过程的 t-x 图

催化剂用量要有所增加，且最终转化率越高，催化剂用量增加越多。综合两者特点，工业上一般采取部分冷激操作。图 4-19 为部分冷激过程的 t-x 图。对于部分冷激，同样存在着段间最佳分配问题。表 4-11 列出了部分炉气冷激五段转化器各段最佳工艺条件。

表 4-11　部分炉气冷激式转化器各段最佳条件

段	项　　目	气体组成（$a=\%\ SO_2$, $b=\%O_2$）			
		$a=6.0$ $b=12.7$	$a=7.0$ $b=11.3$	$a=7.5$ $b=10.5$	$a=8.0$ $b=9.8$
I	x_e	0.661	0.655	0.662	0.641
	T_i	440	440	440	440
	T_e	554	571	581	585
	τ_1	0.376	0.472	0.538	0.587
II	T_c	269	237	40	206
	β	0.780	0.717	0.797	0.664
	x_i	0.516	0.469	0.528	0.426
	x_e	0.834	0.827	0.844	0.820
	T_i	492	476	471	458
	T_e	527	548	539	547
	τ_2	0.229	0.359	0.462	0.591
III	x_e	0.933	0.938	0.944	0.943
	T_i	473	460	452	445
	T_e	490	482	473	473
	τ_3	0.325	0.595	0.809	1.140
IV	x_e	0.971	0.973	0.974	0.973
	T_i	440	437	436	435
	T_e	446	444	442	441
	τ_4	0.521	0.889	1.129	1.535
V	x_e	0.980	0.980	0.980	0.980
	T_i	437	431	428	424
	T_e	438	433	429	426
	τ_5	0.481	0.783	1.131	1.817
	$\beta\tau_1+\sum\limits_2^5\tau_1$	1.849	2.964	3.960	5.473

注：T_c——冷激炉气的温度，℃；
　　β——通过第一段催化床的气量占总气量的分率。

（2）空气冷激 是指在转化器段间补充预先经硫酸干燥塔干燥的空气，通过直接换热以降低反应气体的温度。进入转化器的新鲜混合气体全部进入第一段催化床，冷空气是外加的，其冷激量视需要而调节。图 4-20 为四段空气冷激过程的 t-x 图。

由图 4-20 可见，添加冷空气不影响冷却过程中 SO_2 转化率 x，冷却线仍呈水平线。但加入空气后，进入下段催化床气体混合物中的 SO_2 浓度比上段原始 SO_2 浓度降低，O_2 含量有所增高。因此，每添加一次冷空气，过程的平衡曲线、最佳温度曲线及绝热操作线都会相应改变。

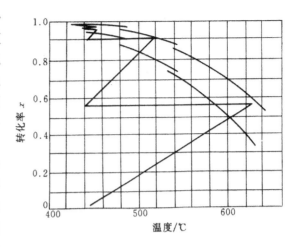

图 4-20 空气冷激式 t-x 图

采用空气冷激，可达到更高的转化率。但空气冷激只有当进入转化器的气体不需预热且含有较高 SO_2 时才适用。对于硫铁矿为原料的二氧化硫转化工艺，因新鲜原料气温度低，需预热，只能采用部分空气冷激。

（三）"两转两吸"流程

70 年代后，硫酸生产中"两转两吸"工艺发展很快，该工艺最终 SO_2 转化率能达 99% 以上。

"两转两吸"的基本特点是，二氧化硫炉气在转化器中经过三段（或两段）转化后，送中间吸收塔吸收三氧化硫。由于在两次转化间增加了吸收工艺除去三氧化硫，有利于后续转化反应进行得更完全。图 4-21 为我国典型的（Ⅳ I-Ⅲ）"两转两吸"工艺换热器组合。

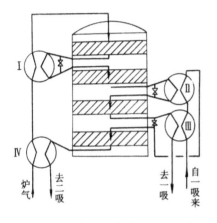

图 4-21 两转两吸换热器组合型式
（Ⅳ I-Ⅲ）

"两转两吸"工艺段间换热器还可以有（Ⅲ-Ⅳ I），（ⅢI-Ⅳ Ⅱ）等组合。至于哪种组合最好，需要多方案技术经济评价。评价的标准是在保证最佳工艺条件前提下，总换热面积最小。

第四节 三氧化硫吸收及尾气处理

二氧化硫经催化氧化后，转化气中约含 7% 的三氧化硫及 0.2% 的二氧化硫，其余为氧和氮气。用硫酸水溶液吸收转化气中的三氧化硫，可制得硫酸和发烟硫酸。在实际生产中，一般用大量的循环酸来吸收三氧化硫，目的是要将硫酸生成热引出系统。吸收酸的浓度在循环中不断增大，需要用稀酸或水稀释，与此同时不断取出产品硫酸。

一、三氧化硫吸收的工艺条件

（一）吸收酸浓度

仅从化学反应来看，三氧化硫可用任意浓度的硫酸或水吸收，即对吸收酸浓度无严格要求。但对吸收操作来讲，为了使 SO_3 能被吸收完全并尽可能减少酸雾，要求吸收酸液面上的

SO_3 与水蒸气分压要尽可能低。从图 4-10 知，任何温度下浓度为 98.3% 的硫酸液面上总蒸汽压为最小。因此吸收酸浓度选择 98.3% 比较合适。若吸收酸浓度太低，因水蒸气分压增高，易形成酸雾；但若吸收酸浓度太高，则液面上 SO_3 分压较高，难以保证吸收率达到 99.9%。

工业生产中，三氧化硫吸收是与二氧化硫炉气干燥结合起来考虑的。一般吸收酸浓度取 98% 合乎生产实际。

（二）吸收酸温度

吸收酸温度对吸收率影响也较大。从吸收角度看，温度越高越不利于吸收操作。因为酸温度越高，吸收酸液面 SO_3 和水蒸气分压也越高，易形成酸雾，导致吸收率下降，且易造成 SO_3 损失。酸温升高的另一后果是对管道腐蚀性加剧。因此，综合考虑酸雾形成、吸收率及管路腐蚀等因素，工业生产中，控制吸收酸温度一般不高于 50℃，出塔酸温度不高于 70℃，进入吸收塔的气体温度一般不低于 120℃。如果炉气干燥程度较差，气体的温度还可适当提高。

二、系统水平衡与发烟硫酸产量

从干燥塔出来的硫酸，因吸收了炉气中的水分而被稀释，此酸被送往吸收塔，吸收三氧化硫制取硫酸。若系统内无外加水，则产品硫酸浓度为：

$$A(SO_3) = \frac{1}{1+W} \tag{4-55}$$

式中　W——系统吸收 1 kg SO_3 时随同炉气带入干燥塔的水量，kg。

W 除了与炉气中的水汽含量有关外，还与其中 SO_2 浓度及其转化率 x、SO_3 吸收率 $\eta_{吸}$ 有关。

$$W = \frac{1}{80}\left(\frac{c(H_2O)}{c(SO_2)x\eta_{吸}}\right) \cdot 18 = \frac{c(H_2O)}{4.44x\eta_{吸}\,c(SO_2)} \tag{4-56}$$

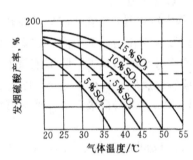

图 4-22　气相中 SO_3 含量不同时，发烟硫酸产率与干燥塔入口气温的关系

对于生产 20% 的发烟硫酸，$A(SO_3) = 0.853$；由此计算的 $W = 0.1723$kg。如果 $W > 0.1723$，则难以制得 20% 的发烟硫酸。

对于湿法净化流程，炉气进干燥塔时，已被水蒸汽所饱和，所以 $c(H_2O)$ 取决于干燥塔前炉气的温度及压力。图 4-22 为发烟硫酸产率与干燥塔前气体温度及其中 SO_3 含量的关系。

由图 4-22 可以看出，当炉气 SO_2 含量为 7% 时，气体温度由 30℃ 提高到 33℃，发烟硫酸产率几乎降低 20%；此外，当炉气温度高于 43℃，系统不能生产发烟硫酸。

三、三氧化硫吸收的工艺流程

图 4-23 为同时生产标准发烟硫酸和浓度为 98.3% 硫酸的典型工艺流程。

转化气经三氧化硫冷却器冷却到 120℃ 左右，先经发烟硫酸吸收塔 1，后经浓硫酸吸收塔 2，再经尾气回收后放空。吸收塔 1 用 18.5% 的发烟酸喷淋，吸收三氧化硫后，浓度和温度均升高。吸收塔 1 流出的发烟酸在贮槽 4-Ⅰ 中与来自贮槽 4-Ⅱ 的 98% 硫酸混合，以保持发烟硫酸的浓度。经冷却器 7 冷却后，取出部分标准发烟酸产品，其余部分送入吸收塔 1 循环使用。吸收塔 2 用 98% 硫酸喷淋，塔底排出酸浓度上升，酸温由 45℃ 上升为 60℃，在贮槽 4-Ⅱ 中与来自干燥塔的 93% 硫酸混合，以保持 98% 浓度。经冷却后，一部分 98.3% 的酸送入发烟硫酸

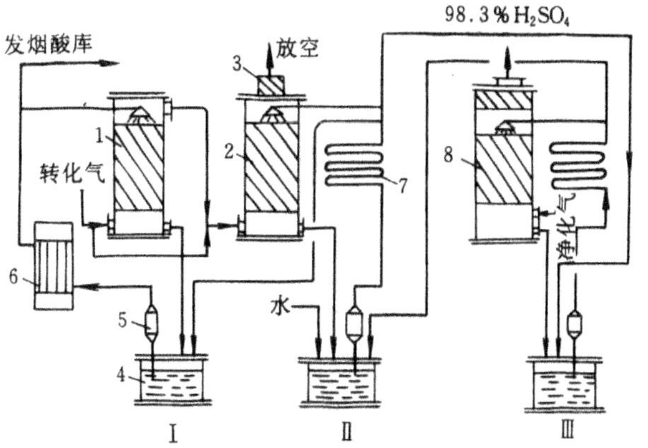

贮槽4-Ⅰ，另一部分送往干燥塔贮槽4-Ⅲ，以保持干燥酸浓度。同时取出部分酸作为成品酸，大部分送入吸收塔2循环使用。

四、尾气的处理

经过吸收工序的尾气中，仍含有少量二氧化硫及部分三氧化硫，其含量视具体工艺不同而略有差别，一般在0.3%左右。对尾气中的二氧化硫及三氧化硫必须加以回收，以减少环境污染，降低硫酸生产的消耗定额。目前国内硫酸大部分采用氨-酸法处理尾气。

图 4-23　生产发烟硫酸时的干燥-吸收流程
1—发烟硫酸吸收塔；2—浓硫酸吸收塔；3—捕沫器；
4—循环槽；5—泵；6、7—酸冷却器；8—干燥塔

（一）氨-酸法的基本原理

氨-酸法是利用氨水吸收尾气中的 SO_2 及 SO_2 得到亚硫酸铵和硫酸氢铵溶液，其反应为：

$$SO_2 + 2NH_3 + H_2O \Longrightarrow (NH_4)_2SO_3 \tag{4-57}$$

$$SO_2 + (NH_4)_2SO_3 + H_2O \Longrightarrow 2NH_4HSO_3 \tag{4-58}$$

$$2(NH_4)_2SO_3 + SO_3 + H_2O \Longrightarrow 2NH_4HSO_3 + (NH_4)_2SO_4 \tag{4-59}$$

因为亚硫酸铵和亚硫酸氢铵溶液不稳定，易与尾气中剩余氧发生下列副反应：

$$2(NH_4)_2SO_3 + O_2 \Longrightarrow 2(NH_4)_2SO_4 \tag{4-60}$$

$$2NH_4HSO_3 + O_2 \Longrightarrow 2NH_4HSO_4 \tag{4-61}$$

上述反应均为放热反应。当循环吸收液中亚硫酸铵达到一定浓度时，吸收率降低，因此除不断引出部分溶液外，还应向循环塔内连续加入氨，以调整吸收液的成分，保持吸收液中 $(NH_4)_2SO_3 / (NH_4HSO_3)$ 浓度比例。

$$NH_3 + NH_4HSO_3 \Longrightarrow (NH_4)_2SO_3 \tag{4-62}$$

欲得到较浓的 SO_2 气体，可将部分母液送至分解塔，加入93%的硫酸将溶液进行分解：

$$(NH_4)_2SO_3 + H_2SO_4 \Longrightarrow (NH_4)_2SO_4 + SO_2 + H_2O \tag{4-63}$$

$$2NH_4HSO_3 + H_2SO_4 \Longrightarrow (NH_4)_2SO_4 + 2SO_2 + 2H_2O \tag{4-64}$$

为提高分解率，一般使硫酸加入过量30%～50%，过量的硫酸再在中和塔内用氨中和。中和后的溶液呈微碱性母液。

分解出来的高浓度 SO_2 气体，用硫酸干燥后得到纯 SO_2 气体，工业上可单独加工成液体 SO_2 产品。

（二）工艺条件

影响尾气中二氧化硫吸收的主要因素是循环母液的碱度。增加碱度可提高二氧化硫的吸收率。但碱度过高，母液中氨分压过大，二氧化硫吸收率反而下降。因而影响吸收率。

一般工业生产中控制的工艺条件为：

1. 循环母液碱度：

下塔：生产液体 SO_2 时，12～18滴度；
　　　生产亚铵时，25～40滴度。

上塔：生产液体 SO_2 时，6～12滴度；
　　　生产亚铵时，15～30滴度。

2. 循环母液密度

下塔：生产液体 SO_2 时，1.18～1.21 g/ml；
　　　生产亚铵时，1.32～1.34 g/ml。

上塔：生产液体 SO_2 时，1.10～1.15 g/ml；
　　　生产亚铵时，1.16～1.25 g/ml。

3. 尾气回收率

工业上要求尾气回收率不低于 90%。

4. 尾气排放 SO_2 浓度

经尾气处理后，SO_2 浓度不高于 $3×10^{-4}$（质量分数）。

（三）工艺流程

从吸收塔来的硫酸尾气，送入回收塔下部，经两段吸收后由塔顶引出，再经复喷复挡装置进一步吸收后经烟囱排空。

循环母液由母液循环泵分别送入上、下塔内，吸收尾气后的母液再分别由塔底回流入上、下塔循环槽。为保持循环槽内母液的密度和碱度，需不断地向循环槽内补充水和氨水，并向外输送母液，经中和、冷却、结晶后制得亚铵产品。工艺流程见图 4-24。

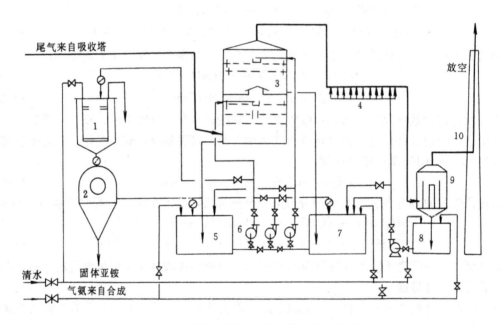

图 4-24　尾气吸收及亚铵工艺流程示意图

1—冷却结晶器；2—分离机；3—尾气吸收塔；4—复喷；5—下塔母液循环槽；6—母液循环泵；
7—上塔母液循环槽；8—三级母液循环槽；9—复挡器；10—尾气烟囱

思考练习题

4-1　硫铁矿焙烧及影响焙烧速度的因素有哪些？

4-2　炉气中的有害杂质有哪些？如何除去这些杂质？

4-3　在"文—泡—文"净化流程中，第一文丘里与第二文丘里的作用有何区别？泡沫塔的作用是什么？

4-4　炉气干燥的原理是什么？如何选择干燥工艺条件？

4-5　二氧化硫氧化的催化剂主要成分是什么？钒催化剂与常规催化剂相比，最大的不同表现在哪里？

4-6 SO_2 氧化成 SO_3 时，为什么会存在最佳温度？请导出最佳温度与平衡温度间的关系式。

提示：SO_2 氧化的动力学方程为

$$r = k_1 p(O_2) \left(\frac{p(SO_2)}{p(SO_3)} \right)^{0.5} - k_2 p^{0.5}(O_2) \cdot \left(\frac{p(SO_3)}{p(SO_2)} \right)^{0.5}$$

4-7 SO_2 氧化时，若采用常压操作，起始反应温度为 420℃，原料气中 SO_2 浓度为 8%，采用一段钒触媒催化转化，其转化率可否达到 90%？为什么？请用计算证明。

提示：反应温度与初始温度的关系为：

$$T = T_0 + 199 \ (x - x_0)$$

4-8 请绘出前两段采取炉气冷激，后两段采用间接冷却的四段转化过程 $t\text{-}x$ 示意图。

*4-9 某硫酸厂年产 100%H_2SO_4 4 万 t，有效开工日为 310 天，硫铁矿含硫为 30%（湿基），含水量 3%，硫的总利用率 94%；矿渣中含硫量为 0.5%，烧出的炉气中 SO_2 浓度为 9%，空气相对湿度 60%，空气及矿石温度均为 25℃，矿渣出炉温度为 500℃，炉子散热量为总收入的 4%，矿尘从炉子里带出量占总矿渣量的 60%。

(1) 根据上述条件，作出该沸腾炉焙烧硫铁矿的物料衡算和热量衡算，并列出收支平衡表。

(2) 计算炉气的出口温度。

提示：按该厂每小时投矿量为基准。

矿石比热 $\bar{C}_p = 0.543$ kJ/kg·℃

矿渣比热 $\bar{C}_p = 0.96$ kJ/kg·℃

第五章 硝 酸

本章学习要求

1. 熟练掌握的内容

氨氧化反应的化学平衡及动力学,反应用催化剂及工艺条件;一氧化氮氧化反应的热力学及动力学;氮氧化物吸收工艺条件的选择及氮氧化物尾气处理;硝酸镁法制造浓硝酸的基本原理。

2. 理解的内容

氨-空气混合物的爆炸极限;一氧化氮氧化时间的计算;氮氧化物吸收平衡的解析及图解计算。

3. 了解的内容

稀硝酸生产的总流程及其技术发展的动态;硝酸的性质和用途;硝酸生产中尾气治理的有效方法;氨氧化过程的物料衡算。

第一节 概 述

纯硝酸(100% NHO$_3$)为带有窒息性与刺激性的无色液体,相对密度 1.522,沸点 83.4℃,熔点 −41.5℃,常温时能进行分解:

$$4HNO_3 = 4NO_2 + O_2 + 2H_2O \tag{5-1}$$

放出的二氧化氮溶于硝酸而呈现黄色。

硝酸能以任意比例与水混合,并放出热量。此稀释热可用下式计算:

$$Q = m \cdot \frac{37.41n}{1.737 + n} \tag{5-2}$$

式中 Q——稀释热,J/mol;

m——纯硝酸的摩尔数;

n——水与纯硝酸的摩尔比。

工业硝酸依 HNO$_3$ 含量多少可分为浓硝酸 (96%～98% HNO$_3$) 和稀硝酸 (45%～70% HNO$_3$)。

硝酸是强酸之一,氧化性很强。除金、铂及某些其它稀有金属外,各种金属都能与稀硝酸作用生成硝酸盐。但由浓硝酸与盐酸按 1:3(体积比)混合形成的"王水"却能溶解金和铂。

硝酸是基本化学工业重要的产品之一,产量在各类酸中仅次于硫酸。主要用于制造肥料,如硝酸铵,硝酸钾等。用硝酸分解磷灰石可制得高浓度的氮磷复合肥。

浓硝酸最主要用于国防工业,是生产三硝基甲苯 (TNT)、硝化纤维、硝化甘油等的主要原料。生产硝酸的中间产物——液体四氧化二氮是火箭、导弹发射的高能燃料。硝酸还广泛用于有机合成工业,用硝酸将苯硝化并经还原制得苯胺,硝酸氧化苯制造邻苯二甲酸,均可用于染料生产。

制造硝酸最早的方法是用浓硫酸分解硝石（$NaNO_3$）。1901 年开始用电弧法，使空气中的氮和氧直接化合成一氧化氮，再进一步加工成硝酸。此法耗电量大、成本很高。1913 年世界上首次实现了采用哈伯工艺，由氮和氢气直接合成氨的工业化生产。1932 年氨氧化法生产硝酸的新工艺具有实际意义，且成本大为降低。电弧法随之被淘汰。

目前，工业硝酸均是采用氨氧化法进行生产。该工艺包括氨的接触氧化，一氧化氮的氧化和氮氧化物的吸收。用此工艺可生产浓度为 45%～60% 的稀硝酸。

60 年代后，硝酸生产的技术特点是，采用大型化机组，适当地提高操作压力，采用高效设备，降低原料及能量消耗，解决尾气中氮氧化物的污染问题。

第二节　稀硝酸的生产

一、氨的催化氧化基本原理

（一）氨氧化反应

氨和氧可以进行下列三个反应：

$$4NH_3 + 5O_2 = 4NO + 6H_2O \qquad \Delta H = -907.28 \text{ kJ} \qquad (5\text{-}3)$$

$$4NH_3 + 4O_2 = 2N_2O + 6H_2O \qquad \Delta H = -1104.9 \text{ kJ} \qquad (5\text{-}4)$$

$$4NH_3 + 3O_2 = 2N_2 + 6H_2O \qquad \Delta H = -1269.02 \text{ kJ} \qquad (5\text{-}5)$$

除此之外，还可能发生下列副反应

$$2NH_3 = N_2 + 3H_2 \qquad \Delta H = 91.69 \text{ kJ} \qquad (5\text{-}6)$$

$$2NO = N_2 + O_2 \qquad \Delta H = -180.6 \text{ kJ} \qquad (5\text{-}7)$$

$$4NH_3 + 6NO = 5N_2 + 6H_2O \qquad \Delta H = -1810.8 \text{ kJ} \qquad (5\text{-}8)$$

不同温度下，式（5-3）～式（5-6）的平衡常数见表 5-1。

表 5-1　不同温度下氨氧化或氨分解反应的平衡常数（$p = 0.1$ MPa）

温　度	反　　应			
K	（5-3）	（5-4）	（5-5）	（5-6）
300	6.4×10^{41}	7.3×10^{47}	7.3×10^{56}	1.7×10^{-3}
500	1.1×10^{26}	4.4×10^{28}	7.1×10^{34}	3.3
700	2.1×10^{19}	2.7×10^{20}	2.6×10^{25}	1.1×10^{2}
900	3.8×10^{15}	7.4×10^{15}	1.5×10^{20}	8.5×10^{2}
1100	3.4×10^{11}	9.1×10^{12}	6.7×10^{16}	3.2×10^{3}
1300	1.5×10^{11}	8.9×10^{10}	3.2×10^{14}	8.1×10^{3}
1500	2.0×10^{10}	3.0×10^{9}	6.2×10^{12}	1.6×10^{4}

从表 5-1 可知，在一定温度下，几个反应的平衡常数都很大，实际上可视为不可逆反应。比较各反应的平衡常数，以式（5-5）为最大。如果对反应不加任何控制而任其自然进行，氨和氧的最终反应产物必然是氮气。欲获得所要求的产物 NO，不可能从热力学去改变化学平衡来达到目的，而只可能从反应动力学方面去努力。即要寻求一种选择性催化剂，加速反应式（5-3），同时抑制其他反应进行。长时期的实验研究证明，铂是最好的选择性催化剂。

（二）氨氧化催化剂

目前，氨氧化用催化剂有两大类：一类是以金属铂为主体的铂系催化剂；另一类是以其它金属如铁、钴为主体的非铂系催化剂

1. 铂系催化剂

铂系催化剂价格昂贵，催化活性最好。具有良好的机械性能和化学稳定性，易于再生，容

易点燃，操作方便。在硝酸生产中得到广泛应用。为了增加铂的机械强度，减少铂在使用过程中的损失，常用铂、铑、钯的三元合金。其成分为：93%Pt，4%Pd，3%Rh。

（1）物理形状　铂系催化剂不用载体，因为用了载体后，铂难以回收。为了使催化剂具有更大的接触面积，工业上将其做成丝网状。其规格如表 5-2 所示。

表 5-2　铂网规格

线径 d cm	孔数 n 孔/cm²	线数/ cm²	S_s m²/m²	g g/cm²	s_g cm²/g	f_s %	f %
0.006	1024	32	11.206	0.0389	31.0	65.3	69.8
0.007	1024	32	1.407	0.0529	26.6	60.2	64.8
0.008	1024	32	1.608	0.0691	23.2	55.4	59.8
0.009	1024	32	1.809	0.0875	20.7	50.7	54.8
0.010	1024	32	2.009	0.1080	18.6	46.3	49.7
0.004	3600	60	1.507	0.0324	46.5	57.8	62.3
0.005	3600	60	1.884	0.0506	37.2	49.0	52.9
0.006	3600	60	2.251	0.0729	31.1	41.0	43.4
0.007	3600	60	2.638	0.0995	26.5	33.6	34.0

注：S_s——铂网单位总截面上的接触表面，m² 表面/m² 截面；

　　g——单位截面积铂网的重量，g/cm²；

　　s_g——单位重量铂网的接触面积，cm²/g；

　　f_s——铂网的自由面积百分率，即自由面积占总面积的百分率，%；

　　f——铂网的容积百分率，即自由空间占网总体积的百分率，%。

（2）铂网的活化、中毒和再生　新铂网表面光滑而具弹性，但活性不好。为了提高活性，在使用前需进行"活化"处理。方法是用氢火焰进行烘烤，使之变得疏松、粗糙，以增大接触面积。

铂与其他催化剂一样，许多杂质都会降低其活性。空气中的灰尘和氨气中夹带的油污等会覆盖铂的活性表面，造成暂时中毒；H_2S 也会使铂网暂时中毒，尤其是 PH_3，气体中即使仅含有 0.0002%，也足以使铂催化剂永久性中毒。为保护铂催化剂，预先必须对反应气体进行净化处理。即使如此，铂网还是会随着时间的增长而逐渐中毒。因此，一般在使用 3～6 个月后就应进行再生处理。

再生的方法是将铂网从氧化炉中取出，先浸入 10%～15% 盐酸溶液中，加热到 60～70℃，在该温度下保持 1～2 h，然后将铂网取出用蒸馏水洗涤至水呈中性。再将其干燥并用氢火焰重新活化。活化后的铂网，活性一般可恢复正常。

（3）铂的损失及回收　铂网在硝酸生产中受到高温及气流的冲刷，表面会发生物理变化，细粒极易被气流带走，造成铂的损失。铂的损失量与反应温度、压力、网径、气流方向以及接触时间等因素有关。一般认为，温度超过 800～900℃，铂的损失会急剧增加。因此，常压下氨氧化时铂网温度一般为 800℃，加压时一般为 880℃。

由于铂价格昂贵，目前工业上用数层钯-金捕集网置于铂网之后来回收铂。在 750～850℃下被气流带出的铂微粒通过捕集网时，铂被钯置换。铂的回收率与捕集网数、氨氧化操作压力及生产负荷有关。常压下，用一张捕集网可回收60%～70%的铂；加压氧化时，要回收60%～70%的铂，需要两张甚至更多张捕集网。

2. 非铂系催化剂

为替代价格昂贵的铂，长期以来，对铁系及钴系催化剂进行了许多研究。因铁系催化剂氧化率不及铂网高，因此至少目前还难以完全替代铂网，多数情况下是将两者联合使用。国内外对铂网和铁铋相结合的两段催化氧化曾有工业规模的试验，以期达到用适当的非铂催化剂代替部分铂的目的。但实践表明，由于技术及经济上的原因，节省的铂费用往往抵消不了由于氧化率低造成的氨消耗，因而非铂催化剂未能在工业上大规模应用。

非铂催化剂毕竟价廉易得，新制备的非铂催化剂活性往往也较高，所以研制这类新催化剂并逐步克服某些不足，满足工业生产，仍是很有前景的。

（三）氨催化氧化反应动力学

氨与氧反应生成一氧化氮，需四个分子氨和五个分子氧碰撞在一起才能完成。从动力学角度看，用九个分子碰撞在一起的机会极小。因此式（5-3）只能看成是氨氧化生成一氧化氮的总反应式。

一般来讲，氨氧化过程与其他气-固催化反应过程一样，包括：反应物的分子从气相主体扩散到催化剂表面；在表面上被吸附并进行化学反应；反应产物从催化剂表面解吸并扩散到气相主体等系列步骤。并遵循下述反应机理：

1. 铂吸附氧的能力极强，吸附的氧分子发生原子间的键断裂；

2. 铂催化剂表面从气体中吸附氨分子，随之氨分子中的氮和氢原子分别与氧原子结合；

3. 在铂催化剂活性中心进行电子重排，生成一氧化氮和水蒸汽；

4. 铂催化剂对一氧化氮和水蒸汽吸附能力较弱，因此它们会离开铂催化剂表面进入气相。

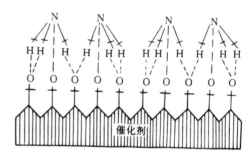

图 5-1　铂催化剂表面生成 NO 的图解

在铂催化剂上氨氧化生成 NO 机理如图 5-1。

上述过程中，以氨向铂催化剂表面扩散为最慢，是整个氧化过程的控制步骤。诸多学者认为，氨氧化的反应速度受外扩散控制，对此，M.N. 捷姆金导出了 $800\sim900℃$ 间在 Pt-Rh 网上氨氧化反应的动力学方程为：

$$\lg \frac{c_0}{c_1} = 0.951 \frac{Sm}{dV_0} \left[0.45 + 0.288 \, (dV_0)^{0.56}\right] \tag{5-9}$$

式中　c_0——氨空气混合气中氨的浓度，%；

c_1——通过铂网后氮氧化物气体中氨的浓度，%；

S——铂网的比表面积，活性表面积 cm²/铂网截面积 cm²；

m——铂网层数；

d——铂丝直径，cm；

V_0——标准状态下的气体流量，l/h·cm² 铂网面积。

若忽略氨氧化反应前后气体体积的变化，氨的转化率为

$$y = \frac{c_0 - c_1}{c_0} \times 100\% \tag{5-10}$$

按气体扩散公式，氨分子向铂表面扩散的时间为：

$$\tau = \frac{Z^2}{2D} \tag{5-11}$$

式中　Z——氨分子扩散途径的平均长度，cm；

D——氨在空气中的扩散系数，cm^2/s。

据报道，氨在 700℃时氧化，所用铂网铂丝直径 0.009 cm；1 cm 长的铂丝数为 32 根，则 $Z=0.01$ cm，$D=1$ cm^2/s，由此计算 $\tau=5\times10^{-4}$ s

气体与催化剂的接触时间由下式计算：

$$\tau_0 = V_{自由}/V_{气} \tag{5-12}$$

式中　$V_{自由}$——催化剂的自由空间，m^3；

$\qquad V_{气}$——气体在操作条件下的流量，m^3/s。

铂网催化剂的自由空间

$$V_{自由} = \frac{fsdm}{100} \tag{5-13}$$

式中　f——铂网的自由空间占网总体积的百分率，%。

$$f = (1-1.571d\sqrt{n})\times100\% \tag{5-14}$$

式中　n——每平方厘米面积内的孔数。

在操作条件下的气流流率为

$$V_{气} = \frac{0.1\times V_0 \times T_K}{273\times p_K} \tag{5-15}$$

式中　T_K——操作温度，K；

$\qquad p_K$——操作压力，MPa。

根据式（5-12）计算的接触时间与扩散时间较接近，说明 NH_3 氧化生成 NO 的反应速度很快，可在 10^{-4} s 内完成，因此氨氧化反应是快速化学反应之典范。

（四）氨催化氧化过程的物料衡算及热量衡算

1. 物料衡算

以 1 mol 原料混合气体为基准，氨和氧的摩尔数分别用 c_0，b_0 表示；则 N_2 的摩尔数为 $1-c_0-b_0$。

若原料气体总压力为 p，水蒸汽分压为 $p(H_2O)$。假设氨完全氧化，其中部分转变为 NO，其余变为 N_2。氨氧化为 NO 的量以氨的氧化率 $\alpha(NH_3)$ 表示：

由式（5-3）及式（5-5）知，1 mol NH_3 氧化为 1 mol NO 时，需耗 5/4 mol O_2，生成 6/4 mol H_2O。同理，1 mol NH_3 氧化为 1/2 mol N_2 时，耗 3/4 mol O_2，生成 6/4 mol H_2O。由此作出反应前后物料衡算，参见表 5-3。

表 5-3　NH_3 完全氧化时反应前后物料量的变化

组　分	反应前的 mol 数	反应过程中增减 mol 数	反应后的 mol 数
NH_3	c_0	$-c_0$	0
O_2	b_0	$-\frac{5}{4}c_0\alpha(NH_3)-\frac{3}{4}c_0(1-\alpha(NH_3))$	$b_0-\frac{3}{4}c_0-\frac{1}{2}c_0\alpha(NH_3)$
N_2	$1-c_0-b_0$	$\frac{1}{2}c_0(1-\alpha(NH_3))$	$1-\frac{1}{2}c_0[1+\alpha(NH_3)]-b_0$
H_2O	$\frac{p(H_2O)}{p-p(H_2O)}$	$\frac{3}{2}c_0$	$\frac{p(H_2O)}{p-p(H_2O)}+\frac{3}{2}c_0$
NO	0	$c_0\alpha(NH_3)$	$c_0\alpha(NH_3)$
总　计	$1+\frac{p(H_2O)}{p-p(H_2O)}$	$\frac{1}{4}c_0$	$1+\frac{1}{4}c_0+\frac{p(H_2O)}{p-p(H_2O)}$

反应后气体中 NO 及 O_2 的摩尔分率分别用 a'，b' 表示：

$$a' = \frac{c_0\alpha(NH_3)}{1+\frac{1}{4}c_0+\frac{p(H_2O)}{p-p(H_2O)}} \tag{5-16}$$

$$b' = \frac{b_0-\frac{3}{4}c_0-\frac{1}{2}c_0\alpha(NH_3)}{1+\frac{1}{4}c_0+\frac{p(H_2O)}{p-p(H_2O)}} \tag{5-17}$$

此处，a'，b' 是以湿基来表示的，换算成干基分别以 a，b 表示：

$$a = \frac{c_0\alpha(NH_3)}{1-\frac{5}{4}c_0} \tag{5-18}$$

$$b = \frac{b_0-\frac{3}{2}c_0-\frac{1}{2}c_0\alpha(NH_3)}{1-\frac{5}{4}c_0} \tag{5-19}$$

2. 热量衡算

氨氧化为 NO 和 N_2 的反应均为放热反应，热效应与温度的关系分别为：

$$\Delta H_1 = 219180 - 11.20T + 0.01007T^2 - 2.13\times10^{-6}T^3 \tag{5-20}$$

$$\Delta H_2 = 305495 - 11.30T + 0.011327T^2 - 2.173\times10^{-6}T^3 \tag{5-21}$$

在理想条件下，忽略热损失，则反应余热全部用于反应后的气体温度升高。设反应前后气体温度分别为 T_0，T_f，则反应前后气体的绝热温升 ΔT 为：

$$\Delta T = T_f - T_0 \tag{5-22}$$

以 1mol 原料混合气为基准，根据 Guiss 定律氧化过程可分为两步：

(1) 原料气在 T_0 温度下等温反应并放出反应热：

$$c_0Q_{T_0} = c_0\alpha(NH_3)Q_{1(T_0)} + c_0(1-\alpha(NH_3))Q_{2(T_0)} \tag{5-23}$$

(2) 反应后气体等压加热，所需热量为：

$$Q_P = \int_{T_0}^{T_f}(\Sigma c_P)dT = (\Sigma\bar{c}_P)(T_f-T_0) = (\Sigma\bar{c}_P)\Delta T \tag{5-24}$$

式中 $\bar{c}_P$ 为反应后各组分在 T_f 和 T_0 之间的平均等压摩尔热容，J/mol·℃。

$$\Sigma\bar{c}_P = \left(b_0-\frac{3}{4}c_0-\frac{1}{2}c_0\alpha(NH_3)\right)\bar{c}_P(O_2) + \left[1-\frac{1}{2}c_0(1+\alpha(NH_3))-b_0\right]\cdot\bar{c}_P(N_2)$$

$$+ c_0\alpha(NH_3)\bar{c}_P(NO) + \left(\frac{3}{2}c_0+\frac{p(H_2O)}{p-p(H_2O)}\right)\bar{c}_P(H_2O) \tag{5-25}$$

由热力学定律知，

$$c_0Q_{P_0} = Q_P \tag{5-26}$$

$$\Delta T = \frac{c_0Q_{T_0}}{\Sigma c_P} \tag{5-27}$$

通过实际计算，每 1% 的氨转化可使气体温升达 70℃，考虑到 3%～8% 的反应热损失，最终温度 T_f 一般在 800～900℃ 之间

（五）氨催化氧化工艺条件的选择

氨催化氧化工艺条件的选择，应该考虑的主要因素有：较高的氨氧化率，尽可能高的生产强度，较低的铂损失。

1. 温度

温度越高，催化剂的活性也越高。生产实践也证明，要达到96%以上的氨氧化率，温度不得低于780℃。但若温度太高，超过920℃时，铂的损失速度剧增，且副反应加剧。因此，常压下氨氧化温度取780～840℃比较适宜。压力增高时，操作温度可相应提高，但不应超过900℃。

2. 压力

氨氧化反应实际上可视为不可逆反应，压力对于NO产率影响不大，但是加压有助于反应速度的提高。尽管加压（如0.8～1.0 MPa）氧化导致氨氧化率有所降低，但由于反应速度的提高可使催化剂的生产强度增大。尤其是压力提高可大大节省NO氧化和NO_2吸收所用的昂贵不锈钢设备。生产中究竟采用常压还是加压操作，应视具体条件而定。一般加压氧化采用0.3～0.5 MPa，国外有采用1.0 MPa。也有采用综合法流程，即氨氧化采用常压，NO_2吸收采用加压，以兼顾两者之优点。

3. 接触时间

接触时间应适当。时间太短，氨气体来不及氧化，致使氧化率降低；但若接触时间太长，氨在铂网前高温区停留过久，容易被分解为氮气，同样也会降低氨氧化率。

考虑到铂网的弯曲因素，接触时间可由下式计算：

$$\tau_0 = \frac{3fsdmP_K}{V_0 T_K} \tag{5-28}$$

由式（5-28）可见，当铂网规格一定时，接触时间与网数成正比，而与处理的气量成反比。

为了避免氨过早氧化，常压下气体在接触网区内的流速不低于0.3 m/s。加压操作时，由于反应温度较高，宜采用大于常压时的气速。但最佳接触时间一般不因压力而改变。故在加压时增加网数的原因就在于此。

另外，催化剂的生产强度与接触时间有关

$$A = 1.97 \times 10^5 \times \frac{c_0 fd P_K}{S\tau_0 T_K} \tag{5-29}$$

在其他条件一定时，铂催化剂的生产强度与接触时间成反比，即与气流速度成正比。从提高设备的生产能力考虑，采用较大的气速是适宜的。尽管此时氧化率比最佳气速时稍有减小，但从总的经济效果衡量是有利的。

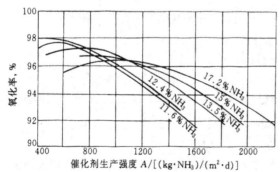

图 5-2　在900℃时，氧化率与催化剂生产强度、混合气中氨含量的关系

在900℃及$O_2/NH_3=2$的条件下，不同初始氨含量c_0时，$\alpha(NH_3)$与生产强度的关系见图5-2。由图可看出，对应于某一个氨含量c_0，有一个氧化率最大时的催化剂生产强度A。工业上选取的生产强度一般稍大些，多控制在600～800 kg NH_3/（$m^2 \cdot d$）。如果催化剂选用Pt-Rh-Pd三元合金，催化剂的生产强度可达900～1000 kg NH_3/（$m^2 \cdot d$），氨氧化率可保证在98.5%左右。

4. 混合气体组成

氨氧化的混合气中，氧和氨的比值（$\nu=O_2/NH_3$）是影响氨氧化率的重要因素之一。增加混合气中氧浓度，有利于氨氧化率的增加；增加混合气中的氨浓度，则可提高铂催化剂的生产强度。因此，选择O_2/NH_3比值时需全面考虑。

硝酸制造过程，除氨氧化需氧外，后工序NO氧化仍需要氧气。在选择O_2/NH_3比时，还要考虑NO氧化所需的氧量。为此，需考虑总反应式：

$$NH_3 + 2O_2 \xlongequal{\quad\quad} HNO_3 + H_2O \tag{5-30}$$

式中，$\nu = O_2/NH_3 = 2$，配制$\nu = 2$的氨空气混合气，假设氨为1 mol，则氨浓度可由下式计算：

$$[NH_3] = \frac{1}{1 + 2\dfrac{100}{21}} \times 100\% = 9.5\%$$

因此，在氨氧化时，若氨的浓度超过9.5%，则在后工序NO氧化时必须补加二次空气。

图5-3为氨-空气混合气在900℃催化氧化时氨氧化率与氧氨比的关系。直线1表示按生成NO反应时的理论情况；曲线2表示实际情况。

由图可知，氧氨比在1.7～2.0时，对于保证较高的氨氧化率是适宜的。工业生产中，为提高生产能力，一般均采用较9.5%更高的氨浓度，通常往氨-空气混合物中加入纯氧配成氨-富氧空气混合物。必须注意，氨在混合气中的含量不得超过12.5%～13%。否则便有发生爆炸的危险。若在氨-富氧空气中加入一些水蒸气，可以降低爆炸的可能性，从而可适当提高NH_3和氧的浓度。

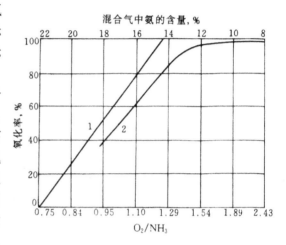

图5-3　氧化率与氧氨比的关系

5. 爆炸及其预防措施

氨-空气混合气中，当氨的浓度在一定范围内，一旦遇到火源便会引起爆炸，此时氨的最小浓度称为该混合气体的最低爆炸极限；氨的最大浓度称为最高爆炸极限；从最低到最高这一范围统称为爆炸极限。爆炸极限越宽，气体混合物越容易爆炸。爆炸极限与混合气体的温度、压力、氧含量、气体流向、容器的散热速度等因素有关。当气体的温度、压力及氧含量增高，气体自下而上通过，容器散热速度减小时，爆炸极限变宽。反之，则不易发生爆炸。氨-空气混合气的爆炸极限参见表5-4。

表 5-4　氨-空气混合物的爆炸极限

气体火焰方向	爆 炸 极 限 （以NH_3%计）				
	18℃	140℃	250℃	350℃	450℃
向　上	16.1～26.6	15～28.7	14～30.4	13～32.2	12.3～33.9
水　平	18.2～25.6	17～27.5	15.9～29.6	14.7～31.1	13.5～33.1
向　下	不爆炸	19.9～26.3	17.8～28.2	16～30	13.4～32.0

为了保证安全生产，防止爆炸，在设计和生产中要采取必要措施，严格控制操作条件，使气流均匀通过铂网，合理设计接触氧化设备或添加水蒸气，避免引爆物存在。

6. 氨催化氧化工艺流程及主要设备

（1）工艺流程　常压下氨的催化氧化工艺流程如图5-4所示：

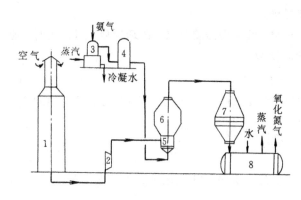

图 5-4 氨氧化部分工艺流程

1—空气净化器；2—空气鼓风机；3—氨蒸发器；4—氨过滤器；5—混合器；6—纸板过滤器；7—氧化炉；8—废热锅炉

空气由净化器顶部进入，来自气冷器的水从净化器顶部向下喷淋，形成栅状水幕与空气逆流接触，除去空气中部分机械杂质和一些可溶性气体。然后进入呢袋过滤器，进一步净化后送入鼓风机前气体混合器。来自气柜的氨经氨过滤器除去油类和机械杂质后，在混合器中与空气混合，送入混合器预热到 70～90℃，然后进入纸板过滤器进行最后的精细过滤。过滤后的气体进入氧化炉，通过 790～820℃ 的铂网，氨氧化为 NO 气体。

高温反应后的气体进入废热锅炉管间，逐步冷却到 170～190℃，然后进入混合预热器管外，继续降温到 110℃ 时进入气体冷却器，再冷却到 40～55℃ 后进入透平机。

在气体通过冷却器时，随着部分水蒸气被冷凝，同时与部分氮氧化物反应，出冷却塔会生成 10% 左右的稀硝酸，此冷凝酸送回循环槽以备利用。

（2）主要设备　氨催化氧化过程的主要设备是氧化炉。常压氧化多采用由上下两个圆锥体中间为圆柱体组成的炉体结构。锥体的角度应满足氨-空气混合气分散均匀及催化剂受热均匀的要求，一般锥角为 67°～70° 比较合适。图 5-5 为大型氧化炉-废热锅炉联合装置。

该氧化炉直径为 3 m，采用 5 张铂-铑-钯网和一张纯铂网。该装置上部为氧化炉，下部为立式列管换热器。氨-空气混合气由氧化炉顶部进入，经气体分布板、铝环和不锈钢环，在铂-铑合金网上进行氨氧化反应。

为了充分利用反应热，在中部设有过热器。氮氧化物气体经过热器后，温度降至 745℃ 左右进入下部列管换热器管内，与列管间的水进行换热产生饱和蒸汽。气体温度降至 240℃，由底部送出。换热器间的水与锅炉气包之间形成自然对流循环，气包分离出来的水仍回到锅炉。

该装置生产能力大，铂网生产强度高，设备余热利用好，锅炉部分阻力小，操作方便。目前大中型厂开始投入工业应用。

二、一氧化氮的氧化

一氧化氮只有在氧化为二氧化氮后，才能被水吸收，制得硝酸。一氧化氮与氧的反应如下

$$2NO+O_2 \Longrightarrow 2NO_2 \qquad \Delta H = -112.6 \text{ kJ} \qquad (5-31)$$

$$NO+NO_2 \Longrightarrow N_2O_3 \qquad \Delta H = -40.2 \text{ kJ} \qquad (5-32)$$

$$2NO_2 \Longrightarrow N_2O_4 \qquad \Delta H = -56.9 \text{ kJ} \qquad (5-33)$$

上述三个反应均为放热和体积减小的可逆反应，提高压力、降低温度有利于平衡右移，即有利于 NO 氧化反应进行。三个反应，以式（5-31）为最慢，是整个氧化过程的控制步骤。为了加快 NO 氧化速度，提高氧化度，必须了解该反应的热力学和动力学。

（一）一氧化氮氧化反应的化学平衡

工业生产中，氮氧化物气体一般都含有一定量的 NO、NO_2、N_2O_3、N_2O_4、O_2 等气体，当

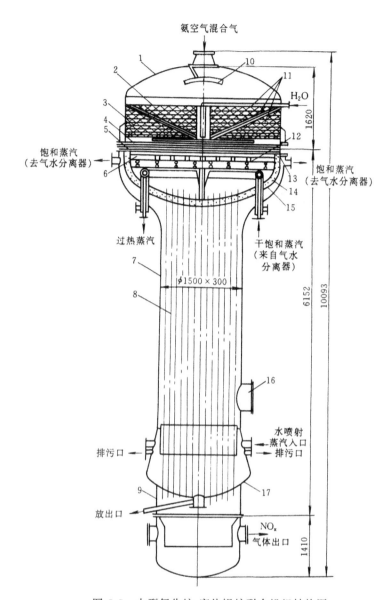

图 5-5 大型氧化炉-废热锅炉联合机组结构图

1—氧化炉炉头；2—铝环；3—不锈钢环；4—铂-铑-钯网；5—纯铂网；6—石英管
托网架；7—换热器；8—列管；9—底；10—气体分布板；11—花板；12—蒸汽加热器（过热器）；
13—法兰；14—隔热层；15—上管板（凹形）；16—人孔；17—下管板（凹形）

体系达平衡时,有:

$$K_{P_1} = \frac{p^2(NO)\,p(O_2)}{p^2(NO_2)} \tag{5-34}$$

$$K_{P_2} = \frac{p(NO)\,p(NO_2)}{p(N_2O_3)} \tag{5-35}$$

$$K_{P_3} = \frac{p^2(NO_2)}{p(N_2O_4)} \tag{5-36}$$

既然式（5-31）为控制步骤,将重点考虑这一反应的平衡,平衡常数 K_{P_1} 与温度的关系:

$$\lg K_{P_1} = -\frac{5749}{T} + 1.75\lg T - 0.0005T + 2.839 \tag{5-37}$$

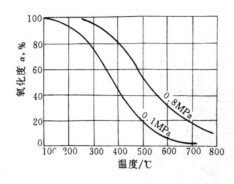

图 5-6 NO 的氧化度 $\alpha(NO)$ 与温度、压力的关系

由此可见，K_{P_1} 是随着温度的降低而增大的。当温度在 200℃ 以下，NO 氧化率几乎可达 100%。图 5-6 示出了 NO 氧化度与温度及压力的关系。

由图可知，在常压下温度低于 100℃ 或 0.8 MPa 下温度低于 200℃，一氧化氮的氧化率 $\alpha(NO)$ 几乎为 100%；当温度为 800℃ 时，$\alpha(NO)$ 几乎为零。换言之，在这种情况下，NO_2 几乎完全分解为 NO 和 O_2。

（二）一氧化氮氧化的反应速度

1. 反应速度

NO 氧化成 NO_2 的反应速度方程式，实验证明可写成：

$$\frac{dp(NO_2)}{d\tau_0}=kp^2(NO)p(O_2) \tag{5-38}$$

式中，k 为反应速度常数。有趣的是，该反应速度常数与温度的关系异乎寻常，它是随着温度的上升而减小，不符合阿累尼乌斯定律。此种反常现象，曾吸引许多学者的关注和研究，而各自的理论解释也颇不相同。但人们认为前苏联学者甘兹和马林的理论观点是比较合乎情理的。这个理论认为，NO 氧化除了在气相中进行外，更主要是在气液相界面和液相中进行的，其步骤有：

（1）在相界面上，NO 以很快的速度迭合成 $(NO)_2$

$$2NO \Longrightarrow (NO)_2 \tag{5-39}$$

（2）在气液相界面及液相中，$(NO)_2$ 与 O_2 作用

$$(NO)_2+O_2 \Longrightarrow N_2O_4 \tag{5-40}$$

$$(NO)_2+O_2 \Longrightarrow 2NO_2 \tag{5-41}$$

（3）当气液相界面积很大时，可能生成络合分子：

$$NO+O_2 \Longrightarrow NO \cdot O_2 \tag{5-42}$$

$$NO \cdot O_2+NO \Longrightarrow 2NO_2 \tag{5-43}$$

第（1）步反应很快，瞬间可达平衡，平衡常数为：

$$K=\frac{p(NO_2)}{p^2(NO)} \tag{5-44}$$

第（2）步反应为最慢，是决定总速度的控制步骤，其反应速度为：

$$\frac{dp(NO_2)}{d\tau}=k_2 p(NO_2) p(O_2) \tag{5-45}$$

联立式(5-44)和式(5-45)得：式(5-38)

$$\frac{dp(NO_2)}{d\tau}=kp^2(NO)p(O_2)$$

式中，$k=K \cdot k_2$。K 为平衡常数，由于放热反应，K 随着温度升高而减小；而 k_2 与一般反应速度常数一样，随着温度升高而增大。但两者随温度变化增加或减小的幅度是不一样的。K 值减小的幅度超过 k_2 值增加的幅度，所以总的结果仍表示出温度升高，k 值减小。

应当指出，描述反应速度常数的阿累尼乌斯定律是针对本征反应而言的，而非对由多步反应组成的非本征体系。因而阿氏定律的正确性是无需置疑。

2. NO 氧化时间的计算

在气体浓度及氧化率一定的条件下，NO 氧化时间的计算由下式给出：

$$K_p a^2 p^2 \tau = \frac{\alpha(NO)}{(\gamma-1)(1-\alpha(NO))} + \frac{1}{(\gamma-1)^2} \ln \frac{\gamma(1-\alpha(NO))}{\gamma-\alpha(NO)} \tag{5-46}$$

式中　　a——NO 起始浓度的 1/2，mol；

　　　　b——O_2 的起始浓度，mol；

　　　　p——总压力，MPa；

　　$\alpha(NO)$——NO 的氧化度；

　　　K_p——氧化反应平衡常数；

　　　　γ——$\dfrac{b}{a}$。

K_P 与温度的关系见表 5-5。

表 5-5　K_p 与温度的关系

温度/℃	0	30	60	100	140	200	240	300	340	390
K_p	69.3	42.8	29.2	19.5	13.5	8.71	6.83	5.13	4.34	3.66

由式（5-46）可得出以下结论：

（1）随着 $\alpha(NO)$ 的增加，氧化时间的增加呈非线性，$\alpha(NO)$ 较小时，τ 增加的幅度也较小；$\alpha(NO)$ 较大时，τ 增加的幅度增大；若要使 NO 氧化完全，所需氧化时间将会很长。

（2）当其他条件不变时，降低温度，K_p 值增加。当 $\alpha(NO)$ 及 γ 一定时，τ 降低。这意味着降低温度不仅有利于化学平衡，而且可加快反应速度。

（3）当其他条件一定，改变压力 p，对 K_P 影响不大，可近似看作 τ 与 p^2 成反比。增加操作压力，氧化时间 τ 可大幅度减小，即加压可大大加快反应速度。

为方便起见，将式（5-46）解的结果用图 5-7 表示，利于计算氧化时间 τ。

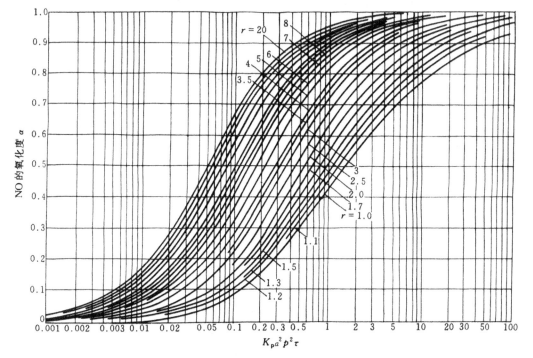

图 5-7　方程式 5-44 的算图

还需指出，当用水吸收 NO_2 制造硝酸时，会部分生成 NO，这部分 NO 仍需继续氧化及转化为硝酸。因此，在吸收之前无需将 NO 全部氧化，通常氧化度达 70%～80% 即可。

3. NO 氧化最适宜的气体浓度

当氨空气混合气中的氨含量超过 9.5% 时，在后序过程则需补充含氧气体（二次空气），但加入量过大，会带入大量惰性气体氮，从而稀释反应气体浓度。要使反应速度达最大，就需控制氧的补加量，因而存在一个最适宜的气体浓度。

为了求得最适宜的气体浓度，将式（5-44）在假设 O_2 含量大为过量的情况下，采用数学求极值的方法来进行简化。计算结果表明，加入的二次含氧气体的量，应控制在补加后的最终混合气体中的 O_2 含量，恰好等于所补加含氧气体中氧含量的 1/3。此时所对应的气体组成就是 NO 氧化时最适宜的气体浓度。一般来讲，此气体浓度与 NO 和 O_2 的起始浓度无关。

（三）NO 氧化的工艺流程

从上述讨论可知，NO 氧化的良好条件是：加压、低温及最适宜的气体浓度。

氮氧化物自氨氧化产生，经余热回收后，一般可冷至 200℃ 左右。为了使 NO 进一步氧化，需将气体进一步冷却，且温度越低越好。但气体中由于含有水蒸气，在达到露点时，水蒸气开始冷凝，会有部分氮氧化物溶解在水中形成冷凝酸。这样降低了气体中氮氧化物浓度，不利于以后的吸收操作。

为了解决这一问题，必须将气体快速冷却，使其中的水分很快冷凝。同时，使 NO 来不及充分氧化成 NO_2，减少 NO_2 的溶解损失。工业上一般采用快速冷却器冷却氮氧化物气体。随后进行干法氧化或湿法氧化。

干法氧化是将气体通过一个氧化塔，保持足够的停留时间，以达到充分氧化之目的。实际上，NO 在输送管道中往往已有相当一部分氧化，而无需另设氧化塔。

湿法氧化是将气体通入塔内，塔中采用较浓的硝酸喷淋。NO 和 O_2 在气相空间、气液相界面及液相主体进行氧化反应。由于硝酸的存在，加速了 NO 的氧化，其反应式为：

$$2HNO_3 + NO \rule{1cm}{0.4pt} 3NO_2 + H_2O \tag{5-47}$$

湿法氧化较干法氧化有许多优点，湿法氧化时，大量喷淋酸移去了反应热，降低了氧化温度，且 NO 氧化在液相中反应速度也较快。

采用何种氧化形式，要视具体工艺而定。对于常压流程多采用湿法氧化；而加压流程，由式（5-46）可见 $\tau \propto \dfrac{1}{p^2}$，设备体积 $V = \tau V_气$。同时，$V_气 \propto \dfrac{1}{p}$，由此 $V \propto \dfrac{1}{p^3}$。氧化设备体积与压力三次方成反比，因而加压法为采用管道氧化创造了条件。

三、氮氧化物的吸收

除一氧化氮外，其他氮氧化物均能与水作用：

$$2NO_2 + H_2O \rule{1cm}{0.4pt} HNO_3 + HNO_2 \qquad \Delta H = -116.1 \text{ kJ} \tag{5-48}$$

$$N_2O_4 + H_2O \rule{1cm}{0.4pt} HNO_3 + HNO_2 \qquad \Delta H = -59.2 \text{ kJ} \tag{5-49}$$

$$N_2O_3 + H_2O \rule{1cm}{0.4pt} 2HNO_2 \qquad \Delta H = -55.7 \text{ kJ} \tag{5-50}$$

在吸收过程中，N_2O_3 含量极少，因此式（5-50）可以忽略。此外，HNO_2 只有在 0℃ 以下及浓度极小时才较稳定，在工业生产条件下，它会迅速分解。

$$3HNO_2 \rule{1cm}{0.4pt} HNO_3 + 2NO + H_2O \qquad \Delta H = 75.9 \text{ kJ} \tag{5-51}$$

综合式（5-48）和式（5-51），用水吸收氮氧化物的总反应式可概括为：

$$3NO_2 + H_2O \rule{1cm}{0.4pt} 2HNO_3 + NO \qquad \Delta H = -136.2 \text{ kJ} \tag{5-52}$$

由此可见,用水吸收 NO_2 时,只有 2/3 NO_2 转化为 HNO_3,而 1/3 NO_2 转化为 NO。工业生产中,需将这部分 NO 重新氧化和吸收。正是由于 NO_2 的吸收和 NO 氧化同时交叉进行,使整个吸收过程比较复杂。

（一）氮氧化物吸收反应的化学平衡

吸收反应式（5-50）为放热的及分子数减少的可逆反应。由化学平衡基本原理知,提高压力降低温度对平衡有利,其平衡常数为:

$$K_p = \frac{p(NO) \cdot p^2(HNO_3)}{p^3(NO_2) \cdot p(H_2O)} = K_1 \cdot K_2 \qquad (5-53)$$

式中,$K_1 = \frac{p(NO)}{p^3(NO_2)}$;$K_2 = \frac{p^2(HNO_3)}{p(H_2O)}$。

平衡常数 K_p 仅与温度有关,而 K_1,K_2 除了与温度有关外,还与溶液中的酸含量有关,不同温度和酸浓度下 K_1,K_2 值分别列于表 5-6。

表 5-6　在不同温度和酸浓度下的 K_1 和 K_2 值

HNO_3 含量	lgK_1			lgK_2		
%	25℃	50℃	75℃	25℃	50℃	75℃
24.1	+5.37	+4.2	+3.17	−7.77	−6.75	−5.66
33.8	+4.36	+3.18	+2.19	−6.75	−5.65	−4.66
40.2	+3.7	+2.58	+1.63	−5.91	−4.86	−3.97
45.1	+3.2	+2.1	+1.18	−5.52	−4.44	−3.5
49.4	+2.75	+1.67	+0.77	−5.12	−3.93	−3.11
69.9	−0.13	−0.69	−1.12	−2.12	−1.69	−1.27

由表 5-6 可以看出,温度越低,K_1 值越大;硝酸浓度越低,K_1 值也越大。若 K_1 值为定值,则温度越低,酸浓度越大。也就是说,只有在低温下才可能得到较浓的硝酸。K_2 值与温度及硝酸浓度间的关系与 K_1 情况相反。

尽管低浓度硝酸有利于吸收,但成品酸浓度也较低。反之,如果硝酸浓度高于 60%,$lgK_1 < 1$,吸收过程很难进行。总之,从化学平衡来讲,在一般条件下,用硝酸水溶液吸收氮氧化物气体,成品酸所能达到的浓度是有一定限制的,常压法制得不超过 50% 硝酸;加压法制得最高浓度不超过 70% 硝酸。

（二）NO_2 吸收平衡浓度的计算

假设吸收过程中气体的总体积、吸收酸浓度和温度基本不变,这是与实际生产中氮氧化物的低含量及硝酸的大循环量相一致的。

据 NO_2 用水吸收的反应

$$3NO_2 + H_2O \Longrightarrow 2HNO_3 + NO$$

吸收前　　　$p(NO_2) = b$ 　　　　　　　　$p(NO) = a$

吸收平衡时　$p^*(NO_2) = x$ 　　　　　　　　$p^*(NO) = K_1 x^3$

另据 NO_2 叠合反应:

$$2NO_2 \overset{K}{\Longrightarrow} N_2O_4$$

吸收前　　　$p(NO_2) = b$ 　　　　　　　　$p(N_2O_4) = c$

吸收平衡时　$p^*(NO_2) = x$ 　　　　　　　　$p^*(N_2O_4) = \frac{x^2}{K}$

将吸收前后 N_2O_4 均换算为 NO_2,并按 NO 进行物料衡算:

$$3(K_1 x^3 - a) = (b - x) + 2\left(c - \frac{x^2}{K}\right) \tag{5-54}$$

整理后得：

$$3K_1 x^3 + \frac{2x^2}{K} + x = 3a + b + 2c$$

由此方程可求出 NO_2 的平衡分压 x，继而计算出 NO，N_2O_4 的平衡分压。

1. 吸收度

硝酸生产中"吸收度"的含义为吸收前后 NO_2 量的差值与吸收前 NO_2 总量之比，设吸收度用 Z 表示，则

$$Z = \frac{(b + 2c) - \left(x + \frac{2x^2}{K}\right)}{b + 2c} \times 100\% \tag{5-55}$$

2. 转化度

转化度的含义为氮氧化物气体转化为 HNO_3 的 NO_2 量与吸收前 NO_2 总量之比，用 y 表示转化度则有：

$$y = \frac{2}{3}Z \tag{5-56}$$

在上述计算中，用到了 NO_2 叠合反应的平衡常数 K，其计算公式为

$$\lg K = \lg \frac{p^2(NO_2)}{p(N_2O_4)} = -\frac{2866}{T} + \lg T + 6.251 \tag{5-57}$$

为方便起见，NO_2 吸收度及转化度，常用图解法计算。图 5-8 为 0.1 MPa、25℃时氮氧化物吸收曲线图。图中以气相中 NO 和 NO_2 的摩尔分数分别为横坐标和纵坐标，以酸浓度为参数，有几种曲线：

（1）平衡线　图中以粗实线表示平衡时的气、液两相组成。由图可见，当气相中含有 4% NO，7% NO_2 时，与之相平衡的硝酸浓度为 50%。

（2）吸收进行线　吸收进行线为直线，图中用虚线表示。表示吸收过程中随吸收反应的进行，气相组成的变化情况。随着吸收的进行，NO_2 量逐渐减少，NO 量随之增加，气相组成在图上的变化则是由上而下（例如 C→D）；反之，当过程为解吸时，吸收线上气体的组成变化应是由下而上（例如 A→B）表示。

（3）等氧化度线　氧化度 $\alpha(NO) = \dfrac{x(NO_2)}{x(NO) + x(NO_2)}$，由此整理得，

$$x(NO_2) = \frac{\alpha(NO)}{1 - \alpha(NO)} x(NO) \tag{5-58}$$

对应于某一氧化度 $\alpha(NO)$，就可以作出一条通过原点的直线，斜率为 $\dfrac{\alpha(NO)}{1 - \alpha(NO)}$。氧化度大斜率也增大，反之斜率减小。图中以细直线表示等氧化度线。

关于图 5-8，需再说明以下几点：

第一，实际气体的组成，在图 5-8 上表示为一点，已知硝酸浓度后，与该浓度的酸对应的气相平衡组成在图上为一曲线。由点和曲线的相对位置便可决定过程进行的方向。如果点在曲线上方，气相中 NO_2 分压大于硝酸液面上的 NO_2 平衡分压，进行吸收过程，气相组成沿着吸收进行线由左上角向右下角移动，例如 C→D；反之，若点在曲线下方，则硝酸分解，气相组成由右下角向左上方移动，例如 A→B；当气体组成点落在曲线上时，系统达到吸收平衡状态。

第二,酸浓度增加,平均曲线下面的分解区扩大,同时,曲线上方的吸收区相应减小。意味着要使吸收过程进行,必须使 NO_2 浓度增大,否则,气相组成点落在曲线下面,将是 HNO_3 分解放出 NO_2。例如从 A→B 时,$\alpha(NO)$ 由 60% 增至 65%,工业上就是利用这一点,以浓 HNO_3 氧化气体中的 NO,此方法是湿法氧化。

气体组成一定时,制得的 HNO_3 浓度最大只能是该点对应的平衡浓度。例如在 B 点,最大酸浓度为 50%。由图 5-8 可知,当硝酸浓度为 65% 时,平衡曲线与纵坐标十分接近,吸收区很小。这说明在 0.1 MPa,25℃时操作,很难得到浓度为 65% 甚至更浓的 HNO_3。实际生产中,HNO_3 浓度一般不超过 50%。这是由于欲得到浓度高于 65% 的硝酸,从图上可以看出,要求气相中 NO 含量很低,而从方程式 $NO + 2HNO_3 \Longrightarrow 3NO_2 + H_2O$ 知,每 30 kg NO 将消耗 HNO_3 120 kg。而生产实践中,吸收后的 NO 不可能很低。这就是一般硝酸厂只能生产稀硝酸的根本原因。

第三,图 5-8 只适用于 25℃、0.1 MPa 的操作条件。若条件改变,必须另作平衡曲线图。

利用平衡曲线和吸收进行线可以确定吸收达到平衡时的气相组成。该组成在图上就

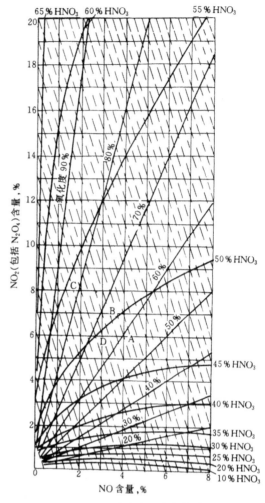

图 5-8　25℃下,硝酸液面上气体中 NO 和 NO_2 的比例与硝酸浓度的关系

是一定浓度的平衡曲线与通过气体组成点的吸收进行线的交点。例如气体中 NO 为 2%,NO_2 为 8% 的组成点(C 点),在 0.1MPa、25℃用 50% 硝酸吸收,当达到平衡时,气体中含有 5.85% NO_2 和 2.7%NO(D 点),该点相当于 NO 有 68% 被氧化。

若氮氧化物中 NO 氧化度较低时,由于部分 HNO_3 的分解,氧化度反而有所增加。例如在 A 点,当气体与 50%HNO_3 吸收反应达平衡后(B 点)一氧化氮氧化度由 60% 增加到 68%。

（三）吸收反应的动力学

氮氧化物吸收反应已由式 5-48～式 5-51 给出,动力学研究表明,液相中氮氧化物与水的反应是整个吸收过程的控制步骤。考虑到二氧化氮和四氧化二氮在气相中很快达到平衡,因此进一步研究证明,真正的控制步骤是 N_2O_4 与水的反应。

在硝酸的实际生产中,NO_2 吸收和 NO 氧化这两个反应同时制约着过程的进行速度,并且两者的影响程度并不是一成不变的。在吸收系统前部,进入吸收塔的气体已氧化充分,氧化度达 70%～80%,吸收用酸浓度也较高,此时 NO 的氧化速度大于 NO_2 吸收速度,这时过程为吸收所控制;在吸收塔的后部,大部分氮氧化物被吸收,因而 NO 绝对浓度也较低,吸

收用 HNO_3 浓度也较低。由于 NO 氧化速度与其浓度的平方成正比,因此,NO 氧化速度随其浓度减小下降很快,此时,NO 氧化速度小于 NO_2 吸收速度,吸收过程为 NO 氧化所控制。

在吸收塔中部,NO 氧化和 NO_2 吸收速度相差不大,情况比较复杂,这时两者速度均需考虑。

采用加压吸收,过去广泛使用泡罩塔,在塔板上进行氮氧化物的吸收,在板间进行 NO 氧化。目前,吸收多用筛板塔,在泡沫状态下能使 NO 在液相进行激烈地氧化,并可大大减小吸收设备体积。

常压吸收时,一般选用填料塔,同时进行吸收和氧化反应。到目前为止,仍然没有合适的计算方法,一般都先假定氮氧化物气体通过填料塔时,不进行吸收,而是气体中的 NO 先氧化。然后以氧化后的气体组成达到吸收的化学平衡,进行吸收率的计算。

(四)吸收工艺条件的选择

1. 温度

吸收过程的反应,除亚硝酸分解是吸热反应外,其余均为放热反应。降低温度,有利于平衡向生成硝酸方向移动。例如夏季温度高,常压下产品酸浓度难以超过 47%~48%;而在冬季,由于温度低,成品酸可达 50% 以上。

同时,降低温度有利于 NO 氧化,且可以减小反应体积,对提高设备生产强度及总吸收度的增加都是有利的。

由于 NO_2 吸收和 NO 氧化放出大量的热,因此在吸收过程中要及时除去这些热量以保证较低的吸收温度。工业生产中一般用冷却水,氮氧化物吸收温度维持在 20~35℃。若要进一步降温,需利用液氨冷却盐水 [如 $Ca(NO_3)_2$ 溶液]移去反应热,可使吸收温度降至 0℃ 左右。

2. 压力

提高压力,不仅可使吸收平衡向生成硝酸的方向移动以制得更浓的产品酸,而且对硝酸生成的速度有很大影响。这是因为 NO 氧化所需的空间几乎与压力三次方成反比,加压可以大大节省制作吸收塔昂贵的不锈钢材料用量,节省设备投资。关于压力与吸收体积系数的关系见表 5-7。

表 5-7   不同总吸收度时,压力与吸收容积系数的关系

压力/MPa(绝)	0.35			0.5		
总吸收度,%	94	95	95.5	96	97	98
吸收容积系数/(m³/t·d)	1.2	1.7	2.3	0.8	1.0	1.5

应该注意,压力不可选择太高,如果压力过高,一则动力消耗增加,二则吸收设备对材料的要求更为苛刻。因此,最适宜吸收压力的选择,要视吸收塔、压缩机、尾气膨胀机的价格、电能消耗及对成品酸浓度的要求等一系列因素而定。目前,除常压操作外,加压操作压力在 0.7~0.9 MPa 之间,国外也有采用 1.3~1.7 MPa 下操作的实例。

3. 气体组成

(1)氮氧化物的浓度   由吸收平衡讨论可知,提高成品酸浓度的措施一是提高 NO_2 浓度,两者遵循下述关系:

$$c^2(HNO_3) = 6120 - \frac{19900}{c(NO_2)} \qquad (5-59)$$

式中 $c(HNO_3)$——成品酸浓度%;

$c(NO_2)$——氮氧化物换算成 NO_2 的浓度。

由此可见，要提高 HNO_3 浓度，必须增加 NO_2 浓度，即尽可能提高进入吸收塔气体的氧化度 $\alpha(NO)$，同时要尽可能减少溶解在水中的 NO_2 量。工业生产通常采用快速冷却器，除去水分后，将气体充分氧化，然后进入吸收塔。

气体进入吸收塔的位置对吸收过程也有影响。从气体冷却器出口的气体温度约在 $40\sim45℃$，考虑到管道中 NO 继续氧化，实际上进入第一吸收塔塔底的气体温度可升高到 $60\sim80℃$。若气体中尚有较多的 NO 未氧化为 NO_2，而且温度又较高，则氮氧化物遇到浓度为 45% 的硝酸，不仅难以吸收，而且 HNO_3 容易分解。此时，第一吸收塔只起氧化作用，生产成品酸的位置就会移到第二吸收塔。为了使第一吸收塔出成品酸，常压下气体应当从第一吸收塔的塔顶加入。当气体由上而下流过第一塔时，在塔的上半部可能继续氧化，而在塔的下半部被吸收，这样成品酸就可以从第一塔导出，同时也提高了吸收效率，实践证明这一工艺是可行的。

（2）氧化度　如前所述，当氮-空气混合气中氧浓度大于 9.5% 时，在吸收部分必须补加二次空气。由于 NO 氧化与 NO_2 吸收同时进行，以致于很难确定最适宜的氧含量。通常是控制吸收后尾气中氧浓度在 3%～5% 左右，尾气中的氧含量太高，说明前面补加的二次空气量太大，稀释了氮氧化物浓度，导致处理气量大，阻力高。反之，若尾气中氧含量太低，说明补加空气量少，不利于 NO 氧化。图 5-9 为吸收容积与二次空气量的关系：

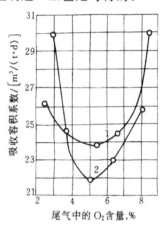

图 5-9　六塔系统中，吸收容积与二次空气加入量的关系
1—所有空气从一塔加入；
2—空气加入每一塔中

曲线 1 表示空气由第一塔一次加入；曲线 2 表示空气在各塔分几次加入，两者最适宜的尾气中氧浓度分别为 5.5% 和 5.2%。如果尾气中氧浓度较低（<4%），曲线 1 的吸收容积系数最小，一次性加入较好；若尾气中氧的浓度较高（>7%），则分批加入为佳。实际生产中，为了简化流程，一般采用空气一次或两次加入吸收系统。

在氨催化氧化时，若采用纯氧或富氧空气，不仅能提高氨的氧化率，而且有利于吸收操作。采用的氧含量越高，吸收容积系数越小。参见表 5-8。若在加压操作的同时，采用高氧空气，则混合气体中氨含量、氧化率、成品酸产量及浓度都能相应提高，参见表 5-9。

表 5-8　吸收容积系数与氧用量的关系

氧用量/（m^3/tHNO$_3$）	0	63	170	315	520	800
吸收容积系数相对值,%	100	84.5	61.6	42.8	28.4	19.5

表 5-9　利用富氧空气时操作条件的比较

富氧空气中氧的含量,%	22	29
硝酸产量/t	51	71
混合气中氨含量,%	10.2	12.14
氧化率,%	94	96.6
废气中氮的氧化物	0.32	0.31
成品酸浓度,%（不含氮的氧化物）	55	59.29
系统的开始压力/MPa	0.64	0.64
系统的最终压力/MPa	0.44	0.49

（五）吸收工艺流程和主要设备

1. 工艺流程

用水吸收氮氧化物制造稀硝酸可分为常压吸收和加压吸收两种流程。反应中放出的大量热，可采用直接或间接冷却方式除去。在吸收系统的前部，反应热较多，此处要求较大的冷却面积；在吸收系统的后部，反应热较少，相应的冷却设备面积可以小些，以致于在最后可以利用自然冷却来清除热量。

对于加压吸收，一般选用 1～2 个吸收塔；常压吸收则要用 6～8 个吸收塔，以保证获得一定浓度的稀硝酸。由于常压法吸收热是靠大量循环酸除去的，若只用一个吸收塔，势必要求塔顶喷淋酸浓度高，硝酸液面的平衡分压较大，相应的尾气中氮氧化物含量增高，致使总吸收度降低。因此，通常总是采用若干个塔来吸收氮氧化物，吸收塔按气液逆流方式组合，即后一个塔的吸收液，经冷却后逐一向前一塔转移。第一及第二吸收塔为成品酸产出塔。

工业生产中，成品酸浓度越高，氮氧化物溶解量越大，酸呈现黄色。为了减少酸中氮氧化物损失及提高成品酸的质量，需要在成品酸被送往酸库之前，将酸中溶解的氮氧化物解吸出来，这一工序称之为"漂白"。

2. 主要设备

吸收塔因操作压力不同，可分为两种：

（1）常压吸收塔　常压吸收塔多采用填料塔，用花岗岩、塑料及耐酸不锈钢等材料制造。塑料或金属材料能够保持气密，运行中不会发生氮氧化物泄露。风机通常设置在塔前，使塔内保持不大的正压，利用加压来缩小吸收容积。对于填料，除要求耐腐蚀外，还必须要求足够的机械强度、较大的自由空间率及比表面积。由于前几个吸收塔主要进行吸收过程，因此用比表面积大的填充物，而后面的几个塔则采用自由空间大的填充物。

（2）加压吸收塔　加压吸收通常都采用筛板塔，一般内装塔板 30～40 块。为移去反应热，在塔板上设置冷却蛇管，依靠冷却介质间接换热。吸收塔从底部到顶部可分为漂白、氧化及吸收三个区域。塔的整体均需用不锈钢材料制作。

图 5-10 为我国某厂采用 0.35MPa 压力操作的大型筛板吸收塔。一个机组用两个吸收塔。考虑到吸收塔塔径较大，塔内装有中央气管，尾

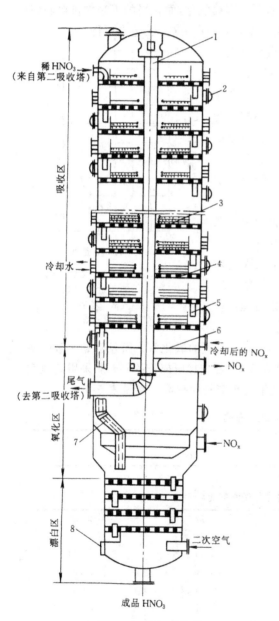

图 5-10　筛板吸收塔

1—中心管；2—人孔；3—冷却盘管；4—筛板；
5—溢流管；6—隔板；7—降酸管；8—液位计

气由中央管导出。第二吸收塔各层筛板间矩不相同,主要是为了使 NO 充分氧化而特殊设置的。

加压操作大型吸收塔主要结构尺寸及技术特性见表 5-10。

表 5-10　硝酸吸收塔主要结构尺寸及技术特性

主　要　结　构　尺　寸		技　术　特　性
第一吸收塔	第二吸收塔	操作压力 0.35 MPa
塔径　$\phi4000\times9$ mm	$\phi4000\times9$ mm	空塔速度 0.24～0.27 m/s
塔高　H26793 mm	H28390 mm	吸收容积系数 2.11
筛板　规格 $\phi1.4$		($m^3/d \cdot t/HNO_3$)
孔间距 8 mm	同左	生产强度(产酸量)
层数 14	18 层	19.3 $t/m^2 \cdot d$
板间距 1～13 层 1200 mm	1～5 层 1200 mm	NO 氧化度>90%
	6～13 层 1500 mm	
13～14 层 520 mm		气体流量 41000 Nm^3/h
	14～17 层 1000 mm	
	17～18 层 350 mm	成品酸
中央管　$\phi529\times4$	同左	温度 53%
冷却面积～420 m^2	～74 m^2	含 N_2O_4<0.1%
冷却盘管 $\phi38\times25$	同	铵盐<0.2g/l
	11.12.15.16	含 Cl^-<5×10^{-5}(质量分数)
	17.18 层无冷却	温度<50℃
	盘管	冷却水入口温度 18 ℃
氧化区直径　$\phi4000/3200$		冷却水量
高　H2000 mm		1 号塔 480 m^3/h
漂白区直径　$\phi2000$		2 号塔 70 m^3/h
高　H2960 mm		二次空气量 1000 Nm^3/h
筛板　4 层		尾气
$\phi1.25$ mm		含 O_2 2.5%～5%
孔间距　5 mm		NO_x<0.2%
板间距　400 mm		

四、硝酸生产尾气的处理

如前所述,尾气中仍含有少量的氮氧化物,含量多少取决于操作压力。如果将尾气直接放空,势必造成氮氧化物损失和氨耗增加,不仅提高了生产成本,而且严重污染大气环境。因此,尾气放空之前必须严格处理。

国际上对硝酸尾气排放标准日趋严格,一般 NO_x 排放浓度不得大于 2×10^{-4}(质量分数)。为此,曾对硝酸尾气治理做了大量研究工作,开发了多种治理方法,归纳起来有以下三种:

(一)溶液吸收法

溶液吸收法是硝酸尾气治理最早采用的方法,以碱液吸收法最为典型。该方法简单易行,处理量大,适用于尾气中 NO_x 含量较高的常压法硝酸生产。其不足之处是难以将尾气中 NO_x 降到 2×10^{-4}(质量分数)以下。

碳酸钠吸收 NO_x 的化学反应为:

$$Na_2CO_3+N_2O_3 = 2NaNO_2+CO_2 \tag{5-60}$$

$$Na_2CO_3 + 2NO_2 \Longrightarrow NaNO_2 + NaNO_3 + CO_2 \qquad (5-61)$$

由此可见，当尾气中 NO 和 NO_2 比例为 1∶1 时，生成 $NaNO_2$；若 NO_2 量多于 NO，则生成的产品除 $NaNO_2$ 外，还有 $NaNO_3$。应该指出，尾气中 NO 和 NO_2 比例是根据 NO_x 浓度、氧浓度及气体在吸收塔中停留时间而确定的。

实际生产中，碳酸钠浓度一般控制在 200～250 g/l。若浓度太低，溶液循环量太大，输送及蒸发能耗剧增；若浓度太高，将会影响吸收速度。在吸收塔内，溶液不断进行循环吸收，直到溶液中含 $NaNO_2$ 250～350 g/l；$NaNO_3$ 40～60 g/l；Na_2CO_3 3～6 g/l 时为止。

如果希望全部生成硝酸钠，可用稀硝酸进一步将亚硝酸钠"转化"：

$$3NaNO_2 + 2HNO_3 \Longrightarrow 3NaNO_3 + 2NO + H_2O \qquad (5-62)$$

生成的 NO，可以送回硝酸吸收塔进一步氧化吸收。

转化操作，必须保持反应温度 90～95℃，并通入空气搅拌。在转化后期，为了加速反应，宜将温度提高到 100～105℃，酸度不低于 10 g/l，反应后溶液内剩余 $NaNO_2$ 含量低于 0.05 g/l。最后将此溶液中和，离开转化器的溶液组成为 $NaNO_3$ 320～450 g/l；$NaNO_2$ 0.05 g/l；Na_2CO_3 0.3 g/l。经进一步浓缩、结晶，制得成品硝酸钠。

（二）固体吸附法

此方法是以分子筛、硅胶和活性炭等作吸附剂来吸附 NO_x。其中以活性炭吸附容量最高，分子筛次之，硅胶最低。但是分子筛基本上不吸附 NO，只有在氧存在条件下，分子筛能将 NO 催化氧化为 NO_2 后加以吸附。国内曾对丝光沸石分子筛做过许多研究，结果表明，该方法可将硝酸尾气中 NO_x 脱除到 2×10^{-4}（质量分数）以下。

固体吸附法的优点是净化度高，当吸附剂失效后，可用热空气或水蒸汽将其再生。但是固体吸附法容量小，当尾气中 NO_x 含量高时，吸附剂需要量很大，且吸附再生周期短。因此，该方法在工业上未能得到广泛应用。

（三）催化还原法

催化还原法的特点是脱除 NO_x 效率高，并且不存在湿法吸收伴生副产品及废液的处理问题。气体在加压时，还可以采用尾气膨胀透平回收能量。是目前被广泛采用的硝酸尾气治理方法之一。

催化还原法依还原气体不同，可分为选择性还原和非选择性还原两种方法。前者采用氨作还原剂，将 NO_x 还原为 N_2：

$$8NH_3 + 6NO_2 \Longrightarrow 7N_2 + 12H_2O \qquad (5-63)$$

$$4NH_3 + 6NO \Longrightarrow 5N_2 + 6H_2O \qquad (5-64)$$

所用催化剂以铂最为有效，一般以三氧化二铝为载体，铂含量为 5%，可制成粒状或球形结构。反应温度 200～300℃，氨过量 20%～50%，空速高达 150000 h^{-1}。此法可将尾气中 NO_x 降至 2×10^{-4}（质量分数）以下。

非选择性还原法是在催化剂存在下将尾气中的 NO_x 和 O_2 一同除去。还原气体可采用天然气、炼厂气及其他燃料气，其反应为：

$$CH_4 + 2O_2 \Longrightarrow CO_2 + 2H_2O \qquad (5-65)$$

$$CH_4 + 4NO_2 \Longrightarrow 4NO + CO_2 + 2H_2O \qquad (5-66)$$

$$CH_4 + 4NO \Longrightarrow 2N_2 + CO_2 + H_2O \qquad (5-67)$$

式（5-66）为 NO_2 脱色反应，式（5-67）为 NO 消除反应。上述三个式中，以式（5-66）为最快。如果燃料气不足，结果只能使 NO_2 还原为 NO 并烧去一部分 O_2。

非选择性还原最好的催化剂是钯和铂，通常以 0.5％含量载于三氧化二铝载体上。应该注意，钯对硫中毒极为敏感，用钯作催化剂时，燃料气需预先脱硫。

用 CH_4 作还原剂时反应温度高，尾气需预热，且因每 1％的 O_2 与 CH_4 反应会使催化剂床层温升 130～140℃，而催化剂及设备材质允许最高温度为 780℃。因此，当氧含量大于 2.6％时，必须分两段转化，并回收反应放出的大量热。

溶液吸收法，固体吸附法和催化还原法三者比较如表 5-11。

表 5-11　氮氧化物脱除方法的比较

	溶液吸收法	固体吸附法	催化还原法
脱除效果	较　差	很　高	很　高
残余 NO_x，10^{-6}（质量分数）	200～400	<100	<100
设备规模	很庞大	很庞大	较紧凑
投资费用	一　般	较　贵	一　般
操作费用	一　般	一　般	较　高
NO_x 回收	含硝盐类	NO_x	破　坏

五、稀硝酸生产综述

（一）工艺流程评述

稀硝酸生产流程按操作压力不同分为常压法、加压法及综合法三种流程。衡量某一种工艺流程的优劣，主要决定于技术经济指标和投资费用，具体包括氨耗、铂耗、电耗及冷却水消耗等。上述三种流程的主要技术经济指标见表 5-12。

表 5-12　国内各种硝酸生产方法的技术经济指标

生产方法	操作压力 MPa		主要消耗指标 t 100％HNO_3				氨氧化率 ％	酸吸收率 ％	成品酸 ％	尾气 NO_x％
	氧化	吸收	氨，t	铂，g	水，t	电，MJ				
常压法	常压	常压	0.290	0.09	190	396	97	92	39～43	0.15～0.20（处理前）
加压法	0.09	0.09	0.315	0.06	330	540	95	96	43～47	0.4
	0.35	0.35	0.295	0.1	320	144	96	98	53～55	0.2
综合法	常压	0.35	0.286	0.09	240	864	97	97	43～45	0.22～0.3

从降低氨耗、提高氨利用率角度来看，综合法有明显的优势。它兼有常压法和加压法两者的优点。其特点是常压氧化，加压吸收。产品酸浓度 47％～53％。采用氧化炉和废热锅炉联合装置，设备紧凑，节省管道，热损失小。但是纸板过滤器易烧毁。采用带有透平装置的压缩机，降低电能消耗；采用泡沫筛板吸收塔，吸收效率高达 98％。图 5-11 为综合法生产稀硝酸的典型工艺流程。

（二）技术发展动态

目前，稀硝酸生产的发展趋势主要表现在生产设备单系列大型化、提高操作压力及改善能量利用三大方面。

60 年代，稀硝酸生产单机组最大能力仅有 300 t/d，到了 70 年代扩大到 1000 t/d，目前最大规模已达 1500 t/d，且操作压力也在不断提高。这对于 NO_x 的氧化吸收、尾气处理、特别是节能降耗、节省投资及降低成本都具有重要意义。

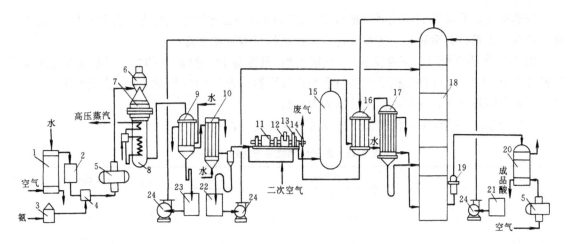

图 5-11　综合法制造稀硝酸工艺流程

1—水洗涤塔；2—呢袋过滤器；3—氨气过滤器；4—氨空气混合器；
5—罗茨鼓风机；6—纸板过滤器；7—氧化炉；8—废热锅炉；9—快速冷却器；10—冷却冷凝器；
11—电机；12—减速箱；13—透平压缩机；14—透平膨胀机；15—氧化塔；16—尾气预热器；
17—水冷却器；18—酸吸收塔；19—液面自动调节器；20—漂白塔；21—冷凝液贮槽；
22—25%～30% HNO₃ 贮槽；23—2%～3%HNO₃ 贮槽；24—酸泵

*第三节　浓硝酸的生产

浓硝酸通常是指几乎无水的硝酸（浓度高于 96%）。浓硝酸是国防工业和化学工业的重要原料，广泛用于硝酸磷肥、矿山炸药、化学纤维及高聚物的生产。

浓硝酸制备通常有间接法和直接法。间接法是在稀硝酸中加入脱水剂并经浓缩制成浓硝酸；直接法则是将氮氧化物、氧和水直接合成。另外，尚有采用氨氧化、超共沸生产和精馏的浓硝酸生产方法。

一、从稀硝酸制造浓硝酸

（一）稀硝酸的浓缩

浓硝酸不能由稀硝酸蒸馏制取，因为 HNO_3 和 H_2O 会形成二元共沸物。由图 5-12 可知，在 0.1 MPa 下，共沸点温度为 120.05℃，硝酸浓度为 68.4%。

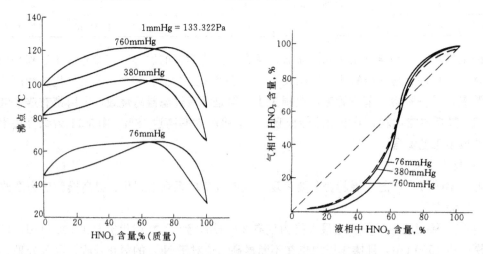

图 5-12　HNO_3-H_2O 系统的沸点、组成与压力的关系

为了制造浓硝酸，可加入"脱水剂"，其作用就在于破坏共沸混合物。作为脱水剂的要求是：能大大降低硝酸液面上的水蒸气分压；同时要求脱水剂本身蒸汽压应极小，热稳定性好，不与硝酸反应，对设备腐蚀性小，来源广泛，价格便宜。工业上常用的脱水剂有浓硫酸和碱土金属的硝酸盐。其中以硝酸镁最为普遍。

（二）硝酸镁法生产浓硝酸

1. 硝酸镁的性质

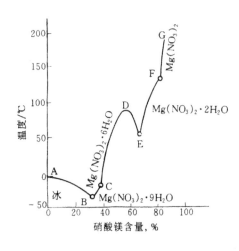

纯硝酸镁为三斜晶系的无色结晶，具有极强的吸水性，可生成 1、2、3、6、9 个分子结晶水的硝酸镁，尤其以 6 水硝酸镁 $[Mg(NO_3)_2 \cdot 6H_2O]$ 最为常见。该盐为无色单斜晶系，常温时相对密度 1.464 g/cm^3。硝酸镁水溶液极易结晶，其结晶温度与浓度有关。图 5-13 表明，硝酸镁水溶液有四个共饱和点，温度分别为 $-31.9℃$，$-18℃$，$54℃$ 和 $130.5℃$。当硝酸镁浓度大于 67.6% 时，结晶温度随着溶液浓度的增加而升高，当浓度超过 81.9% 时，结晶温度呈直线上升。因此在工业生产中，若采用较低浓度的硝酸镁，其脱水能力差。一般控制硝酸镁浓度在 $64\% \sim 84\%$ 之间，通常稳定在 80%，加热器出口浓度不低于 64%。

图 5-13 $Mg(NO_3)_2$-H_2O 系统的结晶曲线

2. 硝酸镁法浓缩稀硝酸的原理

将硝酸镁溶液加入稀硝酸中，生成 HNO_3-H_2O-$Mg(NO_3)_2$ 的三元混合物，硝酸镁吸收稀硝酸中的水分，使水蒸气分压大大降低。加热此三元混合物蒸馏出 HNO_3，其浓度较原来的为大，图 5-14 和图 5-15 分别为常压下 HNO_3-H_2O-$Mg(NO_3)_2$ 三元混合物液相组成与沸点的关系，以及液相组成与蒸气中硝酸浓度的关系。

可通过两个例子来进一步说明：

例 1. HNO_3-H_2O-$Mg(NO_3)_2$ 三元混合物的组成为：$HNO_3\ 12\%$，$H_2O\ 28\%$，$Mg(NO_3)_2\ 60\%$，求三元混合物的沸点及沸腾液面上硝酸的蒸气浓度？

解： 在图 5-14 上找到该三元混合物组成点 N，其沸点约为 $121℃$。再在图 5-15 上找到该混合物组成点 H，H 点位于曲线 2 上，故可推知沸腾液面上硝酸蒸气浓度为 90%。

例 2. 已知稀硝酸浓度为 50%，硝酸镁浓度为 76%，如使沸腾液面上硝酸蒸气浓度为 90%，求液体混合物的组成和硝酸镁的理论用量。

解： 在图 5-15 中 H_2O-$Mg(NO_3)_2$ 边上找到 $Mg(NO_3)_2$ 含量 76% 的 A 点，在 H_2O-HNO_3 边上找到 HNO_3 含量为 45% 的 B 点，连接 AB，交曲线 2 为 K 点。K 点代表三元混合物组成：$HNO_3\ 17\%$，$H_2O\ 30\%$，$Mg(NO_3)_2\ 53\%$。由此来确定配料比。设 HNO_3 加入量为 1，硝酸镁加入量为 x，则 $\dfrac{0.76x}{1+0.76x}=0.53$，所以 $x=2.3$，即 $HNO_3 : Mg(NO_3)_2 = 1 : 2.3$。此外，也可采用图解法，即根据相图的杠杆规则直接从图 5-15 上求得原料配料比。

3. 工艺流程及工艺条件

用硝酸镁法浓缩稀硝酸，多采用填料塔进行操作，如图 5-16 所示。$72\% \sim 76\%$ 的浓硝酸镁溶液和需浓缩的稀硝酸分别经高位槽 6 和 2，流量计 3，以 $4 \sim 6:1$ 的比例流入混合器 7。然

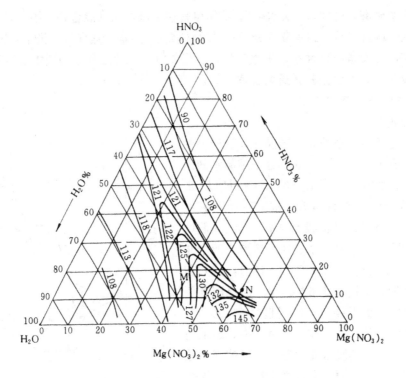

图 5-14 常压下 HNO₃-H₂O-Mg(NO₃)₂
三元混合物液相组成与沸点的关系

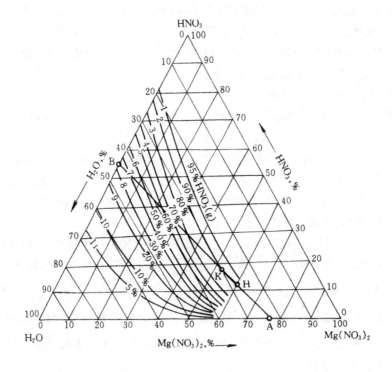

图 5-15 常压下 HNO₃-H₂O-Mg(NO₃)₂ 三元混合物
液相组成与蒸气中硝酸浓度的关系

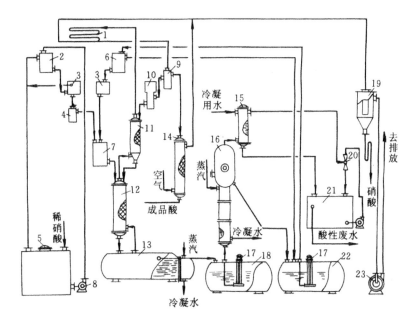

图 5-16　硝酸镁法浓缩稀硝酸工艺流程

1—硝酸冷凝器；2—稀硝酸高位槽；3—流量计；4—液封；5—稀硝酸贮槽；
6—浓硝酸镁高位槽；7—混合器；8—离心泵；9—酸分配器；10—回流酸流量计；11—精馏塔；
12—提馏塔；13—加热器；14—漂白塔；15—大气冷凝器；16—蒸发器；17—液下泵；18—稀硝酸镁槽；
19—集雾器；20—水喷射泵；21—循环水池；22—浓硝酸镁贮槽；23—风机

后自提馏塔 12 顶部加入，由加热器 13 提供蒸馏过程所需的热量，蒸馏温度 115～13℃。含有 80%～90%的硝酸蒸气从提馏塔顶逸出进入精馏塔 11，并与精馏塔回流的 HNO_3 进行换热并进一步蒸浓。温度 80～90℃、浓度为 98%的 HNO_3 蒸气引入冷凝器 1，冷却后流入酸分配器 9，2/3 作为精馏塔回流酸，1/3 去漂白塔 14，排出其中溶解的氮氧化物，得到成品硝酸。冷凝器 1 和漂白塔 14 中未冷凝的 HNO_3 蒸气，经集雾器 19 由风机 23 抽出送去吸收或放空。

稀硝酸镁溶液由提馏塔塔底流出，进入加热器 13，由 1.3 MPa 的蒸汽间接加热，温度维持 174～177℃，并在此脱硝后，$Mg(NO_3)_2$ 浓度为 62%～67%，含硝酸 0.1%，进入稀硝酸镁贮槽 18 中，由液下泵打入膜式蒸发器 16 蒸发。用蒸汽间接加热蒸出水分，使稀硝酸镁浓度提高到 72%～76%，送入硝酸镁贮槽 22 中循环使用。

采用的工艺条件为：硝酸镁溶液浓度 72%～74%；$Mg(NO_3)_2$ 溶液与稀硝酸配料比为 4～6∶1；精馏塔操作回流比为 2，塔顶温度 85℃；漂白塔塔顶温度为 80～85℃。

二、由氨直接合成浓硝酸

（一）制造浓硝酸的生产过程

以氨为原料直接合成浓硝酸，首先必须制得液态 N_2O_4，将其按一定比例与水混合，加压通入氧气，按下列反应式合成出浓硝酸。

$$2N_2O_4(l)+O_2(g)+2H_2O(l)\Longrightarrow 4HNO_3 \quad \Delta H=-78.9 \text{ kJ} \tag{5-68}$$

工艺过程包括以下几个步骤：

1. 氨的接触氧化

这一步骤的生产工艺与稀硝酸生产情况相同，此不赘述。

2. 氮氧化物气体的冷却和过量水的排出

以氨为原料用吸收法制造浓硝酸总反应为：

$$NH_3 + 2O_2 \Longrightarrow HNO_3 + H_2O$$

按该反应，只能得到浓度为 77.8% 的硝酸。为了得到 100%HNO_3，必须将多余水除去。通常采用快速冷却器除去系统中大部分水，同时减少氮氧化物在水中的溶解损失。然后采用普通冷却器进一步除去水分并将气体降温。

3. 一氧化氮的氧化

一氧化氮氧化分两步进行。首先用空气中的氧将 NO 氧化，使氧化度达到 90%～93%，然后用浓硝酸（98%）进一步氧化，反应如下：

$$NO + 2HNO_3 \Longrightarrow 3NO_2 + H_2O$$

如果采用加压操作将 NO 氧化，就不必用浓硝酸，而仅用空气中的氧即可将 NO 氧化完全。

4. 液态 N_2O_4 的制造

将 NO_2 或 N_2O_4 冷凝便可制得液态 N_2O_4。在 $-20～20℃$ 温度范围内，液态 N_2O_4 的蒸汽压 p 与温度的关系为：$\lg p = 14.6 \lg T - 33.1573$ (5-69)

由此可见，温度越低，则 N_2O_4 的平衡蒸汽压越小，冷凝就越完全。实际操作一般将冷凝过程分两步进行。首先用水冷却，然后用盐水冷却。盐水温度约 $-15℃$，冷凝温度可达 $-10℃$。低于 $-10℃$ 时，N_2O_4 会析出固体，堵塞管道和设备，恶化操作。

应当指出，用空气将氨氧化得到的氮氧化物最高浓度为 11%，相当于 11.1 kPa 的分压。若冷凝温度为 $-10℃$，液面上 N_2O_4 蒸气分压为 20 kPa。在这种情况下 N_2O_4 难以液化。为使 N_2O_4 液化，必须提高总压力以提高 N_2O_4 分压，使 N_2O_4 分压超过该条件下的饱和蒸汽压。由表 5-13 可知，压力越高，N_2O_4 冷凝程度越大。

表 5-13 NO_2 的冷凝度（浓度为 10%NO_2）

气体压力 MPa	温 度/℃				
	+5	-3	-10	-15.5	-20
	冷 凝 度,%				
1.0	33.12	56.10	72.90	78.85	84.49
0.8	16.61	44.74	66.18	73.40	80.54
0.5	—	9.75	45.10	56.96	68.59

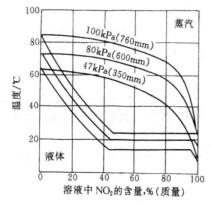

图 5-17 在各种不同压力下 HNO_3—NO_2 系统的沸腾曲线

在提高 N_2O_4 分压之前，应将氮氧化物气体中的惰性气体（如 N_2）分离。最好用浓硝酸吸收气体中 NO_2，以达到上述分离目的，同时得到发烟硝酸。而后将发烟硝酸加热，将其中溶解的 NO_2 解吸出来。此时逸出的 NO_2 浓度近乎为 100%，将此高纯度 NO_2 进行液化成为液态 N_2O_4。

将发烟硝酸中游离的 NO_2 蒸出是一个普通的二组分蒸馏过程。如图 5-17 所示。如果将含 80% 氮氧化物的硝酸加热，则当氮氧化物的含量降低到 45% 之前，它会在一个不变的温度下沸腾，此时，气相中氮氧化物的浓度接近 100%，并保持不变。当液相中氮氧化物含量降到 45% 以下，沸点开始升高，蒸汽中 HNO_3 含量增加。如果将 10% 的溶液在 100 kPa 下加热沸腾，则在气相含有 85% 的氮氧化物和 15% 的硝酸；如果该溶液在 80 kPa 下沸腾，则蒸汽中含有 78% 的氮氧化物和 22% 的硝酸。因此，压力增高，对于从硝酸溶液中分离出高浓度氮氧化物较有利。但加压下沸点升高，设备腐蚀加重，气体泄露造成损失。综合两者因素，一般在稍稍减压条件下进行操作。

氮氧化物蒸出的过程是在铝制板式塔或填料塔中进行。含 NO_2 的硝酸溶液被冷却到 0℃，由塔顶加入，溶液自上而下受热分解放出氮氧化物，并提高 HNO_3 含量。气体由塔顶排出，温度为 40℃，含有 97%～98% 的 NO_2 和 2%～3% 的 HNO_3。氮氧化物经冷却送入高压反应器，便可得到液态 N_2O_4。

5. 四氧化二氮合成硝酸

直接合成浓硝酸的反应包括如下步骤：

$$N_2O_4 \Longrightarrow 2NO_2$$
$$2NO_2 + H_2O \Longrightarrow HNO_3 + HNO_2$$
$$3HNO_2 \Longrightarrow HNO_3 + H_2O + 2NO$$
$$2HNO_2 + O_2 \Longrightarrow 2HNO_3 \qquad\qquad (5\text{-}70)$$
$$2NO + O_2 \Longrightarrow 2NO_2 \Longrightarrow N_2O_4$$

从反应的化学平衡观点看，提高 N_2O_4 浓度，对反应 (5-34)，(5-48) 有利；提高压力及氧的浓度，对反应式 (5-70)，(5-32) 有利，不仅提高平衡转化率，还可提高反应速度。温度降低对于反应式 (5-48)，(5-70) 及 (5-32) 的平衡有利。工业生产不仅注重较高的平衡转化率，而且要考虑提高反应速度。研究结果认为，有利于直接合成浓硝酸的条件是：提高操作压力；控制一定的反应温度；采用过量的 N_2O_4 及高纯度的氧，并加以良好的搅拌。

一般工厂采用 5 MPa 的操作压力，若压力再继续提高，影响效果变小，且消耗大量动力。对于反应温度，兼顾反应速度、化学平衡及对设备的腐蚀程度等因素，取 65～70℃较合适。

原料配比对反应速度影响甚大，从反应式 (5-68) 看，N_2O_4：$H_2O = 92$：$18 = 5.11$：1。若按比例合成浓硝酸，即使采用很高的压力，反应时间仍需很长。若能增加原料配比，可大大缩短反应时间。实际生产中最适宜的原料配比，是以最低费用为目标来确定的。一般采用配料比 6.82 左右。相当于原料中含有 25%～30% 过剩量的 N_2O_4。

此外，氧的用量及纯度也十分重要。一般氧的耗用量为理论量的 1.5～1.6 倍，氧的纯度为 98%。若氧的纯度降低，则难以得到纯硝酸。

（二）直接合成浓硝酸的工艺流程

直接合成浓硝酸的工艺流程有早期的霍科 (Hoko) 法，60 年代末出现了考尼亚 (Conia)、萨拜 (Sabar)、住友 (Sumitomo) 等法。图 5-18 浓硝酸合成的住友法工艺流程。该流程具有下列优点：

（1）将氮氧化物气体、空气和稀硝酸在 0.7～0.9 MPa 压力和 45～65℃下直接合成为 85% 中等浓度的硝酸，既不用氧化，又省去高压泵和压缩机。

（2）采用带有搅拌器的釜式反应器，气液反应速度快，节省反应时间。

（3）设有 NO_2 吸收塔，用 80%～90% 硝酸吸收 NO_2 制成发烟硝酸，然后在漂白塔中用空气气提。吸收和气提在同一压力下进行，循环吸收动力消耗低。

（4）流程中设有分解冷凝塔，将温度为 125～150℃的氮氧化物气体与 50%HNO_3 相接触，使稀硝酸分解产生 NO 和 NO_2。与此同时，氮氧化物气体中的水分被冷凝，将酸稀释为 35% 的硝酸，送入稀硝酸精馏塔进行提浓。这样既可提高氮氧化物气体浓度，又能除去过量的反应水，达到多产浓硝酸的目的。

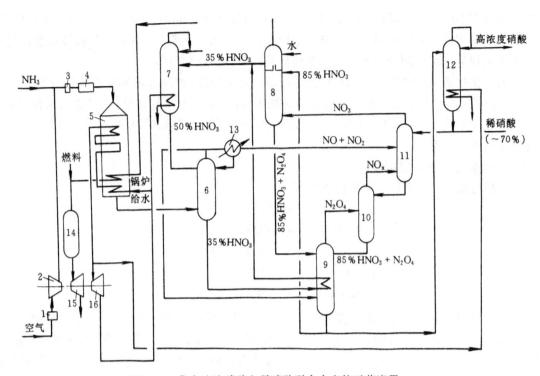

图 5-18　住友法浓硝酸和稀硝酸联合生产的工艺流程

1，3—过滤器；2—空气压缩机；4—氨燃烧器；5—废热锅炉；6—分解冷凝塔；7—稀硝酸精馏塔；

8—NO₂ 吸收塔；9—漂白塔；10—反应器；11—尾气吸收塔；12—浓硝酸精馏塔；

13—冷凝器；14—尾气燃烧器；15—尾气透平；16—蒸汽透平

思考练习题

5-1　氨氧化反应在没有催化剂的情况下，最终产物是什么？为什么？

5-2　非铂催化剂与铂催化剂相比，其优缺点如何？

5-3　影响氨-空气混合物爆炸极限的因素有哪些？其影响如何解释？

5-4　为什么 NO 氧化反应速度常数不符合阿累尼乌斯定律？

5-5　何谓 NO₂ 的吸收度和转化度？如何计算？

5-6　试述常压法、加压法、综合法生产稀硝酸工艺流程，并对各法进行比较。

5-7　氮氧化物尾气处理有哪些方法？请比较这些方法的优缺点。

5-8　如何制得液态 N₂O₄？由液态 N₂O₄ 如何合成浓硝酸？工艺条件如何选择？

5-9　常压下氨氧化的操作温度通常为多少？若采取加压操作，温度应如何调整？

5-10　氨氧化制取 NO 时，当氧氨比为 1.5 时，其混合气中的氨含量为多少？

5-11　试绘出氨氧化工艺流程图。

5-12　试述直接法生产浓硝酸工艺流程。

第六章 氮肥的生产

本章学习要求

1. 熟练掌握的内容

尿素的主要化学性质；尿素合成反应原理；尿素合成工艺条件的选择；减压加热法和二氧化碳气提法分解未转化物的原理。氨与硝酸中和制造硝铵的基本原理及中和工艺条件的选择。

2. 理解的内容

尿素水溶液全循环法和气提法的工艺流程及主要操作条件；尿素平衡转化率计算；尿液蒸发原理及相图分析；稀硝铵溶液的蒸发、结晶和干燥及工艺条件。

3. 了解的内容

尿素生产的其他流程特点；硝铵生产流程。

第一节 尿素生产工艺

一、尿素的性质

（一）物理性质

尿素（Urea），又称碳酰二胺，分子式为 $CO(NH_2)_2$，化学结构式为 $O=C{<}^{NH_2}_{NH_2}$ ，分子量为 60.06。

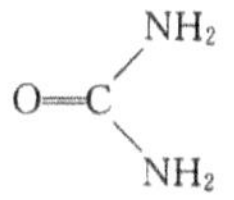

纯净的尿素为白色、无味、无臭的针状或棱柱状结晶体，含氮量为 46.6%，当含有杂质时，略带微红色。

尿素的熔点在常压下为 132.7℃，超过熔点则分解；在 20℃时，尿素饱和溶液的相对密度为 1.146。下列不同状态下尿素密度为：熔融尿素 1.22 g/cm³（在 132.6℃时），晶状尿素 1.335 g/cm³，粒状尿素 1.4 g/cm³；其堆密度：晶状尿素 0.63～0.71 g/cm³，粒状尿素 0.75 g/cm³；其休止角为：粒状尿素，在 30℃空气相对湿度 30% 以下时为 34°，在 60% 以下时为 37°；其热容为：在 20℃下为 1.334 J/g·℃；其结晶热为 224 J/g。

尿素易溶于水和液氨，也能溶于醇类，稍溶于乙醚及酯，溶解度随温度的升高而增加。温度在 30℃以上时，尿素在液氨中的溶解度较在水中的溶解度为大。20℃时，尿素在水中溶解的饱和摩尔分率为 0.241，质量百分率为 51.14%。

尿素的吸湿性低于硝酸铵而大于硫酸铵。尿素的吸湿性数据见表 6-1。

表 6-1 尿素的吸湿点

温度/℃	10	15	20	25	30	40	50
吸湿点[①], %	81.8	79.9	80.0	75.8	72.5	68.0	62.5

①吸湿点指与尿素饱和溶液相平衡的空气相对湿度。

（二）化学性质

常温时尿素在水中会缓慢水解，最初转化为甲铵，继而形成碳酸铵，最后分解为氨和二氧化碳。随着温度的升高，水解速度加快，水解程度也增大。在 60℃ 以下，尿素在酸性、碱性或中性溶液中不发生水解作用。

尿素在强酸溶液中呈现弱碱性，能与酸作用生成盐类。例如，尿素与硝酸作用生成能微溶于水的硝酸尿素 $[CO(NH_2)_2 \cdot HNO_3]$，尿素与磷酸作用能生成易溶于水的磷酸尿素 $[CO(NH_2)_2 \cdot H_3PO_4]$；尿素与硫酸作用能生成易溶于水的硫酸尿素 $[CO(NH_2)_2 \cdot H_2SO_4]$，这些盐类可用作肥料。

尿素与盐类相互作用可生成络合物，如尿素与磷酸一钙作用时生成磷酸尿素 $CO(NH_2)_2 \cdot H_3PO_4$ 络合物和磷酸氢钙 $CaHPO_4$，即

$$Ca(H_2PO_4)_2 \cdot H_2O + CO(NH_2)_2 \Longrightarrow CO(NH_2)_2 \cdot H_3PO_4 + CaHPO_4 + H_2O$$

其他的尿素络合物有：$Ca(NO_3)_2 \cdot 4CO(NH_2)_2$，$NH_4Cl \cdot CO(NH_2)_2$ 等。

尿素能与酸或盐相互作用的这一性质，常被应用于复混肥料生产中。

纯尿素在常压下加热到接近熔点时，开始出现异构化，形成氰酸铵，接着分解成氰酸和氨。尿素在高温下可以进行缩合反应，生成缩二脲、缩三脲和三聚氰酸、三聚酰胺。缩二脲会烧伤作物的叶和嫩枝，故其含量多了是有害的。过量氨的增加，可抑制缩二脲的生成。在尿素中加入 NH_4NO_3，可对尿素稳定起促进作用。

尿素的分解和缩合反应如下：

$$2CO(NH_2)_2 \Longrightarrow NH_2-CO-NH-CO-NH_2 + NH_3 - Q$$

$$NH_2CONHCONH_2 + CO(NH_2)_2 \Longrightarrow NH_2CONHCONHCONH_2 + NH_3$$

（缩二脲）　　　　　　　　　　　　　（缩三脲）

$$NH_2CONHCONHCONH_2 \Longrightarrow (HCNO)_3 + NH_3$$

（三聚氰酸）

尿素与直链有机化合物作用也能形成络合物。在盐酸作用下，尿素与甲醛反应生成甲基尿素；在中性溶液中与甲醛生成二甲基尿素。在碱性或酸性催化剂作用下，尿素与甲醛进行缩合反应生成脲醛树脂；与醇类作用生成尿烷；与丙烯酸作用生成二氢尿嘧啶；与丙二酸作用生成巴比妥酸等。

1991 年我国颁布的工农业用尿素标准如表 6-2 所示（GB 2440—91）。

表 6-2　尿素技术指标（GB 2440—91）　　　　　　　　　（%）

指 标 名 称		工 业 用			农 业 用		
		优等品	一等品	合格品	优等品	一等品	合格品
颜色		白色			白色或浅色		
总氮（N）含量（以干基计）	≥	46.3	46.3	46.3	46.3	46.3	46.0
缩二脲含量	≤	0.5	0.9	1.0	0.9	1.0	1.5
水分（H_2O）含量	≤	0.3	0.5	0.7	0.5	0.5	1.0
铁含量（以 Fe 计）	≤	0.0005	0.0005	0.0010			
碱度（以 NH_3 计）	≤	0.01	0.02	0.03			
硫酸盐含量（以 SO_4^{2-} 计）	≤	0.005	0.010	0.020			
水不溶物含量	≤	0.005	0.010	0.040			
粒度（$\phi 0.85 \sim 2.80mm$）	≥	90	90	90	90	90	90

注：结晶状尿素不控制粒度指标。

尿素在农业和工业上都有广泛的用途。

1. 肥料

尿素是高养分和高效固体氮肥，属中性速效肥料，长期施用不会使土壤发生板结。其分解释放出的 CO_2 也可被作物吸收，促进植物的光合作用。在土壤中，尿素能增进磷、钾、镁和钙的有效性，且施入土壤后不存在残存废物。利用尿素可制得掺混肥料、复混肥料。

2. 工业原料

在有机合成工业中，尿素可用来制取高聚物合成材料，尿素甲醛树脂可用于生产塑料、漆料和胶合剂等；在医药工业中，其可作为利尿剂、镇静剂、止痛剂等原料。此外，在石油、纺织、纤维素、造纸、炸药、制革、染料和选矿等生产中也都需用尿素。

3. 饲料

尿素可用作牛、羊等反刍动物的辅助饲料，反刍动物胃中的微生物将尿素的胺态氮转变为蛋白质，使动物肉、奶增产。但其在饲料中的最高掺入量不得超过反刍动物所需蛋白质量的 1/3。

二、尿素的生产方法

1773 年鲁爱尔（Rouelle）在蒸发人尿时获得这种结晶物质，因而命名为尿素。

1828 年佛勒（Wohler）在实验室首先用氨和氰酸制得尿素，其反应如下：

$$NH_3 + O = C = N - H \Longrightarrow O = C \begin{cases} NH_2 \\ NH_2 \end{cases}$$

这一创举，打破了前人有关无机物和有机物界限的传统观点，证明用无机物也能合成有机物。

1868 年巴扎罗夫（Базаров）提出高压下加热氨基甲酸铵（以下简称甲铵）脱水生成尿素的方法。1922 年首先在德国法本公司奥堡工厂实现了以 NH_3 和 CO_2 直接合成尿素的工业化生产，从而奠定了现代工业尿素的生产基础。

合成尿素的方法有 50 余种，但实现工业化的只有氰氨基钙（石灰氮）法和氨与二氧化碳直接合成法两种。前法生产工艺较简单，但反应条件较难控制，需消耗大量能量来蒸发浓缩很稀的尿素溶液，且产品中含有双氰胺等对植物、动物有害的杂质。随着合成氨工业的发展，此法已被后一种方法所取代。

合成氨生产为 NH_3 和 CO_2 直接合成尿素提供了原料。由氨和二氧化碳合成尿素的总反应为：

$$2NH_3 + CO_2 \Longrightarrow CO(NH_2)_2 + H_2O + Q$$

该反应是放热的可逆反应，其率受到化学平衡的限制，只能部分地转化为尿素，一般转化率为 50%～70%。因而，按未转化物的循环利用程度，尿素生产方法又可分为不循环法、半循环法和全循环法三种。60 年代以来，全循环法在工业上获得普遍采用。

全循环法是将未转化成尿素的 NH_3 和 CO_2 经多段蒸馏和分离后，以各种不同形式全部返回合成系统循环利用，原料氨利用率达 97% 以上。典型的全循环法尿素生产工序包括：反应物料的压缩、合成、循环回收、尿液蒸发、结晶造粒、成品计量与包装、尾气与工艺废水的处理等。

全循环法依照循环回收方法的不同又分为：热气循环法、气体分离（选择性吸收）循环法、浆液循环法、水溶液全循环法、气提法和等压循环法等。其中水溶液全循环法和气提法发展最快,建厂最多。除水溶液全循环法和气提法以外的各种全循环法流程特点如表 6-3 所示。

表 6-3　部分全循环法流程特点

方法	热气循环法	气体分离循环法	浆液循环法	等压循环法
流程描述	将减压分解出来的未反应的 NH_3 和 CO_2 混合气在热气状态下进入压缩机加压后返回合成系统中循环使用	尿素合成液中未反应的 NH_3 和 CO_2 经分解后,用选择性吸收剂吸收其中的 NH_3 或 CO_2 然后将其分别压缩而返回系统	将分解出来的 NH_3 和 CO_2 在无水介质中反应生成固体甲铵,而细小固体甲铵均匀悬浮在无水介质中,再循环返回合成系统	综合了传统的全部循环法和气提法的优点,采用 NH_3 和 CO_2 两次气提
流程评述	设备投资大,需庞大的压缩机组,动力消耗高,操作温度高,腐蚀较严重	循环过程不生成甲铵且无水进入合成塔,转化率高于其他流程。缺点是水、电、汽消耗高,吸收剂价格贵,流程复杂	无水返回合成系统,缺点是基建和生产费用高	
状况	尿素发展初期在德国首次使用,后未得到发展。60 年代,美国改进此法,并于 1966 年试验成功,但未见工业化	选择性吸收 NH_3 的吸收剂有:硝酸尿素、磷酸铵或重铬酸铵的水溶液。选择性吸收 CO_2 的吸收剂有:一乙醇胺(MEA)、热碳酸盐,仅有少数厂采用此法	无水介质:矿物油、轻质石蜡油或液氨 50 年代曾有两套工业装置,但以后未见新厂问世	

（一）水溶液全循环法

此法是将未反应的 NH_3 和 CO_2 用水吸收生成甲铵或碳酸铵水溶液再循环返回合成系统。根据添加水量的不同又可分为两类:一类是添加水量较多,即 H_2O/CO_2 摩尔比近于 1 者,称为碳酸铵盐水溶液全循环法;另一类是添加水量较少的,基本上以甲铵溶液返回系统,称为甲铵溶液全循环法,后者是前者的改进。水溶液全循环法在尿素生产中一直占有重要位置,且在不断改进和发展中。主要有我国的碳酸铵盐水溶液全循环法、荷兰的斯塔米卡邦(Stamicarbon)水溶液全循环法、日本的三井东压水溶液全循环改良 C 法和 D 法、意大利的蒙特卡蒂尼-爱迪生(Montecatini-Edison)水溶液全循环法和新全循环法流程等。水溶液全循环法尿素生产过程的原则流程如图 6-1 所示。

（二）气提法

气提法是利用某一介质在与合成等压的条件下分解甲铵并将分解物返回系统使用的一种方法。按气提介质的不同又可分为:二氧化碳气提法、氨气提法、变换气气提法（由于变换气来自合成氨厂,故又有"变换气气提联尿流程"法之称）。

气提法是全循环法的发展,具有热量回收完全,低压 NH_3 和 CO_2 处理量较少的优点。此外,在简化流程、热能回收、延长运转周期和减少生产费用等方面也都优于水溶液全循环法,是尿素生产的一种发展方向。具有代表性的气提法流程有:荷兰斯塔米卡邦(Stamicabon)CO_2 气提流程、意大利斯那姆(Snam)氨气提流程、挪威诺斯克-哈焦(Norsk-Hydro)CO_2 气提流程、威舍利(Weatherly)氨加惰性气气提流程及意大利的蒙特迪生(Montedison)等压双循环法和日本东压东洋工程公司的 ACES 法流程。但工业上应用最广泛的还是前两种方法。

（三）尿素生产的原料

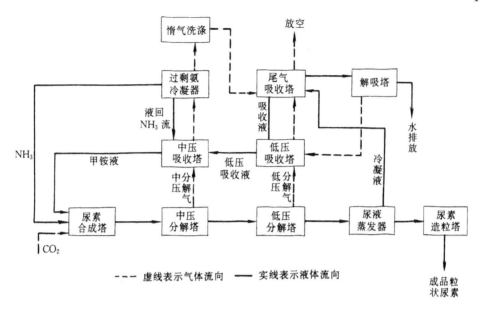

图 6-1　水溶液全循环法尿素生产过程示意图

要求液氨原料纯度为：氨含量＞99.5%（质量）；含油＜1×10^{-5}（质量）；水及惰性物＜0.5%；二氧化碳气体中 CO_2 含量＞98.5%（体积，干基），H_2S 含量＜15 mg/m³。

三、尿素的合成

（一）尿素合成反应的基本原理

在工业生产条件下，氨和二氧化碳合成尿素的反应，一般认为是在液相中分为两步进行的。

第一步为液氨和二氧化碳反应生成液体氨基甲酸铵，此称为甲铵生成反应：

$$2NH_3(l)+CO_2(g)\Longrightarrow NH_4COONH_2(l) \quad \Delta H=-119.2 \text{ kJ/mol} \quad (6\text{-}1)$$

这是一个快速、强烈放热的可逆反应。如果具有足够的冷却条件，不断取走反应热，并保持反应过程的温度较低，足以使甲铵冷凝为液相，则此反应容易达到化学平衡，此时二氧化碳的平衡转化率将会很高。在常压下，该反应的速度很慢，加压则很快。

第二步为甲铵脱水生成尿素，称为甲铵脱水反应：

$$NH_4COONH_2(l)\Longrightarrow CO(NH_2)_2(l)+H_2O(l) \quad \Delta H=15.5 \text{ kJ/mol} \quad (6\text{-}2)$$

这是一个微吸热的可逆反应，反应速度缓慢，需在液相中进行，是尿素合成中的控制反应。这个反应也只能达到一定的化学平衡，一般平衡转化率为50%～70%，其接近于平衡时的反应速度取决于反应的温度和压力。

在工业装置中实现（6-1）和（6-2）两个反应有两种方法：一种是在一个合成塔中，相继完成两个反应，如水溶液全循环法；另一种是将这两个反应分别在高压甲铵冷凝器和尿素合成塔中进行，如 CO_2 气提法等。因甲铵生成反应放出大量反应热，后者可在高压甲铵冷凝器回收反应热，对节能降耗有利。

（二）尿素合成反应的化学平衡

在尿素合成反应中，由于转化率限制，因而必须使未转化的 NH_3 和 CO_2 从液相中释放出来，回收并返回合成系统再循环使用。这存在着一个物料在系统中的平衡问题。

在尿素合成塔中，因物料停留时间较长，反应接近平衡状态。其最终产物分为气液两相，气相中含有 NH_3、CO_2 和 H_2O 以及不参与合成反应的 H_2、N_2、O_2、CO 等惰性气体；液相主要由甲铵、尿素、水以及游离氨和二氧化碳等所构成的均匀熔融液。当气液两相达到平衡时，则下列过程均处于平衡状态。

$$NH_3(g) \Longrightarrow NH_3(l)$$

$$CO_2(g) \Longrightarrow CO_2(l)$$

$$H_2O(g) \Longrightarrow H_2O(l)$$

$$2NH_3(l) + CO_2(l) \Longrightarrow NH_4COONH_2(l)$$

$$NH_4COONH_2(l) \Longrightarrow CO(NH_2)_2(l) + H_2O(l)$$

1. 平衡转化率

在工业生产中，通常是以尿素的转化率作为衡量尿素合成反应进程的一种量度。由于实际生产中都是采用过量的氨与二氧化碳反应，因此通常是以二氧化碳为基准来定义尿素的转化率，即：

$$尿素转化率（\%）= \frac{转化为尿素的 CO_2 摩尔数}{原料中 CO_2 的摩尔数} \times 100\%$$

$$= \frac{尿素质量（\%）}{尿素质量（\%）+ 1.365 \times CO_2 质量（\%）} \times 100\%$$

式中　1.365——尿素摩尔质量与 CO_2 摩尔质量的比值。

而尿素的平衡转化率是指在一定条件下，合成反应达到化学平衡时的转化率。因尿素合成反应体系为多组分多相复杂的混合体系，且偏离理想溶液很大，故其平衡转化率很难用平衡方程式和平衡常数准确计算。通常采用简化法或经验公式来计算，有时采用实测值。常用的几种计算方法如下：

(1) 弗里扎克法　1948年意大利弗里扎克（M. Frejacques）发表了计算平衡转化率的公式（6-3）和算图 6-2。

$$K = \frac{x_0 (W + x_0)(1 + L + W - x_0)}{(1 - x_0)(L - 2x_0)^2} \tag{6-3}$$

式中　L——初始反应物中 NH_3/CO_2 摩尔比（氨碳比）；

　　　W——初始反应物中 H_2O/CO_2 摩尔比（水碳比）；

　　　x_0——平衡转化率；

　　　K——反应平衡常数。

当 $L=2$，$W=0$ 时，式 6-3 简化为：

$$K = \frac{x_0^2 (3 - x_0)}{4 (1 - x_0)^3} \tag{6-4}$$

现将式（6-3）推导如下：

可将反应物系看成由 NH_3、CO_2、$CO(NH_2)_2$、H_2O 四种物质构成的均匀单一物系，设初始反应系统中 CO_2 为 1 kmol，并设 $NH_3/CO_2 = L$，$H_2O/CO_2 = W$，达到平衡时 CO_2 转化为尿素的转化率为 x_0，则：

$$2NH_3 + CO_2 \Longrightarrow CO(NH_2)_2 + H_2O$$

反应前：　　　　　　L　　　　1　　　　　　　W

平衡时：　　　　$(L - 2x_0)$　$(1 - x_0)$　　x_0　　$(W + x_0)$

由此得四种物质的浓度（摩尔）为：

$$CO(NH_2)_2 \qquad N[CO(NH_2)_2] = \frac{x_0}{1 + L + W - x_0}$$

$$H_2O \qquad N(H_2O) \qquad = \frac{x_0+W}{1+L+W-x_0}$$

$$NH_3 \qquad N(NH_3) \qquad = \frac{L-2x_0}{1+L+W-x_0}$$

$$CO_2 \qquad N(CO_2) \qquad = \frac{1-x_0}{1+L+W-x_0}$$

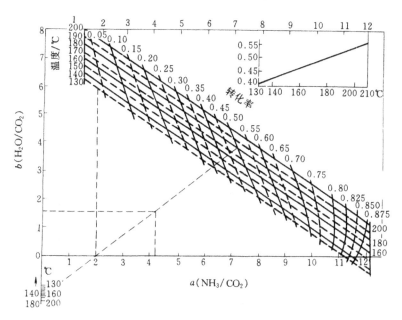

图 6-2　弗里扎克平衡转化率算图

代入平衡常数表达式(质量作用定律)：$K = \dfrac{N[CO(NH_2)_2] \cdot N(H_2O)}{N^2(NH_3) \cdot N(CO_2)}$ 中，即得式(6-3)。

弗里扎克在间歇操作恒容反应器中测定了不同温度下的 x_0 值，代入式(6-4)中，计算出平衡常数 K，参见表6-4。

表 6-4　不同温度下平衡常数 K 的数值

温度	K		温度	K	
℃	弗里扎克数据	马罗维克数据	℃	弗里扎克数据	马罗维克数据
150	0.80	0.84	180	1.23	1.80
155	—	0.93	185	—	2.05
160	0.92	1.07	190	1.45	2.38
165	—	1.20	195	—	2.73
170	1.07	1.37	200	1.70	3.10
175	—	1.56			

上述算式和算图都是假定反应体系为均匀的单一液相，根据质量作用定律及在间歇操作的恒容反应器中所测定的平衡转化率。随着 NH_3/CO_2 偏离 2:1，其计算误差将逐渐增大，一般偏低约10%，而尿素合成塔实际转化率为平衡转化率的90%或更低，所以该法获得的平衡转化率恰与生产实际转化率相接近，故目前工业上仍常用此法计算。

(2)马罗维克法　美国人马罗维克(Mavrovic)根据大型尿素合成塔连续操作测得的数据，对平衡常数 K 值作了修正，参见表6-4，并给出了一种求取平衡转化率的算图6-3。

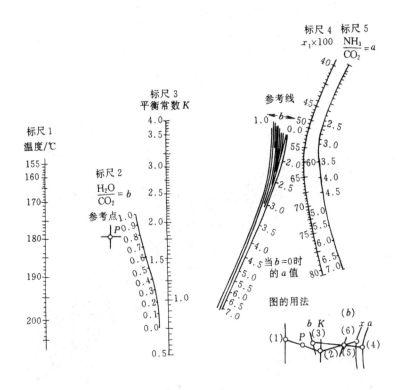

图 6-3 马罗维克尿素平衡转化率

该算图中有五条标线，其具体用法是：当欲确定一个反应系统的平衡转化率 x 时，首先在标线 1 上找到点 (1)，将点 (1) 与参考点 P 相连，延长后与平衡常数 K 线交于点 (2)，此即为该温度下的平衡常数。再在 a 及 b 标线上分别根据进料物的 NH_3/CO_2 与 H_2O/CO_2 值找出相应的点 (4)、点 (3)，连接这两点成一直线，找出与相同 b 值的参考线的交点 (5)，将交点 (5) 与 K 标线上已求出的交点 (2) 相连，并延长之与 X 标线相交于点 (6)，这一点即为所求的转化率 x。

用此法得到的尿素转化率与现在高效工业尿素合成塔的运行情况比较接近，比弗里扎克法更准确一些。但以上两种方法所依据的平衡方程既忽视了气液两相的并存，同时也忽略了甲铵的存在以及其浓度变化的影响，因而都是近似值。

(3) 大塚英二、井上繁经验公式　1972 年日本大塚英二、井上繁等人提出了下列计算液相中尿素平衡转化率 x 的经验公式。

$$x = [0.2616a - 0.01945a^2 + 0.0382ab - 0.1160b$$
$$- 0.02732a\left(\frac{t}{100}\right) - 0.1030b\left(\frac{t}{100}\right) + 1.640\left(\frac{t}{100}\right)$$
$$- 0.1394\left(\frac{t}{100}\right)^3 - 1.869] \times 100\% \tag{6-5}$$

式中　a——液相中 NH_3/CO_2 摩尔比；

　　　b——液相中 H_2O/CO_2 摩尔比；

　　　t——反应温度，℃。

其计算结果要比弗里扎克法的计算值高 5%～15%，且当 x 值出现最大后，随着温度的升

高 x 值显著下降，这与实际情况是比较符合的。

（4）上海化工研究院半经验公式　我国上海化工研究院对 CO_2 平衡转化率 $x_平$ 提出了以下半经验公式：

$$x_平 = 14.87L - 1.322L^2 + 20.70WL - 1.830WL^2 + 167.6W$$
$$- 1.217Wt + 5.908t - 0.01375t^2 - 591.1 \tag{6-6}$$

式中符号含义同前，公式适用范围：t 为 $175 \sim 195℃$，H_2O/CO_2 为 $0.2 \sim 1.0$，NH_3/CO_2 为 $2.5 \sim 4.5$。

按上述四种不同方法所算得的平衡转化率差别较大。造成这些偏差的原因之一是由于忽略了惰性气体存在的影响所致。

2. 最高平衡转化率

从弗里扎克和马罗维克的平衡常数与温度的关系数据（表 6-4）及算图、公式可以看出，平衡常数随着温度的升高而不断增大。早期的研究也认为，只要操作压力足够高（高于甲铵的分解压力），则反应温度越高，平衡转化率越大。并由此认定，合成尿素的反应温度越高越好。但以后的研究证明：当温度升高到某一数值时，平衡转化率出现最大极限值以后，若继续升高温度，其平衡转化率反而下降。出现这种最高平衡转化率的现象是与压力无关的，既使保持足够高的压力，使反应物系成为单一的液相时，其情况也是如此。

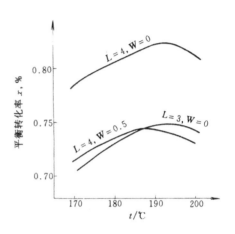

图 6-4　尿素平衡转化率随温度的变化规律

从式（6-5）和式（6-6）还可看出：当氨碳比 L（或 a）和水碳比 W（或 b）一定时，在某一特定温度下存在着一个最高平衡转化率，图 6-4 中的曲线便呈现出这一特性，当 L 增大时，对应于最高平衡转化率的温度趋向于降低，当 W 增大时也使最高平衡转化率出现于温度较低处。

若将式（6-5）或式（6-6）取一阶导数 dx/dt 等于零，即可解出在不同氨碳比 L（或 a）及水碳比 W（或 b）条件下的最高平衡转化率及其所对应的温度，表 6-5 是由式（6-5）求解后得出的结果。

表 6-5　不同条件下的最高平衡转化率

条件		平衡转化率为最高时	最高平衡转化率
液相中氨碳比 a	液相中水碳比 b	的温度/℃	x（CO_2），%
3	0	193	74.6
3	0.2	192	70.9
3	0.5	190	65.6
4	0	191.5	82.2
4	0.5	188	74.4
4	1.0	185	66.5
5	0	190	84.3
5	0.5	186.5	79.3
5	1.0	183	73.1

存在最高平衡转化率的原因可从尿素合成反应的甲铵生成和甲铵脱水两个阶段的放热与吸热得到解释。当温度升高时,一方面是因液相中甲铵脱水转化为尿素的数量增加;另一方面是因液相中的甲铵越来越多地分解为游离氨和二氧化碳,即向甲铵生成反应的逆反应方向移动,致使液相中甲铵不断减少。这两个趋向相反的过程就导致在某一温度下出现了最高平衡转化率。

最高平衡转化率对于工业生产上实现最佳化操作具有指导意义,但确定最佳操作温度时,不仅要考虑化学平衡,还要兼顾反应速度等问题。

(三)尿素合成工艺条件的选择

影响尿素合成平衡转化率的因素,也即是尿素合成塔正常运行的工艺参数。包括反应温度、氨碳比、水碳比、操作压力、反应物料停留时间和惰性气体含量等。

1. 反应温度的选择

由实验和热力学计算表明,平衡转化率开始时随温度升高而增大,当出现一个峰值后(其相应温度在 $190\sim200℃$ 范围),若继续升温,平衡转化率则开始逐渐下降,其原因是甲铵脱水是吸热反应,故提高温度会使平衡常数 K 增大。据文献介绍,温度每升高 $10℃$,可使 K 值增加 20%。但如果仅提高温度而不相应地提高系统压力,则因甲铵大量分解而转化率降低。同时操作温度还受合成设备所采用的材料腐蚀许可极限温度的限制。采用 316L 不锈钢及钛材的合成塔,规定的操作温度为 $185\sim200℃$。

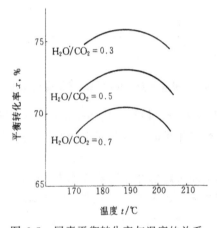

图 6-5 尿素平衡转化率与温度的关系
(当 $NH_3/CO_2=4.0$ H_2O/CO_2
分别为 0.3、0.5 及 0.7)

1972 年大塚英二的测定结果(图 6-5)再次证实在高于 $200℃$ 的温度下,转化率是有所降低的。因该图是在物系成为液相的压力下作出的,转化率下降的原因显然是因甲铵在液相中分解为氨和二氧化碳所造成的。

工业生产中,尿素合成的最佳操作温度,应选择略高于最高平衡转化率时的温度,故尿素合成塔上部大致为 $185\sim200℃$,高于 $200℃$ 将使甲铵分解、尿素水解和腐蚀作用加剧;在合成塔下部,气液两相间的平衡对反应温度起着决定性作用,操作温度只能取不高于操作压力下物系的平衡温度。

2. 氨碳比及其影响

"氨碳比 L"是指反应物料中 NH_3/CO_2 的摩尔比,"氨过量率"是指反应物料中的氨量超过化学计量的百分数。当原料中氨碳比 $L=2$ 时,则氨过量率为 0%;当 $L=4.0$ 时,则氨过量率为 100%。

NH_3 过量能提高尿素的转化率,而 CO_2 过量时却对尿素转化率没有影响,这是因为过量的 NH_3 将促使 CO_2 转化,还能与脱出的 H_2O 结合生成 NH_4OH,相当于移去了部分产物,可以促使平衡向生成尿素方向移动。过剩氨还会抑制甲铵的分解和尿素的缩合等有害的副反应,也有利于提高转化率(参见表 6-6)。因而工业操作一般采用氨过量率为 $50\%\sim150\%$,即 L 在

表 6-6 20MPa、186℃、$W=0.5$ 时测定的尿素平衡转化率

NH_3/CO_2 L,摩尔比	3.70	4.22	4.51
尿素平衡转化率 $x(CO_2)\%$	64.4	67.2	68.6

3～5 的范围之内。

氨碳比对反应物系气液两相的平衡也产生影响。图 6-6 中 ab 连线即为不同温度下的最低平衡压力值的连线。如果选择该范围的 NH_3/CO_2 比，则采用较低的操作压力就可以达到较高的反应温度，并使 NH_3 和 CO_2 充分地转移到液相中去，最佳氨碳比 L 大致在 2.8～4.2 范围内。

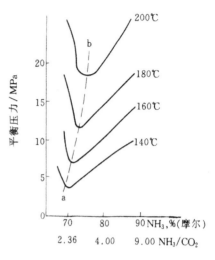

图 6-6　不同温度下，NH_3 与 CO_2 混合物的平衡压力

氨碳比对尿素生产的影响主要体现在下列四个方面：

①过量氨能提高尿素的转化率；

②过量氨可使体系在同一温度下加快反应速度，从而减轻物料对设备的腐蚀；

③过量氨可抑制甲铵分解及尿素缩合等有害副反应；

④过量氨可使尿素合成塔实现既不需从外界供热，也不必向外界排热的"自然平衡"（少量热损失不计），维持合成塔不超温且在适宜的温度下进行尿素合成。

碳酸盐水溶液全循环法，氨碳比 L 取 4 左右，若利用合成塔副产蒸汽，则 L 取 3.5 以下，因 L 值较大，相应的操作压力也要高一些；CO_2 气提法工艺因有高压甲铵冷凝器可以移走热量和副产蒸汽，不存在超温问题，且合成系统操作压力较低，氨碳比可取 2.8～2.9，其转化率也相应较低。

3. 水碳比及其影响

"水碳比 W"是指合成塔进料中 H_2O/CO_2 的摩尔比。水的来源有两方面：一是尿素合成反应的产物，二是现有各种水溶液全循环法中，一定量的水随同回收未反应的 NH_3 和 CO_2 带入合成塔中的。从平衡移动原理可知，水量增加，不利于尿素生成。水碳比增加，返回合成塔的水量也增加，这将使尿素平衡转化率下降（参见表 6-7）并造成恶性循环。

表 6-7　在 20MPa，$NH_3/CO_2＝4.51$ 时，H_2O/CO_2 对转化率影响

H_2O/CO_2 摩尔比	0.3	0.5	0.7	0.9	1.1
尿素平衡转化率%	69.0	68.6	67.4	65.8	64.0

不难看出，水具有降低平衡常数 K 值，而使转化率下降及尿素理论产量下降的效应。水的影响与氨碳比 L 有关，在 $L≤5.65$ 时，增加氨，水能被氨络合，从而降低了水的活度，减少了水对转化率的不利影响；在 $L>5.65$ 时，随着 L 增加，则不能发挥氨的功效，使 H_2O 对转化率的危害变大。这表明：氨过量时在一定程度上能减少水对平衡转化率的不利影响。而 $L=5.6$ 时，就是最高反应 NH_3/CO_2 极限值。水的存在，对于提高反应物相的沸点是有好处的，特别是在反应开始时能加快反应速度，但从总体上，通过提高水碳比 W 来加快反应速度利少弊多。工业生产中，总是力求控制水碳比降低到最低限度，以提高转化率。

水溶液全循环法中，水碳比 W 一般为 0.7～1.2；CO_2 气提法中，气提分解气在高压下冷凝，返回合成塔系统的水量较少，因此水碳比一般在 0.3～0.4 范围。

4. 操作压力的选择

工业生产上尿素合成的操作压力，一般都选择高于合成塔顶反应物料组成和该温度下的平衡压力 1～3 MPa。这是因为尿素是在液相中生成的，而甲铵在高温下易分解并进入气相，所以必须使其保持液相以提高转化率。从经济上考虑，尿素生产应选取某一温度下有一个平衡压力最低的氨碳比。例如：从图 6-6 上看出，在 183℃左右，最低平衡压力为 12.5 MPa，与之相应的 NH_3 为 74%（摩尔比），即 $NH_3/CO_2=2.85$。由于合成塔物料中约有 8%～8.5% 的惰性气体，考虑这一影响，操作压力应在 14 MPa 左右，这是确定二氧化碳气提法工艺条件的依据。由于考虑了尿素装置所用的 316L 不锈钢材料腐蚀许可极限温度的限制，采用此最低平衡压力，其工艺动力消耗是比较低的；水溶液全循环法当温度为 190℃和 NH_3/CO_2 等于 4.0 时，相应的平衡压力为 18 MPa 左右，其操作压力宜选择 20 MPa。

5. 物料停留时间的选择

物料停留时间是指反应物料在合成塔中的反应（停留）时间。选择物料停留时间应兼顾尿素转化率和合成塔的生产强度这两个因素。

生产强度 Q 是指单位时间、单位容积的合成塔的尿素产量，如下式表示：

$$Q=1.36\frac{G(CO_2)}{V}x(CO_2)\cdot\eta \tag{6-7}$$

式中　Q——生产强度，$kg/(d\cdot m^3)$；

$G(CO_2)$——合成塔进料中 CO_2 的质量，kg/d；

V——合成塔容积，m^3；

$x(CO_2)$——尿素转化率；

η——生产过程的效率；

1.36——尿素与 CO_2 摩尔质量比值。

增加物料停留时间使实际转化率增大，但单位时间内流过合成塔的物料减少，合成塔生产强度就会下降；缩短物料停留时间，合成塔生产强度增大，但转化率将会下降，所以物料停留时间也是尿素生产中的一个重要因素。尿素合成塔平均停留时间 τ 可由下式确定：

$$\tau=\frac{\gamma V}{G(CO_2)+G(NH_3)+G(H_2O)+G_{Ur}+G_i} \tag{6-8}$$

式中　V——尿素合成塔的有效容积，m^3；

γ——尿素熔融物的密度，kg/m^3；

G——进塔物料质量，kg/h（i 表示惰性气体，其余物料见下标）。

物料在合成塔内停留时间与转化率的关系如图 6-7(a)所示，从图中看出，尿素合成停留时间在 40 min 之内，随着停留时间增加，转化率将增大。若停留时间太短，转化率将明显下降；若物料停留时间超过 60 min 时，则转化率几乎不再发生变化。对于反应温度为 180～190℃的合成塔，反应经 40～60 min 后，实际转化率可达到平衡转化率的 90%～95%，生产强度可达到 8～12 $t/(d\cdot m^3)$；对反应温度在 200℃或再高一些的尿素装置，则其停留时间可缩短到 30 min 左右。尿素合成塔反应容积设计中，通常选择物料停留时间 40～50 min 作为

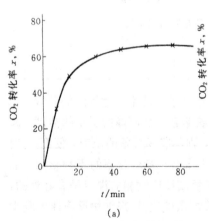

图 6-7 (a)　物料在合成塔内停留时间与转化率的关系
压力 22 MPa，温度 188℃，
$L=4.04$，$W=0.66$

设计依据。

合成塔生产强度与转化率的关系如图 6-7（b）所示。从图中可见，当生产强度为 8～9 t/（d·m³）时，生产强度每增加 1 t/（d·m³），转化率仅降低 1%；而在较高的生产强度时，如 11～12 t/（d·m³），每增加 1 t/（d·m³），则转化率降低 3%。因此，加入合成塔的物料量也有一个限度。如果超过这个限度，物料停留时间过短，则转化率过低，合成塔的生产强度也不可能很高。同时，由于转化率 $x(CO_2)$ 的降低，引起循环系统负荷有较大增加，甚至大于合成生产负荷增加的百分率，以致破坏了尿素生产各设备能力的平衡及操作协调，这种状况应力求避免。选择生产强度应综合合成塔的最佳操作条件和循环系统各设备生产能力作全面考虑。在工业生产上，合成塔的生产强度一般选用 10～12 t/（d·m³），水溶液全循环法尿素合成塔的停留时间约为 40 min。

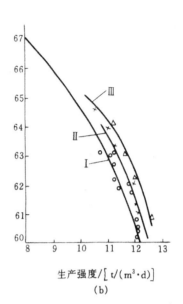

图 6-7(b)　合成塔生产强度
与转化率的关系
压力 20MPa，温度 188℃，H_2O/CO_2＝
0.6～0.7，NH_3/CO_2，I ＝4.0，
II ＝4.2，III ＝4.3

6. 惰性气体含量的影响

氨厂来的二氧化碳原料气中，通常含有少量的 N_2 和 H_2 等气体，此外为防止设备腐蚀而加入的少量 O_2 或空气，称为惰性气体。它使 CO_2 的浓度降低，使合成反应物系中存在气相，从而为一些 NH_3 和 CO_2 逸入气相创造了条件，这也会造成转化率的下降；另一方面，由于惰性气体占据了合成塔内部分有效容积，使物料停留时间减少，也导致转化率降低，甚至有可能使尿素装置发生爆炸。CO_2 浓度与总合成率的关系如图 6-8 所示。在 CO_2 气体浓度 86%～100% 范围内，惰性气体含量每增加 1%，则合成转化率约降低 0.6%，因而应把惰性气体含量限制在尽可能低的程度，一般应要求二氧化碳纯度大于98.5%（体积）。

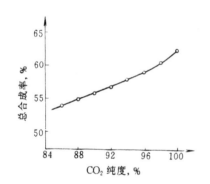

图 6-8　CO_2 纯度与总合成率的关系

四、尿素合成工艺流程

尿素合成工艺流程有多种，其中以全循环法中水溶液全循环法和气提法两类流程应用最为普遍。

（一）水溶液全循环法流程

此法在尿素生产中也有多种工艺流程，如我国的碳酸铵盐水溶液全循环法和日本的三井东压水溶液全循环改良 C 法和 D 法流程。此处介绍前者。

由我国开发并广泛应用的中压、低压两段分解水溶液全循环法直接造粒尿素工艺流程，如图 6-9 所示。现将流程叙述如下。

纯度为 98.5% 以上的二氧化碳经压缩机 1 加压到 20 MPa 左右，温度约 125℃，然后进入尿素合成塔 5 底部；液氨经高压氨泵 3 加压，并经液氨预热器 4 预热到 90℃，配成氨碳摩尔比（NH_3/CO_2）为 4 左右进入尿素合成塔 5 底部；来自一段吸收塔 10 的甲铵溶液，由一段甲铵泵 11 加压后也送入尿素合成塔 5 底部。上述三股物料在尿素合成塔内充分混合并反应生成

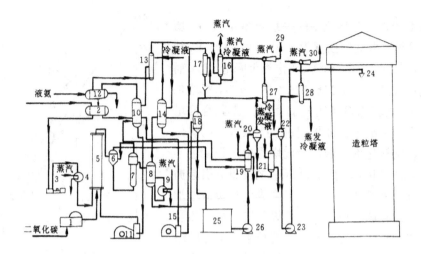

图 6-9　水溶液全循环法造粒尿素工艺流程图

1—CO₂压缩机；2—液氨缓冲槽；3—高压氨泵；4—液氨预热器；5—尿素合成塔；6—预分离器；
7——段分解塔；8—二段分解塔；9—二段分解加热器；10——段吸收塔；11——段甲铵泵；12—氨冷凝器；
13—惰性气洗涤器；14—二段吸收塔；15—二段甲铵泵；16—尾气吸收塔；17—解吸塔；18—闪蒸槽；
19——段蒸发加热器；20——段蒸发分离器；21—二段蒸发加热器；22—二段蒸发分离器；23—熔融尿素泵；
24—造粒喷头；25—尿液贮槽；26—尿液泵；27——段蒸发表面冷凝器；28—二段蒸发表面冷凝器；
29——段蒸发喷射器；30—二段蒸发喷射器

甲铵。二氧化碳转化率约为 62% 左右。

　　从尿素合成塔 5 上部出来的含有尿素、未转化的甲铵、过剩氨和水的合成反应混合液，经减压阀减压至 1.7～1.8 MPa 后，进入预分离器 6 进行气液分离。由预分离器 6 出来的溶液，因膨胀气化，温度下降，进入一段分解塔 7 底部进行加热分解。一段分解塔 7 分出的气体也引入预分离器 6 后，将两股气体一并引入一段蒸发加热器 19 下部，在此部分气体冷凝放热使尿液蒸发。自一段蒸发加热器 19 下部出来的气体，引入一段吸收塔 10 底部鼓泡吸收，在此约有 95%CO₂ 气体和全部水蒸气被吸收生成甲铵溶液。未被吸收的气体在一段吸收塔 10 内上升并与液氨缓冲槽 2 来的回流液氨逆流接触，未吸收的 CO₂ 完全从气相中除去，而纯的气态氨离开吸收塔 10 进入氨冷凝器 12，冷却水将氨冷凝，冷凝的液氨流入氨缓冲槽 2 中。

　　在氨冷凝器 12 中未冷凝的惰性气体进入惰性气体洗涤器 13 中。气体中的氨用二段蒸发冷凝液来吸收，氨水在此蒸浓，然后流入一段吸收塔 10 塔顶。

　　来自二段吸收塔 14 的甲铵液经二段甲铵泵 15 送入一段吸收塔 10 下部。浓甲铵由一段吸收塔 10 底部出来经一段甲铵泵 11 加压后送入尿素合成塔 5 底部。

　　由一段分解塔 7 出来的溶液减压至 0.3～0.4 MPa 进入二段分解塔 8 进行加热分解。分离后的液体送入闪蒸槽 18，气体进入二段吸收塔 14 底部并由加入塔顶的二段蒸发冷凝液来吸收。由二段吸收塔 14 顶部出来的气体与惰性气体洗涤器 13 出来的气体混合一并进入尾气吸收塔 16，由蒸发冷凝液进行循环回收。回收后，气体由尾气吸收塔 16 塔顶放空，溶液在达到一定浓度时，进入解吸塔 17 中进行解吸，解吸后的气体引入二段吸收塔 14 底部。

　　由二段分解塔 8 底部出来的溶液，减压后进入闪蒸槽 18 中，真空闪蒸压力为 41 kPa，以除去尿液中溶解的氨和二氧化碳及部分水，尿液在此浓缩到 75%（质量）浓度。

　　闪蒸后的尿液由尿液泵 26 送入两段真空蒸发系统。一段蒸发器 19 将尿液蒸浓到 96% 并经一段蒸发分离器 20 进行气液分离，从分离器 20 出来的蒸汽与闪蒸槽 18 的蒸汽一并进入一段蒸发表面冷凝器 27 内冷凝,一段蒸发真空操作压力为 58 kPa。96％浓度的尿液自一段蒸发分离器 20 进入二段蒸发器 21,操作温度 140℃,尿液蒸浓至 99.7％,气液混合物再进入二段蒸发分离器 22 进行气液分离,分离出来的 99.7％的浓缩尿素溶液经熔融尿素泵 23 送至造粒塔顶旋转式造粒喷头 24 喷洒造粒。下落到造粒塔底部的颗粒尿素经刮板机送上皮带,经皮带运输、包装即成为产品。

水溶液全循环法对未转化的 NH_3 和 CO_2 以水溶液形态进行循环,故循环消耗的动力远远低于气体分离法。另外,循环过程不消耗贵重溶剂,投资省。因此它曾被广泛地采用,为尿素的发展作出了贡献。该法存在的主要问题有以下几点。

(1) 能量利用率低　尿素合成系统总的反应是放热的,但因加入大量过剩氨以调节反应温度,反应热没有加以利用。据估算:在一般溶液全循环法中,包括合成系统的液氨预热,一段和二段循环系统的分解与解吸、尿液的蒸发等每生产 1 kg 尿素所耗的热量约 4000 kJ,而每吨尿素约需 1500 kg 蒸汽。目前虽从一段分解中将分解气用于蒸发加热器中以预热尿液,但热量回收很少。此外,在一段氨冷凝器,二段甲铵冷凝器等设备中,均需用水冷却,冷凝热未加利用,且消耗大量冷却水。

(2) 一段甲铵泵腐蚀严重　高浓度甲铵液在 90～95℃时循环入合成塔,加剧了对甲铵泵的腐蚀,因此一段甲铵泵的维修较为频繁,这已成为水溶液全循环法的一大弱点。

(3) 流程过于复杂　由于以甲铵液作为循环液,因此在吸收塔顶部用液氨喷淋以净化微量的 CO_2,为了回收氨又不得不维持一段循环的较高压力,为此按压力的高低设置了 2～3 个不同压力的循环段,使流程过长、复杂化。

(二) 气提法流程

气提法是针对水溶液全循环法的缺点而提出的。该法在简化流程、热能回收、延长运转周期和减少生产费用等方面都较水溶液全循环法优越。

气提法是通过气提剂的作用,在与合成等压的较高分解压力下,可使合成反应液中未转化的甲铵和过剩氨具有较高的分解率的一种尿素生产方法。按气提剂的不同,气提法有二氧化碳气提法、氨气提法和变换气气提法等,此处仅介绍第一种。

1. 工艺流程和主要操作条件

荷兰斯塔米卡邦 (Stamicarbon) 公司于 1964 年开始中间试验。1967 年第一套工业装置开始投入运转。70 年代初期发展迅速,现已成为世界上建厂最多、生产能力最大的生产方法。单系列最大规模可达 2100～3000 t/d。其流程见图 6-10。

从氨厂来经过精细净化的 CO_2 气体与工艺空气压缩机 6 供给的空气(占 CO_2 气体总体积的 4％)混合,经气液分离器 7 进入 CO_2 离心压缩机 8 压缩到 14.0 MPa 左右后送到合成工段气提塔 9 中。

来自氨厂的液氨,经液氨升压泵 1 升压到 2.45 MPa 后经氨预热器 2 升温到 40℃,然后进高压氨泵 3 加压到约 18 MPa 后再经氨加热器 4 升温到约 70℃,然后送到高压喷射泵 5 作喷射物料,将高压洗涤器 13 的甲铵带入高压甲铵冷凝器 10。从高压甲铵冷凝器 10 底部导出的液体甲铵和少量未冷凝的氨和二氧化碳(约占 CO_2 总量的 13％)分别用两条管线送入合成塔 11 底部,使 NH_3/CO_2(摩尔比)为 2.8～3.0,H_2O/CO_2(摩尔比)为 0.34,温度为 160～170℃。

尿素合成反应液从塔底上升到正常液位,此时温度上升到 183～185℃,塔顶操作压力在 13.8 MPa 以上,反应液经溢流管从塔下出口排出,再经液位控制阀进入气提塔 9 上部,经气提塔 9 内部液体分配器均匀地分配到各根管中,沿管壁成膜状下降。来自 CO_2 压缩机 8 的

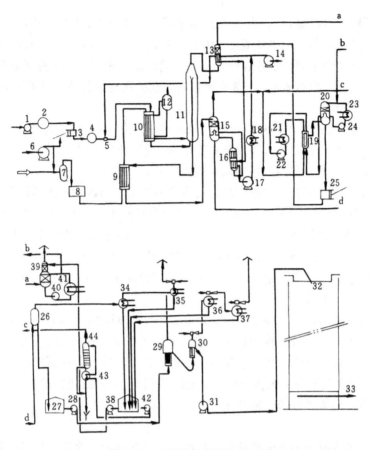

图 6-10　二氧化碳气提法流程图

1—液氨升压泵；2—氨预热器；3—高压氨泵；4—氨加热器；5—高压喷射泵；6—工艺空气压缩机；
7—气液分离器；8—CO₂压缩机；9—气提塔；10—高压甲铵冷凝器；11—合成塔；12—蒸汽气包；
13—高压洗涤器；14—衡压泵；15—精馏塔-分离器；16—低压循环加热器；17—循环泵；18—高压洗涤
器循环冷却器；19—低压甲铵冷凝器；20—液位槽及低压吸收器；21—循环水冷却器；22—循环冷却水泵；
23—循环冷却器；24—循环泵；25—高压甲铵泵；26—闪蒸槽；27—尿液贮槽；28—尿液泵；29——段蒸发
器；30—二段蒸发器；31—熔融尿素泵；32—造粒喷头；33—皮带运输机；34—闪蒸冷凝器；35——段蒸发
冷凝器；36—二段蒸发冷凝器；37——段蒸发中间冷凝器；38—闪蒸冷凝液泵；39—吸收塔；40—循环泵；
41—吸收循环冷却器；42—解吸泵；43—解吸换热器；44—解吸塔

14.0 MPa 压力的 CO₂ 气体由气提塔 9 底部导入塔内且在管内与合成反应液逆流相遇进行加热气提，管间以 2.6 MPa 蒸汽提供热量，气提效率可达 80%～83%。合成反应液中的过剩氨及未转化的甲铵从气提塔 9 底部排出，液体中含有 15%NH₃ 和 25%CO₂，并含有约 0.4%的缩二脲。气提塔温度控制在 155～170℃ 之间，塔底保持 150 mm 左右的液位，以防止 CO₂ 气体随液体流入低压分解工段。

从气提塔 9 顶部排出的温度为 180～185℃ 的 CO₂ 及氨气、来自高压喷射泵 5 的新鲜液氨和来自高压惰性气体洗涤器 13 的甲铵液，两者在 14.0 MPa 压力下，一并送入高压甲铵冷凝器 10 顶部，此时总物料中 NH₃/CO₂（摩尔比）为 2.8～3.0。三股物流进入高压冷凝器 10 后，将来自气提塔 9 的气体进行冷凝并生成甲铵溶液。冷凝吸收反应所放出的热量可副产低压蒸汽，供低压分解，尿液蒸发等使用。因此高压甲铵冷凝器 10 设有四个蒸汽气包 12。高压冷凝器 10 内保留了一些未冷凝的 NH₃ 和 CO₂ 气体，以便在合成塔 11 内再冷凝时利用其放热为甲铵脱水生产尿素吸热反应供热以维持塔内的自热平衡。

从合成塔 11 顶部排出的含有 NH_3 和 CO_2 的气体进入高压洗涤器 13，NH_3 和 CO_2 被来自低压吸收段并经加压后的甲铵液所冷凝和吸收。然后吸收液经高压喷射泵 5 和高压甲铵冷凝器 10 返回合成塔 11。而未冷凝的惰性气体和一定数量的氨从高压系统排出再经吸收塔 39 后进行放空。

经高压氨泵 3 加压到约 18 MPa 的液氨，进入高压喷射泵 5 作为喷射物料，将来自高压洗涤器 13 的甲铵再升压至 0.3～0.4 MPa 后，二者一并进入高压甲铵冷凝器 10 的顶部。高压喷射泵 5 设在合成塔 11 底部的标高位置，从合成塔 11 底部引出一股合成反应液与来自高压洗涤器 13 的甲铵液混合，然后一并进入喷射泵 5。

从气提塔 9 底部出来的尿素甲铵溶液，减压到 0.25～0.35 MPa，溶液得到闪蒸分解，并使溶液温度从 170℃降到 107℃，开始进入循环工段。气液混合物喷入精馏塔-分离器 15 顶部，然后尿素-甲铵液流入低压循环加热器 16，温度升到 135℃，甲铵进一步得到分解，并进入精馏塔下部的分离器，在此气液分离后，溶液经液位控制阀流入闪蒸槽 26，气体上升到精馏塔。蒸馏后导出的气体与来自吸收塔 44 的气体混合后送至浸没式低压甲铵冷凝器 19 底部，混合气体和来自低压吸收器液位槽 20 的液体从其下部一并进入，一起并流上升进行吸收。气液混合物从浸没式低压甲铵冷凝器 19 上部溢流进入液位槽 20 进行气液分离。一部分液体流入低压吸收器内的漏斗，与液位槽上的从吸收塔 39 出来的液体混合，靠动力作用从底部流入浸没式冷凝器 19 内，因其流速较快，故气液混合效果较好。另一部分液体从液位槽 20 底部导出，经高压甲铵泵 25 加压到 14 MPa 以上，送入合成系统高压洗涤器 13 顶部作为吸收洗涤液。由液位槽 20 引出的气体经低压吸收器 20 的填料段，被来自吸收塔 39 的溶液和吸收循环冷却器 23 的循环甲铵液喷淋吸收，未能冷凝吸收的惰性气体经压力控制后放空。

自精馏塔 15 底部出来的尿素溶液，减压到 45 kPa 后送到闪蒸槽 26，温度从 135℃下降到 91.6℃有相当一部分水和氨闪蒸出来，闪蒸气进入闪蒸冷凝器 34 中冷凝下来，离开闪蒸槽 26 的尿液浓度约 73%（质量）流入尿液贮槽 27。

蒸发分两段进行。尿液贮槽 27 内的 73% 的尿液用尿液泵 28 打入一段升膜长管蒸发器 29 中，管间用 0.4 MPa 的蒸汽加热，管内尿液温度从 98℃上升到 130℃，从蒸发器 29 流出的气液混合物经分离器分离，气相经一段蒸发冷凝器 35 冷凝，达到 95% 浓度的尿液离开一段分离器后进入二段升膜蒸发加热器 30，管间以 0.9MPa 蒸汽加热，气液混合物在二段分离器中得到分离。最后尿液质量浓度达到 99.7%，含水分 0.3%。合格的熔融尿素经过用以保持真空的长管进入熔融尿素泵 31，送到造粒塔顶的造粒喷头 32，熔融尿素由于离心力的作用从旋转喷头的小孔中甩出，尿素粒子在塔内自上而下降落过程中，被逆流的冷空气冷凝固化为小颗粒，落到塔底的尿素粒子，由刮料机刮入溜槽，落到皮带运输机上，经自动称量后，送到散装仓库或进行包装。

闪蒸冷凝液和各段蒸发冷凝液含有一定量的 NH_3 和少量的 CO_2，分别用泵送到吸收塔 39 或解吸塔 44 顶部进行解吸回收，排入下水道的液体氨含量应控制在 $5×10^{-4}$（质量）以下。

2. 流程主要特点

①二氧化碳气提法采用与合成等压的原料 CO_2 气提以分解未转化的大部分甲铵和游离氨，残余部分只需再经一次低压加热闪蒸分解即可。这可剩去 1.8 MPa 中压分解吸收部分的操作，从而免去了操作条件苛刻、腐蚀严重的一段甲铵泵。缩减了流程和设备，并使操作控制简化。

②高压冷凝器在与合成等压下冷凝气提气，冷凝温度较高，返回合成塔的水量较少，有

利于转化率的提高。同时有可能利用冷凝过程生成甲铵时放出的大量生成热和冷凝热来副产低压蒸汽，除气提塔需补加蒸汽外，低压分解、蒸发及解吸等工序都可以利用副产蒸汽，从总体上可降低蒸汽的消耗及冷却水用量。

副产蒸汽除用于上述工艺目的外，还可用作蒸汽透平（压缩机）低压级的动力，这就合理利用了能量，使电耗达到最低程度。但要防止高压设备泄露而污染低压蒸汽，否则将腐蚀蒸汽透平的叶轮，产生严重后果。因此应设置防止蒸汽污染的讯号装置和报警。

③二氧化碳气提法中的高压部分，如出高压冷凝器的甲铵液及来自高压洗涤器的甲铵液，均采用液位差使液体物料自流返回合成系统，不需用甲铵泵输送，不仅可节省设备和动力，而且操作稳定、可靠。但是，为了造成一定的位差就不得不使设备之间保持一定的高差。因此，需要巨大的高层框架结构来支撑庞大的设备和满足各设备之间的合理布局。由于装置最高点的标高达到 76m，所以这是二氧化碳气提法流程有待改进的一点。

④由于采用二氧化碳气提，所选定的合成塔操作压力较低（14～15 MPa），因此节省了压缩机和泵的动力消耗，同时也降低了压缩机、合成塔的耐压要求。便于采用蒸汽透平驱动的离心式 CO_2 压缩机，这对扩大设备的生产能力和提高全厂热能利用十分有利。

⑤与其他方法相比，二氧化碳气提法转化率较低（58%），由于 NH_3/CO_2 也较低（2.8～3.0），所以在合成塔出口处尿素熔融液中尿素含量高于其他方法（达 34.8%）。这样，在整个流程中循环的物料量较少，因而动力消耗较低。

但是较低的氨碳比又使得在高压部分物料对设备的腐蚀比其他方法严重。因而每当短期停车时，必须将合成反应器中的物料迅速放掉以免腐蚀衬里。由于这种方法卸料装料次数多故其开停车都比较费时。另外，因氨碳比低，氨量少，故缩二脲生产量略高于其他方法。

⑥在整个设计中，对工艺流程与工艺条件的考虑比较慎重、仔细，但对设备问题有所忽视。如所有热交换设备的管壁厚度只有 2～3 mm，而且全部的不锈钢管都未考虑适当的腐蚀裕度，因而设备在强度上的安全系数很小。另外，生产中还存在潜在的尾气燃爆问题，如操作不当，会引起高压洗涤器尾气的燃爆。

由此可见，二氧化碳气提法与水溶液全循环法的显著不同在于，除采用加热方法外，还采用原料二氧化碳作为气提剂，将合成塔出口的熔融液中未转化的氨与二氧化碳从溶液中分解出来。二氧化碳气提法实质上是采用二段合成原理，即液氨和气体二氧化碳生成甲铵是在高压甲铵冷凝器内进行，而甲铵脱水生成尿素是在合成塔中进行的。

近年来，荷兰斯塔米卡邦公司针对工艺中存在的问题作了一些改进，如增设原料 CO_2 气体的脱氢系统，解决尾气燃爆问题；增设水解设备，回收工艺废液中的尿素；增加尿素晶种造粒，提高尿素成品的机械强度以及低位热能的回收利用等。

* 五、未转化物的回收与循环

由于尿素合成为可逆反应，存在化学平衡，因此从尿素合成塔排出的物料，除含尿素和水外，尚有未转化为尿素的甲铵、过量氨和二氧化碳及少量的惰性气体。欲使这些未转化的物质重新利用，首先应使它们与反应产物尿素和水分离开来。分离方法是基于甲铵的不稳定性及 NH_3 和 CO_2 的易挥发性。先将合成反应液减压，然后通过加热或气提，使过量的氨气化，甲铵分解并气化，尿素和水则保留在液相中从而实现了分离。对分解与回收的总要求是：使未转化物料尽可能回收并尽量减少水分含量；尽可能避免有害的副反应发生。

（一）减压加热法

1. 减压加热分离未转化物

如果在合成操作压力下分解未转化物,既使温度高达190℃,化学平衡仍然朝着生成甲铵方向移动;若要使平衡朝着甲铵分解方向移动,必须使分解温度远高于190℃。但在这样高的温度下,有害的副反应和腐蚀将急剧地进行。为了使分解过程的温度不致过高,通常分解压力的选择应低于合成压力。

当分解压力一定时,随着分解过程的进行,液相中挥发性组分NH_3和CO_2逐渐减少,相应的平衡温度不断升高,即物料的分解温度逐渐升高。为了避免过高的分解温度,同时为了达到比较高的NH_3和CO_2分解率,最终要使分解过程在比较低的压力下进行。但是,如果合成反应液的分解过程始终选定在最低的压力下进行,将会存在下列问题:(1)在回收工序要回收大量低压的NH_3和CO_2混合气体再返回合成工序,必然要耗费更多的将它们重新升压的动力;(2)需添加大量的水才能将分解出来的低压NH_3和CO_2回收下来,而这将导致合成工序水碳比过高,转化率下降;(3)在低压下回收NH_3和CO_2时,由于温度低,放出的热量利用价值不高。为了解决以上三个问题并保证未转化物全部分解和回收,一般采用多段减压加热分解、多段冷凝吸收的办法。如碳酸铵盐水溶液全循环法采用中、低压两段分解和两段吸收。

分解过程在预分离器和分解塔(蒸馏塔)中进行,合成反应液在上述两设备中减压膨胀、蒸气加热升温,促使游离氨进一步气化及甲铵分解为NH_3和CO_2,然后加以回收。中压系统分解的未转化物量约占总量的$85\%\sim90\%$,因此对全系统的回收及技术经济指标影响甚大。

中压分解压力的确定,在实际生产中利用氨的冷凝液化特性将大部分未反应的过量氨冷凝成液氨,其余的氨与二氧化碳再以甲铵盐水溶液的方式回收,并重返合成塔继续使用。因此,中压分解压力与中压循环系统的压力确定相同,主要考虑氨冷凝器内的压力。设冷却水的温度为30℃,氨冷凝器温差为10℃,则氨的温度为40℃,此时系统压力就应高于40℃时纯氨的饱和蒸汽压1.585 MPa,考虑惰性气体分压存在的影响,所以中压分解压力一般采用1.7~1.8 MPa为宜。

中压分解温度的确定方法,由图6-11(a)可见,随着分解温度的增高,总氨蒸出率及甲铵分解率均增加。但是当温度高于160℃时,上升曲线逐渐趋于平缓,所以中压分解塔温度一般采用150~160℃。温度再高,甲铵分解率虽然可以进一步提高,但过高的温度又将使尿液中生成缩二脲的副反应加快,而且因对设备材料腐蚀加剧又对设备材质要求更加苛刻。工业上选取温度一般比相应压力下甲铵分解温度高出30℃左右。图6-11(b)示出了液相的NH_3/U,和气相的含水量与中压分解温度的关系。

2. 未转化物的回收

从分解塔或气提塔出来的分解气中主要含有氨、二氧化碳、水蒸气和一些惰性气体,其具体组成随着合成反应液的组成和分解工艺参数而不同。回收分解气中的氨和二氧化碳并循环返回合成工序的方法,早期曾出现过"热气循环法",但因热的NH_3和CO_2直接压缩易造成气相中甲铵结晶和高温压缩等技术上的困难而未能实现工业化。溶液全循环法用溶剂来吸收NH_3和CO_2,使没有产生结晶的高浓度甲铵溶液循环返回合成塔。

为了简化工艺过程和降低动力消耗,分解气的回收采用与分解过程相同的压力和相应的段数。分解过程若是多段顺流流程,则吸收过程就应采用多段逆流流程。一般在低压回收段需要增加一定量的水,以便将NH_3和CO_2充分地予以回收。在中压回收段,则利用低压回收段获得的稀甲铵液为介质回收中压分解气中的NH_3和CO_2,这样就可减少甲铵液中的水量,保证了合成工序H_2O/CO_2比不致过高,达到了尽可能回收NH_3/CO_2,又维持了整个合成系统的水平衡。故可采用恒压(0.3 MPa和1.8 MPa下)相图NH_3-CO_2-H_2O来讨论冷凝回收过

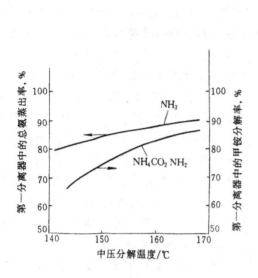

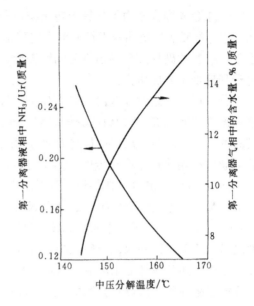

图 6-11 (a)　氨的蒸出率和甲铵分解率与　　　图 6-11 (b)　液相的 NH_3/U_r 和气相的含水量
中压分解温度的关系　　　　　　　　与中压分解温度的关系

程如图 6-12、6-13。

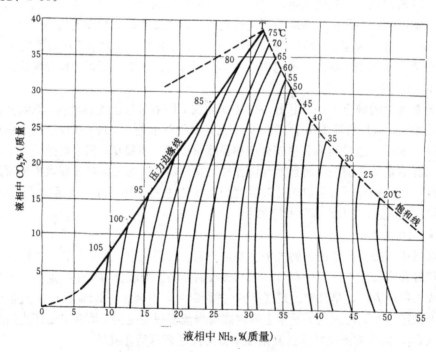

图 6-12　0.3 MPa 下，NH_3-CO_2-H_2O 体系气液两相平衡图

　　从图 6-12，图 6-13 可以看出：0.3 MPa 和 1.8 MPa 两个恒压相图中都存在着一个最佳操作点（T 点），它是等压饱和线的转折点。这一点的溶液中 CO_2 的含量为最高、水碳比（H_2O/CO_2）为最低。因此，当合成过程转化率一定时，带回合成系统的水量为最少；在对应于最佳点温度 T 的氨碳比下，甲铵溶液中的水含量为最低。在不同压力下，最佳氨碳比的变化不大

（约在 2.2～2.4 之间），压力增大时略微升高。分解气的氨碳比若接近最佳氨碳比，有利于回收操作；最佳操作点 T 处的平衡温度也较高，有利于回收利用冷凝热，压力增高则平衡温度也升高；操作压力高，得到的甲铵液浓度大，水量少，有利于提高合成转化率。

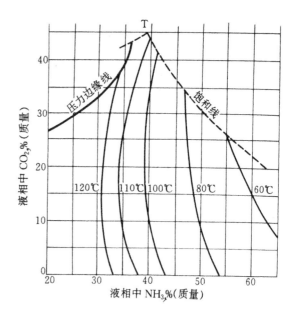

图 6-13　1.8MPa 下 NH_3-CO_2-H_2O 体系气液两相平衡

当溶液组成为一定时，其平衡温度也就确定了；反之，当温度一定，溶液的组成也就一定。根据此平衡规律，可以利用相图，由回收过程的操作温度来推算溶液的组成并判断操作过程是否接近最佳条件。例如，在压力为 0.3 MPa 下，最佳温度约 76℃；在 1.8 MPa 压力下，最佳温度约 112～113℃，如果实际操作温度低于最佳温度，说明运行水平不佳，甲铵液含水多，水碳比高。

因 T 点位于饱和线上，说明溶液中的甲铵已达到了饱和，为防止甲铵结晶造成堵塞，生产上必须使溶液的温度高出结晶温度约 10～20℃，以确保生产顺利进行。

（二）二氧化碳气提分离法原理

将合成反应液直接加热解析气体所需的分解温度过高，因而难以实现工业化；降低压力虽然可以降低分解温度，但又使用新溶液循环而所消耗的动力增加。气提法工艺具有既不减压又不降低分解温度的优点。

气提过程是在高压下操作的带有化学反应的解吸过程。高压下的物系是非理想体系，为了简化，借助一般的化学平衡和亨利定律，对气提过程合成反应液中的甲铵分解反应作一分析。

$$NH_4COONH_2 \text{ (l)} \xrightleftharpoons{K_P} 2NH_3 \text{ (g)} + CO_2 \text{ (g)}$$

这是一个吸热、体积增大的可逆反应。加热、降低气相中 NH_3 与 CO_2 某一组分分压，都可促使反应向右方进行，以促进甲铵的分解。气提法就是在保持与合成塔等压的条件下，在供热的同时采用降低气相中 NH_3 或 CO_2 某一组分（或 NH_3 或 CO_2）分压的办法来分解甲铵的过程。

平衡常数 $K_P = p^{*2}(NH_3) \cdot p^*(CO_2) = [p \cdot y(NH_3)]^2[p \cdot y(CO_2)]$

$$= p^3 \cdot y^2(NH_3) \cdot y(CO_2) \tag{6-9}$$

式中　$p^*(NH_3)$、$p^*(CO_2)$——分别表示平衡时 NH_3 和 CO_2 的分压；

p——总压；

$y(NH_3)$、$y(CO_2)$——分别表示平衡时气相 NH_3 和 CO_2 的浓度、摩尔分率。

当气相中 $NH_3/CO_2 = 2$（即纯甲铵分解）时，若甲铵的离解压力为 p_S，则 NH_3 的分压为 $2/3p_S$，CO_2 的分压为 $1/3p_S$，则

$$K_P = p^{*2}(NH_3) \cdot p^*(CO_2) = (2/3p_S)^2 \cdot (1/3p_S) = \frac{4}{27}p_S^3 \tag{6-10}$$

在等温条件下，平衡常数 K_P 应相等，式（6-9）与式（6-10）应相等：

$$p^3 \cdot y^2(NH_3) \cdot y(CO_2) = \frac{4}{27}p_S^3 \quad 即：$$

$$p = \sqrt[3]{\frac{4/27\,p_S^3}{y^2(NH_3) \cdot y(CO_2)}} = \frac{0.53p_S}{\sqrt[3]{y^2(NH_3) \cdot y(CO_2)}} \qquad (6\text{-}11)$$

纯甲铵在一定温度下的离解压力 p_S 是个常数。在一定温度下，当操作压力小于平衡总压时，则甲铵就完全分解。

由式（6-11）可知，当用纯 CO_2（或纯 NH_3）气提时，$y(CO_2)$（或 $y(NH_3)$）近似于1，相反 $y(NH_3)$（或 $y(CO_2)$）的数值趋于 0[$y(CO_2)+y(NH_3)=1$]，故不论纯 CO_2 或纯 NH_3 气提时，都能使总压无穷大，即任何操作压力都是小于总压，都能使甲铵分解。因此从理论上讲，在任何压力和温度范围内，用气提法都可以把溶液中未转化的甲铵分解完全。但实际上，并不要求甲铵完全分解，因为过程要求有一定反应速度，所以对温度有一定要求。

CO_2 由于能与 NH_3 作用生成铵盐而溶解于液相中，随着气提的进行，液相中氨浓度逐渐减少，CO_2 溶解度也随之减少，因而尿液中的 CO_2 一定能逸出。气提剂 CO_2 先溶解后逸出，即采用 CO_2 气提，不仅能驱出溶液中的 NH_3，而且还能逐出溶液中的 CO_2，这就是二氧化碳和氨气提法的基本原理。

六、尿素溶液的蒸发和造粒

（一）尿素溶液蒸发的原理

经过两次减压、加压分解（或气提加低压分解）和闪蒸工序，将尿素合成反应液中未反应物分离之后，得到温度为 95℃、浓度 70%～75% 的尿素溶液（其中 NH_3 与 CO_2 含量总和<1.0%）贮存于尿液贮槽中。此尿液经进一步蒸发浓缩到水分含量<0.3%，然后加工成固体尿素。

尿素溶液蒸发中存在两个问题，一是尿素的热稳定性差，随着尿液的不断蒸浓，其沸点也随之升高；二是尿液蒸发温度超过 130℃ 时，由于尿液蒸发中存在较少的游离氨，因此尿素水解和缩二脲生成等有害副反应加剧。

从表 6-8 看出，在同一温度下，尿液蒸发的操作压力越低，相应的尿液饱和浓度就越高。因此，通过分段减压，对尿液进行真空蒸发是有利的。

表 6-8 不同温度和压力下、尿素饱和水溶液的浓度，g 尿素/100g 溶液

温度/℃	110	115	120	125	130
0.1MPa	59	69	76	82	86
0.05MPa	86	88	91	93	94.5

1. $CO(NH_2)_2\text{-}H_2O$ 体系相图分析

图 6-14 是 $CO(NH_2)_2\text{-}H_2O$ 二元体系的平衡相图。蒸发的目的是将 70%～75% 的尿液浓缩到 99.7% 的熔融液（即水分含量<0.3%）。通过对该相图的分析，便可以确定可行的蒸发工艺。图 6-22 中有两条饱和结晶线，左侧是冰的饱和线，右侧是尿素结晶的饱和线。液相里的 8 条等压线表示不同温度下不同浓度尿液上方的水蒸气平衡分压。从图中可以看出两点：（1）压力越高，尿液的沸点也就越高；（2）当压力一定时，尿液的沸点随其浓度的增加而升高。当尿液浓度>90% 时，尿液的沸点随其浓度的增加而急剧上升。在常压下，当尿液浓度

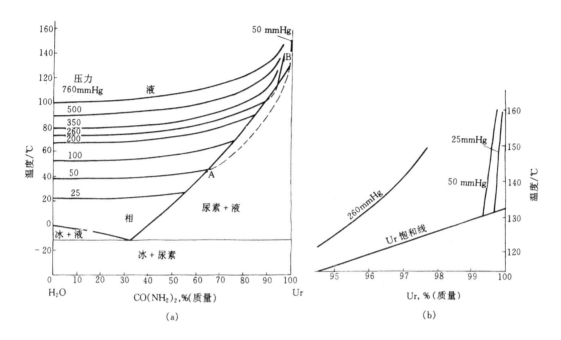

图 6-14　CO (NH$_2$)$_2$-H$_2$O 体系平衡图 (a) 及右上角放大图 (b)

注：1mmHg＝133.33Pa

在 95% 时，沸点已升高到 140℃ 以上，此时副反应将加剧进行。因此在实际生产中，须采取低压真空蒸发的方法。

2. 蒸发工艺条件的选择

通过图 6-14 和上述分析可知，若只经一次蒸发使尿液达到 99.7% 以上的浓度，同时该蒸发温度又不超过 140℃，则蒸发应采用 3.3 kPa（绝压）以上真空度，在这种负压下将 70%～75% 尿液一次蒸浓为 99.7% 尿素熔融液会存在以下问题：（1）尿素熔融液的浓度越高其沸点也越高，因此传热推动力小，需要很大的传热面积，并且高真空度下二次蒸汽的体积也很大，需要庞大的蒸汽分离器，经济上不合理；（2）从 6.7 kPa（绝压）的等压线上可以看出，当尿液蒸浓到 65% 时，溶液的组成已达到尿素结晶线，继续蒸发将会有尿素结晶析出，影响尿液流动或会堵塞管道，使蒸发操作难于继续进行。

因此，工业生产中为了获得 99.7% 的熔融尿液同时抑制副反应，蒸发过程在真空下分两段进行。首先，在 2.7～3.3 kPa 绝压下，在第一段蒸发器中蒸发出大量水分，使尿液浓度从 75% 蒸浓到 95% 左右，温度 130℃。由于沸点压力线位于尿素结晶线之上，因此在此压力下蒸发不致有结晶析出，能使蒸发正常进行。然后，在温度略高于饱和温度的条件下，连续将尿液通入第二段蒸发器，在低于 5.3 kPa 绝压下，继续蒸发尿液，此时溶液将会自动分离成固体尿素和水蒸气。只要低于 6.7 kPa 下蒸发，沸点压力线就与尿素结晶线相交于 A、B 两点（双沸点），在 A、B 两点范围内，尿素溶液在该压力下不稳定，将会自动分离成固体尿素和水蒸气。此时尿素中的水分几乎被蒸干，从而获得了符合造粒要求的熔融尿素。为保证熔融尿素的流动性，二段蒸发温度应高于尿素的熔点，一般控制在 137～140℃ 之间。

（二）尿素的造粒

固体尿素成品有结晶尿素和颗粒尿素两种，因此其制取方法就有结晶法和造粒法。

结晶法是在母液中产生结晶的自由结晶过程；造粒法则是在没有母液存在下的强制结晶过程。结晶尿素具有纯度较高，缩二脲含量低的优点，一般多用于工业生产的原料或配制成复混肥料或混合肥料。但结晶尿素呈粉末状或细晶状，不适宜直接作为氮肥施用。造粒法可以制得均匀的球状小颗粒，具有机械强度高，耐磨性好，有利于深施保持肥效等优点，同时可作为以钙镁磷肥或过磷酸钙为包裹层的包裹型复混肥料的核心。但其缩二脲含量偏高。

尿素的结晶或造粒，国内外大致采用以下几种方法。

(1) 蒸发造粒法 将尿液蒸浓到99.7%的熔融液再造粒成型，目前此法应用最为广泛。产品中缩二脲含量约为0.8%～0.9%。

(2) 结晶造粒法 将尿液蒸浓到80%后送往结晶器结晶，再将所得结晶尿素快速熔融后造粒成型。粒状尿素产品中缩二脲含量较低（<0.3%），全循环改良C法即采用结晶造粒法。

(3) 结晶法 将尿液蒸浓到约80%后在结晶器中于40℃下析出尿素。目前常用的是有母液的结晶法，此外还有一种无母液的结晶法。

目前大、中型尿素厂几乎都采用造粒塔造粒方法，所得尿素粒径多为1～2.4 mm。它是将140℃、99.7%的尿素熔融液滴与冷却介质（空气）逆流接触，降温到60～70℃（此温度下颗粒具有较好的机械强度），经凝固和冷却两个过程而成颗粒状落于造粒塔底的漏斗中。

造粒塔为圆筒形混凝土结构式立塔，内壁采取涂防腐层或局部挂铝片等保护措施，以防腐蚀性介质对塔体的腐蚀。按塔内空气的流通形式，分强制通风和自然通风两种，通风量一般为6000～10000 Nm³/t 尿素。日产1500～1700 t 尿素装置造粒塔的内径为18～20 m，强制通风造粒塔有效高度为35 m左右，自然通风造粒塔为50 m左右。造粒塔喷淋装置有固定式和旋转式两种，固定式喷头靠静压头将熔融尿素向下喷出，其喷洒能力及喷洒半径较小，因此塔顶需装设多个喷头，以适应装置的生产能力。旋转式喷头转速约300 r/min，生产能力大，每塔仅用一个喷头。大型尿素厂普遍采用旋转式喷头。此外尿素造粒新技术还有采用晶种造粒，可以改进产品质量，提高尿素颗粒的粒度（粒子直径平均增加0.03 mm）、均匀度和冲击强度，还可使尿素中水含量降低0.03%～0.05%。晶种加入量约为15 kg/h，晶种粒子要求小于2 μm。为防止造粒过程结块，可往尿液中加甲醛，甲醛可在蒸发工序前（或后）加入，但其数量要保证最终产品中含量不大于0.2%。

第二节 硝酸铵的生产

一、概述

（一）硝酸铵的物理化学性质

硝酸铵（NH_4NO_3）、英文 Ammounium Nitrate，为白色结晶，简称硝铵，分子量80.04，总含氮量为35%，仅次于尿素的含氮量。硝铵的熔点为169.6℃，熔融热为67.8 kJ/kg，在20～28℃的比热为1.760 kJ/kg·℃，分解温度210℃；堆积密度，多孔性低密度750～850 kg/m³，高密度940～980 kg/m³，临界相对湿度20℃时为63.3%，30℃时为59.4%。

硝铵极易溶于水中，并随温度的增加而显著增加，温度为0℃时，溶解度为54.23% 150℃时，可达98.5%；硝铵在非水溶剂中的溶解度也比较高，溶解于液氨中的速度很快，25℃时，溶解度2355 kg/m³。50%～70%（质量）的硝铵水溶液具有强烈的吸氨性质，可用它来分离气体中的氨。硝铵溶于丙酮，但不溶于醚类。

硝铵有五种晶型，见表6-9，每种晶型在一定的温度范围内是稳定的。

表 6-9 硝酸铵的晶型

晶型代号	晶　系	稳定存在的温度范围 ℃	密　度 g/cm³	转变热 J/g
Ⅰ	立方晶系	169.6～125.2	—	70.13
Ⅱ	三方晶系	125.2～84.2	1.69	51.25
Ⅲ	单斜晶系	84.2～32.3	1.66	17.46
Ⅳ	斜方晶系	32.3～－16.9	1.726	20.89
Ⅴ	四方晶系	－16.9以下	1.725	6.70

　　将硝铵缓慢加热或冷却时，可以连续地从一种晶型转化为另一种晶型，不仅伴有热量变化，而且会有体积变化（见表 6-10）。若迅速从高温冷却到低温，即可由一种晶型不经中间晶型而直接转化为另一种晶型。在晶型转化的同时，晶型的结构、密度及其他物理性质亦随之而变。温度低于 32.3℃的单斜晶系和四方晶系最为稳定。32.3℃接近一般气温，根据其密度最大、体积最小的特性，作为产品贮存的理想技术条件。

表 6-10 硝铵晶型转变参数

转　变	温度/℃	转变热/(J/g)	体积改变/(cm³/g)
熔融物→Ⅰ	169.6	70.13	－0.054
Ⅰ→Ⅱ	125.2	51.25	－0.013
Ⅱ→Ⅲ	84.2	17.46	0.008
Ⅲ→Ⅳ	32.3	20.89	－0.022
Ⅱ→Ⅳ	50.5	25.62	

　　硝铵是一种吸湿性、结块性很强的物质，所以产品制成颗粒状。例如在 30℃时，硝铵饱和溶液上方的蒸汽压力约等于 2.47 kPa，吸湿点约等于 60%，当空气的相对湿度大于 60%时，硝铵将吸湿。当温度变化时，硝铵被润湿或被干燥。干燥时，由晶型表面的母液中析出盐的结晶；润湿时则晶粒的形状，晶格位置发生变化，颗粒相互粘结。由于硝铵具有晶型转变的特点，将较高温度的硝铵置于袋中，冷却时，随着温度的下降而变形；在压力下这种变形重新组成新的晶型过程中，便发生结块。此外，没有结块的纯硝铵，在贮存斯间也会由于本身具有吸湿性，逐渐吸收水分而结块。

　　硝铵在常温下是稳定的，受热后开始分解。温度不同其反应也不同。

　　①在 110℃时加热纯硝铵，按下式分解：

$$NH_4NO_3 \Longrightarrow HNO_3 + NH_3 \qquad \Delta H = +174.6 \text{ kJ}$$

反应为吸热反应，且在 150℃以上才明显进行。

　　②在 185～200℃下分解时，产生氧化亚氮和水的微放热反应。

$$NH_4NO_3 \Longrightarrow N_2O + H_2O \qquad \Delta H = -36.8 \text{ kJ}$$

　　③迅速加热到 230℃以上，开始强烈分解并伴随着微弱的火花发生。

$$2NH_4NO_3 \Longrightarrow 2N_2 + O_2 + 4H_2O \text{ (g)} \qquad \Delta H = -119.3 \text{ kJ}$$

　　④温度高于 400℃时，按下式分解并发生爆炸。

$$4NH_4NO_3 \Longrightarrow 3N_2 + 2NO_2 + 8H_2O \text{ (g)} \qquad \Delta H = -123.5 \text{ kJ}$$

　　硝铵随着温度的升高或当有无机酸和有机物杂质、易被氧化的物质存在时，其稳定性减弱，分解物质增加。如硫铁矿、氯化物和润滑油等的存在，会明显地降低硝铵的稳定性，从而加速硝铵的热分解过程，尤其是外界的火灾或有爆炸物引爆，会导致硝铵起火或爆炸。纯态的硝铵对震动、冲击或摩擦不敏感，符合安全条例的硝铵是没有危险的。

硝铵的用途主要有以下几点。

①作为氮肥单独使用或与磷肥、钾肥混合制成复混肥料使用。在寒冷地区的旱田作物上，硝铵的肥效优于硫铵和尿素等铵态氮肥，因此在欧洲、北美等国应用较为普遍。农用化肥一般制成 1～4 mm 颗粒，对森林和牧场，由于是飞机撒播，则制成 5～11 mm 粒径。

②炸药原料。硝铵是助燃氧化剂，在密闭空间被加热，而热分解物不能自由排出时会发生爆炸，因此可用硝铵作为炸药原料，用于军事、采矿和筑路等方面。

③生产麻醉剂的原料。在医药上，硝铵被用于制造一氧化二氮，俗称笑气可药用麻醉剂。

（二）硝酸铵的生产方法

硝铵的生产方法有中和法和转化法两种。

1. 中和法制取硝铵

采用氨气与硝酸进行中和反应，是工业上生产硝铵的主要方法。

以氨气或含氨气体（合成氨中的弛放气、贮罐气、尿素生产中的蒸馏尾气）及 60% 浓度以下的稀硝酸作为硝铵生产的原料。

原料中的氯化物、油分、有机物不应超过允许值，且不能含有增加热分解和引起爆炸的其他物质。

2. 转化法制硝铵

工业上将硝酸钙用转化法加工成硝酸铵，主要采用气态氨和二氧化碳处理（气态转化）或与碳酸钙溶液作用（液态转化）两种方法来实现。

气态转化反应：

$$Ca(NO_3)_2 + CO_2 + 2NH_3 + H_2O \Longrightarrow 2NH_4NO_3 + CaCO_3 \downarrow$$

液态转化反应：

$$Ca(NO_3)_2 + (NH_4)_2CO_3 \Longrightarrow 2NH_4NO_3 + CaCO_3 \downarrow$$

析出的碳酸钙沉淀经过滤分离，可作为生产水泥的原料。滤液可以用蒸发的方法加工成商品硝酸铵。

此处将着重介绍前一种制取硝铵的方法

二、氨与硝酸中和制造硝酸铵

（一）基本原理

硝铵由气氨中和硝酸而获得，其反应式为：

$$NH_3 (g) + HNO_3 (l) \Longrightarrow NH_4NO_3 \qquad \Delta H = -149.1kJ$$

反应放出热量与所用硝酸的浓度（一般采用 45%～58%HNO_3）以及与原料温度有关，其放出热量应为生成热减去硝酸的稀释热和溶解热。

氨与硝酸的中和过程，根据利用放出的中和热来蒸发水分，可得到硝铵的浓溶液甚至熔融液而不需外加热量，因此硝铵的生产流程可以分为两种。一种是先制取硝酸铵稀溶液，然后再蒸发的多段流程；另一种是直接制取熔融液的一段流程或无蒸发流程。后者又分为常压法和加压法两种。加压法一般在 0.2～0.5 MPa 下进行中和反应，可使用浓度为 58% 以上的 HNO_3 为原料，热利用率高，中和后所得硝铵溶液浓度也较高。世界各地新建厂多属加压法；常压法一般在 0.11～0.13 MPa 下进行中和反应，我国多采用此法。

利用和不利用中和热，以及由于原料温度的不同，所制得的硝铵溶液的浓度见图 6-15。

NH_3 和 HNO_3 的中和是一个快速化学反应。当采用气氨为原料时，氨在溶液中的扩散速度决定中和过程的进度。由于氨与硝酸的气相反应很不完全，会导致大量的氨损失，因此应尽量使中和反应在加压、液相中进行,气氨应先进入中和器的循环溶液中。

（二）中和反应工艺条件的选择

中和法所用原料约占总生产成本的90%左右,而它们又都是易挥发、易分解的物质。因此,中和工艺条件的选择应以保证在氮损失最小的前提下充分利用中和热。

当压力高时,不利于NH_3及HNO_3的挥发和分解,可以减少氮的损失。因此,宜采用加压中和法,压力为0.2～0.5 MPa。亦可以采用常压法,压力为0.11～0.13 MPa。

硝酸浓度愈高,放出的热量愈多,反应器内温度剧烈升高,HNO_3更易分解,且随水蒸气带出的原料也增加,因而硝酸的浓度不高于60%,一般采用43%～58%。

研究及生产表明,在碱性介质下的中和反应,氨和硝铵损失比在酸性介质中要多。因为在硝酸过剩

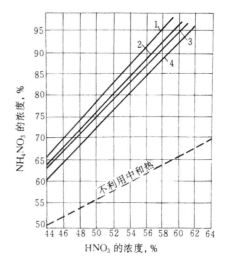

图6-15　不利用中和热及在
不同情况下利用中和
热时生产的硝铵溶液的浓度
1—HNO_3和$NH_3$70℃; 2—HNO_3和$NH_3$50℃;
3—$HNO_3$50℃, $NH_3$20℃;
4—HNO_3和$NH_3$20℃

条件下,硝铵溶液上的硝酸蒸气压比该溶液上氨的蒸气压小得多。所以多数厂采用酸性介质下中和,但为了减少硝酸的损失并减轻再中和过程的负担,中和器内溶液中游离硝酸的含量要严格控制在0～1.0 g/L范围内。

三、稀硝酸铵溶液的蒸发、结晶和干燥

（一）稀硝酸铵溶液的蒸发及工艺条件的选择

稀硝酸与气氨中和后只能得到稀硝酸铵溶液,如用42%～52%浓度的HNO_3中和气氨,得到56%～76% NH_4NO_3。为了结晶或造粒,需要将稀硝酸蒸发浓缩成熔融液,熔融液的最终浓度由所选用的结晶方法所决定。在造粒塔中结晶时,NH_4NO_3浓缩到98.5%～99.5%;在冷却辊上结晶,则NH_4NO_3蒸浓到97%～97.5%;在盘式结晶器中结晶,NH_4NO_3仅需蒸浓到94.5%～95.0%。生产粉状结晶硝铵,只需蒸发到88%～92%即可。

不论结晶或造粒,都必须蒸浓硝铵溶液,而溶液浓度大,沸点也高。如常压下95%的硝铵熔融液的沸点为176℃,96.89%的硝铵熔融液的沸点则高达196℃,而硝铵熔融液温度高于185℃,即开始分解并放出热量。因此,稀硝铵溶液浓缩须在真空下进行蒸发,以降低溶液的沸点。为减轻硝铵的热分解,蒸发时还可往熔融液或溶液中加一些尿素作为稳定剂,其量为硝铵质量的0.1%～1.0%。

真空蒸发器有标准式、悬筐式、外加热式和膜式等不同类型。膜式蒸发器因溶液在其中停留时间短,硝铵热分解低,蒸发效率高而被普遍采用。现在已有采用降膜式热空气吹扫蒸发器,可使硝铵溶液的浓度由80%～85%浓缩到99.5%。

（二）硝铵的结晶和干燥

一般来说,硝酸盐的溶解度随温度变化较大,因此比较容易结晶。高浓度的硝铵熔融液稍加冷却便可迅速凝固结晶。按结晶方法和结晶速度不同,可以有三种。造粒塔制成的便于施肥的农用颗粒状硝铵;真空结晶机制成的工业用细粉粒结晶及互相紧密粘接的鳞片状结晶。

熔融液浓缩结晶过程中,不仅发生硝铵的晶型转变,释放出结晶热,而且放出硝铵浓缩

热。放出的总热量，可以使 92.5%～94% 的硝铵熔融液转变为几乎干燥的（含水 0.1%～0.2%）的硝铵，但晶型转变的过程较慢。

硝铵结晶设备有盘式结晶器，螺旋式结晶器、冷却辊式结晶器及转筒卧式回转造粒器等。

我国硝铵生产厂主要采用两种结晶设备，一种是制取粉末状工业用结晶产品的针状真空结晶机；另一种是制取颗粒状农业用产品的造粒塔。前者的优点是可以利用硝铵熔融液的显热和结晶时放出的结晶热将溶液中的水分蒸发，得到含水分小于 0.5% 的粉末状结晶。缺点是间歇操作，设备生产强度低且产品容易结成紧硬的大块，不适于农业使用，可用于工业和国防。此法在我国小型硝铵厂应用较为普遍；后者得到的产品是直径 1～3 mm 的粒状硝铵，产品主要为农用，其结块倾向比粉末状产品要小得多。进入造粒塔的熔融液浓度为 99.6%～99.8% 或 98.5%～99.5%，温度为 174～176℃。如果温度低于 160℃，则不能得到球形颗粒，而只能生成针形或花瓣形颗粒。

四、硝酸铵生产工艺流程

由于不利用中和反应热仅能制得稀硝铵溶液，且需冷却措施，故水、电、气耗量大，设备能力低，因此现在所有流程均为利用反应热的中和流程。

（一）常压中和三段蒸发造粒法流程

中和压力接近于常压，蒸汽压力为 0.12 MPa，直接利用合成氨车间氨冷器蒸发出来的 0.15～0.25 MPa 气氨。采用硝酸浓度为 45%～49%，并预热气氨到 60℃，中和器出口的硝铵液浓度为 62%～65%，中和反应区温度为 120℃，利用反应热在一段蒸发器内使溶液浓缩到 82%～85%。图 6-16 为我国某厂常压中和生产硝铵溶液的流程。常压下一次（或两次）利用反应热的中和流程简单，不仅能避免硝酸的分解，而且还可利用反应热制取较高浓度的硝铵溶液，操作也较简单，同时可以节省加压法所需的附加设备及压力下输送物料的动能消耗。

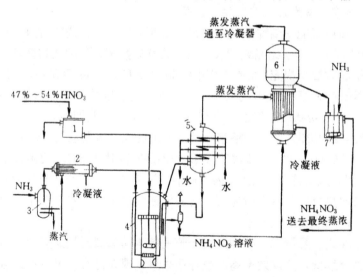

图 6-16 常压中和硝酸的流程

1—硝酸槽；2—氨加热器；3—液氨分离器；4—Итн 中和器；
5—蒸发蒸汽捕集洗涤器；6—一段真空蒸发器；7—再中和器

（二）常压中和二段真空蒸发结晶法流程

该流程中，反应热是在真空蒸发器 0.80～0.87 MPa 的真空度下被利用的，中和器中并未利用反应热。由于为真空蒸发，溶液沸点降低可以迅速蒸发水分，同时使溶液冷却。冷却的溶液一部分返回中和器内使体系反应温度下降到所用硝酸浓度的沸点以下，以减少硝酸的分解，另一部分送往后续工序。对于氨气纯度不高的情况，常选择该流程。如图 6-17 所示。

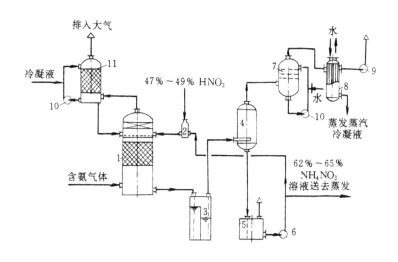

图 6-17　采用真空蒸发器的硝酸中和流程

1—洗涤中和器；2—混合器；3—带排气管的水封槽；4—真空蒸发器；5—受槽；
6—泵；7—蒸发蒸汽洗涤器；8—冷凝器；9—真空泵；10—循环泵；11—洗涤器

（三）加压中和无蒸发法流程

本流程采用中和操作压力 0.6～0.8 MPa 及较浓的硝酸（55%～60%）来制取硝铵，可以得到 85%～90% 浓度的硝铵溶液。这样高的浓度可不必蒸发而直接送去结晶，因此该流程既节约了蒸汽，又取消了蒸发所用设备的基建投资，同时加压操作还可以降低硝铵溶液由于热分解所造成的氮损失。若中和过程也在加压下进行，不但可以节省附加设备的费用，而且降低了在压力下输送反应物料的动力消耗，同时可以回收热量副产蒸汽。如中和 64% HNO₃ 时，可回收 1t 蒸汽/t 氨。加压中和工艺具有设备体积小、生产能力高、消耗定额低等诸多优点。因此，加压中和工艺已有取代常压中和工艺的趋势，世界各国均采用加压中和工艺。图 6-18 所示为加压中和流程。

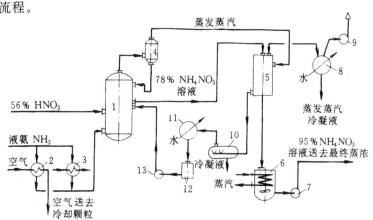

图 6-18　加压硝酸中和流程

1—中和器；2，3—氨蒸发器；4—分离器；5—蒸发器；6—受槽；7—泵；8—冷凝器；
9—真空泵；10—受槽；11—二次蒸汽冷凝器；12—受槽；13—泵

思考练习题

6-1　尿素有哪些性质和用途？

6-2　尿素生产的方法有哪些？主要采用什么方法？其特点是什么？

6-3　对生产尿素的原料有什么要求？

6-4　尿素合成反应机理是什么？控制步骤是什么？

6-5　尿素的转化率如何定义，试用数学式表达。

6-6　尿素的平衡转化率的含义是什么，其计算方法有哪几种？

6-7　如何选择尿素合成工艺条件？不同尿素生产方法其对应的 NH_3/CO_2，H_2O/CO_2 各是多少？

6-8　水溶液全循环法和气提法生产尿素的流程各有什么特点？

6-9　尿素生产中分离未转化物的原理是什么？其要求是什么？

6-10　采用减压加热法或气提法分离未转化物的原理是什么？

6-11　为什么要采取多段分解与多段吸收来分解和回收未转化物？

6-12　如何确定中压分解压力和温度，中低压分解过程与回收过程的关系是什么？

6-13　熟练绘出水溶液全循环法及二氧化碳气提法各部分工艺流程图。

6-14　尿液蒸发的原理是什么？二段真空蒸发其各段工艺条件如何选择？

6-15　常见的尿素结晶或造粒方法有哪些？

6-16　硝铵的主要物理、化学性质是什么？

6-17　硝铵结块的原因是什么，如何防止？

6-18　硝铵的生产方法有哪些？写出其反应式。

6-19　中和法硝铵生产可分为哪几种方法？

6-20　联系蒸发结晶原理，叙述其工艺条件选择的依据。

6-21　绘出常压及加压中和生产硝铵的工艺流程，并用文字予以叙述。

6-22　碳酸铵盐水溶液全循环法操作条件如下：进入合成塔的物料中 $NH_3/CO_2=4$，$H_2O/CO_2=0.8$，每 100 Nm^3CO_2 气体带入惰性气体 5 Nm^3，反应温度为 190℃，压力 20 MPa 试分别用四种不同方法计算尿素平衡转化率。

第七章　磷肥和复合肥料

本章学习要求

1. 熟练掌握的内容

生产湿法磷酸、过磷酸钙、重过磷酸钙、磷酸铵和硝酸磷肥的基本原理及主要工艺条件的选择；复合（混）肥料及掺混肥料的基本概念；钙镁磷肥的配料原则及主要配料参数。

2. 理解的内容

不同品种的磷肥与复合（混）肥料特性及生产工艺流程；过磷酸钙生产中硫酸用量计算；钙镁磷肥的"网络—晶子"学说，复混肥料的可混配特性。

3. 了解的内容

二水法湿法磷酸及湿法磷酸生产分类；电炉制黄磷及热法磷酸；其他热法磷肥和酸法磷肥。

第一节　湿法磷酸

一、湿法磷酸生产的基本原理

磷酸是由五氧化二磷（P_2O_5）与水（H_2O）反应得到的化合物。正磷酸（简称磷酸）分子式为 H_3PO_4，常温下是白色固体，相对密度 1.88，单斜晶体结构，熔点为 42.35℃，在空气中易溶解。当五氧化二磷与水结合的比例低于正磷酸时，形成焦磷酸（$H_4P_2O_7$）、三聚磷酸（$H_2P_3O_{10}$）、四聚磷酸（$H_6P_4O_{13}$）、偏磷酸（HPO_3）和多聚偏磷酸（HPO_3）$_n$。在工业上，常用 P_2O_5 或 H_3PO_4 质量百分含量表示磷酸的浓度。

（一）制造湿法磷酸的化学反应

用酸分解磷矿制得的磷酸统称为湿法磷酸。所用的是酸性较强的无机酸如硫酸、硝酸、盐酸、氟硅酸等及酸性比较强的酸式盐如硫酸氢铵等。使用硫酸分解磷矿制取磷酸的方法是湿法磷酸生产中最基本的方法。分解磷矿是在大量磷酸溶液介质中进行的，其化学反应如下：

$$Ca_5F(PO_4)_3 + 5H_2SO_4 + nH_3PO_4 = (n+3)H_3PO_4 + 5CaSO_4 \cdot mH_2O + HF$$

随着温度和磷酸浓度的不同，反应生成的硫酸钙结晶可以形成三种形式：无水物 $CaSO_4$（硬石膏）（$m=0$）、半水合物 $CaSO_4 \cdot 0.5H_2O$（半水石膏）（$m=0.5$）或二水合物 $CaSO_4 \cdot 2H_2O$（二水石膏）（$m=2$），它们均简称为磷石膏。

磷矿中常伴生一定量的碳酸盐，如白云石、方解石等能与硫酸发生各种副反应，并放出二氧化碳：

$$CaCO_3 \cdot MgCO_3 + 2H_2SO_4 = CaSO_4 + MgSO_4 + 2H_2O + CO_2 \uparrow$$

生成的镁盐全部留在溶液中，当磷矿中 MgO 含量过高时，使湿法磷酸生产及磷酸利用均造成困难。

磷矿中存在的三价金属氧化物，如 Fe_2O_3、Al_2O_3 等，在反应中形成铁、铝的磷酸盐，当含量超过一定限度时还会发生沉淀。反应式如下：

$$Fe_2O_3 + 2H_3PO_4 \longrightarrow 2FePO_4 + 3H_2O$$

$$Al_2O_3 + 2H_3PO_4 \longrightarrow 2AlPO_4 + 3H_2O$$

这就造成有效成份 P_2O_5 的损失，铁、铝化合物对湿法磷酸的生产及使用都有很大的危害。磷矿中镁、铁和铝等在湿法磷酸生产中被称为"有害杂质"。

另外，反应中生成的 HF 与磷矿中带入的 SiO_2 或硅酸盐作用形成 H_2SiF_6。

$$6HF + SiO_2 \longrightarrow H_2SiF_6 + 2H_2O$$

H_2SiF_6 的蒸气压随着磷酸浓度、温度的升高而增大，通常情况下，少量的 H_2SiO_6 将分解为 SiF_4 和 HF 而逸出。

$$H_2SiF_6 \longrightarrow SiF_4 \uparrow + 2HF \uparrow$$

当有 SiO_2 存在时，这一分解反应将加剧进行：

$$2H_2SiF_6 + SiO_2 \longrightarrow 3SiF_4 \uparrow + 2H_2O$$

逸出的 SiF_4 在吸收装置中用水吸收，同时水解成氟硅酸，并有硅胶析出。

$$3SiF_4 + (n+2)H_2O \longrightarrow 2H_2SiF_6 + SiO_2 \cdot nH_2O$$

（二）硫酸钙的晶型及湿法磷酸生产方法分类

二水物 $CaSO_4 \cdot 2H_2O$ 称为石膏或生石膏，其结晶的几何形状不尽相同，但均属于单斜晶系晶体。含 20.9% 的结晶水，相对密度 2.32，折光系数 $Ng = 1.53$，$Np = 1.52$；

半水物 $CaSO_4 \cdot \frac{1}{2}H_2O$ 称为熟石膏，呈六方晶系，有 α-型和 β-型两种晶型。α-型半水物是从溶液中结晶生成或由二水物在饱和水蒸气气氛中缓慢脱水而成，相对密度为 2.73，折光系数 $Ng = 1.534$，$Np = 1.559$。湿磷酸生产中的半水物都是 α-型的；β-型半水物是由二水物在不饱和水蒸气气氛中迅速脱水形成，其含有 6.2% 的结晶水，相对密度为 2.67，折光系数 $Ng = 1.556$，$Np = 1.550$。

无水物 $CaSO_4$ 称为硬石膏，呈斜方晶系，有三种变体：无水物 I（硬石膏 I）是一种在 1195℃ 温度以上才稳定的变体，与湿法磷酸关系不大；无水物 II（硬石膏 II 或不溶性硬石膏）在浓的磷酸溶液中，控制适当的工艺条件可生成这种低活性的无水物变体，也可由半水物或二水物在溶液中脱水或结晶生成。其相对密度为 2.99，折光系数 $Ng = 1.614$，$Np = 1.571$；无水物 III（硬石膏 III，可溶性硬石膏）是在中等温度下，α-型半水物和 β-型半水物在大气中各自脱水而成，相对密度为 2.52。

在湿法磷酸生产中硫酸钙的三种变体是二水物、α-型半水物和无水物 II。湿法磷酸的生产方法通常以硫酸钙的变体来命名。工业上常见的几种湿法磷酸生产方法如下：

1. 二水法制湿法磷酸

这是目前世界上应用最广泛的一种流程。可分为多槽和单槽两种流程，其中又有无回浆和有回浆，真空冷却和空气冷却流程之分。二水物流程生产过程简单，操作控制也较容易，但其生产的磷酸浓度低，一般含 P_2O_5 为 28%～30%，磷矿中 P_2O_5 回收率低，仅为 93%～97%。为提高 P_2O_5 回收率，减少除洗涤不完全和机械损失以外的磷损失因素，采用了将硫酸钙溶解再结晶的方法，如半水-二水法，二水-半水法。

2. 半水-二水法、二水-半水法制湿法磷酸

这两种方法是在生产过程中，使硫酸钙先以一种水合结晶沉淀，而后再转化成另一种水合结晶。其特点是通过再结晶把磷石膏中损失的 P_2O_5 释放出来，以提高 P_2O_5 的回收率，使

湿法磷酸生产中 P_2O_5 得率低的问题得到解决,同时提高副产磷石膏的质量,扩大其利用途径。半水-二水法 P_2O_5 的总收率可达 98%～98.5%。该流程又分为两种:一种是稀酸流程(一步法),即半水结晶不过滤而直接水化为二水物再过滤分离,产品酸浓度为 30%～32% P_2O_5;另一种是浓酸流程(两步法),即过滤半水物料浆分出成品酸,然后再将滤饼送入水化槽重结晶为二水物,产品酸浓度为 45% P_2O_5。二水-半水法 P_2O_5 总收率高达 99%,产品磷酸浓度为 35% P_2O_5,磷石膏含结晶水少,有利于作为生产硫酸和水泥的原料。

3. 半水法制湿法磷酸

60 年代以后,半水物流程才有一些进展,主要方面是:(1)经过长期的研究,确认了无水物结晶细小,难以工业化;(2)发现半水物能形成粗大的结晶,在浓磷酸介质中具有很好的过滤性能;(3)在适当的控制条件下,证明能生成具有相对稳定的半水物结晶,可允许充分的洗涤。该法可制得高浓度磷酸,含 P_2O_5 40%～50%。

二、二水物法生产湿法磷酸

(一)生产工艺流程

目前世界上有各种各样的二水物流程,其中以有回浆的单槽萃取配以大型翻盘式过滤机的生产流程应用最为普遍。中国二水法磷酸是采用与多尔-奥利佛流程相近似的同心圆型单槽、多浆、空气冷却流程。其流程如图 7-1 所示。

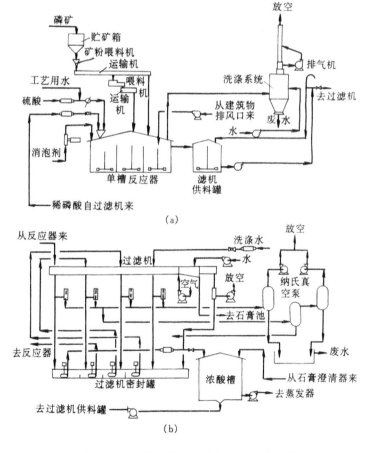

图 7-1 二水物单槽空气冷却湿法磷酸流程

(a)一反应系统;(b)一过滤系统

硫酸分解磷矿是放热反应,为使反应槽内料浆温度维持在最佳操作范围内,必须移走多余的反应热。移走反应热的方式有空气冷却和真空闪蒸冷却两种,前者得到的石膏晶粒略为粗大且重新开车后能较快达到过滤指标,因此我国湿法磷酸装置多采用空气冷却方式。

(二)工业操作条件的选择

湿法磷酸的生产工艺指标主要是保证达到最大的 P_2O_5 回收率和最低的硫酸消耗量,主要应选择和控制以下生产操作条件。

1. 液相 SO_3 浓度

液相中游离硫酸的含量,对磷矿分解、硫酸钙晶核形成、晶体成长速度、晶体外形以及 HPO_4^{2-} 在晶格上取代 SO_4^{2-} 均有很大影响。

按二水物法时,SO_3 控制在 $0.025\sim0.035$ g/ml;按半水物法为 $0.015\sim0.025$ g/ml。

2. 反应温度

反应温度升高能加速反应进行,提高分解率并降低液相粘度,同时又增加了溶液中硫酸钙溶解度,降低了其过饱和度,有利于形成粗大晶体而提高过滤强度。但温度过高将导致生成不稳定的半水物,甚至生成一些无水物,不仅使过滤困难,且使杂质溶解度相应增大,并会影响到产品质量。二水物流程控制的温度为 $65\sim80$℃;半水物流程为 $95\sim105$℃。

3. 反应料浆中 P_2O_5 浓度

硫酸钙晶体形成晶核和晶体成长必须依赖于磷酸介质。反应料浆中 P_2O_5 浓度稳定可以保证硫酸钙溶解度变化不大及相应的过饱和度稳定。对二水法流程,当操作温度控制在 $70\sim80$℃范围内,料浆中 P_2O_5 浓度为 $25\%\sim30\%$,高杂质的料浆中 P_2O_5 浓度为 $22\%\sim25\%$。控制反应料浆中磷酸浓度,就在于控制进入系统中的水量,实际上是控制洗涤滤饼带入系统的水量。

4. 反应料浆中固体物的浓度

反应料浆中固体物的浓度即料浆的液固比(液相与固相的质量比)。料浆中过高的固体物含量会使料浆粘度增高,抑制了磷矿的分解及晶体的生长,同时它将使搅拌桨叶与晶核的碰撞几率增加,使晶核被破坏,导致结晶细小,但液固比过大也会降低设备能力。一般二水物流程液固比控制在 $2.5\sim3:1$;半水物流程 $3.5\sim4:1$,含镁、铁、铝等杂质量高时,应适当提高液固比含量。

5. 回浆

回浆指返回大量的料浆,它有以下优点:(1)可以提供大量晶种;(2)可以防止局部游离硫酸浓度过高;(3)可以降低过饱和度和减少新生晶核量。由于以上三点,可能获得粗大均匀的硫酸钙晶体。在生产中,回浆量一般为加入物料形成料浆量的 $100\sim150$ 倍。

6. 反应时间

反应时间是指物料在反应器内的停留时间。由于硫酸分解磷矿反应速度较快,反应时间主要由硫酸钙晶体的成长时间来确定,一般反应时间为 $4\sim6$ h 左右。

7. 料浆的搅拌

适度的搅拌可以改善反应条件且促进结晶生长,有利于消除局部游离硫酸浓度过高及磷矿粉"包裹"现象且有消除泡沫的功能,但搅拌强度不易太高,否则将破坏大量晶体导致二次成核量过多。

三、湿法磷酸的浓缩

二水物流程生产的湿法磷酸浓度一般为 $28\%\sim32\%P_2O_5$,但生产高浓度肥料如重过磷酸钙、磷酸铵等所用的磷酸需要的浓度为 38%～55%P_2O_5，因此萃取磷酸需要加以浓缩处理。

湿法磷酸浓缩在工艺和设备上存在的主要问题是：①在蒸发过程中，气、液相均有极大的腐蚀性；②溶解于稀磷酸中的盐类在浓缩过程中会析出并沉积于传热设备表面，影响传热效率的提高。

湿法磷酸中一般含有 2%～4% 的游离硫酸和约 2% 左右的氟，这种混合酸本身具有极大的腐蚀性，在蒸发浓缩的高温条件下腐蚀性更大，并将严重地腐蚀管道和设备。因此在与酸接触的部位可采用非金属材质，如浸渍过的石墨材料，不仅能耐腐蚀，而且传热性能也较好。其他的接触表面可采用橡胶衬里结构。循环酸泵通常用高铬镍的合金钢材质制成。

30%P_2O_5 的稀磷酸溶液中含有多种离子和化合物，它们处于饱和或过饱和状态。在浓缩过程中，这些化合物将随磷酸浓度的提高而析出沉淀，沉淀物主要是钙盐和氟盐。浓缩时逸入气相的四氟化硅与水蒸气作用生成二氧化硅和氟硅酸，反应析出的硅胶沉积在气体管道上，增大系统阻力。

$$3SiF_4 + 2H_2O \Longrightarrow SiO_2 + 2H_2SiF_6$$

第二节 酸法磷肥

用无机酸分解磷矿制造出的磷肥称为酸法磷肥。它包括以水溶性 P_2O_5 为主要有效养分的普通过磷酸钙、重过磷酸钙和富过磷酸钙及枸溶性的沉淀磷肥。

枸溶性磷肥是指一些不溶于水的磷肥，其中所含的磷能溶于柠檬酸或柠檬酸铵溶液中，亦能被植物吸收。由于柠檬酸又称为枸橼酸，所以称为枸溶性磷肥。枸溶性磷肥中五氧化二磷绝大部分能溶解于 2% 柠檬酸溶液、中性或微碱性柠檬酸铵溶液，而不溶于水。

普通过磷酸钙（俗称普钙）是用硫酸分解磷矿制得的含有以磷酸一钙和硫酸钙为主体及少量游离磷酸和其他磷酸盐（铁、铝）的磷肥。其有效 P_2O_5 含量一般为 12%～20%。

重过磷酸钙（俗称重钙）是以湿法磷酸或热法磷酸分解磷矿制得的以磷酸一钙为主体，含有少量游离磷酸和其他磷酸盐的磷肥，其有效 P_2O_5 含量一般为普通过磷酸钙的 2～3 倍。

富过磷酸钙是用浓硫酸和稀磷酸的混酸处理磷矿制成的肥料，其有效 P_2O_5 含量在重过磷酸钙与普通过磷酸钙之间，一般为 20%～30%P_2O_5。

沉淀磷肥是以磷酸萃取液（可用硫酸、硝酸或盐酸分解磷矿制得）加石灰乳或石灰石进行中和后析出以磷酸二钙（$CaHPO_4 \cdot 2H_2O$）为主的一种枸溶性肥料，既可作为肥料，也可用作饲料（要求含氟<0.2%，含砷<0.001%）。

一、普通过磷酸钙的生产

（一）制造过磷酸钙的化学反应

制造过磷酸钙的主要化学反应是硫酸与磷矿中的主要成分氟磷灰石作用。这一反应可以分为两个阶段。第一阶段是全量硫酸与大部分磷矿作用生产磷酸和半水物硫酸钙：

$$Ca_5F(PO_4)_3 + 5H_2SO_4 + 2.5H_2O \Longrightarrow 3H_3PO_4 + 5CaSO_4 \cdot 0.5H_2O + HF$$

此反应是一个快速的放热反应，一般在半小时或更短时间内即可完成，反应物料温度迅速升高到 100℃ 以上，因此在很短时间内，半水物硫酸钙结晶又转变为无水物硫酸钙：

$$2CaSO_4 \cdot 0.5H_2O \longrightarrow 2CaSO_4 + H_2O$$

第二阶段是当硫酸完全消耗以后，生成的磷酸继续分解磷矿而形成磷酸一钙：

$$Ca_5F(PO_4)_3 + 7H_3PO_4 + 5H_2O \Longrightarrow 5Ca(H_2PO_4)_2 \cdot H_2O + HF$$

形成的磷酸一钙溶解在磷酸溶液中，当溶液中磷酸一钙饱和以后，随着分解反应的进行，从溶

液中不断析出 $Ca(H_2PO_4)_2 \cdot H_2O$ 结晶。

总反应式为：

$$2Ca_5F(PO_4)_3 + 7H_2SO_4 + 3H_2O \Longrightarrow 3[Ca(H_2PO_4)_2 \cdot H_2O] + 7CaSO_4 + 2HF$$

从两个阶段反应式系数可以看出，第一阶段作用的磷矿为理论量的 70%，反应时间一般为半小时或更快时间内，相当于全部混合工序及大部分化成工序时间之和；第二阶段反应分解其余 30% 磷矿，需 6～15 d，相当于化成室卸料到熟化完毕。

在进行第一阶段反应时，随着硫酸钙结晶的增多，细小的硫酸钙晶体构成网状骨架，在其中贮存了大量的液相，使反应料浆稠厚并趋于固化。当有硫酸存在时，不可能进行第二阶段的反应，这是因为：

$$Ca(H_2PO_4)_2 + H_2SO_4 \Longrightarrow CaSO_4 + 2H_3PO_4$$

当磷矿中有碳酸盐（钙、镁）、倍半氧化物（Fe_2O_3，Al_2O_3）、氟化物和有机物存在时也能与硫酸作用，其反应式如下：

$$(Ca,Mg)CO_3 + H_2SO_4 \Longrightarrow (Ca,Mg)SO_4 + CO_2 \uparrow + H_2O$$

$$(Al,Fe)_2O_3 + 3H_2SO_4 + 3Ca(H_2PO_4)_2 \Longrightarrow 3CaSO_4 + 2(Al,Fe)(H_2PO_4)_3 + 3H_2O$$

随着第二阶段反应的进行和液相中 P_2O_5 的浓度降低，铁、铝的酸式磷酸盐转变为难溶的中性磷酸盐：

$$(Al,Fe)(H_2PO_4)_3 + 2H_2O \Longrightarrow (Al,Fe)PO_4 \cdot 2H_2O + 2H_3PO_4$$

$AlPO_4 \cdot 2H_2O$，$FePO_4 \cdot 2H_2O$ 均为难溶性磷酸盐，上式发生了水溶性 P_2O_5 转变为不溶性或难溶性 P_2O_5 的变化，即有效 P_2O_5 的退化作用。

在反应过程中，生成的 HF 能与磷矿中所含的 SiO_2 作用生成氟硅酸：

$$4HF + SiO_2 \Longrightarrow SiF_4 + 2H_2O$$

$$SiF_4 + 2HF \Longrightarrow H_2SiF_6$$

磷矿石中含氟量的 40% 左右以 SiF_4 形式逸出，当气体冷却时，SiF_4 与水蒸气相互作用，在气体管道中生成疏松的白色硅胶沉淀。

$$3SiF_4 + 3H_2O \Longrightarrow 2H_2SiF_6 + H_2SiO_3$$

（二）硫酸分解磷矿的工艺条件选择

制造普通过磷酸钙同生产湿法磷酸一样，都是用硫酸分解磷矿生成硫酸钙和磷酸。不同之处在于：生产湿法磷酸时产生大量循环磷酸，料浆的液固比较大，有利于硫酸钙晶体的长大，便于过滤；而生产普通过磷酸钙时，随着分解反应进行，生成大量硫酸钙的细小结晶，料浆不断稠厚，最后终于成为固体粉末状。如果固化过程正常，最后所得产品内含液相、疏松多孔而又表面干燥，这就表明产品物理性能良好。

磷矿分解在第一阶段较快，由于硫酸用量过量，P_2O_5 转化率（产品的有效 P_2O_5 和全 P_2O_5 含量之比称为转化率）略大于 70%；第二阶段反应速度逐渐减慢，需要 6～15 d 才能达到 95% 左右，因此磷矿的转化率受第二阶段反应的控制。第二阶段反应开始不久，大量的半水硫酸钙转化成无水物，而且当物料由化成室卸出，随着温度降低，磷酸一钙也开始结晶。这些结晶覆盖在未分解的磷矿周围，甚至构成细小致密的无水硫酸钙薄膜，将矿粉颗粒包裹起来，增大了扩散阻力，在不同程度上阻碍了反应进行。包裹的程度（即膜的可透性）与硫酸钙结晶的形状和大小有关。结晶越细小，固体膜的可透性越差，因此应尽可能生成粗大的硫酸钙结晶以克服固体膜对反应速度的影响。要达到上述要求，应该讨论硫酸用量及浓度、温度、矿粉粒度、搅拌条件、液相杂质含量等有关影响因素。

1. 硫酸用量

（1）P_2O_5 耗酸量　按硫酸分解磷矿的化学反应方程式计算出理论硫酸用量。每 3 mol P_2O_5 需耗 7 mol H_2SO_4，所以每份 P_2O_5 消耗硫酸量为 $\frac{7 \times 98}{3 \times 142} = 1.61$ 份。

（2）碳酸盐（CO_2）耗酸量　由硫酸分解碳酸盐的反应方程式知，1 mol CO_2 耗用 1 mol 硫酸，所以每份 CO_2 耗用的硫酸量为 $\frac{98}{44} = 2.23$ 份。

（3）倍半氧化物（Fe_2O_3，Al_2O_3）耗酸量　由硫酸与倍半氧化物 Fe_2O_3，Al_2O_3 的反应方程式知，1 mol Fe_2O_3（或 Al_2O_3）耗用 1 mol 硫酸，所以每一份 Fe_2O_3 耗硫酸量为 $\frac{98}{159.7} = 0.61$ 份，每一份 Al_2O_3 耗硫酸量为 $\frac{98}{101.96} = 0.96$ 份。

综上，每份矿的理论硫酸用量为磷矿中所含的 P_2O_5、CO_2、Fe_2O_3、Al_2O_3 消耗硫酸量的总和。即分解磷矿的硫酸理论用量 $W = 1.61 \times P_2O_5\% + 2.23 \times CO_2\% + 0.61 \times Fe_2O_3\% + 0.96 \times Al_2O_3\%$。

增加硫酸用量，可以增加磷矿颗粒与硫酸的接触机会，加快分解反应速度，提高分解率，同时还可以提高第二阶段的反应速度。但过高的酸用量，会使料浆难于固化，产品中游离酸含量增高，使生产成本增加。生产中所用的硫酸量为理论酸用量的 1.03～1.05 倍。

2. 硫酸浓度

工艺上要求硫酸浓度尽可能高，提高硫酸浓度能加快反应速度，减少液相量，又能加剧水分蒸发，使磷酸浓度提高，有利于磷酸一钙的生成和结晶，缩短熟化时间。如果硫酸浓度过低，则反应缓慢，液相过多，使产品物性变坏；如果硫酸浓度过高，会使反应过快，半水硫酸钙迅速脱水，形成细小的无水硫酸钙，从而既不能形成固化骨架，又包裹了未分解的磷矿颗粒，降低了分解率，也使产品物性变坏。硫酸浓度一般为 60%～75%，容易分解活性较高的磷矿、矿粉较细；连续混合法生产、气温低，则硫酸浓度可高些，反之则低些。

3. 硫酸温度

硫酸温度与硫酸浓度的影响相类似。两者间有一定关系，硫酸浓度高时，温度可略低些，反之则略高。硫酸温度常采用 50～80℃，夏季时酸温应比冬季低 10℃，含镁量高的磷矿可将酸温提高到 70～80℃，含铁、铝量高的磷矿可用较低酸温 50～60℃。

4. 搅拌强度

搅拌的作用是促进液固相反应，减少扩散阻力，降低矿粉表面溶液的过饱和程度，使颗粒表面形成较易渗透的薄膜，因此要有足够的搅拌强度。但是，如果搅拌强度过大，将破坏半水硫酸钙形成的固化骨架，同时还使桨叶机械磨损加剧，当硫酸浓度和温度条件不合适时，单纯依靠强烈搅拌也不能加速磷矿分解。立式混合器桨叶末端线速度采用 3～12 m/s，卧式混合器桨叶一般选 10～20 m/s。

5. 磷矿粉细度

矿粉越细反应越快、越完全，可大大缩短混合、化成和熟化时间，并可获得较高的转化率。但过高的矿粉细度必将降低粉碎设备的生产能力，同时增加矿耗和生产成本，一般要求矿粉 90%～95% 通过 100 目筛。对磷矿粉细度的要求与磷矿石分解的难易程度有关，矿粉细度高时，可适当提高酸浓度和温度。

（三）工艺流程

普通过磷酸钙生产方法可分为稀酸矿粉法和浓酸矿浆法两类。稀酸矿粉法是世界上常用的工艺，硫酸浓度为 $60\%\sim75\%$；浓酸矿浆法是我国开发的一种工艺，硫酸浓度为 $93\%\sim98\%$，它是将磷矿湿磨成矿浆后再加入混合器中。

过磷酸钙生产可分为以下几个工序：①硫酸与磷矿粉（或矿浆）混合；②料浆在化成室内固化（化成）；③过磷酸钙在仓库内熟化；④从含氟废气中回收氟。图 7-2 是立式混合器、回转化成室法生产过磷酸钙流程，其生产方法是稀酸矿粉法。

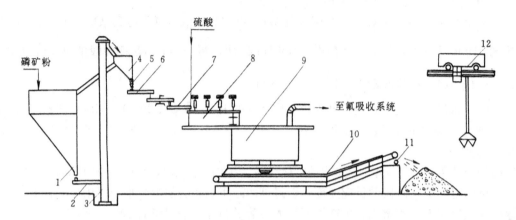

图 7-2　普钙（立式混合器、回转化成室）生产工艺流程

1—矿贮槽；2—螺旋输送机；3—斗式提升机；4—进料机；5—下料器；6—螺旋调料机；7—螺旋加料机；
8—立式混合器；9—回转化成室；10—皮带输送机；11—撒扬器；12—桥式吊车

如果熟化后期游离酸超过指标，由于它具有腐蚀性，会给运输、贮存、施肥等带来困难，故在产品出厂前要进行中和游离酸的处理。中和的方法有：1. 添加能与过磷酸钙中的磷酸迅速作用的固体物料，如石灰石、骨粉、磷矿粉等；2. 用气体氨、铵盐处理过磷酸钙（即氨化）。中和后的过磷酸钙物性得到改善，可以减少吸湿性及结块性。但氨化程度必须予以控制，加入中和物料过多，会使产品中水溶性 P_2O_5 向难溶或不溶性 P_2O_5 转化，从而导致产品的退化。

生产中的含氟废气引入氟吸收室用水吸收，以避免污染大气。在吸收室得到的氟硅酸溶液用钠盐处理可制得氟硅酸钠、氟化钠、氟化铝或冰晶石（Na_3AlF_6）等副产品，可供冶金、搪瓷、医药及建筑材料工业使用。

我国化工行业过磷酸钙标准（HG 2740—95）如表 7-1 所示：

表 7-1　过磷酸钙标准（HG 2740—95）

项　　目		指　　　　标			
		优等品	一等品	合格品	
				I	II
有效五氧化二磷（P_2O_5）含量，%	≥	18.0	16.0	14.0	12.0
游离酸（以 P_2O_5 计）含量，%	≤	5.0	5.5	5.5	5.5
水分，%	≤	12.0	14.0	14.0	15.0

二、重过磷酸钙的生产

重过磷酸钙（俗称重钙），缩写为 TSP。重过磷酸钙主要成分是一水磷酸一钙，此外还含有一些游离磷酸。其有效 P_2O_5 为 $40\%\sim50\%$。比普通过磷酸钙高 2～3 倍，有粒状和粉状两种形式。

重过磷酸钙是由磷酸分解磷矿中的氟磷灰石（相当于普通过磷酸钙第二阶段反应）而得到的产物。

$$Ca_5F(PO_4)_3 + 7H_3PO_4 + 5H_2O = 5Ca(H_2PO_4)_2 \cdot H_2O + HF$$

反应时也发生各种副反应,如生成少量的磷酸氢钙:

$$Ca_5F(PO_4)_3 + 2H_3PO_4 + 10H_2O = 5CaHPO_4 \cdot 2H_2O + HF$$

铁、铝氧化物 (Fe_2O_3,Al_2O_3 以 R_2O_3 表示) 分解,生成中性磷酸盐:

$$R_2O_3 + 2H_3PO_4 + H_2O = 2RPO_4 \cdot 2H_2O$$

另外,还有碳酸盐的分解:

$$(Ca,Mg)CO_3 + 2H_3PO_4 = (Ca,Mg)(H_2PO_4)_2 \cdot H_2O + CO_2 \uparrow$$

磷矿中的酸溶性硅酸盐分解成硅酸,硅酸又与氟化氢作用,生成四氟化硅和氟硅酸。氟硅酸又转变为氟硅酸盐,四氟化硅呈气态逸出。

重过磷酸钙的生产方法主要有浓酸熟化法（简称浓酸法或化成室法）和稀酸返料法（简称稀酸法或无化成室法）两种。

浓酸法采用浓度为 $45\% \sim 54\% P_2O_5$ 的湿法磷酸或 $55\% P_2O_5$ 的热法磷酸,矿粉细度 $70\% \sim 80\%$ 过 200 目筛,磷酸温度 $38 \sim 71 ℃$,混合时间和化成时间较普通过磷酸钙生产工艺短,熟化时间需 30d 左右,比普通过磷酸钙熟化时间长。

稀酸法采用 $30\% \sim 32\%$ 或 $38\% \sim 40\% P_2O_5$ 浓度的磷酸来分解磷矿,反应温度为 $80 \sim 100℃$ 之间。从反应器中制得的料浆与 $4.5 \sim 10$ 倍成品的细粉返料在掺和机中混合,再经过加热使尚未分解的磷矿粉进一步充分反应而制得重过磷酸钙。

重过磷酸钙中游离磷酸含量高于普通过磷酸钙,因此更易吸潮和结块。如果经过中和及干燥处理,并且加工成颗粒状,就能避免这些缺点。

第三节 热法磷酸和热法磷肥

一、黄磷与热法磷酸

(一) 电炉法制黄磷

世界各国主要将黄磷加工为热法磷酸,然后制取磷酸盐肥料（重过磷酸钙、磷酸铵）、工业磷酸盐和饲料磷酸盐,少部分黄磷用于制造赤磷、磷的氧化物和硫化物、含磷合金、有机磷农药等。

黄磷的生产方法主要有电炉法和高炉法,由于高炉法投资高、焦耗大、磷的收得率低、操作不易掌握,在工业生产上一直没有取得进展,目前全世界的黄磷生产都采用电炉法。

在生产中,添加二氧化硅作为助熔剂,可以降低还原温度,同时石灰变成易熔的炉渣——硅酸钙而易于出炉。还原过程的化学反应如下:

$$Ca_3(PO_4)_2 + 5C + 2SiO_2 = P_2(g) + 5CO(g) + Ca_3Si_2O_7(l) \qquad \Delta H = 1548 \text{ kJ}$$

这是一个强烈的吸热反应,大约在 1100℃ 开始发生,而反应加剧则是在形成熔融体之后。在此高温下,磷以 P_2 分子状态逸出,然后再结合成 P_4 分子,$2P_2 \rightarrow P_4$。

磷矿石中所含的杂质 Al_2O_3,Fe_2O_3 同 SiO_2 一样能使反应温度降低,且能加速反应进行,但其程度不如 SiO_2。

$$Ca_3(PO_4)_2 + 5C + 3Al_2O_3 = P_2 + 5CO + 3(Al_2O_3 \cdot CaO) \qquad \Delta H = 1615 \text{ kJ}$$

在还原过程中,Fe_2O_3 被还原成金属铁,然后与生成的磷的一部分化合成为磷化铁 Fe_2P:

$$Fe_2O_3 + 3C = 2Fe + 3CO$$

$$4Fe + P_2 \Longrightarrow 2Fe_2P$$

磷化铁呈熔融态从炉中排出，冷凝成为磷铁。

生产黄磷的炉料熔点由炉渣的酸度指标 SiO_2/CaO 的比值来决定。含 SiO_2 51.7%和 CaO 48.3%的偏硅酸钙 $CaSiO_3$ 的酸度指标值为 1.07，此时炉渣熔点为 1540℃，即酸度指标低于或高于 1.07 的碱性和酸性炉渣的熔点都比偏硅酸钙 $CaSiO_3$ 低。现实生产中，采用 $0.8 < SiO_2/CaO < 1.2$ 为宜。

制造黄磷的工艺流程图如图 7-3 所示。

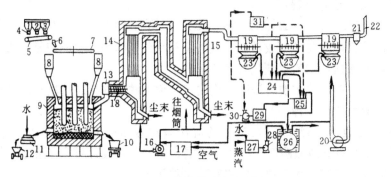

图 7-3　黄磷的生产流程

1、2、3—储存磷灰石、焦炭和石英的料斗；4—自动秤；5—皮带运输机；6—漏斗；
7—环状给料器；8—炉料斗；9—电炉；10—磷铁车斗；11—成粒器；12—炉渣斗车；13—气体切断器；
14、15—电滤器；16—送风机；17—燃烧室；18—螺旋输送机；19—冷凝器；20—排风机；21—水封；
22—放气筒；23—磷收集器；24—沉降槽；25—扬液器；26—磷的储槽；27—水加热器；28—热水泵；
29—酸性水收集槽；30—酸性水用泵；31—酸性水高位槽

（二）热法磷酸

元素磷通过氧化（燃烧）、水化（吸收）制得的磷酸称为**热法磷酸**。

热法磷酸的生产方法主要是液态磷燃烧法（二步法）。此法又分为水冷法及酸冷法两种，前者是将黄磷燃烧，得到五氧化二磷后用水冷却和吸收制得磷酸；后者是将燃烧后制得的五氧化二磷用预先冷却的磷酸进行冷却和吸收后得到磷酸。

此外，还有完全燃烧法、优先氧化法、水蒸气氧化黄磷法及窑法磷酸（KPA 法）等。

二、热法磷肥

（一）钙镁磷肥

钙镁磷肥是以磷矿为原料，例如含镁、硅、钙矿物的蛇纹石（$3MgO \cdot 2SiO_2 \cdot 2H_2O$）。根据磷矿的组成不同，有时需加入白云石（$CaCO_3 \cdot MgCO_3$）或硅石（$SiO_2$）作为助熔剂（简称熔剂），在温度高于 1400℃下熔融，然后将熔融体在水中迅速冷却并烘干、磨细而得到的一种玻璃体粉末状枸溶性肥料。钙镁磷肥具有作物所需的 12%～20%有效 P_2O_5，8%～18%MgO，20%～30%SiO_2、25%～30%CaO 以及 0.5%～5%K_2O、FeO、MnO 等，它具有物理性质好、不宜吸潮、不含游离酸、不结块的特性。

钙镁磷肥生产按照所用能源（燃料）的不同，又可分为：①高炉法，以焦炭或无烟煤（白煤）为燃料；②电炉法，以电力为能源；③平炉法，以燃油为能源。我国主要是以高炉法生产钙镁磷肥，巴西、韩国、日本大多采用电炉或平炉法。

钙镁磷肥生产的首要问题是确定合适的配料比。配料的原则有两点：①生产有效 P_2O_5 含量较高的产品；②有较低炉料熔融温度，有良好的流动性。钙镁磷肥生产配料依据是控制配料中主要氧化物的摩尔比，如镁硅比 MgO/SiO_2，镁磷比 MgO/P_2O_5，余钙碱度（$CaO+MgO-3P_2O_5$）$/SiO_2$ 或玻璃结构因子（O_b/Y_b，含义见下文）。

中国研究和生产单位提出的合适配料比为：$CaO：MgO：SiO_2：P_2O_5=$（$3.5\sim3.7$）：（$2.7\sim3.5$）：（$2.5\sim2.8$）：1，其中 $MgO/SiO_2=0.98\sim1.36$；

实际生产中，许多工厂控制配料的余钙碱度，以 R 表示，要求 $0.8<R<1.3$。

郑州工业大学在钙镁磷肥"网络-晶子"学说基础上，建立了钙镁磷肥玻璃体结构模型，并提出了以玻璃结构因子（O_b/Y_b）进行配料的新方法。按照统计分析结果，认为最佳配料范围在 $2.87<O_b/Y_b<3.07$。

玻璃态的钙镁磷肥是一种在热力学上处于介稳状态的过冷液体，在一定条件下会转变为稳定的结晶态，只有保持其玻璃体状态，避免从玻璃体中析出磷灰石结晶（反玻璃化），才能保证产品中有效 P_2O_5 不降低。

"网络-晶子"学说认为，在玻璃体结构中既存在远程无序的网络，又存在近程有序的晶子，这些晶子来不及长大，就"冻结"在网络中。钙镁磷肥玻璃体结构模型指出：由一定数量的（RO_4）四面体（其中：R——主要是 Si^{4+}，其次是 Al^{3+} 以及少量的 Mg^{2+}、Fe^{2+}）以不同的连接方式歪扭地聚合而连接成单链或双链结构。这些歪扭链状结构错杂交织，构成玻璃体的无定型部分——网络；而磷以（PO_4）$^{3-}$ 单独四面体存在于网络之外，在（PO_4）$^{3-}$ 周围配置有 Ca^{2+}，在 Ca^{2+} 周围配置有 F^-，构成 $F—Ca—PO_4$（或 $Ca—PO_4$）集团，成为玻璃体中的晶子部分。晶子分散在交织的链状结构之中难以长大。钙镁磷肥中的 Mg^{2+} 大部分取零配位处于网络空穴中，并主要配置在（SiO_4）网络周围，构成 $MgO—SiO_2$ 低溶体系，有利于磷矿的软化熔融。此外，Mg^{2+}、Ca^{2+} 在（PO_4）$^{3-}$ 周围形成不对称电场，阻碍熔体中磷灰石析出，有利于提高产品枸溶率；而 Al^{3+} 大部分以（AlO_4）四面体进入玻璃网络，使玻璃体结构强化，妨碍（PO_4）$^{3-}$ 的溶出，从而降低产品的枸溶率。

在钙镁磷肥玻璃体结构中，若玻璃网络太小，不足以阻止晶子的成长，不能获得完全的玻璃体，产品的枸溶率降低；而网络太大，玻璃体结构强化，也将妨碍营养元素的溶出。因此，配料的原则是要形成一个合适大小的玻璃网络。

玻璃结构因子（O_b/Y_b）是反映钙镁磷肥玻璃网络大小的参数。O_b/Y_b 大，则玻璃网络小；反之，O_b/Y_b 小，则玻璃网络大，O_b/Y_b 值的计算式如下：

$$\frac{O_b}{Y_b}=\frac{[CaO]+[MgO]+2[SiO_2]}{[SiO_2]+2a[Al_2O_3]+b[MgO]+c[FeO]}$$
$$+\frac{3[Al_2O_3]+[FeO]-3[P_2O_5]}{[SiO_2]+2a[Al_2O_3]+b[MgO]+c[FeO]}$$

式中 $[CaO]$、$[MgO]$、$[SiO_2]$、$[Al_2O_3]$、$[FeO]$、$[P_2O_5]$ 分别代表钙镁磷肥中 CaO、MgO、SiO_2、Al_2O_3、FeO、P_2O_5 的摩尔数。a、b、c 为 Al^{3+}、Mg^{2+}、Fe^{2+} 进入玻璃网络的分率。

高炉法制钙镁磷肥的工艺流程如图 7-4 所示。

我国化学工业钙镁磷肥标准（HG 2557—94）规定如表 7-2 所示。

有些钙镁磷肥生产厂还副产镍（磷）铁，这是因为一般蛇纹石中含有镍，在高炉中镍会被一氧化碳还原：

$$NiO+CO =\!=\!= Ni+CO_2$$

反应生成的镍与被还原的铁和磷形成镍磷铁，沉入高炉炉底并定期排出，在磷铁模中凝固成

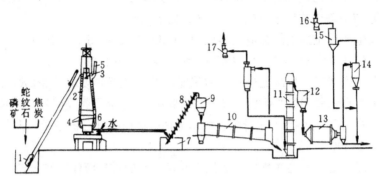

图 7-4　高炉法制钙镁磷肥的工艺流程图

1—卷扬机；2—高炉；3—加料罩；4—风嘴；5—炉气出口管；6—出料口；
7—水淬池；8—沥水式提升机；9, 12—储斗；10—回转干燥炉；11—斗式提升机；
13—球磨机；14—旋风分离器；15—袋滤器；16, 17—抽风机

表 7-2　钙镁磷肥标准（HG 2557—94）

项　　目		指　　　标		
		优等品	一等品	合格品
有效五氧化二磷（P$_2$O$_5$）含量，%	≥	18.0	15.0	12.0
水分，%	≤	0.5	0.5	0.5
碱分（以 CaO 计）含量，%	≥	45.0		
可溶性硅（SiO$_2$）含量，%	≥	20.0	—	
有效镁（MgO）含量，%	≥	12.0		
细度：通过 250μm 标准筛，%	≥	80		

注：优等品中碱分、可溶性硅和有效镁含量如用户没有要求，生产厂可不作检验。

型，镍铁中的镍可以回收利用，且有很高的经济价值。

（二）其他热法磷肥

除钙镁磷肥外，还有其他一些热法磷肥，简单介绍如下。

（1）脱氟磷肥　根据氟磷灰石中氟离子 F$^-$ 可被离子半径相近的 OH$^-$ 同晶取代生成羟基磷灰石的原理，在天然磷矿中添加硅砂、无水芒硝等适量的添加剂，在水蒸气存在下，于 1350℃ 以上的高温，使氟磷灰石转变为可被植物吸收的 α-磷酸三钙或硅磷酸钙可变组成体。因生产方法不同，分为烧结法和熔融法。产品有效 P$_2$O$_5$ 含量 18%～20% 或 36%～38%。

（2）烧结钙钠磷肥　在 1100～1300℃ 高温条件下，将磷矿粉、纯碱和硅石粉混合而成的炉料按质量比为 100:35:10 的比例在旋转窑里烧结，得到的以磷酸钠钙（CaNaPO$_4$）和硅酸钙（CaSiO$_4$）为主要成分的肥料，一般 P$_2$O$_5$ 含量为 20%～30%。也可用芒硝和焦炭代替部分或全部纯碱（碳酸钠）生产出钙钠磷肥。

（3）偏磷酸钙　在竖式炉中，高温下用气态 P$_2$O$_5$ 及水蒸气与磷灰石反应生成熔融状的偏磷酸钙，经水淬、研磨和筛分后得到细度为 80% 以上过 20 目筛的玻璃态产品，或直接冷却得到结晶态产品。含有等摩尔的 CaO（CaO 28.3%）和 P$_2$O$_5$（P$_2$O$_5$ 71.7%），有结晶态和玻璃态两种形态，是一种含有效 P$_2$O$_5$ 极高的枸溶性磷肥。

（4）钢渣磷肥　在碱性炉炼钢时，将造渣剂、石灰等加入铁水后，生铁中所含的磷与石灰结合形成的炉渣。其主要成分是磷酸四钙 Ca$_2$P$_2$O$_9$，在有 SiO$_2$ 存在时，还可以生成磷酸五

钙（$5CaO \cdot P_2O_5 \cdot SiO_2$）。

第四节　复合肥料

复合肥料、复混肥料、掺混肥料是含有氮、磷、钾三大营养元素中任意两种或两种以上的肥料，具有养分全面，包装和运输成本低，施肥方便等特点。因此，市场的需求量日益增加。一般以 N-P_2O_5-K_2O 来表示其所含有的营养元素百分比，若还含有 N、P、K 以外的其他营养元素，则可接在 K_2O 后面标注其含量，并加注括号注明该元素的符号。例如：10-10-10-5（MgO）-0.5（ZnO）表明该肥料含 10%N、10%P_2O_5、10%K_2O 以及 5%MgO、0.5%ZnO。

复合肥料是用化学加工方法制得的肥料；复混肥料是两种或两种以上基础肥料通过混合等伴有物理或化学反应的过程所制得的肥料；掺混肥料是用粉状或粒状基础肥料通过简单机械混合且无明显的化学反应所制成的肥料。

一、磷酸铵

（一）磷酸铵的性质

磷酸铵包括磷酸一铵（MAP）$NH_4H_2PO_4$，磷酸二铵（DAP）$(NH_4)_2HPO_4$ 和磷酸三铵（TAP）$(NH_4)_3PO_4$ 三种，是含有磷和氮两种营养元素的复合肥料。

纯净的磷酸铵盐是白色结晶状物质，磷酸一铵最稳定，磷酸二铵次之，磷酸三铵很不稳定，在常温、常压下即放出氨而变成磷酸二铵。工业上制得的磷酸铵盐肥料是磷酸一铵和磷酸二铵的混合物，以前者为主的称为磷酸一铵类肥料（12-52-0），以后者为主的称为磷酸二铵类肥料（18-46-0）。

磷酸一铵与硫酸铵、硫酸钾、磷酸二氢钾、磷酸一钙和磷酸二钙混合时具有良好的相合性。磷酸二铵与氯化钾、硫酸铵、硝酸铵、过磷酸钙和重过磷酸钙混合时，所得混合肥料的物理性质良好。

（二）生产磷酸铵的基本原理

1. 化学反应

用氨中和磷酸而得到磷酸铵。料浆中和度指磷酸的氢离子被氨中和的程度。磷酸第一个氢离子被中和时中和度为 1.0，生成磷酸一铵；磷酸第二个氢离子被中和时中和度为 2.0，生成磷酸二铵。由此可见，中和度实为 NH_3 与 H_3PO_4 的摩尔比。

当中和度为 1 时，
$$H_3PO_4(l) + NH_3(g) = NH_4H_2PO_4(s) \qquad \Delta H = -134.5 \text{ kJ}$$
当中和度为 2 时，
$$H_3PO_4(l) + 2NH_3(g) = (NH_4)_2HPO_4(s) \qquad \Delta H = -215.5 \text{ kJ}$$
以湿法磷酸为原料时，其中所含的杂质也将参与化学反应：
$$H_2SO_4(l) + 2NH_3(g) = (NH_4)_2SO_4(s) \qquad \Delta H = -265.3 \text{ kJ}$$
$$H_2SiF_6(l) + 2NH_3(g) = (NH_4)_2SiF_6(s) \qquad \Delta H = -184.5 \text{ kJ}$$
$$H_2SiF_6 + 6NH_3 + (2+x)H_2O = 6NH_4F + SiO_2 \cdot xH_2O$$
$$CaSO_4 \cdot 2H_2O + H_3PO_4 + 2NH_3 = CaHPO_4 \cdot 2H_2O + (NH_4)_2SO_4$$
$$Fe_2(SO_4)_3(s) + 2H_3PO_4(l) + 6NH_3(g) =$$
$$2FePO_4(s) + 3(NH_4)_2SO_4(s) \qquad \Delta H = -586.5 \text{ kJ}$$
$$Al_2(SO_4)_3(s) + 2H_3PO_4(l) + 6NH_3(g) =$$
$$2AlPO_4(s) + 3(NH_4)_2SO_4(s) \qquad \Delta H = -586.5 \text{ kJ}$$

$$MgSO_4+H_3PO_4+2NH_3(+3H_2O)=\!=\!=\!=MgHPO_4(\cdot 3H_2O)+(NH_4)_2SO_4 \quad (pH<4)$$

$$MgSO_4+H_3PO_4+3NH_3+6H_2O=\!=\!=\!=MgNH_4PO_4\cdot 6H_2O+(NH_4)_2SO_4 \quad (pH>4)$$

2. 工艺条件及工艺流程

(1) 磷酸一铵 生产磷酸一铵的工艺流程可分为浓酸法和稀酸法。浓酸法所采用的原料磷酸浓度为 $45\%\sim52\%P_2O_5$，稀酸法所用磷酸浓度为 $22\%\sim30\%P_2O_5$。生产磷酸一铵时，当中和度为 1 时，系统饱和溶液的溶解度较小，液固比小，料浆流动性能差，生产不能正常进行。当中和度提高到 $1.2\sim1.3$ 时，系统饱和溶液的溶解度增大，液固比随之增大，料浆流动性能改善，并且液相粘度增加不多，气相氨蒸气分压低，尾气含氨量很低（仅占总氨量的 0.2% $\sim0.3\%$），氨损失不高，因而中和度以 $1.2\sim1.3$ 为宜。

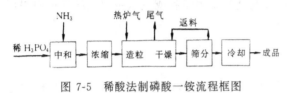

图 7-5　稀酸法制磷酸一铵流程框图

稀酸法流程在快速氨化蒸发器中用氨中和磷酸，氨化料浆可直接喷浆造粒，也可先浓缩后造粒干燥。我国四川联合大学使用含杂质较高的磷矿用稀酸法生产磷酸一铵，氨化料浆经浓缩后再喷雾流化干燥或喷浆造粒干燥，此法又称为"料浆浓缩法"。其流程框图如图 7-5 所示。稀磷酸用气氨在快速氨化蒸发器中中和，然后采用列管热交换器加热，真空闪蒸浓缩到料浆含水$<30\%$，料浆经气流式喷嘴喷洒至抄板抄起分散的返料料幕上。液滴涂布在粒度为 $1\sim2$ mm 的返料颗粒表面上，与并流的 $600\sim650℃$ 热炉气相遇，蒸发脱水使成品含水量$<2\%$，停留时间 $20\sim40$ min，产品合格颗粒（$1\sim4$ mm）占 95%。

挪威制氢肥料公司按浓酸法生产粉状磷酸一铵的工艺流程示于图 7-6。

在导管反应器中形成的磷酸一铵料浆，可以直接送往造粒机进行造粒，也可以送到喷雾塔冷却生产粉状磷酸一铵。导管反应器的操作条件因产品是粉状、粒状而有所区别，如表7-3所示。

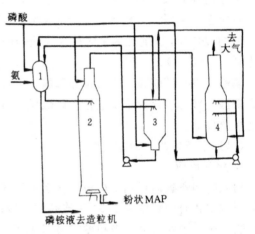

图 7-6　挪威制氢肥料公司粉状磷酸一铵流程
1—MAP 反应器；2—MAP 造粒塔；
3—氨气洗涤器；4—尾气洗涤器

表 7-3　浓酸法生产磷酸一铵反应器操作条件

参　　数	粉状 MAP	粒状 MAP
压力/MPa（表压）	0.2	0.1
温度/℃	$165\sim170$	$140\sim145$
料浆水份含量,%（质量）	10	$12\sim15$

(2) 磷酸二铵 生产磷酸二铵的工艺方法有：常压预中和转鼓氨化流程；管道氨化转鼓氨化粒化流程；双管道反应器流程等。

生产以磷酸二铵为主体的肥料，中和度应控制在 $1.42\sim2.0$ 之间。中和度接近 2.0 时，料浆的液固比最小，干燥造粒过程中使用的返料量最少；但当中和度超过 1.8 以后，气相中氨蒸气分压急剧上升，将会增大氨的逸出量，必须采取氨回收措施以避免氨损失，因此兼顾上述两方面因素，选择中和度为 1.8 左右为宜。

转鼓氨化法工艺流程设备简单，生产强度高，生产能力也大，但必须采用浓度为 $36\%\sim45\%P_2O_5$ 的磷酸。常压预中和转鼓氨化法生产粒状磷酸二铵类肥料的工艺流程如图 7-7 所示。

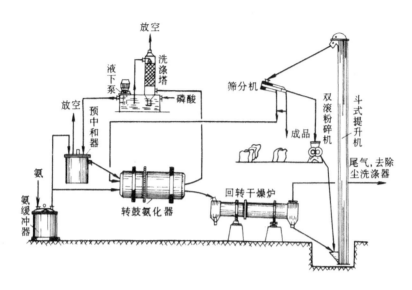

图 7-7　转鼓氨法生产粒状磷酸二铵类肥料的工艺流程

二、硝酸磷肥

用硝酸分解磷矿制得的氮磷复合肥料称为硝酸磷肥。

硝酸磷肥利用硝酸来分解磷矿，而硝酸根又能作为作物养分留在肥料中，硝酸得到了双重利用，因此在技术经济上是有优越性的。

硝酸磷肥根据加工处理分解磷矿后得到的含有硝酸钙及游离磷酸的萃取液方法的不同分为：冷冻法、硝酸-硫酸法、硝酸-硫酸盐法、硝酸-磷酸盐法、碳化法和有机溶剂萃取法。

硝酸磷肥的主要成分是水溶性的硝酸铵（NH_4NO_3）及少量硝酸钙 [$Ca(NO_3)_2$] 的硝酸盐、水溶性的磷酸铵及枸溶性的磷酸二钙（$CaHPO_4$）组成的磷酸盐，代表性产品为 20-20-0、28-14-0 或 15-15-15 等。

（一）硝酸分解磷矿的主要化学反应

硝酸与磷矿中的氟磷酸钙反应得到含有磷酸和硝酸钙的萃取溶液，分解反应式如下：

$$Ca_5F(PO_4)_3+10HNO_3 =\!=\!= 3H_3PO_4+5Ca(NO_3)_2+HF$$

磷矿中的杂质也能与硝酸反应，反应式如下：

$$CaCO_3+2HNO_3 =\!=\!= Ca(NO_3)_2+H_2O+CO_2$$
（方解石）

$$CaCO_3\cdot MgCO_3+4HNO_3 =\!=\!=$$
（白云石）
$$Ca(NO_3)_2+Mg(NO_3)_2+2H_2O+2CO_2$$

$$KAlSiO_4\cdot 4NaAlSiO_4\cdot nSiO_2+20HNO_3 =\!=\!=$$
（霞石）
$$KNO_3+4NaNO_3+5Al(NO_3)_3+(n+5)SiO_2+10H_2O$$

$$Na_2O\cdot Fe_2O_3\cdot 4SiO_2+8HNO_3 =\!=\!= 2NaNO_3+2Fe(NO_3)_3+4SiO_2+4H_2O$$
（霓石）

磷矿中所含的铁、铝、稀土元素以及氟化钙等与硝酸作用生成硝酸盐：

$$Fe_2O_3+6HNO_3 \rlap{=}{=} 2Fe(NO_3)_3+3H_2O$$
$$Al_2O_3+6HNO_3 \rlap{=}{=} 2Al(NO_3)_3+3H_2O$$
$$CaF_2+2HNO_3 \rlap{=}{=} Ca(NO_3)_2+2HF$$

硝酸铁(或铝)还能与酸解液中的磷酸反应生成不溶于水的磷酸铁(或铝)，并降低水溶性 P_2O_5 的含量。

$$(Fe、Al)(NO_3)_3+H_3PO_4 \rlap{=}{=} (Fe,Al)PO_4+3HNO_3$$

国内外某些矿区的磷矿中含有铀化合物，在硝酸分解液中，可用焦磷酸等萃取剂加以回收，以作为核能的初级原料。

磷矿中可能含有少量有机物，能还原硝酸，造成氮的损失，同时产生泡沫，给操作造成困难，因此有些磷矿须经煅烧处理，以消除上述问题。

(二) 工艺条件的选择

硝酸分解磷矿反应过程的速度(以磷矿中有效组分 P_2O_5 的萃取率计算)与硝酸浓度及用量、反应温度、磷矿粒度和分解时间等因素有关。

1. 硝酸浓度及用量

硝酸浓度在 30%~55% 范围内，对磷矿分解率无显著影响，但为了加速反应及减少以后浓缩时的蒸发水量，一般采用 50% 以上的硝酸。对于冷冻法工艺，由于硝酸浓度对 $Ca(NO_3)_2 \cdot 4H_2O$ 结晶析出率的影响较大，一般采用 56%~57%，至少 52%HNO_3 以上的浓度。

硝酸分解磷矿的理论用量，通常以磷矿中所含的氧化钙与氧化镁的总量为计算基准，但由于磷矿中还含有倍半氧化物和有机物需消耗硝酸，因此，实际的硝酸用量约为理论量的 102%~105%，对于冷冻法，则为理论用量的 110%。

2. 反应温度

分解反应温度在 50~55℃ 间进行，而反应温度是靠约 30℃ 的硝酸与磷矿反应时放出的热量来维持。随着温度的增加，溶液的粘度减少，有利于离子扩散，使分解速度加快。如果反应温度<40℃，则分解速度减慢；若反应温度>60℃，则加剧设备腐蚀。

3. 磷矿粒度和分解时间

磷矿越细则与硝酸接触表面积越大，分解速度也越快。但因硝酸分解能力强，生成的硝酸钙溶解度大，不会产生固体膜包裹矿物颗粒，故矿粉细度可以稍粗一些，一般要求 100% 通过 40 目筛，对于易分解磷矿粒度可粗些，保持 1~2 mm 间。

粒度对分解时间影响最大，一般来说，磷块岩的分解时间约需 1 h。磷灰石较磷块岩难分解，时间也长，约需 1.5 h。

(三) 硝酸磷肥的生产方法

1. 冷冻法

用冷冻至低温(如 −5℃)的方法，将硝酸分解磷矿制得的萃取液中的硝酸钙以四水物硝酸钙 $Ca(NO_3)_2 \cdot 4H_2O$ 形式析出，将结晶与母液分离后得到 $CaO:P_2O_5$(钙磷比)适宜的滤液，用氨中和滤液，形成的料浆经浓缩、造粒，得到含有硝酸铵、磷酸二钙和磷酸铵的含有水溶性和枸溶性 P_2O_5 的硝酸磷肥。

副产硝酸钙的加工处理有多种方案：(1) 直接加工制成硝酸钙肥料；(2) 加入硝酸、氨或硝酸铵,以制成 $5Ca(NO_3)_2 \cdot NH_4NO_3 \cdot 10H_2O$ 的硝酸铵钙肥料,含氮 15.5%;(3)硝酸钙用氨和二氧化碳转化后,制成石灰硝铵肥料,含氮 20%;(4)硝酸钙用氨和二氧化碳转化后,分离出碳酸钙,将硝酸铵溶液返回硝酸磷肥系统,以调节产品中 N/P_2O_5 比,或者直接浓缩后,用喷淋塔造粒,以获得含氮 34% 的硝酸铵肥料。

冷冻法硝酸磷肥代表性的产品规格有:20-20-0,28-14-0,加入钾盐后代表性产品为 15-15-15。

在冷冻法工艺中,控制不同的冷冻程度,则从萃取液中脱除硝酸钙的数量也不同,从而产品中的水溶性 P_2O_5 含量也不同。除去硝酸钙后母液中钙磷比($CaO:P_2O_5$)与氨化后成品中 P_2O_5 水溶率的关系见图 7-8。从图中可以看出,当母液中 CaO/P_2O_5 之比为 2,1 或 0 时,最终产品分别为:全部枸溶性 $CaHPO_4$,50% P_2O_5 为水溶性的或 100% P_2O_5 为水溶性的。由于杂质存在,实际生产中此图中曲线位置略向右移动。

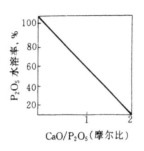

图 7-8 氨化产物中 CaO/P_2O_5 比和 P_2O_5 水溶率的关系〔除去 $Ca(NO_3)_2 \cdot 4H_2O$ 结晶后〕

硝酸浓度和结晶温度对于硝酸钙 $Ca(NO_3)_2 \cdot 4H_2O$ 结晶析出率有很大影响,如图 7-9(a)所示。从图中可以看出,采用较高的硝酸浓度,则 $Ca(NO_3)_2 \cdot 4H_2O$ 析出率也增大,一般要求硝酸浓度不应低于 52% HNO_3。冷冻温度的影响见图 7-9(b)。由图可见,随着冷冻温度降低,硝酸钙结晶析出率和成品中 P_2O_5 水溶率均不断增加,但冷冻温度过低将使溶液粘度和电耗增加,并降低了设备分离能力。一般硝酸浓度为 50%～53% HNO_3 时,冷冻温度为 $-5℃$。

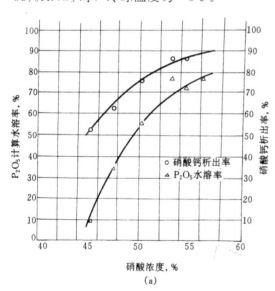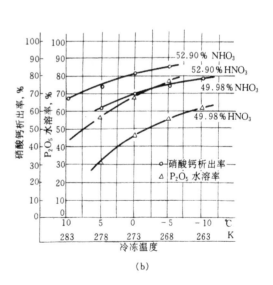

图 7-9 硝酸浓度 (a)、冷冻温度 (b)
对 $Ca(NO_3)_2 \cdot 4H_2O$ 析出率和 P_2O_5 水溶率的影响

2. 混酸法

混酸法有两种:一是硝酸-硫酸法,另一是硝酸-磷酸法。

用硝酸-硫酸的混酸处理磷矿时，除了氢离子（H^+）分解磷矿外，硫酸根（SO_4^{2-}）可使酸解液中的钙离子形成硫酸钙沉淀，加入的硫酸量一般要使 40%～60% 钙离子从溶液中析出，再用氨中和酸解液，从而制得含有水溶性磷酸一铵和枸溶性磷酸二钙的硝酸磷肥。硝酸-硫酸分解磷矿的基本反应式如下：

$$Ca_5F(PO_4)_3 + 6HNO_3 + 2H_2SO_4 \Longrightarrow 3H_3PO_4 + 3Ca(NO_3)_2 + 2CaSO_4 \downarrow + HF$$

$$6H_3PO_4 + 6Ca(NO_3)_2 + 4CaSO_4 \downarrow + 2HF + 13NH_3 \Longrightarrow$$

$$5CaHPO_4 + NH_4H_2PO_4 + 12NH_4NO_3 + 4CaSO_4 + CaF_2$$

产品中含有一些硫酸钙，降低了产品的有效养分含量。代表性产品有 12-12-0，11-11-11 等，养分总含量在 24% 以上。

硝酸-硫酸法的混酸分解磷矿，加入磷酸是为了提高溶液中 P_2O_5 量，以便在氨化时生成水溶性的磷酸一铵或磷酸一钙，少生成枸溶性的磷酸二钙。氨中和过程中，也有磷酸盐的退化，因此需控制中和料浆 pH 值<3.8，并加入稳定剂。此法的化学反应式如下：

$$Ca_5F(PO_4)_3 + 10HNO_3 + 4H_3PO_4 \Longrightarrow 7H_3PO_4 + 5Ca(NO_3)_2 + HF$$

$$7H_3PO_4 + 5Ca(NO_3)_2 + 12NH_3 \Longrightarrow 5CaHPO_4 + 2NH_4H_2PO_4 + 10NH_4NO_3$$

此法特点是降低了萃取液中的钙磷比并增加了磷肥中水溶性 P_2O_5 含量，但此法需大量磷酸，因此推广受到一定限制。产品规格有 20-20-0，26-13-0，16-23-0 或 14-14-14。

3. 硫酸盐法

在硝酸分解磷矿过程中，加入可溶性硫酸盐（如硫酸钾、硫酸铵等），利用硫酸根（SO_4^{2-}）和钙生成不溶性硫酸钙结晶，以固定萃取液中多余的钙，调节硝酸萃取液中 CaO：P_2O_5。生成硫酸钙沉淀后，可直接进行氨化，或将硫酸钙分离后，再将母液氨化而制得含有部分或全部水溶性 P_2O_5 的复合肥料。产品规格有 17-14-14，14-14-0 等。

4. 碳化法

在有稳定剂（镁、镍、铝、锰或锌的盐类）存在的条件下，在硝酸萃取液中先通氨中和，再继续通氨和二氧化碳处理萃取液中多余的钙。产品规格 18-12-0，16-14-0 等，总养分在 30% 以上，产品中全为枸溶性 P_2O_5。

三、复混肥料

复混肥料与复合肥料一样，也是含有氮、磷、钾三大营养元素中任意两种或两种以上养分的肥料。可以用基础肥料（单元或多元复合（混）肥料）制得不同配方、不同总养分含量的复混肥料品种，以适应不同作物品种、不同土壤的特殊需求。除了三大常量元素外，还可以加入硫、钙、镁等中量营养元素及锌、硼、锰、铁、铜、钼等微量元素。此外，还可以有选择地加入除草剂、杀虫剂和植物生长调节剂等。因此，与复合肥料相比，复混肥料具有较大的配方灵活性。

国家标准（GB 15063—94）复混肥料规定如表 7-4 所示。

（一）混配过程中的主要化学反应

复混肥料生产过程中往往会发生化学反应，有一些化学反应有利于生产及产品性质稳定，而另有一些化学反应却会产生不良的影响，如导致主要营养元素有效成分降低，显著增加产物的吸湿性、逸出有毒气体，因此不能随意混配。各种肥料的混配情况见图 7-10，此图是根据理论和实践情况而绘制出的。

表 7-4　复混肥料标准 (GB 15063—94)

项　目			高浓度	中浓度	低浓度	
					三元	二元
总养分 (N+P$_2$O$_5$+K$_2$O) 含量,%		$\geqslant$	40.0	30.0	25.0	20.0
水溶性磷占有效磷百分率,%		$\geqslant$	50	50	40	40
水分 (游离水),%		$\leqslant$	2.0	2.5	5.0	5.0
粒　度	球状 (1.00~4.75mm),%	$\geqslant$	90	90	80	80
	条状 (2.00~5.60mm),%	$\geqslant$				
颗粒平均 抗压碎力	球状 (2.00~2.80mm), N	$\geqslant$	12	10	6	6
	条状 (3.35~5.60mm), N	$\geqslant$				

注: 1. 总养分含量应符合本表要求外,组成该复混肥料的单一养分最低含量不得低于 4.0%;

    2. 以钙镁磷肥为单元肥料,配入氮和(或)钾制成的复混肥料可不控制"水溶性磷占有效磷百分率"的指标,但必须在包装袋上注明养分为枸溶性磷;

    3. 冠以各种名称的以氮、磷、钾为主体的三元或二元的固体肥料,均应符合本标准的技术要求。

	硫酸铵	硝酸铵	氯化铵	石灰氮	尿素	过磷酸钙	钙镁磷肥	氯化钾	消石灰	碳酸钙
硫酸铵		○	○	×	○	○	△	○	×	△
硝酸铵	○		△	×	×	○	×	△	×	△
氯化铵	○	△		×	△	○	○	○	×	△
石灰氮	×	×	×		△	×	○	○	○	○
尿素	○	×	△	△		△	○	○	△	○
过磷酸钙	○	○	○	×	△		△	○	×	×
钙镁磷肥	△	×	○	○	○	△		○	○	○
氯化钾	○	△	○	○	○	○	○		○	○
消石灰	×	×	×	○	△	×	○	○		○
碳酸钙	△	△	△	○	○	×	○	○	○	

图 7-10　肥料混配图

注:○—能混配　△—混配后立即使用　×—不能混合

过磷酸钙或重过磷酸钙与尿素制造复混肥料时,会发生加合反应,生成尿素和磷酸一钙复盐,同时释放出结晶水,致使物料变成湿泥状,难于进行混配和造粒。反应式如下:

$$4CO(NH_2)_2 + Ca(H_2PO_4)_2 \cdot H_2O = 4CO(NH_2)_2 \cdot Ca(H_2PO_4)_2 + H_2O$$

在采用尿素、磷铵、氯化钾等基础肥料生产高浓度混配肥料时,加入的氯化钾会与磷酸一铵反应生成磷酸二氢钾与氯化铵,此反应随温度升高将加速。由于氯化铵与尿素生成复盐,也会加速磷酸二氢钾生成反应。

$$KCl + NH_4H_2PO_4 = KH_2PO_4 + NH_4Cl$$

$$NH_4Cl + CO(NH_2)_2 = CO(NH_2)_2 \cdot NH_4Cl$$

用硝酸铵、磷酸铵、硫酸铵、氯化钾进行混配时,硝酸铵与氯化钾将发生反应,生成的硝酸钾也能与硝酸铵反应生成复盐。

$$NH_4NO_3 + KCl = KNO_3 + NH_4Cl$$

$$NH_4NO_3 + 2KNO_3 = NH_4NO_3 \cdot 2KNO_3$$

硫酸铵也可与硝酸铵形成复盐:

$$2NH_4NO_3 + (NH_4)_2SO_4 = 2NH_4NO_3 \cdot (NH_4)_2SO_4$$

$$3NH_4NO_3 + (NH_4)_2SO_4 = 3NH_4NO_3 \cdot (NH_4)_2SO_4$$

生成的两种复盐的吸湿性均比硝酸铵低，因此这种混配是有利的。

（二）复混肥料的造粒

复混肥料有粉状或粒状两种形式。成粒后可以减轻或避免结块，便于机械化施肥，减少在土壤中的淋溶损失或固定，方便包装和贮运。常见的造粒方法如下：

1．挤压法

用挤压机械将混合物直接挤压成颗粒产品，或挤压成片状、条状，然后再破碎或切割成小粒。

2．团粒法

在混合物料造粒时，加入水、饱和蒸汽或粘结剂，使它们涂布在小粒子表面并部分溶解粒子表面物质，以便使粉料粘结在小粒子表面形成团粒。物料的温度及润湿程度是影响团粒法造粒的重要因素。在此法中，一般要将成品筛分中的细粒子筛分出来作为返粒加入造粒系统并且作为造粒过程的初始核心。

3．涂层法（或包裹法）

将熔融的物料喷涂在小粒子表面上，干燥冷却后形成表皮，如此反复进行，直至颗粒规格达到合格品要求。另一种是将粉状物料通过粘结剂一层层地包裹在作为核心的颗粒肥料上制成包裹型肥料。此法的条件是预先有一种可以作为核心的较大的肥料颗粒存在。

4．喷淋法

将溶液、料浆或熔融物料通过喷嘴喷淋成小液滴，经干燥、冷却制成合格颗粒。喷淋一般在造粒塔中进行，喷出的液滴在下降过程中和上升的气体逆向相遇并同时进行传质和传热，液滴通过干燥和冷却成为固体颗粒。

（三）复混肥料的生产工艺流程

图7-11是复混肥料生产的典型工艺流程。根据采用不同的原料或粘结剂，此工艺尚可删改。对造粒、干燥或冷却设备，也可以根据不同原料特点选用。如用盘式造粒机代替转鼓式造粒机等。

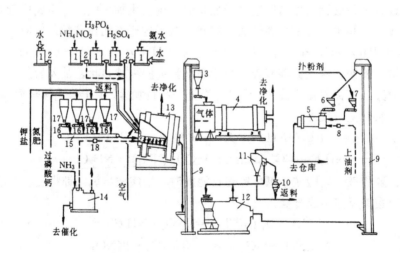

图7-11　复混肥料生产流程

1—贮槽；2—定量加料器；3—料斗；4—干燥转筒；5—转筒式调理器；6—成品料斗；
7—扑粉剂料斗；8—涂油剂定量加料器；9—提升机；10—碾碎机；11—振动筛；12—沸腾层冷却器；
13—转鼓粒化器；14—氨蒸发器；15—皮带运输机；16—带式称量加料器；17—料斗；18—氨调节器

思考练习题

7-1　磷肥对植物生长有哪些作用？

7-2　湿法磷酸生产的化学反应有哪些？主要生产方法有哪几种？

7-3　试述"二水物法"生产湿法磷酸的流程及工艺条件的选择。

7-4　什么是酸法磷肥？主要有哪些品种？其养分与特性有何不同？写出其各自的反应式。

7-5　过磷酸钙生产分几步进行？其各步有何特点？写出分步及总反应式。

7-6　过磷酸钙生产的工艺条件如何选择？

7-7　熟悉回转化成室生产过磷酸钙的工艺流程及产品指标。

7-8　过磷酸铵氨化中和处理有哪几种方法？常用中和剂有哪些？

7-9　重过磷酸钙生产与普通过磷酸钙生产有何不同？

7-10　熟悉黄磷的生产流程及热法磷酸的主要生产方法。

7-11　钙镁磷肥的生产方法有哪些？写出其配料原则及配料控制参数。

7-12　熟悉高炉法生产钙镁磷肥的工艺流程及产品指标。

7-13　其他热法磷肥有几种？了解各品种简单生产过程。

7-14　复合肥料、复混肥料和掺混肥料有什么异同点？其养分含量如何表示？

7-15　生产磷酸铵的基本化学反应有哪些？

7-16　试述生产磷酸一铵和磷酸二铵的主要工艺条件及工艺流程。

7-17　硝酸分解磷矿的原理是什么？

7-18　硝酸磷肥有哪几种生产方法？

7-19　硝酸磷肥生产工艺条件如何选择？

7-20　了解复混肥料标准的主要要求及各种肥料的混配情况。

7-21　复混肥料的成粒方法有哪几种？

7-22　陕西金家河磷矿的一般组成如下：

组分：	P_2O_5	灼失量（以 CO_2 计）	Fe_2O_3	Al_2O_3
含量，%	23.89	12.38	0.8	1.36

求用 1 t 磷矿生产过磷酸钙需耗用的硫酸量。

第八章 钾 肥

本章学习要求

1. 熟练掌握的内容

用钾石盐或光卤石制取氯化钾不同方法的原理；复分解法和明矾石制硫酸钾的基本原理；钾在土壤中的存在形态及转化条件。

2. 理解的内容

制氯化钾或硫酸钾的相图分析及工艺流程；钾石盐、光卤石等常见矿物的特性。

3. 了解的内容

自然界含钾矿物的特性；钾对农作物生长的作用。

钾是植物所需的三大营养元素之一。钾能促进植物体内各种糖类的代谢及蛋白质和脂肪的形成，增强植物抗寒、抗旱、抗病、抗倒伏等性能，借以增加农作物产量和提高农作物的质量。

钾在土壤中有水溶性钾、代换性钾和不溶性钾三种形态。代换性钾是指被土壤复合体所吸附而又能被其他阳离子所交换的钾；不溶性钾是一些难于被作物直接吸收的含钾硅铝酸盐。不溶性钾经过风化也可以转化为水溶性钾，但转化速度太慢，不能满足植物的需求。

氯化钾和硫酸钾是主要的水溶性钾肥，另外还有硫酸钾镁（复盐）、磷酸氢钾、窑灰钾肥和硝酸钾等。钙镁磷钾肥、熔融磷酸盐等属枸溶性钾肥。

钾肥的品位，大多以换算成 K_2O 来表示。

第一节　氯化钾的生产

氯化钾（Potassium Chloride 或 Muriate of Patash（MOP））分子式 KCl，分子量 74.55，纯氯化钾含水溶性 K_2O 63.17%，肥料级氯化钾一般含 K_2O 58%~60%，其占世界钾肥总产量 80%以上。

钾肥生产是以自然界的含钾矿物作为原料。表 8-1 列出了主要的含钾矿物，含钾矿物又分为水溶性和不溶性矿物两大类，前者具有较大的工业意义。

表 8-1　各种含钾矿物（纯矿物组成）

矿物名称	矿物英文名	水溶性	化学组成	密度/(g/cm³)	硬 度	理论 K_2O 含量,%
钾岩盐	sylvite	可溶	KCl	1.687	2.2	63.2
钾石盐	sylvine(sylvinite)	可溶	KCl 和 NaCl 的混合物	—	—	不定
光卤石	carnallite	可溶	$KCl \cdot MgCl_2 \cdot 6H_2O$	1.618	1~2	17.0
硫酸钾石	arcanite	可溶	K_2SO_4	2.070~2.59	2~3	54.0
钾盐镁矾	kainite	可溶	$KCl \cdot MgSO_4 \cdot 3H_2O$	2.082~2.138	2.5~3	18.9
无水钾镁矾	Lanbeinite	可溶	$K_2SO_4 \cdot 2MgSO_4$	2.86	3~4	22.7

矿物名称	矿物英文名	水溶性	化学组成	密度/(g/cm³)	硬 度	理论 K_2O 含量,%
钾镁矾	Leonite	可溶	$K_2SO_4 \cdot MgSO_4 \cdot 4H_2O$	—	2.7	25.7
软钾镁矾	Picromerite	可溶	$K_2SO_4 \cdot MgSO_4 \cdot 6H_2O$	2.35	2.5~3	23.4
钾芒硝	glaserite (aphthtalite)	可溶	$K_2SO_4 \cdot Na_2SO_4$	2.697	3.0	30.5
杂卤石	Polyhalite	不溶	$K_2SO_4 \cdot MgSO_4 \cdot 2CaSO_4 \cdot 2H_2O$	2.72	3	15.6
霞 石	Nepheline	不溶	$K_2O \cdot Al_2O_3 \cdot 2SiO_2$	2.58~2.64	5~6	30.1
钾长石	Potash feldspar	不溶	$K_2O \cdot Al_2O_3 \cdot 6SiO_2$	2.57	6	16.9
白榴子石		不溶	$K_2O \cdot Al_2O_3 \cdot 4SiO_2$	2.45~2.50	5.5~6.0	22.0
明矾石	alunits	不溶	$K_2O \cdot 3Al_2O_3 \cdot 4SO_3 \cdot 6H_2O$	2.56~2.75	3.5~4	11.4

一、由钾石盐生产氯化钾

钾石盐是氯化钾和氯化钠的混合物,矿石多呈桔红色,间有白色、青灰色等。氯化钾含量可在 10%~60% 范围内波动,主要杂质是氯化钠、光卤石 ($KCl \cdot MgCl \cdot 6H_2O$)、硬石膏 ($CaSO_4$) 和粘土等物质。钾石盐是最重要的可溶性钾矿,一般认为用于生产的钾石盐 KCl 含量必须在 20% 以上。

(一)溶解结晶法制取氯化钾

1. 溶解结晶法原理

KCl 的溶解度与多数盐类相似,随着温度上升而迅速增加,而 NaCl 在高温时的溶解度只略高于低温。若有 KCl 存在,NaCl 的溶解度随着温度升高而略有减少。溶解结晶法就是根据 NaCl 和 KCl 在水中的溶解度随温度变化规律的不同而将两者分开的一种分离方法。

图 8-1 是 KCl-NaCl-H_2O 系统在 25℃、100℃下的溶解度图。设 s 为钾石盐的组成点(视钾石盐仅由 KCl、NaCl 组成),由图可见,100℃时的共饱和溶液 E_{100},冷却到 25℃时处于 KCl 结晶区内,有 KCl 固相析出,液相位于 CE_{100} 的延长线与 $a_{25}E_{25}$ 的交点 n 处。将 KCl 结晶过滤除去后,重新把溶液 n 加热到 100℃,与钾石盐 s 混合成系统 R。因为 R 点位于 100℃的 NaCl 结晶区,KCl 不饱和而溶解,NaCl 固相析出,过滤去 NaCl 后将共饱和溶液 E_{100} 重新冷却,开始新的循环过程。

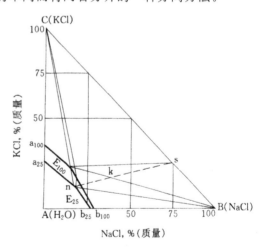

图 8-1　25℃和 100℃ KCl-NaCl-H_2O 系统溶解度图[①]
[①]图中的 E_{25}、E_{100} 分别为 25℃、100℃的 KCl-NaCl 二盐共饱点,$a_{25}E_{25}$、$a_{100}E_{100}$ 和 $E_{25}b_{25}$、$E_{100}b_{100}$ 分别表示 25℃ 和 100℃的 KCl 与 NaCl 的溶解度线

2. 工艺流程

根据相图分析,溶解结晶法工艺流程由四个部分组成。

(1)矿石溶浸　用已加热的并已分离出氯化钾固体的母液去溶浸经破碎到一定粒度的钾石盐矿石,使其中的 KCl 转入溶液,而 NaCl 几乎全部残留在不溶性残渣中。

(2)残渣分离　将热溶浸液中的食盐、粘土等残渣分离去,并使之澄清。

(3)氯化钾结晶　通过冷却澄清的热浸取液,将氯化钾结晶出来。

（4）氯化钾分离　分离出的氯化钾结晶，经洗净、干燥后即可出售。母液加热后返回系统，用来溶浸新矿石。

工艺流程示于图 8-2。

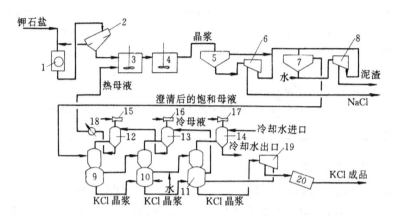

图 8-2　溶解结晶法从钾石盐制取氯化钾流程图

1—破碎机；2—震动筛；3、4—溶解槽；5、7—沉降槽；6、8、19—离心机；9、10、11—结晶器；
12、13、14—冷凝器；15、16、17—蒸汽喷射器；18—加热器；20—干燥机

溶解结晶法自钾石盐生产 1t 氯化钾（KCl＞95％）的消耗定额如表 8-2 所示。

表 8-2　生产 1tKCl（＞95％）的消耗定额

物　质	消　耗	物　质	消　耗
钾石盐（＞22％KCl）	5t	脂肪胺	18g
蒸　汽	0.75t		
电	25kW·h		
水	9m³	总收率（KCl）	90％～92％
标准煤	15kg		

溶解结晶法的优点为钾的收率较高，成品结晶颗粒大而均匀、纯度较高。缺点是浸溶温度较高、消耗较大、设备腐蚀严重。

（二）浮选法制取氯化钾

利用氯化钠和氯化钾对某些捕收剂的吸附能力不同，从而出现的被水润湿程度的差异而分离出氯化钾的一种方法。

捕收剂一般是一种表面活性剂。以使某些矿物表面生成一层憎水膜并使其与气体泡沫结合而使矿物上浮的物质。

钾石盐浮选时，捕收剂为碱金属的烷基硫酸盐（如十二烷基硫酸钠 $C_{12}H_{25}SO_4Na$）和碳原子数为 16～20 的盐酸脂肪族胺或醋酸脂肪族胺（如盐酸十八胺 $C_{18}H_{37}NH_2 \cdot HCl$ 和醋酸十八胺 $C_{18}H_{37}NH_2 \cdot CH_3COOH$），起泡剂为丁醇、松油等。

在浮选过程中，分粗选和精选两步，KCl 晶体卷入泡沫中，经真空过滤机或离心机过滤，母液重新用于浮选，而 NaCl 则随泥渣进入废砂中。得到的精矿含 KCl 90％以上，KCl 总收率大于 90％。图 8-3 是该法的工艺流程图。

浮选法生产 1t 氯化钾（KCl＞95％）的消耗定额如表 8-3 所示。

与溶解结晶法相比，该法燃料消耗大大下降，因此，该法应用较普遍。

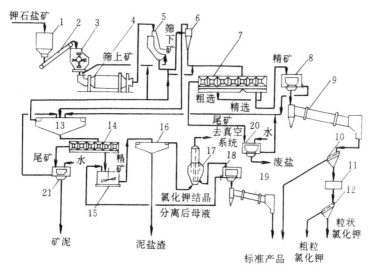

图 8-3　浮选法由钾石盐制造氯化钾流程图

1—矿石贮斗；2—皮带输送机；3—锤式破碎机；4—棒磨机；5—弧形筛；
6—水力旋流器；7、14—浮选机；8、18、20、21—离心机；9、19—干燥机；10、12—振动筛；
11—压紧机系统；13—增稠器；15—加热溶解器；16—保温增稠器；17—DTB型结晶器

表 8-3　浮选法生产消耗定额（每吨 KCl）

物　　质	消　耗	物　　质	消　耗
钾石盐（按 22% KCl 计）	5.2 t	胺类捕收剂	225 g
电	85 kW·h	矿泥捕收剂	1200 g
水	4 m³	聚丙烯酰胺（矿泥絮凝剂）	120 g
重油	9.5 kg	煤油（添加剂）	1100 g

二、用光卤石生产氯化钾

光卤石是钾镁的氯化物型复盐，分子式为 $KCl \cdot MgCl_2 \cdot 6H_2O$，理论上含 26.8%KCl（16.95%$K_2O$），34.3%$MgCl_2$ 和 38.9%水。它是假六方双锥形晶体，无色透明或呈乳白色，因有赤铁矿存在而带红色。一般认为，有工业开采价值的光卤石的平均组成应是 KCl19.3%、NaCl 24.4%、$MgCl_2$ 24.0%、H_2O 29.9%、不溶物 2.4%。

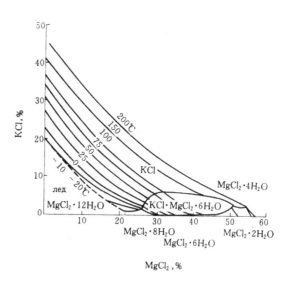

图 8-4　KCl-$MgCl_2$-H_2O 体系多温溶解度

（一）生产工艺基本原理

根据相图 8-4 可见，在不同温度（−3～117℃）下 KCl 和 $MgCl_2$ 在水中的溶解度曲线均相似，存在着 KCl、光卤石及光卤石、水氯镁石两个共饱点。把光卤石加入水中即开始全部溶解，溶液中 KCl 和 $MgCl_2$ 的浓度逐渐增大，当达到 KCl 饱和曲线，即 KCl 在溶液中饱和时，继续加入光卤石，出现不相称溶解，即加适量水使其中的 $MgCl_2$ 全部转入溶液而增大部分 KCl 保留在固相中。在相图上，结晶析出 KCl，溶液组成沿 KCl 等温饱和线向氯化钾、光卤石共饱点方向移动，直至到达该点。

（二）完全溶解法

完全溶解法就是通过把光卤石完全溶解，再结晶出氯化钾的方法来分离出氯化钾。

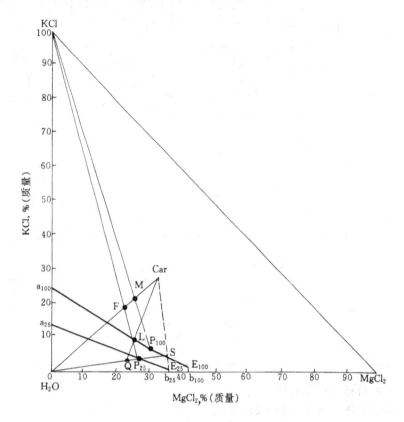

图 8-5　NaCl 呈饱和时的 KCl-MgCl₂-H₂O 系统溶解度图

从图 8-5 呈饱和时的 KCl-MgCl₂-H₂O 系统溶解图可以看出：

先将一部分 25℃ 下 KCl、KCl·MgCl₂·6H₂O 和 NaCl 的三盐共饱液 P_{25} 加水配制成溶液 Q，然后加热到 100℃ 去溶解光卤石（Car 为光卤石组成点），得到 100℃ 下的饱和溶液 L。过滤除去泥渣后，再将溶液冷却到 25℃，大部分氯化钾就结晶出来（其中含有 NaCl 杂质），溶液又回落到三盐共饱点 P_{25} 上。将 KCl 结晶分离后，母液 P_{25} 大部分返回循环，小部分在 25℃ 下等温蒸发到 S 点（S 点在 $CarE_{25}$ 联线上），析出光卤石（称为人造光卤石，以区别于天然光卤石），此光卤石和天然光卤石一样，可以用作提取氯化钾的原料。母液 E_{25} 的组成为 MgCl₂ 35.34%，NaCl 0.33%，KCl 0.11%，主要为 MgCl₂，经脱水后用于制造金属镁的原料。

完全溶解法的工艺流程如图 8-6 所示。

完全溶解法用沉降法除去不溶物，成品氯化钾纯度高，并可用低品位矿石进行加工。主要问题是腐蚀严重，需消耗热能。

（三）冷分解法

在常温下（25℃）分解光卤石法即称冷分解法。在常温下，将光卤石加水达到图 8-6 中的 F 点，此时它位于 KCl 结晶区，因此光卤石中的 MgCl₂ 全部进入溶液中溶解，分解出来的 KCl 晶体成为细渣悬浮在母液中，而光卤石中的 NaCl 固体溶解量并不大，因此 NaCl 晶体与 KCl

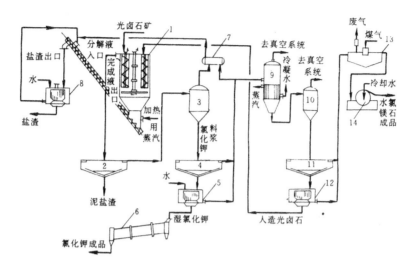

图 8-6　完全溶解法加工光卤石制取氯化钾的工艺流程图

1—立式螺旋溶解槽；2、4、11—增稠器；3、10—真空结晶器；5、8、12—离心机；
6—转筒干燥器；7—热交换器；9—真空蒸发器；13—浸没燃烧蒸发器；14—冷辊机

晶体混杂在一起。由于光卤石原料中的 NaCl 晶体比冷分解时析出的 KCl 晶体要粗大，因此将晶浆经过短时间沉降后，便可以将其中一部分 NaCl 分离出去，以提高晶浆中固体 KCl 与固体 NaCl 的比例。当大部分 NaCl 被分离除去后，再将结晶与母液分离，得到含 KCl 58%～62% 的固体物，称为粗钾。母液组成点落在 P_{25}，然后与完全溶解法一样加工。

粗钾可以直接作为肥料使用，也可以加入一定量的水，使较细的 NaCl 溶去而大部分 KCl 仍以固体存在，经分离干燥后即得较纯的氯化钾，此称为精钾，产品纯度大于 90%。

图 8-7 为光卤石制取氯化钾的冷分解法工艺流程图。

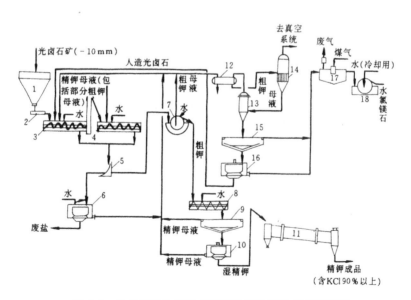

图 8-7　冷分解法加工光卤石制取氯化钾的工艺流程图

1—贮斗；2—给料器；3、4、8—螺旋溶解器；5—弧形筛；6、10、16—离心机；
7—转筒真空过滤器；9—增稠器；11—转筒干燥机；12—冷凝器；13—真空结晶器；
14—真空蒸发器；15—增稠器；17—浸没燃烧蒸发器；18—冷辊机

冷分解法操作简便，能耗低，在常温下操作设备腐蚀较轻，设备材料可采用普通碳钢。缺点是产品纯度和钾的收率较低。

第二节　硫酸钾的生产

硫酸钾（Potassium Sulphate），分子式 K_2SO_4，分子量 174.27，理论含 K_2O 54.06％。

硫酸钾是无氯钾肥的主要品种。商品硫酸钾中氧化钾含量一般在 50％左右，硫含量 18％，两者皆是植物所需的营养元素，一些忌氯作物，如亚麻、荞麦、马铃薯、茶叶、烟草、柑桔、葡萄等，如施用氯化钾肥（KCl），将使作物质量受到影响。因此，K_2SO_4 用于肥料的消费量很大。

世界硫酸钾产量中，约 50％来自开采的天然钾盐矿石，包括硫酸钾石、无水钾镁矾（$K_2SO_4 \cdot 2MgSO_4$）、钾盐镁矾（$KCl \cdot MgSO_4 \cdot 3H_2O$）、钾镁矾（$K_2SO_4 \cdot MgSO_4 \cdot 4H_2O$）和软钾镁矾（$K_2SO_4 \cdot MgSO_4 \cdot 6H_2O$）等的加工；37％是用成品 KCl 转化，其余 13％来自盐湖卤水和其他资源。

一、复分解法生产硫酸钾

常用芒硝（Na_2SO_4）、无水钾镁矾（$K_2SO_4 \cdot 2MgSO_4$）、泻利盐（$MgSO_4 \cdot 7H_2O$）和氯化钾复分解制取 K_2SO_4。

现以无水钾镁矾和泻利盐生产 K_2SO_4 为例。

无水钾镁矾常与 NaCl 一起形成混合物，由于 NaCl 在水中的溶解速度要比无水钾镁矾快得多，因此可用水洗涤将 NaCl 从混合物中除去大部分。无水钾镁矾和氯化钾的复分解反应如下：

$$K_2SO_4 \cdot 2MgSO_4 + 4KCl \longrightarrow 3K_2SO_4 + 2MgCl_2$$

图 8-8 为 K^+、$Mg^{2+} /\!/ Cl^-$、SO_4^{2-}—H_2O 系统 25℃时的相图，图中 L 为无水钾镁矾（$K_2SO_4 \cdot 2MgSO_4$）、S 为钾镁矾（$K_2SO_4 \cdot MgSO_4 \cdot 4H_2O$）及软钾镁矾（$K_2SO_4 \cdot MgSO_4 \cdot 6H_2O$）、K 为钾盐镁矾（$KCl \cdot MgSO_4 \cdot 3H_2O$）的组成点。

如果将无水钾镁矾 L 与氯化钾 B 混合成溶液 a，当水量适合时，可使系统落在 K_2SO_4 结晶区内，析出 K_2SO_4 而得溶液 P，过滤出 K_2SO_4 固体后，在高温下蒸发溶液 P，液相点组成沿着 PE 共饱线向 E 移动，先后析出钾镁矾、钾盐镁矾和氯化钾结晶，将固体分离出后返回复分解，母液 E 排弃掉。

用泻利盐（$MgSO_4 \cdot 7H_2O$）和氯化钾复分解制取转钾镁矾。在 25℃下，将氯化钾 B 和泻利盐 D 混合成系统 K 点，此时，若调整各自用量，系统点将落在软钾镁矾结晶区内，析出软钾镁矾 S 并得母液 E。E 落在钾盐镁矾结晶区内，蒸发时析出钾盐镁矾，分离后继续将钾盐镁矾返回复分解，而得到的软钾镁矾可直接作为肥料。

用泻利盐和氯化钾复分解制硫酸钾分两步。第一步：在 25℃下，用软钾镁矾、氯化

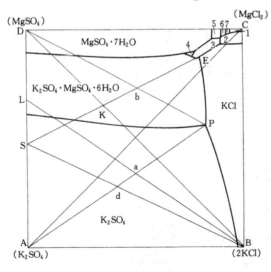

图 8-8　K^+，$Mg^{2+} /\!/ Cl^-$，SO_4^{2-}—H_2O 系统相图
1—$MgCl_2 \cdot 6H_2O$ 结晶区；2—$KCl \cdot MgCl_2 \cdot 6H_2O$ 结晶区；3—$KCl \cdot MgSO_4 \cdot 3H_2O$ 结晶区；4—$K_2SO_4 \cdot MgSO_4 \cdot 4H_2O$ 结晶区；5—$MgSO_4 \cdot 6H_2O$ 结晶区；6—$MgSO_4 \cdot 5H_2O$ 结晶区；7—$MgSO_4 \cdot 4H_2O$ 结晶区

钾和硫酸钾的共饱液 P 和固体 $MgSO_4$ 混合成 b，析出软钾镁矾 S 得到溶液 E；第二步：固液分离后将软钾镁矾 S 与氯化钾 B 混合成 d 并加少量水使其发生复分解反应，则析出 K_2SO_4A 而得到母液 P，P 返回到第一步中，分离出的 K_2SO_4 即为产品，第一过程中产生的母液 E 弃去。工艺流程图见图 8-9。

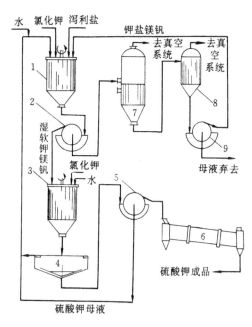

图 8-9　由泻利盐和氯化钾制取硫酸钾的工艺流程图

1、3—转化槽；2、5、9—转筒真空过滤机；4—增稠器；6—转筒干燥器；7—真空蒸发器；8—真空结晶器

二、以明矾石生产硫酸钾

明矾的化学分子式是 $K_2SO_4 \cdot Al_2(SO_4)_3 \cdot 2Al_2O_3 \cdot 6H_2O$，也可写作 $K_2O \cdot 3Al_2O_3 \cdot 4SO_3 \cdot 6H_2O \cdot K[Al(OH)_2]_3(SO_4)_2$。纯明矾石含 K_2O 11.4%，Al_2O_3 37.0%，SO_3 38.6% 和 H_2O 13.0%。自然界的纯明矾石常含有 $SiO_2 \cdot Fe_2O_3$、TiO_2 等杂质，且其中一部分钾离子被钠离子所取代，通常它的 K_2O/Na_2O 质量比在 4~5 之间，矿石含 K_2O 在 5~7 之间，Al_2O_3 和 SO_3 在 20% 左右。纯明矾石硬度 3.5~4 级，相对密度 2.58~2.75，含杂质矿物硬度差异较大，硬度较高的达 8~9 级，相对密度 2.39~2.89，一般其硬度为 7 级。

明矾石不溶于水，也不溶于盐酸、硝酸和氢氟酸，但能与氢氧化钠（钾）溶液或浓热的硫酸、高氯酸反应而溶解。在加压、加热下，亦能与氨水反应而使钾、硫组分进入溶液。由于明矾石中含有 K_2O、Al_2O_3、SO_3，因此可用来生产 K_2SO_4、Al_2O_3、$Al_2(SO_4)_3$、H_2SO_4 等产品。

（一）热解法

许多加工利用明矾石的流程中，首先要煅烧明矾石以脱除结合水，提高其反应活性，然后再用各种溶剂进行混法加工。

明矾石煅烧机理可以从差热分析曲线和重热曲线得到分析，图 8-10 是明矾石的差热分析曲线。

从图中可以看出，自室温至 520℃ 以前几乎没有

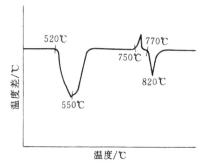

图 8-10　明矾石的差热分析曲线

什么变化，在 520～550℃ 之间有一强烈的吸热反应，用岩石显微镜不能发现在这一温度区间煅烧的明矾石有氧化铝相存在，另一方面在 500～700℃ 之间，煅烧过的明矾石在 170℃ 下用饱和热水处理时，可以重新变为明矾石。根据以上分析，可以确认在该温度区间为明矾石的脱水反应，反应式为：

$$2KAl_3(SO_4)_2(OH)_6 \longrightarrow K_2SO_4 \cdot Al_2(SO_4)_3 \cdot 2Al_2O_3 + 6H_2O \uparrow$$

在 650℃ 下，加热 12h，脱水明矾石自行发生崩裂：

$$K_2(SO_4)_2 \cdot Al_2(SO_4)_3 \cdot 2Al_2O_3 \xrightarrow[12h]{650℃} 2Al_2O_3 + K_2SO_4 \cdot Al_2(SO_4)_3$$

在 750℃ 下，会发生放热反应，据认为是上述崩裂反应产物之一发生结晶化所引起的。

在 770～820℃ 之间，又出现一个吸热反应，这是由于其中的 $Al_2(SO_4)_3$ 分解，放出了 SO_3：

$$K_2SO_4 \cdot Al_2(SO_4)_3 \longrightarrow \alpha\text{-}Al_2O_3 + K_2SO_4 + 3SO_3 \uparrow \qquad (8\text{-}1)$$

该反应由于生成 $\alpha\text{-}Al_2O_3$，因此，煅烧产品的 Al_2O_3 活性大为下降，不能被 NaOH 所浸取。当继续加热到 1000℃ 时，K_2SO_4 与 Al_2O_3 反应：

$$K_2SO_4 + Al_2O_3 \longrightarrow 2KAlO_2 + SO_3 \uparrow$$

如果明矾石在还原性气氛中进行煅烧，就可以使反应式（8-1）的温度降低到 520～580℃ 之间。

$$K_2SO_4 \cdot Al_2(SO_4)_3 \cdot 2Al_2O_3 + CO \longrightarrow K_2SO_4 + 3Al_2O_3 + 3SO_2 + 3CO_2 \uparrow \qquad (8\text{-}2)$$

在 527℃（800K）时，反应式（8-1）的自由焓 $\Delta G = 225062J$，$K_p = 3.16 \times 10^{-1.5}$，而反应（8-2）的 $\Delta G = -344909J$，$K_p = 4 \times 10^{23}$，由此可以看出，在还原性气氛中，硫酸铝的分解温度要低 250℃ 以上，所得 Al_2O_3 具有较高的反应活性，容易被 NaOH 溶液所浸取。

（二）氨浸法

氨浸法加工明矾石有两种具体方法，氨碱法和氨酸法。两者都是将明矾石的脱水熟料用氨水进行浸取的：

$$K_2SO_4 \cdot Al_2(SO_4)_3 \cdot 2Al_2O_3 + 6NH_4OH \longrightarrow$$
$$K_2SO_4 + 3(NH_4)_2SO_4 + 2Al(OH)_3 \downarrow + 2Al_2O_3$$

溶液中为 K_2SO_4 和 $(NH_4)_2SO_4$，可以制成钾氮混合肥料，过滤得到的残渣（称为氨渣），含 $Al(OH)_3$ 和 Al_2O_3 及来自明矾石原矿中的 SiO_2、TiO_2 和 Fe_2O_3 等杂质。

氨碱法是用烧碱溶液提取氨渣中的 Al_2O_3 和 $Al(OH)_3$，以 $NaAlO_2$ 形式进入溶液：

$$2Al(OH)_3 + 2Al_2O_3 + 6NaOH \longrightarrow 6NaAlO_2 + 6H_2O$$

残渣（称为碱渣、赤泥）一般排弃掉。

氨酸法是用硫酸溶液提取氨渣中 Al_2O_3 和 $Al(OH)_3$，以 $Al_2(SO_4)_3$ 形式进入溶液：

$$2Al(OH)_3 + 2Al_2O_3 + 9H_2SO_4 \longrightarrow 3Al_2(SO_4)_3$$

硫酸铝可用作造纸、印染、净水的化工原料。

明矾石氨浸法的工艺流程如图 8-11 所示，在图中同时示出了氨碱法和氨酸法两种生产过程。

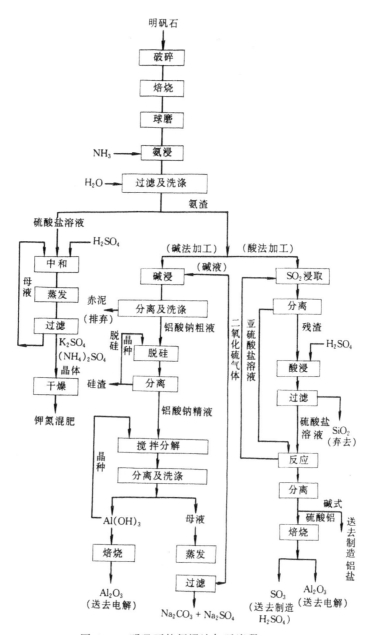

图 8-11　明矾石的氨浸法加工流程

思考练习题

8-1　写出钾石盐、光卤石的主要成分及其特性。

8-2　土壤中钾的存在形态有几种？它们之间如何转化？

8-3　钾石盐制氯化钾主要有哪些方法？其原理是什么？

8-4　试述钾石盐溶解结晶法制氯化钾的工艺流程。

8-5　光卤石生产氯化钾的原理是什么？主要有几种方法？有何区别？

8-6　试述复分解法生产硫酸钾的基本原理。

8-7　试述明矾石生产硫酸钾的两种方法。

第九章 氨碱法制纯碱

本章学习要求

1. 熟练掌握的内容

石灰石煅烧的基本原理以及理论分解温度的计算；氨盐水碳酸化过程反应机理及钠、氨利用率和碳化度的计算。

2. 理解的内容

饱和盐水的精制原理；蒸氨塔中的气液平衡关系以及蒸氨工艺条件的选择。

3. 了解的内容

纯碱的各种生产工艺和目前工业上所采用的制碱方法；氨碱法制纯碱的基本原理。

第一节 概　述

一、纯碱的性质和用途

纯碱的化学名即碳酸钠(Na_2CO_3)，也称为苏打或碱灰，为无水、白色粉末。分子量 106.00，相对密度 2.533，熔点 851℃，易溶于水并能与水生成 $Na_2CO_3 \cdot H_2O$（商品名"碳氧"）、$Na_2CO_3 \cdot 7H_2O$ 和 $Na_2CO_3 \cdot 10H_2O$（又称晶碱或洗涤碱）三种水合物。微溶于无水乙醇，不溶于丙酮。工业产品的纯度在 99% 左右，依颗粒大小、堆积密度的不同，可分为超轻质纯碱、轻质纯碱和重质纯碱，其堆积密度（t/m³）分别为 0.33～0.44，0.45～0.69，0.8～1.1。

纯碱是一种强碱弱酸生成的盐，它的水溶液呈碱性，并能与强酸发生反应，如：

$$Na_2CO_3 + 2HCl \longrightarrow 2NaCl + H_2O + CO_2 \uparrow$$

在高温下，纯碱可分解为氧化钠和二氧化碳，反应式如下：

$$Na_2CO_3 \xrightarrow{\text{高温}} Na_2O + CO_2 \uparrow$$

另外，无水碳酸钠长期暴露于空气中能缓慢地吸收空气中的水分和二氧化碳，生成碳酸氢钠。

$$Na_2CO_3 + H_2O + CO_2 \longrightarrow 2NaHCO_3$$

纯碱是一种重要的基本化工原料，年产量在一定程度上可以反映出一个国家化学工业发展的水平。纯碱的主要用途，用于生产各种玻璃，制取各种钠盐和金属碳酸盐等化学品；其次用于造纸、肥皂和洗涤剂、染料、陶瓷、冶金、食品工业和日常生活。因此，纯碱在国民经济中占有极为重要的地位。

二、纯碱的工业生产方法

18 世纪以前，碱的来源依靠天然碱和草木灰。随着欧洲产业革命的进展，需要大量的纯碱。1791 年，法国人路布兰（N.Leblanc）提出用食盐和硫酸反应制取纯碱的方法，但该法原料利用率低，产品质量差，成本高，生产过程不连续等原因，越来越不能满足工业发展的需要，目前已被完全淘汰。1861 年，比利时人苏尔维（E. solvay）提出了氨碱法制纯碱，也称苏尔维法。该法具有原料来源方便，生产过程连续，成本低，产量高等优点，至今仍在纯碱生产中广泛采用。1942 年，中国著名化学家制碱泰斗侯德榜先生提出了联合制碱法，首次提出肥料与纯碱生产联合，该法原料利用率高，产品质量好，成本低，是目前工业化生产中采用的主要方法之一。除此之外，还有天然碱加工法等。现将各种生产方法分述如下。

（一）路布兰法生产纯碱

该法以食盐、硫酸、煤和石灰石为原料，首先用食盐和硫酸反应生成硫酸钠，而后将无水硫酸钠、石灰石及煤混合后置于反射炉内加热到 950～1000℃，即生成碳酸钠。经过浸取、浓缩而得纯碱。主要化学反应为：

$$2NaCl + H_2SO_4 \longrightarrow Na_2SO_4 + 2HCl \tag{9-1}$$

$$Na_2SO_4 + 2C \longrightarrow Na_2S + 2CO_2 \tag{9-2}$$

$$Na_2S + CaCO_3 \longrightarrow Na_2CO_3 + CaS \tag{9-3}$$

（二）氨碱法生产纯碱

苏尔维法生产纯碱主要是采用食盐、石灰石、焦炭和氨为原料，其示意流程参见图 9-1。

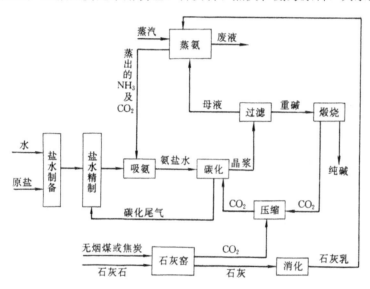

图 9-1　氨碱法示意流程

主要生产过程包括盐水制备、石灰石煅烧、氨盐水制备及其碳酸化、重碱的分离及煅烧、氨回收等。主要化学反应为：

$$CaCO_3 \longrightarrow CaO + CO_2 \uparrow \tag{9-4}$$

$$CaO + H_2O \longrightarrow Ca(OH)_2 \tag{9-5}$$

$$NaCl + NH_3 + H_2O + CO_2 \longrightarrow NaHCO_3 \downarrow + NH_4Cl \tag{9-6}$$

$$2NaHCO_3 \longrightarrow Na_2CO_3 + CO_2 \uparrow + H_2O \tag{9-7}$$

$$2NH_4Cl + Ca(OH)_2 \longrightarrow CaCl_2 + 2NH_3 + H_2O \tag{9-8}$$

（三）联合法生产纯碱和氯化铵

该法主要采用食盐、氨、以及合成氨生产过程中所含有的二氧化碳气体为原料，同时生产纯碱和氯化铵肥料，将合成氨和纯碱两大工业联合，故简称"联合制碱"或"联碱"。

三、制碱的主要原料——氯化钠

氯化钠是制造纯碱的主要工业原料，主要来源为海盐、岩盐和天然盐水。

（一）海盐

海水中含有各种盐类，其中以 NaCl 为主。海盐的生产一般是将海水引入盐田晒制而得，质量视海水的成分、晒制的工艺条件而定。

（二）岩盐

以矿床形式存在于地层中的天然氯化钠统称为岩盐。以水溶法进行开采得到盐卤，将盐卤加工可制得氯化钠。

（三）天然盐水

含 NaCl 12％以上，并含有 KCl、NH_4Cl、$CaSO_4$、$MgCl$ 等物质。符合一定要求的天然盐水可直接用于制碱。

第二节　石灰石煅烧与石灰乳制备

一、石灰石煅烧

氨碱法生产纯碱，需要大量的二氧化碳和石灰乳，前者供氨盐水碳化之用，后者供蒸氨之用。石灰及二氧化碳可由煅烧石灰石而得，生石灰经消化即得石灰乳。

（一）石灰石煅烧的理论分解温度

石灰石中含碳酸钙 95％左右，另含 $MgCO_3$ 及少量 SiO_2、Fe_2O_3 及 Al_2O_3 等约 2％～4％，煅烧时的主要反应为：

$$CaCO_3(s) \Longrightarrow CaO(s) + CO_2(g) \quad \Delta H = 179.6 \text{ kJ/mol} \tag{9-9}$$

这是一个体积增加、吸热的可逆反应。根据平衡移动原理，升高温度及降低 CO_2 分压可使平衡向右移动。根据相律该体系在平衡时系统中有两个独立组分和三个相，故其自由度为：

$$f = c - p + 2 = 2 - 3 + 2 = 1$$

也就是说当可变的温度一旦确定时该体系的平衡压力也就随之而定了。这样就可根据热力学理论，求出当分解的 CO_2 分压达到 0.1 MPa 时的最低温度，即为石灰石煅烧时的理论分解温度。

反应式（9-9）的标准熵和焓可计算如下：

$$\Delta S_{298}^\circ = S_{298}^\circ (CaO, s) + S_{298}^\circ (CO_2, g) - S_{298}^\circ (CaCO_3, s)$$
$$= 39.8 + 214 - 93.0 = 160.9 \text{ J/(mol·K)}$$
$$\Delta H_{298}^\circ = \Delta H_{298}^\circ (CaO, s) + \Delta H_{298}^\circ (CO_2, g) - \Delta H_{298}^\circ (CaCO_3, s)$$
$$= -635 - 394 + 1210 = 1.81 \times 10^5 \text{ J/mol}$$

下列三种物质的等压热容 C_p° 与温度的关系分别为：

$$c_p^\circ(CO_2)(g) = a + bT + cT^2 = 28.7 + 35.7 \times 10^{-3}T - 10.35 \times 10^{-6}T^2 \text{ J/(mol·K)}$$
$$c_p^\circ(CaO)(s) = a + bT + dT^{-2} = 41.87 + 20.25 \times 10^{-3}T - 452.5 \times 10^3 T^{-2} \text{ J/(mol·K)}$$
$$c_p^\circ(CaCO_3)(s) = a + bT + dT^{-2} = 82.5 + 49.8 \times 10^{-3}T - 1288 \times 10^3 T^{-2} \text{ J/(mol·K)}$$

由此可得　$\Delta c_p^\circ = \Delta a + \Delta bT + \Delta cT^2 + \Delta dT^{-2}$

式中　$\Delta a = 28.7 + 41.87 - 82.5 = -11.93$；

$\quad\quad \Delta b = 6.15 \times 10^{-3}$；

$\quad\quad \Delta c = -10.35 \times 10^{-6}$；

$$\Delta d = 835.5 \times 10^3;$$

由 $d(\Delta H_T^\circ) = \Delta c_p^\circ dT$，可得

$$\Delta H_T^\circ = I_H + \Delta aT + \frac{1}{2}\Delta bT^2 + \frac{1}{3}\Delta cT^3 - \Delta dT^{-1} \tag{9-10}$$

由 $d(\Delta S_T^\circ) = \Delta c_p^\circ dT/T$，可得

$$\Delta S_T^\circ = I_S + \Delta a\ln T + \Delta bT + \frac{1}{2}\Delta cT^2 + \frac{1}{2}\Delta dT^{-2} \tag{9-11}$$

将 Δa、Δb、Δc、Δd 及 298K 代入式（9-10）和（9-11）中，则可分别求出积分常数 I_H 和 I_S：

$$I_H = 187.2 \times 10^3 \qquad I_S = 232.0$$

再由 $\Delta G_T^\circ = \Delta H_T^\circ - T\Delta S_T^\circ$ 及式（9-10）和（9-11）可求得：

$$\Delta G_T^\circ = I_H + (\Delta a - I_S)T - \Delta aT\ln T - \frac{1}{2}\Delta bT^2 - \frac{1}{6}\Delta cT^3 - \frac{1}{2}\Delta dT^{-1} \tag{9-12}$$

反应式（9-9）在温度 T 时的自由焓变化为 $\Delta G_T = \Delta G_T^\circ + RT\ln J_P$，其中 $J_P = p(CO_2)$。当 $p(CO_2) = 0.1$ MPa 且达平衡时，$\Delta G_T = 0$，则有 $\Delta G_T^\circ = -RT\ln J_P = 0$，将上述所求得的各数据代入式（9-12），用试差法或图解法可求得 $T = 1180$ K，此即为理论上二氧化碳分压达 0.1 MPa 时石灰石的分解温度。

（二）窑气中的二氧化碳浓度

石灰石煅烧是吸热过程，热量通常由加入窑内的焦炭或无烟煤燃烧提供，再鼓入空气，使燃料充分燃烧，以提供更多的能量。

石灰石煅烧以后，产生的气体统称为窑气。窑气中产生的 CO_2 主要是 $CaCO_3$ 的分解，另外，鼓入空气使燃料燃烧也产生一部分 CO_2，并带入一定量的氮气。氮和过量的氧都将降低 CO_2 浓度。因此，投入窑内的燃料以及鼓入的空气都必须适量。一般将 100 kg 石灰石所配燃料的千克数称为"配焦率"，并以符号 F 表示。则窑气中 CO_2 的浓度可表示为：

$$CO_2 \text{浓度} = \left[\frac{\dfrac{CaCO_3\%}{100} + \dfrac{MgCO_3\%}{84.3} + \dfrac{C\%}{12} \times F}{\dfrac{CaCO_3\%}{100} + \dfrac{MgCO_3\%}{84.3} + \dfrac{C\%}{12} \times F \times \dfrac{1}{0.21}} \right] \times 100\% \tag{9-13}$$

式中　$CaCO_3\%$、$MgCO_3\%$——分别为石灰石中 $CaCO_3$ 和 $MgCO_3$ 的质量百分含量；

　　　　$C\%$——燃料中炭的质量百分含量；

　　　　0.21——空气中氧的分子分率。

实际生产中，窑气浓度一般为 40%～43%，窑气经冷却、净化、压缩后备用。

二、石灰窑及操作指标

工业上一般采用混料竖窑煅烧石灰石，固体燃料可以与石灰石一起加入窑内，燃料燃烧放出热量供石灰石分解。这种窑具有生产能力大，上料下灰完全机械化，窑气浓度高，热能利用率高，石灰质量好等优点。竖式石灰窑的结构如图 9-2。

混料竖窑主要由三部分组成：窑身、窑顶加料装置和窑底卸灰机构。窑身一般为圆筒形，用普通砖或钢板制成，内砌耐火砖，两层之间装有绝热材料（如绝热镁砖、石棉矿渣、泡沫硅藻土等），以减少热量损失。窑身厚度一般为 1 m 左右。窑顶安装有加料漏斗及散石器，使炉料分布均匀并保持加料时窑顶继续保持密封，窑顶有集气管将炉气引出。窑的底部有卸灰装置及风帽，卸灰装置的工作原理是由卸灰器的转动，使石灰落到固定的漏斗内卸出。

空气由鼓风机自窑的下部经风帽进入窑内，石灰石和焦炭混合后自窑顶加入窑内，依次

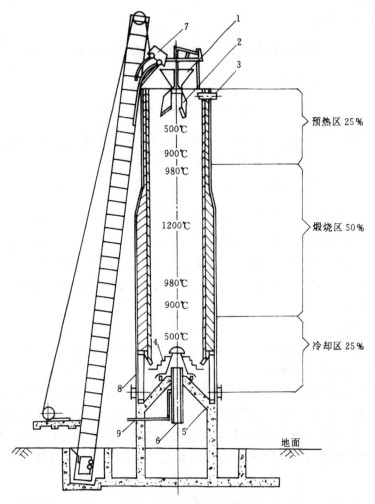

图 9-2 石灰窑简图

1—漏斗；2—分石器；3—出气口；4—出灰转盘；5—四周风道；
6—中央风道；7—吊石罐；8—出灰口；9—风压表接管

经过预热区、煅烧区和冷却区。预热区位于窑的上部，利用从煅烧区来的热窑气预热和干燥入炉的炉料。煅烧区位于窑的中部，主要完成石灰石的分解，为避免过热结瘤，该区温度不应超过1200℃。冷却区位于窑的下部，用来预热进窑的空气并冷却石灰，既回收了热量又保护了窑箅不被烧坏。

石灰窑是制造二氧化碳和石灰的关键设备，主要工作指标：

（一）石灰窑的生产能力 Q

以每昼夜煅烧石灰石的质量来表示。

$$Q = 24Br/Z \qquad \text{t/d}$$

式中　B——石灰窑的有效容积，m^3；

　　　r——石灰石的堆积密度，t/m^3；

　　　Z——石灰石在窑内的停留时间，h。

（二）石灰窑的生产强度 W

以窑的单位截面积上每日生产石灰石的质量来表示。

$$W = \frac{\text{每日投入石灰石的量} \times A}{\text{窑的横截面积}} \quad t/(m^2 \cdot d)$$

式中　A——石灰生成率，每千克石灰石经煅烧后得到的石灰千克数。

（三）碳酸钙分解率（或分解度）ϕ

投入窑内的碳酸钙分解为氧化钙的百分数。

$$\phi = \left[\frac{a}{56} \middle/ \left(\frac{a}{56} + \frac{b}{100} \right) \right] \times 100\%$$

式中　a——每 100 kg 生石灰中含 CaO 的千克数；

　　　b——每 100 kg 生石灰中含 $CaCO_3$ 的千克数。

一般来讲，石灰窑内碳酸钙的分解率在 94%～96%。

（四）石灰窑的热效率 η

用于分解 $CaCO_3$ 的热量与燃料所放出的总热量之比。一般石灰窑的热效率在 75%～80%。

三、石灰乳的制备

盐水精制和蒸氨过程中所用的氢氧化钙，是由石灰石煅烧形成的生石灰加水消化而得。其反应式如下：

$$CaO(s) + H_2O \longrightarrow Ca(OH)_2(s)$$
$$\Delta H = -64.9 \text{ kJ/mol} \qquad (9\text{-}14)$$

生石灰消化是放热过程，使石灰体积热膨胀松散。消化时按所加入水量的不同可得到消石灰（细粉末）、石灰膏（稠厚不流动物）、石灰乳（消石灰在水中的悬浮液）和石灰水（氢氧化钙的水溶液）。

氢氧化钙在水中的溶解度很小，并且随着温度的升高而降低，如图 9-3 所示。生石灰的消化速度与石灰石的煅烧

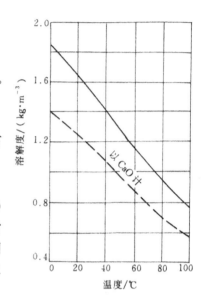

图 9-3　氢氧化钙在水中的溶解度

时间、石灰中所含的杂质、消化用水温度和石灰颗粒大小等有关。石灰石煅烧温度越高，消化所需时间越长。如图 9-4 所示。当生石灰中含杂质较多以及存放时间较长时，都会影响消化速度。

石灰乳较稠，对生产有利，但过于稠厚粒度变大，流动性差，容易沉淀而堵塞管道和设备，不便于输送。一般生产中使用的石灰乳含活性氧化钙约为 160～120 tt[❶]，相对密度约 1.17～1.27。

石灰消化系统的示意流程见图 9-5。石灰消化主要在化灰机内完成。化灰机为一卧式回转筒，稍有斜度（约 0.5°），出口朝着一端倾斜。生石灰和水从一端加入，互相混合反应，圆筒内装有螺旋形推料器，转动时将水和石灰向前推动，尾部有孔径不同的两层筛子，已消化的石灰乳从筛孔中流出进入灰乳桶，筛内剩下的生烧或过烧的石灰则由筛子内

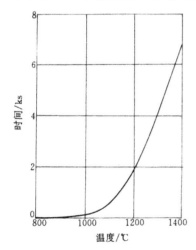

图 9-4　石灰消化时间与煅烧温度的关系

---

❶　纯碱工厂常用的一种浓度单位，称为"滴度"，符号为 tt 或 ti。$1\text{tt} = \frac{1}{20}$ mol/L。

流出，大块可以重新入窑再烧，称为返石；小块称为废石，排弃之。

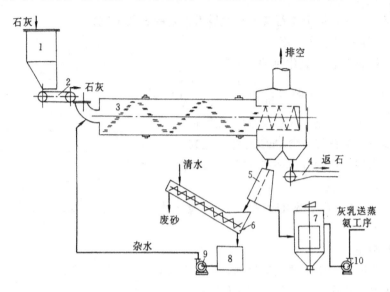

图 9-5　石灰消化流程及化灰机示意图
1—灰包；2—链板机；3—化灰机；4—返石皮带；5—振动筛；6—螺旋洗砂机；
7—灰乳桶；8—杂水桶；9—杂水泵；10—灰乳泵

第三节　饱和食盐水的精制

由原盐在化盐桶中所制得的盐水称为粗盐水，其中含有钙盐和镁盐等杂质，含量虽然不大，但在后续盐水吸氨及碳酸化过程中能和 NH_3 及 CO_2 作用生成沉淀或复盐［$Mg(OH)_2$、$NaCl \cdot MgCO_3 \cdot Na_2CO_3$、$MgCO_3 \cdot Na_2CO_3$ 等］，不仅会使设备和管道结垢甚至堵塞，同时还会造成氨及食盐的损失。在碳化之前若不将这些杂质除去，便会影响纯碱的质量。因此，粗盐水必须经过精制才能用于制碱。

目前，工厂所采用的盐水精制方法有以下几种。

（一）石灰-氨-二氧化碳法

首先将粗盐水中加入石灰乳除去镁盐，一般溶液的 pH 值控制在 10～11 左右。

$$Mg^{2+} + Ca(OH)_2 \longrightarrow Mg(OH)_2 \downarrow + Ca^{2+} \tag{9-15}$$

除镁时，为加速杂质沉淀，还需加入助沉剂以提高精制效果。

除镁后的盐水称一次盐水，然后将其送入除钙塔。利用碳酸化塔后的尾气（其中含氨及二氧化碳）除去一次盐水中新加入的和原有的钙离子，反应式为：

$$Ca^{2+} + 2NH_3 + CO_2 + H_2O \longrightarrow CaCO_3 \downarrow + 2NH_4^+ \tag{9-16}$$

此法适用于含镁较多的海盐，利用碳酸化塔的尾气可使成本低廉。但也有溶液中氯化铵含量增加，导致碳酸化过程中氯化钠转化率降低，氨损失增大，以及流程和操作较为复杂的缺点。工艺流程如图 9-6 所示。

（二）石灰-纯碱法

用石灰乳先除去粗盐水中的镁盐，而后再用纯碱除去一次盐水中的钙盐，其反应式为：

$$Mg^{2+} + Ca(OH)_2 \longrightarrow Mg(OH)_2 \downarrow + Ca^{2+} \tag{9-17}$$

$$Ca^{2+} + Na_2CO_3 \longrightarrow CaCO_3 \downarrow + 2Na^+ \tag{9-18}$$

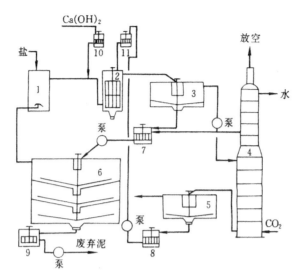

图 9-6 石灰-氨-二氧化碳法精制盐水流程

1—化盐桶；2—反应罐；3——一次澄清桶；4—除钙塔；5—二次澄清桶；6—洗泥桶；

7——一次泥罐；8—二次泥罐；9—废泥罐；10—石灰乳桶；11—加泥罐

此方法除钙时,不生成铵盐而生成钠盐,因此不引起碳酸化过程中氯化钠转化率的降低。

本法使钙镁沉淀、加入、脱除是一次完成的。所用的石灰乳量相当于溶液中的镁离子含量；而纯碱加入量相当于溶液中钙镁离子含量之和。实际上应按化学计量稍过量一些。本法的优点是操作简单、劳动条件好、精制度高,但要消耗纯碱。工艺流程如图 9-7 所示。

除钙镁以后的盐水称二次盐水,又称精盐水,送往吸氨工序以作吸氨之用。盐水精制中所生成的镁和钙的沉淀物分别称为一次泥和二次泥,可进一步加工成碳酸镁、氯化镁、高级镁砂、金属镁和轻质碳酸钙等化工原料。

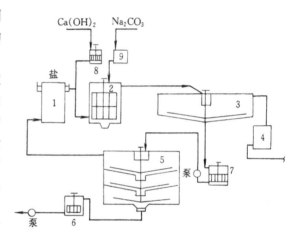

图 9-7 石灰-纯碱法精制盐水流程

1—化盐桶；2—反应罐；3—澄清桶；

4—精盐水贮桶；5—洗泥桶；6—废泥罐；7—澄清泥罐；

8—灰乳贮槽；9—纯碱贮槽

第四节 精盐水的吸氨

精盐水的吸氨操作称为氨化,目的是制备符合碳酸化过程所需浓度的氨盐水,同时起到最后除去盐水中钙镁等杂质的把关作用。盐水吸氨所用的气氨来自蒸氨塔,气氨中还含有少量二氧化碳和水蒸气。

一、盐水吸氨的基本原理

（一）吸氨化学反应及化学平衡

精制盐水与由蒸氨塔送来的气体发生如下反应：

$$NH_3(g)+H_2O(l) === NH_4OH(aq) \qquad \Delta H = -35.2 \text{ kJ/mol} \qquad (9-19)$$

$$2NH_3(aq)+CO_2(g)+H_2O(l) === (NH_4)_2CO_3(aq) \qquad \Delta H = -95.0 \text{ kJ/mol} \quad (9-20)$$

此外,气体还与盐水中残余微量 Ca^{2+}、Mg^{2+} 发生下列反应:

$$Ca^{2+}+(NH_4)_2CO_3 === CaCO_3\downarrow +2NH_4^+ \qquad (9-21)$$

$$Mg^{2+}+(NH_4)_2CO_3 === MgCO_3\downarrow +2NH_4^+ \qquad (9-22)$$

$$Mg^{2+}+2NH_4OH === Mg(OH)_2\downarrow +2NH_4^+ \qquad (9-23)$$

由于 NH_3 在水中的溶解度很大,并建立如下平衡:

$$NH_3+H_2O \rightleftharpoons NH_4OH \rightleftharpoons NH_4^+ +OH^- \qquad (9-24)$$

平衡常数为:

$$K_1 = \frac{[NH_4OH]}{[NH_3][H_2O]} \qquad (9-25)$$

$$K_2 = \frac{[NH_4^+][OH^-]}{[NH_4OH]} \qquad (9-26)$$

25℃时, $K_1=0.5$, $K_2=1.8\times10^{-5}$。比较 K_1 与 K_2 可看出,NH_3 在水溶液中主要以 NH_4OH 形式存在,仅有少量的 NH_4^+。

盐水吸氨是一个伴有化学反应的吸收过程,由于液相中溶有游离状态的 NH_3 及 CO_2,且又有 $(NH_4)_2CO_3$ 生成,这样液面上氨的分压一般较同一浓度氨水上方氨的平衡分压有所降低。

(二) 原盐和氨溶解度的相互影响

氯化钠在水中的溶解度随温度的变化不大,但在饱和盐水吸氨时,会使氯化钠的溶解度降低。氨溶解得越多,氯化钠的溶解度越小。氨在水中的溶解度很大,但在盐水中有所降低,这就是说氨盐水气相中的氨平衡分压也比纯氨水气相中氨的平衡分压为大。

温度对气氨溶解度的影响与一般气体的影响相同,温度越高溶解度越小。在盐水吸氨过程中,因气相中的 CO_2 溶于液相能生成 $(NH_4)_2CO_3$,故可增大氨的溶解度。

盐水吸氨过程中,由于它们的相互影响、相互制约作用,所以饱和盐水的吸氨量应该控制适宜。否则,氯化钠在液相中的溶解度将因氨浓度的升高而下降,这对制碱过程中钠的利用率及产率是很不利的。

按理论反应溶液中的氨和氯的滴度比 $F(NH_3)/T(Cl^-)$ 值应为1,但考虑到氨的逸散损失等,一般取 $F(NH_3)/T(Cl^-)=1.08\sim1.12$,即 $F(NH_3)=99\sim102$ tt,$T(Cl^-)=89\sim94$ tt。

(三) 吸氨过程的热效应

吸氨过程在吸氨塔内进行,伴有大量热放出,其中包括 NH_3 和 CO_2 的溶解热,NH_3 与 CO_2 的反应热,以及氨气所带来的水蒸气冷凝热。1 kg 氨吸收成氨盐水时释放出的总热量为 4280kJ。这些热量若不从系统中引出,就足以使吸氨塔内温度高达120℃,结果将会完全失去吸氨作用,反而变成蒸馏过程。所以冷却是吸氨过程的关键。冷却越好,吸氨越完全。但实际生产过程中,过冷也会造成杂质分离困难,所以一般温度应控制在70℃左右为宜。

二、盐水吸氨的工艺流程及工艺指标控制

(一) 工艺流程

吸氨塔是一个多段铸铁单泡罩塔,是完成吸氨操作的主要设备。如图 9-8 所示,精制以后的二次饱和盐水经冷却至 35～40℃后进入吸氨塔,盐水由塔上部淋下,与塔底上升的气氨进行逆流接触,以完成盐水吸氨过程。此时放出大量热,会使盐水温度升高。因此需将盐水从

塔中抽出，送入冷却排管 6 进行冷却后再返回中段吸收塔。同理吸氨后氨盐水从塔中部抽出经过冷却排管 7 降温后，返回吸收塔下段。由吸收塔下段出来的氨盐水经循环段贮桶 8、循环泵 9、冷却排管 10 进入循环冷却吸收，以提高吸收率。

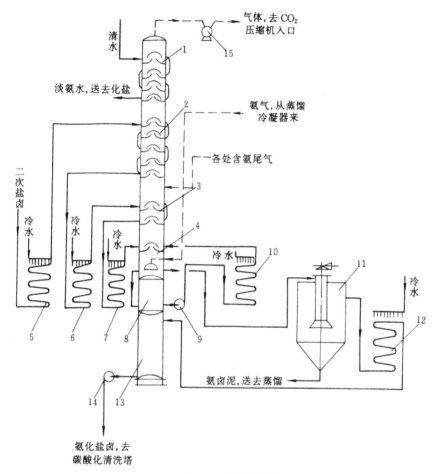

图 9-8　吸氨流程

1—净氨塔；2—洗氨塔；3—中段吸氨塔；4—下段吸氨塔；5、6、7、10、12—冷却排管；8—循环段贮桶；
9—循环泵；11—澄清桶；13—氨盐水贮桶；14—氨盐水泵；15—真空泵

　　精制后的盐水虽已除去 99％以上的钙镁，但难免仍有少量残余杂质进入吸氨塔，形成碳酸盐和复盐沉淀。为保证氨盐水的质量，成品氨盐水经澄清桶 11 除去沉淀，再经冷却排管 12 后进入氨盐水贮桶 13，经氨盐水泵 14 将其送往碳酸化系统。

　　用于精制盐水吸氨的含氨气体，导入吸氨塔下部和中部，与盐水逆流接触吸收后，此尾气由塔顶放出，经真空泵 15，送往二氧化碳压缩机入口。

　　（二）工艺条件的选择

　　1. 盐水吸氨浓度

　　经冷却至 $35\sim40℃$ 的精制盐水，及已冷却至 $50℃$ 的由蒸氨塔出来的含氨气体，两者一起导入吸氨塔进行吸氨操作。由于吸氨是放热过程，所以盐水吸氨必须采用边吸收边冷却的工艺流程。显然，氨盐水浓度不能太高，否则会降低吸氨效率。低温不仅对吸氨有利，而且可以减少其中的水蒸气含量，以避免盐水过于稀释。但温度过低会生成 $(NH_4)_2CO_3 \cdot H_2O$、NH_4HCO_3、NH_4COONH_2 而结晶出来，将设备和管道堵塞。一般来讲，吸氨塔中部温度不得超过 60～65℃。

2. 吸收塔内的压力

为了减少吸氨系统因装置不严密而泄漏气体,以及考虑保护操作环境,加快蒸氨塔内 CO_2 和 NH_3 的蒸出,提高蒸氨塔的生产能力,节约蒸汽用量等因素,吸氨操作一般在微负压下进行的。

3. $NH_3/NaCl$ 比的选择

按碳酸化反应过程要求,理论 $NH_3/NaCl$ 比为 1(摩尔比)。若 $NH_3/NaCl>1$,则会有多余的 NH_4HCO_3 和 $NaHCO_3$ 共同析出,降低了氨的利用率;若 $NH_3/NaCl<1$,则又会降低钠的利用率,增加食盐的消耗。生产中一般取 $NH_3/NaCl$ 比为 $1.08～1.12$,即 NH_3 稍为过量,以补偿碳酸化过程中氨的损失。

第五节 氨盐水的碳酸化

氨盐水的碳酸化是氨碱法制纯碱的一个重要工序。它同时伴有吸收、结晶和传热等单元操作,各单元操作相互关系密切且互为影响。碳酸化总反应式如下:

$$NaCl+NH_3+CO_2+H_2O \Longrightarrow NaHCO_3 \downarrow +NH_4Cl \tag{9-27}$$

显然碳酸化的目的是为了获得适合于质量要求的碳酸氢钠结晶。此工艺过程,首先要求碳酸氢钠的产率要高,即氯化钠和氨的利用率要高;其次要求碳酸氢钠的结晶质量要好,结晶颗粒尽量大,以利于过滤分离。而降低碳酸氢钠粗成品的含水量,又有利于重碱的煅烧。

一、碳酸化过程基本原理

(一)氨盐水吸收二氧化碳过程的反应机理

氨盐水碳酸化生成 $NaHCO_3$ 是一个较为复杂的过程。探讨氨盐水碳酸化过程的反应机理,对于设计碳化设备,选择生产工艺条件,制定操作规程,提高 $NaHCO_3$ 质量都是至关重要的。

诸多研究学者认为碳酸化过程的反应机理可分为下列三步进行:

(1)氨基甲酸铵的生成 实验表明,当 CO_2 通入浓氨盐水时,最初总是形成氨基甲酸铵,反应如下:

$$CO_2+2NH_3 \Longrightarrow NH_4^+ +NH_2COO^- \tag{9-28}$$

式中这种三分子反应的可能性是很小的,所以又提出下面两个中间反应历程

$$CO_2+NH_3 \Longrightarrow H^+ +NH_2COO^- \tag{9-29}$$

$$NH_3+H^+ \Longrightarrow NH_4^+ \tag{9-30}$$

在氨盐水碳酸化体系中,NH_3 与 CO_2 反应的反应速度远较 CO_2 的水化速度快。反应较慢的 CO_2 的水化,如下列方程式所示:

$$CO_2+H_2O \Longrightarrow H_2CO_3 \tag{9-31}$$

$$CO_2+OH^- \Longrightarrow HCO_3^- \tag{9-32}$$

由此可见,在 $NaHCO_3$ 的生产过程中,必然要经过氨基甲酸铵的生成和水解这两个步骤。

(2)氨基甲酸铵的水解 由(9-28)式生成的氨基甲酸铵进一步水解时,其反应如下:

$$NH_2COO^- +H_2O \Longrightarrow HCO_3^- +NH_3 \tag{9-33}$$

(3)复分解析出 $NaHCO_3$ 结晶 这是碳化的最终目的,当碳化度达到一定值时,溶液中的 HCO_3^- 浓度积累到相当高以后,HCO_3^- 与 Na^+ 浓度相乘积超过了该温度下的 $NaHCO_3$ 溶度

积，则产生沉淀，从而完成复分解反应：

$$Na^+ + HCO_3^- \Longrightarrow NaHCO_3 \downarrow \tag{9-34}$$

$NaHCO_3$ 析出以后，将影响一系列离子反应的平衡，其中最重要的是使反应（9-33）向右移动，这样会使得溶液中的游离氨增加，从而又会对吸收过程产生显著影响。

（二）氨盐水碳酸化过程相图分析

根据反应原理，氨盐水吸收二氧化碳，构成了一个复杂的多相体系。该体系是由 $NaCl$、NH_4Cl、$NaHCO_3$、NH_4HCO_3、$(NH_4)_2CO_3$ 等盐的溶液及其沉淀所组成。其间的相互制约关系，可以通过相图来分析。另外，既然有固相 $NaHCO_3$ 析出，故可以通过各组分的溶解度关系来研究各原料的利用率。

1. 氨盐水碳酸化过程的等温相图

碳酸化反应可看作一个典型的相互盐对水盐体系，其正投影图如图 9-9 所示。由于碳酸化的最终目的是获得 $NaHCO_3$ 结晶，所以我们对图 9-9 中 $NaHCO_3$ 的饱和面 $IP_2P_1 \text{IV} B$ 极为关注。显然原始溶液的组成应落在 AC 线上的 EF 之间，析出 $NaHCO_3$ 以后，液相点应落在以 EP_2P_1F 为极限的区域内。

为了能较多地获得高质量的 $NaHCO_3$ 产物，总是希望碳化后的最终溶液点尽量接近 EP_2、P_2P_1、P_1F，但不能落在共饱线上。若最终溶液点分别落在 EP_2、P_2P_1、P_1F 线上，则除析出 $NaHCO_3$ 以外，还分别析出 $NaCl$、NH_4Cl、NH_4HCO_3。将影响到 $NaHCO_3$ 的质

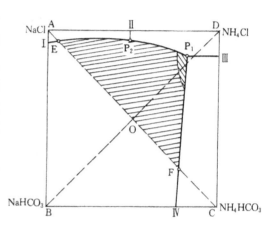

图 9-9　$Na^+ \cdot NH_4^+ /\!/ Cl^- \cdot HCO_3^- \text{-} H_2O$
体系等温相图

量，从而影响产品纯碱的质量，使产品纯碱中 $NaCl$ 含量增加，并且增大了氨的循环量以及氨的损失。

2. 从相图分析原料的利用率

由图 9-9 可知，既然可以将氯化钠和碳酸氢铵看作原料，那么氯化钠和氨的利用率又怎样呢？工业上一般以钠利用率和氨利用率来作为衡量标准。

钠利用率亦称钠效率，即生成碳酸氢钠结晶的氯化钠占原有氯化钠总量的百分比，并以 $U(\text{Na})$ 表示：

$$U(\text{Na}) = \frac{\text{生成 } NaHCO_3 \text{ 固体的摩尔数}}{\text{原料氯化钠的摩尔数}} = \frac{\text{母液中 } NH_4Cl \text{ 的摩尔数}}{\text{母液中全氯的摩尔数}}$$

$$= \frac{[Cl^-] - [Na^+]}{[Cl^-]} \tag{9-35}$$

式中 $[Cl^-]$ 和 $[Na^+]$ 分别代表碳化最终溶液中相应的离子浓度。

氨的利用率亦称氨效率，即生成氯化铵结晶的碳酸氢铵占原有碳酸氢铵总量的百分比，并以 $U(\text{NH}_3)$ 表示：

$$U(\text{NH}_3) = \frac{\text{生成 } NH_4Cl \text{ 的摩尔数}}{\text{原料 } NH_4HCO_3 \text{ 的摩尔数}} = \frac{\text{母液中 } NH_4Cl \text{ 的摩尔数}}{\text{母液中全氨的摩尔数}}$$

$$= \frac{[NH_4^+] - [HCO_3^-]}{[NH_4^+]} \tag{9-36}$$

式中[NH₄⁺]及[HCO₃⁻]分别代表最终溶液中相应的离子浓度。

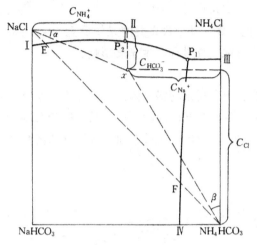

图 9-10　钠、氨利用率图解分析

图 9-10 为钠、氨利用率的图解分析。在图 9-10 中，取 NaHCO₃ 结晶区内任意一点 x，则：

$$U(Na) = 1 - \frac{[Na^+]}{[Cl^-]} = 1 - tg\beta \qquad (9-37)$$

$$U(NH_3) = 1 - \frac{[HCO_3^-]}{[NH_4^+]} = 1 - tg\alpha \qquad (9-38)$$

因为 α、β 均小于 45°，所以当 β 减小时，$tg\beta$ 亦减小，而 $U(Na)$ 则增大。在 NaHCO₃ 饱和区内，P_1 点 β 最小，则 $U(Na)$ 最大；而 P_2 点 α 最小，$U(NH_3)$ 最大。所以在一定温度下，对于钠利用率，$E < P_2 < P_1 < F$；对于氨利用率，$E < P_2 > P_1 > F$。

在一定温度下，由实验数据计算的钠、氨利用率如表 9-1。在不同温度下 P_1 及 P_2 点的钠利用率、氨利用率如表 9-2。

表 9-1　NaCl-NH₄HCO₃-H₂O 系统饱和溶液成分及钠、氨利用率(15℃)

饱和溶液成分，mol/kg H₂O				利用率		饱和溶液成分，mol/kg H₂O				利用率	
Na⁺	NH₄⁺	Cl⁻	HCO₃⁻	$\overline{U}(Na)$	$\overline{U}(NH_3)$	Na⁺	NH₄⁺	Cl⁻	HCO₃⁻	$\overline{U}(Na)$	$\overline{U}(NH_3)$
相应于 P₂-P₁ 线上的溶液						相应于 P₁-Ⅳ 线上的溶液					
P₂ 4.62	3.73	8.17	0.18	43.4	95.1	P₁ 1.44	6.28	6.79	0.93	78.8	85.1
3.39	4.52	7.65	0.30	55.7	93.4	1.34	5.65	6.00	0.99	77.7	82.5
2.19	5.45	7.13	0.51	69.2	90.5	1.27	5.21	5.41	1.07	76.4	79.5
						1.16	4.14	4.00	1.30	71.0	68.6

表 9-2　不同温度下 P₁ 及 P₂ 点的钠、氨利用率（%）

t/℃	P₁		P₂	
	$\overline{U}(Na)$	$\overline{U}(NH_3)$	$\overline{U}(Na)$	$\overline{U}(NH_3)$
0	73.6	88.0	34.6	95.6
15	78.8	85.1	43.4	95.1
30	83.4	84.1	50.8	94.1

由表 9-2，费多切夫（п. п. федотьев）进而推论：当温度 32℃时可以达到纯碱生产理论上钠的最高利用率即 $U(Na)$ 为 84%。

二、氨盐水碳酸化过程的工艺条件分析

（一）碳化度及其对钠利用率的影响

碳化度即表示氨盐水吸收 CO₂ 时所饱和的程度，一般以 R 表示。定义为碳化液体系中全部 CO₂ 摩尔数与总 NH₃ 摩尔数之比。对于未析出结晶的碳化氨盐水来说，取样液分析计算即可；对于已析出结晶的碳化液来说，由于一部分二氧化碳被氨盐水吸收成为 NaHCO₃ 析出，同时液相中还出现等摩尔数的结合氨 $c(NH_3)$，此 $c(NH_3)$ 可用来间接地表示 NaHCO₃ 中的 CO₂。因此，悬浮液的碳化度为：

$$R_S = \frac{[CO_2] + [c(NH_3)]}{[T(NH_3)]} \qquad (9-39)$$

式中　$T(NH_3)$、$c(NH_3)$、CO_2——分别为碳酸化清液中总氨、结合氨、二氧化碳的摩尔浓度。R 值越大，总氨转变成 NH_4HCO_3 越完全，NaCl 的利用率 $U(Na)$ 也就越高。在实际生产中应尽量提高碳化液的碳化度以提高钠利用率。但因受各种条件的限制，实际生产中的碳化度一般只能达到 0.9～0.95。

（二）原始氨盐水溶液的适宜组成

由图 9-11 可知，配料点应在 AC 线上的 EF 之间，当配料点分别为 S、T、U 时，经碳酸化以后，最终溶液点应分别落在 R、P_1、V 处。由前面讨论，P_1 点 $U(Na)$ 最高，也就是说在生产中应力求达到的钠利用率。

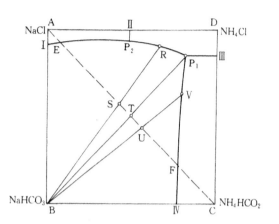

图 9-11　原始液适宜组成图示

$$U(Na) = 1 - \frac{[Na^+]}{[Cl^-]} = 1 - \frac{0.165}{0.865} = 81\%$$

所谓适宜的理论氨盐水组成，就是在一定的温度和压力下，反应达到平衡，母液组成相当于 P_1 点时所对应的原始氨盐水组成，亦即钠利用率最高时的原始氨盐水组成。

显然，在同一温度和压力下，由于原始氨盐水的组成不同，最终液相组成亦不同，相应的钠利用率也不同。图 9-11 中的适宜理论氨盐水组成点为 T。T 点的组成可以由 P_1 点的组成推算出来。如已知在 25℃、0.1 MPa 下，P_1 点数据以 1 mol 干盐为基准时，Na^+ 0.165 mol；Cl^- 0.865 mol；HCO_3^- 0.135 mol；NH_4^+ 0.835 mol；H_2O 6.450 mol。故钠利用率在不考虑氨损失时，该母液对应的氨盐水组成为：

NaCl　　0.865 mol　　　　　　NH_3 0.835 mol

H_2O　　　6.450＋0.835＝7.285 mol

（0.835 为 NH_3 与 CO_2 生成 NH_4HCO_3 所需的化合水）

所以，对应氨盐水每 1000 g H_2O 应含：

$$NaCl = \frac{0.865 \times 58.5}{7.285 \times 18} \times 1000 = 385.9 \text{ g}$$

$$NH_3 = \frac{0.835 \times 17}{7.285 \times 18} \times 1000 = 108.3 \text{ g}$$

实际生产中，原始氨盐水的组成不可能正好达到 T 点的对应浓度。一方面因为饱和盐水在吸氨过程中被稀释，氯化钠的浓度相应降低（实际饱和盐水吸收来自蒸氨塔的湿氨气）。另一方面，由于要考虑碳化塔顶尾气带氨的损失以及碳化度的不足和 NH_4HCO_3-$NaHCO_3$ 的共析作用，都会使 $NH_3/NaCl$ 升高。因此，实际生产中，一般控制氨盐水中的 $NH_3/NaCl$＝1.08～1.12。这使得氨盐水中的 NaCl 浓度更低，$NaHCO_3$ 析出率也相应降低，从而降低了钠的利用率。所以，实际生产中，最终的溶液点并不落在点 P_1 而只能落在点 P_1 附近的区域。

（三）氨盐水吸收二氧化碳速度的影响因素

1. 化学反应的影响

氨盐水吸收二氧化碳的反应机理已如前述。前面所指出的溶液中的游离态 CO_2 与 NH_3 相互作用所生成氨基甲酸铵的反应（9-28）是最快的；由于氨盐水吸收二氧化碳的反应是伴有化学反应的吸收过程，因此，这与一般的物理吸收过程大不相同。研究表明，此吸收过程是属于液膜控制的二氧化碳的吸收过程。而在生成氨基甲酸铵的化学反应中，其伴有化学反应的液膜传质系数 K_L 与物理吸收时的液相传质系数 K°_L 两者关系为 $K_L = E_a K^\circ_L$，式中 E_a 称为增强因数（Enhancement factor），它表示了化学反应速度比物理吸收速度所增强的倍数。

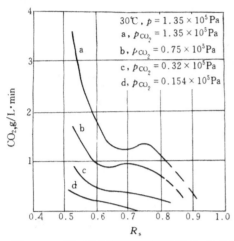

图 9-12　CO_2 吸收速度同碳酸化度 R_s 的关系
溶液组成（mol%）：$Na_2SO_4 = 4.21\%$
$NH_3 = 8.70\%$，$CO_2 = 4.43\%$，$H_2O = 82.66\%$

氨基甲酸铵的水解反应按 (9-33) 式进行，其结果是导致了游离氨的积累，在碳化中期出现了反应能力暂时增强，吸收动力曲线（图 9-12）一度出现吸收速度加快的"反常"现象。$NaHCO_3$ 的析出反应是离子间的反应，速度很快。由于 $NaHCO_3$ 结晶的析出，从溶液中突然移去大量的 HCO_3^-，吸收速度由原来的"反常"上升又开始下降。结晶析出以后的阶段则可认为是"结晶"控制，结晶析出牵动氨基甲酸铵的水解反应向右移动，从而加快二氧化碳的吸收速度。

2. 压力的影响

在不同二氧化碳分压下，吸收速度与碳化度的关系，如图 9-12 中所示的曲线表明：在原始液浓度、温度及碳化度相同的条件下，CO_2 分压越大，则吸收速度越快。

3. 温度的影响

氨盐水吸收二氧化碳的过程受氨基甲酸铵的形成与其水解反应所控制，$2NH_3 + CO_2 \rightleftharpoons NH_4COONH_2$ 实际上是一个二级反应 $CO_2 + NH_3 \rightleftharpoons NH_2COOH$，在不同温度下，反应速度常数 K_1 如下式所示：

$$\lg K_1 = 11.13 - \frac{2530}{T}$$

由此可见 K_1 是随着温度的上升而增加，而液面上二氧化碳的分压也随温度的上升而增大，从而相对降低了吸收的推动力。众所周知，吸收速度是正比于反应速度常数和推动力的。因此，温度的升高并不利于氨盐水吸收二氧化碳。

由上述分析可知，当氨盐水浓度和碳化度一定且温度升高时，吸收速度有可能增加也有可能减少。研究指出，当碳化度 $R_s < 0.5 \sim 0.6$，温度高时吸收速度较快；当碳化度 $R_s > 0.5 \sim 0.6$，温度高时吸收速度则较慢。

三、氨盐水碳酸化流程及碳化塔

（一）氨盐水碳酸化流程

氨盐水碳酸化工艺流程如图 9-13 所示。

精制合格的氨盐水经泵 1 送往清洗塔 6a 的上部，窑气经清洗气压缩机 2 及分离器 5 送入清洗塔 6a 的底部，以溶解塔中的疤垢并初步对氨盐水进行碳酸化。而后经气升输卤器 9 送入制碱塔 6b 的上部。窑气经中段气压缩机 3 及中段气冷却塔 7 送入制碱塔中部；煅烧重碱所得的炉气（习称锅气）经下段气压缩机 4 及下段气冷却塔 8 送入制碱塔下部。

碳化以后的晶浆，由碳化塔下部靠塔内压力和液位自流入过滤工序悬浮液碱槽中，然后过滤分离出重碱。

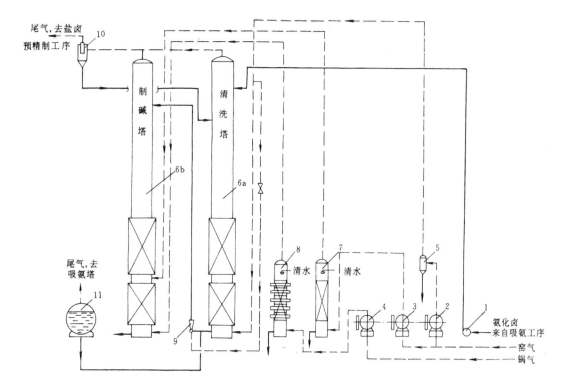

图 9-13　碳酸化示意流程图

1—氨化卤泵；2—清洗气压缩机；3—中段气压缩机；4—下段气压缩机；5—分离器；6a，6b—碳酸化塔；
7—中段气冷却塔；8—下段气冷却塔；9—气升输卤器；10—尾气分离器；11—倒塔桶

（二）碳化塔

碳化塔是氨碱法制碱的主要设备之一。它是由许多铸铁塔圈组装而成，分为上、下两部分。一般塔高为 24～25m，塔径为 2～3m。塔上部是二氧化碳的吸收段，每圈之间装有笠形泡帽以及略为向下倾斜的中央开孔的漏液板、孔板和笠帽。边缘有分散气体的齿缝以增加气液接触面积、促进吸收。塔的中下部是冷却段，用来冷却碳化液以析出碳酸氢钠结晶；这区间内除了有笠帽和塔板外，还设有列管式冷却水箱，用来冷却碳酸化液以促进结晶的析出。

冷却水在水箱管中的流向可根据水箱管板的排列方式分为"田字形"或"弓字形"。

第六节　重碱的过滤

碳化取出液中含有 45%～50%（体积）的固相 $NaHCO_3$，须通过过滤设备将 $NaHCO_3$（俗称重碱）结晶浆与母液分离，分离后所得的湿重碱再送往煅烧炉以制取纯碱，母液送往蒸氨工段处理。

重碱过滤时，须对滤饼进行洗涤，将重碱中残留的母液洗去，降低成品纯碱中氯化钠的含量。洗涤宜用软水，以免带入 Ca^{2+}、Mg^{2+} 形成沉淀堵塞滤布。同时，洗水量应控制适当，以保证重碱的质量及减少损失。

一、重碱过滤分离设备

（一）转鼓式真空过滤机

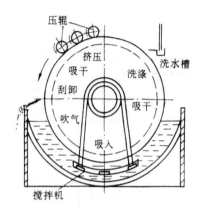

图 9-14　滤鼓旋转一周过程
中的作用示意图

借助于真空机(真空泵)的作用将过滤机滤鼓内抽成负压,使过滤介质层(滤布)两面形成压力差,随着过滤设备的运转,碳化悬浮液中的母液被抽走,重碱则被吸附在滤布上,然后由刮刀刮下。

真空过滤机主要由滤鼓、错气盘、碱液槽、压辊、刮刀、洗水槽及传动装置组成。真空过滤机滤鼓的工作原理见图 9-14。

滤鼓内有许多格子连在错气盘上,鼓外面有多块篦子板,板上用毛毡作滤布,鼓的两端装有空心轴,轴上有齿轮与传动装置相联,滤液及空气经空心轴抽到气液分离器。滤鼓旋转一周依次完成吸碱、吸干、洗涤、挤压、刮卸、吹除等过程。

为了不使重碱在碱液槽底部沉降,真空过滤机上附有搅拌机,搅拌机通过传动装置在碱液槽中来回摆动。

真空过滤机的生产能力可用下式估算:

$$G=\frac{\pi L}{4}(D_2^2-D_1^2)N \cdot 60 \cdot 60 \cdot 24 \cdot \gamma \cdot y \qquad \text{t/d} \qquad (9\text{-}40)$$

式中　L——转鼓宽度,m;

　　　D_1——转鼓直径,m;

　　　D_2——加上滤饼厚度时的转鼓直径,m;

　　　N——转鼓转数,s^{-1};

　　　γ——湿重碱的相对密度(一般按 0.8 计);

　　　y——重碱烧成率,%。

(二) 筛网式离心机

利用离心力的作用使碳化取出液中的重碱与母液分离。这种分离设备流程简单,动力消耗低,不需要复杂的真空系统,湿重碱的含水量可降至 10% 以下,但对重碱的粒度要求较严,生产能力低且氨损耗大。

二、真空过滤的流程及控制要点

真空过滤的简要流程如图 9-15。由碳化塔底部取出的碱液经出碱液槽 1 流入过滤机的碱槽内,由于真空系统的作用,母液通过滤布的孔隙被抽入转鼓内,而重碱结晶则被截在滤布上。鼓内的滤液和同时被吸入的空气一同进入分离器 5,滤液由分离器底部流出,进入母液桶 6,用泵 7 送往吸氨工序,气体由分离器上部出来,经净氨洗涤后排空。

滤布上的重碱用来自高位槽 2 的洗水进行洗涤,经吸干后的重碱被刮刀刮落于皮带运输机 4 上,然后送往煅烧炉煅烧成纯碱。

真空过滤机的操作,主要是调节真空度,真空度的大小(一般为 26.7～33.3 kPa)决定过滤机的生产能力、重碱的含水量及成品纯碱的质量。其次是滤饼的洗涤,洗水温度应适宜。温度太高则 $NaHCO_3$ 的溶解损失大,温度太低则洗涤效果差。洗水用量过多,除增加 $NaHCO_3$ 溶解损失外,还会使母液体积增大,增大蒸氨负荷;洗水用量过少,则洗涤不彻底,难以保证重碱的质量。滤饼的洗涤一般控制 $NaHCO_3$ 的溶解损失为 2%～4%,所得纯碱成品中含 NaCl 不应大于 1%。

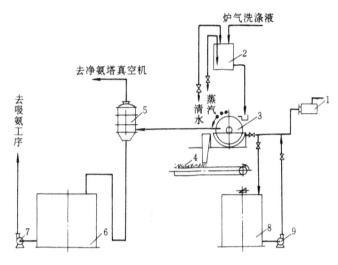

图 9-15　重碱过滤流程简图
1—出碱液槽；2—洗水高位槽；3—过滤机；4—皮带运输机；5—分离器；
6—母液桶；7—母液泵；8—碱液桶；9—碱液泵

第七节　重碱的煅烧

由过滤后所得的湿重碱经过煅烧即得成品纯碱。同时回收二氧化碳，供氨盐水碳酸化用。生产上对煅烧的要求是成品纯碱中含盐分少，不含未分解的 $NaHCO_3$，产生的炉气含二氧化碳浓度高且损失少；还应尽量降低煅烧的能耗。

一、重碱煅烧的基本原理

重碱为不稳定的化合物，常温下可部分分解变成碳酸钠，升高温度则加速其分解。

$$2NaHCO_3(s) \!=\!\!=\!\! Na_2CO_3(s) + CO_2\uparrow + H_2O\uparrow \qquad (9\text{-}41)$$
$$\Delta H = 128.5 \text{ kJ/mol}$$

平衡常数为：

$$K = p(CO_2) \cdot p(H_2O)$$

式中 $p(CO_2)$ 和 $p(H_2O)$ 分别为 CO_2 及 H_2O 的平衡分压。K 值随温度的升高而增大。纯 $NaHCO_3$ 分解时 $p(CO_2)$ 与 $p(H_2O)$ 应相等，即

$$p(CO_2) = p(H_2O) = \sqrt{K}$$

$p(CO_2)$ 及 $p(H_2O)$ 之和称为分解压力，纯 $NaHCO_3$ 的分解压力列如表 9-3。从表中可见，分解压力随温度的升高而急剧上升，分解压力与温度之间的关系还可用下式表示：

$$\lg p = 11.8185 - \frac{3310}{T}$$

表 9-3　纯 $NaHCO_3$ 的分解压力

温度/℃	分解压力/kPa	温度/℃	分解压力/kPa
30	0.8	100	97
50	4.0	110	167
70	16.0	115	170
90	55.0		

由表 9-3 可知，当温度在 100～101℃时，分解压力已达 0.1 MPa，可使 $NaHCO_3$ 完全分解。

湿重碱在煅烧过程中，除了 $NaHCO_3$ 的分解及游离水分受热变成水蒸气外，还发生如下副反应：

$$(NH_4)_2CO_3 \!=\!=\!= 2NH_3\uparrow + CO_2\uparrow + H_2O\uparrow$$

$$NH_4HCO_3 \!=\!=\!= NH_3\uparrow + CO_2\uparrow + H_2O\uparrow$$

$$NH_4Cl + NaHCO_3 \!=\!=\!= NaCl + CO_2\uparrow + H_2O + NH_3\uparrow$$

副反应的发生，不仅增加热能消耗，而且也增大系统中氨的循环量，使纯碱中夹带有氯化钠，影响产品质量。可见，过滤工序中滤饼的洗涤是很重要的。

煅烧时，各物料与时间之间的关系见图 9-16 (a) ～ (d)。

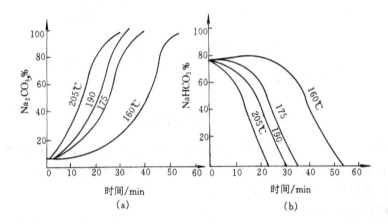

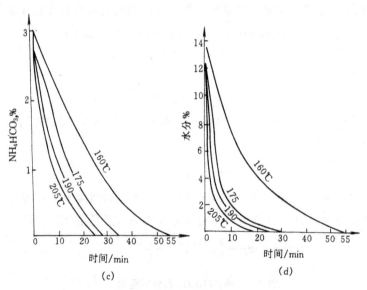

图 9-16 重碱煅烧过程曲线

由图 9-16 可知，反应温度越高，分解速度越快。在温度为 175℃及煅烧 40 min 时，$NaHCO_3$ [见图 9-16 (b)] 和 NH_4HCO_3 [见图 9-16 (c)] 均已分解完，水分也几乎蒸发完了。这个煅烧温度和时间为工艺操作的控制条件。

重碱煅烧成为纯碱的效率可用"烧成率"表示。即 100 份质量的重碱，经煅烧以后所得

产品的质量份数。烧成率的大小与重碱组成及水分含量有关。理论上纯 NaHCO₃ 的烧成率应

为 $\dfrac{Na_2CO_3}{2NaHCO_3} \times 100\% = \dfrac{106}{168} \times 100\% = 63\%$，实际生产中重碱的烧成率约 $50\% \sim 60\%$。

重碱煅烧后，可以得到高浓度的二氧化碳气，称为"炉气"。目前我国生产厂的炉气中二氧化碳含量一般在 90% 左右。

二、重碱煅烧设备

(一) 外热式回转煅烧炉

图 9-17 示出了一种外热式回转煅烧炉的结构。炉体是用钢板焊制而成的圆筒设备，加料口及出料口设有防止漏气的装置。炉体两端安有滚圈，架卧在两对托轮上，后托轮上有防止炉体轴向串动的凸缘，炉内有一条固定于两端的链条，链条与刮板相连，用以刮去炉壁上的附着物并搅拌打碎碱块。

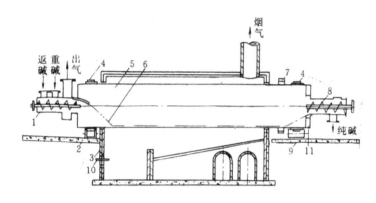

图 9-17 外热式重碱煅烧炉及炉灶示意图
1—进碱螺旋输送机；2—前托轮；3—炉灶；4—滚圈；5—炉体；6—链条；7—齿圈；
8—出碱螺旋输送机；9—后托轮；10—重油喷嘴；11—出碱簸箕

炉内用煤或重油为燃料加热，炉体每分钟转动 6～7 转。该炉因受结构限制，热效率较差，生产能力低，炉体易损坏，所以逐渐被内热式蒸汽煅烧炉所代替。

(二) 内热式蒸汽煅烧炉

目前生产中使用较多的是内热式蒸汽煅烧炉，如图 9-18 所示。炉体为卧式圆筒形，常用规格为 $\phi 2.5$ m，长 27 m，炉体上有两个滚圈，炉体与物料的质量通过滚圈支承在托轮上，在出料口端靠近托轮的炉体上装有齿轮圈，由此带动炉体回转。

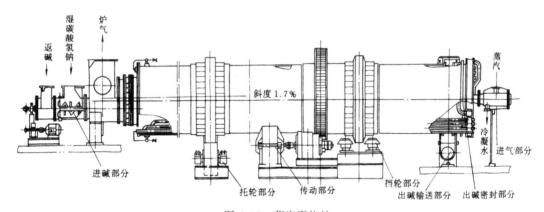

图 9-18 蒸汽煅烧炉

炉体内装有三层蒸汽加热管,管外焊有螺旋导热片以增大传热表面,气室设在炉尾,导入高压蒸汽后,冷凝水由原管回气室,并流入冷凝水室,经疏水器送往扩容器,闪蒸一部分蒸汽后,冷凝水返回锅炉。

内热式蒸汽炉具有生产能力大,热效率高等特点。

(三)沸腾煅烧炉

本世纪70年代以来,流化态技术日渐运用于重碱煅烧,目前已有一定规模的生产。其特点是运转设备少,维护费用低,采用内返碱技术,简化了流程。重碱煅烧过程中,物料均一性好,提高了传质传热效果,生产强度大。

沸腾煅烧示意流程如图9-19。由锅炉送来的中压蒸汽作为热源,分别进入沸腾炉加热器,副炉加热器及沸腾气加热器,并在其中冷凝。冷凝水通过疏水器、节流装置后进入扩容器,闪蒸出低压蒸汽后,余水返回锅炉软水池。

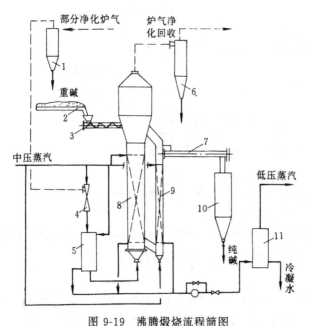

图9-19 沸腾煅烧流程简图

1、6—分离器;2—皮带运输机;3、7—螺旋运输机;4—喷射泵;
5—加热器;8—沸腾炉;9—副炉;10—碱仓;11—扩容器

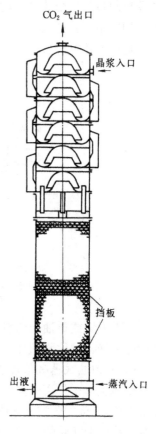

图9-20 湿分解塔图

中压蒸汽除用作热源以外,还与部分炉气混合,再经加热器升温至160℃以上,进入沸腾炉作为沸腾用气。

重碱由螺旋输送机送入沸腾炉,在流化状态下受热分解为纯碱,然后经副炉及出碱螺旋输送机送入碱仓。重碱分解产生的炉气与沸腾用气混合由炉顶进入旋风分离器,分离回收碱粉以后的气体去炉气净化系统。

三、湿法分解

在纯碱生产中,湿法分解是将氨盐水碳酸化后的悬浮液直接加热分解得到 Na_2CO_3 水溶液的过程。这种方法亦称湿法煅烧,尤其适用于要求 Na_2CO_3 水溶液,且允许含有一定量的 $NaHCO_3$ 的情况下。因此,重碱的湿法分解越来越被人们所重视。

湿法分解反应是:

$$NaHCO_3 + NH_4Cl \stackrel{\triangle}{=\!=\!=} NH_3 + CO_2 + H_2O + NaCl$$

$$2NaHCO_3 =\!=\!= CO_2 + H_2O + Na_2CO_3$$

当温度在 $95 \sim 98\,^\circ\!C$ 时，有 75% 的 $NaHCO_3$ 被分解成 Na_2CO_3，其后分解速度越来越慢，直至所生成的 Na_2CO_3 与残留的 $NaHCO_3$ 达到平衡。

湿分解塔的基本结构如图 9-20。由铸铁构成，直径 $1.8 \sim 3.0\,m$，高 $28 \sim 32\,m$，塔上部由 $6 \sim 8$ 个带有泡罩塔板的塔圈组成。塔下部为填料段，用焦炭或木格子作为填料，用特殊的铸铁箅子板支承。

$NaHCO_3$ 悬浮液由塔上部加入，加热蒸汽送入塔底，直接用蒸汽作热源使 $NaHCO_3$ 分解，取出液温度在 $100\,^\circ\!C$ 左右。

第八节 氨的回收

氨碱法生产中所用的氨是循环使用的，每生产 1 t 纯碱约需循环 $0.4 \sim 0.5$ t 氨。由于逸散、滴漏等原因，还需往系统中补充 $1.5 \sim 3.0$ kg 的氨。因此，减少氨的损失和尽量回收氨是氨碱法生产中一个不可忽视的问题。目前，氨碱法生产中，一般是将各种含氨料液汇集起来，再用加热蒸馏的方法回收氨。

含氨料液主要包括过滤母液和淡液（炉气洗涤液、冷凝液及含氨杂水）。过滤母液含有可直接蒸出的"游离氨"，以及需加石灰乳（或其他碱类物质）使之反应才能蒸出的结合氨（亦称固定氨）。为了减少灰乳的损失，可先将过滤母液中的游离氨和二氧化碳蒸出，然后再加石灰乳，分解其中的结合氨，使其变成游离氨而蒸出。

淡液中只含游离氨。为了减轻蒸氨塔加热段的负荷，可将淡液蒸馏与过滤母液蒸馏分别在两塔中进行，以回收其中的氨。

一、蒸氨的原理

这里主要讨论过滤母液在蒸氨塔中的化学反应及气液平衡原理。过滤母液先进入蒸氨塔加热段蒸出其中的游离氨，而后母液进入预灰桶，将母液中的结合氨分解为游离氨，然后进入灰乳蒸馏段将游离氨蒸出。

（一）主要化学反应

在加热段中的反应如下：

$$NH_4OH \xrightarrow[\triangle]{} NH_3 + H_2O$$

$$(NH_4)_2CO_3 \xrightarrow[\triangle]{} 2NH_3 + CO_2 + H_2O$$

$$NH_4HCO_3 \xrightarrow[\triangle]{} NH_3 + CO_2 + H_2O$$

溶解于过滤母液中的 $NaHCO_3$ 和 Na_2CO_3 发生如下反应：

$$NaHCO_3 + NH_4Cl \longrightarrow NaCl + NH_3 + CO_2 + H_2O$$

$$Na_2CO_3 + 2NH_4Cl \longrightarrow 2NaCl + 2NH_3 + CO_2 + H_2O$$

灰乳蒸馏段中的反应：

$$Ca(OH)_2 + 2NH_4Cl \longrightarrow CaCl_2 + 2NH_3 + 2H_2O$$

$$Ca(OH)_2 + CO_2 \longrightarrow CaCO_3 + H_2O$$

（二）蒸氨塔中的汽液平衡

1. 加热段中的汽液平衡关系

送入蒸氨塔加热段的过滤母液中含有 NH_3、CO_2、H_2O、NH_4Cl 和 $NaCl$。此体系中存在 $NH_3+H_2O \rightleftharpoons NH_4^+ +OH^-$ 平衡。实验指出，NH_4Cl 的存在有提高氨蒸气压力的作用，亦即 NH_4Cl 的存在使平衡向左移动，但影响不大。体系中 $NaCl$ 的含量对汽液平衡没有显著的影响。

为了寻找含有 $NaCl$、NH_4Cl 的 NH_3-CO_2-H_2O 系统的汽液平衡关系，研究者在近似母液浓度的条件下，对 NH_3-CO_2-H_2O 系统进行了研究，并测定了其平衡关系。该体系的状态可由液相氨含量（x）、二氧化碳含量（u）；气相氨含量（y）、二氧化碳含量（z）和总压力（P）、温度（t）六个参数表示出来。

此系统为两相三组分，由相律可知具有三个自由度，亦即六个参数中任意已知其中三个变量，则另外三个变量也因而确定。

在实际应用中，将该系统的实验数据整理并绘制成直角三角形等压相图，图 9-21 为三角形中接近 H_2O 顶点的区域，图 9-22 是较完整的。

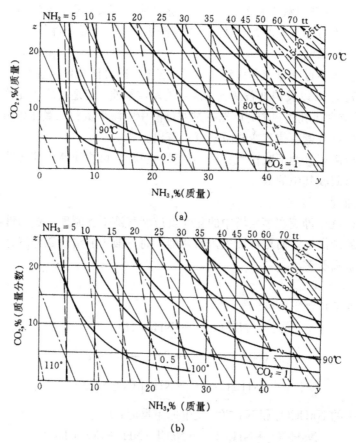

图 9-21 加热段中汽液平衡相图
(a) 压力 p=75.99kPa；(b) 压力 p=101.7kPa

图 9-22 中右下顶点相当于纯氨，左上顶点相当于纯二氧化碳，直角顶点为纯水，水平直角边的各个点相当于 NH_3-H_2O 系统，垂直的直角边上各点相当于 CO_2-H_2O 系统，斜边上的各点相当于无水的 NH_3-CO_2 系统，其量均以百分数表示。

在这些等压相图中，都表示了三组等变量曲线：t=常数（以点划线表示），x=常数（以

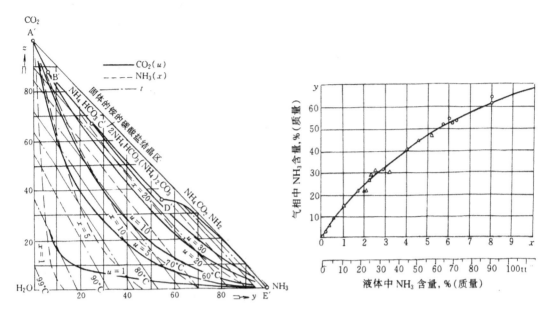

图 9-22　$p=0.1MPa$ 时 $NH_3-CO_2-H_2O$
汽液平衡图

y—气相 NH_3 质量%；x—液相 NH_3 质量%；
z—气相 CO_2 质量%；u—气相 CO_2 质量%

图 9-23　蒸馏液和氨水的 x-y 曲线
（图中△、○为不同作者的实验数据）

虚线表示）和 $u=$ 常数（以实线表示）。利用这些曲线可用于除了一定的 P 以外的五个变量（x、y、u、z、t）中已知任意两个变量即可求出其余三个变量。

2. 石灰乳蒸馏段中的汽液平衡关系

当料液由预灰桶进入石灰乳蒸馏段时，CO_2 已蒸完，体系中的 NH_4Cl 被分解：

$$2NH_4Cl+Ca(OH)_2 \longrightarrow CaCl_2+2NH_3+2H_2O$$

故可视为溶液中仅含有 NaCl 和 $CaCl_2$ 的 NH_3-H_2O 系统。研究表明，溶液中的 NaCl 可使体系中水蒸气的压力略有降低（即相对升高了氨蒸气分压）；而 $CaCl_2$ 的存在，由于它能与 NH_3 生成络合物从而使氨蒸气分压降低。

由此可见，NaCl 和 $CaCl_2$ 对氨蒸气分压的影响作用可以认为是相互抵消的，故该体系可视为 NH_3-H_2O 系统，汽液平衡关系如图 9-23。

二、蒸氨工艺流程及工艺条件分析

（一）工艺流程

蒸氨工艺流程如图 9-24。

蒸氨的主要设备为蒸氨塔，它包括母液预热器、精馏段、分液槽、加热段和石灰乳蒸馏段，其次还有气体冷凝器和预灰桶等。

母液预热器和气体冷凝器均由 7～10 个卧式水箱组成，管外走热气，管内走母液或冷却水。冷母液在母液预热器中与蒸出的热气体进行间壁换热，使其温度由 25～32℃升高到 70℃左右，而后进入预热段。同时，热气体温度由 88～90℃降到 65～67℃后进入气体冷凝器，其中大部分水汽经冷凝后进入吸氨塔。

加热段采用填料式结构，使气液接触良好，强化热量、质量传递。主要用来蒸出母液中的游离氨和二氧化碳。

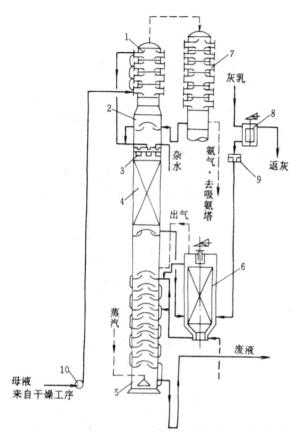

图 9-24　蒸氨流程

1—母液预热段；2—蒸馏段；3—分液槽；4—加热段；
5—石灰乳蒸馏段；6—预灰桶；7—冷凝器；
8—加石灰乳罐；9—石灰乳流堰；10—母液泵

石灰乳蒸馏段一般由十多个单菌帽形泡罩板组成，主要用来蒸出由石灰乳分解结合氨而得的游离氨。

来自重碱工序的母液由母液泵送到母液预热器经升温后，进入母液分配槽均匀洒下，在加热段填料中，与上升的热气体逆流接触，蒸出其中的游离氨和二氧化碳，最后剩下结合氨和盐的母液。

母液经加热段后，因其中结合氨在加热时不能分解，所以应先将母液引入预灰桶与石灰乳混合，此时大部分结合氨即转变成游离氨，再进入蒸氨塔下部的石灰乳蒸馏段蒸出游离氨。通过石灰乳蒸馏段以后，99%的氨可被蒸出，含微量氨的废液由塔底排出。

蒸氨塔所需的热量是由塔底进入的低压蒸汽所提供的。每生产 1t 纯碱约耗用蒸汽 1.5~2.0t。

（二）工艺条件分析

蒸氨需要大量热，工业生产中一般采用直接蒸汽加热。因为进入蒸氨塔底部的料液中含氨已较少，掺入蒸汽的凝液对其成分影响不大，同时还可省去庞大的换热设备。一般是将温度和压力不太高的蒸汽（0.16~0.17 MPa），由蒸氨塔底部直接通入，通过控制蒸汽压力和蒸汽用量使预热段底部液体温度达到 100℃左右，以尽量除净入塔母液中的游离氨和二氧化碳。

蒸氨过程主要工艺条件如下：

（1）压力　蒸氨塔上、下部的压力是不同的，蒸氨塔下部压力与直接入塔蒸汽压力相同，约 0.16~0.17 MPa。对于蒸氨来说减压是有利的，故塔顶一般略呈约 666 Pa 的真空，这样虽能防止氨的逸散损失，但却产生了系统漏入空气的可能，所以要求系统严密以免空气稀释氨气而不利于吸收。废液从塔底排出，是一个减压等焓过程，可释放出一部分蒸汽，可用作预热水以制石灰乳，也可通入小蒸馏塔，用以蒸出各种含氨杂水中的氨。

废液中氨的损失及热量消耗与液量成正比，故应避免液体过于稀释，所以石灰乳应适当稠些，一般以含 CaO 160~250 滴度为宜。

（2）温度　一般塔底温度维持在 110~117℃，塔顶温度维持在 80~85℃较好。在一定蒸汽压力下，用改变蒸汽用量及母液量来调节温度。如蒸汽用量不足，将导致液体抵达塔底时尚不能将氨逐尽而造成损失；若蒸汽用量过多，则温度也越高；氨蒸出固然可以完全，但气相中水蒸汽分压也大大增加，当此气体用于饱和盐水吸氨时，将会稀释氨盐水。另外，温度越高，母液中氯化铵的腐蚀性也更加严重。

（3）灰乳的用量　用于蒸氨的石灰乳，一般含活性 CaO 浓度为 180~220 滴度，用量应比化学计量过量些以保证蒸氨完全。一般调和液中 CaO 过量不超过 1.2 滴度，这应根据母液流量及浓度、预热母液中含 CO_2 量和石灰乳的浓度、操作温度等因素来调节。

(4) 废液中的氨含量 一般控制在 0.028 滴度以下，废液中氨的含量是蒸氨操作效果的重要标志。若废液中氨含量过高，说明氨回收效果不好，造成氨的损失；若废液中氨含量过低，则加入灰乳必须过量很多，则易造成设备及管道堵塞。

思考练习题

9-1 纯碱有哪些工业生产方法？其工艺过程有何同异之处？

9-2 饱和食盐水为什么要进行精制？怎样进行精制？工业生产中精制饱和盐水主要采用哪种方法？为什么？

9-3 在氨盐水中，原盐和氨溶解度的相互影响是什么？影响氨盐比的因素有哪些？实际生产中的氨盐比以多少为宜？

9-4 氨盐水碳酸化过程有什么特点？氨盐水碳酸化的反应机理是什么？反应过程的控制步骤是什么？

9-5 在图 9-9 中，碳化后的最终母液点落在 EP_2、P_2P_1、$P_1 \mathbb{N}$ 线上时将会带来什么结果？碳化后的最终母液点落在什么位置上较好？为什么？

9-6 什么是钠利用率和氨利用率？如何计算钠利用率和氨利用率？为什么说 P_1 点的钠利用率最大和 P_2 点的氨利用率最大？

9-7 什么是碳化度？如何计算碳化取出液的碳化度？

9-8 影响氨盐水吸收二氧化碳反应速度的因素有哪些？

9-9 什么是氨盐水碳酸化过程中的反常现象？为什么会产生这种反常现象？

9-10 为什么重碱过滤后要进行洗涤？对洗涤水有什么要求？为什么？洗水量应如何控制？

9-11 什么是重碱烧成率？我国生产厂的烧成率一般为多少？怎样计算湿重碱的烧成率？

9-12 什么是湿法分解？有什么特点？

9-13 蒸氨塔加热段和灰乳蒸馏段母液中各含有哪些物质？蒸氨塔中的汽-液平衡关系是如何确定的？

9-14 某石灰石中含 92%（质量）的 $CaCO_3$ 和 2%（质量）的 $MgCO_3$，燃料中含固定碳为 84%，配焦率为 6.8%，试计算所得窑气中 CO_2 的百分含量。

9-15 某石灰窑内径 4.8 m，高 29 m，每日投入窑内石灰石 939.4 t，石灰生成率为 62%，从窑内卸出的生石灰中含有 88% 的 CaO 及 9% 的 $CaCO_3$。求石灰窑生产强度和碳酸钙分解率。

9-16 已知在 30℃ 及 0.25 MPa 下，经碳化以后每摩尔干盐的 P_1 点溶液中含 Cl^- 0.833 mol，HCO_3^- 0.167 mol，Na^+ 0.146 mol，NH_4^+ 0.854 mol，H_2O 6.000 mol。求以 1 mol 干盐为基准时 P_1 点的钠利用率及所对应的氨盐水组成（不计氨损失，以 1000 g H_2O 为基准）。

9-17 某真空过滤机型号为 $\phi 1840 \times 8.15$ mm，在转数为 3 r/min 时滤饼的转鼓直径为 1886 mm，滤饼的密度为 0.8 t/m^3，湿重碱的烧成率为 51.5%，试计算该真空过滤机每天生产纯碱多少吨？

第十章 联合法生产纯碱与氯化铵

本章学习要求

1. 熟练掌握的内容

联合法制碱的基本原理；循环过程相图分析以及循环过程中最高产量的计算。

2. 理解的内容

影响氯化铵结晶粒度的因素；冷析结晶和盐析结晶原理以及过饱和度的计算。

3. 了解的内容

联合法生产纯碱与氯化铵的特点，制碱与制铵工艺条件的选择。

第一节 概 述

一、联合法制碱简介

氨碱法是目前工业生产纯碱的主要方法之一。其特点是原料廉价易得，氨可以循环使用，损失较少；适用于大规模生产，易于机械化和自动化。但该法原料利用率低，尤其 NaCl 的利用率不高。按费多切夫早期研究指出，32℃时理论上钠的转化率可达 84%，实际上只有 72%～75%。氯离子则完全没有被利用，氯化钠的利用率也只有 28%左右。蒸氨过程中，消耗大量的蒸汽和石灰，还要排出大量的废液和废渣，严重污染环境。因而厂址受到限制，这也是氨碱法生产的致命弱点。

以食盐、氨及合成氨工业副产的二氧化碳为原料，同时生产纯碱及氯化铵，即联合法生产纯碱与氯化铵，简称"联合制碱"或称"联碱"。

早在 1938 年，我国著名化学家侯德榜教授对联合制碱技术进行了系统的研究，1942 年提出了比较完整的联合制碱工艺流程。联合制碱法与氨碱法相比，原料利用率高，其中氯化钠的利用率可达 90%以上；不需要石灰石及焦炭，节约了原料，使纯碱和氯化铵的产品成本降低；无需蒸氨塔、石灰窑、化灰机等笨重设备，缩短了流程，节省了投资；尤其是生产中无大量废液、废渣排出，厂址不受限制，为内地建厂创造了条件。

在联碱生产中，设备腐蚀是一个至关重要的问题。腐蚀不仅影响纯碱产品的质量，而且影响到设备的使用寿命、钢材的消耗等各个方面。因此，研究和减少联碱生产中的腐蚀，是纯碱工业长期以来的重大技术问题之一。

二、联合制碱法工艺流程

根据加入原料的次数及析出氯化铵温度的不同，联合制碱有多种工艺流程。我国一般采用一次碳化，两次吸氨，一次加盐的工艺流程。联合制碱原则流程如图 10-1 所示。如由母液 II（MII）开始，经吸氨、碳化、过滤、煅烧即可制得纯碱，这一过程称为"I过程"。过滤重碱后的母液 I（MI）经吸氨、冷析、盐析、分离即可得到氯化铵，该过程称为"II过程"。两个过程构成一个循环。向循环系统中不断加入原料（氨、氯化钠、水和二氧化碳），就能连续生产出纯碱和氯化铵。

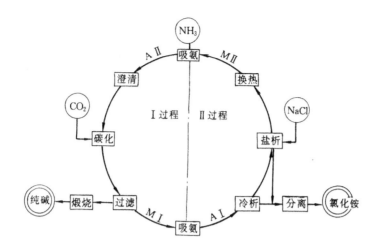

图 10-1　联合制碱示意图

　　联合制碱总工艺流程如图 10-2。原始开车时，在盐析结晶器中制备饱和盐水，再经吸氨器制成氨盐水，此氨盐水（正常循环中用氨母液Ⅱ）在碳化塔内与合成氨系统送来的二氧化碳进行反应，所得重碱经滤碱机分离，送煅烧炉加热分解成纯碱。煅烧分解出的炉气，经炉气冷凝器与炉气洗涤器，回收炉气中的氨气及碱粉，并使水蒸汽冷凝和降低炉气温度，炉气（其中含 90% 二氧化碳）经压缩机压缩后送入碳化塔制碱。

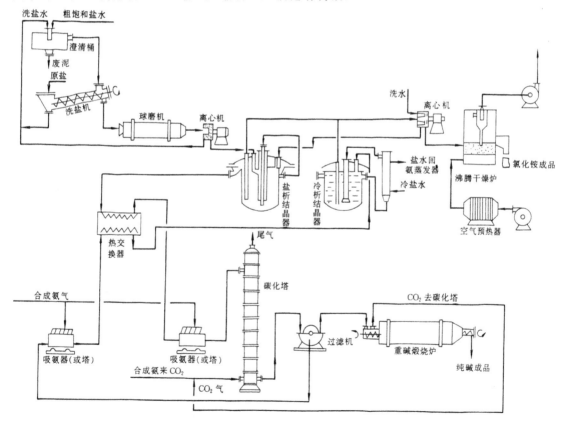

图 10-2　联合制碱生产流程图

过滤重碱后的母液称为母液Ⅰ，由于母液Ⅰ已被 NaHCO₃ 饱和，若将此母液在制铵过程中冷却、加盐，会使一部分重碳酸盐（NaHCO₃、NH₄HCO₃）与 NH₄Cl 同时析出，影响产品 NH₄Cl 的质量。因此，母液Ⅰ应先吸氨，制成氨母液Ⅰ，使其中溶解度小的 HCO_3^- 变成溶解度大的 CO_3^-，再降温析铵，使部分 NH₄Cl 析出。

冷析后的母液称为"半母液Ⅱ"，由冷析结晶器溢流入盐析结晶器，加入洗盐，由于同离子效应，可再析出部分 NH₄Cl，并补充了系统中所需要的 Na⁺。由冷析结晶器和盐析结晶器取出的氯化铵悬浮液，经稠厚器、滤铵机制得成品氯化铵。滤液返回盐析结晶器，由盐析结晶器出来的清液（MⅡ）经换热、吸氨、送碳化塔制碱。

第二节 联合法制碱的基本原理

一、联合制碱相图分析

联碱生产过程应用四元等温相图进行分析，如图 10-3。当氨母液Ⅱ中的 NaCl 和 NH₄HCO₃ 的比例于图中的 H 处，且水量又适宜时，氨盐水吸收 CO₂，将析出 Na HCO₃ 固体。母液Ⅰ沿 AH 延长线移动，直到较为接近 P₁ 点附近为止；如水量过少，最终母液点达到 Ⅳ-P₁ 线后就会有 NH₄HCO₃ 共析，若达 P₁-P₂ 线就将有 NH₄Cl 共析；若水量过多，由于 NaHCO₃ 溶入较多而结晶量减少，则母液Ⅰ点就会落在 NaHCO₃ 结晶区内远离 P₁ 点的 Q 点，这样虽然保证了析出物的纯度，但收率减少。由于分离 NaHCO₃ 后的母液Ⅰ对 NaHCO₃ 来说仍然是饱和的，所以如不采取措施，将于第二过程析铵时，会有 NaHCO₃ 共析，影响产品 NH₄Cl 的质量。

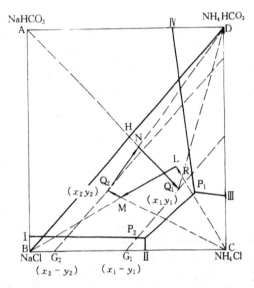

图 10-3 联碱生产循环示意相图

为了增大 NaHCO₃ 的溶解度和降低 NH₄Cl 的溶解度，应使相图中 NH₄Cl 结晶区扩大，并缩小 NaHCO₃ 结晶区。故将母液Ⅰ吸氨，使 Q₁ 点沿 Q₁D 方向至 R 点，母液中的重碳酸盐变为溶解度大的碳酸盐。

当母液Ⅰ所吸氨量用 S（mol NH₃/mol 干盐）表示时，不同吸氨量及不同温度下 P₁P₂ 点的轨迹如图 10-4 和图 10-5。由图 10-4 可知，增加吸氨量虚线上升，扩大了氯化铵结晶区；由图 10-5 可知，当温度降低时，P₂ 点向左方移动，也同样扩大了氯化铵的结晶区。因此，加氨降温使 NaHCO₃ 结晶区缩小，而 NH₄Cl 的结晶区扩大。

氨母液Ⅰ冷却时析出 NH₄Cl，分离后液相点达到 L，溶液 L 中加入固体 NaCl 达系统点 M，由于同离子效应，再析出部分 NH₄Cl，液固分离后得到母液Ⅱ（Q₂ 点），经吸氨沿 Q₂D 线达到系统点 N，碳化沿 AN 延长线移动，再回到 Q₁ 点。所以，联碱生产过程在相图上是一个闭合循环过程，即 Q₁→R→L→M→Q₂→N→Q₁。

二、循环过程最高产量讨论

以含有 1mol 干盐的母液Ⅱ为基准，设此母液Ⅱ中加入 a mol NH₃、c mol CO₂ 和 d mol H₂O，产生了含有 e mol 干盐的母液Ⅰ和 r mol NaHCO₃。

若令 x 代表溶液中 $NH_4^+ / (NH_4^+ + Na^+)$

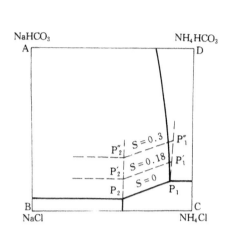

图 10-4　不同的吸氨量对 P_1 与 P_2 点的影响

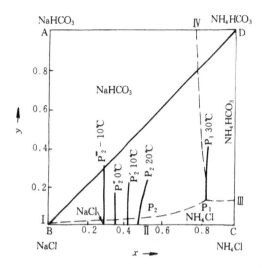

图 10-5　在不同温度及不同氨浓度下的
P_1、P_2 点移动轨迹

y 代表溶液中 $HCO_3^- / (HCO_3^- + Cl^-)$

m 代表溶液中 H_2O/mol 干盐

则

$$e\ 母液 \text{I} \left\{ \begin{array}{ll} NH_4^+ & x_2 \\ Na^+ & 1-x_2 \\ HCO_3^- & y_2 \\ Cl^- & 1-y_2 \\ H_2O & m_2 \end{array} \right\} + a\ NH_3 + c\ CO_2 + d\ H_2O \longrightarrow$$

$$e\ 母液 \text{I} \left\{ \begin{array}{ll} NH_4^+ & x_1 \\ Na^+ & 1-x_1 \\ HCO_3^- & y_1 \\ Cl^- & 1-y_1 \\ H_2O & m_1 \end{array} \right\} + r\ NaHCO_3 \downarrow \tag{10-1}$$

对反应式（10-1）进行 Na^+ 衡算：

$$1-x_2 = e(1-x_1) + r \tag{10-2}$$

对反应式（10-1）进行 Cl^- 衡算：

$$1-y_2 = e(1-y_1) \tag{10-3}$$

式(10-2)−(10-3)得：

$$y_2 - x_2 = e(y_1 - x_1) + r$$

整理后得：

$$r = e(x_1 - y_1) - (x_2 - y_2) \tag{10-4}$$

r 表示每一循环过程中，含 1 mol 干盐的母液 II 所产生的 $NaHCO_3$ mol 数。

由式（10-4）可知，要使 r 值最大，就要使 $e \cdot (x_1 - y_1)$ 最大且 $(x_2 - y_2)$ 最小，而 $(x_1 - y_1)$ 是母液 I 的组成，$(x_2 - y_2)$ 是母液 II 的组成。母液 I 与母液 II 具有什么组成时循环产量 r 会最大呢？可以用相图进行讨论。

在图 10-3 中，过 Q_1Q_2 点分别作与对角线 BD 平行的直线 G_1Q_1 和 G_2Q_2，分别与 BC 交于

G_1 与 G_2，则 $BG_1 = x_1 - y_1$，$BG_2 = x_2 - y_2$，且 $G_2G_1 = BG_1 - BG_2$。当母液 I 组成为 P_1 点时，$(x_1 - y_1)$ 最大，而母液 II 为低温的 P_2 点时，$(x_2 - y_2)$ 最小。此时，G_2 与 G_1 两点距离最远，即循环产量 r 最大。

对式 (10-4)，氨碱法氨盐水中（相当于氨母液 II），由于含 NH_4^+ 及 HCO_3^- 都很低，两者之差接近于零，即 $x_2 - y_2 = 0$。而联合法制碱中 $x_2 - y_2 \neq 0$。所以，氨碱法制碱中 $r = e (x_1 - y_1)$，而在联合法制碱中，碱的产量（以每立方米溶液计）比氨碱法所得碱的产量要少 $(x_2 - y_2)$。

第三节 制碱与制铵过程工艺条件的选择

一、压力

一般来说，制碱过程可在常压下进行，但氨盐水碳酸化过程应提高压力以强化吸收效果，因而在流程上对氨厂的各种含二氧化碳的气体出现了不同压力的碳化制碱。除碳酸化以外的其他工序可在常压下进行，至于制铵过程是析出结晶的过程，更没有必要加压，故在常压下进行。

二、温度

碳酸化反应系放热反应，降低温度，平衡向生成 $NaHCO_3$ 和 NH_4Cl 的方向移动，可以提高产率。但温度降低，反应速度减慢，影响生产能力。在碳化塔的实际操作中，当碳化度较小时，温度可稍高；碳化度较大时，温度可稍低。碳化塔中部温度略高，这是因为氨母液 II 中会有一定量的结合氨，以免在碳化塔下部同时析出 $NaHCO_3$ 和 NH_4Cl 结晶。另由实验得知，温度升高时，P_1 点组成的变化如表 10-1 所示。当温度升高时，$(x_1 - y_1)$ 增大，此时循环产量 r 增大，故应维持较高的出碱温度为好。但此温度不可过高，否则会使 $NaHCO_3$ 的溶解度增大使产量降低，且二氧化碳和氨的挥发损失增加，造成环境污染。在工业生产中，一般控制碳化塔取出温度在 $32 \sim 38℃$ 为宜。

表 10-1　不同温度时的 P_1 点组成

温度/℃	P_1 点组成，mol（离子）/mol 干盐			$x_1 - y_1$
	$NH_4^+ = x_1$	$HCO_3^- = y_1$	H_2O	
15	0.814	0.120	7.20	0.694
25	0.835	0.135	6.45	0.700
35	0.865	0.144	6.05	0.721

制铵过程中，当温度下降时，由图 10-5 可知 P_2 点稍向左移动，不同温度时的 P_2 点组成如表 10-2 所示。

表 10-2　不同温度下的 P_2 点组成

温度/℃	P_2 点组成，mol（离子）/mol 干盐		$x_2 - y_2$
	$NH_4^+ = x_2$	$HCO_3^- = y_2$	
15	0.473	0.148	0.325
10	0.443	0.148	0.295
0	0.350	0.130	0.220

在 II 过程中，当温度降低时，由表 10-2 可知 $(x_2 - y_2)$ 减小，式 (10-4) 表明此时循环产量 r 增大。但随着 NH_4Cl 结晶温度的降低，冷冻费用亦相应增加，且母液 II 的粘度也增高，致使 NH_4Cl 的分离困难。因此，工业生产中，一般控制 NH_4Cl 的冷析结晶温度应不低于 $5 \sim$

10℃，盐析结晶温度 15℃左右，且制碱与制铵两过程的温差以 20~25℃为宜。

三、母液浓度

联合法制碱母液循环中，需采用三个描述母液浓度的特征值来表示，称为三个比值，即 β、α 和 γ 值。

(一) β 值

表示氨母液 II 中游离氨 [F (NH$_3$)] 与氯化钠滴度之比，相当于氨碱法制碱中的氨盐比。即

$$\beta = F(NH_3)/T(Na^+)$$

氨母液 II 送碳化塔制碱，在此之前，氯化钠应尽量达到饱和，用于碳酸化的二氧化碳气体浓度应尽量提高，溶液中的游离氨浓度也应适当提高，这样才能保证有较高的钠利用率。但 β 值不可过高，否则在碳酸化时会有大量的 NH$_4$HCO$_3$ 结晶随 NaHCO$_3$ 结晶析出，且部分氨被尾气带走，更加造成氨的损失。故要求氨母液 II 中 β 值一般控制在 1.04~1.12 之间。

(二) α 值

系氨母液 I 中游离氨与二氧化碳滴度之比。即：

$$\alpha = F(NH_3)/T(HCO_3^-)$$

母液 I 吸氨以后，使其中的 HCO$_3^-$ 减少到不能因降温而产生 NaHCO$_3$ 结晶与 NH$_4$Cl 共析的程度。因此，氨母液 I 中游离氨与二氧化碳应有一定的比例关系。若 α 过低，则重碳酸盐将与氯化铵共析，影响产品 NH$_4$Cl 的质量，或者因二氧化碳分压高使 CO$_2$ 会逸出；若 α 过高，NH$_4$Cl 的产量略可提高，氨损失增加，劳动条件恶化，亦属不宜。

当碳酸化工艺条件不变时，母液 I 中含 CO$_2$ 的量也一定，而 α 值则和 NH$_4$Cl 的结晶温度有关，参见表 10-3。

表 10-3　结晶温度与 α 值的关系

结晶温度/℃	20	10	0	-10
α 值	2.35	2.22	2.09	2.02

由表 10-3 可知，结晶温度越低，要求母液中维持的 α 值也较低，亦即在一定的二氧化碳浓度下要求的吸氨量则越少。实际生产中，NH$_4$Cl 的结晶温度约为 10℃左右，则 α 应在 2.2~2.3 之间。

(三) γ 值

指母液 II 中钠离子滴度与固定氨滴度之比。即：

$$\gamma = T(Na^+)/C(NH_3)$$

γ 值表示了母液 II 在盐析 NH$_4$Cl 过程中加入 NaCl 的量。γ 值越大，说明加入 NaCl 越多，根据同离子效应，单位母液体积析出的 NH$_4$Cl 就越多。但母液 II 中加入 NaCl 的量受其溶解度的限制，母液 II 中最大 Na$^+$ 浓度与盐析结晶温度的关系如表 10-4 所示。

表 10-4　钠离子饱和浓度与 NH$_4$Cl 析出温度的关系

盐析温度/℃	10	11	12	13	14
Na$^+$饱和浓度/tt	77.3	76.7	76.1	75.5	74.9

由表 10-4 可知，随着温度的降低，溶液中 Na$^+$ 饱和浓度是升高的，当温度下降 1℃时，溶液中 Na$^+$ 浓度约增加 0.6tt。在实际生产中，既要考虑提高 NH$_4$Cl 产率，又要避免过量的 NaCl

混杂于 NH_4Cl 中。根据表 10-4 所提供的数据及实际生产情况，当盐析结晶温度控制在 $10\sim$ $15℃$ 时，γ 值为 $1.5\sim1.8$ 左右。

第四节　氯化铵的结晶

将重碱滤过母液Ⅰ吸氨成为氨母液Ⅰ，并使之降温冷析和加入氯化钠盐析出氯化铵结晶的工艺过程，是联碱法较氨碱法的主要不同之处。它不仅生产氯化铵产品，而且获得了合乎制碱要求的母液Ⅱ。

一、氯化铵结晶原理

（一）过饱和度

重碱在碳化塔中析出是由于溶液不断吸收 CO_2 而生成了 $NaHCO_3$。当其浓度超过该温度下的溶解度即过饱和时便开始析出结晶。同样氯化铵在冷析结晶器中，由于溶液不断降温而形成所对应温度下的过饱和度而析出结晶的。

过饱和度是结晶过程的一种推动力。

过饱和度可以用图解和计算两种方法去求得。

1. 图解法

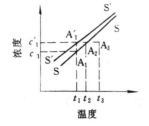

图 10-6　图解法求过饱和度

如图 10-6 所示，氯化铵在氨母液Ⅰ中的溶解度曲线是 SS，过饱和曲线是 S'S'。如温度 t_1 时，所对应的饱和溶液浓度为 c_1，过饱和溶液浓度为 c'_1，则浓度过饱和度可表示为 (c'_1-c_1)，其单位可用 tt 或 kg/m^3 表示。

过饱和度也可以用温度表示。如在温度 t_3 时，有一浓度为 c'_1 的溶液（图中 A_3 点），由于不饱和，在开始冷却时，只有温度下降而无结晶析出，故无浓度变化；过程只沿水平线 $A_3A'_1$ 进行，$A_3A'_1$ 与 SS 线和 S'S' 分别相交于 A_2 和 A'_1，其对应的温度为 t_2 和 t_1，即溶液 A_3 点的饱和温度和过饱和温度，则温度过饱和度为 (t_2-t_1)。

在实际应用中，还可用浓度过饱和度与温度过饱和度之比值 $\dfrac{c'_1-c_1}{t_2-t_1}$ 表示 t_2 到 t_1 区间温度每降 $1℃$ 时所析出氯化铵量。

2. 计算法求过饱和度

在工业生产中，根据现场实际数据，采用计算法求过饱和度，其结果更为准确并具有应用价值。

令

$$稀释倍率=\frac{主泵循环量（m^3/h）}{加入母液流量（m^3/h）}$$

$$以浓度表示的过饱和度=\frac{母液结合氨下降值（tt）}{稀释倍率}$$

$$以温度表示的过饱和度=\frac{氨母液Ⅰ温度-冷析结晶温度}{稀释倍率}$$

（二）结晶的介稳区及影响结晶粒度的因素

过饱和溶液是不稳定的，但在一定过饱和度内，不经摇动，无灰尘落入或无晶种投入则难以引发结晶生成和析出。一旦投入一小颗晶体或落入灰尘或经振动都会引起结晶生成。当溶液处于这种状态时称为介稳状态。如图 10-6 所示，SS 和 S'S' 线之间的区域称为介稳区。在介稳区内，不析出或很少引发新的晶核，则原有晶核却可以长大。SS 线以下则为不饱和区，在此区域内，投入晶体便被溶解；S′S′线以上为不稳区，在此区域内，晶核可在瞬间形成。因此，欲制得大颗粒的结晶，过饱和度宜控制在介稳区内。

从氨母液Ⅰ中析出氯化铵，可分为过饱和度的形成、晶核生成和晶核成长三个阶段。为获得大颗粒结晶，必须避免大量的晶核析出，并应使原有晶核长大。氯化铵颗粒的大小，决定于下列诸因素：

1. 溶液成分

溶液成分是影响结晶粒度的主要因素。实践证明，联碱生产中不同母液具有不同的过饱和极限。如图10-7所示，氨母液Ⅰ的介稳区较宽，而母液Ⅱ的介稳区较窄，这是因为氨母液Ⅰ中氯化钠的浓度较母液Ⅱ中为低的缘故。介稳区较窄，操作越易超出介稳区而进入非介稳区，以致产生大量晶核。所以，盐析结晶器内氯化铵结晶粒度要比冷析结晶器的氯化铵粒度为小。

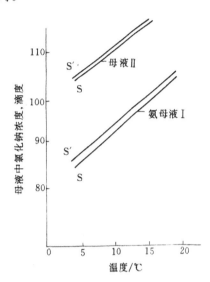

图 10-7　不同母液在不同温度下的介稳区

2. 冷却速度

在氨母液Ⅰ冷却析出氯化铵过程中，实验证实，若冷却速度越快，则过饱和度越大。如图10-8所示，过饱和度是随着降温速度的加快而增大的。过饱和度愈大，愈容易超越介稳区畴限，此时极易析出大量晶核，难以获得大颗粒结晶，故冷却速度不宜太快，工业上应避免骤冷。

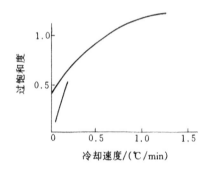

图 10-8　冷却速度对过饱和度的影响

3. 搅拌强度

适当增加搅拌强度可以降低过饱和度，从而减少大量晶核析出。如图10-9所示。但应指出，过分激烈的搅拌也会使介稳区限缩小，容易产生细晶。另外，激烈的搅拌，易使大粒结晶因摩擦、撞击而破碎，故搅拌强度要控制适当。

4. 晶浆固液比

母液过饱和度的消失难易与结晶表面积大小有关。当晶浆固液比大时，结晶表面积大，过饱和度的消失就越完全。这样不仅可以防止过饱和度的积累，减少细晶，减轻设备管道结疤，而且有利于已有的结晶长大，故工业上应保持适当的晶浆固液比。

5. 结晶停留时间

结晶颗粒在结晶器内的停留时间长，有利于结晶颗粒的长大。当结晶器内的晶浆固液比一定时，结晶盘存量也一定。因此，当单位时间内产量少时，则物料的停留时间就长，从而可获得大颗粒结晶。

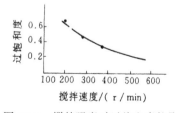

图 10-9　搅拌强度对过饱和度的影响

（三）冷析结晶原理

母液Ⅰ吸氨后成为氨母液Ⅰ，可使溶液中溶解度小的 $NaHCO_3$ 和 NH_4HCO_3 转化成溶解度较大的 Na_2CO_3 和 $(NH_4)_2CO_3$。所以吸氨过程，使氨母液Ⅰ在冷却时可以防止 $NaHCO_3$ 和 NH_4HCO_3 的共析。应说明的是氯化钠和氯化铵的单独溶解度随温度的变化并不相同。如图 10-10，氯化铵的溶解度是随温度降低而减少的，而氯化钠的溶解度受温度变化的影响不大。16℃时，两者溶解度相等。

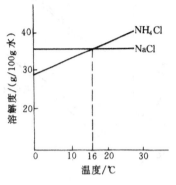 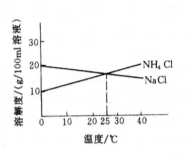

图 10-10　NH₄Cl 与 NaCl 的单独溶解度示意图　　　图 10-11　NH₄Cl 与 NaCl 的共同溶解度示意图

图 10-11 示出了氯化铵与氯化钠共同存在于饱和溶液中的情况。在 25℃以下时，NH₄Cl 的溶解度随温度的降低而减小，而 NaCl 的溶解度随温度的降低而增加。所以，将氨母液 I 冷却就可以使 NH₄Cl 单独析出，且纯度较高。冷析温度越低，析出 NH₄Cl 越多。

（四）盐析结晶理论

由冷析结晶器出来的母液称为半母液 II，半母液 II 中 NH₄Cl 是饱和的，而 NaCl 并不饱和。将固体洗盐加入半母液 II 中，此时 NaCl 就溶解。由于共同离子效应使得 NH₄Cl 继续析出，这样既出产品又补充了原料盐。

在盐析过程中，氯化铵的结晶热，机械摩擦热及氯化钠带入显热三者之总和，远大于氯化钠的溶解热，所以盐析结晶的温度是升高的，一般比冷析结晶器温度高 5℃左右。

盐析结晶过程中析出氯化铵的量，取决于结晶器内的温度和加入氯化钠的量。温度越低，析出氯化铵越多；在一定的温度下，加入氯化钠越多，氯化铵的产量越大，母液 II 中氯化钠的浓度也越高。在正常操作时，母液 II 中加入氯化钠的量受其在母液中溶解度的限制。

氯化钠在母液 II 中的溶解度与温度有关，母液 II 温度越低，达到平衡时母液 II 中氯化铵含量越低，氯化钠的饱和浓度越大。

实际生产中，由于氯化钠的粒度较大，以及氯化钠在盐析器内的停留时间短；所以，固体氯化钠来不及溶解而混入氯化铵产品中，会降低氯化铵的质量。为了保证氯化铵产品的质量，实际工业生产中控制母液 II 的氯化钠含量为饱和浓度的 95% 左右。

二、氯化铵结晶的工艺流程

（一）并料流程

如图 10-12 所示，氯化铵由氨母液 I 析出，一般分两步进行，先经冷析后盐析，然后晶浆分别取出，经再稠厚分离出氯化铵，此即所谓"并料流程"。

由制碱系统送来的氨母液 I，经计量后与外冷器 1 循环母液一起进入冷析器 3 的中央循环管，到结晶器底部再折回上升。冷析结晶器母液经冷析轴流泵 2 送入外冷器 1，与其管间低温介质卤水换热降温而产生过饱和度。已降温的母液由外冷器上部移出，经由冷析器中央循环管回到冷析器底部。如此连续循环冷却，以保持结晶器内一定温度。结晶器内的料液在降温过程中所产生的氯化铵过饱和度，在结晶器内将逐渐消失，并促使结晶的生成和长大。

冷析结晶器上部的清液称为半母液 II，溢流进盐析结晶器 4 的中央循环管。由洗盐工序

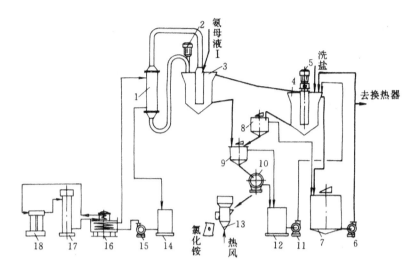

图 10-12　并料流程图

1—外冷器；2—冷析轴流泵；3—冷析结晶器；4—盐析结晶器；5—盐析轴流泵；6—母液Ⅱ泵；
7—母液Ⅱ桶；8—盐析稠厚器；9—混合稠厚器；10—滤铵机；11—滤液泵；12—滤液桶；
13—干铵炉；14—盐水桶；15—盐水泵；16—氨蒸发器；17—氨冷凝器；18—氨压缩机

送来的经洗涤和粉碎后的洗盐（或经母液Ⅱ调成的盐浆），加入盐析结晶器4中央循环管，与半母液Ⅱ一起由结晶器下部均匀分布上升，并逐渐溶解。由于同离子效应使 NH₄Cl 结晶析出。在盐析轴流泵5的作用下，盐析结晶器中的晶浆呈现悬浮状结晶床。

盐析结晶器上部的清液称为母液Ⅱ，溢流入母液Ⅱ桶7，用泵6将其送入换热器与氨母液进行换热，然后再送往吸氨制成氨母液Ⅱ用作制碱。

盐析晶浆先入稠厚器8，与冷析晶浆一起进入混合稠厚器9，经稠厚的晶浆用滤铵机10分离，固体 NH₄Cl 用皮带送去干铵炉13进行干燥。滤液及混合稠厚器溢流液流入滤液桶12，用泵11送回盐析结晶器。盐析稠厚器溢流液流入母液Ⅱ桶。

由氨蒸发器16送来的低温盐水，导入外冷器1上端管间，与冷析轴流泵2送来的母液进行换热。盐水升温后入盐水桶14，利用泵15送回蒸发器16降温。在氨蒸发器16中，利用液氨蒸发吸热，使管内盐水降温。气化后的氨气进入氨压缩机18，经压缩后进入氨冷凝器17以冷却水进行间接冷却而降温，以使压缩后的气氨液化，回到氨蒸发器，作为降低盐水温度用。

（二）逆料流程

将盐析结晶器的结晶借助于晶浆泵或气升设备送回到冷析结晶器的晶床中。产品全部从冷析器取出的流程，工业上称为逆料流程，如图10-13所示。半母液Ⅱ由冷析结晶2溢流入盐析结晶器3中，经加盐析出结晶，此晶浆借助于压缩空气返回到冷析器2中，冷析器中的晶浆导入稠厚器4，经稠厚后去滤铵机分离得 NH₄Cl 产品。

实践证明，逆料流程具有以下特点：

①盐析晶浆中掺杂的固体洗盐返回到钠离子浓度较低的半母液Ⅱ中，可得到充分的

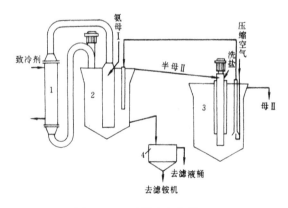

图 10-13　逆料流程简图

1—外冷器；2—冷析结晶器；3—盐析结晶器；4—稠厚器

溶解。与并料流程相比，总的产品纯度可以提高。但在并料流程中，冷析结晶器可以得到粒度较大、质量较高的"精铵"，而逆料流程不能制得精铵。

②逆料流程对原盐的粒度要求不严，可使盐析结晶器在接近氯化钠饱和浓度的条件下进行操作，提高了设备的利用率。

③对盐析结晶器来说，提高了 γ 值，使母液 II 中的结合氨降低，从而提高了产率，母液的当量体积可以减小。

思考练习题

10-1 什么是联合法制碱？其工艺过程有什么特点？

10-2 联合制碱系统中四元体系是如何确定的？制碱过程在相图上是如何循环的？

10-3 母液 I 为什么要吸氨？写出母液 I 吸氨的离子方程式。

10-4 制碱循环过程中，最高产量与哪些因素有关？从相图上看碳化最终母液点应落在什么位置较好？

10-5 联合法生产纯碱中，碳化取出液温度较氨碱法稍高的原因是什么？

10-6 过饱和度是怎样形成的？如何计算过饱和度？它有什么实际意义？

10-7 影响氯化铵结晶的因素有哪些？怎样才能获得颗粒较大的氯化铵结晶？

10-8 什么是冷析结晶氯化铵？什么是盐析结晶氯化铵？各自基于什么原理？

10-9 什么是氯化铵结晶的并料流程和逆料流程？各有什么特点？

10-10 25℃的氨母液 I ($c(NH_3)$ 为 80tt) 以 150 m^3/h 投入结晶器中，冷析结晶器温度 10℃，主泵循环量 2500 m^3/h，双泵作业，半母液 II 中 $c(NH_3)$ 为 67.2 tt，试求以温度和浓度表示的过饱和度。

*10-11 某厂联碱循环中，母液 I 组成为 $c(NH_3)4.1\ kmol/m^3$，$T(Cl)5.1\ kmol/m^3$，$CO_2 1.1\ kmol/m^3$；母液 II 组成为 $c(NH_3)2.0\ kmol/m^3$，$T(Cl)5.5\ kmol/m^3$，$CO_2 1.0\ kmol/m^3$。试计算生产每吨 100% Na_2CO_3 时 I、II 过程中的母液当量。

第十一章 电解法制烧碱

本章学习要求

1. 熟练掌握的内容

电解饱和食盐水溶液制烧碱的基本原理;理论分解电压的计算及槽电压的确定;电流效率、电压效率、电能效率的具体计算。

2. 理解的内容

电解液的蒸发原理及固碱的制造方法;隔膜法与水银法制烧碱的主要相同与不同之处;离子交换膜法的电解原理及技术经济指标。

3. 了解的内容

烧碱的各种工业生产方法及其工艺特点。

第一节 概　　述

烧碱即氢氧化钠,亦称苛性钠。烧碱的工业品有液体和固体,其中液体为不同含量的氢氧化钠水溶液;固体白色不透明,常制成片、棒、粒状,或熔融态以铁桶包装。

氢氧化钠吸湿性很强,易溶于水,溶解时强烈放热。水溶液呈强碱性,手感滑腻;也易溶于乙醇和甘油,不溶于丙酮。烧碱有强烈的腐蚀性,对皮肤、织物、纸张等侵蚀剧烈;易吸收空气中的二氧化碳变为碳酸钠;与酸起中和作用而生成盐。

烧碱是一种基本的无机化工产品,广泛应用于造纸、纺织、印染、搪瓷、医药、染料、农药、制革、石油精炼、动植物油脂加工、橡胶、轻工等工业部门;也用于氧化铝的提取和金属制品加工。

烧碱工业生产有苛化法和电解法两种。苛化法是用纯碱水溶液与石灰乳通过苛化反应而生成烧碱;电解法是采用电解饱和食盐水溶液生成烧碱,并副产氯气和氢气。因此,电解法生产烧碱又称为氯碱工业。

早在19世纪初,人们已经研究烧碱生产的工业化问题。1884年开始在工业上采用石灰乳苛化纯碱溶液生产烧碱;1890年德国在哥里斯海姆(Griesheim)建成世界上第一个工业规模的隔膜电解槽装置投入生产;1892年美国人卡斯勒(H. Y. castner)发明水银法电解槽。第二次世界大战后,随着氯碱产品从军用生产转入民用生产,以及石油化工的迅速发展,氯的需求量大幅度增加,更加促进了氯碱工业的发展。1969年美国首先使用装备金属阳极的隔膜电解槽,为隔膜电解槽工艺技术的发展开辟了新纪元。1975年世界上第一套离子交换膜法电解装置在日本旭化成公司投入运转。

我国最早的隔膜法氯碱工厂是1929年投产的上海天原电化厂(现在的天原化工厂前身)。国内第一家水银法氯碱工厂是锦西化工厂,于1952年投产。1974年我国首次采用的金属阳极电解槽,在上海天原化工厂投入工业化生产。自1986年我国甘肃盐锅峡化工厂引进第一套离子膜烧碱装置投产以来,离子交换膜法电解烧碱技术迅速发展。

1949 年全国烧碱的年产量仅有 1.5 万 t；到 1995 年我国烧碱的总生产能力为 450 万 t，其中离子膜烧碱能力 55 万 t 以上。

第二节 电解食盐水溶液的基本原理

一、电解过程基本定律及电流效率

电解过程为电能转化为化学能的过程。当以直流电通过熔融态电解质或电解质水溶液时，产生离子的迁移和放电现象，在电极上析出物质的过程。

电解过程中，在两个电极上究竟有哪种离子放电及其放电数量，即参加电化学反应的反应物与生成物之间，理论上存在着严格的定量关系，这就是法拉第（Faraday）电解定律。

（一）法拉第第一定律

电解过程中，电极上所生成的物质的质量与通过电解质的电量成正比，即与电流强度及通电时间成正比。

$$G = K \cdot Q = K \cdot I \cdot t \tag{11-1}$$

式中　G——电极上生成物质的质量，g；

Q——通过的电量，A·s 或 A·h；

K——电化当量；

I——电流强度，A；

t——时间，s 或 h。

由 (11-1) 式可知，如果要提高电解生成物的产量，则要增大电流强度，或延长电解时间。

（二）法拉第第二定律

将等量的直流电流通过电解质时，在电极上析出物质的量与电解质的当量成正比。

产生 1 克当量[●] 的任何物质都需要消耗同样多的电量 F，F 约等于 96500 库仑（以符号 C 表示）的电量，称为 1 法拉第，即：

$$1F = 96500C = 96500 \text{ A} \cdot \text{s} = 26.8 \text{ A} \cdot \text{h}$$

根据法拉第第二定律，可计算出通过单位电量时，在电极上所析出物质的质量，其数值即为该物质的"电化当量"。但是，对某一具体物质而言，若所用的电量单位不同，当然"电化当量"的数值也就不同。工业生产中，常以 26.8A·h 来表示 1 法拉第电量。当电解食盐水溶液时，1 A·h 电量理论上可生成：

$$K(\text{Cl}_2) = \frac{35.46}{26.8} = 1.323 \text{ g/(A} \cdot \text{h)}$$

$$K(\text{H}_2) = \frac{1.008}{26.8} = 0.0376 \text{ g/(A} \cdot \text{h)}$$

$$K(\text{NaOH}) = \frac{40.01}{26.8} = 1.492 \text{ g/(A} \cdot \text{h)}$$

电解时，根据电流强度、通电时间及运行电槽数和电解质的电化当量，可计算出该物质在电极上的理论产量。

（三）电流效率

实际生产过程中，由于在电极上要发生一系列的副反应以及漏电现象，所以电量不能完全被利用，实际产量比理论产量低。实际产量与理论产量之比，称为电流效率或电流利用率，

● 根据国际标准和国家标准，一般不应再使用"克当量"这个术语，在此为法拉第定律所规定，故仍习用之。

用 n_1 表示。

$$n_1 = \frac{G_{实际产量}}{G_{理论产量}} \times 100\%$$

在现代氯碱工厂中，电流效率一般为 95%～97%。

二、槽电压及电压效率

电解时电解槽的实际分解电压（或称操作电压）叫做槽电压。槽电压由理论分解电压、超电压以及各种电压降组成。

（一）理论分解电压

电解过程发生时所必须的最小外加电压叫做理论分解电压。它在数值上等于阳极析氯电位与阴极析氢电位之差，以 $E_{理}$ 表示，可由能斯特（Nernst）方程或吉布斯-霍姆荷茨（Gibbs-Helmholtz）方程求得。

1. 按能斯特方程式计算 $E_{理}$

能斯特方程式表示了平衡电极电位与溶液中离子的活度以及温度之间的关系。即：

$$\varphi = \varphi^\circ + \frac{2.303RT}{nF} \lg \frac{a_{氧化态}}{a_{还原态}} \tag{11-2}$$

式中
    φ——平衡电极电位，V；

    φ°——标准平衡电极电位，V；

    R——气体常数，$[R = 8.314\ \text{J}/(\text{mol} \cdot \text{K})]$；

    T——温度，K；

    F——法拉第常数；

    n——电极反应中的得失电子数；

$a_{氧化态}$、$a_{还原态}$——分别表示与电极反应相对应的氧化态和还原态物质的活度；若是气体，则用分压 p（大气压）表示；若是固体物质和水，它们的浓度为一常数，习惯上以 1 表示。

在室温 25℃ 下，将 $R = 8.314\ \text{J}/(\text{mol} \cdot \text{K})$、$F = 96500\ \text{C/mol}$、$T = 298\ \text{K}$ 代入（11-2）式，得到下列简化的能斯特方程式：

$$\varphi = \varphi^\circ + \frac{0.0591}{n} \lg \frac{a_{氧化态}}{a_{还原态}} \tag{11-3}$$

例如，对于以石墨为阳极，以铁为阴极的隔膜电解槽，阳极室中 NaCl 含量为 265g/L，阴极室电解液中含 NaOH 100 g/L、NaCl 190 g/L；$p(\text{Cl}_2)$、$p(\text{H}_2)$ 接近 101.3 kPa；计算 $E_{理}$ 的步骤如下。

（1）计算阳极电位 $\varphi(\text{Cl}_2/2\text{Cl}^-)$

①根据阳极上的电极反应：$2\text{Cl}^- - 2e \rightarrow \text{Cl}_2$，由表 11-1 查得 25℃ 时该电极反应的标准还原电极电位为：$\varphi^\circ(\text{Cl}_2/2\text{Cl}^-) = 1.3583\text{V}$。

表 11-1　一些物质的标准还原电极电位值 φ°（25℃）

电 极 反 应	φ°/V	电 极 反 应	φ°/V
$\text{K}^+ + e \rightleftharpoons \text{K}$	-2.924	$\text{O}_2 + 2\text{H}_2\text{O} + 4e \rightleftharpoons 4\text{OH}^-$	$+0.401$
$\text{Na}^+ + e \rightleftharpoons \text{Na}$	-2.7109	$\text{Cl}_2 + 2e \rightleftharpoons 2\text{Cl}^-$	$+1.3583$
$2\text{H}^+ + 2e \rightleftharpoons \text{H}_2$	0.0000		

②阳极液中氯化钠溶液的摩尔浓度及其活度。

$[NaCl] = \dfrac{265}{58.4} = 4.54 \ mol/L$；由表 11-2 查得 25℃时 NaCl 溶液的活度系数为 0.672，所以：

$$a(Cl^-) = 0.672 \times 4.54 = 3.05 \ mol/L$$

表 11-2　25℃时 NaCl 和 NaOH 的活度系数

浓度	活度系数		浓度	活度系数	
$kmol \cdot m^{-3}$	NaCl	NaOH	$kmol \cdot m^{-3}$	NaCl	NaOH
0.01	0.92	—	0.5	0.63	0.69
0.02	0.89	0.87	1.0	0.63	0.68
0.05	0.84	0.83	2.0	0.61	0.74
0.1	0.80	0.77	3.0	0.63	0.86
0.2	0.75	0.75	5.0	0.71	—

③将以上数据代入（11-3）式得

$$\varphi(Cl_2/2Cl^-) = \varphi^{\ominus}(Cl_2/2Cl^-) + \dfrac{0.0591}{n} \lg \dfrac{p(Cl_2)}{[a(Cl^-)]^2}$$
$$= 1.3583 + \dfrac{0.0591}{2} \lg \dfrac{1}{[3.05]^2}$$
$$= 1.3297 V$$

（2）计算阴极电位 $\varphi(2H^+/H_2)$

①根据铁阴极上的电极反应 $2H^+ + 2e \longrightarrow H_2\uparrow$，由表 11-1 查得 25℃时该电极反应的标准还原电极电位为：$\varphi^{\ominus}(2H^+/H_2) = 0.0000 \ V$。

②阴极室中氢离子摩尔浓度及其活度

阴极室电解液中 NaOH 100 g/L，NaCl 190 g/L，则：

$$[NaOH] = \dfrac{100}{40.01} = 2.50 \ mol/L$$

$$[NaCl] = \dfrac{190}{58.4} = 3.25 \ mol/L$$

$$[Na^+] = 2.50 + 3.25 = 5.75 \ mol/L$$

由表 11-2 查上述溶液 $[OH^-]$ 的活度系数为 0.80，又知 25℃时水的离子积常数为 1×10^{-14}，且 H^+ 很低，则 H^+ 的活度系数近似为 1，所以：

$$a(H^+) = \dfrac{1 \times 10^{-14}}{0.80 \times 250} = 0.50 \times 10^{-14} \ mol/L$$

③将以上数据代入（11-3）式得：

$$\varphi(2H^+/H_2) = \varphi^{\ominus}(2H^+/H_2) + \dfrac{0.0591}{n} \lg \dfrac{[a(H^+)]^2}{p(H_2)}$$
$$= 0.0000 + \dfrac{0.0591}{2} \lg \dfrac{[0.50 \times 10^{-14}]^2}{1}$$
$$= -0.841 V$$

（3）计算理论分解电压 $E_{理}$

$E_{理} = \varphi(Cl_2/2Cl^-) - \varphi(2H^+/H_2) = 1.3297 - (-0.841) = 2.171 V$

2. 按吉布斯-霍姆荷茨方程式计算 $E_{理}$

$$E_{理} = \dfrac{\Delta H}{n \cdot F} + \dfrac{dE}{dT} \cdot T \tag{11-4}$$

式中　$E_{理}$——理论分解电压，V；

ΔH——由氯化钠和水生成氯、氢和氢氧化钠的热效应，J；

n——分解时，需要热量为 ΔH 的物质分子的摩尔数；

F——法拉第常数；

T——温度，K；

$\dfrac{\mathrm{d}E}{\mathrm{d}T}$——电动势的温度系数，约等于 -0.0004 V/K。

（1）隔膜法电解过程中的理论分解电压 $E_{理}$

由总反应式：

$$NaCl \cdot nH_2O + H_2O = NaOH \cdot nH_2O + \frac{1}{2}Cl_2 \uparrow + \frac{1}{2}H_2 \uparrow$$

$$\Delta H = 221080 \text{ J} \tag{11-5}$$

将 ΔH、$\dfrac{\mathrm{d}E}{\mathrm{d}T}$ 和 T 代入（11-4）式得：

$$E_{理} = \frac{221080}{1 \times 96500} - 0.0004 \times 298 = 2.171 \text{ V}$$

（2）水银法电解过程中的理论分解电压 $E_{理}$

由总反应式：

$$NaCl \cdot nH_2O + nHg = NaHgn + \frac{1}{2}Cl_2 + nH_2O$$

$$\Delta H = 327400 \text{ J} \tag{11-6}$$

故 $E_{理} = \dfrac{327400}{1 \times 96500} - 0.0004 \times 298 = 3.27$ V

（二）过电位（超电压）

过电位系离子在电极上的实际放电电位与理论放电电位的差值。金属离子在电极上放电析出时的过电位并不大，但对于有气体析出的电极反应，则过电位就相当大。

从电解过程的动力学来讲，电极既起电子传递的作用，而其表面又相当于多相催化反应中催化剂表面的作用。因控制步骤的不同，电极表面所起的作用也不同。因此，过电位与多种因素有关，例如析出物质的种类、电极材料的性质、电流密度、电极表面特性、电解质溶液温度等对过电位均有影响。超电压与电极材料的关系见表 11-3。

表 11-3　超电位（H_2，O_2，Cl_2）与电极材料的关系（25℃）

电极产物		H_2（1mol/L H_2SO_4）			O_2（1mol/L NaOH）			Cl_2（NaCl 饱和溶液）		
电流密度[①]A/m²		10	1000	10000	10	1000	10000	10	1000	10000
电极材料	海绵状铂	0.015	0.041	0.048	0.40	0.64	0.75	0.0058	0.028	0.08
	平光铂	0.24	0.29	0.68	0.72	1.28	1.49	0.008	0.054	0.24
	铁	0.40	0.82	1.29	—	—	—			
	石墨	0.60	0.98	1.22	0.53	1.09	1.24		0.25	0.50
	汞	0.70	1.07	1.12	—	—	—			

①电流密度是指在单位面积的电极上通过的电流数量，通常用安培/米²（A/m²）或安培/分米²（A/dm²）来计量电解槽的电流密度。

在电解过程中，由于超电压的存在，无疑要多消耗一部分电能，这是不利的一面。但是，可以根据电解产物在电极上超电压的不同，采用不同的电解方法。例如，在隔膜法电解中，Cl^- 和 OH^- 都趋向阳极，单从离子放电效应来讲，由表 11-1 可知，OH^- 应该先放电而逸出 O_2，但由于 O_2 在石墨电极上的超电压较高，相比之下 Cl_2 的过电位较低，这就形成了 OH^- 在阳极上

的实际放电电位比 Cl^- 实际放电电位高，因而阳极上 Cl^- 先放电而逸出 Cl_2。同样在铁阴极上，虽然 H_2 比金属钠具有更高的超电压，但 H^+ 较 Na^+ 的理论放电电位要低得多。因此，在铁阴极上，总是 H^+ 先放电而逸出 H_2。

以水银为阴极的电解法中，H_2 在水银阴极上具有很高的超电压，当增加电流密度时，H_2 的超电压数值更大。与此同时，Na^+ 在水银阴极上放电，却由于去极化作用反而降低了分解电压，因而 Na^+ 在水银阴极上先放电变成钠汞齐。

（三）槽电压及电压效率

电解时加在电解槽两极上的实际操作电压称槽电压。它包括理论分解电压、超电压、电解质溶液电压及其他各种电压降。工业上隔膜电解槽的槽电压一般为 $3.2 \sim 3.8$ V；水银电解槽的槽电压一般为 $4.2 \sim 5.6$ V。理论分解电压与实际的槽电压之比叫做电压效率，以 η_E 表示，即：

$$\eta_E = \frac{E_理}{E_实} \times 100\% \tag{11-7}$$

欲提高电压效率，必须降低电解槽的实际操作电压，这应以减少各种电压降着手。一般来说，隔膜电解槽的电压效率在 60% 以上。

三、电能效率

电解是利用电能来进行化学反应而获得产品的过程。因此，产品消耗电能的多少，是工业生产中的一个极为重要的技术经济指标。电能常用 $kW \cdot h$（度）来表示。

电能可用下式进行计算：

$$W = \frac{QU}{1000} = \frac{I \cdot t \cdot U}{1000} \quad kW \cdot h \tag{11-8}$$

式中 W——电能，$kW \cdot h$；

Q——电量，$A \cdot h$；

I——电流强度，A；

t——时间，h；

U——槽电压，V。

生产 1t NaOH 所需的理论电能消耗量，现以隔膜法电解饱和食盐水制 NaOH 为例，可将其理论分解电压 $E_理 = 2.17$ V，以及 NaOH 的电化当量 $K = 1.492$ g/A·h，代入式（11-7）中，则可得所需理论电能为：

$$W_理 = \frac{QU}{1000} = \frac{1 \times 10^6 \times 2.171}{1.492 \times 1000} = 1455.1 \quad kW \cdot h$$

若计算生产 1t NaOH 所需的实际电能消耗时，将要取决于实际操作的槽电压（V）、以及电流效率（n_I）和电化当量（K），则式（11-7）可转化为：

$$W_实 = \frac{QU}{1000 n_I} = \frac{1 \times 10^6 U}{1000 K n_I} = \frac{U}{K n_I} \times 10^3 \quad kW \cdot h \tag{11-9}$$

当槽电压为 3.45V，电流效率为 95% 时，代入式（11-8）得：

$$W_实 = \frac{3.45}{1.492 \times 0.95} \times 1000 = 2434 \quad kW \cdot h$$

在电解过程中，理论所需的电能与实际消耗的电能数值之比称为电能效率，以 η 表示。

$$\eta = \frac{W_理}{W_实} \times 100\% \tag{11-10}$$

由于电能（W）是电量（Q）和电压（U）的乘积，所以电能效率也就是电流效率与电压效率的乘积，即：

$$电能效率＝电流效率×电压效率＝\frac{Q_{理}×U_{理}}{Q_{实}×U_{实}} \tag{11-11}$$

根据式（11-8），当槽电压降低 0.1V 或电流效率提高 1% 时，则生产每吨 NaOH 可节约电能分别为 70 kW·h、30 kW·h。因此，在工业生产中，若要降低电能耗，就要设法降低槽电压，尽量提高电流效率。并且随着电流密度的提高，O_2 在阳极的超电压升高，使 OH^- 离子难于在阳极放电，可以减少副反应；而产量是随电流密度的增加而成比例增加。因此，适当提高电流密度，将会使电能的消耗相应有所下降。

第三节　隔膜法电解

本法是以石墨为阳极（或金属阳极），铁为阴极，采用石棉隔膜的一种电解方法。隔膜是由一种多孔渗透性材料做成。能将阳极产物与电极产物隔开，可使电解液通过，并以一定的速度流向阴极而可阻止 OH^- 向阳极扩散。

目前，工业上较多使用立式隔膜电解槽，工作原理如图 11-1 所示。

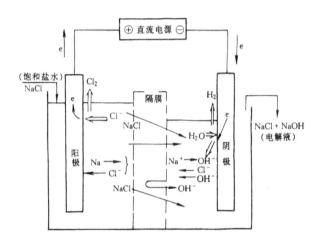

图 11-1　立式隔膜电解槽示意图

一、电极反应及副反应

导入电解槽阳极室的食盐水溶液中，主要含有 Na^+、Cl^-、H^+ 和 OH^-。当通入直流电时，Na^+ 和 H^+ 向着阴极移动，Cl^- 和 OH^- 向着阳极移动。

在阳极表面上，由于 Cl^- 的放电电位较 OH^- 的放电电位低，所以 Cl^- 先放电生成 Cl_2：

$$2Cl^- - 2e^- \longrightarrow Cl_2 \uparrow \tag{11-12}$$

在阴极表面上，由于 H^+ 的放电电位较 Na^+ 的放电电位低，所以 H^+ 先放电生成 H_2：

$$H_2O + e^- \longrightarrow \frac{1}{2}H_2 \uparrow + OH^- \tag{11-13}$$

阳极液中的 Na^+ 不断地通过隔膜的孔隙流入阴极室，与 OH^- 结合成 NaOH 溶液。

随着电解反应的进行，阳极上产生的氯气部分地溶解在阳极区液相中，生成次氯酸与盐酸：

$$Cl_2 + H_2O \rightleftharpoons HClO + HCl \tag{11-14}$$

阴极区生成的 NaOH 溶液，由于扩散及渗透作用，通过隔膜进入阳极室，与次氯酸及盐酸反应：

$$NaOH + HClO \longrightarrow NaClO + H_2O \tag{11-15}$$

$$NaOH + HCl \longrightarrow NaCl + H_2O \tag{11-16}$$

生成的次氯酸钠在酸性条件下很快变成氯酸钠：

$$NaClO + 2HClO \longrightarrow NaClO_3 + 2HCl \tag{11-17}$$

当 ClO_3^- 离子积累到一定量后，由于 ClO^- 的放电电位比 Cl^- 低，因此在阳极上也要放电生成氧气：

$$12ClO^- + 6H_2O - 12e^- \longrightarrow 4HClO_3 + 8HCl + 3O_2 \uparrow \tag{11-18}$$

生成的 $HClO_3$ 及 HCl 又进一步与阴极扩散来的 OH^- 作用生成氯酸钠和氯化钠：

$$HClO_3 + NaOH \longrightarrow NaClO_3 + H_2O \tag{11-19}$$

$$HCl + NaOH \longrightarrow NaCl + H_2O \tag{11-20}$$

阳极附近的 OH^- 浓度升高以后，有可能在阳极放电逸出 O_2：

$$2OH^- - 2e^- \longrightarrow \frac{1}{2}O_2 \uparrow + H_2O \tag{11-21}$$

电解槽内的副反应主要发生在阳极室，若阳极液中含有少量的 $NaClO$ 和 $NaClO_3$，就会随阳极液流入阴极室，在阴极上被新生态氢原子还原成氯化钠：

$$NaClO + 2[H] \longrightarrow NaCl + H_2O \tag{11-22}$$

$$NaClO_3 + 6[H] \longrightarrow NaCl + 3H_2O \tag{11-23}$$

由于在电极上发生副反应，不仅消耗了产品 Cl_2、H_2 和 $NaOH$，而且浪费了电能，还生成了次氯酸盐、氯酸盐、氧等，降低了产品 Cl_2 和 $NaOH$ 的纯度。氧会腐蚀石墨电极，加速电极消耗。

为了减少电极上的副反应，一般来说，应尽量采用精制的饱和食盐水，使电解在较高的温度下进行，以防止氯气在阳极液中的溶解，避免阳极室中一系列副反应的发生。维持阳极室的液面高于阴极室，并使阳极液保持一定的流速，以阻止 OH^- 由阴极室向阳极室迁移，防止阳极室发生中和反应。在实际生产中，最根本的措施是采用不同的电解方法以阻止副反应的发生。

二、隔膜法电解工艺流程

（一）电解工艺流程

如图 11-2 所示。精制后的合格饱和食盐水，升高温度后进入盐水高位槽，槽内盐水保持一定液面，以确保盐水压力恒定。盐水从高位槽出来后，再经过盐水预热器，一般用蒸汽预热后，温升可到 75~80℃，盐水依自压平稳地从盐水总管经分导管连续均匀地加入电解槽中进行电解。

电解生成的氯气由槽盖顶部的支管导入氯气总管，送到氯气处理工序。氢气从电解槽阴极箱的上部支管导入氢气总管，经盐水-氢气热交换器降温后送氢气处理工序。生成的电解碱液从电解槽下侧流出，经电解液总管后，汇集于电解液贮槽，再由碱泵送至蒸发工序浓缩制得合格液碱产品。

（二）电解液的蒸发

由隔膜电解槽阴极室流出的电解液含有 $NaOH$ 10%~12%、$NaCl$ 16%~18%、SO_4^{2-} 0.1%~0.6%。为得到符合商品规格的烧碱（$NaOH \geq 30\%$，$NaCl \leq 4.7\%$），还必须将电解液进行蒸发。

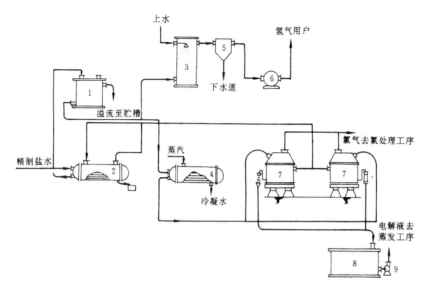

图 11-2　电解食盐水溶液工艺流程示意图

1—盐水高位槽；2—盐水氢气热交换器；3—洗氢桶；4—盐水预热器；5—气液分离器；
6—罗茨鼓风机；7—电解槽；8—电解液贮槽；9—碱泵

1. 电解液蒸发的主要目的

（1）将含 NaOH 10%～12% 的电解液浓缩，使之符合一定规格的商品液碱。

（2）通过电解液浓缩，将其中氯化钠结晶分离出来，以提高碱液的纯度。并将分离得到的盐制成盐水，返回盐水精制工序使用。

2. 电解液蒸发原理

本工序是借助于蒸汽，使电解液中的水分部分蒸发，以浓缩氢氧化钠。工业上该过程都是在沸腾状态下进行的。由于电解液中含有 NaOH、NaCl、NaClO 等多种物质，所以溶液的沸点是随着蒸发过程中溶液浓度的提高而升高，同时也与蒸发的操作压力有关。

表 11-4 列出了 NaCl 在 NaOH 水溶液中的溶解度随 NaOH 含量的增加而明显减小，随温度的升高而稍有增大的数据关系。

应当指出，在电解液蒸发的全过程中，烧碱溶液始终是一种被 NaCl 所饱和的水溶液。因而随着烧碱浓度的提高，NaCl 便不断地从电解液中结晶出来，从而提高了碱液的纯度。

为了减少加热蒸汽的耗量，提高热能利用率，电解液蒸发常在多效蒸发装置中进行。随着效数的增加，单位质量的蒸汽所蒸发的水分也越多，蒸汽利用的经济程度自然越佳；但蒸发效数过多，其经济效益的增加并不明显，故多蒸发效数并不必要。

表 11-4　NaCl 在 NaOH 水溶液中的溶解度

NaOH,%	NaCl,%		
	20℃	60℃	100℃
10	18.05	18.70	19.96
20	10.45	11.11	12.42
30	4.29	4.97	6.34
40	1.44	2.15	3.57
50	0.91	1.64	2.91

实际生产中，通常采用二效或三效蒸发工艺。

3. 电解液蒸发工艺流程

目前，工业生产中广泛采用的是三效顺流操作流程，如图 11-3 所示。

来自电解工序的电解液先入计量槽，由泵送往碱液预热器，预热器中用来自蒸发器的冷凝水加热，既回收了热量，又降低了蒸汽的消耗。经预热后的电解液依次进入一效、二效、三效蒸发器，直到碱液浓度为 25%～30%。由于碱液浓度的提高，大部分溶解的食盐逐渐析出结晶。从第三效出来的盐碱混合物由碱液泵送至中间碱液贮槽，盐沉至槽底，上部清液流入浓效蒸发器。在浓效蒸发器中蒸至浓度为 42%～45% 时，即可送入循环冷却系统冷却至 25～30℃，即得液碱产品；或送固碱工序制固体烧碱。

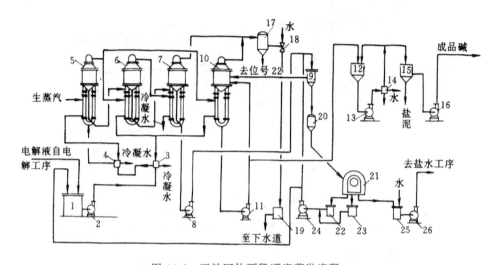

图 11-3 三效四体两段顺流蒸发流程

1—计量槽；2、8、11、13、16、24、26—离心泵；3、4—碱液预热器；
5——效蒸发器；6—二效蒸发器；7—三效蒸发器；9—中间碱液槽；10—浓效蒸发器；
12—浓碱冷却循环槽；14—浓碱冷却器；15—成品碱贮槽；17—碱沫捕集器；18—水喷射器；
19—水槽；20—盐泥高位槽；21—离心机；22—母液槽；23—洗涤液槽；25—化盐槽

（三）固碱的制造

从蒸发工序来的液碱浓度一般不大于 50%，其用途有限，且不便作长途运输和贮存。故常将一部分液碱制成固体烧碱。生产方法有间歇锅式蒸煮法和连续膜式蒸发法。

1. 间歇锅式蒸煮法制固碱

采用铸铁锅以直接明火加热，生产过程分为蒸发、熔融和澄清，整个生产过程都在熬碱锅中进行。

液碱被加热至沸腾时水分不断蒸发，随着碱液纯度的提高，沸点也相应升高。碱液在蒸煮过程中，由于熬碱锅受高温浓碱的侵蚀，使碱液带有多种颜色。在开始阶段，铸铁锅被腐蚀生成棕黄色的 FeO，再继续氧化成棕红色的 Fe_2O_3，与空气中氧反应，生成易溶于碱的物质 Na_2FeO_4，颜色为蓝绿色。

$$8NaOH + 2Fe_2O_3 + 3O_2 \longrightarrow 4Na_2FeO_4 + 4H_2O \qquad (11\text{-}24)$$

与此同时，铸铁中的杂质锰生成粉红色的 MnO、黑色的 MnO_2 和蓝色的 Na_2MnO_4，这些化合物都易溶于碱液中。随着碱液温度的提高，金属杂质被氧化，碱液的颜色也发生变化，低温时碱液呈蓝色或绿色，高温时呈红色。

工业生产中，为了分离铁、锰等杂质，采用硝酸钠氧化，再用硫磺还原，把颗粒细小、不易沉淀的二价铁和易溶于碱的六价锰转变成三价铁和四价锰。当熬碱锅内温度至 500℃时，加入少量 $NaNO_3$。

$$Fe + 2H_2O \longrightarrow Fe(OH)_2 + H_2 \uparrow \qquad (11\text{-}25)$$

$$10Fe(OH)_2 + 2NaNO_3 + 6H_2O \longrightarrow 10Fe(OH)_3 \downarrow + 2NaOH + N_2 \uparrow \qquad (11\text{-}26)$$

$$2Fe\ (OH)_3 \longrightarrow Fe_2O_3 \downarrow + 3H_2O \tag{11-27}$$

当温度降至 400℃时，加入适量的硫磺，能使高价锰的化合物还原成二氧化锰沉淀，与液碱分离：

$$6NaOH + 4S \longrightarrow 2Na_2S + Na_2S_2O_3 + 2H_2O \tag{11-28}$$

$$Na_2S + 4Na_2MnO_4 + 4H_2O \longrightarrow Na_2SO_4 + 8NaOH + 4MnO_2 \downarrow \tag{11-29}$$

$$Na_2S_2O_3 + 4Na_2MnO_4 + 3H_2O \longrightarrow 2Na_2SO_4 + 6NaOH + 4MnO_2 \downarrow \tag{11-30}$$

熔融碱的温度降至 330℃时，即用碱泵注入铁桶包装，待自然冷却后即为成品固碱。

2. 连续膜式蒸发法制固碱

根据薄膜蒸发的原理，采用升、降膜蒸发器，分别用蒸汽和熔融盐加热，将 45% 的液碱浓缩为熔融碱，经冷却制得固碱。

膜式蒸发法制固碱流程如图 11-4 所示。

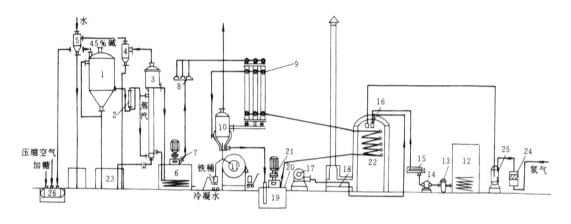

图 11-4　连续法膜式蒸发固碱生产流程示意图

1—45% 液碱高位槽；2—流量计；3—升膜蒸发器；4—旋风分离器；
5—水喷射泵；6—60% 碱缓冲罐；7—碱液下泵；8—60% 碱液分配管；9—降膜蒸发器；10—成品分离器；
11—片碱机；12—油贮槽；13—油过滤器；14—油泵；15—油预热器；16—油喷枪；17—鼓风机；
18—空气预热；19—熔盐贮槽；20—电加热棒；21—熔盐液下泵；22—加热炉；23—地槽；
24—氢气阻火器；25—氢气水封罐；26—糖液配制槽

由蒸发工序送来的合格的 45% 液碱至高位槽，经计量后送入升膜蒸发器，用 0.3～0.4 MPa（表压）的蒸汽加热，碱液在升膜蒸发器内呈膜状沿管壁上升，被浓缩至 60% 左右，温度约 110℃。然后从蒸发室下部出口流入 60% 碱液缓冲罐，再由液下泵将碱液送至碱液分配管后进入降膜蒸发器。碱液在降膜蒸发器中沿管内壁成膜状下降，被熔融盐加热，浓缩成熔融烧碱流入成品分离器。成品分离器中的熔融烧碱温度一般控制在 395～415℃左右，经液封装置自动流出，直接灌桶包装或流入片碱机制成片碱。

熔融盐由 7% NaNO₃、40% NaNO₂ 及 53% KNO₃ 组成。开车前将这三种固体盐加入熔融槽内用电加热器加热至 180～200℃，使其呈熔融状，然后用液下泵送入加热炉加热至 425℃左右，再送入降膜蒸发器。与降膜蒸发器内的碱液进行热交换后流入成品分离器夹套，最后回流到熔融盐贮槽循环使用。

三、隔膜电解槽的构造

隔膜电解槽是隔膜法电解生产中的主要设备，根据隔膜的安装方式不同，可分为水平式和立式两种。水平式隔膜电解槽在氯碱工业发展初期被采用，最初采用石墨阳极、铁阴极和石棉隔膜，后来为了延长隔膜的使用寿命，又采用改性石棉隔膜。自60年代后期，逐步以金属阳极代替石墨阳极，降低了氯的过电位，同时也解决了炭末堵塞隔膜而缩短隔膜使用寿命的问题，也为隔膜电解槽的大型化，提高电流密度，延长运转周期创造了条件。

目前生产中所使用的一般为立式吸附隔膜金属阳极电解槽。如图11-5所示，它由槽盖、阴极箱体、阳极片和底板以及隔膜等组成。

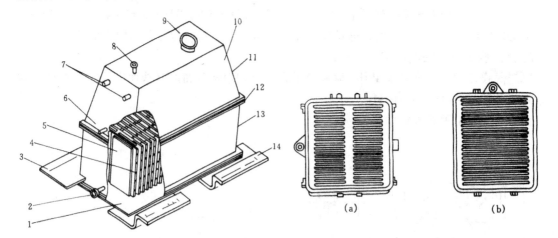

图 11-5　金属阳极隔膜电解槽
1—阳极组合件；2—电解口出口；3—阴极连接钢排；
4—阴极网袋；5—阳极片；6—阴极水位表接口；
7—盐水喷嘴插口；8—氯气压力表接口；9—氯气出口；
10—氢气出口；11—槽盖；12—橡皮垫床；
13—阴极箱组合件；14—阳极连接钢排

图 11-6　隔膜电解槽阴极的两种型式
（a）—适用于石墨阳极电解槽；
（b）—适用于金属阳极电解槽

（一）槽盖

隔膜电解槽使用金属阳极代替石墨阳极以后，将过去笨重的混凝土槽盖改为钢衬胶或玻璃纤维增强塑料（FRP）槽盖。盖顶有氯气出口、氯气压力表接口及防爆膜，侧部有盐水进口、阳极液位计接口。

（二）阴极组件

由箱体、阴极网袋及导电铜板组成。阴极箱体是用钢板焊成的无底无盖的长方形框，在箱体上有氢气和电解液出口管，外侧有导电铜板，使电流均匀分布在阴极网袋上。阴极网袋一般由镀锌铁丝编织而成，铁丝网应有足够的导电面积，并且表面力求平整，以使石棉纤维均匀沉积在铁丝网袋表面上。

阴极的结构形式如图11-6所示。

（三）阳极组件

由阳极片和钛-铜复合棒焊接而成。阳极片采用1.0～1.5 mm钛板冲压扩张成菱形网片，经处理后涂上钌钛涂层。钛-铜复合棒是在铜棒上包裹上一层钛皮的复合体，在棒的一端有螺纹，可与阳极底板紧固。菱形阳极网片焊在钛-铜复合棒上，阳极片通过钛-铜复合棒一端的螺栓紧固在铜导电板上。

*第四节　水银法电解

一、概述

以石墨为阳极，以水银为阴极的电解方法称为水银法电解。水银法电解也是电解饱和食盐水生产烧碱的重要方法之一。

水银法电解较隔膜法电解而言，阴极材料采用水银，阴、阳极之间没有隔膜，电解槽由两个相联的设备——电解室和解汞室组合而成。电解室中产生氯气，解汞室中产生氢气和氢氧化钠，这就从根本上解决了 $NaOH$ 与 Cl_2 以及 H_2 与 Cl_2 的混合问题。另外，在解汞过程中，通过控制加入一定水量，使烧碱浓度提高。因此，水银法电解可以生产高纯度、高浓度的烧碱。

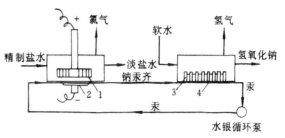

图 11-7 水银电解槽的流程示意图

1—石墨阳极；2—水银阴极；3—石墨解汞板；4—钠汞齐

水银法电解和解汞的示意流程如图 11-7。

二、电极反应及副反应

（一）电解室中的主要反应与副反应

1. 主要反应

（1）在阳极上的反应

$$2Cl^- - 2e^- \longrightarrow Cl_2 \uparrow \tag{11-31}$$

（2）在汞阴极上的反应

$$Na^+ + e^- \longrightarrow Na$$
$$Na + nHg \longrightarrow NaHgn \tag{11-32}$$

盐水中的 Na^+ 在汞阴极上放电生成金属 Na，金属 Na 立即与 Hg 形成了 $NaHgn$，当 $NaHgn$ 中的 Na 在 $0.2\% \sim 0.3\%$ 左右时，$NaHgn$ 具有较好的流动性，沿着电解室的坡度流向解汞室。

2. 副反应

（1）在阳极上的反应

$$4OH^- \longrightarrow O_2 + 2H_2O \tag{11-33}$$
$$O_2 + C \longrightarrow CO_2（石墨阳极）\tag{11-34}$$

（2）在阴极上的反应

Cl_2 溶于盐水中生成盐酸，盐酸与 $NaHgn$ 作用：

$$2HCl + 2NaHgn \longrightarrow 2NaCl + H_2 \uparrow + nHg \tag{11-35}$$

溶解的 Cl_2 与 $NaHgn$ 起还原反应，与水银作用生成氯化亚汞：

$$\frac{1}{2}Cl_2 + NaHgn \longrightarrow NaCl + nHg \tag{11-36}$$
$$Cl_2 + 2Hg \longrightarrow 2HgCl \tag{11-37}$$

由于 Cl_2 的溶解，使饱和了 Cl_2 的盐水很容易在阴极上发生氯的还原反应：

$$Cl_2 + 2e^- \longrightarrow 2Cl^- \tag{11-38}$$

当溶液中含有 Ca^{2+}、Mg^{2+}、Fe^{3+}、Fe^{2+} 时，使 H^+ 更易放电析出 H_2，导致 Cl_2 中含 H_2 量急剧上升：

$$2H^+ + 2e^- \longrightarrow H_2 \uparrow \tag{11-39}$$

由于电解室中产生副反应，所以消耗了部分电量与产品；副产物中产生的 H_2，降低了 Cl_2 的纯度，当 Cl_2 中含 H_2 量达 5% 时就有爆炸的危险。

（二）解汞室中的主要反应

当 NaHgn 进入解汞室后，在石墨解汞板的作用下，加入水使 NaHgn 分解成 H_2 和 NaOH：

$$NaHg n + H_2O \longrightarrow NaOH + \frac{1}{2}H_2 + nHg \qquad (11-40)$$

鉴于水银法存在的汞污染问题，这种电解方法不再发展。但该法在电解法制烧碱过程中起了非常重要的作用，因此，仍有必要对水银法电解进行了解。

第五节　离子交换膜法电解

离子交换膜法电解食盐水溶液，在 20 世纪 50 年代开始研究，直到 1966 年美国杜邦（Dupout）公司开发了化学稳定性较好的离子交换膜（Nafion 膜）以后，日本旭化成公司于 1975 年开始工业化生产，为离子膜法电解食盐水工业化奠定了基础。

离子膜法烧碱较传统的隔膜法、水银法，具有能耗低、产品质量高、占地面积小、生产能力大及能适应电流昼夜变化波动等优点。另外彻底根治了石棉、水银对环境的污染。因此，离子膜法烧碱是氯碱工业发展的方向。

一、电解原理

在离子交换膜法电解槽中，由一种具有选择透过性能的阳离子交换膜将阳极室和阴极室

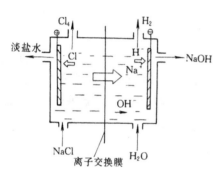

图 11-8　离子膜电解制碱原理

隔开，该膜只允许阳离子（Na^+）通过进入阴极室，而阴离子（Cl^-）则不能通过。在阳极上和阴极上所发生的反应与一般隔膜法电解相同。

离子交换膜法制碱的原理如图 11-8 所示。

饱和精制盐水进入阳极室，去离子水加入阴极室。导入直流电时，Cl^- 在阳极表面放电产生 Cl_2 逸出，H_2O 在阴极表面放电生成 H_2，Na^+ 通过离子膜由阳极室迁移到阴极室与 OH^- 结合成 NaOH。通过调节加入阴极室的去离子水量，可得到一定浓度的烧碱溶液。

二、工艺流程

离子膜法电解工艺流程如图 11-9 所示。

二次精制盐水经盐水预热器升温后送往离子膜电解槽阳极室进行电解；纯水由电解槽底部进入阴极室。通入直流电后，在阳极室产生的氯气和流出的淡盐水经分离器分离后，湿氯气进入氯气总管，经氯气冷却器与精制盐水热交换后，进入氯气洗涤塔洗涤，然后送往氯气处理工序。从阳极室流出来的淡盐水，一部分补充到精制盐水中返回电解槽阳极室，另一部分进入淡盐水贮槽，再送往氯酸盐分解槽，用高纯盐酸进行分解。分解后的盐水回到淡盐水贮槽，与未分解的淡盐水充分混合并调节 pH 值在 2 以下，送往脱氯塔脱氯，最后送到一次盐水工序重新制成饱和盐水。

三、离子交换膜法电解工艺条件分析

离子交换膜法是一种先进的电解法制烧碱工艺，对工艺条件提出了较严格的要求。

（一）饱和食盐水的质量

盐水的质量对膜的寿命、槽电压和电流效率都有重要的影响。盐水中的 Ca^{2+}、Mg^{2+} 和其他重金属离子以及阴极室反渗透过来的 OH^- 结合成难溶的氢氧化物会沉积在膜内，使膜电阻

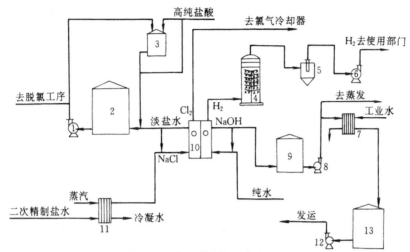

图 11-9　离子膜电解工艺流程图

1—淡盐水泵；2—淡盐水贮槽；3—分解槽；4—氯气洗涤塔；5—水雾分离器；6—氯气鼓风机；7—碱冷却器；
8—碱泵；9—碱液受槽；10—离子膜电解槽；11—盐水预热器；12—碱泵；13—碱液贮槽

增加，槽电压上升；还会使膜的性能发生不可逆恶化而缩短膜的使用寿命。SO_4^{2-} 和其他离子（如 Ba^{2+} 等）生成难溶的硫酸盐沉积在膜内，也使槽电压上升，电流效率下降。

用于离子膜法电解的盐水，纯度远远高于隔膜法和水银法，须在原来一次精制的基础上，再进行第二次精制。

先将一次盐水以炭素管式过滤器过滤，使其中悬浮物含量小于 1×10^{-6}（质量分数）；而后以螯合树脂法再进行精制，使钙、镁含量小于 2×10^{-8}（质量分数）。

只要将盐水中的钙、镁离子总量保持在 2×10^{-8}（质量分数）以下，硫酸根离子浓度在 4g/L 以下，就能保证膜的使用寿命和较高的电流效率。

（二）电槽的操作温度

离子膜在一定的电流密度下，有一个取得最高电流效率的温度范围（见表 11-5）。

当电流密度下降时，电槽的操作温度也相应降低，但不能低于 65℃，否则电槽的电流效率将发生不可逆转的下降。这是因为温度过低时，膜内的 $-COO^-$ 离子与 Na^+ 结合成 $-COONa$ 后，使离子交换难以进行；同时阴极侧的膜由于得不到水合钠离子而造成脱水，使膜的微观结构发生不可逆改变，电流效率急剧下降。

表 11-5　一定电流密度下的最佳操作温度

电流密度/（A/dm^2）	温度范围/℃
30	85~90
20	75~80
10	65~70

槽温也不能太高（92℃以上），否则产生大量水蒸气而使槽电压上升。因此，在生产中根据电流密度，电槽温度控制在 70~90℃ 之间。

（三）阴极液中 NaOH 的浓度

如图 11-10 所示，当阴极液中 NaOH 浓度上升时，膜的含水率就降低，膜内固定离子浓度上升，膜的交换能力增强，提高了电流效率。

但是，随着 NaOH 浓度的提高，膜中 OH^- 离子浓度增大，OH^- 要反渗透到阳极一侧，使电流效率明显下降。

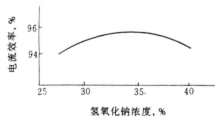

图 11-10　氢氧化钠浓度对电流效率的影响

（四）阳极液中 NaCl 的含量

如图 11-11 所示，当阳极液中 NaCl 浓度太低时，对提高电流效率、降低碱中含盐都不利。

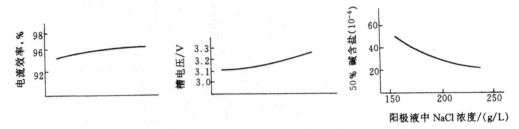

图 11-11　阳极液中氯化钠浓度对电流效率、槽电压碱中含盐量的影响

阳极液中 NaCl 浓度，g/L

这是因为水合钠离子结合水太多，使膜的含水率增大；不仅使阴极室的 OH⁻ 容易反渗透，导致电流效率下降，而且阳极液中的氯离子易迁移到阴极室使碱液中的 NaCl 含量增大。阳极液中的 NaCl 浓度也不宜太高，否则会引起槽电压上升。

另外，离子膜长期处于 NaOH 低浓度下运行，还会使膜膨胀、严重起泡、分离直至永久性破坏。生产中一般控制阳极液中 NaCl 浓度约为 210g/L。

思考练习题

11-1　什么是电解过程？什么是法拉第一电解定律和第二电解定律？

11-2　什么是电化当量？氯碱工业生产中，如何表示电化当量？

11-3　什么是电流效率？如何计算氯碱工业生产中的电流效率？

11-4　什么是理论分解电压？什么是槽电压？槽电压对电解过程的电能耗有什么影响？

11-5　何谓过电位？为什么会产生过电位？过电位理论在电解工艺方面有什么意义？

11-6　隔膜法电解中，电极上发生哪些主要反应和副反应？为了减少副反应的发生，应采取哪些措施？

11-7　金属阳极隔膜电解槽由哪几部分组成？采用金属阳极有什么好处？

11-8　电解液的蒸发采用什么原理？其主要目的是什么？

11-9　在锅式蒸煮固碱时为什么要进行调色？在生产中如何调色？

11-10　水银法电解较隔膜法电解有哪些相同和不同之处？

11-11　什么是离子交换膜法电解？它具有哪些特点？

11-12　在离子交换膜法电解制烧碱中，为什么要对盐水进行二次精制？怎样精制？

11-13　在离子膜电解过程中，电槽温度控制多少为宜？为什么？

11-14　已知 25℃时，阳极液中 NaCl 的浓度为 285 g/L，阴极液中 NaOH 浓度为 110 g/L，NaCl 浓度为 180 g/L。试计算该状况下电解时的理论分解电压。

11-15　某氯碱厂现有电解槽 100 台，电槽电流强度为 18000 A，求每日理论上可生产烧碱、氯气和氢气各多少吨？

11-16　某氯碱厂电解车间有电解槽 60 台，电解槽的电流强度为 10000 A，一昼夜可生产电解液 146.2 m³，电解液中 NaOH 的浓度为 125 g/L，试计算阴极电流效率。

11-17　某电解槽的槽电压为 3.32 V，电流效率为 95%，求生产 1 t 烧碱需要多少千瓦·小时电？若由于导电不良使槽电压增加 0.1 V 时，求生产 1 t 纯烧碱需要消耗多少千瓦·小时电？

11-18　新建一电解车间，年产含 30% NaOH 的烧碱 6000 t，采用隔膜电解槽进行生产。槽电流为 29000 A，电流效率为 96%，求每年运行时间为 8400 h 所需的电解槽数。

第十二章　烃类热裂解

本章学习要求

1. 熟练掌握的内容

烃类热裂解过程的一次反应和二次反应含义；烃类热裂解反应规律；一次反应的反应动力学方程；原料烃组成对裂解结果的影响；操作条件对裂解结果的影响；动力学裂解深度函数 KSF 对裂解产物分布的影响；烃类热裂解过程结焦与生碳的区别。

2. 理解的内容

烷烃热裂解的自由基反应机理；烃类热裂解的特点；管式裂解炉的主要炉型及其特点；热裂解工艺流程；管式炉裂解法的优缺点。

3. 了解的内容

世界上乙烯主要生产国最近几年年产量；我国主要乙烯生产厂家名称及发展动向。

第一节　概　　述

乙烯、丙烯和丁烯等小分子烯烃具有双键，化学性质活泼，能与许多物质发生氧化、卤化、烷基化、水合等反应，生成一系列有重要工业价值的产物，是基本有机化学工业和高分子聚合物的重要原材料，用途非常广泛。工业上获得低级烯烃的主要方法是将烃类热裂解。即将石油系烃类原料（乙烷、丙烷、液化石油气、石脑油、煤油、轻柴油、重柴油等）经高温作用，使烃类分子发生碳链断裂或脱氢反应，生成分子量较小的烯烃、烷烃和其他不同分子量的轻质烃和重质烃类。

在低级不饱和烃中，以乙烯为最重要，产量也最大，乙烯产量常作为衡量一个国家基本有机化学工业发展水平的标志。表 12-1 列举了几个主要工业国家的乙烯年产量。

表 12-1　1993 年世界主要工业国家的乙烯生产能力[①]　　　　　　　单位：万 t

国　别	美国	日本	前苏联	德国	韩国	加拿大	法国	荷兰	英国	中国
生产能力	2135.6	618.6	490.0	378.0	326.5	310.7	305.0	267.5	214.5	206.5

①引自《中国化学工业年鉴》94/95 年。

烃类热裂解制乙烯、丙烯等低级烯烃（并联产丁二烯和苯、甲苯、二甲苯等芳烃）的工业，已有几十年历史。而用管式炉裂解法制取乙烯，丙烯等在 20 世纪 60 年代前后迅速发展，生产规模也越来越大，工业先进的国家在 70 年代后期陆续建成许多年产 30 万 t 乙烯以上的工厂，而 50～100 万 t 乙烯规模的大厂也不乏其例。在几十年的发展过程中，裂解方法及管式炉的结构，有了许多改进。操作指标也有了很大的提高。管式炉所用的裂解原料，已从轻质原料扩大到重质原料。乙烯收率、能量回收和利用等方面也有新的提高。

本章讨论的重点是烃类管式炉裂解制乙烯、丙烯。对其他裂解方法仅做简要介绍。

第二节 热裂解过程的化学反应与反应机理

烃类热裂解的过程是很复杂的，即使是单一组分裂解也会得到十分复杂的产物，例如乙烷热裂解的产物就有氢、甲烷、乙烯、丙烯、丙烷、丁烯、丁二烯、芳烃和碳五以上组分，并含有未反应的乙烷。因此必须研究烃类热裂解的化学变化过程与反应机理，以便掌握其内在规律。目前，已知道烃类热裂解的化学反应有脱氢、断链、二烯合成、异构化、脱氢环化、脱烷基、叠合、歧化、聚合、脱氢交联和焦化等一系列十分复杂的反应，裂解产物中已鉴别出的化合物已达数十种乃至百余种。因此，要全面描述这样一个十分复杂的反应系统是十分困难的，而且有许多问题到目前还没有研究清楚。为了对这样一个反应系统有一概括认识，将烃类热裂解过程中的主要产物及其变化关系用图 12-1 来说明。

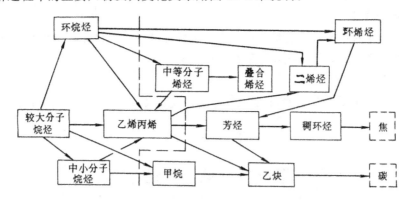

图 12-1 烃类裂解过程中一些主要产物变化示意图

在图 12-1 所示的反应生成物变化过程中，为便于理论分析，可以将它们划分为一次反应和二次反应。所谓一次反应，即由原料烃类（主要是烷烃、环烷烃）经热裂解生成乙烯和丙烯的反应（图 12-1 虚线左边）。二次反应主要是指一次反应产物（乙烯、丙烯低分子烯烃）进一步发生反应生成多种产物，甚至最后生成焦或碳。二次反应不仅降低了一次反应产物乙烯、丙烯的收率，而且生成的焦或碳会堵塞管道及设备，影响裂解操作的稳定，所以二次反应是不希望发生的。

一、烃类热裂解的一次反应

（一）烷烃热裂解

烷烃热裂解的一次反应主要有：

1. 脱氢反应

是 C—H 键断裂的反应，生成碳原子数相同的烯烃和氢，其通式为：

$$C_nH_{2n+2} \Longleftrightarrow C_nH_{2n} + H_2$$

脱氢反应是可逆反应，在一定条件下达到动态平衡。

2. 断链反应

是 C—C 键断裂的反应，反应产物是碳原子数较少的烷烃和烯烃，其通式为：

$$C_{m+n}H_{2(m+n)+2} \longrightarrow C_mH_{2m} + C_nH_{2n+2}$$

碳原子数（$m+n$）越大，这类反应越易进行。

不同烷烃脱氢和断链的难易，可以从分子结构中键能数值的大小来判断。表 12-2 为正、异构烷烃键能数值。

表 12-2 各种烃分子结构键能比较

碳　氢　键	键能/（kJ/mol）	碳　碳　键	键能/（kJ/mol）
H₃C—H	426.8		
CH₃CH₂—H	405.8	CH₃—CH₃	346
CH₃CH₂CH₂—H	397.5	CH₃—CH₂—CH₃	343.1
CH₃—CH—H　（CH₃）	384.9	CH₃CH₂—CH₂—CH₃	338.9
CH₃CH₂CH₂CH₂—H	393.2	CH₃CH₂CH₂—CH₃	341.8
CH₃CH₂CH—H　（CH₃）	376.6	H₃C—C（CH₃）₂—CH₃	314.6
CH₃—C（CH₃）₂—H	364		
C—H（一般）	378.7	CH₃CH₂CH₂—CH₂CH₂CH₃	325.1
		CH₃CH（CH₃）—CH（CH₃）CH₃	310.9

从表 12-2 数值可以看出：

（1）同碳原子数的烷烃，C—H 键能大于 C—C 键能，故断链比脱氢容易。

（2）烷烃的相对热稳定性随碳链的增长而降低，它们的热稳定性顺序是：

$$CH_4 > C_2H_6 > C_3H_8 > \cdots\cdots > 高碳烷烃$$

碳链越长的烃分子越容易断链。

（3）烷烃的脱氢能力与烷烃的分子结构有关。叔氢最易脱去，仲氢次之，伯氢又次之。

（4）带支链烃的 C—C 键或 C—H 键的键能小，易断裂。所以，有支链的烃容易裂解或脱氢。

从键能的强弱可以比较烃分子中 C—C 键或 C—H 键断裂的难易。但欲知道某烃在给定的条件下裂解或脱氢反应能进行到什么程度，需用式（12-1）来判断。

$$\Delta G_T^\circ = -RT \ln K_p \tag{12-1}$$

而

$$\Delta G_T^\circ = \left[\sum_{i=1}^{n} v_i \Delta G_{f,i,T}^\circ \right]_{生成物} - \left[\sum_{i=1}^{m} v_i \Delta G_{f,i,T}^\circ \right]_{反应物} \tag{12-2}$$

式中　T——绝对温度，K；

ΔG°——反应的标准自由焓变化；

K_p——以分压表示的平衡常数；

$\Delta G_{f,i}^\circ$——化合物 i 的标准生成自由焓；

v_i——化合物 i 的化学计量系数。

表 12-3 是甲烷、乙烷、丙烷、正丁烷、正戊烷和正己烷在 1000K 下进行脱氢或断链反应的 ΔG° 值和 ΔH° 值。

从表 12-3 计算值可以说明下列裂解规律性：

（1）不论是脱氢反应或断链反应，都是热效应很大的吸热反应。所以烃类裂解时必须供给大量热量。脱氢反应比断链反应所需的热量更多。

表 12-3　正构烷烃于 1000K 裂解时一次反应的 $\Delta G°$ 和 $\Delta H°$

	反　　应		$\Delta G°_{1000K}$，kJ/mol	$\Delta H°_{1000K}$，kJ/mol
脱氢	$C_nH_{2n+2} \rightleftharpoons C_nH_{2n}+H_2$			
	$C_2H_6 \rightleftharpoons C_2H_4+H_2$	(1)	8.87	144.4
	$C_3H_8 \rightleftharpoons C_3H_6+H_2$		−9.54	129.5
	$C_4H_{10} \rightleftharpoons C_4H_8+H_2$		−5.94	131.0
	$C_5H_{12} \rightleftharpoons C_5H_{10}+H_2$		−8.08	130.8
	$C_6H_{14} \rightleftharpoons C_6H_{12}+H_2$		−7.41	130.8
断链	$C_{m+n}H_{2(m+n)+2} \longrightarrow C_nH_{2n}+C_mH_{2m+2}$			
	$C_3H_8 \longrightarrow C_2H_4+CH_4$		−53.89	78.3
	$C_4H_{10} \longrightarrow C_3H_6+CH_4$	(2)	−68.99	66.5
	$C_4H_{10} \longrightarrow C_2H_4+C_2H_6$	(3)	−42.34	88.6
	$C_5H_{12} \longrightarrow C_4H_8+CH_4$		−69.08	65.4
	$C_5H_{12} \longrightarrow C_3H_6+C_2H_6$		−61.13	75.2
	$C_5H_{12} \longrightarrow C_2H_4+C_3H_8$		−42.72	90.1
	$C_6H_{14} \longrightarrow C_5H_{10}+CH_4$	(4)	−70.08	66.6
	$C_6H_{14} \longrightarrow C_4H_8+C_2H_6$		−60.08	75.5
	$C_6H_{14} \longrightarrow C_3H_6+C_3H_8$	(5)	−60.38	77.0
	$C_6H_{14} \longrightarrow C_2H_4+C_4H_{10}$		−45.27	88.8

（2）断链反应的 $\Delta G°$ 都有较大的负值，接近不可逆反应，而脱氢反应的 $\Delta G°$ 是较小的负值或为正值，是一可逆反应，其转化率受到平衡限制。故从热力学分析，断链反应比脱氢反应容易进行，且不受平衡限制。要使脱氢反应达到较高的平衡转化率，必须采用较高温度，乙烷的脱氢反应尤其如此。

（3）在断链反应中，低分子烷烃的 C—C 键在分子两端断裂比在分子中央断裂在热力学上占优势（例如（2）式和（3）式比较），断链所得的较小分子是烷烃，主要是甲烷；较大分子是烯烃。随着烷烃的碳链增长，C—C 键在两端断裂的趋势逐渐减弱，在分子中央断裂的可能性逐渐增大，例如反应（2）和（3）的标准自由焓变化差值为 −18.67 kJ/mol，而反应（4）和（5）只相差 −9.72 kJ/mol。

（4）乙烷不发生断链反应，只发生脱氢反应，生成乙烯及氢。甲烷生成乙烯的反应 $\Delta G°_{1000K}$ 值是很大的正值（39.94 kJ/mol），故在一般热裂解温度下不发生变化。

（二）环烷烃热裂解

环烷烃热裂解时，可以发生断链和脱氢反应。带侧链的环烷烃首先进行脱烷基反应，脱烷基反应一般在长侧链的中部开始断链，一直进行到侧链为甲基或乙基，然后再进一步发生环烷烃脱氢生成芳烃的反应，环烷烃脱氢比开环生成烯烃容易。裂解原料中环烷烃含量增加时，乙烯和丙烯收率会下降，丁二烯、芳烃的收率则有所增加。

（三）芳香烃热裂解

芳香烃的热稳定性很高，在一般的裂解温度下不易发生芳环开裂的反应，但可发生下列两类反应：一类是烷基芳烃的侧链发生断裂生成苯、甲苯、二甲苯等反应和脱氢反应；另一类是在较剧烈的裂解条件下，芳烃发生脱氢缩合反应。如苯脱氢缩合成联苯和萘等多环芳烃，多环芳烃还能继续脱氢缩合生成焦油直至结焦。

（四）各族烃类的热裂解反应规律

从以上讨论，可以归纳各族烃类的热裂解反应规律大致为：

烷烃——正构烷烃最利于生成乙烯、丙烯，分子量越小则烯烃的总收率越高。异构烷烃的烯烃总收率低于同碳原子数的正构烷烃。随着原料烃分子量增大,这种差别逐渐减小。

环烷烃——在通常裂解条件下,环烷烃生成芳烃的反应优于生成单烯烃的反应。含环烷烃较多的原料,其丁二烯,芳烃的收率较高,乙烯的收率较低。

芳烃——有侧链的芳烃,主要是侧链逐步断裂及脱氢,无侧链的芳烃基本上不易裂解为烯烃,而倾向于脱氢缩合生成稠环芳烃,直至结焦。

各类烃热裂解的易难顺序可归纳为:

异构烷烃＞正构烷烃＞环烷烃（C_6＞C_5）＞芳烃。

二、烃类热裂解的二次反应

烃类热裂解过程的二次反应远比一次反应复杂。原料经过一次反应生成了氢、甲烷和一些低分子量的烯烃如乙烯、丙烯、丁烯、异丁烯、戊烯等,氢和甲烷在该裂解温度下很稳定,而烯烃则可继续反应。

（一）烯烃的裂解

烯烃在裂解条件下,可以分解生成较小分子的烯烃或二烯烃。例如戊烯裂解:

$$C_5H_{10} \begin{cases} \longrightarrow C_2H_4 + C_3H_6 \\ \longrightarrow C_4H_6 + CH_4 \end{cases}$$

丙烯裂解的主要产物是乙烯和甲烷。

（二）烯烃的聚合、环化和缩合

烯烃能发生聚合,环化和缩合反应,生成较大分子的烯烃、二烯烃和芳香烃。如

$$2C_2H_4 \longrightarrow C_4H_6 + H_2$$

$$C_2H_4 + C_4H_6 \longrightarrow \bigcirc + 2H_2$$

$$C_3H_6 + C_4H_6 \xrightarrow{-H_2} 芳烃$$

所生成的芳烃在裂解温度下很容易脱氢缩合生成多环芳烃、稠环芳烃直至转化为焦:

$$2\,\bigcirc \xrightarrow{-H_2} \bigcirc\!-\!\bigcirc \xrightarrow{-nH_2} \{\bigcirc\}_m \xrightarrow{-nH_2} (稠环芳烃) \xrightarrow{-nH_2} 焦$$

（三）烯烃的加氢和脱氢

烯烃可以加氢生成相应的烷烃,如

$$C_2H_4 + H_2 \rightleftharpoons C_2H_6$$

反应温度低时,有利于加氢平衡。

烯烃也可以脱氢生成二烯烃和炔烃,例如

$$C_2H_4 \longrightarrow C_2H_2 + H_2$$

$$C_3H_6 \longrightarrow CH_3C \equiv CH + H_2$$

$$C_4H_8 \longrightarrow C_4H_6 + H_2$$

烯烃的脱氢反应比烷烃的脱氢反应需要更高的温度。

（四）烃分解生碳

在较高温度下,低分子的烷烃、烯烃都有可能分解为碳和氢,例如:

$$\Delta G^\circ_{f,1000K}, \text{ kJ/mol}$$

$C_2H_2 \longrightarrow 2C + H_2$	-160.99
$C_2H_4 \longrightarrow 2C + 2H_2$	-118.25
$C_2H_6 \longrightarrow 2C + 3H_2$	-109.38
$C_3H_6 \longrightarrow 3C + 3H_2$	-181.80

$$C_3H_8 \longrightarrow 3C+4H_2 \qquad\qquad -191.34$$

低级烃类分解为碳和氢的 $\Delta G^\circ_{f,1000K}$ 都是很大的负值，说明它们在高温下都有强烈分解的倾向，但由于动力学上阻力甚大，并不能一步就分解为碳和氢，而是经过在能量上较为有利的生成乙炔的中间阶段：

$$C_2H_4 \xrightarrow{-H_2} CH\equiv CH \xrightarrow{-H_2}\cdots\longrightarrow Cn$$

因此，实际上生碳反应只有在高温条件下才可能发生，并且乙炔生成的碳不是断键生成单个碳原子，而是脱氢稠合成几百个碳原子。结焦与生碳过程二者机理不同。结焦是在较低温度下（<1200 K）通过芳烃缩合而成。生碳是在较高温度下（>1200 K）通过生成乙炔的中间阶段，脱氢为稠合的碳原子团。

从上述讨论可知，烃类热裂解的二次反应非常复杂，在二次反应中除了较大分子的烯烃裂解能增产乙烯、丙烯外，其余的反应都要消耗乙烯，降低乙烯的收率。由烯烃二次反应导致的结焦或生碳还会堵塞裂解炉管，影响正常生产，为此裂解原料中应尽量避免带有烯烃组分。

三、烃类热裂解反应机理及动力学

（一）反应机理

烃类热裂解反应机理，就是在高温条件下烃类进行裂解反应的具体历程。多数研究者认为，烃类热裂解是按自由基反应机理进行的。

下面先以单一组分——乙烷热裂解反应为例,说明其自由基反应机理。由表12-2可知,乙烷分子中C—C键断裂所需的键能比C—H键断裂所需的键能小 $406-346=60$ kJ/mol,可见裂解反应不可能从脱氢开始;据测定,乙烷裂解反应的活化能 $E=263.6\sim293.7$ kJ/mol,比C—C键断裂所需的能量为小,因此可以推断乙烷裂解是按自由基链反应机理进行的。

自由基链反应分三个阶段：

链引发： 活化能 E_i （kJ/mol）

$$C_2H_6 \xrightarrow{k_1} \dot{C}H_3+\dot{C}H_3 \qquad E_1\ 359.8$$

$$\dot{C}H_3+C_2H_6 \xrightarrow{k_2} CH_4+\dot{C}_2H_5 \qquad E_2\ 45.1$$

链传递：

$$\dot{C}H_3+C_2H_6 \longrightarrow CH_4+\dot{C}_2H_5 \qquad 45.2$$

$$\dot{C}_2H_5 \xrightarrow{k_3} C_2H_4+\dot{H} \qquad E_3\ 170.7$$

$$\dot{H}+C_2H_6 \xrightarrow{k_4} H_2+\dot{C}_2H_5 \qquad E_4\ 29.3$$

链终止：

$$\dot{H}+\dot{C}_2H_5 \xrightarrow{k_5} C_2H_6 \qquad E_5\ 0$$

$$\dot{H}+\dot{H} \longrightarrow H_2$$

$$\dot{C}_2H_5+\dot{C}_2H_5 \longrightarrow C_4H_{10}$$

由此机理得到的乙烷裂解反应的活化能为：

$$E=\frac{1}{2}[E_1+E_3+E_4-E_5]=\frac{1}{2}[359.8+170.7+29.3-0]$$

$$=279.9\text{kJ/mol}$$

与实际测得的活化能值很接近，证明对乙烷裂解机理的推断是正确的。

下面再以丙烷热裂解来说明其自由基反应机理：

链引发：

$$C_3H_8 \longrightarrow \dot{C_2}H_5 + \dot{C}H_3$$

$$\dot{C_2}H_5 \longrightarrow C_2H_4 + \dot{H}$$

由链引发得到两个自由基$\dot{C}H_3$和$\dot{H}$，它们是链传递的载链体，有两个途径进行链传递。

途径（1）

$$\dot{H}（或\dot{C}H_3）+ H-\overset{\displaystyle H}{\underset{\displaystyle H}{C}}-\overset{\displaystyle H}{\underset{\displaystyle H}{C}}-\overset{\displaystyle H}{\underset{\displaystyle H}{C}}-H \longrightarrow H_2（或\ CH_4）+ n-\dot{C_3}H_7$$

$$n-\dot{C_3}H_7 \longrightarrow C_2H_4 + \dot{C}H_3$$

反应结果是：

$$C_3H_8 \longrightarrow CH_4 + C_2H_4$$

途径（2）

$$\dot{H}（或\dot{C}H_3）+ H-\overset{\displaystyle H}{\underset{\displaystyle H}{C}}-\overset{\displaystyle H}{\underset{\displaystyle H}{C}}-\overset{\displaystyle H}{\underset{\displaystyle H}{C}}-H \longrightarrow H_2（或\ CH_4）+ i-\dot{C_3}H_7$$

$$i-\dot{C_3}H_7 \longrightarrow C_3H_6 + \dot{H}$$

反应结果是：

$$C_3H_8 \longrightarrow C_3H_6 + H_2$$

链终止：

$$\dot{C}H_3 + \dot{C_3}H_7 \longrightarrow CH_4 + C_3H_6$$

$$\dot{C}H_3 + \dot{C}H_3 \longrightarrow C_2H_6$$

由于经由两个途径进行链传递反应，故丙烷的一次裂解产物就有H_2、CH_4、C_2H_4和C_3H_6，这两种不同反应途径哪一种占优势？可以先从不同结构的$C-H$键的键能来分析（见表12-2），其键能递减次序为：

伯$C-H$＞仲$C-H$＞叔$C-H$

故自由基夺取叔氢原子最易，夺取仲氢原子次之，夺取伯氢原子又次之。自由基与三种氢原子的反应相对速度见表12-4。

表 12-4　伯、仲、叔氢原子与自由基反应的相对速度

温度 T/K	773	873	973	1073	1173	1273
伯氢	1	1	1	1	1	1
仲氢	3.0	2.0	1.9	1.7	1.65	1.6
叔氢	33	10	7.8	6.3	5.65	5.0

以丙烷在600℃一次裂解反应为例。

按第一种反应途径，自由基$\dot{H}$和$\dot{C}H_3$夺取伯氢原子结合的相对速度为1，丙烷分子中可以进行这一反应的伯氢原子共有6个，故其反应几率的比数是$1 \times 6 = 6$。

按第二种反应途径，自由基H和CH_3夺取仲氢原子结合的相对速度为2，丙烷分子中可以进行这一反应的仲氢原子共有2个，故其反应几率的比数是$2 \times 2 = 4$。

故第一种链反应占全部反应的$\frac{6}{4+6} = 60\%$，第二种链反应占全部反应的$\frac{4}{4+6} = 40\%$，在丙烷裂解产物中$C_2H_4 : C_3H_6 = 6 : 4$，这和实验结果大体相符。

对于碳原子较多的烷烃其热裂解的自由基机理则更为复杂，链传递反应的可能途径更多，并且由于碳原子数大于2的大自由基不稳定，易分解，故一次裂解反应产物分布更为复杂。例如戊烷裂解时，链传递反应途径就有3个，生成3种戊基自由基：$n-\overset{\cdot}{C_5H_{11}}$，$CH_3CH_2CH_2-\overset{\cdot}{C}HCH_3$和$CH_3CH_2\overset{\cdot}{C}HCH_2CH_3$，这些自由基不稳定，在与别的分子碰撞之前就自行分解。

混合组分裂解时，一个易于裂解的烷烃分子均裂生成的自由基，可以促进另一种难裂解的组分加速裂解。反过来说，易裂解的组分因生成的自由基参与了难裂解组分链传递反应，本身生成的自由基浓度降低，链传递的速度减慢，裂解的速度就降低，即难裂解的组分对易裂解组分的裂解有抑制作用。这种混合原料裂解时各组分的相互作用，称为协同效应。利用协同效应可以提高混合组分裂解时某一种产物的选择性，或者在调整副产物收率（如丙烯或丁烯等）方面起一定的作用。例如石脑油与乙烷共裂解，可使乙烯的选择性比分别裂解时好，但是共裂解的碳四、碳五馏分低于分别裂解收率。当某裂解装置在乙烯生产规模不变情况下，采用混合组分共裂解原理生产，所需石脑油消耗量比分别裂解约降低2%左右。

（二）反应动力学

烃类裂解时，一次反应的反应速度基本上可作一级反应动力学处理。

$$r = \frac{-dc}{dt} = kc \tag{12-3}$$

式中　r——反应物的消失速度，$mol/L \cdot s$；

　　　c——反应物浓度，mol/L；

　　　t——反应时间，s；

　　　k——反应速度常数，s^{-1}。

当反应物浓度由$c_0 \to c$，反应时间由$0 \to t$时，式（12-3）积分结果是：

$$\ln \frac{c_0}{c} = kt \tag{12-4}$$

以转化率α表示时，因裂解反应是分子数增加的反应，故：

$$c = \frac{c_0 \ (1-\alpha)}{\beta}$$

代入式（12-4）中得：

$$\ln \frac{\beta}{1-\alpha} = kt \tag{12-5}$$

式中　β——体积增大率。

β值是指烃类原料气经裂解后所得裂解气的体积与原料气体积之比。其值是随着转化率和反应条件而变化，一般由实验来确定。

已知反应速度常数k_T是随温度而改变的，即：

$$\lg k_T = \lg A - \frac{E}{2.303RT} \tag{12-6}$$

因此，当β已知时，求取k_T后即可求得转化率α。某些低分子量烷烃及烯烃裂解反应的A和

E 值见表 12-5。

表 12-5　几种气态烃裂解反应的 A、E 值

化合物	lg$A$	$E/$（J/mol）	$E/2.3R$	化合物	lg$A$	$E/$（J/mol）	$E/2.3R$
C_2H_6	14.6737	302290	15800	i-C_4H_{10}	12.3173	239500	12500
C_3H_6	13.8334	281050	14700	n-C_4H_{10}	12.2545	233680	12300
C_3H_8	12.6160	249840	13050	n-C_5H_{12}	12.2479	231650	12120

为了求取 C_6 以上烷烃和环烷烃的反应速度常数,常使之与正戊烷的反应速度常数关联起来:

$$\lg\left(\frac{k_i}{k_5}\right) = 1.5\lg n_i - 1.05 \tag{12-7}$$

式中　k_5——正戊烷的反应速度常数,s^{-1};

n_i、k_i——待测烃的碳原子数和反应速度常数。

烃类热裂解过程除了一次反应外还伴随着大量的二次反应。烃类热裂解的二次反应动力学是相当复杂的。据研究二次反应中,烯烃的裂解、脱氢和生碳等反应都是一级反应,而聚合、缩合、结焦等反应都是大于一级的反应,二次反应动力学的建立仍需做大量的研究工作。

动力学方程用途之一是可以用来计算原料在不同裂解工艺条件下裂解过程的转化率变化,但不能确定裂解产物的组成。

第三节　烃类管式炉裂解生产乙烯

从第二节的讨论可知,烃类热裂解过程有如下特点:

(1) 烃类热裂解是强吸热反应;

(2) 烃类热裂解需在高温下进行,反应温度一般在 $750℃$ 以上;

(3) 为了避免烃类热裂解过程二次反应发生,反应停留时间应很短,一般在 $1 s \sim 0.05 s$ 之间;

(4) 热裂解反应是分子数增加的反应,烃分压低,有利于原料分子向反应产物分子的反应平衡方向移动。

(5) 裂解反应产物是一复杂的混合物,除了裂解气和液态烃(指裂解轻柴油和裂解燃料油)之外,尚有固体产物焦生成。

热裂解工艺上要实现在短的时间内将原料迅速加热到所需温度,并供给大量裂解反应所需的热量等要求,关键在于采用合适的裂解方法和选择先进的裂解设备。裂解供热方式有直接供热和间接供热二类。到目前为止,间接供热的管式炉裂解法仍然是世界各国广泛采用的方法。其他方法在裂解气质量方面,在产品成本等经济方面都难以与管式炉裂解法相竞争。

下面重点介绍烃类管式炉裂解生产乙烯工艺流程。

一、原料烃组成对裂解结果的影响

影响裂解结果有许多重要因素。如原料特性、裂解工艺条件、裂解反应器型式和裂解方法等,其中原料特性是最重要的影响因素。

（一）原料烃的族组成（简称 PONA 值）对裂解产物分布的影响

石油烃主要由链烷烃 P、烯烃 O、环烷烃 N 和芳香烃 A（Aromatics）四大烃族组成。PONA 值即各族烃的质量百分含量用分析方法很容易测得。各族烃类热裂解反应规律在裂解化学反应一节中已讨论过,因此原料的 PONA 值常被用来判断其是否适宜作裂解原料的重要依据。从表 12-6 作一比较,在管式裂解炉的裂解条件下,原料越轻,乙烯收率越高。随着烃分子量增大，N+A 含量增加，乙烯收率下降，液态裂解产物收率逐渐增加。

表 12-6　组成不同的原料裂解产物收率

裂 解 原 料		乙 烷	丙 烷	石脑油	抽余油	轻柴油	重柴油
原料组成特征		P	P	P+N	P+N	P+N+A	P+N+A
主要产物收率 % （质量）	乙烯	84 *	44.0	31.7	32.9	28.3	25.0
	丙烯	1.4	15.6	13.0	15.5	13.5	12.4
	丁二烯	1.4	3.4	4.7	5.3	4.8	4.8
	混合芳烃	0.4	2.8	13.7	11.0	10.9	11.2
	其他	12.8	34.2	36.8	35.8	42.5	46.6

* 包括乙烷循环裂解。

（二）原料含氢量对裂解产物分布的影响

原料含氢量是指原料中氢质量的百分含量。测定其原料的含氢量比测定其族组成更简单。烃类裂解过程也是氢在裂解产物中重新分配的过程。原料含氢量对裂解产物分布的影响规律，大体上和 PONA 值的影响是一致的。表 12-7 为各种烃和焦的含氢量比较。可以看到，相同碳原子数时，烷烃含氢量最高，环烷烃含氢量次之，芳烃含氢量最低。含氢量高的原料，裂解深度可深一些，产物中乙烯收率也高。

表 12-7　各种烃和焦的含氢量

物　质	分子式	含氢量,% （质量）	物　质	分子式	含氢量,% （质量）
甲　烷	CH_4	25	苯	C_6H_6	7.7
乙　烷	C_2H_6	20	甲　苯	C_7H_9	8.7
丙　烷	C_3H_8	18.2	萘	$C_{10}H_8$	6.25
丁　烷	C_4H_{10}	17.2	蒽	$C_{14}H_{10}$	5.62
烷　烃	C_nH_{2n+2}	$\frac{n+1}{7n+1} \times 100$	焦	$Ca H_b$	0.3~0.1
环戊烷	C_5H_{10}	14.26	碳	Cn	~0
环己烷	C_6H_{12}	14.26			

对重质烃的裂解，按目前技术水平，气态产物的含氢量控制在 18%（质量分数），液态产物含氢量控制在稍高于 7%～8%（质量分数）为宜。因为液态产物含氢量低于 7%～8%（质量分数）时，就易结焦，堵塞炉管和急冷换热设备。

另外，原料含氢量与裂解产物分布的关系用图 12-2 来表示，PONA 值与含氢量以及裂解产物分布的关系可概括为：

含氢量　　　　P＞N＞A

乙烯收率　　　　P＞N＞A

液体产物收率　P＜N＜A

容易结焦倾向　　P＜N＜A

（三）芳烃指数对裂解产物分布的影响

芳烃指数即美国矿务局关联指数(U. S. Bureau of Mines Correlation Index)，简称BMCI。用于表征柴油等重质馏分油中烃组分的结构特性。BMCI 值的计算式是：

$$BMCI = \frac{48640}{T_v} + 473.7 d_{15.6}^{15.6} - 456.8 \tag{12-8}$$

式中　T_v——体积平均沸点，K。

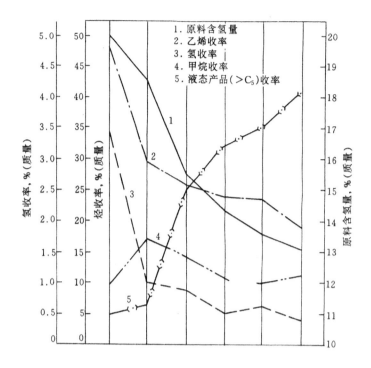

图 12-2 不同含氢量原料裂解时各产物收率

$$T_V = \frac{1}{5}(T_{10} + T_{30} + T_{50} + T_{70} + T_{90}) \tag{12-9}$$

T_{10}、T_{30}……——分别代表恩氏蒸馏馏出体积为 10%、30%……时的温度，K。

正构烷烃的 BMCI 值最小（正己烷为 0.2），芳烃则相反（苯为 99.8）。因此烃原料的 BMCI 值越小，乙烯收率越高；相反烃原料 BMCI 值越大，不仅乙烯收率低，而且裂解时结焦的倾向性也越大。

二、操作条件对裂解结果的影响

（一）衡量裂解结果的几个指标

1. 转化率

转化率表示参加反应的原料数量占通入反应器原料数量的百分率，它说明原料的转化程度。转化率愈大，参加反应的原料愈多。

参加反应的原料量＝通入反应器的原料量－未反应的原料量

$$转化率 = \frac{参加反应的原料量}{通入反应器的原料量} \times 100\%$$

当通入反应器的原料是新鲜原料或是和循环物料相混合物时，则计算得到的转化率称为单程转化率。

例 12-1 裂解温度为 827℃，进裂解炉的原料气组成为 %(V)，C_2H_6 99.3，CH_4 0.2，C_2H_4 0.5。

裂解产物组成 %（V）

H_2……35.2	C_2H_4……33.1	C_4'……0.2
CH_4……3.6	C_2H_6……26.7	C_5^+……0.3
C_2H_2……0.2	C_3'……0.6	

体积增大率为 1.54，求乙烷单程转化率。

解 乙烷单程转化率 $=\dfrac{99.3-(1.54\times26.7)}{99.3}\times100\%=58\%$

2. 产气率

表示液体油品作裂解原料时所得的气体产物总质量与原料质量之比。

$$产气率=\frac{气体产物总质量}{原料质量}\times100\%$$

一般小于 C_4 的产物为气体。

3. 选择性

表示实际所得目的产物量与按反应掉原料计算应得产物理论量之比。

$$选择性=\frac{实际所得目的产物摩尔数}{按反应掉原料计算应得目的产物理论摩尔数}\times100\%$$

$$=\frac{转化为目的产物的原料摩尔数}{反应掉原料摩尔数}\times100\%$$

例 12-2 原料乙烷进料量为 1000 kg/h，反应掉乙烷量为 600 kg/h，得乙烯 340 kg/h，求反应转化率及选择性。

解 按反应 $C_2H_6\longrightarrow C_2H_4+H_2$

$$转化率=\frac{600}{1000}\times100\%=60\%$$

又 目的产物摩尔数 $=\dfrac{340}{28}=12.143\ \text{mol}$

反应掉原料摩尔数 $=\dfrac{600}{30}=20\ \text{mol}$

故 选择性 $=\dfrac{12.143}{20}\times100\%=60.7\%$

4. 收率和质量收率

$$收率=\frac{转化为目的产物原料摩尔数}{通入反应器原料摩尔数}\times100\%$$

$$=转化率\times选择性$$

$$质量收率=\frac{实际所得目的产物质量}{通入反应器原料质量}\times100\%$$

如例 12-2 的收率为：

$$收率=60\%\times60.7\%=36.42\%$$

$$质量收率=\frac{340}{1000}\times100\%=34\%$$

当有循环物料时，产物总收率和总质量收率的计算：

$$总收率=\frac{转化为目的产物的原料摩尔数}{新鲜原料摩尔数}\times100\%$$

$$总质量收率=\frac{所得目的产物质量}{新鲜原料质量}\times100\%$$

例 12-3 100 kg 纯度 100% 的乙烷裂解，单程转化率为 60%，乙烯产量为 46.4 kg，分离后将未反应的乙烷全部返回裂解，求乙烷收率、总收率和总质量收率。

解 乙烷循环量 $=100-60=40\ \text{kg}$

新鲜原料补充量 $=100-40=60\ \text{kg}$

故

$$乙烯收率 = \frac{46.4 \times \frac{30}{28}}{100} \times 100\% = 49.5\%$$

$$乙烯总收率 = \frac{46.4 \times \frac{30}{28}}{60} \times 100\% = 82.8\%$$

$$乙烯总质量收率 = \frac{46.4}{60} \times 100\% = 77.3\%$$

（二）裂解温度的影响

裂解温度是影响乙烯收率的一个极其重要的因素。温度既影响一次反应产物分布，又影响一次反应对二次反应的竞争。

1. 温度对一次反应产物分布的影响

温度对一次反应产物分布的影响，按自由基链反应机理，是通过各种链式反应相对量的影响来实现的。表 12-8 是应用自由基链式反应动力学数据计算所得的异戊烷在不同温度裂解时的一次反应产物分布。由表 12-8 可看出，裂解温度不同，就有不同的一次反应产物分布，提高温度，可以获得较高的乙烯、丙烯收率。

表 12-8　裂解温度对异戊烷一次产物分布的影响（计算值）

温度/℃	组分，%（质量）							总　计	$C_2^= + C_3^=$
	H_2	CH_4	C_2H_4	C_3H_6	$i\text{-}C_4H_8$	$1\text{-}C_4H_8$	$2\text{-}C_4H_8$		
600	0.7	16.4	10.1	15.2	34.0	10.1	13.5	100	25.3
1000	1.6	14.5	13.6	20.3	22.5	13.6	14.5	100	33.9

2. 温度对一次反应和二次反应相互竞争的影响——热力学和动力学分析

烃类裂解时，影响乙烯收率的二次反应主要是烯烃脱氢、分解生碳和烯烃脱氢缩合结焦等反应。

（1）热力学分析　烃分解生碳的二次反应的 ΔG° 具有很大负值，在热力学方面比一次反应占绝对优势，但分解生碳过程必须先经过中间产物——乙炔阶段，故主要应看乙烯脱氢转化为乙炔的反应在热力学上是否有利。表 12-9 为下列三个反应在不同温度条件下的平衡常数值。

$$C_2H_6 \underset{}{\overset{K_{p1}}{\rightleftharpoons}} C_2H_4 + H_2$$

$$C_2H_4 \underset{}{\overset{K_{p2}}{\rightleftharpoons}} C_2H_2 + H_2$$

$$C_2H_2 \underset{}{\overset{K_{p3}}{\rightleftharpoons}} 2C + H_2$$

表 12-9　乙烷分解生碳过程各反应的平衡常数

温度/K	K_{p1}	K_{p2}	K_{p3}	$\dfrac{K_{p1},\,T}{K_{p1,1100}}$	$\dfrac{K_{p2},\,T}{K_{p2,1100}}$
1100	1.675	0.01495	6.556×10^7	1.0	1.0
1200	6.234	0.08053	8.662×10^6	3.72	5.39
1300	18.89	0.3350	1.570×10^6	12.278	22.4
1400	48.86	1.134	3.446×10^5	29.17	75.85
1500	111.98	3.248	1.032×10^5	66.85	217.26

由表可看出，随着温度的升高，乙烷脱氢和乙烯脱氢两个反应的平衡常数 K_{p1} 和 K_{p2} 都增大，而 $K_{p2T}/K_{p2\,1100}$ 比 $K_{p1T}/K_{p1\,1100}$ 增大的倍数更大些。另一方面乙炔分解为碳和氢的反应，其平衡常数 K_{p3} 虽然随温度升高而减小，但其值仍然很大，故提高温度虽有利于乙烷脱氢平衡，

但更有利于乙烯脱氢生成乙炔，过高温度更有利于碳的生成。

（2）动力学分析　当有几个反应在热力学上都有可能同时发生时，如果反应温度彼此相当，则热力学因素即平衡常数对这几个反应的相对优势将起决定作用；如果各个反应的速度相差悬殊，则动力学因素即反应速度常数的变化与温度和反应活化能等有关，故改变温度除了能改变各个一次反应的相对速度，影响一次反应产物分布外，也能改变一次反应对二次反应的相对速度。当提高温度后，乙烯收率是否能相应提高，关键在于一次反应和二次反应的反应活化能大小的比较，具有较高活化能的反应，其反应速度增长较快。简化的动力学图式表示如下：

$$乙烷 \xrightarrow[\text{一次反应}]{k_1} 乙烯 \xrightarrow[\text{二次反应}]{k_2} 乙炔 + 氢 \xrightarrow[\text{分解}]{k_3} 碳 + 氢$$

乙烯 $\xrightarrow[\substack{\text{脱氢缩合}\\\text{二次反应}}]{k_2'}$ 芳烃 ——……—— 焦

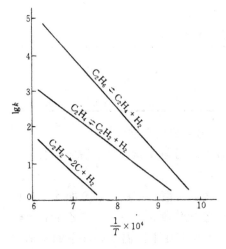

图 12-3　k 值与温度的关系

上述两类二次反应与一次反应在动力学上的竞争，主要决定于 k_1/k_2 或 k_1/k_2' 的比率及其随温度的变化关系，k_1/k_2（或 k_1/k_2'）比率愈大，一次反应愈占优势。各温度下的反应速度常数 k 值如图 12-3 所示。由图可看出，升高温度有利于提高一次反应对二次反应的相对速度。故虽从热力学分析升高温度有利于乙炔和碳的生成，但因高温时一次反应在动力学上占更大的优势，所以有利于提高乙烯的收率。另外从图 12-3 还应看到，温度升高，一次反应和二次反应的绝对速度均加快，焦的绝对生成量也会增加。因此在采用高温裂解时，必须相应改变停留时间等其他操作条件以减少焦的生成。

（三）停留时间的影响

停留时间是影响裂解选择性的一个重要指标。所谓停留时间，是指物料从反应开始到达某一转化率时在反应器内经历的反应时间。在管式裂解反应器中，反应过程有两个特点：一是非等温的，二是非等容的（体积增大）。当计算物料在管式反应器中的停留时间时，由于管式反应器管径较小，径/长比小，流速甚快（返混少），可作为理想置换处理。在理想置换的活塞流管式反应器中，非等温非等容过程是沿管长而逐步变化的，因而，在工业上更广泛地用简化方法计算停留时间。

1. 表观停留时间 t_B

$$t_B = \frac{V_R}{V} = \frac{S \cdot L}{V} \tag{12-10}$$

式中　V_R、S、L——分别为反应器容积，裂解管截面积及管长；

　　　　V——气态反应物（包括惰性稀释剂）的实际容积流率，m^3/s。

折算为质量流率时

$$t_B = \frac{L \cdot \rho}{G} \tag{12-11}$$

式中　ρ——反应物密度，kg/m³；

　　　　G——质量流速，kg/（m²·s）。

上列各式的参数均易测定。

2. 平均停留时间

微元处理时，

$$\int_0^t \mathrm{d}t = \int_0^{V_R} \frac{\mathrm{d}V_R}{\beta \cdot V_{原料}} \tag{12-12}$$

式中　β——体积增大率，在微元处理时它是随转化深度、温度和压力而变的数值。

近似计算时，

$$t = \frac{V_R}{\beta' \cdot V'_{原料}} \tag{12-13}$$

式中　$V'_{原料}$——原料气（包括惰性稀释剂）在平均反应温度和平均反应压力下的体积流量，
　　　　　　　m³/s；

　　　　β'——最终体积增大率。

$$\beta' = \frac{最终反应物体积（标准态）}{原料气态的体积（标准态）}$$

3. 停留时间的影响

由于裂解过程存在着一次反应和二次反应的竞争，故每一种原料在某一特定温度下裂解时，都有一个得到最大乙烯收率的适宜停留时间。如图 12-4 所示，停留时间过长，乙烯收率下降。由于二次反应主要发生在转化率较高的裂解后期，如能控制很短的停留时间，减少二次反应的发生，就可增加乙烯收率。

另外，从图 12-4 和图 12-5 可看出，裂解温度与停留时间对提高乙烯收率来说是一对相互依赖相互制约的因素。提高温度，缩短停留时间能得到更多的乙烯，而丙烯以上的单烯烃收率有所下降。工业上可利用温度与停留时间相互影响的效应，根据市场变化的需要，调节产物中乙烯/丙烯的比例，争取更多的经济效益。

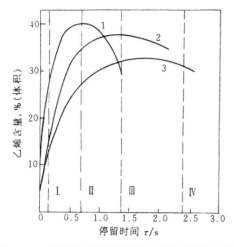

图 12-4　温度和停留时间对乙烷裂解反应的影响

1—1116 K；2—1089 K；3—1055 K

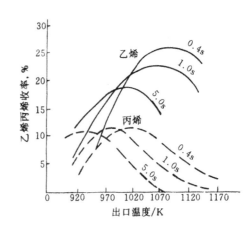

图 12-5　柴油裂解产物的温度-停留时间效应

（四）烃分压和稀释剂的影响

烃分压是指进入裂解反应管的物料中气相碳氢化合物的分压。烃裂解反应时，压力对反应的影响有：

1. 压力对平衡转化率的影响

烃类裂解的一次反应（断链和脱氢）是分子数增加的反应，降低压力对反应平衡移动是有利的，但在高温条件下，断链反应的平衡常数很大，几乎接近全部转化，反应是不可逆的，因此改变压力对这类反应的平衡转化率影响不大。对于脱氢反应（主要是低分子烷烃脱氢），它是一可逆过程，降低压力有利于提高其平衡转化率。压力对二次反应中的断链、脱氢反应的影响与上述情况相似，故降低反应压力也有利乙烯脱氢生成乙炔的反应。至于聚合、脱氢缩合、结焦等二次反应，都是分子数减少的反应，因此降低压力应可以抑制此类反应的发生。但因这些反应在热力学上都比较有利，故压力的改变对这类反应的平衡转化率虽可能有影响，但影响一般并不显著。

2. 压力对反应速度和反应选择性的影响

从一次反应和二次反应速度方程式

$$r_{裂解} = k_{裂解} \cdot c$$
$$r_{聚合} = k_{聚合} \cdot c'_A$$
$$r_{缩合} = k_{缩合} c'_A \cdot c'_B$$

可知，压力可以影响反应物浓度 c 而对反应速度 r 起作用。降低烃的分压对一次反应和二次反应速度都是不利的。不过，二者反应级数不同，改变压力即改变浓度对反应速度的影响也有不同。压力对二级和高级反应的影响要比对一级反应的影响大得多。因此降低烃分压可增大一次反应对二次反应的相对反应速度，有利于提高乙烯收率，减少焦的生成。

故无论从热力学或动力学分析，降低烃分压对增产乙烯，抑制二次反应产物的生成都是有利的。因为裂解是在高温下操作的，由于高温不易密封，如在减压下操作，可能有空气漏入裂解系统（包括急冷至压缩之前的系统）与裂解气形成爆炸混合物的危险，而且减压操作时对以后分离工段的压缩操作不利，要增加能量消耗。如何降低烃分压呢？解决的办法是在裂解原料气中添加稀释剂以降低烃分压。稀释剂可以是惰性气体（例如氮）或水蒸气。工业上都是采用水蒸气作为稀释剂的，其优点为：

水蒸气的热容较大，能对炉管温度起稳定作用，在一定程度上保护炉管；水蒸气便宜易得，易于从裂解产物中分离；水蒸气在高温下能与沉积在裂解炉管上的焦炭发生水煤气反应，

$$C + H_2O \longrightarrow H_2 + CO$$

从而起到对炉管的清焦作用；水蒸气还能抑制原料中的硫等杂质对炉管的腐蚀，保证裂解反应正常进行。

在工业生产装置中，从经济效益观点分析，水蒸气的加入量应有一最佳值。加入过多的水蒸气，会使炉管的处理能力下降，增加能量消耗。适宜的水蒸气加入量随裂解原料不同而异，一般是以能防止结焦、延长操作周期为前提。裂解原料性质愈重，愈易结焦，水蒸气的用量也愈大。见表 12-10。

表 12-10　各种裂解原料的水蒸气稀释比（管式炉裂解）

裂解原料	原料含氢量,%（质量分数）	结焦难易程度	稀释比　水蒸气/烃（质量分数）
乙　烷	20	较不易	0.25～0.4
丙　烷	18.5	较不易	0.3～0.5
石脑油	14～16	较　易	0.5～0.8
轻柴油	～13.6	很　易	0.75～1.0
原　油	～13.0	极　易	3.5～5.0

（五）动力学裂解深度函数 KSF（Kinetic Severity Function）

裂解深度是指裂解反应进行的程度。裂解深度越深，原料转化率越高，氢和甲烷也越多，气态产物量越大，液体产物的含氢量则越低。对于单一低级烷烃的裂解，可以用转化率指标定量地衡量其裂解程度。

对于较重质原料如全沸程石脑油、煤油、柴油的裂解，由于其组成复杂，每个成分的裂解性能也不相同，某一种烃在裂解过程中消失了，而另一种烃在裂解时又可能生成它，因此无法以转化率来衡量其裂解深度。采用动力学裂解深度函数（KSF）作为衡量裂解深度的标准，则综合考虑了原料性质、停留时间和裂解温度效应，故能较合理地反映裂解进行的程度。KSF的定义是

$$\text{KSF} = \int k_5 \mathrm{d}t \tag{12-14}$$

式中　k_5——正戊烷的反应速度常数，s^{-1}；

　　　t——反应时间，s。

此法之所以选定正戊烷作为衡量裂解深度的当量组分，是因为在任何轻质油中，正戊烷总是存在的，它在裂解过程中只有减少，不会增加。其裂解余下的量亦能测定，选定它作当量组分，足以衡量原料的裂解深度。

公式中的 k_5 与反应温度 T 密切相关 $[k_5 = A\exp(-E/RT)]$，由表 12-5 数据可求得 k_5。KSF 关联了反应停留时间 t 和反应温度 T 这两个因素，这样就比较全面地描述了裂解过程的实际情况。但是，在计算 KSF 值时，要先知道沿反应管长的温度分布和相应温度下的 k_5，由此得到全部积分时间，才能计算 KSF 值。不过在某些情况下，可以通过测定原料中正戊烷的浓度 c_1 及产物中正戊烷的浓度 c_2 来计算。

对式（12-14），当反应时间由 $0 \rightarrow t$，而 k_5 在某一温度下已综合反映了正戊烷的反应速度，则可以积分为：

$$\text{KSF} = k_5 t \tag{12-15}$$

对于正戊烷裂解，按一级反应动力学方程式

$$r = \frac{-\mathrm{d}c}{\mathrm{d}t} = k_5 c \tag{12-16}$$

当正戊烷的浓度从 $c_1 \rightarrow c_2$，k_5 为常数，积分结果是：

$$k_5 t = \ln \frac{c_1}{c_2} = 2.3\lg \frac{c_1}{c_2}$$

代入 12-15 式

$$\text{KSF} = 2.3\lg \frac{c_1}{c_2} \tag{12-17}$$

设 α 为正戊烷的转化率，则 12-17 式改写为

$$\text{KSF} = 2.3\lg \frac{\beta}{1-\alpha} \tag{12-18}$$

这样就把 KSF 与转化率数据关联起来。例如，已知 KSF=2.3，并假定 β=1.54，则可从 12-18 式近似算得轻油中正戊烷的转化率 α=0.844；或已知轻油中正戊烷的转化率 α=0.844，则计算得其裂解深度 KSF=2.3。

要注意 α=0.844 是指轻油中正戊烷的转化率而不是轻油整体的转化率，KSF=2.3 是表征这种油品达到了那样一种裂解深度水平。

　　动力学裂解深度函数对于关联转化率数据,设计和估价裂解炉管的性能是有一定价值的。因为它将裂解温度和停留时间的影响按动力学方程式组合起来。这种组合的结果与动力学分析一致,但在精确计算上有缺点,因为需要详细确定反应物在流经裂解炉管时的温度分布,并由此计算 k_i 及其相应的 t,这一工作由计算机完成更方便。

　　KSF 值的大小对产物分布的影响可以用下列各图来说明（图 12-6 及图 12-7）。

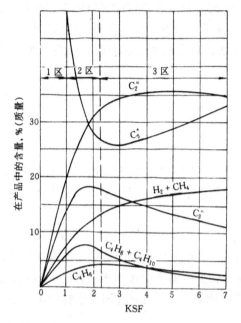

图 12-6　石脑油裂解时裂解深度与产物分布关系
（原料组成、烃分压、停留时间恒定）

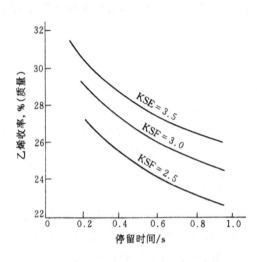

图 12-7　KSF 一定,不同停留时间
对乙烯收率的影响
基准：进料水蒸气/油比,出口压力恒定

　　图 12-6 是石脑油裂解时,KSF 值对产物分布的影响。图中 KSF 值分为三个区。

　　(1) KSF=0~1 为浅度裂解区　此区内原料饱和烃（C_5^+）的含量迅速下降,产物乙烯、丙烯、丁烯等含量接近直线上升。但因是浅度裂解,低级烯烃量是不多的。

　　(2) KSF=1~2.3 为中度裂解区　在此区内 C_5^+ 烃含量继续下降,乙烯含量继续上升,但其增加速度则逐渐减慢。丙烯、丁烯在 KSF=1.7 左右时出现峰值,因为丙烯和丁烯在此区内有二次反应发生,既有生成,也有消失,两种反应消失的结果出现了峰值。

　　(3) KSF>2.3 为深度裂解区　在此区内一次反应实际上已经停止,产物的组成进一步发生变化是二次反应所造成的。C_5^+ 以上馏分中原有的饱和烃经过裂解反应达到了最低值,而随着裂解深度的加深,丙烯、丁烯进一步分解,烯烃脱氢缩合生产稳定的芳烃液体,使丙烯和丁烯的含量下降,C_5^+ 的含量回升（组成已变化）。乙烯的峰值出现在 KSF=3.5~6.5,丁二烯的峰值在 KSF=2.5 处,二者均是反应的综合结果。

　　图 12-7 是当保持 KSF 为一定值时,为得到高的乙烯收率,必须按照高温、短停留时间的裂解原理选择相互匹配的反应温度 T 值和反应停留时间 t 值才能实现。

三、管式炉裂解生产乙烯的工艺流程

（一）管式裂解炉

　　所谓管式炉就是外部加热的管式反应器。所以管式炉主要由炉体和裂解炉管两大部分组成。炉体用钢构件和耐火材料砌筑,分为对流室和辐射室,原料预热管和蒸汽加热管安装在对流室内,裂解炉管布置在辐射室内。在辐射室的炉侧壁和炉顶或炉底,安装一定数量的燃

料烧嘴。由于裂解管布置方式和烧嘴安装位置及燃烧方式的不同，管式裂解炉的炉型有多种。目前国内外一些有代表性的裂解炉型有：美国鲁姆斯公司开发的短停留时间 SRT 型裂解炉；美国斯通-韦勃斯特超选择性 USC 型裂解炉；美国凯洛格公司开发的 MSF 毫秒裂解炉等十几种，尽管各种炉型外观结构各具特色，但共同点都是按高温、短停留时间、低烃分压的裂解原理进行设计制造的。

在研究辐射炉管的管径、程数和炉管长度等问题时，为了在短停留时间内使原料能迅速升到高温进行裂解反应，必须有高热强度的辐射炉管，因此采用双面接受辐射能量的垂直单排管，以最大限度地接受辐射能量。由于裂解反应是体积增大的反应，辐射炉管径采用先细后粗，小管径有利于强化传热，使原料迅速升温，缩短停留时间。管列后部管径变粗，有利于减小 Δp 降低烃分压，减少二次反应。在相同质量流速下，辐射炉管越短压降越小；停留时间越短，乙烯收率越高。图 12-8 为 SRT 型裂解炉示意图。表 12-11 为 SRT-Ⅰ、Ⅱ、Ⅲ、Ⅳ型裂解炉工艺参数。从表中可看出，SRT 型裂解炉每经过一次改型，都使乙烯收率提高 1%～2%。

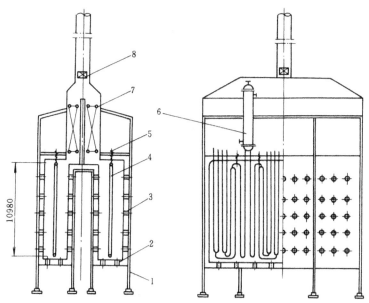

图 12-8　SRT-ⅡHS 型管式裂解炉示意图
1—炉体；2—油气联合烧嘴；3—气体烧嘴；4—辐射炉管；
5—弹簧吊架；6—急冷锅炉；7—对流段；8—引风机

表 12-11　SRT 型炉管排布及工艺参数

炉　型	SRT-Ⅰ	SRT-Ⅱ（HC）	SRT-Ⅲ	SRT-Ⅳ
炉管排布形式	1P　　　8P～10P	1P 2P 3P～6P	1P 2P3P 4P	1P　2P 3～4P

续表

炉型	SRT-I	SRT-II(HC)	SRT-III	SRT-IV
炉管外径(内径)/mm	127	1P:89(63) 2P:114(95) 3～6P:168(152)	1P:89(64) 2P:114(89) 3～4P:178(146)	1P:70; 2P:103; 3～4P:189
炉管长度/(m/组)	73.2	60.6	48.8	38.9
炉管材质	HK—40($Cr_{25}Ni_{20}$)	HK—40	HP—40($Cr_{25}Ni_{35}$)	HP—40—Nb ($Cr_{25}Ni_{35}Nb$)
适用原料	乙烷-石脑油	乙烷-轻柴油	乙烷-减压柴油	轻柴油
管壁温度/℃ 初期～末期	945～1040	980～1040	1015～1100	～1115
每台炉管组数	4	4	4	4
对流段换热管组数	3	3	4	
停留时间/s	0.6～0.7	0.475	0.431～0.37	0.35
乙烯收率,%(质量)	27(石脑油)	23(轻柴油)	23.25～24.5(轻柴油)	27.5～28(轻柴油)
炉子热效率,%	87	87～91	92～93.5	93.5～94

注:1. P——程。炉管内物料走向,一个方向为1程,如3P,指第3程;

2. HC——代表高生产能力炉。

超选择性裂解炉连同两段急冷 (USX＋TLX) 构成三位一体的裂解系统,每台 USC 裂解炉有 16 组管,每组 4 根炉管成 W 型,每两台炉构成一个门式结构。如图 12-9 所示。毫秒炉的特点是在高裂解温度下,物料在炉管内的停留时间缩短到 100 ms 左右,仅为一般裂解炉停留时间的 $\frac{1}{4}$～$\frac{1}{6}$。裂解炉管由一程单排垂直管构成,管径 25～30 mm,管长 10 m。阻力降小,烃分压低。因此乙烯收率比其他炉型高。其结构如图 12-10 所示。表 12-12 为上述两种炉型的工艺参数。

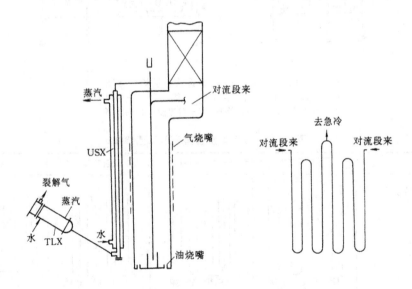

图 12-9 超选择性炉和两段急冷 (USX＋TLX) 示意图

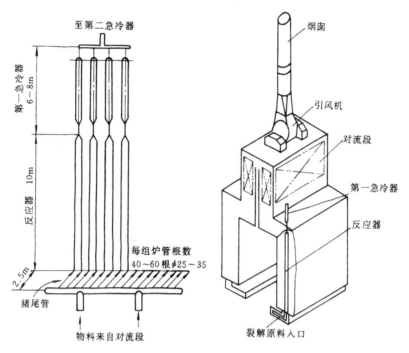

图 12-10 毫秒裂解炉示意图

表 12-12 USC 型与 MSF 型裂解炉工艺参数

炉　　型	USC 型	MSF 型
炉管排布形式	1~4P　4~1P	1P
炉管外径（内径）/mm	1P：74（63.5） 2P：80（69.8） 3P：88（76.2） 4P：95（82.5）	1P：40（28.6）
炉管长度	43.9m/组	10m/根
炉管材质	1~2P　HK—40 3~4P　HP—40	800H（或 HP）
适用原料	乙烷-轻柴油	乙烷-轻柴油
管壁温度/℃ 　初期～末期	1015～1100	1015～1100
每台炉管组数	16	2（每组 36 根并联）
停留时间/s	0.281～0.304	0.05～0.10
单程乙烯收率,%（质量）	40/24.76	31/29.9
炉子热效率,%	91.8～92.4	93

（二）裂解气急冷与急冷换热器

1. 裂解气急冷的目的

从裂解管出来的裂解气是富含烯烃的气体和大量水蒸气，温度在 727～927℃，烯烃反应性很强，若任它们在高温下长时间停留，仍会继续发生二次反应，引起结焦。烯烃收率下降及生成许多经济价值不高的副产物，因此必须使裂解气急冷以终止反应。

急冷的方法有两种，一种是直接急冷，另一种是间接急冷。近代的裂解装置都是先用间接急冷，后用直接急冷，最后洗涤的办法。

采用间接急冷的目的，首先是回收高品位热能，产生高压水蒸气作动力能源以驱动裂解气、乙烯、丙烯三台压缩机、汽轮机发电及高压水泵等机械，同时终止二次反应。间接急冷的关键设备是急冷换热器。急冷换热器与汽包所构成的水蒸气发生系统称为急冷废热锅炉。

急冷换热器常遇到的问题是结焦，结焦后使急冷换热器的出口温度升高，系统压力增大，影响炉子的正常运转，故当结焦到一定程度后，必须进行清焦。用重质原料裂解时，常常是急冷换热器结焦先于炉管，故急冷换热器清焦周期的长短直接影响到裂解炉的操作周期。为了减小裂解气在急冷换热器内的结焦倾向，应控制两个指标：一是停留时间，一般控制在 0.04 s 以下；二是裂解气出口温度，要求高于裂解气的露点（此处显然有油露点）。几种原料裂解所得裂解气的露点如表 12-13 所示。若低于露点温度，则裂解气中的较重组分有一部分会冷凝，凝结的油雾沾附在急冷换热器管壁上形成流动缓慢的油膜，既影响传热，又易发生二次反应而结焦。

表 12-13 裂解气露点

原　料	裂解气露点/℃	出口温度/℃
炼厂气	297	～347
轻油	347	347～447
轻柴油	417～447	447～547

在一般裂解条件下，裂解原料含氢量越低，裂解气的露点越高，因而急冷换热器出口温度也必须控制较高。

间接急冷虽然比直接急冷能回收高品位能量和减少污水对环境的污染，但急冷换热器技术要求很高，裂解气的压力损失也较大，就裂解反应的要求而言，希望炉管出口压力愈低愈好，可是裂解气压缩机入口压力愈低，能耗就愈高（对一定的压缩终压而言），估计裂解气压缩机入口压力每降低 10 kPa，则年产 30 万 t 乙烯装置要增加 450 kW·h 的能耗。而直接急冷的压力损失就较小。因此要根据具体情况来确定选用何种急冷方式。

2. 急冷换热器

采用间接急冷法，关键设备是急冷换热器，它是裂解装置中五大关键设备之一（五大关键设备：裂解炉、急冷换热器、三机、冷箱和乙烯球罐）。急冷换热器的结构必须满足裂解气急冷的特殊条件，急冷换热器管内通过高温裂解气，入口温度约 827℃，压力约 110 kPa（表），要求在极短时间内（一般在 0.1 s 以下）将温度降至 350～600℃，传热的热强度高达 400×10³ kJ/（m²·h），管外走高压热水，温度约 320～330℃，压力 8～13 MPa。由此可知，急冷换热器与一般换热器不同的地方是高热强度，管内、外必须同时承受很大温度差和压力差，同时又要考虑急冷管内的结焦清焦操作，操作条件极为苛刻。下面以 USX 急冷换热器为例说明其结构，见图 12-11 所示。

USX 是超选择性裂解炉的第一级急冷换热器，为套管式变径结构，裂解气入口可自由伸缩，因此裂解气线速基本平稳，入口气速可达 280 m/s，停留时间仅为 0.0618 s，减少了结焦倾向；又因内管径较大，即使有部分结焦，其压力降也不会急剧增加，使运转周期得以延长。如有结焦可以卸下下端清焦法兰，进行水力或机械清焦。

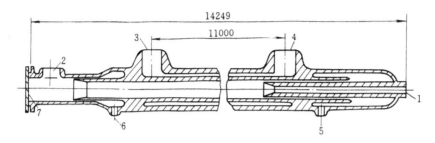

图 12-11　USX 型急冷锅炉结构示意图
1—裂解气入口；2—裂解气出口；3—水入口；4—气水混合物出口；5、6—蒸汽入口；7—清焦口

USX 急冷换热器结构简单,清焦容易,二级急冷换热器可采用一般的管壳式换热器结构。其缺点是一组裂解炉管就需要一个 USX 急冷换热器,因此投资较高。

（三）裂解炉的结焦与清焦

烃类在裂解过程中由于聚合、缩合等二次反应的发生,不可避免地会结焦,主要积附在裂解炉管辐射段的内壁上和急冷换热器内管壁上。结焦程度随裂解深度的加深而加剧,且与裂解温度、烃分压、原料重质化等因素有关。随着裂解炉运行时间的延长,焦的积累量逐渐增加,有时结成坚硬的环状焦层,管子内径变小,阻力增大,使物料进出口压差增大,管壁温度升高,裂解气中乙烯含量下降。故应当在炉管结焦到一定程度时及时清焦。

清焦方法有停炉清焦法和不停炉清焦法（也称为在线清焦法）。停炉清焦法又可分为蒸汽-空气烧焦法、水力清焦法和机械清焦法几种方式。蒸汽-空气烧焦法是将进料及出口裂解气切断（离线）后,用惰性气体和水蒸气清扫管线,逐渐降低炉温,然后通入空气和水蒸气烧焦。反应是：

$$C + O_2 \longrightarrow CO_2$$
$$C + H_2O \longrightarrow CO + H_2$$
$$CO + H_2O \longrightarrow CO_2 + H_2$$

由于氧化（燃烧）反应是强放热反应,故需加入水蒸气以稀释空气中氧的浓度,以减慢燃烧速度。烧焦期间,不断检查出口尾气中二氧化碳含量,当二氧化碳浓度低至 0.2%（干基）以下时,可以认为在此温度下烧焦结束。在烧焦过程中,裂解管出口温度必须严加控制,不能超过 750℃,以防烧坏炉管。

水力清焦采用 50 MPa 的高压水枪,将高压水射入对流段炉管和急冷换热器套管内除焦。机械清焦类同于水力清焦,一般用于清除水力清焦不起作用的刚硬存焦。

随着科学技术的发展,采用在线清焦技术和计算机控制下的自动清焦技术的应用日趋广泛。在线清焦技术明显的优点是裂解炉没有升降温过程,因此可比停炉清焦节省清焦操作时间,提高了裂解炉开工率。同时避免了裂解炉管受升降温过程的影响,可延长裂解炉管的使用年限。在线清焦是在切断裂解原料后,利用计算机——辅助清焦程序自动完成水蒸气-空气流量和炉出口温度的调节,使焦垢氧化成 CO_2 等气体排出,当分析出口气体 CO_2 含量小于1%时可认为清焦过程结束。

此外,近年研究添加结焦抑制剂。抑制结焦添加剂主要是一些含硫化合物,添加很少的量即能起到抑制结焦和减弱结焦的作用。但当裂解温度很高时（例如 850℃）,温度对结焦的生成是主要的影响因素,抑制剂的作用就无能为力了。

（四）裂解工艺流程

裂解工艺流程包括原料油供给和预热系统、裂解和高压水蒸气系统、急冷油和燃料油系统、急冷水和稀释水蒸气系统。不包括压缩、深冷分离系统。

图 12-12 所示是轻柴油裂解工艺流程。

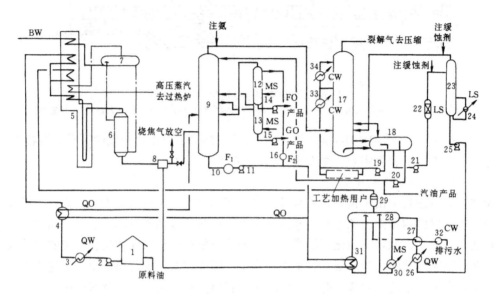

图 12-12　轻柴油裂解装置工艺流程图

1—原料油贮罐；2—原料油泵；3—原料油预热器；4—原料油预热器；5—裂解炉；6—急冷换热器；
7—汽包；8—急冷器；9—油洗塔（汽油初分馏塔）；10—急冷油过滤器；11—急冷油循环泵；
12—燃料油汽提塔；13—裂解轻柴油汽提塔；14—燃料油输送泵；15—裂解轻柴油输送泵；
16—燃料油过滤器；17—水洗塔；18—油水分离罐；19—急冷水循环泵；20—汽油回流泵；
21—工艺水泵；22—工艺水过滤器；23—工艺水汽提塔；24—再沸器；25—稀释蒸汽发生器给水泵；
26—预热器；27—预热器；28—稀释蒸汽发生器汽包；29—分离器；30—中压蒸汽加热器；
31—急冷油加热器；32—排污水冷却器；33，34—急冷水冷却器；QW—急冷水；CW—冷却水；
MS—中压水蒸气；LS—低压水蒸气；QO—急冷油；FO—燃料油；GO—裂解轻柴油；BW—锅炉给水

1. 原料油供给和预热系统

原料油从贮罐 1 经预热器 3 和 4 与过热的急冷水和急冷油热交换后进入裂解炉的预热段。原料油供给必须保持连续、稳定，否则直接影响裂解操作的稳定性，甚至有损毁炉管的危险。因此原料油泵须有备用泵及自动切换装置。

2. 裂解和高压蒸气系统

预热过的原料油入对流段初步预热后与稀释水蒸气混合，再进入裂解炉第二预热段预热到一定温度，然后进入裂解炉的辐射室进行裂解。炉管出口的高温裂解气迅速进入急冷换热器 6，使裂解反应很快终止，再去油急冷器 8 用急冷油进一步冷却，然后进入洗油塔（汽油初分馏塔）9。

急冷换热器的给水先在对流段预热并局部汽化后送入高压汽包 7，靠自然对流流入急冷换热器 6 中，产生 11 MPa 的高压水蒸气，从汽包送出的高压水蒸气进入裂解炉预热段过热，再送入水蒸气过热炉（图中未绘出），过热至 447℃后并入管网，供蒸汽透平使用。

本章前面的理论分析部分主要是针对这一系统进行的，它是整个工艺流程的核心。

3. 急冷油和燃料油系统

裂解气在油急冷器 8 中用急冷油直接喷淋冷却，然后与急冷油一起进入油洗塔 9，塔顶出来的裂解气为氢、气态烃和裂解汽油以及稀释水蒸气和酸性气体。

裂解轻柴油从油洗塔 9 的侧线采出，经汽提塔 13 汽提其中的轻组分后，作为裂解轻柴油产品。裂解轻柴油含有大量烷基萘，是制萘的好原料，常称为制萘馏分。塔釜采出重质燃料油。

自洗油塔塔釜采出的重质燃料油，一部分经汽提塔 12 汽提出其中的轻组分后，作为重质燃料油产品送出，大部分则作为循环急冷油使用。循环使用的急冷油分两股进行冷却，一股用来预热原料轻柴油之后，返回洗涤塔作为塔的中段回流，另一股用来发生低压稀释蒸汽，急冷油本身被冷却后则送到急冷器作为急冷介质，对裂解气进行冷却。

急冷油的粘度与油洗塔釜的温度有关，也与裂解深度有关，为了保证急冷油系统的稳定操作，一般要求急冷油 50℃ 以下的运动粘度 v 控制在 $(4.5\sim5.0)\times10^{-5}\ m^2/s$。

急冷油系统常会出现结焦堵塞现象而危及装置的稳定运转，结焦产生的原因有二：一是急冷油与裂解气接触后超过 300℃ 时性质不稳定，会逐步缩聚成易于结焦的聚合物，二是不可避免地由裂解管、急冷换热器带来的焦粒。因此在急冷油系统内设置有 6 mm 滤网的过滤器 10，并在急冷器油喷嘴前设较大孔径的滤网和燃料油过滤器 16。

4. 急冷水和稀释水蒸气系统

裂解气在油洗塔 9 中脱除重质燃料油和裂解轻柴油后，由塔顶采出进入水洗塔 17，此塔的塔顶和中段用急冷水喷淋，使裂解气冷却，其中一部分的稀释水蒸气和裂解汽油被冷凝。冷凝的油水混合物由塔釜引至油水分离槽 18，分离出的水一部分供工艺加热用，冷却后的水再经急冷水换热器 33 和 34 冷却后，分别作为水冷塔 17 的塔顶和中段回流，此部分水称为急冷循环水。另一部分相当于稀释水蒸气的水量，由工艺水泵 21 经过滤器 22 送入汽提塔 23，将工艺水中的轻烃汽提回水洗塔 17，保证塔釜水中含油少于 1×10^{-4}（质量分数）。此工艺水由稀释水蒸气发生器给水泵 25 送入稀释水蒸气发生器汽包 28〔先经急冷水预热器 26 和排污水预热器 27 预热〕，再分别由中压水蒸气加热器 30 和急冷油加热器 31 加热气化产生稀释水蒸气，经气液分离后再送入裂解炉。这种稀释水蒸气循环使用系统，节约了新鲜的锅炉给水，也减少了污水的排放量。以年产 30 万 t 乙烯装置为例，污水排放量从 120 t/h 减至 7~8 t/h。此流程的污水排放量只是汽提塔 12 和 13 的汽提水蒸气量。

油水分离罐 18 分离出的汽油，一部分由汽油泵 20 送至油洗塔 9 作为塔顶回流而循环使用，从裂解气中分离出的裂解汽油作为产品送出。

经脱除绝大部分水蒸气和少部分汽油的裂解气，温度约为 313 K，送至压缩系统。

裂解气逐步冷却时，其中含有的酸性气体也逐步溶解于冷凝水中，形成腐蚀性酸性溶液。为防止这种酸性腐蚀，在相应的部位注加缓蚀剂。缓蚀剂有氨、碱液等碱性物质。

四、乙烯生产技术展望

（一）管式炉裂解技术展望

管式炉裂解法是烃类裂解制低级烯烃的一种成熟的工艺。管式炉裂解法的主要优点有:炉型结构简单，操作容易，便于控制，能多台炉并联形成大规模生产。生产品收率高，热效率高，动力消耗低等。但是，按目前的技术水平来说，管式炉还有一些待解决的问题。首先是对重质原料的适应性还有一定的限制，裂解重质原料时，由于重质原料极易结焦，故不得下降低裂解深度，经常清焦，缩短了常年有效生产时间，也影响裂解炉及炉管的寿命。目前，尽管世界各地采用的裂解原料不尽相同，但从降低原料价格及加强原料综合利用的角度考虑,具有由轻质原料向重质原料变化的趋势。故设计能适应多种原料裂解的炉型；应用计算机在供热、操作参数调节等方面实现自动控制，以提高裂解的选择性和降低能耗，开发耐高温的裂解管材；研究催化裂解等新的裂解方法。今后这些领域的研究将会进一步丰富和完善裂解技术。

（二）生产乙烯的其他方法

虽然用石油烃为原料裂解制乙烯在今后数十年仍是主要的，但从长远观点看，制取乙烯用的原料必然会转向利用天然气、煤等贮量丰富的资源。天然气中含大量甲烷，从天然气或煤可制造合成气（$CO+H_2$），如何将甲烷、合成气最终转化为乙烯，使乙烯原料路线从石油烃向天然气、煤转变，是一项长远的战略性任务。

以合成气为原料制取乙烯主要有四条途径。如图 12-13 所示。

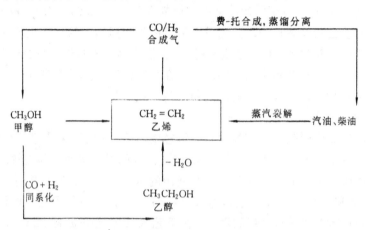

图 12-13　由合成气制乙烯的不同路线

即：（1）用改进的费-托合成催化剂由合成气制汽油时副产烯烃；

（2）合成气制甲醇，然后甲醇催化裂解制烯烃；

（3）合成气直接合成烯烃。

甲醇同系化制乙醇，乙醇脱水生成乙烯工艺以及汽油、柴油水蒸气裂解制烯烃技术是成熟的已工业化的生产方法，在此不再做介绍。

费-托合成是 30 年代以钴为催化剂合成汽油、柴油的工业方法，通过改进催化剂，也可成为制造化工原料的重要途径。例如南非 Sasol-Ⅱ 运转的 Synthol 合成炉十座（180 万 t/a），预计生产车用汽油 150 万 t/a，乙烯 16 万 t/a，醇等含氧化合物 5 万 t/a，焦油 20 万 t/a，氨 10 万 t/a，硫黄 9 万 t/a，合计 210 万 t/a。

合成气直接合成乙烯是传统的费-托合成方法的改进。前几年，美、法等国以 Fe-Mn-Zn 为催化剂，在 320℃、1.0MPa 下进行反应合成乙烯。

$$nCO+2nH_2 \longrightarrow C_nH_{2n}+nH_2O$$

$$2nCO+nH_2 \longrightarrow C_nH_{2n}+nCO_2$$

$n=2$ 时，乙烯收率约 31%。当用 Fe-Mn-K_2CO_3 系催化剂时，反应温度为 250～320℃，CO：$H_2=1:1$，压力 0.5～2.0 MPa，CO 转化率 80%～90%，产物组成为 CH_4 20%，C_2H_4 21%，C_3H_6 32%，C_4H_8 17%，C_2～C_4 烷烃 9%，其他烃 1%。美国的 Exxon 公司正用改进的 Ru 催化剂由合成气合成乙烯。

合成气制甲醇早已工业化，由甲醇再制乙烯，这也是实现乙烯原料由石油向煤、天然气转变的途径之一。由甲醇制烯烃是 1976 年美国 Mobil 公司开发了择型催化剂——结晶沸石分子筛后开拓的新工艺。反应为

$$2CH_3OH \longrightarrow C_2H_4 + 2H_2O$$

$$3CH_3OH \longrightarrow C_3H_6 + 3H_2O$$

各国公司都致力于这一过程的开发,但都在进行中间试验阶段。一般甲醇转化率较高达 90% 以上。如联邦德国 BASF 公司建立了一套 30 t/a 的中试装置,反应温度 300~450℃,压力 100~500 kPa,C_2~C_4 烯烃产物占 50%~60%。

思考练习题

12-1 什么叫烃类的热裂解反应?

12-2 为什么把乙烯产量作为衡量一个国家基本有机化学工业发展水平的标志?

12-3 什么叫烃类热裂解过程的一次反应和二次反应?

12-4 烃类热裂解一次反应的规律性有哪些?

12-5 烃类热裂解的二次反应都包含哪些反应类型?

12-6 什么叫一级反应?写出以转化率表示的一级反应动力学方程式。

12-7 什么叫裂解原料的族组成、含氢量和芳烃指数?这些指标对裂解产物分布有何影响?

12-8 转化率、选择性、收率的基本概念是什么?它们之间有什么关系?

12-9 裂解温度对裂解产物分布有何影响?

12-10 什么叫停留时间?停留时间与裂解温度对裂解产物分布有何影响?

12-11 什么叫烃分压?为什么要采用加入稀释剂的办法来实现减压目的?采用水蒸气为稀释剂有何优点?

12-12 什么叫动力学裂解深度函数?为什么要用正戊烷作为衡量石脑油裂解深度的当量组分?

12-13 烃类热裂解的基本原理是什么?

12-14 SRT 型管式裂解炉具有哪些特点?

12-15 为什么要对裂解气进行急冷?急冷方式有哪几种?

12-16 管式裂解炉如何进行清焦?

12-17 管式炉裂解工艺流程由几部分系统构成?简述各系统内容。

12-18 管式炉裂解有何优缺点?

第十三章　裂解气的净化与分离

本章学习要求

1. 熟练掌握的内容

裂解气定义及其组成；深冷分离法的原理；裂解气所含杂质的各种净化方法；裂解气顺序分离流程；深冷分离过程中，影响乙烯收率的因素分析；脱甲烷塔、乙烯塔、丙烯塔的作用和特点。

2. 理解的内容

压缩的目的；制冷基本原理；前脱氢（前冷）工艺流程。

3. 了解的内容

脱甲烷系统的改进；裂解气前脱乙烷深冷分离流程和前脱丙烷深冷分离流程。

第一节　概　　述

一、裂解气的组成和分离目的

裂解气是由烃类经裂解制得的。它是一种含有氢和各种烃类（已脱除了大部分 C_5 以上的液态烃）的复杂混合物，此外裂解气中还含有少量硫化氢、二氧化碳、乙炔、丙二烯和水蒸气等杂质（见表 13-1）。

表 13-1　轻柴油裂解气组成

成　　分	含量,%（摩尔）	成　　分	含量,%（摩尔）
H_2	13.1828	正丁烷	0.0754
CO	0.1751	C_5	0.5147
CH_4	21.2489	$C_6 \sim C_8$ 非芳烃	0.6941
C_2H_2	0.3688	苯	2.1398
C_2H_4	29.0363	甲苯	0.9296
C_2H_6	7.7953	二甲苯+乙苯	0.3578
丙二烯+丙炔	0.5419	苯乙烯	0.2192
C_3H_6	11.4757	$C_9 \sim 200℃$ 馏分	0.2397
C_3H_8	0.3558	CO_2	0.0578
1,3-丁二烯	2.4194	硫化物	0.0272
异丁烯	2.7085	H_2O	5.04

裂解气的净化与分离目的是除去裂解气中有害杂质，分离出单一烯烃或烃的馏分，为基本有机化学工业和高分子化学工业等提供原料。许多高分子聚合物产品的生产要求使用高纯度的烯烃为原料，例如生产聚乙烯、聚丙烯以及乙丙橡胶等用的乙烯和丙烯，其纯度均要求大于 99.9%（摩尔）。又如直接氧化法生产环氧乙烷，氧氯化法生产二氯乙烷等，对原料乙烯浓度的要求在 99% 以上。为了获得这样高纯度的产品，必须对裂解气进行净化和分离。

二、裂解气分离方法简介

目前国内外大型裂解气分离装置广泛采用深冷分离法。深冷分离法原理是利用裂解气中各种烃的相对挥发度不同，在低温下将除了氢和甲烷以外的其余烃都冷凝下来，然后在精馏塔内进行多组分精馏分离，利用不同精馏塔，将各种烃逐个分离出来。其实质是冷凝精馏过程。工业上一般将冷冻温度等于或低于－100℃的称为深度冷冻（简称深冷）。因为上述方法采用了－100℃以下的冷冻系统，故称为深冷分离法。

由表 13-1 可见，裂解气是很复杂的混合气体，要从这样复杂的混合气体中分离出高纯度的乙烯和丙烯等产品，需要进行一系列的净化与分离过程。图 13-1 是深冷分离流程示意图，图中净化位置可以变动，精馏塔多少以及其位置也是多方案的，但就其分离过程来说，可以概括成三大部分。

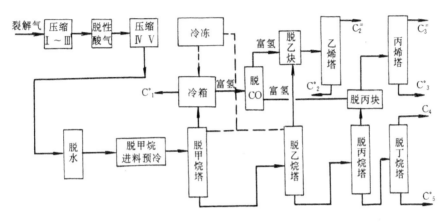

图 13-1　深冷分离流程示意图

（1）气体净化系统：包括脱酸性气体、脱水、脱炔和脱一氧化碳（即甲烷化，用于净化氢气）。

（2）压缩和冷冻系统：使裂解气加压降温，为分离创造条件。

（3）精馏分离系统：包括一系列的精馏塔，以便分离出甲烷、乙烯、丙烯、C_4 馏分以及 C_5 等馏分。

第二节　裂解气的净化与压缩

由表 13-1 数据可以看出，裂解气中含有的少量硫化物、CO_2、CO、C_2H_2、C_3H_4、以及 H_2O 等杂质，如不脱除，不仅会降低乙烯、丙烯等产品的质量，且会影响分离过程的正常进行，故裂解气在分离前，必须先进行净化和干燥。

一、酸性气体的脱除

裂解气中的酸性气体主要是指 CO_2 和 H_2S。此外尚含有少量有机硫化物，如氧硫化碳（COS）、二硫化碳（CS_2）、硫醚（RSR′）、硫醇（RSH）、噻吩（⬡S）等，也可以在脱酸性气体操作过程中脱除。

裂解气中的 H_2S，一部分是由裂解原料带来，另一部分是由裂解原料中所含的有机硫化物在高温裂解过程中与氢发生氢解反应而生成的。例如：

$$RSH + H_2 \longrightarrow RH + H_2S$$

裂解气中 CO_2 的来源有：

（1）CS_2 和 COS 在高温下与稀释水蒸气发生水解反应。

$$CS_2 + 2H_2O \longrightarrow CO_2 + 2H_2S$$

$$COS + H_2O \longrightarrow CO_2 + H_2S$$

（2）裂解炉管中的焦炭与水蒸气作用

$$C + 2H_2O \longrightarrow CO_2 + 2H_2$$

（3）烃与水蒸气作用

$$CH_4 + 2H_2O \longrightarrow CO_2 + 4H_2$$

这些酸性气体含量过多时，对分离过程会带来危害。H_2S 能腐蚀设备管道，使干燥用的分子筛寿命缩短，还能使加氢脱炔用的催化剂中毒；CO_2 则在深冷操作中会结成干冰，堵塞设备和管道，影响正常生产。

工业上用化学吸收方法，采用适当的吸收剂来洗涤裂解气，可同时除去 H_2S 和 CO_2 等酸性气体。吸收过程是在吸收塔内进行。对于吸收剂的要求是：H_2S 和 CO_2 的溶解度大，反应性能强，而对裂解气中的乙烯、丙烯的溶解度小，不起反应；在操作条件下蒸气压低，稳定性高；粘度和腐蚀性小，来源丰富，价格便宜。工业上已采用的吸收剂有 NaOH 溶液，乙醇胺溶液，N-甲基吡咯烷酮等，具体选用何种吸收剂要根据裂解气中酸性气体含量多少，净化要求程度，酸性气体是否回收等条件来确定。

管式炉裂解气中一般 H_2S 和 CO_2 含量较低，多采用 NaOH 溶液洗涤法，简称碱洗法。如果裂解气中含硫较高时，因碱液不能回收，耗碱量太大，可考虑先用乙醇胺作吸收剂脱除大部分硫，吸收剂可以再生，再进一步用碱洗法脱除残余的硫，称为胺-碱联合洗涤法。下面着重介绍碱洗脱酸性气体方法。

（一）碱洗法原理

碱洗法原理是使裂解气中 H_2S 和 CO_2 等酸性气体和硫醇、氧硫化碳等有机硫与 NaOH 溶液发生下列反应而除去，以达到净化的目的。

$$CO_2 + 2NaOH \longrightarrow Na_2CO_3 + H_2O$$

$$H_2S + 2NaOH \longrightarrow Na_2S + 2H_2O$$

$$COS + 4NaOH \longrightarrow Na_2S + Na_2CO_3 + 2H_2O$$

$$RSH + NaOH \longrightarrow RSNa + H_2O$$

反应生成的 Na_2CO_3、Na_2S、RSNa 等溶于碱液中。

（二）碱洗法流程

碱洗脱酸性气体流程简图如图 13-2。裂解气进入碱洗塔底部，塔分成四段。上段为水洗，以除去裂解气中夹带的碱液，下部三段为碱洗，最下段用稀碱洗，其浓度为 1%～3%。最上碱洗段用 10%～15% 浓度碱洗。碱液用泵循环。新鲜碱液用补充泵连续送入碱洗的上段循环系统。塔底排出的废碱液中含有硫化物，不能直接用生化方法处理，经由水洗段排出的废水稀释后，送往废碱处理装置。

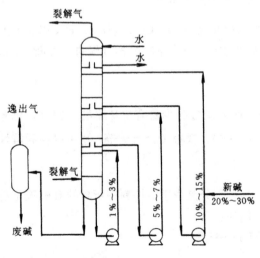

图 13-2　碱洗法流程简图

裂解气在碱洗塔内与碱液逆流接触，酸性气体被碱液吸收，除去酸性气体的裂解气由塔顶引出，去下一个净化分离设备。

碱洗塔各段的碱液浓度自下而上递增，碱液浓度愈高，则中和能力也愈强，同时塔釜碱液浓度又控制的很低，使碱液首先与 H_2S 和 CO_2 发生如下反应。

$$H_2S + NaOH \longrightarrow NaHS$$

$$CO_2 + NaOH \longrightarrow NaHCO_3$$

显然上述反应比生成 Na_2S 和 Na_2CO_3 反应能节省碱用量。碱洗塔的工艺操作条件，不同的裂解气分离装置其指标不同，通常塔内温度控制在 $40℃$，碱洗压力控制在 $1.0\,MPa$。碱洗后含酸性气体杂质小于 5×10^{-6}（体积分数）。

二、脱水

（一）水的危害

由于在烃裂解过程中加入了稀释蒸汽，在脱酸性气体过程中又经过水洗，由图 13-1 可看出，尽管裂解气在压缩过程中加压、降温，能脱除大部分重质烃和水，但裂解气中仍含有大约 5×10^{-4}（质量分数）的水。裂解气分离是在 $-100℃$ 以下进行的，此时水能冻结成冰。在一定的温度压力下，水还能和轻质烃形成白色结晶水合物，如能形成 $CH_4 \cdot 6H_2O$、$C_2H_6 \cdot 7H_2O$、$C_4H_{10} \cdot 7H_2O$ 等等。这些水合物在高压低温下是稳定的，与冰雪相似。冰和水合物冻结在设备管壁上，既增大动力消耗，又使设备管道堵塞，影响正常生产。为了排除这个故障，可用甲醇、乙醇或热甲烷-氢解冻，因为这些物质都能降低水的冰点和降低生成烃水合物的温度。这种解冻方法是一种消极办法，积极的办法是对裂解气进行脱水干燥，使其水含量小于 5×10^{-6}（质量分数），即裂解气露点低于 $-60℃$。

工业上是采用吸附方法脱水，用分子筛、活性氧化铝或硅胶作吸附剂。

吸附是用多孔性的固体吸附剂处理流体混合物，使其中一种或几种组分被吸附于固体表面上，以达到分离的目的。

（二）分子筛脱水

分子筛是人工合成的具有稳定骨架结构的多水合硅铝酸盐晶体。其化学通式如下：

$$Mex/n[(AlO_2)x(SiO_2)y] \cdot mH_2O;$$

式中　Me——阳离子，主要是 Na^+、Ca^{++} 和 K^+；

　　　x/n——可交换的阳离子数；

　　　n——阳离子价数；

　　　m——水分子数。

分子筛具有许多相同大小的孔洞和内表面很大的孔穴，可筛分不同大小的分子。由图 13-3 中曲线可以看出几种吸附剂的脱水效能。

脱除裂解气体中微量水，以分子筛吸附水容量最高，比硅胶或活性氧化铝的脱水效率高数倍。这是由于它的比表面积大于一般吸附剂。但是在相对湿度较高时，活性氧化铝和硅胶的吸附水容量都大于分子筛。故有的脱水流程是

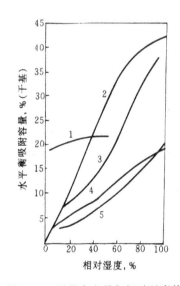

图 13-3　吸附水容量与相对湿度关系
1—5A 分子筛；2—硅胶；
3，4—活性氧化铝；5—活性铁钒土

采用活性氧化铝与分子筛串联，含水分气体先进入活性氧化铝干燥器，然后再进入分子筛干燥器脱除残余水分。分子筛脱水效率高，使用寿命长，工业上已广泛使用。

裂解气脱水常用的是 A 型分子筛，A 型分子筛的孔径大小比较均匀，它只能吸附小于其孔径的分子。有较强的吸附选择性。例如 4A 分子筛能吸附水和乙烷分子，而 3A 分子筛只吸附水而不吸附乙烷分子，所以裂解气、乙烯馏分以及丙烯馏分脱水用 3A 分子筛比用 4A 分子筛好。此外分子筛是一种离子型极性吸附剂，它对于极性分子特别是水分子有极大的亲和力，易于吸附。H_2、CH_4 是非极性分子，所以虽能通过分子筛的孔口进入空穴也不易吸附。仍可以从分子筛孔口逸出。

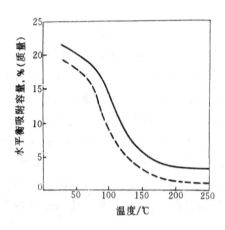

图 13-4　温度对 5A 分子筛吸附水容量的影响

分子筛吸附水蒸气的容量，随温度变化很敏感。分子筛吸附水是放热过程，所以低温有利于放热的吸附过程，高温则有利于吸热的脱附过程。分子筛吸附水的容量与温度的关系如图 13-4 所示。图中虚线是吸附开始有 2% 的残余水分在分子筛中的情况。由图可见，温度低时水的平衡吸附容量高，温度高时水的平衡吸附容量低。因此，在常温下，进行吸附脱水使裂解气得到深度干燥。分子筛吸附水分以后，可以用氮气或甲烷氢尾气加热后作为分子筛的再生载气，这是因为 N_2、H_2、CH_4 等分子较小，可以进入分子筛的孔穴内，又是非极性分子，不会被吸附，而能降低水蒸气在分子筛表面上的分压，起到携带水蒸气的作用。在温度高于 80℃时就开始有较好的再生效果。

（三）分子筛脱水与再生流程

裂解气分离过程中，需要进行脱水的有裂解气、C_2 馏分、C_3 馏分以及甲烷化后的氢气等。下面以裂解气的脱水来说明干燥与再生工艺流程，见图 13-5。

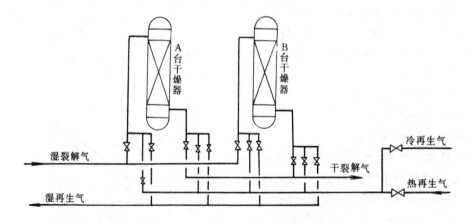

图 13-5　干燥器使用、再生流程

裂解气干燥用 3A 分子筛作吸附剂，采用两台干燥器，其中一台进行脱水干燥，另一台再生或备用。湿裂解气自上而下通过分子筛床层，干燥过程是在常温下进行的，干燥后的气体从干燥器底部送出。分子筛经过一段时间会逐渐接近或达到平衡吸附量，这时必须进行再生，分子筛再生操作很重要，它关系到分子筛的活性和使用寿命。分子筛的再生一般分为排液、泄压、预热、逆流再生和并流冷却几个步骤，再生温度保持在 250℃左右进行。

三、脱炔

裂解气中含有少量乙炔、丙炔和丙二烯等，它们是在裂解过程中生成的。其中乙炔含量一般为（2～7）×10^{-3}（体积分数），丙炔含量一般为（1～1.5）×10^{-3}（体积分数），丙二烯含量一般为（6～10）×10^{-4}（体积分数）。少量炔烃的存在严重地影响乙烯产品、丙烯产品的质量和用途，恶化乙烯聚合物的性能，使合成或聚合催化剂中毒。所以裂解气中含有的少量炔烃必须脱除。

工业上脱炔主要采用催化加氢法，少数采用溶剂（丙酮、二甲基甲酰胺和 N-甲基吡咯烷酮等）吸收法。本节重点介绍催化加氢法。

（一）催化加氢脱乙炔

生产规模较大、乙炔含量较少时，用催化加氢脱炔法在操作和技术经济上都比较有利。采用乙炔选择性催化加氢为乙烯，尽量避免乙炔和乙烯加氢为乙烷，这样即可脱除乙炔又能增加乙烯收率。

从化学平衡分析，乙炔加氢反应在热力学上是很有利的，几乎可以接近全部转化。要使乙炔选择性加氢，必须采用选择性良好的催化剂。目前大多采用钴（Co）、镍（Ni）、钯（Pd）作乙炔加氢催化剂的活性组分，用铁（Fe）和银（Ag）作助催化剂，用分子筛或 α-Al$_2$O$_3$作载体。在这些催化剂上乙炔的吸附能力比乙烯强，能进行选择性加氢。

另外从裂解气中分离出的氢气中含有少量一氧化碳。一般含量在 0.4%～0.8%（体积分数）。若用这样的氢气进行乙炔催化加氢反应，由于一氧化碳含量过高会使加氢催化剂中毒。将其脱除到小于 1×10^{-5}（体积分数）时，由于一氧化碳在催化剂上的吸附能力比乙烯强，可以抑制乙烯在催化剂上的吸附，故微量的一氧化碳又可进一步提高加氢反应的选择性。一氧化碳的脱除方法工业上称为甲烷化法，即一氧化碳加氢法。

$$CO + 3H_2 \xrightarrow[\text{Ni}/\alpha\text{-Al}_2\text{O}_3]{260\sim300℃，3.0\text{MPa}} CH_4 + H_2O$$

催化加氢脱乙炔时可能发生的副反应有：

①乙烯加氢生成乙烷的反应；

②乙炔的聚合生成液体产物即绿油；

③乙炔分解生成碳和氢。

反应温度高时，有利于上述这些副反应的发生。H$_2$/C$_2$H$_2$摩尔比大，有利于乙烯生成乙烷的反应，摩尔比小时则有利于乙炔的聚合，有较多绿油生成。

催化加氢催化剂有多种，可以根据不同的乙炔加氢工艺选用。表 13-2 列出几种催化剂加

表 13-2　几种催化剂在乙炔加氢中的使用情况

催化剂	工　艺　条　件			乙　炔　含　量　（体积分数）	
种　类	温度/℃	压力/MPa（绝）	空速/h^{-1}	反应前，%	反应后，1×10^{-6}
Pd/13X	69～97	3.43～4.41	7000～9000	0.2～0.4	<4
Pd	43～85	1.92	2500～10000	0.11	<1
Ni-Co-Cr	150～200	1.77	～2500	0.45	<10
Pd-Fe	80～145	2.45～2.65	2000～3500	0.15～0.38	<1
Pd-Ag	30～210	2.35～2.55	3000～10000	0.2～0.4	<1
Pd	50～100	2.06	～6000	1.0	<5

氢脱炔的工艺条件和脱乙炔的结果。

(二) 加氢脱乙炔流程

由于加氢脱乙炔过程在裂解气分离流程中所处的位置不同，可分为前加氢脱乙炔和后加氢脱乙炔两种方法。

在脱甲烷塔前进行加氢脱炔称为前加氢。前加氢的加氢气体可以是裂解气全馏分；H_2、C_1^0、C_2、C_3馏分或H_2、C_1^0、C_2馏分。可见加氢馏分中就含有氢气，不再需要外来氢气，所以前加氢又叫作自给加氢。

在脱甲烷塔后进行加氢脱炔称为后加氢。裂解气经过脱甲烷、氢气后，将C_2、C_3馏分用精馏塔分开，然后分别对C_2和C_3馏分进行加氢脱炔。被加氢的气体中已不含有氢气组分，需要外部加入氢气。后加氢工艺几乎都采用钯催化剂。

从能量利用和流程繁简来看，前加氢流程有利。氢气可以自给，但是氢气是过量的。氢气的分压高，会降低加氢选择性，增大乙烯损失。为了克服此不利因素，要求催化剂活性和选择性高；后加氢的氢气是按需要加入的，馏分的组分简单，杂质少，选择性高。催化剂使用寿命长。产品纯度也较高。目前国内外乙炔加氢采用后加氢工艺的较多。

图13-6是C_2馏分后加氢脱乙炔流程，脱乙烷塔顶产品乙炔、乙烯、乙烷馏分和预热至一定温度的氢气相混合（氢气中含微量一氧化碳），进入一段加氢绝热式反应器，进行加氢反应。由一段出来的气体再配入补充氢气，经过调节温度后，再进入二段加氢反应器，再进行加氢反应。反应后气体经过换热降温到$-6℃$左右，送去绿油洗涤塔，用乙烯塔侧线馏分洗涤气体中含有的绿油。脱掉绿油的气体进行干燥，然后去乙烯精馏系统。

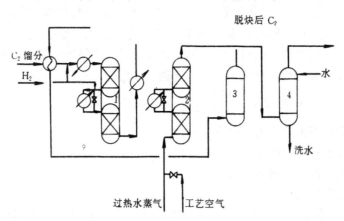

图 13-6　催化加氢脱乙炔及再生流程

1—加氢反应器；2—再生反应器；3—绿油洗涤塔；4—再生气洗涤塔

在乙炔加氢过程中，有乙炔聚合反应和分解生碳反应发生，这些聚合物和碳沉积在催化剂表面上，降低了催化剂的活性，因此反应器要定期再生。

C_3馏分中的丙炔和丙二烯，也可采用加氢方法脱除，一般用液相加氢法。C_3馏分液相加氢流程也分两段加氢，一段是主反应器，使丙炔和丙二烯由含量2%左右降至$2×10^{-3}$（体积分数）左右；二段是副反应器，使余下的丙炔和丙二烯再加氢脱除到$1×10^{-6}$（体积分数）以下。

四、压缩与冷冻

裂解气中许多组分在常压下都是气体，其沸点都很低，见表13-3。如果把裂解气在常压下进行各组分的冷凝分离，则分离温度很低，需要消耗大量冷量，因此裂解气的分离要在适

表 13-3　低级烃类的主要物理常数

名　称	分子式	沸点 ℃	临界温度 ℃	临界压力 MPa	名　称	分子式	沸点 ℃	临界温度 ℃	临界压力 MPa
氢	H_2	−252.5	−239.8	1.307	异丁烯	$i\text{-}C_4H_8$	−6.9	144.7	4.002
甲烷	CH_4	−161.5	−82.3	4.641	丁烯	C_4H_8	−6.26	146	4.018
乙烯	C_2H_4	−103.8	9.7	5.132	1,3-丁二烯	C_4H_6	−4.4	152	4.356
乙烷	C_2H_6	−88.6	33.0	4.924	正丁烷	$n\text{-}C_4H_{10}$	−0.50	152.2	3.780
丙烯	C_3H_6	−47.7	91.4	4.600	顺式 2-丁烯	C_4H_8	3.7	160	4.204
丙烷	C_3H_8	−42.07	96.8	4.306	反式 2-丁烯	C_4H_8	0.9	155	4.102
异丁烷	$i\text{-}C_4H_{10}$	−11.7	135	3.696					

宜的压力、温度下进行。工业上设置裂解气压缩机将低压裂解气加压，使其达到深冷分离所需要的压力。设置乙烯制冷压缩机和丙烯制冷压缩机可提高循环制冷剂（乙烯和丙烯）的压力，使其能在较高温度下冷凝，然后进行节流膨胀，在较低温度下气化，通过换热使裂解气降低到所需要的温度。裂解气的深冷分离温度与相应的压力有如下数据：

分离压力/MPa	分离温度/℃
3.0～4.0	−96
0.6～1.0	−130
0.15～0.3	−140

　　两类压缩机尽管工作目标不一样，但都是对气体进行压缩，在气体压缩过程中所遵循的基本规律是相同的。另外，三台压缩机的能耗约占深冷分离装置总能耗的 70% 左右，对乙烯产品的成本影响很大，所以应引起足够的重视。

　　（一）裂解气的压缩

　　将略高于大气压的裂解气压缩到深冷分离所要求的压力，是裂解气压缩的主要目的。现在大规模乙烯生产厂都是采用离心式裂解气压缩机。为了节省能量，降低压缩消耗功，压缩比（p_2/p_1）一般控制在 2～3 之间。气体压缩采用多段压缩，一般为四～五段，段与段间设置中间冷却器，避免裂解气经过压缩，因压力提高和温度上升引起其中二烯烃的聚合，须控制每段压缩后气体温度不高于 100℃。另外压缩机采用多段压缩也便于在压缩段之间进行裂解气的净化与分离；例如脱酸性气体，脱水和重组分等，见图 13-1。

　　由于裂解炉的急冷换热器（又称废热锅炉）副产高压水蒸气，因此离心式压缩机多采用蒸汽透平驱动，达到能量合理利用。

　　（二）制冷

　　裂解气经压缩达到深冷分离（主要是脱甲烷塔）所要求的压力后，还要为脱甲烷塔提供 −100～−136℃ 左右的低温冷剂，并为其他分离塔提供不同温度级位的冷剂，使能量得到合理应用。制冷的基本原理是：将低压低温的制冷剂气体压缩，用提高压力的办法提高其冷凝温度；使其在较高的压力和温度下冷凝，所放出的液化潜热传给"高温物质"；冷凝后的液态制冷剂经节流膨胀，产生低压低温的饱和液体；将低压低温的液态制冷剂汽化，从被冷却的"低温物质"中吸收汽化潜热，产生制冷效果，以实现将热量由低温物质向高温物质传递的目的。

　　1. 冷冻剂的选择

　　制冷温度不仅取决于不同的压力，还要由冷冻剂的物理化学性质决定，所以选择适当的冷冻剂是很重要的。

　　工业上常用的冷剂有氨、丙烯、丙烷、乙烯、乙烷和甲烷。由于甲烷、乙烯和丙烯是深

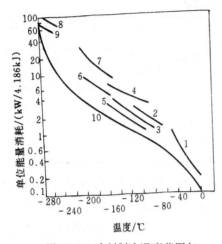

图 13-7　冷剂制冷温度范围与
单位能量消耗的关系
1—NH₃；2—C₂H₄；3—C₂H₄（电力回收）；
4—CH₄；5—CH₄（用膨胀机）；6—空气（用膨胀机）；
7—N₂；8—H₂；9—H₂（用膨胀机）；10—逆行卡诺
循环（环境温度 300K）（1kcal＝4.186kJ）

冷分离的产物，用它们作冷冻剂，可以就地取材。各种冷冻剂性质见表 13-3。工业生产为安全起见，使冷冻剂在正压下进行，避免制冷系统中漏入空气引起爆炸的危险，这样各种冷冻剂的沸点就决定了它的最低蒸发温度，要获得低温就必须采用沸点低的冷剂。利用乙烯在正压下可以获得－100℃低温，若要获得更低的温度，可以采用甲烷作冷冻剂。

由图 13-7 可看出，同样获得 4.186kJ 冷量，制冷温度愈低能量消耗愈大。所以工程上常把冷剂划分成不同级位，在满足工艺要求的前提下，尽量用较高温度级位的冷剂，以节省能量消耗。

2. 复迭制冷

欲获得低温的冷量，而又不希望冷剂在负压下蒸发，则需要采用常压下沸点很低的物质为冷剂，但这类物质临界温度也很低，不可能在加压的情况下用水冷却使之冷凝。由表 13-3、图 13-7 可见，为了获得－100℃温度级位的冷量，需用乙烯为冷剂，但是乙烯的临界温度为 9.7℃，低于冷却水的温度。用液态丙烯作为使乙烯冷凝的冷剂较为合适，因此要设置丙烯循环制冷系统。这样乙烯气体冷凝过程向液体丙烯排热，丙烯气体冷凝过程向冷却水排热，这样丙烯的冷冻循环系统就和乙烯的制冷循环系统复迭起来，构成复迭制冷系统（或称串级制冷系统）。图 13-8 是乙烯丙烯复迭制冷流程，复迭制冷循环中水向丙烯制冷，丙烯向乙烯制冷，乙烯向－100℃冷量用户制冷。

对于深冷分离过程中需要低于－100℃的冷量用户，可以采用甲烷-乙烯-丙烯三元复迭制冷循环系统，工作原理与前面讲的相同。通过两个复迭换热器，使冷却水向丙烯制冷，丙烯向乙烯制冷，乙烯向甲烷制冷，甲烷向低于－100℃冷量用户制冷。

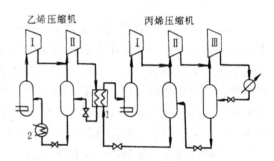

图 13-8　乙烯丙烯复迭制冷流程
1—复迭换热器；2—冷量用户

第三节　裂解气深冷分离流程

一、顺序分离流程

深冷分离流程是比较复杂的，设备较多，水、电、汽的消耗量也比较大。一个生产流程的确定要考虑基建投资、能量消耗、运转周期、生产能力、产品成本以及安全生产等方面。

深冷分离流程主要有三大代表性流程，即顺序分离流程（图 13-9），前脱乙烷流程（图 13-10）和前脱丙烷流程（图 13-11）。

顺序分离流程是裂解气经过压缩、净化后，各组分按碳原子数的顺序从低到高依次分离。该流程技术成熟，运转周期长，稳定性好，对不同组成的裂解气适应性强，目前国内外乙烯装置广泛采用顺序分离流程，下面作重点介绍。

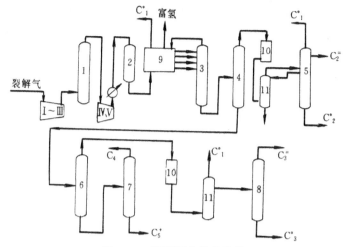

图 13-9　顺序深冷分离流程

1—碱洗塔；2—干燥器；3—脱甲烷塔；4—脱乙烷塔；5—乙烯塔；6—脱丙烷塔；
7—脱丁烷塔；8—丙烯塔；9—冷箱；10—加氢脱炔反应器；11—绿油塔

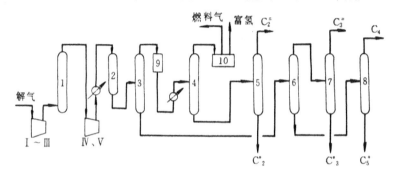

图 13-10　前脱乙烷深冷分离流程

1—碱洗塔；2—干燥器；3—脱乙烷塔；4—脱甲烷塔；5—乙烯塔；6—脱丙烷塔；
7—丙烯塔；8—脱丁烷塔；9—加氢脱炔反应器；10—冷箱

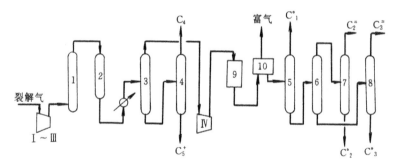

图 13-11　前脱丙烷深冷分离流程

1—碱洗塔；2—干燥器；3—脱丙烷塔；4—脱丁烷塔；5—脱甲烷塔；6—脱乙烷塔；
7—乙烯塔；8—丙烯塔；9—加氢脱炔反应器；10—冷箱

　　顺序深冷分离流程如图 13-9，裂解气经过离心式压缩机一、二、三段压缩，压力达到 1.0 MPa，送入碱洗塔，脱去 H_2S、CO_2 等酸性气体。碱洗后的裂解气经过压缩机的四、五段压缩，压力达到 3.7 MPa，经冷却至 15℃，去干燥器用 3A 分子筛脱水，使裂解气的露点温度达到 −70℃ 左右。

　　干燥后的裂解气经过一系列冷却冷凝，在前冷箱中分出富氢和四股馏分，富氢经过甲烷化作为加氢用氢气；四股馏分进入脱甲烷塔的不同塔板，轻馏分温度低进入上层塔板，重馏分温度高进入下层塔板。脱甲烷塔塔顶脱去甲烷馏分。塔釜液是 C_2 以上馏分。进入脱乙烷塔，塔顶分出 C_2 馏分，塔釜液为 C_3 以上馏分。

由脱乙烷塔塔顶来的 C_2 馏分经过换热升温，进行气相加氢脱乙炔，在绿油塔用乙烯塔来的侧线馏分洗去绿油，再经过 3A 分子筛干燥，然后送去乙烯塔。在乙烯塔的上部第八块塔板侧线引出纯度为 99.9% 的乙烯产品。塔釜液为乙烷馏分，送回裂解炉作裂解原料，塔顶脱出甲烷、氢（在加氢脱乙炔时带入，也可在乙烯塔前设置第二脱甲烷塔，脱去甲烷、氢后再进乙烯塔分离）。

脱乙烷塔釜液入脱丙烷塔，塔顶分出 C_3 馏分，塔釜液为 C_4 以上馏分，含有二烯烃，易聚合结焦，故塔釜温度不宜超过 100℃，并须加入阻聚剂。为了防止结焦堵塞，此塔一般有两个再沸器，以供轮换检修使用。

由脱丙烷塔蒸出的 C_3 馏分经过加氢脱丙炔和丙二烯，然后在绿油塔脱去绿油和加氢时带入的甲烷、氢，再入丙烯塔进行精馏，塔顶蒸出纯度为 99.9% 丙烯产品，塔釜液为丙烷馏分。

脱丙烷塔的釜液在脱丁烷塔分成 C_4 馏分和 C_5 以上的馏分，C_4 和 C_5^+ 馏分分别送往下步工序，以便进一步分离与利用。

各塔操作条件以及分离难易可由各塔相对挥发度数值看出，见表 13-4。丙烯与丙烷的相对挥发度很小，难于分离。乙烯与乙烷的相对挥发度也较小，所以也比较难于分离。其他塔的关键组分的相对挥发度较大，分离较容易。确定分离流程的原则是采取先易后难的分离顺序，即先分离易分离的不同碳原子数的烃，然后再进行 C_2 的分离和 C_3 的分离。

表 13-4 塔的操作条件与相对挥发度

分离塔	关键组分		操作条件			平均相对挥发度
	轻	重	温 度/℃		压 力 MPa	
			塔 顶	塔 釜		
脱甲烷塔	$C_1°$	$C_2^=$	−96	6	3.4	5.50
脱乙烷塔	$C_2°$	$C_3^=$	−12	76	2.85	2.19
脱丙烷塔	$C_3°$	$i-C_4°$	4	70	0.75	2.76
脱丁烷塔	$C_4°$	$C_5°$	8.3	75.2	0.18	3.12
乙烯塔	$C_2^=$	$C_2°$	−70	−49	0.57	1.72
丙烯塔	$C_3^=$	$C_3°$	26	35	1.23	1.09

二、脱甲烷塔及操作条件

深冷分离流程中，脱甲烷过程即脱甲烷塔系统是裂解气分离的关键，因为脱甲烷塔温度最低，消耗冷量最多，工艺过程复杂，所以脱甲烷塔的操作效果对产品回收率、纯度以及经济性的影响最大。脱甲烷塔的任务就是将裂解气中 $C_1°$、H_2 以及惰性气体与 C_2 以上组分进行分离。从表 13-4 甲烷对乙烯的相对挥发度来看是比较容易分离的，但由于含有大量的氢气，必须使塔顶温度低于 −100℃ 以下才能保证塔顶尾气中乙烯含量少，以提高乙烯收率。另一方面要求塔釜中甲烷含量尽可能少，以提高产品乙烯纯度。

对于汽液两相平衡系统，根据相律 $F=C-P+2$，一个有 C 组分的多元系统，其自由度等于 C。在脱甲烷塔塔顶的操作条件，当组成规定之后（例如乙烯在尾气中损失等），可以自由变化的参数只有一个，温度或压力，压力确定之后温度就不能任意变化了。那么选择多高的压力和多低的温度为妥呢？工业上脱甲烷过程有高压与低压法之分。所以围绕脱甲烷塔压力的变化，分离流程也有高压法深冷分离流程和低压法深冷分离流程两种。

（一）低压法

低压法分离效果好，乙烯收率高，操作条件为：压力 0.608 MPa，顶温−140℃左右，釜温−50℃左右。由于压力低，由图 13-12 可见 $C_1^o/C_2^=$ 的相对挥发度 α 值较大，分离效果好。由于温度低乙烯回收率高。对于含氢及甲烷较多的裂解气也能分离。虽然需要用低温级冷剂，但因易分离，回流比较小，折算到每吨乙烯的能量消耗，低压法仅为高压法的 70% 多一些。低压法也有不利之处，如需要耐低温钢材、多一套甲烷制冷系统、流程比较复杂。

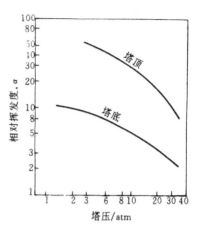

图 13-12　压力对 $C_1^o/C_2^=$ 相对挥发度的影响（1atm＝0.1013MPa）

（二）高压法

高压法的脱甲烷塔顶温度为−96℃左右，不必采用甲烷制冷系统，只需用液态乙烯冷剂即可。由于脱甲烷塔塔顶尾气压力高，可借助高压尾气的自身节流膨胀获得额外的降温，比甲烷冷冻系统简单。此外提高压力可缩小精馏塔的容积，所以从投资和材质要求来看，高压法是有利的。

从上述两法比较看，各有优缺点，国内乙烯生产装置上两种方法都有采用。表 13-5 列出了两个方法脱甲烷塔主要工艺参数

表 13-5　脱甲烷塔主要工艺参数

厂　别	塔顶压力 MPa	回流比	温度/℃		尾气中乙烯 含量,%（体积）	塔釜甲烷 含量,%（体积）
			塔　顶	塔　釜		
A	3.11	0.87	−96	7	0.162	0.08
B	0.6	0.1	−134.6	−52.7	0.120	0.06

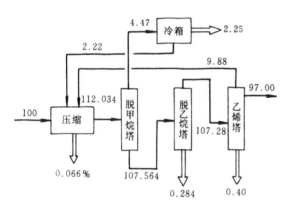

图 13-13　乙烯物料平衡

三、利用冷箱提高乙烯回收率

（一）影响乙烯回收率的因素分析

乙烯分离装置的乙烯回收率是评价分离装置先进程度的一项重要技术经济指标。为了分析影响乙烯回收率的因素，先讨论乙烯分离的物料平衡，如图 13-13。由图可见乙烯回收率为 97%。乙烯损失有四处。

1. 冷箱尾气（C_1^o、H_2）中带出损失。

2. 乙烯塔釜液乙烷中带出损失。

3. 脱乙烷塔釜液 C_3^+ 馏分中带出损失。

4. 压缩段间凝液带出损失。

正常生产中 2、3、4 项损失是很难避免的，而且损失量也较小，因此第 1 项是影响乙烯回收率高低的关键。影响尾气中乙烯损失的主要因素是原料气中甲烷与氢的摩尔比，操作温度和压力。

甲烷与氢的摩尔比通过相平衡关系影响脱甲烷塔塔顶的露点，这是因为氢气的存在降低

了甲烷的分压，所以甲烷与氢的摩尔比愈大，尾气中乙烯损失就愈小。

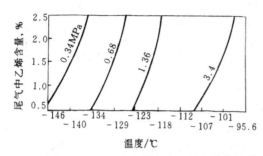

图 13-14　温度和压力与尾气中乙烯含量的关系
（尾气组成：H_2 30%，C_1^- 70%）

由图 13-14 可见，当甲烷与氢的摩尔比值一定时，增大压力或降低温度都有利于减少尾气中乙烯损失，那么采用多高的压力和多低的温度为合适呢？在工业生产中从投资、流程复杂程度和操作难易程度等各种因素综合考虑采用 3.0～4.0 MPa 的压力时，脱甲烷塔塔顶温度为 −96℃ 左右，用液态乙烯为冷剂，其在稍高于常压下的最低蒸发温度为 −101℃，用乙烯-丙烯二元复迭制冷系统就能满足工艺要求，流程较简单。采用 0.608 MPa 的压力时，由于压力低则塔顶温度也低，需用甲烷-乙烯-丙烯三元复迭制冷系统，还要耗用大量的耐低温合金材料，流程较复杂。与高压法相对比较而言，尾气中乙烯损失较少。

（二）利用冷箱提高乙烯回收率

由图 13-13 乙烯物料平衡数据可以看出，脱甲烷塔塔顶出来的气体中除了甲烷、氢之外，还含有乙烯，为了减少乙烯损失，除了用乙烯冷剂致冷外，还采用冷箱来回收尾气中的乙烯。在脱甲烷塔系统中有些冷凝器、换热器和气液分离罐操作温度在 −100～−160℃，为了防止散冷，减少与环境接触的表面积，用绝热材料将这些冷设备集中装在一台箱体内，称为冷箱。它的工作原理是用节流膨胀来获得低温。它的用途除依靠低温回收乙烯之外，还可制取富氢和富甲烷馏分。

冷箱放在脱甲烷塔之前，处理进脱甲烷塔的裂解气，这种流程称为前冷流程。冷箱放在脱甲烷塔之后，处理的是脱甲烷塔塔顶气，这种流程称为后冷流程。目前国内乙烯生产装置中采用前冷流程较多。

在前冷流程中采用冷箱将裂解气中大部分氢气先分出，提高了进脱甲烷塔气体中甲烷与氢的摩尔比。前已提出，深冷分离原料中甲烷与氢的摩尔比越大，乙烯回收率越高。图 13-15 是脱甲烷塔前冷流程。从图中可看到，进料气体在冷箱中分级冷凝，冷凝液分多股送入脱甲烷塔，较重组分进入塔的下部，较轻组分进塔的上部，这相当于进塔前已作了预分离，减轻了脱甲烷塔的分离负荷，可节省冷量。冷箱各点的物料组成见表 13-6。

表 13-6　图 13-15 中各点组成，%（mol）

组成	a	b	c	d	e	f	g	h	i	j	k	l	m	o
H_2	15.05	27.81	0.89	36.39	0.96	48.62	0.99	70.29	1.05	91.48	0.98	4.19	0.12	—
CO	0.12	0.23	—	0.30	—	0.41	—	0.60	—	0.78	—	—	—	—
CH_4	29.37	41.67	15.73	46.75	25.74	46.65	47.04	28.95	85.52	7.74	98.33	95.74	99.11	1.00
C_2H_2	0.44	0.31	0.59	0.19	0.70	0.05	0.59	—	0.16	—	—	—	—	0.79
C_2H_4	34.09	23.99	45.29	14.44	53.88	4.00	44.65	0.16	12.43	—	0.67	0.07	0.76	—
C_2H_6	7.30	3.83	11.15	1.67	10.60	0.26	5.74	—	0.82	—	0.02	—	0.01	—
C_3H_4	0.40	—	0.84	—	—	—	—	—	—	—	—	—	—	—
C_3H_6	10.67	2.02	20.28	0.25	7.55	0.01	0.97	—	0.02	—	—	—	—	—
C_3H_8	0.35	0.05	0.68	0.01	0.20	—	0.02	—	—	—	—	—	—	—
C_4^+	2.21	0.09	4.55	—	0.37	—	—	—	—	—	—	—	—	—

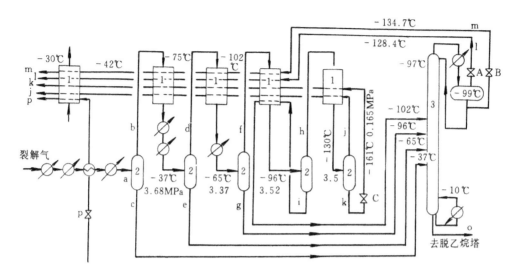

图 13-15　脱甲烷塔前冷流程

1—冷箱换热器；2—气液分离罐；3—脱甲烷塔；c、e、g、i—脱甲烷塔四股进料；j—富氢；
k—甲烷；l—甲烷（分子筛再生用载气）；m—甲烷（燃料）；p—乙烷（裂解原料）

图 13-15 中预处理后的裂解气，经过一系列的换冷以及用 −43℃ 丙烯冷却降温到 −37℃（a 点），在气液分离罐中分出凝液（c 点），其中含氢已极少，作为脱甲烷塔第一股进料。气体（b 点）经冷箱换热器和 −56℃，−70℃ 乙烯冷剂冷却到 −65℃，分出凝液（e 点）作为第二股进料。气体（d 点）经冷箱换热器和 −101℃ 乙烯冷剂冷却到 −96℃，分出凝液（g 点）作为第三股进料。气体（f 点）经冷箱换热器冷到 −130℃，分出凝液（i 点）再经冷箱换热器温度升至 −102℃，作为第四股进料。气体（h 点）经冷箱换热器后分出凝液（k 点），主要含甲烷，经节流阀 C 降温达到 −161℃，然后依次经五个冷箱换热器作冷剂，最后引出去作化工原料。气体（j 点）主要含氢，经五个冷箱换热器后引出，经甲烷化反应脱去 CO 后作为加氢脱炔反应用的氢气。

四股进料在脱甲烷塔中进行精馏，塔顶气中主要含甲烷，其中氢含量极少（l、m 点），这两股甲烷馏分经节流阀 A、B 节流膨胀后，温度达到 −130℃ 左右，再经冷箱换热器后引出。塔釜出料（o 点）含有 60% 左右的乙烯送脱乙烷塔进一步分离。

四、脱甲烷系统的改进

（一）脱甲烷塔前增设预分馏塔

一般脱甲烷塔多股进料中，组分最重的一股进料，不仅数量最多，而且含有大量的碳三和碳四组分。如表 13-6 所示；通过物料衡算得知 c 点的进料量占 a 点总进料量的 47% 左右。其中碳三和碳四组分的进料量分别占总进料中相应组分进料量的 90% 及 97%。若在脱甲烷塔前增设预分馏塔，把这样一股进料进行预分离，将其中碳三和碳四等重组分分离出来，不再进入

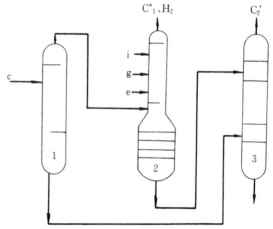

图 13-16　预分馏塔示意图

1—预分馏塔；2—脱甲烷塔；3—脱乙烷塔

c、(e, g, i) 分别为预分馏塔和脱甲烷塔进料

脱甲烷塔，而直接由预分馏塔底送脱乙烷塔进料（见图13-16）。这样不仅减轻脱甲烷塔的负荷，节省了低温冷量，而且由于脱乙烷塔多了一股进料，相当于事先进行一次分离，使脱乙烷塔的冷凝器和再沸器的负荷降低。

预分馏塔采用填料塔，操作压力为3.1 MPa，塔顶温度约为−30℃，塔釜温度为10℃，主要控制塔釜中甲烷含量低于0.62%。

（二）分凝分离技术在脱甲烷塔中的应用

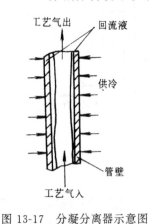

图13-17　分凝分离器示意图

分凝分离技术是近几年发展起来的分离新技术。它将几个成熟的单项技术组合在一起，主要包括分凝分离器、膨胀机、板翅式热交换器、精馏塔等设备。该技术的关键设备是分凝分离器，其工作原理如图13-17。该设备在间接供冷条件下，工艺气体混合物自下而上流动时，使部分物料冷凝在通道器壁上，冷凝物沿器壁下流与上升物料逆向接触，产生传质、传热效果。使凝液中轻组分进入气相，而气相中不易挥发组分则冷凝下流。因此分凝分离器实际上是一台可产生回流的冷交换器。

深冷分离传统工艺流程与分凝分离工艺流程的区别（见图13-18）在于，传统工艺流程中工艺气体在冷凝和闪蒸过程之后，产生相同温度的气液两相，而分凝分离器具有一定的分离理论板数，故传质、传热后产生低温的气相和相对较高温度的液相。两种过程的液相组成也不相同；还能节省冷量。

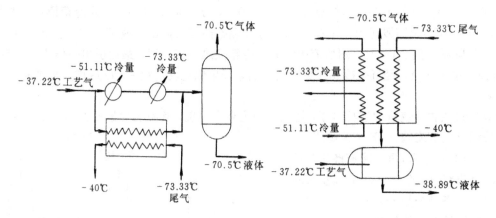

深冷分离传统工艺流程　　　　　　　分凝分离工艺流程

图13-18　技术方案对比工艺流程图

采用分凝分离技术对裂解气分离装置可带来很大的经济效益，与同样生产规模的传统深冷分离工艺相比，可使能耗降低5%～10%，投资可减少8%～10%。

分凝分离工艺流程如图13-19。

裂解气送至分凝分离系统依次经过第一、第二、第三级分凝分离器，可得到不同温度等级的凝液，其凝液分别送入脱甲烷塔不同位置。第三级分凝分离器顶的气相再经换热进一步降低温度后，部分发生冷凝，其气液混合物（主要为氢气、甲烷和少量乙烯）送入精馏塔。

精馏塔与内制冷系统相连，由内制冷系统为精馏塔提供回流，使乙烯在该塔得以进一步回收，含乙烯的精馏塔釜液送至脱甲烷塔。脱甲烷塔塔顶气体经乙烯冷剂换热，其液相作为

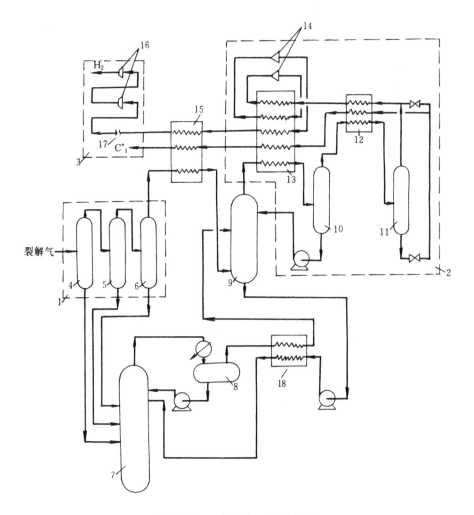

图 13-19　分凝分离流程示意图

1—分凝分离系统；2—内制冷系统；3—气体产品系统；4—第一分凝分离器；
5—第二分凝分离器；6—第三分凝分离器；7—脱甲烷塔；8—回流罐；9—精馏塔；
10—回流分离罐；11—氢/甲烷分离器；12—氢/甲烷换热器；13—冷箱；14—透平
式膨胀机；15—换热器；16—膨胀机驱动压缩机；17—换热器系列；18—换热器

该塔的回流，气相部分则与精馏塔釜液换热后送入精馏塔，回收残余乙烯。

精馏塔塔顶气体进入内制冷系统，经过两级换热，大部分甲烷被冷凝进入氢/甲烷分离器。液相甲烷经节流等焓膨胀作为冷剂被使用。氢/甲烷分离器顶部气体约含氢气90％，这股氢气经冷箱换热后，温度有所升高，进入第一级透平式膨胀机等熵膨胀。然后返回冷箱与精馏塔顶气相进一步换热后，再进入第二级透平式膨胀机做功，降压降温后又返回冷箱换热。最后氢气与甲烷一起进入气体产品系统，去进一步加工利用。

整个分凝分离工艺包括了塔精馏、冷凝、传质、传热过程，利用等熵和等焓膨胀产生冷量，使乙烯在此系统中回收率可达99％。

五、乙烯塔和丙烯塔

由图13-9知，乙烯塔是分离裂解气得到乙烯产品的最终精馏塔，丙烯塔是分离裂解气得到丙烯产品的最终精馏塔。这两个塔设计和操作的好坏直接关系到乙烯和丙烯产品的质量、收率及冷量消耗。故这两个塔在裂解气分离工艺中也是十分重要的。

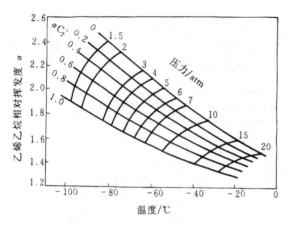

图 13-20 乙烯乙烷的相对挥发度

(1atm=0.1013MPa)

（一）两塔的共性

乙烯塔进料中乙烯和乙烷占 99.5％以上，所以乙烯塔可以看作是二元精馏系统。丙烯塔进料基本上只含丙烯和丙烷。所以丙烯塔也可以看作二元精馏系统。根据相律，对于二元气液精馏系统的自由度为 2。在塔顶乙烯纯度或丙烯纯度根据产品质量要求确定后，塔的操作温度或压力两个因素只能规定一个。例如规定了压力，相应温度也就定了。图 13-20，图 13-21 分别是乙烯塔和丙烯塔的操作温度、塔压以及产品浓度与相对挥发度的关系。

由图可见，当乙烯产品纯度规定后，压力对相对挥发度有较大影响，一般可以采取降低压力的办法来增大相对挥发度，从而使塔板数或回流比降低。乙烯塔适宜的操作压力的选择要综合考虑冷剂的温度级别、乙烯的输出压力以及塔材质的投资等确定。丙烯丙烷相对挥发度受操作压力和丙烯在液相中浓度的影响较大，塔的操作压力越大，或者塔顶产品纯度要求越高，则相对挥发度越小，所需要的塔板数越多。

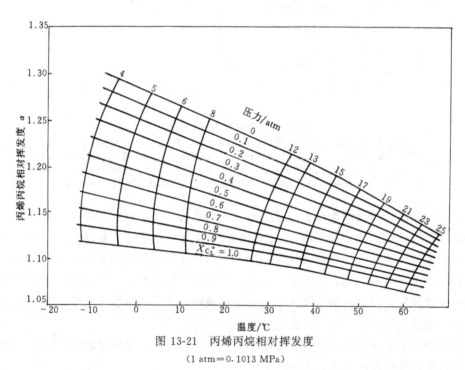

图 13-21 丙烯丙烷相对挥发度

(1 atm＝0.1013 MPa)

（二）两个塔各自的特点

乙烯精馏塔的特殊性在于乙烯、乙烷的相对挥发度随乙烯浓度的增加而降低。即乙烯塔沿塔板的温度分布和组成分布并不是线性的关系。如图 13-22 所示，在精馏段沿塔板向上温度下降很少，板与板间物料的浓度梯度很小，因此，乙烯塔精馏段塔板数较多，回流比较大。而

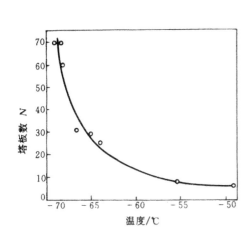

图 13-22 乙烯塔温度分布

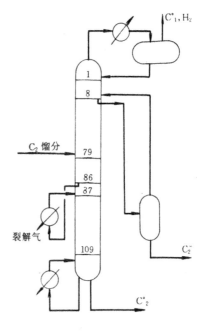

图 13-23 乙烯塔

在提馏段温度变化很大，即乙烯的浓度下降很快，因此提馏段不需要较大的回流比。近年来采用安装中间再沸器的办法使精馏塔的精馏段和提馏段回流比保持不同的数量。安装中间再沸器，可以回收比塔底温度低的冷量。例如乙烯塔压力为 1.9 MPa，塔底温度为 −5℃，可以用丙烯蒸气作为塔底再沸器的热剂，丙烯被冷凝为液体，回收 3~5℃ 的冷量。而中间再沸器引出物料温度为 −23℃，用裂解气作为它的热剂，相当于回收了 −23℃ 温度级的冷量。

乙烯进料中常含有少量甲烷，如不分离出将要影响乙烯产品的纯度。乙烯塔采用塔顶脱甲烷，精馏段侧线出产品乙烯的精馏方案，简化了流程，节省了能量。

带有中间再沸器和侧线出产品的乙烯塔示意图如图 13-23。

丙烯、丙烷馏分的分离在丙烯塔中完成，塔顶得产品丙烯，塔底得丙烷馏分。从表 13-4 知，丙烯与丙烷的相对挥发度接近 1，因此丙烯与丙烷的分离最困难，是深冷分离中塔板数最多、回流比最大的塔。

表 13-7 是乙烯塔、丙烯塔主要工艺参数。

表 13-7　乙烯、丙烯塔主要工艺参数

塔　名	塔板数 块	塔压 MPa	温度/℃		回流比	$C_2^=$（$C_3^=$）含量，%（体积）	
			塔　顶	塔　釜		塔　顶	塔　釜
乙烯塔	119	1.98	−32	−14	3.73	99.95	1
	125	1.94	−30.5	−7.4	5.0	99.95	1.5
	70	0.52	−69	−49	2.40	99.95	0.05
丙烯塔	165	1.80	41	50	14.5	99.6	15.78
	120	1.13	24.6	34.2	11.8	99.6	12.00

思考练习题

13-1　什么叫裂解气？裂解气中含有哪些主要物质？

13-2　裂解气深冷分离法的原理是什么？

13-3 裂解气中含有哪些杂质？有何危害？怎样除去？

13-4 什么叫分子筛？分子筛脱水干燥的原理是什么？

13-5 为什么裂解气要进行压缩？为什么要采用分段压缩？

13-6 制冷的基本原理是什么？

13-7 何谓复迭制冷？复迭制冷与一般制冷过程有何区别？

13-8 裂解气深冷分离流程主要有几种类型？它们各有什么异同点？

13-9 脱甲烷塔的任务是什么？它在裂解分气离流程中占有怎样的地位？

13-10 深冷分离中，影响乙烯收率的因素有哪些？尾气中乙烯含量与温度、压力、甲烷与氢的摩尔比有什么关系？

13-11 简述前脱氢（前冷）工艺流程。

13-12 脱甲烷塔前增设预分馏塔有何优缺点？

13-13 分凝分离器的工作原理是什么？

13-14 温度、压力、组成对乙烯与乙烷相对挥发度有什么影响？

第十四章 催化加氢

本章学习要求

1. 熟练掌握的内容

熟练掌握催化加氢反应的特点、催化剂选择等；熟练掌握一氧化碳催化加氢合成甲醇的工艺流程、操作条件的选择。

2. 理解的内容

理解催化加氢反应的基本原理；

3. 了解的内容

了解催化加氢反应的应用；了解催化加氢反应的类型及氢的来源；了解反应物结构与反应速度的关系。

第一节 概　述

一、催化加氢反应在化学工业中的应用

在催化剂的作用下，分子氢被活化与某些化合物相加成的反应称为催化加氢反应。催化加氢反应在石油和化学工业中应用较广，通过催化加氢可获得重要的基本有机化工产品。另外，也可通过催化加氢对某些有机化工产物进行精制，以得到合格的化工产品。

（一）合成有机化工产品

1. 以苯为原料，通过催化加氢，可得到环己烷。

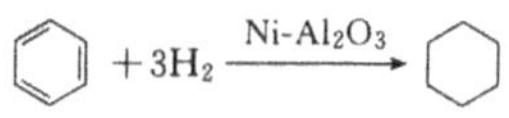

$$\text{\Large \bigcirc} + 3H_2 \xrightarrow{\text{Ni-Al}_2\text{O}_3} \text{\Large \bigcirc}$$

环己烷是生产聚酰胺纤维锦纶 6 和锦纶 66 的原料。由环己烷可生产聚酰胺纤维单体己内酰胺、己二胺、己二酸等。

2. 以苯酚为原料，通过催化加氢可制得环己醇。

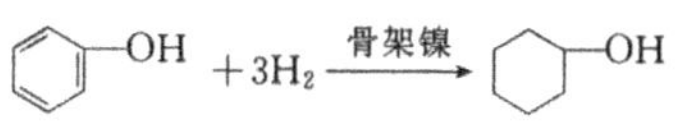

$$\text{\Large \bigcirc}\text{—OH} + 3H_2 \xrightarrow{\text{骨架镍}} \text{\Large \bigcirc}\text{—OH}$$

环己醇也是生产聚酰胺纤维单体己二酰胺的原料。

3. 以一氧化碳为原料，通过催化加氢得到甲醇。

$$CO + 2H_2 \xrightarrow{\text{催化剂}} CH_3OH$$

甲醇是十分重要的基本有机化工原料，有着十分广泛的用途。

4. 硝基苯催化加氢制苯胺。

$$\text{\Large \bigcirc}\text{—NO}_2 + 3H_2 \xrightarrow{\text{催化剂}} \text{\Large \bigcirc}\text{—NH}_2 + 2H_2O$$

苯胺是制药、染料等化学工业的重要原料。

5. 丙酮加氢可制得异丙醇，丁烯醛加氢可制得丁醇。

$$CH_3\!-\!\underset{CH_3}{\overset{}{C}}\!=\!O + H_2 \xrightarrow{\text{催化剂}} CH_3\!-\!\underset{CH_3}{\overset{}{C}}HOH$$

$$CH_3CH\!=\!CHCHO + 2H_2 \xrightarrow{\text{Ni-硅藻}} CH_3CH_2CH_2CH_2OH$$

异丙醇和丁醇均是重要的有机化工原料和溶剂。

6. 羧酸或酯催化加氢生产高级伯醇。

$$RCOOH + 2H_2 \xrightarrow{\text{Cu-Cr-O}} RCH_2OH + H_2O$$

$$RCOOR' + 2H_2 \xrightarrow{\text{Cu-Cr-O}} RCH_2OH + R'OH$$

高级伯醇是表面活性剂、合成洗涤剂及增塑剂工业的重要原料。

7. 己二腈催化加氢生产己二胺。

$$N\!\equiv\!C(CH_2)_4C\!\equiv\!N + 4H_2 \xrightarrow{\text{骨架镍}} H_2N(CH_2)_6NH_2$$

己二胺是聚酰胺纤维(尼龙66)的重要单体。

8. 杂环化合物催化加氢可制得相应产品。

$$\text{(呋喃)} + 2H_2 \xrightarrow{\text{骨架镍}} \text{(四氢呋喃)}$$

$$\text{(糠醛)}\!-\!CHO + H_2 \xrightarrow{\text{Cu-Cr-O}} \text{(糠醇)}\!-\!CH_2OH$$

9. 甲苯和甲基萘催化加氢脱烷基制得苯和萘。

$$\text{（甲苯）}\!-\!CH_3 + H_2 \xrightarrow{\text{Al}_2\text{O}_3\text{-Cr}_2\text{O}_3} \text{（苯）} + CH_4$$

$$\text{（甲基萘）}\!-\!CH_3 + H_2 \xrightarrow{\text{Al}_2\text{O}_3\text{-Cr}_2\text{O}_3} \text{（萘）} + CH_4$$

苯和萘都是重要的基本有机化工原料和溶剂。

(二) 催化加氢,精制产品

1. 裂解气乙烯和丙烯的精制

从裂解气分离得到的乙烯和丙烯,含有少量的乙炔、丙炔和丙二烯等杂质,可通过适当的催化加氢除去。

$$HC\!\equiv\!CH + H_2 \xrightarrow{\text{催化剂}} H_2C\!=\!CH_2$$

$$CH\!\equiv\!C\!-\!CH_3 + H_2 \xrightarrow{\text{催化剂}} H_2C\!=\!CH\!-\!CH_3$$

$$CH_2\!=\!C\!=\!CH_2 + H_2 \xrightarrow{\text{催化剂}} H_2C\!=\!CH\!-\!CH_3$$

2. 裂解汽油的精制

由乙烯生产副产的裂解汽油是生产芳烃的重要原料之一,但裂解汽油中含有烯烃和二烯烃及少量的硫、氮等杂质,对裂解汽油的进一步分离和加工不利,可通过催化加氢除去。加氢可分为两段。第一段是低温液相加氢,使双烯烃加氢生成单烯烃;第二段是高温气相加氢,使单烯烃加氢成饱和烃。含硫、氮等杂质的化合物加氢裂解为相应的烃、硫化氢、氨等而除去。

3. 精制苯

由焦炉气或煤焦油中分离得到的苯,含有硫化物杂质,可通过催化加氢除去。

4. 精制氢气

氢气中常含有一氧化碳和二氧化碳等杂质,加氢反应时会使催化剂中毒,可通过催化加氢使其转化成甲烷加以除去。

$$CO + 3H_2 \xrightarrow{\text{Ni-Al}_2\text{O}_3} CH_4 + H_2O$$

$$CO_2 + 4H_2 \xrightarrow{\text{Ni-Al}_2\text{O}_3} CH_4 + 2H_2O$$

此二反应通常称为甲烷化反应。

二、加氢反应类型

催化加氢的范围十分广泛,工业上常用的催化加氢反应可分为以下几种类型:

(一) 不饱和键的加氢(包括芳香环中的 C═C 键)

如:

$$CH\equiv CH + H_2 \longrightarrow CH_2\!\!=\!\!CH_2$$

$$CH_2\!\!=\!\!CH_2 + H_2 \longrightarrow CH_3\!\!-\!\!CH_3$$

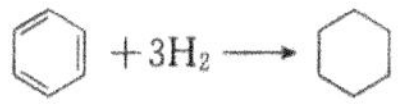

(二) 催化还原加氢

如:

$$CO + 2H_2 \longrightarrow CH_3OH$$

氢加到含氧基上而不析出氧。

—NO$_2$ 基还原成—NH$_2$ 基。

(三) 加氢分解

在加氢反应过程同时发生裂解,以获取所需要的物质。

对于不同的物质,由于被加氢的官能团结构不同,其加氢难易程度也不同,所用催化剂亦不同。

有些被加氢化合物含有两个以上官能团,而只要求在一个官能团上进行加氢,其他官能团仍旧保留,此类加氢称为选择性加氢。对于选择性加氢,其关键在于选择适宜的催化剂,对于同一反应物,选择不同的催化剂,所得产物也不同。

如:

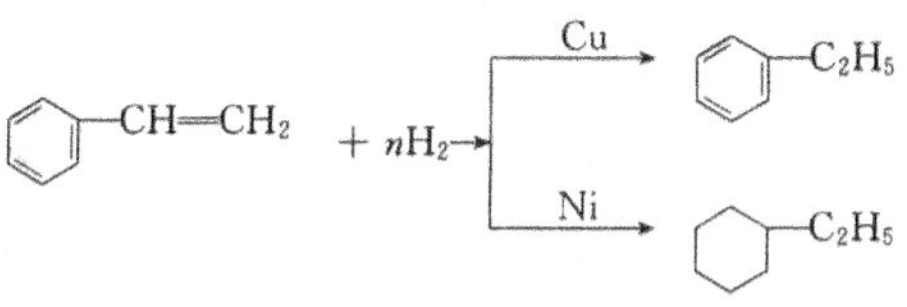

即苯乙烯加氢在铜系催化剂存在下,只使侧链上双键加氢而得到产物乙苯。在镍系催化剂存在下,可同时使侧链上双键和苯环上双键进行加氢,得到产物乙基环己烷。

有些加氢反应需控制加氢深度,即使加氢反应停留在一定的深度上。如乙炔加氢生产乙烯,要求加氢停留在乙烯生成阶段,乙烯不再加氢生成乙烷。这类反应也称选择性加氢。选择性加氢必须选择合适的催化剂。

三、催化加氢反应中氢的来源

催化加氢所用氢气主要是由含氢物质转化而来。大致有如下几方面来源:

①水电解制氢;

②石油炼厂催化重整装置及脱氢装置副产氢气;

③烃类裂解生产乙烯,副产氢气;

④焦炉煤气分离得到氢气;

⑤烃类转化制氢气。

利用烃类转化制氢气,是工业上经常采用的方法,如天然气及石脑油转化可制氢气,煤和焦气化可制氢气。在烃类中,甲烷的含氢量最高,故甲烷是理想的制氢原料。天然气的主要成分是甲烷,所以在有天然气资源的地方,大多以天然气为原料制氢。

由甲烷制氢主要有两种方法:水蒸气转化法和部分氧化法。现分别简要介绍。

1. 水蒸气转化法

高温下,甲烷与水蒸气在镍催化剂的作用下,转化生成 H_2、CO、CO_2。

$$CH_4 + H_2O(g) \rightleftharpoons CO + 3H_2$$

$$CH_4 + 2H_2O(g) \longrightarrow CO_2 + 4H_2$$

生成的 CO 和水蒸气在一定条件下转化成 CO_2 和 H_2。

$$CO + H_2O(g) \rightleftharpoons CO_2 + H_2$$

烃类水蒸气转化制氢的工艺流程如图 14-1 所示。

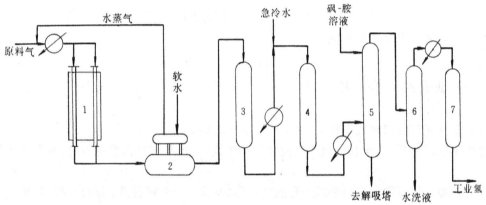

图 14-1　烃类水蒸气转化制氢工艺流程

1—转化炉;2—废热锅炉;3—中温变换器;4—低温变换器;

5—CO_2 吸收塔;6—水洗塔;7—甲烷化反应器

经过脱硫预处理的原料气与水蒸气混合后进入转化炉,炉内装一定数量的列管,管内装有镍系催化剂,操作压力 2.0 MPa,反应温度 800℃左右。在催化剂的作用下,混合气体转化成氢、一氧化碳和二氧化碳。从转化炉出来的转化气,经废热锅炉回收热量,用急冷水冷却至 380~400℃,进入中温变换反应器,使其中的 CO 含量降至 3%(体积分数)左右。变换后的气体经换热冷却至 180~200℃后进入低温变换反应器,使其中的 CO 含量降至 0.3%(体积分数)左右。

将此转化气用环丁砜-乙醇胺溶液在吸收塔中吸收以除去其中的 CO_2,使其含量降至 0.3%(体积分数)以下。吸收塔顶出来的粗氢气经水洗除去夹带的环丁砜-乙醇胺溶液,加热至 300℃后进入甲烷化反应器,在镍-铝催化剂的作用下,其中残余的 CO、CO_2 与氢反应生成甲烷,制得的工业氢气中氧化物含量低于 0.1%(体积分数)。此工业氢气中氢含量 98%,可用于加氢合成和加氢精制。

由甲烷和水蒸气转化生成的 CO 和 H_2 的混合气,可直接用于合成甲醇,因此也称为合成气。表 14-1 是以天然气为原料,用水蒸气转化制得的合成气组成。

表 14-1　合成气组成,%（体积）

序号	CO_2	CO	H_2	CH_4	N_2	序号	CO_2	CO	H_2	CH_4	N_2
1	0.3	31.9	67.1	0.6	0.12	3	2.6	34.5	61.4	0.3	1.4
2	0.5	32.0	65.6	0.2	1.7	4	11.22	13.12	70.36	4.68	0.62

2. 部分氧化法

将甲烷部分氧化,也可制得氢气,其反应如下:

$$CH_4 + \frac{1}{2}O_2 \longrightarrow CO + 2H_2$$

制得的合成气含氢气约为 60% 左右,含 CO 约为 35% 左右。

另外,其他含氢气体(如焦炉煤气)可采用吸附法将氢气分离出来。工业上通常采用变压吸附分离法。如焦炉煤气压力高时通过分子筛吸附剂,氢气被分离出来,其他组分被吸附,压力低时分子筛脱吸再生。此法生产的氢气经催化燃烧脱氧器将其中微量氧脱去后,所制得氢气可达到较高纯度。

<h2 style="text-align:center">第二节　催化加氢反应的基本原理</h2>

一、催化加氢反应的热力学分析

(一) 反应热效应

催化加氢反应是一放热反应,但由于被加热的官能团结构不同,放出的热量也不同,如 25℃时,不同反应的热效应 $\Delta H°$(单位为 kJ/mol)如下:

$$CH\equiv CH + H_2 \longrightarrow CH_2=CH_2 + 174.3$$
$$CH_2=CH_2 + H_2 \longrightarrow CH_3CH_3 + 132.7$$
$$CO + 2H_2 \longrightarrow CH_3OH(g) + 90.8$$
$$CO + 3H_2 \longrightarrow CH_4 + H_2O + 176.9$$

$$\text{⬡}(g) + 3H_2 \longrightarrow \text{⬡}(g) + 208.1$$

$$\text{⬡}CH_3 + H_2 \longrightarrow \text{⬡} + CH_4 + 42.0$$

常压下不同温度时的反应热(ΔH_T)可按下式进行计算:

$$\Delta H_T = a + bT + cT^2 + dT^3 \qquad (14\text{-}1)$$

式中　ΔH_T——T 温度下的反应热,kJ/mol;

$\qquad\quad T$——温度,K;

a、b、c、d——系数。

(二) 化学平衡

影响加氢反应化学平衡的因素有温度、压力、用量比（摩尔比）等。

1. 温度对化学平衡的影响

由热力学方法推导得到的平衡常数 K_p、温度 T 和热效应 $\Delta H°$ 之间的关系为:

$$\left(\frac{\partial \ln K_p}{\partial T}\right)_p = \frac{\Delta H°}{RT^2} \qquad (14\text{-}2)$$

由于加氢反应是放热反应,$\Delta H° < 0$ 所以:

$$\left(\frac{\partial \ln K_p}{\partial T}\right)_p < 0$$

即平衡常数 K_p 随温度的升高而降低。也就是说，低温有利于加氢反应。

如：
$$CO + 2H_2 \longrightarrow CH_3OH$$

其平衡常数随温度的变化如下：

温度/℃	0	100	200	300	400
K_p	6.73×10^5	12.92	1.91×10^{-2}	2.40×10^{-4}	1.08×10^{-6}

如：
$$CH \equiv CH + H_2 \longrightarrow CH_2 = CH_2$$

其平衡常数随温度的变化如下：

温度/℃	127	227	427
K_p	7.63×10^{16}	1.65×10^{12}	6.50×10^6

如：
$$\bigcirc \text{(g)} + 3H_2 \longrightarrow \bigcirc \text{(g)}$$

其平衡常数随温度的变化如下：

温度/℃	127	227
K_p	7×10^7	1.86×10^2

如：
$$CO + 3H_2 \longrightarrow CH_4 + H_2O$$

其平衡常数随温度的变化如下：

温度/℃	200	300	400
K_p	2.16×10^{11}	1.52×10^7	5.69×10^4

从热力学分析，加氢反应可分为三种类型。第一类加氢反应在热力学上是比较有利的，即使在较高温度下，其平衡常数仍然很大。如乙炔加氢、一氧化碳甲烷化等，这一类反应在较宽的温度范围内在热力学上是十分有利的，都可进行到底，影响反应的关键是反应速度。第二类反应在低温时，平衡常数较大，但随温度升高，平衡常数显著减小，如苯加氢合成环己烷，当温度不太高时，对平衡十分有利，可接近全部转化。但当温度较高时，对平衡十分不利，要得到较高的平衡转化率，就必须采取一定的措施，如加压或氢过量。第三类反应在热力学上是不利的，如一氧化碳加氢合成甲醇，只有在低温时平衡常数较大，温度不太高时，平衡常数已很小，此时化学平衡成为反应的关键问题，为了提高平衡转化率，反应必须在高压下进行。

对于可逆的放热反应，由于反应温度既是动力学影响因素，又是热力学影响因素，且效果相反，因此有一最佳反应温度，在此温度下，反应速度最快。另外催化剂对反应热十分敏感，温度过高会引起催化剂烧结，降低甚至失去活性。

2. 压力对加氢反应的影响

加氢反应均为分子数减小的反应，一般来说提高压力对反应有利。

3. 用量比（摩尔比）对加氢反应的影响

反应物用量比的大小，对加氢反应的平衡转化率有一定的影响。提高氢的用量，可提高加氢反应平衡转化率，并且有利于移走反应热。但氢用量越大，产物浓度越低，给产物的分离增加了困难，且大量氢气循环，增加了冷量和动力消耗。

二、催化剂

在化学工业中很多重要的化学反应从热力学上分析是可行的，但是反应速度较慢，必须使用催化剂（工业上称触媒），提高其反应速度，才能实现工业规模生产。加氢反应即属于此种类型。不同的加氢反应，选用的催化剂也不一样，同一类型的加氢反应因选用不同的催化剂，其所需的反应条件也不相同，甚至反应产物也不同。为了获得经济的催化加氢产物，应选择合适的催化剂，使反应条件尽可能避开高温高压。对催化剂除要求转化率高、选择性好之外，还要求使用寿命长、价廉易得。

用于加氢的催化剂种类很多，常用的有 Pt、Pd、Cu、Ni、Co、Fe 等过渡金属元素及其氧化物、硫化物。

催化剂按其形态分有金属催化剂、骨架催化剂、金属氧化物催化剂、金属硫化物催化剂和金属络合物催化剂等。

（一）金属催化剂

常用的加氢金属催化剂有 Ni、Pd，而尤以 Ni 最为常用。

金属催化剂是把金属分散于载体上，这样可节约金属，提高金属的利用率，增加催化剂强度和耐热性能。载体为多孔性物质，常用的催化剂载体有氧化铝、硅胶和硅藻土等。

金属催化剂的优点是活性高，低温下即可进行加氢反应，可应用于几乎所有官能团的加氢反应。其缺点是易中毒，对原料中杂质含量要求严格，含 S、N、As、P、Cl 等化合物均可使催化剂中毒。所谓使催化剂中毒，即是金属与毒物形成了强吸附，其活性中心被毒物占据，从而使催化剂失去活性，即称之为催化剂中毒。中毒可分为暂时中毒和永久中毒两种。暂时中毒可进行再生，永久中毒无法再生。

（二）骨架催化剂

将具有催化活性的金属和铝或硅制成合金，再用氢氧化钠溶液浸渍合金，将其中的部分铝和硅除去，得到活性金属的骨架，所以称为骨架催化剂。最常用的骨架催化剂是骨架镍，合金中镍占 40%～50%，可用于各种类型的加氢反应。骨架镍具有较高的活性和机械强度。其他骨架催化剂有骨架铜、骨架钴等。

（三）金属氧化物催化剂

催化加氢常用的金属氧化物催化剂有 MoO_3、Cr_2O_3、ZnO、CuO、NiO。这些金属氧化物可单独使用，也可混合使用，如 CuO-$CuCr_2O_4$ 系列催化剂（铜铬催化剂）、ZnO-Cr_2O_3、CuO-ZnO-Cr_2O_3 等混合催化剂。此类加氢催化剂的抗毒性好，但其活性比金属催化剂低，要求有较高的反应温度和压力。由于要求反应温度较高，常在此类催化剂中加入高熔点组分（如 Cr_2O_3、MoO_3），以提高其耐高温性能。

（四）金属硫化物催化剂

该类催化剂常用的金属硫化物有 MoS_2、WS_2、Ni_2S_3、Fe-Mo-S 等。其抗毒能力较强，但活性较低，所需反应温度较高，一般应用于加氢精制。

（五）金属络合物催化剂

这类加氢催化剂的中心原子，大多是贵重金属，如 Ru、Rh、Pd 等，其特点是活性高，选择性好，反应条件缓和，一般常用于共轭双键的选择性加氢为单烯烃。该类催化剂属液相均相加氢催化剂，由于催化剂可溶于加氢产物中，分离困难，会造成贵金属的损失，所以若采用此类催化剂，其分离与回收是关键问题。

三、作用物结构与反应速度之间的关系

化合物的结构对反应速度有一定影响。由于不同的化合物在催化剂表面的吸附能力不同，活化程度也不同，加氢时受到空间阻碍也不同，所以不同的化合物其对反应速度的影响也不同。另外，使用不同的催化剂，对反应速度的影响也不同。

（一）不饱和烃加氢

在同系列的不饱和烯烃的加氢反应中，乙烯是最容易加氢的，加氢能力随含碳数增加而减小。烯烃加氢时，其反应速度有如下顺序：

$$CH_2=CH_2 > R-CH=CH_2 > \begin{array}{c} R \\ | \\ C=CH_2 \\ | \\ R \end{array} \quad R-CH=CH-R' \quad > \begin{array}{c} R \\ | \\ C=CH-R'' \\ | \\ R' \end{array} > \begin{array}{c} R \quad R' \\ | \quad | \\ C=C \\ | \quad | \\ R' \quad R' \end{array}$$

即乙烯的加氢速度最快，直链烯烃加氢速度大于带支链的烯烃，随取代基增加，加氢速度也随之下降。

表 14-2 所列数据表示了烯烃加氢速度与烯烃结构的关系。

表 14-2　烯烃结构对加氢反应速度影响

加氢化合物	$CH_2=CH_2$	$CH_3CH=CH_2$	$CH_3CH_2CH=CH_2$	$CH_3CH=CHCH_3$	$CH_3-C=CH_2$ $\quad$ CH_3
加氢相对速度	138	11	4.3	2.3	1

对于炔烃来说，由于乙炔吸附能力太强，会引起反应速度下降，所以单独存在时，乙炔加氢速度比丙炔慢。非共轭二烯烃加氢反应，无取代基双键首先加氢。共轭二烯烃加氢反应顺序为先加一分子氢，使双烯烃转化为单烯烃，然后再加一分子氢转化为烷烃。

（二）芳烃加氢

芳烃加氢反应速度顺序为：

$$\bigcirc > \bigcirc\!-CH_3 > \bigcirc\!\!\!\begin{array}{c} -CH_3 \\ -CH_3 \end{array} > \bigcirc\!\!\!\begin{array}{c} -CH_3 \\ -CH_3 \end{array}$$

即苯环上取代基越多，加氢反应速度越慢。

（三）各种不同烃类加氢反应速度比较

不同烃类，其加氢反应速度也不同。在同一催化剂上，当单独存在时，各种烃类加氢反应速度顺序大致如下：

$$\gamma_{烯烃} > \gamma_{炔烃} \qquad \gamma_{烯烃} > \gamma_{芳烃} \qquad \gamma_{二烯烃} > \gamma_{烯烃}$$

若混合存在时，反应速度顺序如下：

$$\gamma_{炔烃} > \gamma_{二烯烃} > \gamma_{烯烃} > \gamma_{芳烃}$$

（四）含氧化合物的加氢反应速度比较

醛、酮、酸、酯、酚、醇的加氢（氢解）速度不同。一般来说，醛比酮加氢速度快；酯类比酸类加氢速度快；醇和酚的氢解速度较慢，需要较高的反应温度。

（五）有机硫化物加氢反应速度比较

通过研究表明，在钼酸钴催化剂存在下，由于硫化物的结构不同，其氢解速度也不同，顺序如下：

$$R-S-S-R > R-SH > \bigcirc\!\!\!\!_S > \bigcirc\!\!\!\!_S$$

从上面顺序可看出，用氢解方法脱硫，含混合硫化物原料的脱硫速度，主要是由最难氢解的硫杂茂（$\bigcirc\!\!\!_S$）的氢解速度所控制。

四、动力学分析及反应条件

（一）反应机理

对于催化加氢的反应机理，即使象乙烯加氢这样一个简单的反应，认识也不完全一致。目前主要有两种反应机理理论：多位吸附机理和单位吸附机理。以苯加氢生成环己烷为例讨论多位吸附机理和单位吸附机理。

$$\bigcirc +3H_2 \xrightarrow{催化剂} \bigcirc$$

多位吸附机理认为，苯分子在催化剂表面发生多位吸附，形成 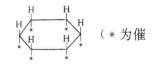（＊为催化剂表面活性中心），然后发生加氢反应，生成环己烷。

单位吸附机理认为，苯分子只能与催化剂表面一个活性中心发生化学吸附，形成 π-键合吸附物，然后吸附的氢原子逐步加到吸附的苯分子上，即：

$$\bigcirc + * \longrightarrow \langle \cdots \rangle \quad （以下以 C_6H_6 \text{ 表示}）$$

$$H_2 + 2 * \longrightarrow 2H\cdots * $$

$$C_6H_6 + H \longrightarrow C_6H_7 + * \quad \text{一直加到 } C_6H_{12}（环己烷）。$$

对于气相加氢反应：

$$A + H_2 \underset{k_{-1}}{\overset{k_1}{\rightleftharpoons}} R$$

其反应速度方程式可用下式表示：

$$\gamma = \frac{k_1\left[b_A b(H_2) p_A p(H_2) - \dfrac{b_R p_R}{K_p}\right]}{(1 + b_A p_A + b_R p_R)^n} \tag{14-3}$$

式中　　　　γ——产物 R 的净生成速度；

k_1、k_{-1}——分别为正、逆反应的速度常数；

p_A、$p(H_2)$、p_R——分别为作用物 A、氢气和产物 R 的分压；

b_A、$b(H_2)$、b_R——分别为作用物 A、氢气和产物 R 的吸附系数；

K_p——平衡常数；

n——参加表面反应的吸附活性中心数。

上式分母为吸附项，对反应产生阻力，由于氢的吸附能力很弱，故在吸附项中略去。

由于反应机理不同，n 值也不同，得到的动力学方程式也不同。

反应速度方程式可用下列指数方程式表示：

$$\gamma = k_1 p_A^m \cdot p^n(H_2) \cdot p_R^q - k_{-1} p_R^{q'} \cdot p_A^{m'} \cdot p^{n'}(H_2) \tag{14-4}$$

式中的 m、n、q、m'、n'、q' 可由实验确定。

如一氧化碳加氢制乙醇：

$$CO + 2H_2 \underset{k_{-1}}{\overset{k_1}{\rightleftharpoons}} CH_3OH$$

其反应速度方程如下：

$$\gamma = k_1 p^{0.25}(CO) \cdot p(H_2) \cdot p^{-0.25}(CH_3OH) - k_{-1} p^{0.25}(CH_3OH) \cdot p^{-0.25}(CO) \tag{14-5}$$

如乙炔加氢制乙烯：

$$CH\!\equiv\!CH + H_2 \xrightarrow{\ k\ } CH_2\!=\!CH_2$$

其反应速度方程如下：

$$\gamma = kp(H_2) \tag{14-6}$$

如苯加氢制环己烷：

$$\bigcirc + 3H_2 \xrightarrow{\ k\ } \bigcirc$$

其反应速度方程如下：

$$\gamma = kp^{0.5}(H_2) \qquad (反应温度 < 100℃) \tag{14-7}$$

$$\gamma = kp_{苯}^{0.5} \cdot p^3(H_2) \qquad (反应温度 > 200℃) \tag{14-8}$$

（二）温度的影响

1. 温度对反应速度的影响

温度主要是通过动力学因素来影响反应速度的。温度升高，反应速度常数 k 增大，反应速度加快。对于可逆反应，由于温度既影响正反应的速度常数，同时也影响逆反应的速度常数，且效果正好相反。温度升高时产物净生成速度产生的效果并不都是正的，即温度升高，并不一定对产物净生成速度有利。

综合前面所述的温度对平衡常数的影响，结合式（14-3）可知，温度对反应速度的影响应视 k 和 K_p 哪个是矛盾的主要方面而定。当温度较低时，平衡常数 K_p 较大，从式（14-3）可知此时影响反应速度的主要因素是反应速度常数 k（即动力学项），所以在低温范围内，随温度升高，k 增大，反应速度加快，即 $\dfrac{\partial \gamma}{\partial T} > 0$。当温度较高时，由于此时的 K_p 变得很小，而使矛盾转化，K_p 成为影响反应速度的主要因素。所以在高温范围内，随温度升高，K_p 减小，反应速度降低，即 $\dfrac{\partial \gamma}{\partial T} < 0$。因此有一最佳温度点，在此温度下，$\dfrac{\partial \gamma}{\partial T} = 0$，即反应速度最快。

2. 温度对反应选择性的影响

温度升高，会有不希望的副反应发生，从而影响反应的选择性，增加产物分离的难度。如环己烯在 180℃时加氢得环己烷，在温度为 300℃时则发生脱氢生成苯。

$$\bigcirc \begin{array}{c} \xrightarrow[+H_2]{180℃} \bigcirc \\[2ex] \xrightarrow[-H_2]{300℃} \bigcirc \end{array}$$

又如乙炔选择加氢反应时，反应温度高会产生过度氢化，即乙烯进一步加氢生成乙烷，且有分子量较大的聚合物产生。如苯加氢制环己烷时，温度过高，环己烷可进一步加氢裂解，生成甲烷与碳。

（三）压力的影响

压力对加氢反应速度的影响，需视该反应的动力学规律而定，且与反应温度也有关。

一般的气相加氢反应，氢分压增加，能够提高加氢反应速度，而反应物 A 的分压增加，是否能提高加氢反应速度，要视具体反应的动力学规律而定。大多数加氢反应对反应物的级数为 0～1 级，一般是反应物分压增加，反应速度加快，但不一定成正比。当为 0 级时，则反应物分压与反应速度无关。如乙炔加氢反应及温度低于 100℃时的苯加氢反应。有少数情况，对于吸附性很强的反应物，若其分压增加，反应速度反而减小。加氢产物对反应速度的影响，需视其在催化剂表面的吸附强弱而定。当吸附较强时，产物对反应的发生有抑制作用，产物分压愈高，反应速度愈慢。

对于液相加氢反应，一般需在较高的氢分压下进行，这样可提高氢的溶解度，加快反应速度。但是氢分压高，有时会影响加氢反应的选择性，应予考虑。

（四）用量比的影响

一般总是采用氢过量。氢过量既可提高平衡转化率和反应速度，又可提高传热系数，有利于反应热的导出和延长催化剂的使用寿命，有时还能提高反应选择性。但是氢过量太多，会使产物浓度降低，循环气量增大，动力消耗增加。在有些反应中，氢过量也会使选择性下降，如乙炔的选择性加氢。

（五）溶剂的影响

液相加氢时，有时需有溶剂作为稀释剂，以便有效地带走反应热。当原料或产物是固体时，采用溶剂可使固体物料溶于溶剂中，增大接触面，加快反应速度。

采用溶剂的加氢反应，其反应温度不能超过溶剂的临界温度，否则溶剂不呈液态存在，失去溶剂的作用。

溶剂对加氢反应速度影响较大。对同一加氢反应，采用不同溶剂，其反应速度差别较大。溶剂对加氢反应的选择性也有一定的影响。

第三节　一氧化碳加氢合成甲醇

甲醇是一种十分重要的基本有机化工原料，用途十分广泛。在发达国家中，甲醇产量仅次于乙烯、丙烯和苯，占第四位。1993 年世界甲醇产量为 2060 万 t，1996 年预计可达到 2560 万 t。我国 1995 年甲醇产量为 95 万 t，预计 1996 年可达 120 万 t。甲醇是生产三大合成材料、农药、染料和药品的原料。甲醇大量用于生产甲醛、对苯二甲酸二甲酯和醋酸等有机化工产品。近年来世界各国正在大力研究和开发利用煤及天然气资源，发展合成甲醇工业，以甲醇作代用燃料或进一步合成汽油，也可以从甲醇出发生产乙烯，以代替石油生产乙烯的原料路线。

生产甲醇的方法有许多种，工业上主要采用一氧化碳加氢合成甲醇的方法。该方法技术成熟，本节主要介绍由一氧化碳加氢合成甲醇的生产工艺。

一、热力学分析

由一氧化碳合成甲醇是一个可逆反应：

$$CO + 2H_2 \Longrightarrow CH_3OH \ (g)$$

当反应物中有 CO_2 存在时，还会发生以下反应：

$$CO_2 + 3H_2 \Longrightarrow CH_3OH \ (g) + H_2O \ (g)$$

除了上述主反应以外，还有一些副反应发生。下面就一氧化碳加氢合成甲醇反应进行热力学分析。

（一）反应热效应

一氧化碳加氢合成甲醇反应是一放热反应，在 25℃时反应热 $\Delta H°$（298K）为 -90.8 kJ/mol。常压下不同温度时热效应 $\Delta H°_T$ 可按下式计算：

$$\Delta H°_T = -75013 - 66.31T + 4.78 \times 10^{-2}T^2 - 1.13 \times 10^{-5}T^3 \tag{14-9}$$

式中　$\Delta H°_T$——常压下一氧化碳加氢合成甲醇的反应热，J/mol；

　　　　T——温度，K。

根据上式计算得到常压下不同温度时的反应热如表 14-3 所示。

表 14-3 常压下不同温度时的反应热

温度/K	298	373	473	573	673	773
$-\Delta H_T^p$/ (kJ/mol)	90.83	93.68	96.88	99.44	101.43	102.93

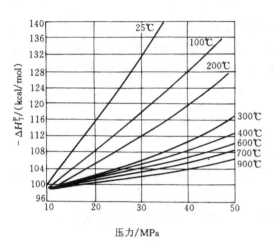

图 14-2 反应热与温度及压力关系

1kcal＝4.18kJ

反应热随温度及压力变化如图 14-2 所示。

从图中可看出,反应热的变化范围比较大,在高压下温度低时反应热效应较大,而且当温度低于 200℃ 时,反应热随压力变化的幅度较大,即等温线的斜率较大。所以合成甲醇反应在低于 300℃ 条件下操作时要比在高温下操作要求严格,因为此时若压力和温度有波动时易失控。温度高于 300℃ 时,其反应热随压力及温度变化甚小(斜率很小),故采用这样的条件合成甲醇,反应较易控制。

（二）平衡常数

催化加氢合成甲醇反应,是在加温加压下的气体之间进行的反应。在加压情况下,气体的性质偏离了理想气体,这时可用逸度表示平衡常数:

$$K_f = \frac{f(CH_3OH)}{f(CO) \cdot f^2(H_2)} \tag{14-10}$$

式中 K_f——平衡常数;

　　　f——逸度。

平衡常数与标准自由焓的关系如下:

$$\Delta G_T^\circ = -RT\ln K_f \tag{14-11}$$

式中 ΔG_T°——标准自由焓,J/mol;

　　　T——温度,K。

由上式可以看出,平衡常数只是温度的函数,当反应温度一定时,可由 ΔG_T° 直接求出 K_f。不同温度下的 K_f 值与 ΔG_T° 值如表 14-4 所示。

表 14-4 合成甲醇反应的 ΔG_T° 与 K_f 值

温度/K	ΔG_T°/ (J/mol)	K_f	温度/K	ΔG_T°/ (J/mol)	K_f
273	−29917	527450	623	51906	4.458×10^{-5}
373	−7367	10.84	673	63958	1.091×10^{-5}
473	16166	1.695×10^{-2}	723	75967	3.265×10^{-6}
523	27925	1.629×10^{-3}	773	88002	1.134×10^{-6}
573	39892	2.316×10^{-4}			

K_f 值也可由下式直接求取:

$$\lg K_f = 3921T^{-1} - 7.971\lg T + 2.499\times10^{-3}T - 2.953\times10^{-7}T^2 + 10.20 \tag{14-12}$$

式中 T——温度/K。

由一氧化碳加氢合成甲醇是一放热反应,从表 14-4 也可看出,随温度升高,ΔG_T° 增大,而

K_f 迅速降低，这说明该反应在低温下进行较为有利。

（三）副反应

一氧化碳加氢合成甲醇过程所发生的化学反应如下：

主反应： $$CO + 2H_2 \rightleftharpoons CH_3OH$$

副反应： $$2CO + 4H_2 \rightleftharpoons (CH_3)_2O + H_2O$$

$$CO + 3H_2 \rightleftharpoons CH_4 + H_2O$$

$$4CO + 8H_2 \rightleftharpoons C_4H_9OH + 3H_2O$$

$$CO_2 + H_2 \rightleftharpoons CO + H_2O$$

另外还会生成少量的乙醇和微量醛、酮、酯等副产物。

主反应和副反应的标准自由焓 $\Delta G°$ 列于表 14-5。

表 14-5　CO 加氢反应标准自由焓 $\Delta G°$（kJ/mol）

反　应　式	温　度/℃				
	127	227	327	427	527
$CO + 2H_2 \longrightarrow CH_3OH$	−26.35	−33.40	+20.90	+43.50	+69.0
$2CO \longrightarrow CO_2 + C$	−119.5	−100.9	−83.60	−65.80	−47.8
$CO + 3H_2 \longrightarrow CH_4 + H_2O$	−142.0	−119.5	−96.62	−72.30	−47.8
$2CO + 2H_2 \longrightarrow CH_4 + CO_2$	−170.3	−143.5	−116.9	−88.7	−60.7
$nCO + 2nH_2 \longrightarrow C_nH_{2n} + nH_2O$	−114.8	−80.8	−46.4	−11.18	+24.7
（n=2）					
$nCO + (2n+1)H_2 \longrightarrow C_nH_{2n} + (2+n)H_2O$	−214.5	−169.5	−125.0	−73.7	−24.58
（n=2）					

从表中可以看出，在这些反应中，主反应的 $\Delta G°$ 最大，说明不论是高温还是低温，这些副反应在热力学上均比主反应有利。副反应不仅消耗原料，而且影响粗甲醇的质量和催化剂的使用寿命，特别是生成甲烷的副反应为一强放热反应，不利于操作温度的控制，且生成的甲烷存留于循环气中，更不利于主反应的化学平衡和反应速度，因此必须选择活性高、选择性好的催化剂，以抑制副反应的产生。

从表 14-5 中还可看出，这些副反应均是分子数减少的反应，但减少的程度不如主反应，所以加大反应压力对生成甲醇的主反应有利。

二、催化剂及反应条件

（一）催化剂

合成甲醇的催化剂最早使用的是 $ZnO-Cr_2O_3$，该催化剂活性较低，所需反应温度较高（380～400℃），在高温下，为了提高平衡转化率，反应必须在高压下进行（30 MPa），这种方法称为高压法。该法动力消耗大，对材质要求严格。60 年代英国卜内门化学工业公司研制成功了高活性的铜基催化剂。该催化剂活性高，性能良好，可以在较低的温度下进行反应，适宜的反应温度为 230～270℃，此时可采用较低的压力（5 MPa），这种方法称为低压法。

随着甲醇生产装置的大型化（最大规模已达 60 万 t/a），低压法也显露出其设备庞大、布置不紧凑等弊端，如对一个日产 1000 t 的装置，由于气量较大，气体管道直径需 5 m 左右，其他设备也相应增加，这对设备制造和原料运输都带来了困难，因此又出现了中压法，将合成压力提高至 10～15 MPa 左右，其经济技术指标比低压法要好。

表 14-6 表示了不同合成方法的反应条件。

表 14-6　不同合成法的反应条件

方　法	催 化 剂	条　件		备　　注
		压力/MPa	温度/℃	
高压法	ZnO-Cr₂O₃ 二元催化剂	25～30	350～420	1924 年工业化
低压法	CuO-ZnO-Cr₂O₃ 或 CuO-ZnO-Al₂O₃ 三元催化剂	5	240～270	1966 年工业化
中压法	CuO-ZnO-Al₂O₃ 三元催化剂	10～15	240～270	1970 年工业化

甲醇合成方法中，低压法和中压法的发展十分迅速，其成功的关键是采用了铜基高活性催化剂，该催化剂的使用成功，使合成甲醇由高压法发展成中、低压法，大大降低了生产成本和对设备材质的要求，减少了副反应的发生，是甲醇生产中的重大突破。

但是铜基催化剂对硫极为敏感，易中毒失活，且热稳定性较差，所以生产上对原料的净化和操作控制要求特别严格。70 年代后新建和扩建的合成甲醇工厂大都采用低压法工艺，故本书重点讨论低压合成法。低压法合成甲醇所采用的催化剂是 $CuO-ZnO-Al_2O_3$ (Cr_2O_3)。纯的氧化铜和氧化锌活性非常低，加入少量的助催化剂可使其活性提高。最常用的助催化剂为 Cr_2O_3 和 Al_2O_3 (Cr_2O_3 对 ZnO 助催化效果较好，Al_2O_3 对 CuO 的助催化效果较好)。ICI51-I 型低压法合成甲醇催化剂的大致组成如下：

CuO 60%-ZnO 30%-Al₂O₃ 10%

该催化剂需经活化后（将氧化铜还原成金属铜）才能使用。

催化剂的颗粒大小也有一定要求，适宜的颗粒大小要经过实验进行经济评价来决定。一般中、低压法要求催化剂颗粒为 $\phi 5.4 \times 3.6mm$、$\phi 5 \times 5mm$、$\phi 3.2 \times 3.2mm$ 的柱状，高压法要求为 $\phi 9 \times 9mm$ 的柱状。

催化过程是在催化剂表面进行的，因而单位催化剂的表面积（比表面积）的大小对催化剂的活性影响很大，锌基催化剂的比表面积为 70 m²/g 以上。

（二）反应条件

工业生产上要求在一定的设备中有最大的生产能力，为此要选择最适宜的反应条件。反应条件主要是指温度、压力、空速和原料气组成等。为了最大限度减小合成甲醇时副反应的反应速度，提高甲醇的产率，除选择适宜的催化剂以外，选择合适的反应条件也是十分重要的。

1. 反应温度

反应温度影响反应速度和反应的选择性。一氧化碳加氢合成甲醇时反应温度对反应速度的影响基本符合烃类加氢反应的一般规律，也存在一最适宜反应温度。根据所采用的催化剂不同，所需最适宜温度也不同。如以 $ZnO-Cr_2O_3$ 为催化剂的高压法，由于催化剂活性较低，所需最适宜温度较高，一般为 380℃ 左右，对以 $CuO-ZnO-Al_2O_3$ 为催化剂的低压法，因催化剂活性较高，其最适宜温度较低，为 230～270℃（低于 200℃，反应速度较慢，高于 300℃，则催化剂会很快失活。）。最适宜反应温度还与转化深度和催化剂的老化程度有关，一般为了使催化剂寿命延长，开始时宜采用较低温度，随着催化剂逐渐老化，反应温度逐步提高。

合成甲醇反应属放热反应，反应热必须及时移出，以避免催化剂升温过高产生烧结现象，使催化剂活性下降，同时避免副反应增加。因此在低压法合成甲醇时，必须严格控制反应温度，及时有效地移走反应热。

2. 反应压力

一氧化碳加氢合成甲醇的主反应与其他副反应相比，是分子数减少最多而平衡常数最小的反应，故压力增加，对加快反应速度和增加平衡浓度都十分有利。在铜基催化剂下，气相空速为 $3000\ h^{-1}$，不同压力和一氧化碳的甲醇转化率的关系如图 14-3 所示，不同压力与甲醇生成量的关系如图 14-4 所示。

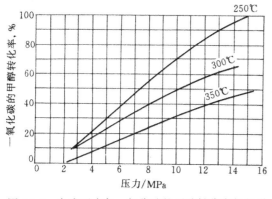

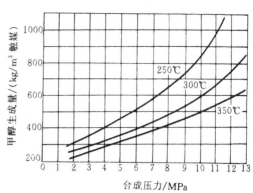

图 14-3　合成压力与一氧化碳的甲醇转化率的关系　　　图 14-4　合成压力与甲醇生成量的关系

从图 14-3 中可以看出，合成压力越高，一氧化碳的甲醇转化率越高。从图 14-4 中可以看出，合成压力越高，甲醇生成量越大。

合成反应所需压力与催化剂类型、反应温度等都有较密切的关系。当使用 $ZnO\text{-}Cr_2O_3$ 作催化剂时，由于活性低，反应温度较高，则相应的反应压力也需较高（约为 30 MPa），以增加反应速度。当使用 $CuO\text{-}ZnO\text{-}Al_2O_3$ 作催化剂时，由于活性较高，相应的反应温度较低，则反应压力也较低（约为 5 MPa）。

3. 空速

合成甲醇的空速大小，影响反应的选择性和转化率。合适的空速与催化剂的活性和反应温度有关。一般来说，空速低，物料接触时间较长，不仅会加速副反应的发生，生成高级醇，另一方面也会使催化剂生产能力下降。空速高，可提高催化剂生产能力，减少副反应，提高甲醇产品纯度。但空速太高，单程转化率降低，甲醇浓度降低，分离难度加大。一氧化碳加氢合成甲醇用铜基催化剂的低压法，适宜的空速 10000 h^{-1} 左右 [$Nm^3/$（m^3 催化剂·h）]。

4. 原料气组成

合成甲醇反应原料气 H_2：CO 化学计量比为 2：1。一氧化碳含量高，对温度控制不利，也会引起羰基铁在催化剂上的积聚而使催化剂失活。H_2 过量有利于反应热移出，反应温度较易控制，并可改善甲醇质量，提高反应速度。

合成气中氢和一氧化碳的比例对一氧化碳生成甲醇的转化率也有较大的影响，如图 14-5 所示。

从图 14-5 中可以看出，增加氢的浓度可提高一氧化碳的转化率。采用铜基催化剂的低压法合成甲醇时，一般控制氢气与一氧化碳的摩尔比为 $2.2\sim3.0$：1。

原料气中含有一定量的 CO_2 时，由于 CO_2 的

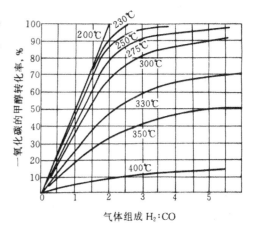

图 14-5　合成气中 H_2/CO 与一氧化碳的甲醇转化率的关系

比热较 CO 的比热高,而其加氢反应热较小,所以可降低反应峰值温度。低压合成甲醇,当 CO_2 含量为 5％ (体积) 时甲醇产率最高。CO_2 的存在也可抑制二甲醚的生成。

原料气中含有少量氮气及甲烷等惰性物质,使氢气和一氧化碳的分压降低,导致反应的转化率降低。由于合成甲醇的空速大,接触时间短,单程转化率低 (10％～15％),因此转化气中仍含有大量的 H_2 和 CO,必须循环使用。为了避免惰性气体的积累,必须排出部分循环气,以使反应系统中惰性气体含量保持在一定浓度范围,生产上一般控制循环气:新鲜气＝ 3.5～6∶1。

表 14-7 是新鲜原料气与循环原料气组成的一个实例。

表 14-7 新鲜原料气与循环气组成

组 成	CO	H_2	CO_2	CH_4	N_2+Ar	O_2
原料气,％ (mol)	26.5	67	2	1.2	3	0.3
循环气,％ (mol)	6	73	1	6.5	13.3	0.2

三、合成反应器的结构与材质

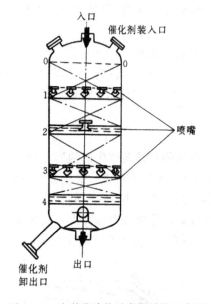

图 14-6　冷激式绝热反应器结构示意图

合成甲醇反应器,亦称甲醇转化器或甲醇合成塔,是甲醇合成系统中最重要的部分。合成甲醇反应是一放热反应,根据反应热移出的方式不同,可将反应器分为绝热式和等温式两大类;按冷却方式的不同可分为直接冷却的冷激式和间接冷却的列管式两种反应器。下面介绍低压法合成甲醇所采用的冷激式和列管式两种反应器。

（一）冷激式绝热反应器

这类反应器把反应床层分为若干绝热段,两段之间直接加入冷的原料气使反应气冷却,故称之为冷激式绝热反应器。图 14-6 所示是此反应器的结构示意图。反应器主要由塔体、气体喷头、气体进出口、催化剂装卸口等组成。催化剂由惰性材料支撑,分成数段。反应气体由上部进入反应器,冷激气在段间用喷嘴喷入,喷嘴分布于反应器的整个截面上,以使冷激气与反应气混合均匀。混合后的温度正好是反应温度低限,混合气然后进入下一段进行反应。段中进行的反应为绝热反应,其温度升高但未超过反应温度高限,于下一段间再与冷激气混合降温后进入再下一段进行反应。

此类反应器于反应过程中流量不断增大,各段反应条件略有差异。绝热反应器结构简单,催化剂装填方便,生产能力较大,要想有效控制反应温度,冷激气和反应气的混合及均匀分布是关键,一般装入菱形分布器。

此类反应器的温度分布如图 14-7 所示。

（二）列管式等温反应器

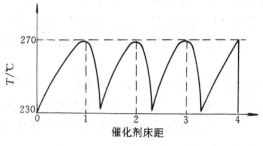

图 14-7　冷激式反应器温度分布

该类反应器类似于列管式换热器，如图 14-8 所示。催化剂装填于列管中，壳程走冷却水，反应热由冷却水带走，冷却水入口为常温水，出口为高压蒸汽。通过对蒸汽压力的调节，可方便地调节反应温度，使其沿管长温度几乎不变，避免了催化剂的过热，延长了催化剂的使用寿命。列管式等温反应器的优点是温度易控制，能量利用较经济。

（三）反应器的材质

合成气中含有氢气和一氧化碳，氢气在高温高压下会和钢材发生脱碳反应（即氢分子扩散到金属内部并和所含碳发生反应生成甲烷逸出，这种现象称为脱碳），会大大降低钢材的性能。一氧化碳在高温、高压下易和铁发生作用生成五羰基铁，引起设备的腐蚀，对催化剂也有一定的破坏力。一般采用耐腐蚀的特殊不锈钢，如可用 1Cr18Ni18Ti。

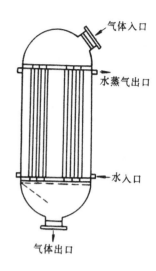

图 14-8　低压法合成甲醇
水冷管式反应器

四、一氧化碳加氢合成甲醇工艺流程

由于低压法技术经济指标先进，现在世界各国合成甲醇已广泛采用了低压合成法，所以本节主要介绍低压合成法。

（一）低压法合成甲醇工艺流程

低压法合成甲醇的工艺流程简图如图 14-9 所示。

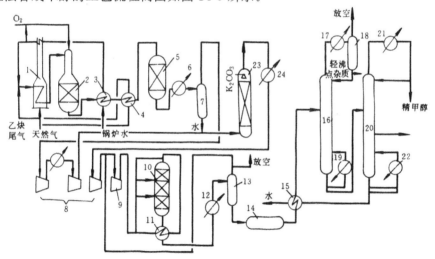

图 14-9　低压法合成甲醇的工艺流程
1—立式加热炉；2—尾气转化器；3—废热锅炉；4—加热器；5—脱硫器；6—水冷器；7—分离器；
8—合成气透平压缩机（三段）；9—循环气压缩机；10—甲醇合成塔；11—合成气加热器；12—水冷器；
13—分离器；14—粗甲醇中间贮槽；15—粗甲醇加热器；16—轻馏分精馏塔；17—水冷器；18—分离器；
19—再沸器；20—重组分精馏塔；21—水冷器；22—再沸器；23—CO₂吸收塔；24—水冷器

这是目前各生产厂家所普遍采用的工艺流程。由造气、压缩、合成、精制四大部分组成。本书主要讨论压缩、合成、精制部分。

利用天然气经水蒸气转化（或部分氧化）后得到的合成气，再经换热脱硫后（含硫不大于 $5×10^{-7}$（体积分数），经水冷却分离出冷凝水后进入合成气透平压缩机（三段），压缩至压力稍低于 5 MPa，与循环气混合后在循环压缩机中压缩至 5 MPa 后，进入合成反应器，在催化床中进行合成反应。合成反应器为冷激式绝热反应器，催化剂为 Cu-Zn-Al 系列，操作压力为 5 MPa，操作温度为 240～270℃。由反应器出来的气体含甲醇 4%～8%，经换热器与合成气热交换后进入水冷器，冷却后进入分离器，使液态甲醇在此与气体分离，经闪蒸除去溶解的气体，然后送去精制。分离出的气体含大量的 H_2 和 CO，返回循环气压缩机循环使用。为防止惰性气体积累，将部分循环气放空。

粗甲醇中除含有约 80% 的甲醇外，还含有两大类杂质。一类是溶于其中的气体和易挥发的轻组分如氢气、一氧化碳、二氧化碳、二甲醚、乙醛、丙酮、甲酸甲酯和羰基铁等；另一类是难挥发的重组分如乙醇、高级醇、水分等。可利用两个塔分别予以除去。

粗甲醇首先进入第一个塔（称为脱轻组分塔），经分离塔顶引出轻组分，经冷却冷凝后回收其中所含甲醇，不凝气放空。此塔一般为板式塔，约 40～50 块塔板。塔釜引出重组分（称为釜液），进入第二个塔（称为脱重组分塔）。塔顶采出产品甲醇，塔釜为水，接近塔釜处侧线采出乙醇、高级醇等杂醇油。

采用此双塔流程获得的产品甲醇纯度可达 99.85%。

粗甲醇溶液呈酸性，为了防止管线及设备腐蚀，并导致甲醇中铁含量增加，应加入适量的碱液进行中和，一般控制 pH 值为 7～9，使其呈弱碱性或呈中性。

若生产染料甲醇时，粗甲醇精制是以除去水分为目的，故只需一个脱水塔即可。

（二）三相流化床反应器合成甲醇的工艺流程

三相流化床反应器合成甲醇的工艺流程是近年来开始试验研究的。该工艺流程单程转化率高，出口气体中甲醇含量可达 5%～20%（体积），大大减少了循环气量，节省了动力消耗，反应器结构简单，单位体积催化剂比表面积大，温度均匀易于控制。缺点是气、液、固三相互相夹带，不利于分离，且堵塞设备，所以目前尚处于试验阶段。

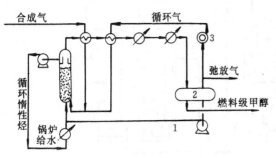

图 14-10　三相流化床反应器合成甲醇流程
1—三相流化床甲醇合成塔；2—汽分离器；
3—循环气压缩机

三相流化床反应器合成甲醇的工艺流程如图 14-10 所示。

合成气由反应器底部进入，液态烃也由底部进入反应器，反应器为一空塔，塔内用液态惰性烃进行循环，催化剂悬浮于液态惰性烃中，塔上部有一溢流堰，用于液态惰性烃溢流。合成气入塔后在塔内形成固、液、气三相流，在三相流中进行合成反应，反应热被液态惰性烃吸收。固、液、气三相在反应器顶部进行分离，催化剂留在反应器中；液态惰性烃经溢流堰流出，经换热器加热锅炉给水，产生蒸汽，回收其热量，然后用泵经反应器底部送回反应器；反应气体从反应器顶部出来，经冷却冷凝后分离出蒸发的惰性烃和甲醇。惰性烃返回反应器，甲醇送去精制，未凝气部分排放以维持惰性气体浓度，其余作为循环气经增压后返回合成反应器。

五、甲醇下游产品的开发与应用

甲醇是十分重要的基本有机化工原料之一，由它可以加工成一系列的有机化工产品，还可以合成甲醇蛋白、汽油添加剂及甲醇燃料等，具有广泛的用途。我国拥有丰富的煤炭资源，因此在我国发展煤化工具有十分重要的战略意义。从煤制甲醇再制甲醇系列产品是很有前途的技术路线。随着煤化工的发展，我国的甲醇产量越来越大，表 14-8 表示了我国近年来的甲醇产量。

表 14-8　我国近年甲醇产量（单位：万 t）

年　　份	1985	1989	1991	1994
产　　量	44.3	59.1	76.1	125.5

从上表中可以看出，我国的甲醇产量越来越大。但是甲醇在我国的应用领域还有很大的局限性，仅限于制甲醛和农药等，很多甲醇衍生物产品在我国还是空白，因此应努力发展甲醇下游产品，使其取得更好的经济效益。从甲醇出发，可制成许多甲醇衍生物，现简单介绍几种重要的甲醇衍生物。

（一）MTBE 及其他醚类

1. 甲基叔丁基醚（MTBE）

为了改善汽油的抗爆性能，必须添加一定量的四乙基铅，但是在排放的尾气中污染物含量增加，造成环境污染，发达国家已禁止使用含铅汽油，我国也规定 1996 年后要减少含铅汽油的产量。在汽油中添加一定量高辛烷值（115～135）的 MTBE，可以促进汽油完全燃烧，并且可明显改善汽油的冷启动性能和加速性能。目前，世界许多国家已广泛使用 MTBE，我国也开始应用 MTBE。

MTBE 由甲醇和异丁烯制成。采用酸性催化剂（如阳离子交换树脂）在固定床反应器中进行。反应方程式如下：

$$CH_3OH + H_2C=\underset{CH_3}{\overset{CH_3}{C}} \longrightarrow CH_3-O-\underset{CH_3}{\overset{CH_3}{C}}-CH_3$$

该生产工艺比较成熟，操作方便。一般反应温度为 60～80℃，压力为 0.5～5.0MPa，生成 MTBE 的选择性大于 98%，转化率大于 90%。由于 MTBE 合成工艺是 C_4 馏分中脱除异丁烯的有效手段，余下的 C_4 馏分可生产丁二烯。由于 MTBE 的优异性能，故其发展迅速，产量较大，在世界甲醇消费结构中所占比例由 1988 年的 11.5% 增至 1994 年的 28.8%。

2. 二甲醚（甲醚）

由甲醇脱水缩合而成二甲醚。该产品具有无色、无味、无毒、低粘度、高互溶性、高稳定性等优点，主要用于制造喷雾油漆、润滑剂、脱模剂、发胶摩丝、气雾香水、空气清新剂、杀虫剂、衣物除垢剂和家具光亮剂等，是一种用途广泛的化工原料。

（二）羧酸及其酯类

1. 醋酸

德国 BASF 公司于 60 年代在高温、高压条件下用甲醇和 CO 合成醋酸，并实现了工业化。自 1980 年以来，我国的醋酸生产能力和产量增长较快，1990 年醋酸产量为 35.8 万 t，仅次于美、日、德、英等国，但仍不能满足国内市场需要，所以应积极扩大甲醇羰基化生产醋酸的产量。

2. 甲酸甲酯

甲酸甲酯被称为万能中间体，由它可衍生出的反应有 50 多个。甲醇羰基化制甲酸甲酯是目前国外广泛采用的大规模生产甲酸甲酯的方法。即在甲酸钠催化剂的作用下，甲醇与合成气中的 CO 反应生成甲酸甲酯。另外甲醇在铜基催化剂作用下脱氢也可制得甲酸甲酯。此工艺目前已实现工业化。在 V_2O_5/TiO_2 催化剂作用下，甲醇经气相氧化直接制得甲酸甲酯。此法具有选择性高、产率高、生产工艺稳定、生产成本低等优点，工业化价值较大。

（三）甲醇汽油

甲醇的辛烷值很高，特别适应作高压缩化的内燃机燃料，以代替部分汽油和柴油。甲醇汽油的动力性与普通燃油相接近，若能解决甲醇汽油在低温或高含水状态的分层现象，则甲醇汽油应用前景广阔。

（四）甲醇单细胞蛋白

利用甲醇生产甲醇微生物蛋白是甲醇的又一应用新方向。

在适当的温度和 pH 值下，在甲醇和无机盐组成的一定浓度培养液中，接种酵母或细菌，通气使之迅速繁殖，而后将细胞分离、干燥，由此制得的蛋白产品即为甲醇蛋白，该产品可用作动物饲料。

（五）甲醇钠

甲醇钠具有广阔用途，在催化缩合、分子重排、双键加成等多种反应中均有应用。它是生产染料、颜料、药品、香料、农药等的原料，在皮革加工、羊毛加工中也需大量消耗。近年来，各行业对甲醇钠的需求量明显增加。

氢氧化钠和甲醇反应制取甲醇钠是经济的方法。基本反应如下：

$$CH_3OH + NaOH \Longrightarrow CH_3ONa + H_2O$$

可制得浓度为 25% 的甲醇钠溶液，经蒸馏提纯后，甲醇钠含量达 97%~98%。

除此之外，从甲醇出发还能得到许多化工产品，如表 14-9 所示。

表 14-9　由甲醇生产得到的其他化工产品

产品名称	工　艺　反　应　式
苯乙烯	$CH_3OH + C_6H_5CH_3 + 1/2O_2 \xrightarrow[\text{分子筛}]{-H_2O} C_6H_5CH_2CH_2OH$ $C_6H_5CH_2CH_2OH \xrightarrow[\text{催化剂}]{-H_2O} C_6H_5CH=CH_2$
甲基丙烯酸甲酯	$2CH_3OH + CH_2O \longrightarrow CH_2\langle^{OCH_3}_{OCH_3} + H_2O$ $CH_2\langle^{OCH_3}_{OCH_3} + CH_3-CH_2COOCH_3 \longrightarrow CH_2=C\langle^{COOCH_3}_{CH_3} + 2CH_3OH（循环使用）$ (MMA)
合成汽油	$nCH_3OH \xrightarrow[375℃]{H-ZSH-5} \{CH_2\}_n + nH_2O$
乙　醇	$CH_3OH + 2H_2 + CO \xrightarrow[180~230℃，10.13~25.33 MPa]{催化剂} C_2H_5OH + H_2O$
草　酸	$2CH_3OH + 2CO + 1/2O_2 \xrightarrow[70~90℃，6.99 MPa]{Pd} CH_3OOC-COOCH_3 + H_2O$ $CH_3OOC-COOCH_3 + 2H_2O \longrightarrow HOOC-COOH-2CH_3OH$
混合酯	甲基燃料：甲醇 80%~90%，乙醇 4%~6%，其他 C_3~C_5 醇 乙基燃料：乙醇 38%~42%，甲醇 20%，其他 C_3~C_6 醇
对苯二甲酸二甲酯	$COOH-\bigcirc-COOH \xrightarrow{CH_3OH} COOCH_3-\bigcirc-COOH + H_2 \xrightarrow{CH_3OH}$ $COOCH_3-\bigcirc-COOCH_3 + H_2O$

目前我国甲醇化工产品较少,技术落后,因此加速甲醇化工产品的开发和发展迫在眉睫。

思考练习题

14-1 有机化合物的结构对加氢反应速度有何影响。

14-2 反应温度和压力是怎样影响加氢平衡的?

14-3 加氢催化剂共分几种类型? 各有何特点?

14-4 试从热力学分析影响催化加氢反应化学平衡的因素。

14-5 加氢反应有几种类型催化剂? 如何制作? 有何优缺点?

14-6 一氧化碳加氢合成甲醇生产有几种工艺流程? 各有何特点?

14-7 高压法和低压法工艺流程各采用何种催化剂?

14-8 影响一氧化碳加氢合成甲醇反应的因素是什么?

14-9 如何选择一氧化碳加氢合成甲醇反应的操作条件?

14-10 简述合成反应器的分类、结构及特点。

14-11 一氧化碳加氢合成甲醇的工艺流程由哪几部分组成?

14-12 由甲醇出发,可得到哪些主要的化工产品? 有何用途?

第十五章 催化脱氢和氧化脱氢

本章学习要求

1. 熟练掌握的内容

熟练掌握乙苯催化脱氢反应等温反应器和绝热反应器的工艺流程；熟练掌握操作条件对乙苯脱氢反应的影响；熟练掌握苯乙烯精制单塔流程的特点。

2. 理解的内容

理解催化脱氢反应的基本原理；理解乙苯催化脱氢的热力学分析、动力学分析和反应机理。

3. 了解的内容

了解催化脱氢和氧化脱氢在化学工业中的应用及其反应类型；了解正丁烯氧化脱氢生产丁二烯的工艺流程及操作条件的选择。

第一节 概 述

一、催化脱氢和氧化脱氢反应在基本有机化学工业中的应用

在基本有机化学工业中，催化脱氢和氧化脱氢反应是两类相当重要的化学反应，是生产高分子合成材料单体的基本途径。工业上应用的催化脱氢和氧化脱氢反应主要有烃类脱氢、含氧化合物脱氢和含氮化合物脱氢等几类，而其中尤以烃类脱氢最为重要。利用这些反应，可生产合成橡胶、合成塑料、合成树脂、化工溶剂等重要化工产品。本章重点讨论烃类的催化脱氢和氧化脱氢反应。

二、催化脱氢反应和氧化脱氢反应的类型及工业应用

（一）催化脱氢和氧化脱氢反应的类型

烃类脱氢反应根据脱氢的性质、反应方向和所得产品性质不同分为以下几类：（1）环烷烃脱氢；（2）直链烷烃脱氢；（3）芳香烃脱氢；（4）直链烃脱氢环化或芳构化；（5）醇类脱氢。

（二）催化脱氢和氧化脱氢反应的工业应用

工业生产中最重要的催化脱氢和氧化脱氢反应及其产品的主要用途如表 15-1 所示。

表 15-1 催化脱氢和氧化脱氢反应及其产品的主要用途

反 应 类 别	反 应 式	产品主要用途
正丁烷脱氢制 1, 3-丁二烯（以下简称丁二烯）	$nC_4H_{10} \xrightarrow{-H_2} nC_4H_8 \xrightarrow{-H_2} C_4H_6$	合成橡胶单体 ABS 工程塑料单体
正丁烯脱氢制丁二烯	$nC_4H_8 \longrightarrow C_4H_6 + H_2$	同 上
正丁烯氧化脱氢制丁二烯	$nC_4H_8 + \frac{1}{2}O_2 \longrightarrow C_4H_6 + H_2O$	同 上

反 应 类 别	反 应 式	产品主要用途
异戊烯脱氢制异戊二烯	$iC_5H_{10} \longrightarrow CH_2{=}CH{-}\overset{\displaystyle CH_3}{C}{=}CH_2 + H_2$	合成橡胶单体
异戊烯氧化脱氢制异戊二烯	$iC_5H_{10} + \frac{1}{2}O_2 \longrightarrow CH_2{=}CH{-}\overset{\displaystyle CH_3}{C}{=}CH_2 + H_2O$	合成橡胶单体
乙苯脱氢制苯乙烯		聚苯乙烯塑料单体 ABS 工程塑料单体 合成橡胶单体 合成离子交换树脂
二乙苯脱氢制二乙烯基苯		合成离子交换树脂
对甲乙苯脱氢制对甲基苯乙烯		聚对甲基苯乙烯塑料
正十二烷脱氢制正十二烯	$n{-}C_{12}H_{26} \longrightarrow n{-}C_{12}H_{24} + H_2$	合成洗涤剂原料
甲醇氧化脱氢制甲醛	$CH_3OH + O_2 \longrightarrow HCHO + H_2O + H_2$（空气不足量）	酚醛树脂单体
乙醇氧化脱氢制乙醛	$CH_3CH_2OH + O_2 \longrightarrow CH_3CHO + H_2O + H_2$（空气不足量）	有机原料
乙醇脱氢制乙醛	$CH_3CH_2OH \longrightarrow CH_3CHO + H_2$	有机原料
异丙醇脱氢制丙酮	$\underset{\displaystyle OH}{CH_3CHCH_3} \longrightarrow \underset{\displaystyle O}{CH_3CCH_3} + H_2$	溶剂，有机原料
正己烷脱氢芳构化		溶剂，有机原料
正庚烷脱氢芳构化		溶剂，有机原料

其中最具代表性、产量最大、应用最广的产品是苯乙烯和丁二烯。本章主要针对这两个产品的生产工艺，讨论烃类的催化脱氢和氧化脱氢。

第二节　烃类催化脱氢反应的基本原理

一、热力学分析

（一）反应热效应

烃类催化脱氢反应是强吸热反应，不同结构的烃类，其反应热效应有所不同，如：

$$nC_4H_{10}\,(g) \longrightarrow nC_4H_8\,(g) + H_2 \qquad \Delta H^\circ_{298} = 124.8\ kJ/mol$$

$$C_4H_8\,(g) \longrightarrow CH_2{=}CH{-}CH{=}CH_2 + H_2 \qquad \Delta H^\circ_{298} = 110.1\ kJ/mol$$

$$\underset{\displaystyle CH_3}{CH_3{-}CH{-}CH{=}CH_2}(g) \longrightarrow \underset{\displaystyle CH_3}{CH_2{=}C{-}CH{=}CH_2}(g) + H_2 \qquad \Delta H^\circ_{298} = 125.1\ kJ/mol$$

$$\langle\!\rangle\!\!-C_2H_5 \quad (g) \longrightarrow \langle\!\rangle\!\!-CH \quad (g) + H_2 \qquad \Delta H^\circ_{298} = 117.8 \text{ kJ/mol}$$

（二）温度对脱氢平衡的影响

大多数烃类脱氢反应的平衡常数都比较小，平衡常数 K_P 与温度 T 的关系为：

$$\left(\frac{\partial \ln K_P}{\partial T}\right)_p = \frac{\Delta H^\circ}{RT} \tag{15-1}$$

因为是强吸热反应，$\Delta H^\circ > 0$，平衡常数随温度升高而增大，因此可以提高反应温度以增大平衡常数。图 15-1 表示了温度对烷烃（正丁烷）、烯烃（正丁烯）脱氢平衡常数的影响。表 15-2 表示了烷基苯（乙苯）脱氢反应时温度与平衡常数的关系。

表 15-2　乙苯脱氢反应的平衡常数与温度的关系

温度/K	700	800	900	1000	1100
K_P	3.30×10^{-2}	4.71×10^{-2}	3.75×10^{-1}	2.00	7.87

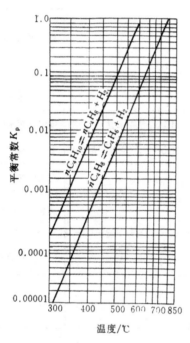

图 15-1　正丁烷、正丁烯脱氢反应的
平衡常数与温度的关系

由图 15-1 和表 15-2 可以看出，随温度升高，平衡常数增大。所以，无论是烷烃、烯烃还是烷基芳烃的脱氢反应，从热力学上分析，均应在较高温度下进行。尽管平衡常数随温度升高而增大，但是即使在高温下，平衡常数仍然较小。

（三）压力对脱氢平衡的影响

从热力学上分析可知，烃类的脱氢反应要想得到较高的平衡转化率，必须在高温下进行，但是温度过高，不但会加剧副反应进行，而且给催化剂的选择、设备材质的选择、高温供热等都带来了许多困难。因此必须同时改变其他因素。烃类脱氢反应是分子数增加的反应，从平衡常数关系式 $K_P = K_N \cdot p^{\Delta\nu}$ 可知，$\Delta\nu$ 为正值，降低总压 p，使 K_N 增大，则产物的平衡浓度增大，即增大了反应的平衡转化率。压力对烃类脱氢反应平衡转化率的影响见表 15-3。从表 15-3 中可以看出，当压力从 101.3 kPa 减至 10.13 kPa 时，在相同转化率下，所需温度相差 100℃左右，故减压操作对平衡有利。

表 15-3　压力对烃类脱氢反应平衡转化率及所需温度的影响

脱氢反应	正丁烷→丁烯		丁烯→1,3-丁二烯		乙苯→苯乙烯	
压力/kPa	101.3	10.1	101.3	10.1	101.3	10.1
平衡转化率,%	温　度/K					
10	460	390	540	440	465	390
30	545	445	615	505	565	455
50	600	500	660	545	620	505
70	670	555	700	585	675	565
90	753	625	740	620	780	630

（四）惰性气体的影响

虽然脱氢反应在减压下操作比较有利,但实际上在高温下进行减压操作是十分不安全的,所以应采取其他措施。一般是采用惰性气体作为稀释剂以降低烃的分压。由于反应是吸热反应,所以工业上一般采用水蒸气作为稀释剂。利用水蒸气作为稀释剂不但可以降低烃类分压,而且还有其他优点:与产物容易分离;可供给原料部分热量;可以与催化剂表面沉积的焦发生反应而除焦,恢复催化剂的活性。水蒸气和乙苯的用量比对乙苯平衡转化率的影响见图15-2。

从图中可以看出水蒸气/乙苯用量比增加,乙苯的平衡转化率增加,但其比值达到一定值时,乙苯转化率的提高就变得十分缓慢,此时若继续增加水蒸气用量,则对乙苯的平衡转化率的提高作用不大,反而增加能耗,因此有一最适宜用量比,必须进行技术经济分析才能确定。

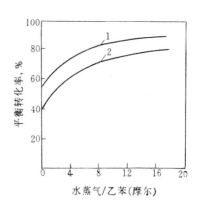

图 15-2　乙苯平衡转化率与水
　　蒸气/乙苯用量比关系
1—总压 101.3 kPa（温度 900K）；
2—总压 202.6 kPa（温度 900K）

二、反应过程及催化剂

（一）脂肪烃脱氢时的主要副反应

脂肪烃脱氢时,除了主反应以外,还有一些副反应发生。

1. 平行副反应

这类副反应主要是裂解反应,烃类分子中的 C—C 键断裂,生成分子量较小的烷烃和烯烃。

如：$C_4H_{10} \longrightarrow C_3H_6 + CH_4$

$\qquad C_4H_{10} \longrightarrow C_2H_4 + C_2H_6$

高温下 C—C 键断裂的裂解反应在热力学上要比 C—H 键断裂的裂解反应有利的多,在动力学上也十分有利,因此高温下进行的烃类脱氢反应所得到的主要是裂解产物。

2. 连串副反应

这类反应主要是产物的裂解、脱氢缩合或聚合成焦油等。C_3 以上烷烃脱氢时,尚有脱氢芳构化的副反应发生。

（二）烷基芳烃脱氢时的主要副反应

1. 平行副反应

以乙苯脱氢为例,除了主反应以外,还有裂解反应和加氢裂解反应两种。由于苯环比较稳定,故裂解反应均发生在侧链上。

$$\text{（苯基）-C}_2\text{H}_5 \ (g) \longrightarrow \text{（苯基）} \ (g) + C_2H_4 \qquad \Delta H^{\circ}_{298} = 105 \text{ kJ/mol}$$

$$\text{（苯基）-C}_2\text{H}_5 \ (g) + H_2 \longrightarrow \text{（苯基）-CH}_3 \ (g) + CH_4 \qquad \Delta H^{\circ}_{298} = -54.4 \text{ kJ/mol}$$

$$\text{（苯基）-C}_2\text{H}_5 \ (g) + H_2 \longrightarrow \text{（苯基）} \ (g) + C_2H_6 \qquad \Delta H^{\circ}_{298} = -31.5 \text{ kJ/mol}$$

图 15-3 表示了乙苯脱氢主、副反应的平衡常数随温度的变化情况。

从图中可以看出,乙苯裂解反应热力学上要比乙苯脱氢反应有利,而加氢裂解反应尽管是放热反应,其平衡常数随温度的升高而减小,但即使在较高温度下,其平衡常数仍然很大（如温度为 700℃时,平衡常数 $K_P = 1.8 \times 10^3$）,与乙苯脱氢反应相比,在热力学上仍占绝对优势。加氢裂解反应必须在氢存在的情况下进行,而氢是由乙苯脱氢反应生成的,故加氢裂

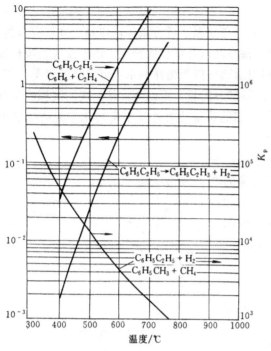

图 15-3 乙苯脱氢主副反应平衡常数
随温度的变化情况

解反应受到乙苯脱氢反应的制约。同时加氢裂解反应消耗掉了系统生成的氢，反过来又对乙苯脱氢反应产生影响。在动力学方面，裂解反应也比脱氢反应有利，所以乙苯在高温下进行热脱氢时，主要产物是苯。要使反应过程主要向脱氢方向进行，必须采用具有良好选择性的催化剂。

另外，除了上述平行副反应以外，在加入水蒸气的情况下，也可以发生下列副反应：

$$2H_2O\ (g) + \text{C}_6\text{H}_5\text{C}_2\text{H}_5\ (g) \longrightarrow$$
$$+3H_2+CO_2+ \text{C}_6\text{H}_5\text{CH}_3 \quad \Delta H^\circ_{298}=110\ kJ/mol$$

2. 连串副反应

主要的连串副反应是苯乙烯聚合生成焦油和加氢裂解。

其中聚合副反应的发生，不仅使反应的选择性下降，而且由于其粘性较强，极易在催化剂上结焦而使催化剂活性下降。

（三）催化剂

由前面讨论得知，烃类脱氢反应在热力学上处于不利地位，要想其在动力学上占有绝对优势，实现工业化生产，必须采用活性高、选择性好的催化剂。

1. 烃类脱氢催化剂的要求

一般来说，加氢催化剂皆可作为脱氢催化剂。但由于烃类的脱氢反应须在高温下进行，故所用催化剂必须能耐高温，由于金属氧化物热稳定性要比金属为好，所以烃类脱氢反应所用催化剂均采用金属氧化物。对烃类脱氢催化剂的要求是：

（1）具有良好的活性和选择性 即对主反应有较好的选择性，能加快其反应速度，而对副反应没有或很少有催化作用。

（2）热稳定性好 具有较高的耐热性。

（3）化学稳定性好 具有良好的耐还原性，不至被还原成金属态。具有足够的强度，不至于在长期水蒸气作用下发生崩解。

（4）抗结焦性能好，易再生。

2. 脱氢催化剂的分类

（1）氧化铬-氧化铝系催化剂 在这类催化剂中，氧化铬是活性组分，氧化铝是载体，有时还加入少量碱金属氧化物以提高其活性。其典型组成为：

$$\text{Cr}_2\text{O}_3 18\%\sim 20\%\text{-Al}_2\text{O}_3 80\%\sim 82\%$$
$$\text{Cr}_2\text{O}_3 12\%\sim 13\%\text{-Al}_2\text{O}_3 84\%\sim 85\%\text{-MgO} 2\%\sim 3\%$$

此类催化剂适用于低级烷烃脱氢，如丁烷脱氢制丁烯和丁二烯等。水分对该类催化剂有可逆的毒化作用，故不能用水蒸气作为稀释剂，也不宜用水蒸气再生。一般采用减压操作和用含氧的烟道气进行再生。

（2）氧化锌系催化剂　这类催化剂是工业上乙苯脱氢反应最早使用的催化剂，其代表组成为：

$$ZnO50\%-Al_2O_340\%-CuO10\%$$

有时加入 Cr_2O_3。此类催化剂若长期使用活性会大大下降。后又加入助催化剂，其代表组成为：$ZnO85\%-Al_2O_33\%-CaO5\%-K_2SO_42\%-K_2Cr_2O_23\%-KOH2\%$，寿命和周期较以前有了一定的提高。

（3）氧化铁系催化剂　此类催化剂是目前工业上广泛采用的乙苯脱氢催化剂，其中具有代表性的为美国的壳牌（Shell）105 催化剂，其组成为：

$$Fe_2O_387\%\sim90\%-Cr_2O_32\%\sim3\%-K_2O8\%\sim10\%$$

Shell 105 催化剂具有较高的活性和选择性及较长的寿命，能适应较高空速，乙苯转化率为 60%，苯乙烯选择性为 87%。

在氧化铁系催化剂中，氧化铁是活性组分，据研究可能是 Fe_2O_3 起催化作用。这类催化剂具有良好的活性和选择性，但是若在还原气氛中脱氢，其选择性很快下降，因此要求反应必须在氧化气氛中进行。水蒸气是氧化性气体，在水蒸气存在下，可防止氧化铁过度还原，从而得到较高的选择性。因此采用氧化铁系催化剂脱氢时，总是以水蒸气作稀释剂。

氧化铬属高熔点金属氧化物，可作为结构性助剂以提高催化剂的热稳定性，还可稳定铁的价态。氧化钾属于助催化剂，可提高活性组分的活性，且能改变催化剂表面的酸度，减少裂解副反应的进行。氧化钾还可提高催化剂的抗结焦性能，能催化水煤气反应，从而提高催化剂的自再生能力，延长催化剂的使用寿命。

我国工业上乙苯脱氢反应过程普遍使用的"335"型、"11#"、"210#"催化剂均为氧化铁系催化剂。

在氧化铁系催化剂中，Cr_2O_3 虽然能提高催化剂的热稳定性，但是其毒性甚大。故自 70 年代以来，世界各国都致力于研究开发无铬铁系催化剂。如我国研制的乙苯脱氢反应使用的 Fe-K-Mo-Co 系催化剂属 335 型无铬催化剂，其性能优良，乙苯转化率在 62%～76%之间，苯乙烯选择性为 94%～97%。美国标准催化剂公司 1992 年开发成功了 Criterion 035 型无铬铁系催化剂，活性和选择性较以前有了较大提高。我国于 1991 年开始研制 345 型催化剂，属 Fe-K-Ce-Mo 体系，1993 年开始实现工业化。该催化剂乙苯转化率＞75%，苯乙烯选择性＞95%，收率＞72%。

三、动力学分析及反应条件

（一）脱氢反应机理及动力学分析

动力学研究表明，烃类（无论是丁烷、丁烯、乙苯或是二乙苯）在固体催化剂上脱氢反应的控制步骤均为表面反应。但是对其具体的反应机理，目前存在两种见解：即单位吸附理论和双位吸附理论。

1. 单位吸附理论

以 $A \Longrightarrow R+H_2$ 反应为例。

表面反应可分为 3 步：

①$A + * \Longrightarrow A *$

作用物吸附在催化剂表面。

②A＊ ⟶ R＊＋H₂

吸附物 A＊ 发生脱氢反应，生成吸附产物 R＊ 和 H₂。该步为控制步骤。

③R＊ ⇌ R＋＊

吸附产物从催化剂表面脱附出来。

2. 双位吸附理论

双位吸附反应机理与单位吸附反应机理所不同的是其假定脱氢反应的控制步骤为被吸附在活性中心的作用物与相邻的吸附活性中心作用，发生脱氢反应，生成吸附的产物分子和吸附的 H₂，然后分别从催化剂表面脱附。其步骤如下：

①A＋＊ ⇌ A＊

②A＊＋＊ ⟶ R＊＋H₂＊ 该步为控制步骤。

③R＊ ⇌ R＋＊

H₂＊ ⇌ H₂＋＊

对于乙苯在氧化铁系催化剂存在下脱氢生成苯乙烯的过程，其主、副反应可用下式表示：

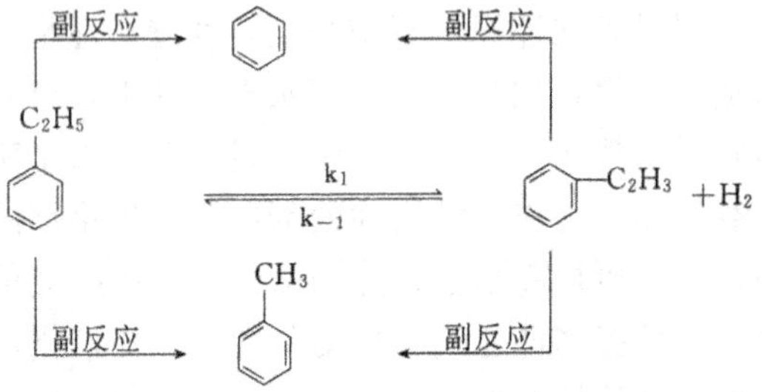

其主反应的速度方程式为：

$$r = r_1 - r_{-1} = \frac{k_1 \lambda_1 \left(p_E - \dfrac{p_S p(H_2)}{K'} \right)}{(1 + \lambda_E p_E + \lambda_S p_S)} \tag{15-2}$$

$$K' = \frac{\lambda_E}{\lambda_S \lambda(H_2)} K_P \tag{15-3}$$

式中　　　　　　　r——乙苯脱氢生成苯乙烯主反应的净生成速度；

k_1——主反应表面反应速度常数；

p_E、p_S、$p(H_2)$——分别为乙苯、苯乙烯和氢气的分压；

K_P——主反应的平衡常数；

λ_E、λ_S、$\lambda(H_2)$——分别为乙苯、苯乙烯和氢气的吸附系数。

由于 λ_E 远小于 λ_S，可忽略乙苯的吸附项，则上列方程式中分母项可改写成 $(1+\lambda_S p_S)^2$，即对脱氢起阻碍作用的主要是产物苯乙烯。

（二）催化剂颗粒大小对脱氢反应速度及选择性的影响

图 15-4 表示了催化剂的颗粒细度对乙苯脱氢选择性的影响。从图中可看出，催化剂颗粒愈细，其生成苯乙烯的选择性愈高。另外，随催化剂颗粒变细，选择性变化愈来愈小，达一定粒径后，选择性几乎无变化。但通过催化剂床层的压力降却会大大增加，阻力加大，故选择催化剂颗粒细度时应综合考虑。图 15-5 表示了催化剂的颗粒细度对乙苯脱氢反应速度的影

响。从图中可以看出,颗粒愈细,乙苯脱氢的反应速度愈快。

综上所述,烃类催化脱氢时采用较细颗粒的催化剂,不仅可提高脱氢反应的选择性,而且也可加快反应速度。

（三）反应条件

脱氢反应要想在技术经济上合理的范围内进行,除了要选择具有高活性、高选择性的催化剂外,还要选择适宜的操作条件。脱氢反应过程的主要操作条件是温度、压力、稀释剂用量、原料烃空速。

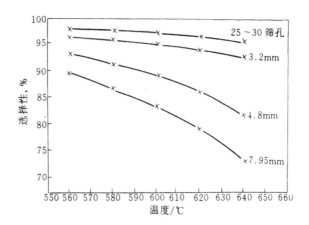

图 15-4　催化剂的颗粒度对乙苯脱氢选择性的影响

1. 反应温度

由前面分析可知,反应温度高,既有利于脱氢平衡,又可加快脱氢反应速度。但是,温度过高,活化能较高的裂解副反应速度加快更甚,结果虽使转化率增加但使选择性下降。同时由于温度过高,产物聚合生焦的副反应也加速,使催化剂的失活速度加快。表 15-4 和表 15-5 分别表示了丁烯在 205 催化剂上脱氢制丁二烯及乙苯在 XH-02 催化剂上脱氢制苯乙烯时温度对转化率和选择性的影响。

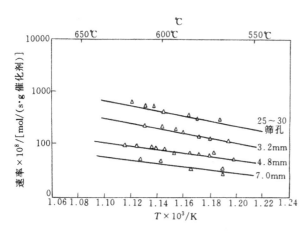

图 15-5　催化剂的颗粒度对乙苯脱氢反应速度的影响

表 15-4　正丁烯脱氢反应温度对转化率、选择性的影响

反应温度/℃	转化率,%	选择性,%
620	27.7	79.9
640	36.9	73.4
650	48.0	60.4

注:丁烯气相空速 500 h^{-1},水蒸气/正丁烯为 12(摩尔比)。

表 15-5　乙苯脱氢反应温度对转化率、选择性的影响

反应温度/℃	转化率,%	选择性,%
580	53.0	94.3
600	62.0	93.5
620	72.5	92.0
640	87.0	89.4

注:乙苯液相空速 1 h^{-1},水蒸气/乙苯(体积比)为 1.3。

从表 15-4 中可以看出,随着温度升高,正丁烯脱氢转化率升高虽然较快,但其选择性下降亦较大,说明随温度升高,其副反应竞争能力大大加强,故正丁烯脱氢一般宜控制在较低转化率下进行,温度一般在 600～630℃。从表 15-5 中可以看出,随温度升高,乙苯脱氢转化率升高较快,而选择性下降较小,说明随温度升高,对主反应有利,故乙苯脱氢可控制在较高的转化率下进行。如转化率控制在 80% 时,其选择性可达 90%。

2. 反应压力

烃类脱氢反应是体积增大的反应,降低压力有利于反应平衡向生成产物的方向进行,为了降低反应压力和减小过程压力降，使其对脱氢反应有利，最好在减压下操作，但减压操作对反应设备的制造要求较高，设备制造费用增加，故过去一般除了低级烷烃脱氢因催化剂不耐水蒸气，必须在减压下操作外，烯烃和烷基芳烃脱氢均在略高于常压下操作。通过对脱氢反应器的不断改造，现在已可以在减压下操作，从而可达到较高的转化率和选择性。如齐鲁石化公司乙苯脱氢制苯乙烯生产装置即是采用了二段绝热负压反应器，其转化率可达 63%，苯乙烯总选择性为 96%。

3. 水蒸气和烃的用量比

从热力学上分析，脱氢反应应控制在高温低压下进行，但高温下减压操作比较困难。为了降低反应物的分压，提高平衡转化率，一般需加入稀释剂。常用的稀释剂是水蒸气。H_2O/烃比愈大，对反应愈有利，对催化剂除焦愈有利，但相应的能耗加大，操作费用加大，需综合考虑。其用量比也与反应器形式有关，绝热反应器所用水蒸气量要比等温反应器多一倍左右。

4. 原料烃的空速

空速减小，转化率提高，但连串副反应增加，选择性下降，催化剂表面结焦增加，再生周期缩短。空速增大，则转化率减小，产物收率也降低，原料循环量增加，能耗加大，操作费用加大。故最佳空速的选择必须综合考虑各方面因素而定。

乙苯在 XH-02 催化剂上脱氢时，其空速对转化率和选择性的影响如表 15-6。

表 15-6　空速对乙苯脱氢转化率、选择性的影响

乙苯液相空速/h^{-1}	1		0.6	
反应温度/℃	转化率，%	选择性，%	转化率，%	选择性，%
580	53.0	94.3	59.8	93.6
600	62.0	93.5	72.1	92.4
620	72.5	92.0	81.4	89.3
640	87.0	89.4	87.1	84.8

注：乙苯/水蒸气为 1/1.3。

第三节　乙苯催化脱氢生产苯乙烯

一、苯乙烯的性质、用途和生产方法简介

（一）苯乙烯的性质

苯乙烯在常温下为无色透明液体，具有辛辣香味，易燃，难溶于水，易溶于甲醇、乙醇及乙醚等溶剂中，对皮肤有刺激性，主要物理性质如下：

沸点（101.3 kPa）/℃	145.2
凝固点/℃	−30.6
爆炸极限（在空气中体积含量）%	1.1～6.1
密度（液相20℃）/（kg/l）	0.9
粘度（20℃）/（mPa·s）	0.8
比热（液体25℃）/（J/g℃）	1.8
蒸发潜热（25℃）/（J/g）	428.8

苯乙烯具有乙基烯烃的性质，反应性极强，如还原、氧化、氯化等。从结构上看，属不对称取代物，烯烃上带有苯环，使乙苯带有极性，易于发生聚合，常温下可缓慢自聚，当温度超过 100℃时，聚合速度剧增，故应加阻聚剂防止自聚。苯乙烯除可自聚生产聚苯乙烯以外，

还可与其他化合物产生共聚。

（二）苯乙烯的用途

由于苯乙烯易自聚和共聚，所以它是合成橡胶、聚苯乙烯、塑料和其他各种共聚树脂的主要原料之一。

苯乙烯自聚制得的聚苯乙烯塑料为无色透明体，易于加工成型，且产品经久耐用，外表美观，介电性能很好。发泡聚苯乙烯还可用作防震材料和保温材料。

苯乙烯与丁二烯共聚生成丁苯橡胶，是产量最大的合成橡胶之一。苯乙烯与丁二烯、丙烯腈共聚，生成 ABS 树脂，是一种机械性能极高的工程塑料。苯乙烯可与丙烯腈共聚得 AS 树脂。苯乙烯还被广泛应用于制药、涂料、纺织等工业。

由于苯乙烯有着广泛的应用，所以在有机化学工业中占有比较重要的地位，目前，产量在乙烯系列产品中已占到第四位，占世界单体产量的第三位。

（三）苯乙烯的合成方法简介

苯乙烯的合成方法有许多种，即可通过采用不同原料经过不同方法来生产苯乙烯。工业上主要是利用乙苯脱氢方法生产苯乙烯，该方法在 40 年代即已实现工业化生产。

下面简单介绍几种合成苯乙烯的方法。

1. 乙苯催化脱氢生产苯乙烯

该方法是以苯和乙烯为原料，通过烃化反应生成乙苯，然后乙苯再催化脱氢生成苯乙烯。这是工业上最早采用的生产方法，通过近年来的研究发展，使其在催化剂性能、反应器结构和工艺操作条件等方面都有了很大的改进。其反应方程式如下：

$$\text{C}_6\text{H}_6 + \text{C}_2\text{H}_4 \longrightarrow \text{C}_6\text{H}_5\text{C}_2\text{H}_5$$

$$\text{C}_6\text{H}_5\text{-C}_2\text{H}_5 \xrightarrow[\text{580~600℃}]{\text{催化剂}} \text{C}_6\text{H}_5\text{-CH=CH}_2 + \text{H}_2 \qquad \Delta H^\circ_{298} = 117.8 \text{ kJ/mol}$$

2. 乙苯氧化脱氢生产苯乙烯

由于乙苯催化脱氢须在较高温度和大量水蒸气存在下进行，能量消耗大，生产成本较高，近年来开始研究由乙苯氧化脱氢生产苯乙烯。其反应方程式如下：

$$\text{C}_6\text{H}_5\text{-C}_2\text{H}_5 + \frac{1}{2}\text{O}_2 \longrightarrow \text{C}_6\text{H}_5\text{-CH=CH}_2 + \text{H}_2\text{O} \qquad \Delta H^\circ_{530} = -110 \text{ kJ/mol}$$

此法目前已实现工业化。

3. 哈康法生产苯乙烯（共氧化法）

该法是以乙苯和丙烯为原料联产苯乙烯和环氧丙烷。反应方程式如下：

$$\text{C}_6\text{H}_5\text{-C}_2\text{H}_5 + \text{O}_2 \longrightarrow \text{C}_6\text{H}_5\text{-}\underset{\text{OOH}}{\text{CH-CH}_3}$$

$$\text{C}_6\text{H}_5\text{-}\underset{\text{OOH}}{\text{CH-CH}_3} + \text{CH}_3\text{-CH=CH}_2 \longrightarrow \text{C}_6\text{H}_5\text{-}\underset{\text{OH}}{\text{CHCH}_3} + \text{CH}_3\text{-CH-CH}_2\text{(O)}$$

$$\text{C}_6\text{H}_5\text{-}\underset{\text{OH}}{\text{CH-CH}_3} \longrightarrow \text{C}_6\text{H}_5\text{-CH=CH}_2 + \text{H}_2\text{O}$$

哈康法是由美国哈康公司 1966 年开发研究的，1973 年实现工业化。该法即可生产苯乙烯又可联产环氧丙烷（重要的化工原料）。目前由该路线生产的环氧丙烷占世界环氧丙烷总产量的三分之一，生产的苯乙烯占世界苯乙烯产量的 10%。

乙苯共氧化法可同时得到两种重要的化工产品，其生产成本低，污染少，但其工艺复杂，副产物多，流程较长，单位能耗较高。

4. 乙烯和苯直接合成苯乙烯

$$CH_2{=}CH_2 + \underset{\bigcirc}{} + \frac{1}{2}O_2 \longrightarrow \underset{\bigcirc}{}CH{=}CH_2 + H_2O$$

5. 乙苯催化脱氢-氢选择氧化法制苯乙烯

乙苯催化脱氢-氢选择氧化法是近 10 年来在乙苯催化脱氢基础上发展起来的新工艺，由美国的环球油品公司（UOP）开发，称为 Styro-Plus 技术。在乙苯催化脱氢工艺中，一般采用过热蒸汽进行直接供热，而在该法中则采用分段氧化供热的新工艺。系统生成的氢与引入的氧反应，放出大量的热供给反应系统，使过热蒸汽的需求量大大降低，同时由于氢的消耗，有利于平衡向生成苯乙烯的方向移动。可大大提高平衡转化率（达82%左右）。

因工业上主要是采用乙苯催化脱氢生产苯乙烯，故本节重点介绍乙苯催化脱氢生产苯乙烯的工艺流程。

二、乙苯催化脱氢生产苯乙烯的工艺流程

乙苯催化脱氢反应是强吸热反应，需在高温下向系统供给大量的热以满足反应需要。自乙苯催化脱氢制苯乙烯实现工业化以来，根据供热方式不同，可分为两种不同形式的反应器，即由美国的 Dow 公司开发的绝热反应器和德国的 BASF 公司开发的等温反应器。

（一）等温反应器脱氢工艺流程

该反应器为外加热列管式反应器，由许多耐高温的镍铬不锈钢管或内衬铜锰合金的耐热钢管组成。管长一般为 3 m，管内装填催化剂，管外由烟道气加热，供给反应所需的热量，保持反应在等温下进行，故称等温反应器。其脱氢工艺流程如图 15-6 所示。

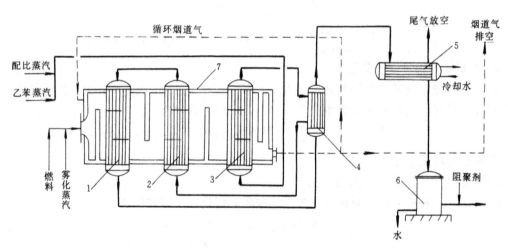

图 15-6　多管等温反应器乙苯脱氢工艺流程

1—脱氢反应器；2—第二预热器；3—第一预热器；4—热交换器；5—冷凝器；

6—粗乙苯贮槽；7—烟囱

原料乙苯蒸气和一定量的水蒸气混合后，经第一预热器、热交换器、第二预热器预热至540℃左右后进入反应器进行脱氢反应，反应后的脱氢产物温度为 580～600℃，经热交换器进行热量交换，以回收能量，然后进入冷凝器进行冷凝冷却，冷凝液入油水分离器，在此烃相和水相分离，除去水的脱氢产物（又称炉油）送至粗苯乙烯贮槽，准备分离精制。不凝气约含 90% 的 H_2，其他为 CO_2 和少量的 C_1、C_2，一般可用作燃料或氢源。

采用等温反应器脱氢，稀释剂水蒸气与乙苯的用量比（摩尔比）一般为 6～9∶1。脱氢温

度与催化剂活性有关，新鲜催化剂反应温度一般控制在580℃左右，已老化的催化剂反应温度可提高至620℃左右。要使反应保持在等温下进行，理论上应要求沿反应器管长传热速率的改变需与反应所需吸收热量的速率变化相等，但实际上难以做到，往往是传给催化剂的热量大于反应所需的热量，故反应器温度沿催化剂床层逐渐升高，一般出口温度比进口温度高出数十度。采用等温反应器，其转化率较高，一般可达40%～45%，选择性（苯乙烯）达92%～95%。对等温反应器进行不断研究改进，其列管直径为25.4～101.6 mm，管长为3～6 m，生产能力大大增加。

（二）绝热反应器脱氢工艺流程

绝热反应器中，反应所需热量全部由过热水蒸气供给，故该方法所需水蒸气量较大，比等温反应器所需水蒸气多一倍左右，且要求也高。其脱氢工艺流程如图15-7所示。

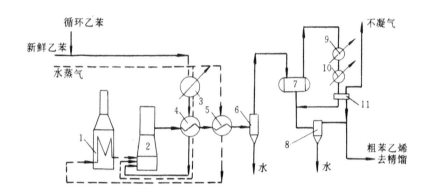

图 15-7　绝热式反应器乙苯脱氢工艺流程

1—水蒸气过热炉；2—绝热反应器；3—预热器；4—第一换热器；5—第二换热器；
6、8—油水分离器；7、9—冷凝器；10—冷冻盐水冷凝器；11—回收装置

新鲜乙苯和循环乙苯经预热，与高温产物进行热交换被加热至520～570℃进入反应器。10%的水蒸气经预热和热交换后进入反应器，余下的90%的水蒸气经换热后进入过热炉，过热至720℃后进入脱氢反应器。反应器出口温度约580℃左右，反应产物经热交换器利用其热量后入冷凝冷却器中，冷凝液进入油水分离器，分出所含水分，油层进入粗苯乙烯贮槽以备分离精制，不凝气可用作燃料或氢源或排空。

绝热反应器脱氢时反应需吸收大量的热量，故反应器的进口温度必然比出口温度要高，单段绝热反应器的进、出口温差在61℃左右。这样的温度分布对脱氢反应速度和反应选择性都会产生不利影响。反应器进口处乙苯浓度最高，温度高则会使平行副反应加剧，影响选择性；出口温度低，使反应速度减慢，限制了转化率的提高。故单段绝热反应器脱氢的转化率和生成苯乙烯的选择性都较低，一般乙苯转化率在35%～40%左右，生成苯乙烯的选择性为90%左右。

绝热反应器的优点是结构简单，制造费用低，生产能力大。缺点如上所述。自70年代以来，为了克服以上缺点，在反应器设计与脱氢条件方面进行了许多研究改进。由单段发展到多段，从常压操作发展到减压操作，反应物从轴向流动发展到径向流动，均收到了较好的效果。

常用的多段绝热反应器及床层温度分布如图15-8所示。

将整个催化剂床层分成多段，过热水蒸气分别在段间加入，这样可降低反应器入口温度，

提高反应器出口温度，可提高转化率和选择性。转化率一般可达 65％～70％左右，选择性可达 92％左右。为了进一步降低压降并使混合接触均匀，又研制出多段绝热径向反应器。该形式反应器降低了系统压力降，可提高转化率和选择性。三段绝热径向反应器如图 15-9 所示。

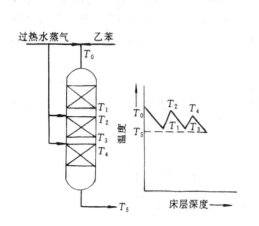

图 15-8　多段式绝热反应器及温度分布

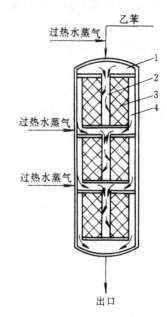

图 15-9　三段绝热式径向反应器
1—混合室；2—中心室；3—催化剂室；4—收集室

等温反应器和绝热反应器各有优、缺点。等温反应器所需水蒸气少且品位较低，反应器纵向温度分布均匀，生产易于控制。缺点是设备复杂，制造困难，生产规模较小，一般适于小规模生产。绝热反应器结构简单，制造方便，生产能力大，但转化率、选择性低，水蒸气用量大且品位较高，一般适于大规模生产。脱氢反应器的改进方向主要是减少能耗，降低压降，提高单程转化率。

目前国外大都采用绝热反应器生产苯乙烯，我国一些生产规模较小的厂家仍采用等温式反应器，而新建的生产能力较大的装置大都采用绝热式反应器。

（三）粗苯乙烯的分离与精制工艺流程

脱氢产物粗苯乙烯（工业上称炉油）的典型组成如表 15-7 所示。

表 15-7　乙苯脱氢产物粗苯乙烯典型组成

组　分	苯乙烯	乙苯	甲苯	苯
含量,％（质量）	37.0	61.1	1.1	0.6

从表中可看出，炉油中除含有产物苯乙烯以外，尚含有大量未反应的乙苯（61％）和副产物苯、甲苯，另有少量的焦油，需用精馏的方法加以分离。

对炉油进行分离精制，过程存在着两个关键问题。一是苯乙烯容易自聚，其聚合速度随温度升高而加快，特别是当温度超过 100℃时，即使有阻聚剂存在，也会急剧聚合。苯乙烯聚合速度随温度的变化见图 15-10；二是乙苯和苯乙烯的沸点比较接近，常压下沸点差只有 9℃左右，分离推动力较小，要想达到分离目的，必须采用较多的塔板。而在常压下采用较多的塔板进行分离，塔釜温度远远超过了 100℃以上，因此，要求分离过程必须在减压下进行，以降低塔釜温度。过去由于塔板形式较落后，单板压降较大，即使塔顶达到了很大的真空度，塔釜仍不能保证在 100℃以下操作，故一般是采用双塔串联使用，既可达到分离目的，又可保证塔釜温度在100℃以下,这种流程称之为双塔流程。以后研制出新型塔板——导向筛板(林德板),大大降低了单板压降,从而使总压降降低,实现了乙苯-苯乙烯的单塔分离,且釜温不超过100℃。这样既可节省能量,又可减少苯乙烯的进塔次数,减少聚合机会,此流程称为单塔流程。目前国内外生产厂家大都采用单塔流程。单塔分离流程如图15-11所示。

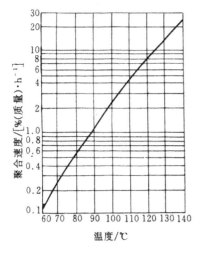

图 15-10 各温度下的苯乙烯聚合速度

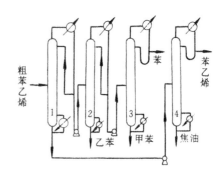

图 15-11 粗苯乙烯的单塔分离和精制流程
1—乙苯蒸出塔；2—苯、甲苯回收塔；
3—苯、甲苯分离塔；4—苯乙烯精馏塔

粗苯乙烯进入乙苯蒸出塔1,将未反应的乙苯及比乙苯轻的组分如甲苯、苯等与苯乙烯分离。塔顶蒸出的乙苯、甲苯、苯经冷凝冷却后部分回流入塔,其余部分送入苯、甲苯回收塔2,在此塔中将苯、甲苯与乙苯分离,塔釜得到的乙苯可做循环乙苯用,塔顶得到的苯、甲苯经冷凝冷却后,部分回流,其余部分送入苯、甲苯分离塔3。在此塔中将苯和甲苯分离。乙苯蒸出塔塔釜液主要是苯乙烯,含有少量的焦油,将其送入苯乙烯精馏塔4中进行精馏,塔顶得到聚合级成品苯乙烯,纯度为99.6%(质量),将其送入贮槽以备聚合用。塔釜液为焦油,含有一定量的苯乙烯,可进一步回收苯乙烯。该流程中乙苯蒸出塔和苯乙烯精馏塔均应在减压下操作。为防止苯乙烯聚合,需加一定量的阻聚剂,例如二硝基苯酚、叔丁基邻苯二酚等。

产品苯乙烯单体对污染物甚为敏感,故放置苯乙烯的贮槽应无铁锈和潮气,除加一定量的阻聚剂以防止苯乙烯的聚合外,存放温度不能过高,存放时间不能过长。

第四节　烃类的氧化脱氢

一、氧化脱氢简介

脱氢反应由于受到化学平衡的限制,转化率不可能很高,特别是低级烷烃、烯烃的脱氢反应,其转化率一般较低。从平衡角度来看,增大反应物的浓度或降低生成物的浓度,都有利于反应的进行。如果将生成的氢气移走,则平衡肯定向脱氢方向进行,可提高平衡转化率。将产物氢气移出的方法一是直接将氢气移出,二是加入某种物质,让其与所要移走的氢气结合而移出,这些物质称为氢"接受体"。当这些氢"接受体"与氢结合时,可放出大量的热量,所以既可及时移出反应生成的氢,又可补充反应所需热量。常用的氢"接受体"为氧气(或空气)、卤素和含硫化合物等。这些"接受体"能夺取烃分子中的氢,使其转变为相应的不饱和烃而氢被氧化,这种类型的烃类脱氢反应称之为烃类氧化脱氢。

二、正丁烯氧化脱氢生产丁二烯

烃类氧化脱氢反应中,最具代表性的为正丁烯氧化脱氢生产丁二烯。下面仅以正丁烯氧化脱氢生产丁二烯为例讲解烃类氧化脱氢的基本原理。

（一）丁二烯的性质、用途和生产方法简介

1. 丁二烯的性质

丁二烯是一种无色气体，具有特殊气味，有麻醉性，易液化，相对密度 0.62（20℃，kg/L），熔点 −108.9℃，沸点 −4.45℃，爆炸极限 2.16%～11.47%（体积）。

丁二烯是最简单的具有共轭双键的二烯烃，化学性质活泼，易发生聚合反应。

2. 丁二烯的用途

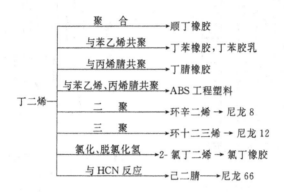

其中丁二烯与苯乙烯聚合生成丁苯橡胶是产量最大的合成橡胶，约占合成橡胶产量的一半以上。

3. 生产丁二烯的方法简介

工业上最早采用的生产丁二烯的方法是利用酒精为原料合成丁二烯，此法要耗用大量的粮食酒精，目前已淘汰不用。现在工业上广泛采用的方法主要有以下几种。

（1）烃类裂解制乙烯的联产物碳四馏分分离得到丁二烯　烃类裂解副产物碳四馏分的收率一般为乙烯收率的 30%～50%，其中丁二烯的含量高达 40% 左右。由石脑油裂解生产乙烯所得碳四馏分组成如表 15-8 所示。

表 15-8　石脑油裂解所得碳四馏分组成

组　分	$n-C_4^0$	$i-C_4^0$	$n-1-C_4^=$	$i-C_4^=$	$1,3-C_4^{==}$	$c-2-C_4^=$	$t-2-C_4^=$
含量,%（质量）	8.95		17.06	23.74	39.26	4.22	5.78
沸点/℃	−0.5	−11.7	−6.3	−6.9	−4.5	0.9	3.7

从表 15-8 中可以看出，碳四馏分中各组分的沸点差很小，特别是正丁烯、异丁烯、丁二烯三者的沸点相近，很难用一般的精馏方法将其分离。工业上通常采用萃取精馏法进行分离，所采用的萃取剂有 N-甲基砒咯烷酮、二甲基甲酰胺和乙腈等。

（2）丁烷和丁烯催化脱氢制得丁二烯　丁烯催化脱氢是一个吸热反应，由于受热力学平衡的限制，即使在 600℃ 以上高温和大量水蒸气存在下进行反应，仍得不到较理想的丁二烯单程转化率，且表面结焦严重，供热困难。工业上一般采用 3～5 个反应器轮换进行反应和再生，丁二烯的单程产率一般在 24%～38% 之间。

（3）正丁烯氧化脱氢生产丁二烯　该法采用空气中的氧为氢接受体，氧可以和正丁烯反应生成丁二烯和水,这样将吸热反应转化成放热反应,使可逆反应转化成单向反应。由于温度较低,催化剂结焦较少,无需再生,延长了催化剂的使用寿命,提高了丁二烯的单程产率。该方法已实现了工业化生产,目前已取代了丁烯催化脱氢生产丁二烯的方法。

（二）催化剂

用于正丁烯氧化脱氢生产丁二烯的催化剂有许多种,如磷、钼、铋、钨、铁、锑、锡等元素的二组元或三组元混合氧化物,其中以磷、钼、铋催化剂性能最好。工业上所用的催化剂主要有以下两类。

1. 钼酸铋体系

该类催化剂是以 Mo-Bi 氧化物为基础的二组元或多组元催化剂。早期使用的 Mo-Bi-O 二组元或 Mo-Bi-P-O 三组元催化剂,其活性和选择性均较低。后经不断研究改进,发展为六组元或更多组元的混合氧化物催化剂。如 Mo-Bi-P-Fe-Ni-K-O 等,在活性和选择性方面较之二组元催化剂有较大的提高。如在六组元混合氧化物催化剂上氧化脱氢,正丁烯转化率可达66%,丁二烯的选择性可达80%左右。

在钼酸铋体系催化剂中,活性组分是钼或钼-铋氧化物,碱金属、铁族元素等其他元素为助催化剂。常用的载体为硅胶。该催化剂的缺点是副产物中有机酸生成量较多,三废污染严重。

2. 铁酸盐尖晶石体系

这是 60 年代后期开发研究的一类具有尖晶石型（$A^{2+}B_2^{3+}O_4$）结构的铁酸盐类催化剂,常用的有 $ZnFe_2O_4$、$MnFe_2O_4$、$MgFe_2O_4$、$ZnCrFeO_4$ 等。据研究在该类催化剂中 α-Fe_2O_3 的存在是必要的,否则催化剂的活性会很快下降。该类催化剂对正丁烯氧化脱氢具有较高的活性和选择性,含氧副产物较少,三废污染少,转化率可达70%左右,选择性可达90%以上。

（三）正丁烯氧化脱氢反应的热力学分析

正丁烯氧化脱氢生成丁二烯属放热反应,反应方程式如下：

$$C_4H_8 + \frac{1}{2}O_2 \xrightarrow[450℃]{催化剂} C_4H_6 + H_2O \qquad \Delta H^\circ_{720K} = -125.4 \text{ kJ/mol}$$

其反应平衡常数与温度的关系为：

$$\lg K_P = \frac{13740}{T} + 2.14\lg T + 0.829 \qquad (15\text{-}4)$$

从上式可以看出,在任何温度下,正丁烯氧化脱氢生产丁二烯的平衡常数均很大,在热力学上均十分有利,即反应不受热力学限制。

（四）主要副反应

丁烯氧化过程可能发生的副反应主要包含以下几类。

1. 完全氧化生成一氧化碳、二氧化碳和水。

2. 氧化生成呋喃、丁烯醛、丁酮。

3. 深度氧化脱氢生成乙烯基乙炔、甲基乙炔等。

（五）反应机理及动力学分析

正丁烯在铁酸盐尖晶石催化剂上的氧化脱氢机理可以表示如下：

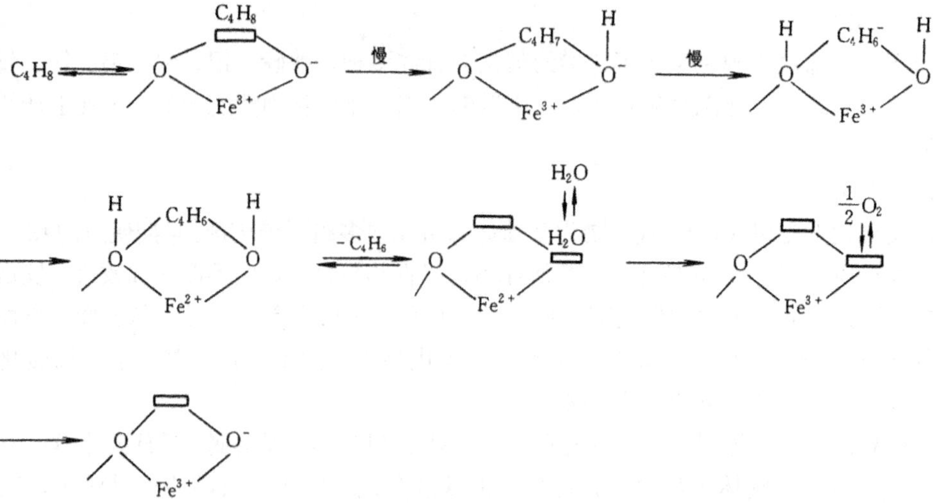

正丁烯分子吸附在催化剂表面 Fe^{3+} 附近的阴离子缺位上（以 □ 表示），氧则解离为 O^- 形式吸附在毗邻的另一缺位上。吸附的正丁烯在 O^- 的作用下，先以均裂的方式去掉一个 α-H，并与 O^- 结合，然后再以异裂的方式去掉另一个 α-H 而形成 $C_4H_6^-$，脱去的第二个氢则与晶格氧相结合，形成的 $C_4H_6^-$ 与 Fe^{3+} 发生电子转移而生成丁二烯并从催化剂表面解吸。形成的两个 OH 基结合成 H_2O，同时产生一个缺位，气相氧又吸附在此缺位上发生解离吸附形成 O^-，同时使 Fe^{2+} 氧化成 Fe^{3+}，形成氧化还原催化循环。

对 2-丁烯在铁-锌-镁铁酸盐尖晶石催化剂上氧化脱氢为丁二烯的动力学进行研究，认为该反应是符合双位强吸附机理，控制步骤为表面反应，其主反应的动力学方程为：

$$r=\frac{k\lambda_B\lambda(O_2)p_B p(O_2)}{(\lambda_B p_B+\lambda(O_2)p(O_2))^2} \tag{15-5}$$

式中　　　k——反应速度常数，mol/ml 催化剂·h；

λ_B、$\lambda(O_2)$——分别为 2-丁烯和氧的吸附系数，1/kPa；

p_B、$p(O_2)$——分别为 2-丁烯和氧的分压，kPa。

（六）操作条件的选择

由于所用催化剂不同，采用的反应器形式不同，操作条件的确定亦不同。以铁酸盐尖晶石催化剂使正丁烯氧化脱氢制丁二烯，一般采用绝热式反应器，其操作条件有：氧与丁烯用量比；水蒸气与丁烯用量比；反应器入口温度；正丁烯的空速和反应器入口压力等。另外原料纯度也有一定的影响。

1. 氧与正丁烯的用量比

正丁烯氧化脱氢采用的氧化剂可以是纯氧，也可以是空气，一般采用廉价的空气。由于丁二烯的收率与氧的用量直接有关，故氧/丁烯比是一很重要的操作指标。用量比增加，转化率增加，选择性下降，但由于转化率增加幅度较大，故丁二烯收率表现为增加。但氧/丁烯比超过一定范围，收率又会下降。用量比对转化率、选择性等的影响见表 15-9。

表 15-9　氧/丁烯用量比对转化率、选择性等的影响

氧/丁烯 摩尔比	H$_2$O/丁烯 摩尔比	进口温度 ℃	出口温度 ℃	转化率 %	选择性 %	收　率 %
0.52	16	347	532	72.2	95.0	68.5
0.60	16	345	556	77.7	93.9	72.9
0.68	16	346	584	80.7	92.2	74.4
0.72	16	344	609	79.5	91.6	72.8

注：丁烯液相空速为2.14h^{-1}。

从上表中可以看出，用量比增加，进、出口温差增大，要想降低其出口温度，可提高水蒸气对丁烯的用量比。通常为了保护催化剂的活性，氧必须过量。一般控制过量为理论量的50%左右。

2. 水蒸气与丁烯的用量比

尽管水蒸气本身不参加反应，但它的存在可提高氧化脱氢反应的选择性，且选择性随H$_2$O/丁烯增加而增加，直到最大值。对每一个所用的氧/丁烯用量比，都有一最佳水蒸气/丁烯用量比，氧/丁烯比高，则水蒸气/丁烯比也高。由表15-10中数据可以看出，当氧/丁烯比为0.52时，水蒸气/丁烯的最佳用量比为12（摩尔比）。

表 15-10　不同水蒸气/正丁烯用量比的影响

（氧/正丁烯为0.52（摩尔比），正丁烯液空速2.14 h^{-1}）

水蒸气/正丁烯 摩尔比	进口温度 ℃	出口温度 ℃	转化率 %	选择性 %	收　率 %
9	306	548	71.1	94.6	67.8
10	321	583	71.7	94.9	68.0
12	334.4	558	72.3	95.1	68.8
16	346.7	531.7	72.2	95.0	68.5

3. 反应温度

用绝热反应器进行正丁烯氧化脱氢反应，主要是控制反应器入口温度，该温度不能低于称作点火温度的最低进口温度，低于此温度将无法进行反应。

丁烯氧化脱氢反应适宜的温度范围一般为327～545℃，温度升高，对选择性影响不大。所以，尽管该反应是一个放热反应，仍可以采用绝热式反应器。提高进口温度，有利于提高反应速度，减少催化剂用量。但温度过高，出口温度相应增高，则含氧副产物和炔烃的生成量也会增加。要提高进口温度，必须相应提高水蒸气/丁烯用量比，以降低出口温度。

4. 丁烯的空速

研究表明，丁烯的空速适应范围较宽，即丁烯空速在一定范围内变化，对选择性影响甚小，但对转化率有一定的影响。一般空速增加需相应提高进口温度，以保持一定的转化率。空速增加，反应总热量增加，应注意热量的移出，避免造成温度过高。工业上丁烯空速一般采用600 h^{-1}（气体空速）左右或稍高。

5. 反应进口压力

压力对丁烯氧化脱氢的选择性有明显的影响。图15-12表示了进口压力对选择性和收率的影响。从图中可以看出，压力增大，选择性下降，收率也相应下降。

6. 原料组成

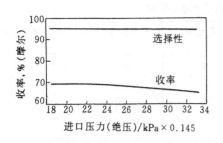

图 15-12 进口压力对选择性
和收率的影响

原料中的烷烃在过程中不参加反应，对丁烯氧化脱氢影响不大。正丁烯各异构体在铁酸盐尖晶石催化剂上的氧化脱氢反应速度和生成丁二烯的选择性稍有不同。

原料中应严格控制 C_3、C_5 烯烃和异丁烯含量，否则会引起丁烯转化率下降，副反应增多及催化剂积炭增多等。总之最佳操作条件的选择，应同时考虑到投资和成本，以获得最大丁二烯收率为主要目标，综合考虑各种影响因素而定。表 15-11 表示了采用二段绝热式反应器，丁烯在铁酸盐尖晶石催化剂上氧化脱氢制取丁二烯时所采用的操作条件和反应结果。

表 15-11 正丁烯在二段绝热式反应器中氧化操作条件和反应结果

操作条件		反应结果	
入口温度/℃	322～372	正丁烯转化率,%	70
出口温度/℃	450～500	丁二烯选择性,%	90
氧/丁烯（摩尔比）	0.40	丁二烯收率,%	63
水蒸气/丁烯（摩尔比）	6	CO 选择性,%	7.26
丁烯气相空速/h⁻¹	600	CO 选择性,%	1.03
床层阻力/kPa	8.80	含氧化合物选择性,%	1.71

（七）丁烯氧化脱氢的工艺流程

丁烯氧化脱氢生产丁二烯的工艺流程可分为丁烯脱氢反应和丁二烯的分离精制两大部分。脱氢反应部分工艺流程如图 15-13 所示。

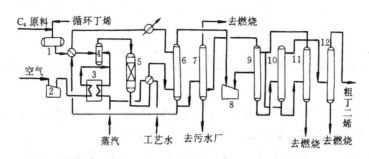

图 15-13 正丁烯氧化脱氢制丁二烯反应部分流程

1—C_4 原料罐；2—空气压缩机；3—加热炉；4—混合器；5—反应器；6—淬冷塔；7—吹脱塔；
8—压缩机；9—吸收塔；10—解吸塔；11—油再生塔；12—脱重组分塔

新鲜原料正丁烯和循环正丁烯混合后，再与预热至一定温度的空气和水蒸气混合物充分混合并加热至一定温度，然后进入绝热式反应器进行氧化脱氢反应。反应器内装填铁酸盐尖晶石催化剂，自反应器出来的产物经废热锅炉进行热量回收并产生水蒸气供反应使用，然后再入淬冷系统，直接喷水急冷。反应物料在淬冷塔中经进一步降温及除去高沸点副产物后经压缩系统加压进入吸收分离系统。利用沸程为 60～90℃ 的 C_6 油在吸收塔内吸收生成物中的丁烯和丁二烯，然后入解吸塔，解吸出精丁二烯（含丁烯和炔烃等），经脱重组分塔脱除高沸点杂质后，送去分离精制。解吸塔底部的吸收剂经处理后循环使用，未被吸收的气体主要是 N_2、CO、CO_2，并含有少量低沸点副产物，经吹脱塔送火炬燃烧处理。从淬冷塔底部排出的水，含有沸点较高的含氧副产物，一部分送热交换器回收能量后循环使用，一部分经吹脱塔后排放至污水处理厂。

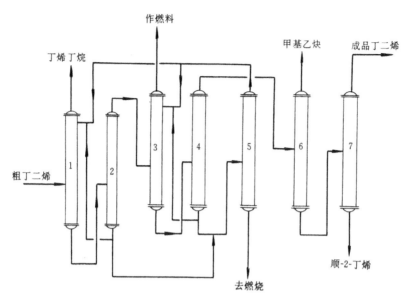

图 15-14　丁二烯分离和精制流程

1——一级萃取精馏塔；2——一级蒸出塔；3—二级萃取精馏塔；4—二级蒸出塔；

5—萃取剂再生塔；6—脱轻组分塔；7—丁二烯精馏塔

解吸塔得到的粗丁二烯，利用二级萃取精馏的方法进行分离。其工艺流程如图 15-14 所示。

粗丁二烯在一级萃取精馏塔中用萃取剂萃取，塔顶得到丁烯和丁烷，将其中的丁烷分出，丁烯循环使用（也需采用萃取精馏）。塔釜含丁二烯的萃取液进入一级蒸出塔解吸出丁二烯。塔顶产物进入二级萃取精馏塔，分离出其中的炔烃，塔釜萃取液进入二级蒸出塔，塔顶蒸出的丁二烯尚可能含有少量的甲基乙炔和顺式-2-丁烯，先入脱轻组分塔中蒸出甲基乙炔，然后在丁二烯精馏塔中，分出顺式-2-丁烯，获得产品聚合级丁二烯。从一级蒸出塔、二级蒸出塔塔釜出来的萃取剂，大部分循环使用，一部分去再生塔再生后循环使用。

（八）主要技术经济指标

丁烯在铁酸盐尖晶石催化剂上氧化脱氢制丁二烯的主要消耗定额见表 15-12。

表 15-12　正丁烯氧化脱氢制丁二烯的主要技术经济指标

项　　目	消耗定额（每吨丁二烯）	项　　目	消耗定额（每吨丁二烯）
原料正丁烯（100%）/t	1.22	耗电/（kW·h）	867.6
公用工程		冷冻量/kJ	1291×10⁴
工艺水/t	3.8	燃料气/m³	248
工业水/t	662.2	污水处理/t	39.6
低压蒸气/t	26.6		

（九）与催化脱氢法的比较

丁烯氧化脱氢是 60 年代研究开发的一种新的生产丁二烯的方法，它较之催化脱氢法有许多优点：

1. 转化率和产率高

丁烯氧化脱氢反应为不可逆反应。其反应不受热力学影响，所以其转化率较之催化脱氢反应的转化率要高。

2. 能量消耗低

丁烯氧化脱氢变原来的丁烯催化脱氢的吸热反应为放热反应，从而大大节省了热量，可使丁二烯的成本降低约 30％左右。

另外丁烯氧化脱氢的催化剂选择性高，稳定性好，所需反应温度低而使积炭大大减少，故催化剂可长期使用不用再生，从而便于连续生产，操作费用降低。

思 考 练 习 题

15-1 催化脱氢反应共有几种类型？

15-2 乙苯催化脱氢除主反应外，还有哪些主要副反应？

15-3 试述压力对催化脱氢平衡的影响。

15-4 提高温度对催化脱氢平衡有何影响？

15-5 乙苯催化脱氢生成苯乙烯的催化剂有几种？其性能如何？

15-6 简述烃类催化脱氢的反应机理。

15-7 工业上共有几种生产苯乙烯的方法？各有何优缺点？

15-8 乙苯催化脱氢生产苯乙烯的反应部分有几种流程？各有何优缺点？反应器结构如何？

15-9 从热力学和动力学两方面综合分析说明苯乙烯收率的方法。

15-10 苯乙烯精制有何困难？工业上是如何解决的？

15-11 苯乙烯精制分离为何可由双塔流程发展为单塔流程？

15-12 丁烯氧化脱氢合成丁二烯生产过程的影响因素有哪些？它们对反应结果有何影响？

15-13 用框图表示丁烯氧化脱氢生产丁二烯的工艺流程。

15-14 丁烯氧化脱氢所采用的催化剂有几种类型？

第十六章　催化氧化

本章学习要求

1. 熟练掌握的内容

熟练掌握乙醛液相氧化制醋酸的工艺流程和操作条件的选择；熟练掌握丙烯氨氧化制丙烯腈的工艺流程和操作条件的选择。

2. 理解的内容

理解催化氧化反应的基本原理；理解催化氧化反应催化剂的作用及选择。

3. 了解的内容

了解催化氧化反应的分类及催化氧化反应在化学工业中的应用；了解催化氧化反应的特点及催化氧化反应的安全技术问题；了解乙烯钯盐络合催化氧化制乙醛的基本原理及工艺流程。

第一节　概　　述

一、催化氧化反应在有机化学工业中的地位

催化氧化反应在有机化学工业、特别是在石油化学工业中有着十分重要的地位。这是因为随着石油化学工业的迅速发展，烷烃、烯烃和芳烃等基础有机原料的产量稳步上升，而进一步将这些基础有机原料转化为各种有机化工产品的主要手段之一是通过催化氧化来实现，特别是近年来对催化氧化反应催化剂的不断研究开发，催化氧化技术及工艺过程的不断改进完善，使氧化产品类型不断扩大，给基本有机化工的发展带来了新的前景。目前由催化氧化过程生产的重要有机化工产品如表 16-1 所示。

表 16-1　重要的催化氧化产品

醇　类	醛　类	酮　类	酸　类	酸酐和酯	环氧化物	有机过氧化物	有机腈	二烯烃
乙二醇	甲　醛	丙　酮	醋　　　酸	醋　　　酐	环氧乙烷	过氧化氢异丙苯	丙　烯　腈	丁二烯
高级醇	乙　醛	甲乙酮	丙　　　酸	顺丁烯二酸酐	环氧丙烷	过氧化氢乙苯	甲基丙烯腈	
环己醇	丙烯醛	环己酮	丙　烯　酸	均苯四酸二酐		过氧化氢异丁烷	苯　二　腈	
异丁醇		苯己酮	甲基丙烯酸	丙　烯　酸　酯			乙　　　腈	
			己　二　酸					
			对苯二甲酸	邻苯二甲酸酐				
			高级脂肪酸					

表 16-1 中所列的产品，有些是有机化工的重要原料和中间体，有些是三大合成材料的重要单体，有些是用途极广的溶剂，这些产品在化学工业乃至整个国民经济中都占有十分重要的地位。

二、催化氧化反应的分类

在有机化学工业中，生产各种氧化产品所涉及的氧化反应大体可分为以下五类。

（一）在反应物分子中直接引入氧

如：

$$CH_2=CH_2 + \frac{1}{2}O_2 \longrightarrow CH_3CHO$$

$$CH_2=CH_2 + \frac{1}{2}O_2 \longrightarrow \underset{O}{CH_2-CH_2}$$

$$CH_3-\underset{|}{CH}-CH_3 + O_2 \longrightarrow CH_3-\underset{|}{\overset{CH_3}{C}}-COOH$$

（二）反应物分子脱氢并同时添加氧

如：

$$CH_2=CH-CH_3 + O_2 \longrightarrow CH_2=CH-CHO + H_2O$$

$$CH_2=CH-CH=CH_2 + 2\frac{1}{2}O_2 \longrightarrow \underset{CHCO}{\overset{CHCO}{|}}O + 2H_2O$$

$$\underset{CH_3}{\overset{CH_3}{\bigodot}} + 3O_2 \longrightarrow \underset{COOH}{\overset{COOH}{\bigodot}} + 2H_2O$$

（三）反应物分子只脱去氢，脱下的氢被氧化成水

如：

$$CH_3CH_2OH + \frac{1}{2}O_2 \longrightarrow CH_3CHO + H_2O$$

$$CH_3-CH_2-CH=CH_2 + \frac{1}{2}O_2 \longrightarrow CH_2=CH-CH=CH_2 + H_2O$$

（四）两个反应物分子共同失去氢，氢被氧化成水

如：

$$CH_2=CH-CH_3 + NH_3 + \frac{3}{2}O_2 \longrightarrow CH_2=CH-CN + 3H_2O$$

$$CH_2=CH_2 + CH_3COOH + \frac{1}{2}O_2 \longrightarrow CH_3-\overset{O}{\overset{\|}{C}}-O-CH=CH_2 + H_2O$$

（五）降解氧化反应

1. 部分降解氧化反应

如：

$$\bigodot + 4\frac{1}{2}O_2 \longrightarrow \underset{CHCO}{\overset{CHCO}{|}}O + 2H_2O + 2CO_2$$

2. 完全降解氧化反应

如：

$$CH_3-CH=CH_2 + 4\frac{1}{2}O_2 \longrightarrow 3CO_2 + 3H_2O$$

前四类反应主要发生在 C—H 键上，而 C—C 键并没有断裂。后一类反应的 C—C 键、C—H 键同时发生反应，C—C 键也断裂，这类反应使反应物 C 原子不能充分利用，并且使组成复杂。特别是完全降解氧化反应，不仅消耗了原料，而且放出大量热量，使反应难以控制，故在氧化反应中应尽量避免完全降解氧化反应的发生。

工业上根据反应物状态不同，可将催化氧化反应分为气相氧化法和液相氧化法两种。

三、催化氧化反应过程的共性

（一）强放热性

所有的催化氧化反应均为强放热反应，特别是完全氧化反应，其释放的热量要比部分氧

化反应放热大 8~10 倍。因此在氧化过程中，反应热的移走是一个主要而又关键的问题。如果不能有效及时地移走反应热，则会使反应温度迅速升高，而温度升高会导致催化剂选择性下降，从而加剧完全氧化反应的进行，致使反应温度无法控制而引起"飞温"，甚至发生爆炸。

（二）不可逆性

几乎所有的催化氧化反应都是不可逆反应，都能进行到底，即平衡常数相当大。如乙烯和醋酸催化氧化制醋酸乙烯，温度为 170℃时，其平衡常数 $K_P \approx 10^{24}$，即在热力学上占绝对优势。因此，在研究催化氧化反应时，应着重考虑其他影响因素，而不必考虑化学平衡问题。

（三）多途径氧化性

烃类催化氧化反应由于反应条件不同，所选用的催化剂不同，可氧化成多种产物。如丙烯催化氧化反应可能发生的氧化途径如下：

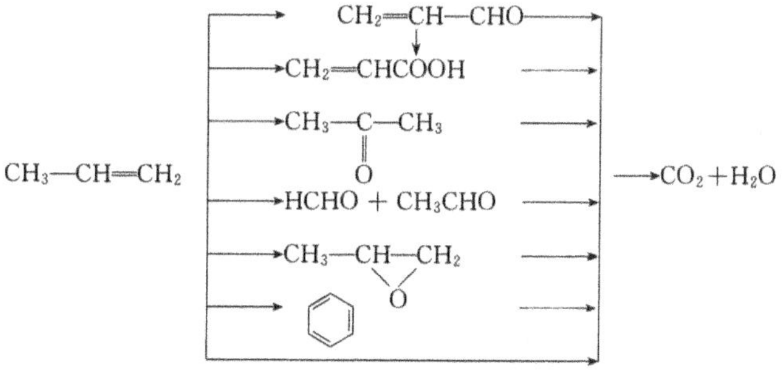

对于这样一个复杂反应系统，要使反应尽可能朝着所要求的方向进行，得到所需产品，必须采用选择性和活性较强的催化剂及适宜的反应条件。常用的催化剂有过渡金属、过渡金属氧化物及其盐类。

（四）易爆性

催化氧化反应极易爆炸。原料烃和氧均有一个爆炸极限，所以原料配比一般要求在爆炸极限之外，而进料比往往与理论值相差甚远，这给生产带来一定困难，因此实际生产中对工艺条件的选择和控制应特别注意安全。

四、氧化剂的选择

氧化反应所采用的氧化剂有许多种，其中最具价值的氧化剂是气态氧，可以是空气，亦可以是纯氧。此类氧化剂来源丰富，无腐蚀性，但其氧化能力较弱。以空气为氧化剂，优点是容易获得，比较安全，但动力消耗较大，排放尾气量大。以纯氧为氧化剂，优点是设备体积较小，排放尾气量少，但需空分设备。

催化氧化反应根据其所采用催化剂的类型及反应物系相态的不同，可分为均相催化氧化反应和非均相催化氧化反应两大类。

第二节　均相催化氧化反应

均相催化氧化大多是气、液相氧化反应，单纯的气相氧化反应因难以选择合适的催化剂，且反应较难控制，故工业上一般不采用。

工业上广泛采用的均相催化氧化反应可分为两类，一类是均相催化自氧化反应，另一类是均相络合催化氧化反应。均相催化自氧化反应一般用过渡金属离子为催化剂，具有自由基链反应的特点。代表反应是乙醛催化自氧化制醋酸。均相络合催化氧化反应一般采用金属络合物为催化剂，在反应过程中，反应物与金属离子形成活性络合物，然后转化为产物。代表反应是乙烯在 $PdCl_2\text{-}CuCl_2\text{-}HCl$ 水溶液催化剂中均相络合催化氧化制乙醛。

近年来开发研究的均相催化氧化反应类型甚多，例如在 $PdCl_2$-$CuCl_2$-LiCl-CH_3COOLi 催化剂存在下，乙烯、一氧化碳和氧直接羰化氧化一步合成丙烯酸等。另外，还开发了用有机过氧化物为氧化剂的均相氧化新工艺，受到世界各国关注。

本节主要讨论工业上广泛采用的两类均相催化氧化反应——均相催化自氧化反应和均相络合催化氧化反应。

一、均相催化自氧化反应

（一）均相催化自氧化反应的基本原理

烃类及其他有机化合物的自氧化反应是按照自由基链式反应机理进行的，下面以烃类液相催化氧化为例介绍反应机理。

链引发：　　　$RH + O_2 \xrightarrow{k_i} \dot{R} + H\dot{O}_2$ 　　　　　　　　　　　　　　　(16-1)

链传递：　　　$\dot{R} + O_2 \xrightarrow{k_1} RO\dot{O}$ 　　　　　　　　　　　　　　　(16-2)

　　　　　　　$RO\dot{O} + RH \xrightarrow{k_2} ROOH + \dot{R}$ 　　　　　　　　　　　　(16-3)

链终止：　　　$\dot{R} + \dot{R} \xrightarrow{k_t} R—R$ 　　　　　　　　　　　　　　　(16-4)

在上述自由基反应的三个步骤中，起决定作用的步骤为链引发，即烃分子发生均裂反应转化为自由基的过程，需很大的活化能。

要使链反应开始，必须经过一诱导期，这是因为氧分子的高键强度（493.24 kJ/mol）离解为原子氧是比较困难的。所有包括有 O—O 键断开的反应均需吸收热量，因此低温时，氧化反应较缓慢，有一自由基浓度的积累阶段，一般称为诱导期。在此阶段观察不到氧的吸收，一般可长达数小时或更长时间。过了诱导期后，反应迅速加快并达到最大值。为了缩短诱导期，常加入引发剂以加速自由基的生成。在生产中，常用合适的催化剂以加速链引发反应。

链的传递反应是自由基-分子反应，所需活化能较小。这一过程包括氧从气相到反应区域的传递过程和化学反应过程。在氧分压足够高时，反应（16-2）的速度很快。链传递反应速度主要是由反应（16-3）所控制。在稳定情况下，链引发速度等于链消失速度，此时反应物的氧化速度可由下式表示：

$$\frac{-d[O]_2}{dt} = k_2[RH][RO\dot{O}] = \frac{[k_i]^{1/2} k_2 [RH]}{[2k_t]^{-1/2}}$$ 　　　　(16-5)

式中　k_i——链引发速度；

　　　k_2——反应式（16-3）的速度常数；

　　　k_t——链终止反应速度常数。

反应（16-3）的产物 ROOH 性质不稳定，在一定条件下可分解产生新的自由基，发生分支反应，生成不同的氧化产物。如常见的分支反应为：

$$ROOH \longrightarrow R\dot{O} + \dot{O}H$$

$$R\dot{O} + RH \longrightarrow ROH + \dot{R}$$

$$\dot{O}H + RH \longrightarrow H_2O + \dot{R}$$

$$2ROOH \longrightarrow RO\dot{O} + R\dot{O} + H_2O$$

$$RO\dot{O} \longrightarrow R'O + R''CHO$$

$$R\dot{O} + RH \longrightarrow ROH + \dot{R}$$

分支反应产物复杂，含有醇、醛、酮、酸等。

（二）催化剂及氧化促进剂

工业生产中，大多数均相氧化反应都是在催化剂存在下进行的，一般选用的催化剂是过渡金属的水溶性或油溶性的有机酸盐，如醋酸钴、丁酸钴、环烷酸钴、醋酸锰等。对均相催化自氧化反应催化剂的作用，目前研究的还不十分详细，一般认为有以下两个方面的作用：

1. 加速链引发，缩短或消除诱导期，具体作用机理有待于进一步研究。

2. 加速 ROOH 的分解，促进氧化产物醇、醛、酮、酸等的生成。

为了使催化系统的氧化还原循环能够达到平衡，必须选择氧化还原电位高的金属离子作催化剂。工业上一般选择氧化还原电位较高的钴离子和锰离子的盐类作催化剂。

催化剂的加入方式通常是将二价钴盐（或锰盐）转化为有机酸盐（醋酸盐等），并溶于溶剂中（常用的溶剂是醋酸），然后加入到反应系统，催化剂用量一般少于 1%。

有些烃类或有机物的自氧化反应既使在催化剂的存在下，其反应诱导期仍较长，或氧化反应只停留在某一阶段。如环己烷一步氧化制己二酸时，如仅采用钴催化剂，当反应温度为 90℃ 时，诱导期为 7 h 左右。再如对二甲苯氧化制对苯二甲酸时，对二甲苯分子中第一个甲基较易氧化，第二个甲基由于受到羧基的影响不易氧化，在钴催化剂的作用下，仅能得到对甲苯甲酸。为了缩短诱导期和加快某一步氧化反应速度，在使用催化剂的同时，采用氧化促进剂。工业上采用的促进剂主要有两大类：一类为有机含氧化合物，如乙醛等；另一类为溴化物，如溴化铵、四溴乙烷等。

（三）影响均相催化自氧化反应的因素

1. 杂质

由于均相催化自氧化反应是以自由基作为载链体，其链反应速度不仅取决于单位时间内引发的链的数目，同时也取决于链的转移速度。如果系统中有干扰引发反应或导致载链体自由基消失的杂质存在，则会使反应速度显著下降。

水是阻化剂，氧化反应速度随氧化液中水量的增加而降低，若达一定浓度，则反应会停止。如丁烷催化自氧化反应制醋酸时，当水含量达 30% 时，氧化反应即无法进行。

反应物中若含硫化物，也会起阻化作用，故一般对原料中的水和硫化物都有一定要求。

2. 反应温度和氧分压

工业上进行液相自氧化反应，为了使反应稳定进行，应保持足够高的反应温度，这样使反应在氧浓度高区域处于动力学控制，在氧浓度低区域处于氧的传质控制。在同一反应器内，动力学控制区和传质控制区同时存在时，既使温度有波动，仍能使反应稳定进行，但反应温度不能太高，太高则选择性下降，完全氧化副产物增多，温度易失控，会引起爆炸。反应温度也不能太低，否则处于完全由动力学控制的条件下操作时，如有其他因素引起反应温度降低，则会使反应速度显著下降，放热与移热失去平衡，会使温度进一步降低，反应速度进一步下降，形成恶性循环，最后导致反应无法进行。

当操作处于传质控制时，增加氧气的压力，可提高反应速度，但压力提高，对设备要求也高，由此有一适宜的操作压力。

3. 氧化气空速

$$氧化气空速 = \frac{空气（或氧气）的流量，Nm^3/h}{反应器中液体的滞流量，m^3} \qquad (16-6)$$

由于液相自氧化反应往往是在气、液相接触界面附近进行，空速增大，可增加气液接触面，使反应加速。但空速过大，气体在反应器内接触时间太短，反而降低了氧的利用率，同时由于尾气中含氧量增加，若达爆炸极限浓度范围，遇火花会产生爆炸，极不安全，故工业上一般利用尾气中氧含量来控制氧化气空速。

4. 溶剂

有些烃类的液相自氧化反应，其反应温度只能限制在临界温度之下，如丁烷液相自氧化反应只能在低于其临界温度（152℃）下进行。由于温度低，反应速度太慢，反应热不能合理利用。要使反应在高于临界温度下进行，必须采用溶剂，以溶解烃和氧及提供它们化合的环境。在选用溶剂时，必须注意溶剂效应，由于此效应可分为正效应和负效应，所以必须正确选择溶剂。

5. 转化率及返混

烃类自氧化反应，其转化率的大小，应根据具体反应而定。一般来说，若所需目的产物较稳定，不易进一步氧化，则转化率可适当控制较高一点，如乙醛氧化制醋酸，由于产物较稳定，故可控制较高转化率。若所需目的产物不稳定，易氧化，则为了获取高选择性，就必须限制转化率，如环己烷氧化制环己酮时，由于产物环己酮极易氧化，所以要想获得高选择性，转化率只能控制在10%左右。

自氧化反应结果与反应器中物料的返混程度也有关系。当产物易氧化时，则返混易使产物进一步氧化而使选择性下降。对此类反应工业上一般采用活塞流反应器以减少返混。当反应有中间产物生成且目的产物较稳定时，则返混会加快中间产物反应生成目的产物，选择性提高。对此类反应，工业上一般采用全返混型反应器，以增加返混。

（四）乙醛催化自氧化生产醋酸

醋酸是一种重要的有机化工原料，用途广泛，大量用于醋酸纤维工业和合成醋酸酯、醋酸乙烯，也是农药、染料、医药、食品及化妆品等工业的原料。

合成醋酸的方法很多，工业上主要采用乙醛氧化法、丁烷氧化法、轻油氧化法和甲醇羰基化法。

乙醛氧化法是生产醋酸最主要的方法，其工业化最早，技术成熟，原料路线可多样化。70年代，工业上成功地开发了由甲醇和一氧化碳低压羰化一步合成醋酸的新工艺。该法条件缓和，选择性高，产品质量好，原料消耗低，产品精制简单。自70年代开发以来，已逐步成为生产醋酸的主要方法之一。该方法的具体生产原理及工艺流程可参阅有关参考资料。本章重点讲授乙醛氧化法合成醋酸的反应机理和工艺流程。

1. 反应机理

乙醛液相催化自氧化合成醋酸的总反应方程式为：

$$CH_3CHO + \frac{1}{2}O_2 \longrightarrow CH_3COOH + 294 \text{ kJ/mol}$$

该反应属放热反应。在主反应进行的同时，亦有下列副反应发生：

$$2CH_3COOH \longrightarrow CH_3\overset{\overset{\displaystyle O}{\|}}{-}C-CH_3 + CO_2 + H_2O$$

$$CH_3OH + O \longrightarrow HCHO + H_2O$$

$$2CH_3CHO + 5O_2 \longrightarrow 4CO_2 + 4H_2O$$

$$HCHO + O \longrightarrow HCOOH$$

乙醛氧化的反应机理比较复杂，认识不完全统一，一般认为自由基的连锁反应机理较为成熟。乙醛较易被分子氧氧化，故常温下乙醛可自动吸收空气中的氧而氧化，属自动催化连锁反应，其反应机理为：

$$CH_3-\overset{\overset{H}{|}}{C}=O \longrightarrow CH_3\dot{C}O+\dot{H} \qquad (16\text{-}7)$$

$$CH_3\dot{C}O+O_2 \longrightarrow CH_3COO\dot{O} \qquad (16\text{-}8)$$

$$CH_3COO\dot{O}+CH_3CHO \longrightarrow CH_3COOOH+CH_3\dot{C}O \qquad (16\text{-}9)$$

$$CH_3COOOH \longrightarrow CH_3COOH+[O] \qquad (16\text{-}10)$$

$$CH_3CHO+[O] \longrightarrow CH_3COOH \qquad (16\text{-}11)$$

乙醛分子中 $-\overset{\overset{H}{|}}{C}=O$ 基团中的 H 容易解离出而生成自由基 $CH_3\dot{C}O$〔如式（16-7）所示〕，而 $CH_3\dot{C}O$ 可与氧作用生成 $CH_3COO\dot{O}$ 自由基〔如式（16-8）所示〕，该自由基反应性较大，可与乙醛反应生成过氧醋酸及自由基 $CH_3\dot{C}O$〔如式（16-9）所示〕，而过氧醋酸可分解为醋酸并放出新生态氧，此新生态氧又可使一个分子 CH_3CHO 氧化生成醋酸。如式（16-10）、（16-11）所示。

在没有催化剂存在的情况下，过氧醋酸的分解速度十分缓慢，会使反应系统中积累过量的过氧醋酸。由于过氧醋酸极易爆炸，若浓度达一定程度时，则会突然分解引起爆炸。所以工业化生产中必须解决过氧醋酸积聚问题。工业上通常采用催化剂来加速过氧醋酸的分解，控制过氧醋酸的浓度积累，可较好地消除爆炸隐患，从而实现工业化生产。常用的催化剂为变价金属的盐类，如钴盐、锰盐、铁盐等。一般采用醋酸锰，其收率较使用醋酸钴时的收率要高。

在锰盐催化剂存在下，由乙醛均相催化自氧化合成醋酸的反应机理如下：

$$CH_3CHO+Mn^{3+} \longrightarrow CH_3\dot{C}O+H^++Mn^{2+} \qquad 链引发$$

$$CH_3\dot{C}O+O_2 \longrightarrow CH_3COO\dot{O} \qquad 链转移$$

$$CH_3COO\dot{O}+CH_3CHO \longrightarrow CH_3COOOH+CH_3\dot{C}O$$

$$CH_3COOOH+CH_3CHO \longrightarrow 2CH_3COOH \quad （速度较快）$$

该过程的主要副产物为二氧化碳、甲酸、醋酸甲酯和二醋酸亚乙酯等。上述链引发和链转移反应速度较快，过氧醋酸的分解在催化剂的存在下反应速度大大加快，其和乙醛所生成的中间复合物在催化剂存在下分解速度很快，几乎难以察觉，故可使反应系统中过氧醋酸的浓度保持在较低程度，不致发生爆炸。催化剂用量约为原料量的 0.1%（质量）左右。用量过低时氧的吸收率较低，仅达 93%～94%，用量过高，则给生产带来一定的麻烦，如增加蒸发器的清洗频率等。

2. 乙醛均相催化自氧化生产醋酸的工艺流程

由乙醛液相催化自氧化生产醋酸的工艺流程如图 16-1 所示。

该流程主要包括了氧化反应器、蒸发器、脱轻组分塔、脱重组分塔及醋酸回收塔等设备。

氧化反应器采用的是带有外循环冷却器的鼓泡床塔式反应器。利用氧气作为氧化剂，以减少惰性气体的量，避免乙醛损失。乙醛和催化剂溶液自氧化反应器的中上部进入，氧气分为多段鼓泡通入反应液中，反应温度控制在 70～75℃，反应液在塔内停留时间约为 3 h。乙醛转化率可达 97% 左右，氧的吸收率约为 98%，醋酸的选择性为 98% 左右。氧化液自反应器顶

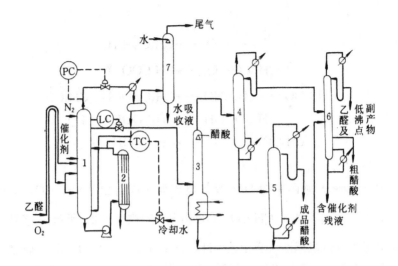

图 16-1　乙醛液相催化自氧化生产醋酸工艺流程

1—氧化反应器；2—外冷却器；3—蒸发器；4—脱轻组分塔；5—脱重组分塔；

6—醋酸回收塔；7—吸收塔

部溢流出，进入蒸发器，除去催化剂及多聚物等不挥发物质，并使醋酸气化。塔顶用少量醋酸进行喷淋洗涤，除去蒸发气体中夹带的醋酸锰、多聚物等杂质，以避免堵塞管道。从蒸发器顶部出来的蒸气进入脱轻组分塔，除去沸点低于醋酸的低沸物如乙醛、醋酸甲酯、甲酸和水等。塔顶蒸出的低沸物，部分回流，部分送入醋酸回收塔，回收其中的醋酸。蒸发器底部液体进入醋酸回收塔。未反应的氧夹带部分乙醛和醋酸蒸气自氧化反应器顶部排出，经冷却后，气相入吸收塔，用水吸收其中未反应的乙醛，不凝气放空。乙醛在气相中也能自氧化为过氧醋酸，但由于气相中无催化剂存在，生成的过氧醋酸不会立即分解，会形成浓度积累，导致突然分解爆炸。故对氧化反应器上部气相空间的氧浓度和温度必须严格控制，通常是通入一定量的保安氮气，降低气相中乙醛和氧的浓度，防止爆炸。脱轻组分塔底部出来的液体进入脱重组分塔，将其中的高沸物除去，塔顶蒸出的醋酸蒸气经冷凝冷却后得成品醋酸。塔釜液送入醋酸回收塔，回收其中所含的部分醋酸。

　　3. 反应器结构与材质

　　由于乙醛自氧化反应为气、液相反应，反应过程中氧的传递速度起主要作用，且反应过程有大量的热放出及中间产物易爆炸等特点，其反应器在结构设计和材质使用上，应针对以上特点，满足工艺要求，既要保证气、液均匀接触，又能及时移走氧化反应所放出的热量，且应有防爆安全保护装置等。工业上通常采用的乙醛自氧化制醋酸的反应器，一般为鼓泡床塔式反应器，通常称之为氧化塔。根据除热方式不同，氧化塔一般可分为内冷却式和外冷却式两种。气体分布装置一般采用多孔分布板或多孔分布管。

　　内冷却式氧化塔结构如图 16-2 所示。

　　该氧化塔底部有乙醛及催化剂醋酸锰入口，塔身分为多节，各节装有冷却盘管，其中通入冷却水以控制反应温度。各节上都配有氧气分配管。分配管上带有小孔，氧从小孔吹入塔中。塔身间装有花板，可使氧气均匀分布。塔顶有尾气出口，尾气经冷凝冷却后，不凝气放空，凝液流入氧化塔底部。塔顶带一扩大段起缓冲作用，减少雾沫夹带及稀释易爆气体。顶部装有氧气通入管，顶部还装有防爆装置，构成薄弱环节，以保护反应器。

外冷却式氧化反应器如图 16-3 所示。

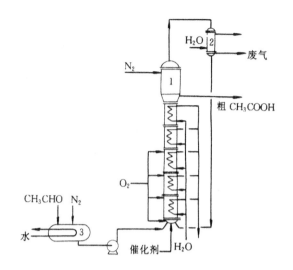 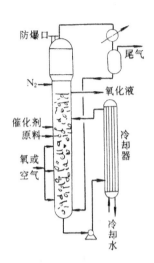

图 16-2 内冷却型氧化塔示意图　　　　图 16-3 具有外循环冷却器的
1—氧化塔；2—冷却器；3—乙醛贮槽　　　　　　鼓泡床反应器

该形式反应器结构简单，是一空塔，乙醛及催化剂入口在塔的上半部，氧自反应器中下部进入，反应所放出的热量由塔底引出的物料带出，经冷却后再回反应器。氧化液自塔上部溢流出，塔顶排出尾气。塔顶通入 N_2 气稀释气相并装有防爆装置。

二、络合催化氧化反应

络合催化泛指在反应过程中经由催化剂和反应物间配位作用而形成的催化反应，所以又称配位催化。络合催化是均相催化中十分重要的内容，是自 60 年代开始迅速发展起来的催化学科的新领域，受到科研和生产各方面的高度重视。络合催化有如下优点。

（1）催化活性高　由于催化剂是以分子状态存在于溶液中，各分子具有等同活性，故催化剂的有效浓度远远高于处于低分散度的固体催化剂。

（2）选择性好　因催化剂分子均具有等同活性，而且均依据其化学结构特点，突出一种最强烈的配位作用，故为具有较高选择性提供了有利的条件。

（3）反应条件缓和　由于活性较高，可降低反应温度和压力，减少催化剂用量，可使反应在较缓和的条件下进行。

（4）催化系统可预见及可调变　在络合催化系统中，由于所研究的对象被约束在分子级范围内，对活性研究十分有利。可对新的催化过程进行预见和设计，并可在较为广阔的范围内提供多样催化作用及随时调变催化系统。

络合催化氧化是均相催化氧化的另一重要领域。络合催化氧化所用催化剂是过渡金属的络合物，其中最具代表性的是 Pd 络合物。

（一）络合催化氧化反应的基本原理

络合催化氧化一般被用来将不饱和烃转变为醇、醛、酸、酯等含氧化合物。工业上应用最广的是乙烯钯盐络合催化氧化制乙醛。下面以该工艺为例介绍络合催化氧化反应的基本原理。

以乙烯和氧气（或空气）为原料，在 $PdCl_2$、$CuCl_2$ 催化剂的盐酸水溶液中，进行液相氧化生产乙醛，其反应方程式为：

$$CH_2\!\!=\!\!CH_2 + \frac{1}{2}O_2 \xrightarrow{PdCl_2\text{-}CuCl_2\text{-}HCl\text{-}H_2O} CH_3CHO + 244.53 \text{ kJ/mol}$$

但实际上该反应并不是一步完成，其中间步骤较多，主要由下列三个基本过程组成。

①乙烯的羰基化反应：

$$CH_2\!\!=\!\!CH_2 + PdCl_2 + H_2O \longrightarrow CH_3CHO + Pd° \downarrow + 2HCl$$

②Pd°的再氧化反应：

$$Pd° + 2CuCl_2 \Longleftrightarrow PdCl_2 + 2CuCl$$

③氯化亚铜的再氧化反应：$2CuCl + 2HCl + \frac{1}{2}O_2 \longrightarrow 2CuCl_2 + H_2O$

当乙烯羰基化反应生成乙醛时，氯化钯同时被还原成金属钯。金属钯容易从催化剂溶液中沉淀析出，影响羰基化反应，应将其氧化为氯化钯。工业上采用氯化铜来氧化金属钯，使其生成氯化钯和氯化亚铜，氯化亚铜与氧反应又被氧化成氯化铜，构成此催化循环过程。在此过程中，氯化钯是催化剂，氯化铜是氧化剂，也称共催化剂，无氯化铜的存在，就无法构成此催化过程。氧的存在也是必须的，它可将亚铜氧化成高价铜，以保持一定的 Cu^{2+} 浓度。

以上三步反应中，乙烯的羰化反应速度最慢，是反应的控制步骤。

乙烯钯盐络合催化氧化的反应机理较为复杂，目前形成共识的反应机理认为，乙烯首先溶于催化剂溶液中，与钯盐形成 σ-π 络合物，使乙烯活化，然后经过一系列反应，生成产物乙醛。

从上述反应机理得到乙烯钯盐络合催化氧化动力学方程式为：

$$r = k \cdot \frac{K\ [PdCl_4^=]\ [C_2H_4]}{[Cl^-]^2\ [H^+]} \tag{16-12}$$

式中　r——反应速度，mol/s；

　　k——反应速度常数；

　　K——乙烯与钯盐形成 σ-π 络合物反应的平衡常数。

由上式可以看出，乙烯羰基化反应速度与 $PdCl_4^=$ 的浓度和乙烯浓度成正比，与氢离子浓度和氧离子浓度的平方成反比，这说明乙烯的羰基化反应与氯化铜和氧的存在无关。

（二）催化剂溶液组成对其活性和稳定性的影响

要使乙烯的络合催化氧化反应能以一定的速度稳定进行，催化剂溶液的组成是关键条件。虽然乙烯的氧化速度主要取决于羰化反应的速度，但催化剂的活性是否能保持稳定，则要受 Pd° 的氧化反应的热力学条件限制，还受 Cu^+ 氧化反应速度影响。要满足其热力学和动力学稳定条件，除与反应条件有关外，也与催化剂的组成密切相关。工业生产中，对催化剂溶液的控制指标主要有钯含量、总铜含量、氧化度和 pH 值等。

尽管乙烯的氧化速度与 Pd^{2+} 浓度成正比，但由于受 Pd° 氧化热力学平衡限制，若 Pd^{2+} 浓度超过其平衡浓度，将会有金属钯析出，故有一适宜的钯浓度。

总铜含量是指 Cu^{2+} 和 Cu^+ 的总和。Cu^{2+} 是 Pd° 的氧化剂，为了能使 Pd° 的氧化有效地进行，不致析出金属钯，溶液中需有过量的 Cu^{2+} 存在。

氧化度是指在总铜中，Cu^{2+} 所占比例。这又与 Cl^- 浓度有关，乙烯的氧化速度与 Cl^- 浓度呈 -2 级关系，Cl^- 浓度降低，氧化速度加快。但 Cu^+ 的氧化反应须在盐酸中进行，故 Cl^- 浓度降低，对 Cu^+ 的氧化反应不利，从而又影响乙烯的氧化反应，所以应根据不同的 Cl/Cu 比，确定适宜的氧化度。

乙烯的氧化速度与 H^+ 浓度成反比，故催化剂溶液的酸度不宜过高，但又必须保持一定的酸度，否则会有碱式铜盐沉淀，不利于 Cu^+ 的氧化。

工业上所采用的催化剂溶液组成一般为：

Pd $0.25\sim0.45$ g/L；总铜 $65\sim70$ g/L；氧化度（Cu^{2+}/总铜）约 0.6；pH 值为 $0.8\sim1.2$。

（三）主要副反应及其影响

乙烯络合催化氧化制乙醛所用催化剂具有较好的选择性，副产物生成量较少，约为 5% 左右。其主要副反应如下：

①平行副反应，主要副产物生成氯乙烷和氯乙醇。

$$CH_2{=\!=}CH_2 + HCl \longrightarrow CH_3CH_2Cl$$

$$2HCl + \frac{1}{2}O_2 \longrightarrow Cl_2 + H_2O$$

$$CH_2{=\!=}CH_2 + Cl_2 + H_2O \longrightarrow ClCH_2CH_2OH + H^+ + Cl^-$$

②连串副反应，主要生成氯代乙醛、醋酸、氯代醋酸、烯醛、树脂状物质及深度氧化产品等。

副产物的生成，不仅会影响产物的收率，同时也会使催化剂溶液组成发生变化，会降低 H^+、Cl^-、Cu^+ 的浓度而使催化剂活性下降，一般应不断补充 HCl，并定期加热、过滤催化剂。

（四）乙烯钯盐络合催化氧化制乙醛的工艺流程

乙醛是无色液体，沸点 $20.8℃$，有特殊刺激味，易溶于水，易燃，可与空气形成爆炸混合物。

乙醛是重要的中间体产品之一，主要用于生产醋酸、醋酸酯类、酸酐、醋酸乙烯、丁醇和 2-乙基己醇等重要的基本有机化工产品。

乙醛的工业生产方法主要有乙炔汞盐催化液相水合法、乙醇氧化脱氢法、丙烷-丁烷直接氧化法和乙烯钯盐络合催化氧化法等四种。乙炔法催化剂毒性大，环境污染严重；乙醇法虽技术成熟，选择性高，但其原料来源受限；丙烷-丁烷法原料产地影响较大，副产物较多，分离困难，收率不高；乙烯法工艺过程简单，反应条件缓和，选择性高，是诸方法中最经济的方法。自 50 年代实现工业化以来，发展迅速，目前在许多国家和地区已成为生产乙醛的主要方法。本节主要讨论乙烯钯盐络合催化氧化制乙醛的生产工艺。

在钯盐催化剂存在下，乙烯均相络合催化氧化过程实际上含羰基化反应和氧化反应，若两个反应在同一反应器中进行，用氧气氧化，则称之为一段法（也称一步法或氧气法）。若两个反应分别在两个反应器中进行，用空气氧化，则称之为二段法（也称为二步法或空气法）。本节主要讨论一段法。

乙烯钯盐络合催化氧化制乙醛一段法工艺流程如图 16-4 所示。流程主要分为 3 部分：氧化部分、粗乙醛精制部分和催化剂再生部分。

1. 氧化部分

由于反应属强放热反应，且具有腐蚀性，故工业上一般采用具有循环管的鼓泡床塔式反应器。原料乙烯和循环气混合后自反应器底部通入，氧自反应器侧线送入，氧化反应在 $125℃$ 和 400 kPa 条件下进行。反应热由水和乙醛的汽化带出。从反应器上部出来的气液混合物进入除沫器，将气体与催化剂溶液分开，催化剂溶液借助密度差经循环管进入反应器。反应气体（主要是乙醛、水、少量未反应的乙烯和部分副产物）进入第一冷凝器，在此将大部分水蒸气冷凝下来，凝液全部经除沫器返回反应器。在此凝液中应尽可能少含乙醛，故该冷凝器的温

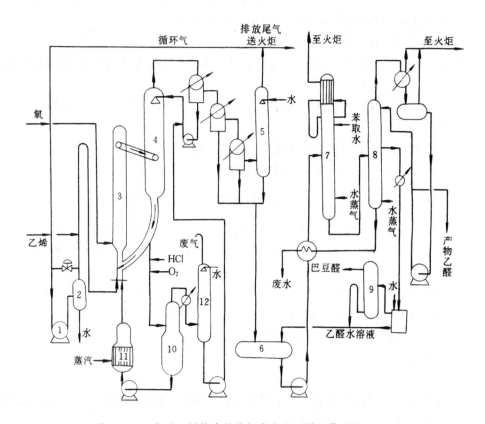

图 16-4　一段法乙烯络合催化氧化生产乙醛工艺流程

1—水环泵；2—水分离器；3—反应器；4—除沫分离器；5—水吸收塔；6—粗乙醛贮槽；7—脱轻组
分塔；8—精馏塔；9—乙醛水溶液分离器；10—分离器；11—分解器；12—水洗涤器

度控制十分重要。未凝气进入第二、第三冷凝器，将乙醛和高沸点副产物冷凝下来，剩余气体进入水吸收塔。用水吸收未冷凝的乙醛，水吸收液和自第二、第三冷凝器来的凝液汇合后进入粗乙醛贮槽。吸收塔上部出来的气体含乙烯约 65%，氧约 8%，其他为惰性气体及部分副产物，为避免惰性气体积累，将部分气体送火炬燃烧，其余作为循环气体返回反应器。

2. 粗乙醛精制部分

由氧化反应得到的粗乙醛水溶液含乙醛约 10% 左右，并含有副产物氯甲烷、氯乙烷、丁烯醛、醋酸及高沸物，还有少量乙烯、二氧化碳等。由于这些副产物的沸点与乙醛相差较大，可用一般精馏方法分离。粗乙醛进入脱轻组分塔除去低沸点物，由于氯乙烷沸点与乙醛沸点较接近，因此在该塔上部加入吸收水，利用乙醛易溶于水而氯乙烷不溶于水的特点，把部分乙醛吸收下来，以减少乙醛的损失。塔顶低沸物送火炬燃烧，塔釜液进入精馏塔，将产品乙醛从塔顶蒸出，侧线采出丁烯醛等副产物，塔釜液为含有少量高沸物的废水，经利用热量后排污。

3. 催化剂再生部分

在反应过程中生成的草酸铜及树脂状物质，会污染催化剂溶液，且使 Cu^{2+} 浓度下降，影响催化剂活性，故需不断使催化剂再生。再生方法是自循环管引出部分催化剂溶液，进入分离器分离出气体，用水吸收后返回反应器，分离器底部排出的催化剂溶液经加压后进入分解器，通入水蒸气加热至 170℃，将草酸铜氧化分解，再生后催化剂返回反应器。

一段法生产乙醛，乙烯的单程转化率为 35%～38%，生成乙醛的选择性为 95% 左右，所得乙醛纯度可达 99.7% 以上。

（五）工艺条件的选择

为了得到良好的反应结果，必须选择适宜的反应条件。反应条件包括原料气纯度、原料气配比及转化率、反应温度、反应压力及空速等。

1. 原料气纯度

钯催化剂易中毒，所以原料纯度应严格控制。乙炔能与亚铜生成乙炔铜（极易爆炸），增加不安全因素，且会使催化剂组成发生变化，活性下降。硫化氢可与氯化钯作用生成稳定的硫化钯沉淀而使钯盐中毒。一般要求乙烯纯度在 99.7% 以上，氧气纯度在 99% 以上，乙炔含量 $<3\times10^{-5}$（体积分数），硫化物含量 $<3\times10^{-6}$（体积分数）。

2. 转化率及原料配比

尽管催化剂对羰化反应有良好的选择性，但因氧的存在，易发生连串副反应，使乙醛的收率降低，且影响催化剂活性。为了降低上述影响，必须控制较低的转化率，使生成的产物乙醛能及时移出反应区。另外从乙烯络合催化氧化制乙醛的化学反应方程式可看出，乙烯与氧的比例为 2：1，但在该工艺中，则刚好处于乙烯-氧气的爆炸极限内，对生产十分不利，故应采取乙烯过量较多的方法，使其处于爆炸范围之外（此时转化率会下降）。生产上需严格控制循环气的组成，当氧含量 >12%、乙烯含量 <58% 时，会产生爆炸危险。工业上从安全和经济两方面考虑，要求氧含量控制在 8% 左右，乙烯含量在 60% 左右。若氧含量高于 9% 或乙烯含量低于 60% 时，则应立即停车，用氮气置换系统内气体并送火炬燃烧。

循环气中氧含量与乙烯单程转化率及原料气组成关系如图 16-5 所示。

当反应器混合气组成为乙烯 65%、氧为 17% 时，若要控制循环气中氧含量为 8% 左右，则转化率应控制在较低水平，若氧含量达到 9% 以上或乙烯含量低于 60% 时，则须用氮气置换系统内气体。

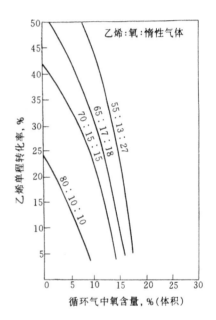

图 16-5　混合气组成与乙烯单程转化率和循环气中氧含量关系

3. 反应温度

该反应在热力学上较为有利，温度变化主要是影响反应速度及副反应。从动力学方程式 16-3 可看出，升高温度，k 值增大，有利于反应进行，但 k 值却随温度升高而减小，乙烯溶解度也随之减小，会影响反应速度。温度升高，$PdCl_4^{2-}$ 的平衡浓度会增加，则 Pd^{2+} 的浓度提高，对反应有利。温度升高，Cu^+ 的氧化反应速度常数会提高，但氧溶解度减小。综合上述分析，温度对反应速度的影响，一般须视正、反两方面效应而定，当温度不太高时，有利因素占优势，则提高温度，反应速度增加。但随温度逐渐提高，有利因素的优势逐渐减小，不利因素的影响逐渐增加，故存在一最适宜温度，一般控制在 120～130℃。

4. 反应压力

增加压力，可提高乙烯和氧气的溶解度，对反应有利，但压力和温度有一定关系，压力增加，温度也会相应增加，故一般为保证最佳反应温度（120～130℃）而控制压力为 400～450kPa。

近年来，为了节约能量，降低乙烯单耗，减少环境污染，对乙烯络合催化氧化制乙醛的工艺流程做了许多改进：

（1）进一步利用排放的乙烯。将原来送至火炬的排放气体送入第二氧化器，使其中的乙烯进一步氧化成乙醛，可使乙醛收率增加 0.5%～1%。排出的尾气送去催化燃烧，产生高压水蒸气，回收热量。

（2）循环使用精馏塔排出的废水，减少排污。精馏塔排放的废水大部分经冷却至 15℃左右后，作为吸收塔吸收用水，只将约 10% 的废水排放，排放的水量刚好由脱轻组分塔加入的水蒸气补充。

（3）降低吸收水温度，提高吸收液中乙醛浓度。以此来降低精制部分水蒸气的消耗量。

乙烯液相络合催化氧化制乙醛，虽有不少优点，但也有严重缺点，即催化剂溶液呈酸性，对设备、管道腐蚀严重，所以对设备材质要求较高。自 70 年代以来，人们一直在研究腐蚀性较小的气相法直接氧化合成乙醛的工艺流程。

第三节　非均相催化氧化反应

一、非均相催化氧化反应的类型、特点及工业应用

（一）非均相催化氧化反应的类型

非均相催化氧化主要是指气态有机原料在固态催化剂存在下，以气态氧作为氧化剂，氧化为有机产品的过程。由于选择性氧化剂的开发成功，使非均相催化氧化反应在石油化学工业中得到了广泛的应用。非均相催化氧化所采用的原料主要是烯烃和芳烃，也有采用醇类和烷烃为原料的。比较重要的非均相催化氧化反应主要有以下几种类型。

1. 烯烃的环氧化

烯烃直接气相催化环氧化成环状。已工业化的为乙烯环氧化制环氧乙烷，反应方程式如下：

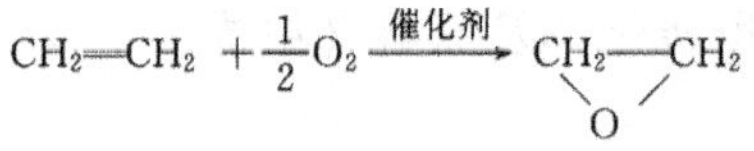

$$CH_2{=\!=}CH_2 + \frac{1}{2}O_2 \xrightarrow{\text{催化剂}} \underset{\underset{O}{\diagdown\diagup}}{CH_2{-\!\!-}CH_2}$$

2. 烯丙基氧化反应

含有三个碳原子以上的单烯烃如丙烯、丁烯等，其 α-碳原子上的 C—H 键的解离能较其他 C—H 键的解离能小，具有较高的反应活性，可在选择性催化剂存在下，在 α-碳上选择性氧化。由于此类反应均经历生成烯丙基（ $CH_2{=\!=}CH{-\!\!-}CH_2$ ）这一中间产物，所以统称为烯丙基氧化反应。这类氧化产物仍保留双键结构，且具有共轭体系的特征，易自聚和共聚，生成重要的高分子化合物，所以在有机化工的单体生产中占有十分重要的地位。其中比较典型的反应为丙烯氨氧化生产丙烯腈。

$$CH_3{-\!\!-}CH{=\!=}CH_2 + NH_3 + \frac{3}{2}O_2 \xrightarrow{\text{催化剂}} CH_2{=\!=}CH{-\!\!-}CN + 3H_2O$$

3. 烯烃氧化偶联反应（乙酰氧基化反应）

如乙烯和醋酸、氧反应生成醋酸乙烯。

$$CH_2{=\!=}CH_2 + CH_3COOH + \frac{1}{2}O_2 \xrightarrow{\text{催化剂}} CH_3COOCH{=\!=}CH_2 + H_2O$$

4. 芳烃的催化氧化反应

芳烃的催化氧化反应主要有开环氧化反应和侧链氧化反应。如：

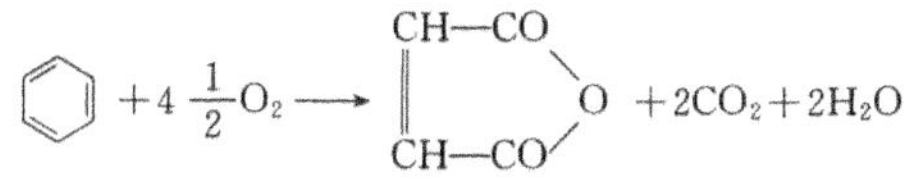

$$\text{苯} + 4\frac{1}{2}O_2 \longrightarrow \text{(顺丁烯二酸酐)} + 2CO_2 + 2H_2O$$

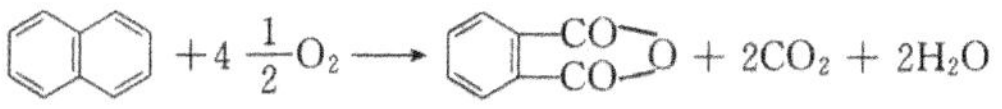

（顺丁烯二酸酐）

$$\text{萘} + 4\frac{1}{2}O_2 \longrightarrow \text{(邻苯二甲酸酐)} + 2CO_2 + 2H_2O$$

（邻苯二甲酸酐）

$$\text{二甲苯} + 3O_2 \longrightarrow \text{(邻苯二甲酸酐)} + 3H_2O$$

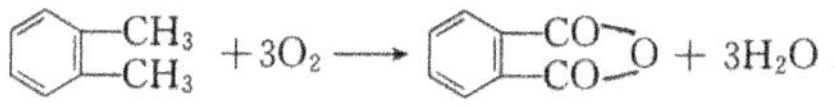

5. 烷烃的催化氧化反应

已实现工业化的烷烃催化氧化反应为正丁烷气相催化氧化制顺丁烯二酸酐。

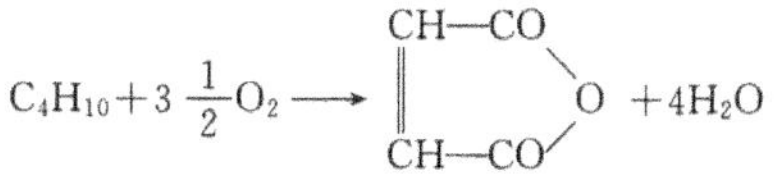

$$C_4H_{10} + 3\frac{1}{2}O_2 \longrightarrow \text{(顺丁烯二酸酐)} + 4H_2O$$

6. 醇类的催化氧化反应

醇类催化氧化可得醛、酮等物质。如：

$$CH_3OH + \frac{1}{2}O_2 \longrightarrow HCHO + H_2O$$

（二）非均相催化氧化反应的特点

非均相催化氧化反应与均相催化氧化反应相比有如下特点：

1. 反应过程复杂

非均相催化氧化过程是气态物料通过固体催化剂所构成的床层进行氧化反应，所以和一般非均相催化反应一样，其反应过程也包括扩散、吸附、表面反应、脱附和扩散等五个基本步骤。催化剂的宏观结构、表面活性、流体流动的特征和分子扩散速度都对反应速度和传热速度有一定影响。

2. 传热过程复杂

非均相催化氧化的传热过程包括催化剂颗粒内传热、催化剂颗粒与气相物料间传热、催化剂床层与管壁间传热等，故其传热情况比均相催化氧化过程的传热要复杂的多。另外，催化剂载体往往是导热性能欠佳的物质，因此及时有效地进行传热是反应器设计时需要考虑的重要因素。

（三）非均相催化氧化反应的工业应用

非均相催化氧化反应在基本有机化学工业中占有较为重要的地位，其产品具有十分广泛的用途。如乙烯环氧化生成的环氧乙烷是生产乙二醇的基本原料，由其出发可制得一系列重要的化工产品。如防冻液、合成纤维、表面活性剂、增塑剂等产品，在乙烯系列产品中产量仅次于聚乙烯而位居第二；丙烯氨氧化制得的丙烯腈是生产合成橡胶、合成塑料、合成纤维的重要单体原料；正丁烷氧化制得的顺丁烯二酸酐是生产不饱和聚酯、增塑剂、杀虫剂等的基本原料；芳烃氧化制得的酸酐类是生产树脂、涂料、绝缘漆的重要原料。

二、丙烯氨氧化生产丙烯腈

本节以丙烯氨氧化生产丙烯腈为例，介绍非均相催化氧化反应的基本原理。

丙烯腈是基本有机化学工业的重要产品，是三大合成材料的主要原料单体之一。丙烯腈在室温和常压下呈液态，具有刺激性臭味，有毒，沸点 77.3℃。可溶于许多有机溶剂中，与水部分互溶，在水中溶解度为 7.3%（质量），水在丙烯腈中的溶解度为 3.1%（质量），丙烯腈可与水等形成共沸物。丙烯腈分子具有双键和氰基，性质活泼，易发生加成、水解、聚合和醇解等化学反应，其主要用途如图 16-6 所示。

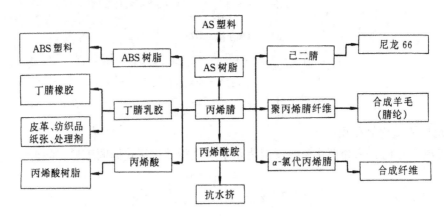

图 16-6　丙烯腈的主要用途

丙烯腈自 1894 年在实验室问世以来，相继开发了氰乙醇法、乙醛法、乙炔法、丙烯氨氧化法及目前正在开发的丙烷氨氧化法等共十余种方法。60 年代以前采用的主要生产方法为氰乙醇法、乙醛法、乙炔法等。上述三种方法均需用剧毒的氢氰酸做原料，由于成本高，毒性大，限制了丙烯腈生产的发展。1959 年，美国的索亥俄公司开发了丙烯氨氧化法一步合成丙烯腈，并于 1960 年建立了第一套工业生产装置。丙烯氨氧化法生产丙烯腈的主要反应方程式如下：

$$CH_3—CH\!\!=\!\!CH_2 + NH_3 + \frac{3}{2}O_2 \xrightarrow{\text{催化剂}} CH_2\!\!=\!\!CH—CN + 3H_2O$$

该方法原料便宜易得，对原料丙烯纯度要求不高，工艺流程简单，投资少，产品质量高。故自实现工业化后，迅速推动了丙烯腈生产的发展，成为 60 年代以来生产丙烯腈的主要方法。1990 年世界丙烯腈产量已达 410 万 t，1995 年世界丙烯腈生产能力已达 500 万 t。我国自 60 年代开始采用乙炔、氢氰酸合成法技术生产丙烯腈，70 年代引进丙烯氨氧化法，1995 年生产能力已达 20 万 t，预计 2000 年可达 30 万 t 以上。国内生产的丙烯腈主要用于生产腈纶纤维，约占总量的 83％，其次用于生产 ABS 树脂，约占 5％。

本节主要讨论丙烯氨氧化法生产丙烯腈的基本原理和工艺流程。

（一）丙烯氨氧化生产丙烯腈的基本原理

1. 丙烯氨氧化生产丙烯腈的主、副反应

丙烯氨氧化合成丙烯腈，除主反应以外，过程中还会发生较为复杂的变化，可用下述化学反应方程式表示。

主反应：

$$CH_3—CH\!\!=\!\!CH_2 + NH_3 + \frac{3}{2}O_2 \longrightarrow CH_2\!\!=\!\!CH—CN + 3H_2O \quad \Delta H^\circ_{298} = -512.1 \text{ kJ/mol}$$

副反应：

$$CH_3—CH\!\!=\!\!CH_2 + 3NH_3 + 3O_2 \longrightarrow 3HC\!\!\equiv\!\!N + 6H_2O \qquad \Delta H^\circ_{298} = -942 \text{ kJ/mol}$$

生成氢氰酸的量约占丙烯腈质量的六分之一。

$$2CH_3—CH\!\!=\!\!CH_2 + 3NH_3 + 3O_2 \longrightarrow 3CH_3CN + 3H_2O \qquad \Delta H^\circ_{298} = -362.8 \text{ kJ/mol}$$

乙腈生成量约占丙烯腈质量的七分之一。

$$CH_3—CH\!\!=\!\!CH_2 + O_2 \longrightarrow CH_2\!\!=\!\!CH—CHO + H_2O \qquad \Delta H^\circ_{298} = -352.8 \text{ kJ/mol}$$

丙烯醛的生成量约占丙烯腈质量的百分之一。

$$CH_3—CH\!=\!CH_2 + \frac{9}{2}O_2 \longrightarrow 3CO_2 + 3H_2O \qquad \Delta H^\circ_{298} = -1920.9\ \text{kJ/mol}$$

二氧化碳的生成量约占丙烯腈质量的一半,它是产量最大的副产物。该反应是一个放热量较大的副反应,转化成二氧化碳的反应热要比转化成丙烯腈的反应热大三倍多,因此应特别注意反应器的温度控制。以上是丙烯氨氧化生产丙烯腈的主反应和主要副反应。另外还有生成乙醛、丙酮、丙烯酸、丙腈等的副反应,因其量较少,故可忽略不计。

2. 催化剂

为了提高主产物的收率,尽量减少副产物的生成量,丙烯氨氧化生产丙烯腈须采用催化剂。丙烯氨氧化所采用的催化剂主要有下列几种类型。

(1) C-A 型催化剂

该类催化剂是工业上最早采用的催化剂,主要含钼和铋的氧化物,助催化剂为磷的氧化物。该催化剂效率不高,丙烯腈收率只有 60% 左右,丙烯单耗高,副产物生成量多,催化剂活性较低,反应温度较高(470℃),由于有水蒸气存在,易造成 MoO_3 挥发损失。

(2) C-21 型催化剂

该类催化剂于 60 年代开发成功,主要含锑和铀等元素。该类催化剂虽然催化效果较好,但由于具有放射性,废催化剂难以处理,工业上已淘汰。

(3) C-40 型催化剂

该催化剂于 70 年代开发并实现工业化。主要为 P-Mo-Bi-Fe-Co-Ni-K-O 七组分催化剂。该催化剂活性和选择性较好,丙烯腈收率达 74%,反应温度较低(435℃左右),不需添加水蒸气,MoO_3 的挥发损失显著改善,有利于稳定催化剂的活性,延长其寿命,减少污水处理量。空气需用量减少,提高了反应器的生产能力,使能耗降低,副产物生成量减少。

(4) C-49 型催化剂

1978 年开发研究了 C-49 型催化剂,并实现工业化。该催化剂主要含钼、铋、铁等元素。

该催化剂性能更为优良,可将占产品成本约 60% 的丙烯原料的消耗量进一步降低,现已广泛用于工业装置中。

3. 反应机理及动力学分析

(1) 反应机理　有以下两步。

①烯丙基的形成。在丙烯分子中存在 α-H,反应过程中,α-C 上的 C—H 键首先进行反应,形成烯丙基。在 Mo-Bi-O 系催化剂上烯丙基的形成过程,存在不同看法,较成熟的一种看法认为,丙烯首先吸附在 Mo^{6+} 附近的氧空位上,然后 α-C 上的 C—H 键发生解离分裂出 H^+ 并释放出一个电子而形成烯丙基。

$$CH_3—CH\!=\!CH_2 \xrightarrow[-e]{-H^+} [CH_2\cdots CH\cdots CH_2]$$

形成的烯丙基可继续脱氢,并与晶格氧结合而生成氧化产物丙烯醛。

$$CH_2\!=\!CH\cdots CH_2 \xrightleftharpoons[\text{晶格氧}]{-H^+} CH_2\!=\!CH—CHO$$

②丙烯腈的生成。系统中的 NH_3 吸附在 Bi^{3+} 离子上脱去两个质子,并释放出两个电子而形成 NH 残余基团。烯丙基与 NH 结合并脱去两个质子和释放出两个电子而形成丙烯腈。

$$NH_3 \xrightarrow[-2e]{-2H^+} [NH]$$

$$[CH_2\!\!=\!\!CH\!\!=\!\!CH_2] + [NH] \xrightarrow[-2e]{-2H^+} CH_2\!\!=\!\!CH\!\!-\!\!CN$$

释放的电子可能先授予 Bi^{3+}，而后转移给 Mo^{6+}，使其还原为 Mo^{5+}（或 Mo^{4+}）。放出的 H^+ 与晶格氧结合成 OH^- 后生成 H_2O。而吸附在催化剂表面的氧获得电子后，转化为晶格氧，并使低价钼离子氧化为 Mo^{6+}，形成氧化还原循环。

（2）动力学分析　根据上述反应机理，丙烯氨氧化的动力学图式可简单表示如下：

$$
\begin{array}{ccc}
CH_2\!\!=\!\!CH\!\!-\!\!CH_3 & \xrightarrow[(1)]{k_1} & CH_2\!\!=\!\!CH\!\!-\!\!CHO \\
& & \downarrow^{k_2}\ (2) \\
\xrightarrow[\text{(3)主要}]{k_3} & & CH_2\!\!=\!\!CH\!\!-\!\!CN \\
& & \downarrow \\
& & CO_2 + H_2O
\end{array}
$$

其中，k_1、k_2、k_3 分别为 3 个反应的速度常数。曾在 $PBi_9Mo_{12}O_{52}$（50%）-SiO_2（50%）的催化剂上对丙烯氨氧化合成丙烯腈的动力学进行了研究，从实验数据推算得到在 430℃时，$k_1 : k_3 = 1 : 40$，这说明丙烯腈主要是由丙烯直接氨氧化得到的，丙烯醛是平行副反应产物。

对丙烯氨氧化反应的动力学研究结果是当氧和氨的浓度不低于一定浓度时，对丙烯是一级反应，对氨和氧都是零级。反应控制步骤为丙烯脱氢形成烯丙基的过程。

（二）反应条件的影响及选择

1. 原料纯度

由于原料丙烯是从烃类裂解气或催化裂解气分离得到的，其中可能含有 C_2、丙烷及 C_4，也可能有硫化物存在。丙烷等烷烃虽对反应没有影响，但会稀释反应物浓度。乙烯无 α-H，不如丙烯活泼，故少量乙烯存在，对反应也不会产生影响。丁烯及高级烯烃存在会给反应带来不利影响，它们比丙烯更易氧化，会降低氧的浓度，从而降低催化剂的活性。正丁烯氧化得到甲基乙烯酮（沸点 80℃），异丁烯氧化生成甲基丙烯腈（沸点 90℃），其沸点与丙烯腈接近，给丙烯腈的分离精制造成困难，故应严格控制。硫化物会使催化剂活性下降，应予脱除。

2. 原料配比

合理的原料配比是保证丙烯腈合成反应稳定、副产物少、消耗定额低及操作安全的重要因素。因此严格合理控制原料配比是十分重要的。

（1）丙烯与氨的配比　从前述反应机理看，丙烯即可氨氧化生成丙烯腈，也可氧化成丙烯醛，均属烯丙基反应。所以丙烯与氨的配比对此二产物的生成比有密切的关系。图 16-7 表示了丙烯和氨的配比对产物的影响。

从图中可以看出，氨用量越大，则生成丙烯腈所占比例越大，根据反应方程式，氨与丙烯的理论配比应为 1:1。若小于此值，则副产物丙烯醛生成量加大。丙烯醛易聚合堵塞管道，并影响产品质量。从图中还可

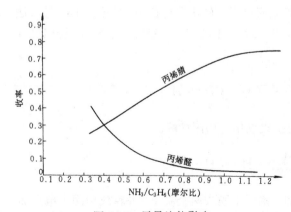

图 16-7　用量比的影响

看出，氨与丙烯比增加，对反应的有利程度并不明显，反而增加氨消耗量，且加重酸洗时氨中和塔的负担，因此，合适的氨比应控制在理论值或稍大于理论值，即：

$$氨：丙烯 = 1 \sim 1.1 : 1 \text{（mol）}$$

若所采用催化剂活性高，反应温度低，可采用理论比值。若催化剂活性低，反应温度高，可采用氨过量10%左右。

（2）丙烯与空气的配比　丙烯氨氧化是以空气为氧化剂，空气用量大小直接影响到氧化结果。空气用量过小（低于理论值），反应在缺氧情况下进行，催化剂活性下降。若空气用量增加，超过理论值时，对反应无太大影响，但惰性气体量增加，生产能力降低。为了保护催化剂，不致因缺氧而降低活性甚至失去活性，目前工业上采用丙烯与氧的配比为：

$$丙烯：空气 = 1 : 9.5 \sim 14.6 \text{（mol）}$$

（3）丙烯与水蒸气的配比　从丙烯氨氧化反应方程式来看，并不需要水蒸气，生产中加入水蒸气的原因如下：

①水蒸气有助于反应物从催化剂表面解吸出来，从而避免产物丙烯腈的深度氧化；

②水蒸气的存在可稀释反应物的浓度，使反应趋于平缓，并对安全防爆有利；

③水蒸气热容大，可带走大量的反应热，便于反应器的温度控制；

④水蒸气存在，可清除催化剂表面的积碳。

工业生产中，丙烯与水蒸气的摩尔比为1：3。

3. 反应温度

反应温度不仅影响反应速度，也影响反应选择性。根据实验研究，丙烯腈开始生成的温度为350℃，并随温度升高，丙烯腈收率增加，副产物氢氰酸、乙腈的收率随温度的升高而降低。温度对丙烯转化率和丙烯腈收率及副产物氢氰酸、乙腈收率的影响见图16-8。

从图中可以看出，在430～520℃范围内，随温度的升高，丙烯转化率增加，即说明催化剂活性增加。催化剂长期使用活性会下降，可适当提高反应温度。从图中还可看出，丙烯腈收率在温度为460℃时已达较高值，而此时副产物氢氰酸和乙腈的收率较低，且随温度升高，丙烯腈收率无明显增加。当温度超过500℃时，结焦逐渐增多，有堵塞管道现象出现，此时由于深度氧化反应的发生，生成大量的CO_2，丙烯腈收率会降低。工业上一般控制反应温度在450～470℃之间。

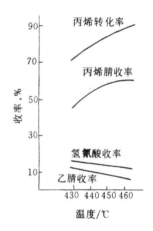

图 16-8　固定床反应器反应温度
对合成产物收率的影响

4. 接触时间

由于丙烯氨氧化反应的主要副反应是平行副反应，故丙烯腈的收率随接触时间的增加而增加，所以允许控制足够的接触时间，使丙烯转化率尽可能高，以获取较高的丙烯腈收率。接触时间对合成产物收率的影响见表16-2。

表 16-2　接触时间对合成产物收率的影响

试验条件　反应温度：470℃；空塔线速：0.8 m/s

丙烯：氨：氧：水＝1：1：2～2.2：3（分子比）

接触时间	丙烯转化率	催化剂选择性	单 程 收 率，%				
s	%	%	丙烯腈	氢氰酸	乙　　腈	丙烯醛	二氧化碳
2.4	76.7	71.9	55.1	5.25	5.00	0.61	9.99
3.5	83.8	73.5	61.6	5.02	3.88	0.83	13.3

续表

接触时间 s	丙烯转化率 %	催化剂选择性 %	单 程 收 率,%				
			丙烯腈	氢氰酸	乙 腈	丙烯醛	二氧化碳
4.4	87.8	71.9	62.1	5.91	5.56	0.93	12.6
5.1	89.8	71.9	64.5	6.00	4.38	0.69	14.6
5.5	90.9	72.7	66.1	6.19	4.23	0.87	13.7

虽然通过增加接触时间可提高丙烯腈的收率,但是增加接触时间是有限度的。一方面接触时间过长使原料和产物长时间处于高温下,极易受热分解和深度氧化,反而使丙烯腈收率降低,且放热较多,对反应不利。另一方面,接触时间过长,使反应器生产能力降低。因此在保证丙烯腈收率尽量高、副产物收率尽量低的原则下,应选择较短的接触时间。适宜的接触时间与所用催化剂有关,也与所采用的反应器型式有关,一般为 5~10 s。

5. 反应压力

反应压力增加,可提高反应器生产能力,但丙烯转化率和丙烯腈收率均下降。压力对丙烯转化率和丙烯腈收率的影响如图 16-9 所示。

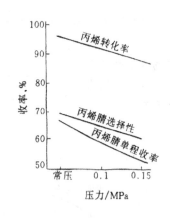

图 16-9 反应压力对丙烯转化率和丙烯腈收率的影响

工业上一般不采用加压操作。为了克服后续设备及管线的阻力,生产上一般选择反应器入口压力在 0.04~0.1MPa 之间。

（三）丙烯氨氧化生产丙烯腈的工艺流程

丙烯氨氧化生产丙烯腈工艺流程较为复杂,可分为三大部分,即反应部分、回收部分和分离精制部分。各国采用的流程相差较大,现以工业上采用较为广泛的一种流程为例。

1. 反应部分工艺流程

反应部分工艺流程如图 16-10 所示。

丙烯氨氧化属强放热反应,反应温度又较高,工业上大都采用流化床反应器。原料空气经过滤除去灰尘和杂质后,用透平压缩机加压至 250 kPa 左右,在空气预热器中与反应器出口物料进行热交换,预热至 300℃左右,与一定量的水蒸气混合后从流化床底部经空气分布板进入流化床反应器。丙烯和氨分别来自丙烯蒸发器和氨蒸发器,混合后经分布管进入反应器。丙烯和氨分布管位于空气分布板上方。空气、丙烯和氨均控制流量以保持配比。在流化床内设置一定数量的 U 型冷却管,通入高压热水,借水的汽化移走反应热。反应温度的控制除由所使用冷却管的管数控制外,还需控制原料空气的预热温度。反应放出的热量,一小部分由反应产物带出,经过与原料空气换热和与冷却管补充水换热以回收其热量,大部分反应热由 U 型管冷却系统移出,产生高压过热水蒸气 (2.8 MPa),作为透平压缩机的动力。高压过热水蒸气经透平压缩机利用其能量后,变为低压水蒸气 (350 kPa 左右),可作为回收部分和分离精制部分的热源。

从反应器出来的物料的组成,因所用催化剂不同,采用的反应条件不同而有所不同,表

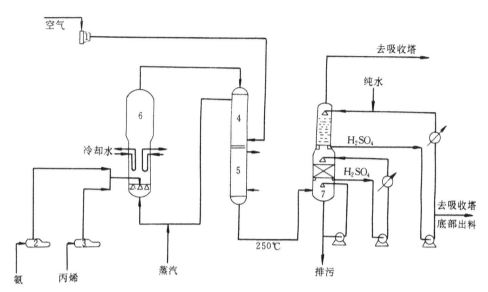

图 16-10 反应部分工艺流程

1—空气压缩机；2—氨蒸发器；3—丙烯蒸发器；4—热交换器；

5—冷却管补给水加热器；6—反应器；7—氨中和塔

16-3 所列是反应结果举例。

表 16-3 丙烯氨氧化反应结果举例

反应条件：反应温度 440℃，接触时间 7 s，C_3H_6：空气：$NH_3=1:9.8:1$（摩尔），线速 0.5 m/s

项目	反应产物和副产物							未反应物质			惰性物质	
	丙烯腈	乙腈	HCN	丙烯醛	CO_2	CO	H_2O	C_3H_6	NH_3	O_2	N_2	C_3H_6
各产物收率,%（摩尔）	73.1	1.8	7.2	1.9	8.4	5.2						
反应物料组成,%（摩尔）	5.85	0.22	1.73	0.15	2.01	1.25	24.90	0.19	0.20	1.10	61.80	0.60

从上表中可以看出，产物中丙烯腈含量为 5.85%（摩尔），还含有副产物及未反应的氨，这些氨必须首先除去，因为有氨存在使系统处于碱性，会发生一些不希望的反应。如氢氰酸的聚合、丙烯醛的聚合、氢氰酸与丙烯醛加成为氰醇、氢氰酸与丙烯腈加成生成丁二腈以及氨与丙烯腈反应生成 $H_2NCH_2CH_2CN$ 等聚合物，生成的聚合物会堵塞管道，各种加成反应会使主产物收率降低。工业上采用硫酸中和法除去氨。从反应器顶部出来的反应物料经换热器回收能量后进入氨中和塔，在此用浓度为 1.5%（质量）的硫酸进行中和。由于稀硫酸具有强腐蚀性，故中和塔循环液体的 pH 值控制不宜太小，太小则会引起加成和聚合反应。由于中和过程也是反应物料的冷却过程，故氨中和塔也称急冷塔。

2. 回收部分工艺流程

从急冷塔出来的除掉氨的反应物中，产物丙烯腈和副产物氢氰酸、乙腈的浓度甚低，大量的是惰性气体。反应主要产物的物理性质见表 16-4。

表 16-4　主副产物的有关物理性质

物理性质	丙烯腈	乙腈	氢氰酸	丙烯醛
沸点/℃	77.3	81.6	25.7	52.7
熔点/℃	−83.6	−41	−13.2	−8.7
共沸组成（质量比）	丙烯腈/水=88/12	乙腈/水=84/16	—	丙烯醛/水=97.4/2.6
共沸点/℃	71	76	—	52.4
在水中溶解度,%（质量）	7.4（25℃）	互溶	互溶	20.8
水在该物中溶解度,%（质量）	3.1（25℃）			6.8

从表 16-4 中可以看出，产物丙烯腈和副产物乙腈、氢氰酸、丙烯醛都能与水部分互溶或互溶，而惰性气体、未反应的丙烯、氧及副产物 CO_2 等不溶于水或溶解度甚小。故工业上是采用以水作溶剂的吸收法，使产物、副产物与气体分开。

回收部分流程如图 16-11 所示，主要有 3 个塔组成。

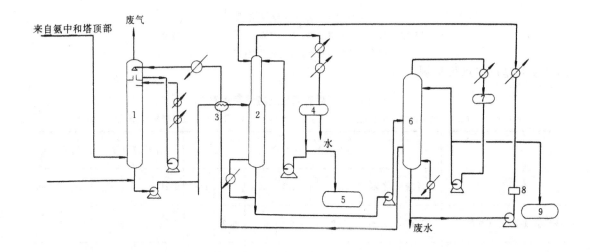

图 16-11　回收部分工艺流程

1—吸收塔；2—萃取精馏塔；3—热交换器；4—油水分离器；5—粗丙烯腈贮槽；6—乙腈解吸塔；

7—回流罐；8—过滤器；9—粗乙腈贮槽

由氨中和塔出来的反应物料进入吸收塔（50 层塔板），用温度为 5～10℃的冷水进行吸收分离。产物丙烯腈、副产物乙腈、氢氰酸、丙烯醛等溶于水中，其他气体自塔顶排出，排出气体中要求丙烯腈和氢氰酸含量均<2×10^{-5}（体积分数）。排出气体可经催化燃烧并利用其热量后排空。从吸收塔塔底排出的吸收液含丙烯腈只有 4%～5%（质量分数）左右，含其他有机副产物约 1%（质量分数）左右，需将其回收。从吸收液中回收产物和副产物的顺序和方法不同，其流程组织也不同。目前大致有两种流程。一种是将产物及副产物全部解吸出来，然后进行分离精制，另一种是先将产物丙烯腈和副产物氢氰酸解吸出来，然后分别进行精制。由于第二种流程过程简单，工业生产中大都采用此流程，图 16-11 即为该种流程。

从吸收塔塔底部排出的吸收液经加热后进入萃取精馏塔，在此塔中将丙烯腈与乙腈分离。由于丙烯腈和乙腈的相对挥发度很接近，用一般精馏方法难以分离，工业上一般采用萃取精馏。

利用水作为萃取剂进行萃取，塔顶蒸出的是氢氰酸和丙烯腈与水的共沸物，乙腈残留在塔釜。其他低沸物如丙烯醛、丙酮等，虽沸点较低，但由于能与氢氰酸发生加成反应，生成沸点较高的氰醇，故丙烯醛等主要是以氰醇的形式残留在塔釜。由于丙烯腈与水是部分互溶，蒸出的共沸物经冷却冷凝后，分为水相和油相，水相回至萃取精馏塔进料，油相即为粗丙烯腈，送粗丙烯腈贮槽。塔釜的含乙腈废水送入乙腈解吸塔，在此将粗乙腈回收，由塔顶蒸出。塔釜含氰化物极微的污水，部分循环作萃取水用，部分送污水处理。乙腈解吸塔塔顶得到的粗乙腈进入乙腈脱氰塔，以除去氢氰酸。塔顶蒸出的氰氢酸用氢氧化钠吸收生成氰化钠。侧线采出的乙腈经进一步精制得到副产品乙腈。该精制过程较为复杂，在此不做叙述。

3. 分离精制部分的工艺流程

回收部分得到的粗丙烯腈含有氢氰酸及水等杂质，需进一步精制除去杂质以满足工业需要。工业上聚合纺丝级丙烯腈的主要规格指标如下：

丙烯腈	$>99\%$
丙烯醛	$<5\times10^{-5}$（质量）
乙腈	$<5\times10^{-4}$（质量）
总氰	$<5\times10^{-6}$（质量）
含水量	$<0.5\%$。

精制部分工艺流程如图 16-12 所示。

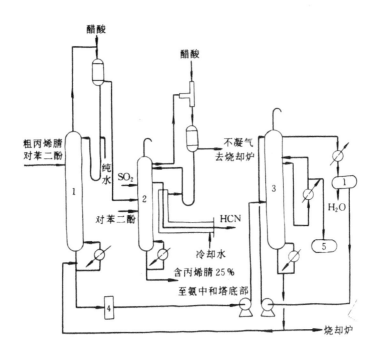

图 16-12　粗丙烯精制部分的工艺流程

1—脱氢氰酸塔；2—氢氰酸精馏塔；3—丙烯腈精制塔；4—过滤器；5—成品丙烯腈贮槽

从萃取精馏塔蒸出的经油水分离器得到的油相粗丙烯腈含丙烯腈约80%以上，氢氰酸10%左右，水约8%左右，另含有微量其他杂质。可用一般精馏方法分离。粗丙烯腈先进入脱氢氰酸塔，塔顶蒸出氢氰酸，进入氢氰酸精馏塔，脱去其中不凝气体及分离掉丙烯腈，得到纯度为99.5%的氢氰酸。脱氢氰酸塔塔釜液进入丙烯腈精馏塔，塔上部侧线采出产品丙烯腈，经冷却后，部分回流，部分送丙烯腈成品贮槽。塔顶蒸出的是水和丙烯腈的共沸物，经冷却冷凝后入油水分离器分层，油层丙烯腈回流入塔，水层分出。塔釜水层送污水处理。

由于所处理的物料容易自聚，需采取一定措施加以防止。一是丙烯腈精馏采用减压操作，二是加入一定量的阻聚剂。氢氰酸一般采用 SO_2、HAc 等酸性阻聚剂，丙烯腈一般采用对苯二酚等酚类物质作阻聚剂。

（四）丙烯氨氧化合成反应器

丙烯氨氧化生产丙烯腈为气、固相反应，且属强放热反应，所以对反应器有两个最基本的要求：一是必须保证气态原料和固体催化剂之间有良好的接触；二是能及时移走反应热以控制适宜的反应温度。工业上常用的反应器有两种形式，固定床列管式反应器和流化床反应器。

1. 固定床列管式反应器

该类形反应器外壳为钢制圆筒，因受热会膨胀，故常安装有膨胀圈。反应器内装有按正三角形排列的列管，列管数由数百根至上万根不等，列管内装填催化剂，列管长一般为 2.5～3 m。为了减小径向温差，管径一般较小，多为 25～30 mm。原料气通过静止的催化剂床层发生反应，反应热由管外载热体移出。载热体多采用熔盐（硝酸钾、亚硝酸钠和少量的硝酸钠的混合物）。该反应器的优点是只要催化剂装填均匀，则气固接触良好，操作方便；缺点是传热效果较差，生产能力较低，催化剂更换麻烦，设备结构复杂，制造不便，且需大量载热体。

2. 流化床反应器

流化床是现代化化工生产中广泛采用的一种高效设备。丙烯氨氧化生产丙烯腈是采用具有导向挡板的流化床，可使用颗粒很小的微球形催化剂，以提高催化剂的使用效率。导向挡板可强化反应器的生产能力，使反应器具有较好的操作弹性。另外还具有良好地破碎气泡作用，有利于传质的进行。

流化床反应器从其本身结构来看，可分成三个部分：锥形体部分、反应段部分和扩大段部分。原料气体在锥形体部分进入反应器，经分布板进入反应段。反应段装填催化剂，并装有导向挡板和具有一定面积的 U 形或直形冷却管。原料气在此和催化剂流化床层接触，进行反应。反应器上部为扩大段，在此段由于床径扩大，气体流速减慢，有利于被气体所夹带的催化剂的沉降，为了进一步回收催化剂，在此段设有 2～3 级旋风分离器一组或多组（或设有催化剂过滤管）。由旋风分离器回收的催化剂通过下降管回至反应器。采用流化床的优点是：气固两相接触面大，床层温度分布较均匀，易控制温度，操作稳定性好，生产能力大，操作安全，设备制造简单，催化剂装卸方便。缺点是催化剂磨损较多，气体返混严重，影响转化率和选择性。

目前丙烯氨氧化合成丙烯腈大多采用流化床反应器。

（五）丙烯氨氧化反应操作的安全技术

在基本有机化学工业中进行的催化氧化反应都是以氧为氧化剂，反应物料一般都为气态烃，且属强放热反应，所以在生产操作中，应十分重视安全技术。丙烯腈生产中使用的燃料和得到的产品大部分都具有易燃、易爆、有毒和有腐蚀性的特点，其生产操作中应注意的安全技术为防毒、防火和防爆。

1. 丙烯腈生产的防毒

丙烯氨氧化生产丙烯腈过程所用原料和所得产物中对人体有毒的较多，且毒性较大，主要有氢氰酸、丙烯腈、丙烯醛和氨等。表16-5列出了空气中各种有害物质的最大允许浓度。为了保证工人的身体健康，实际操作中，应控制有害物质的浓度低于此浓度限制。

表 16-5　丙烯腈生产过程空气中有害物质的最大允许浓度

有害物质名称	最大允许浓度/（mg/m³ 空气）
氢氰酸	0.3
丙烯腈	0.5
丙烯醛	0.5
氨	30.0

表 16-6　可燃气体在空气中的爆炸极限,%（体积）

气体名称	爆炸极限 下限	爆炸极限 上限	气体名称	爆炸极限 下限	爆炸极限 上限
丙　烯	2	11.1	丙烯腈	3	17
丙　烷	2.3	9	丙烯醛	2.8	31
氨	17.1	26.4	氢氰酸	5.6	40

2. 丙烯腈生产的防火防爆

可燃性烃类或其他有机物质与空气或氧的气态混合物在一定的范围内遇明火、电火花、撞击或高温，达到自燃点，即会产生分支链锁反应，在极短时间内，即会猛烈燃烧而爆炸，此温度范围称为爆炸极限。爆炸极限一般由实验测定，以体积浓度表示。爆炸极限与实验条件有关。表 16-6 列出了丙烯氨氧化生产丙烯腈有关物质的爆炸极限。

在实际生产中应控制有关物质在空气（氧气）中的浓度。

（六）丙烯腈生产的发展方向

为了提高丙烯腈生产的收率和转化率，降低成本，在其生产方法上、催化剂活性上、操作条件选择上等方面都进行了许多探索。

1. 采用更廉价的原料和更新的工艺

目前国外一些厂家正在利用丙烷直接进行氨氧化生产丙烯腈工艺路线的研究开发。其优点一是可以减少丙烷脱氢生成丙烯的工艺，从而使流程简化。二是丙烷原料价廉易得，可使生产成本降低一半以上。该法今后将是取代丙烯氨氧化法的一种新工艺。

2. 催化剂的研究改进

在丙烯腈的生产过程中，催化剂的选择是十分重要的，它对反应工艺路线的选择、反应条件的选择、产物的收率、副反应的种类等影响较大。因此自 60 年代以来，世界各国都在致力于催化剂的研究,研究方向包括提高丙烯腈的收率和采用高活性催化剂,如国外 BP 公司研制的 C-89 型催化剂,国内研制的 MB-86 型催化剂等,在丙烯腈收率和催化剂活性方面都有了进一步提高。

3. 优化操作条件

根据生产工艺，选择最佳操作条件，并根据需要，实行动态控制。

4. 合理利用能量

丙烯氨氧化是一强放热反应，每生成 1mol 的丙烯腈可放出 512kJ 的热量。这些热量应该合理利用，可用来产生高压水蒸气。另外应尽量降低吸收塔负荷，以减少低温水的用量，节约能量。

思考练习题

16-1　催化氧化反应分成哪几类？各有何特点？

16-2　催化氧化反应有何共性？

16-3　何为均相催化自氧化反应？试述均相催化自氧化反应的基本原理。

16-4　催化剂及氧化促进剂的作用是什么？

16-5　简述乙醛均相催化自氧化生产醋酸的工艺流程。

16-6　简述络合催化氧化反应的反应机理。

16-7　试比较工业上丙烯腈生产的几种主要方法。

16-8　试分析非均相催化氧化反应的特点。

16-9　原料纯度对丙烯氨氧化生产丙烯腈反应都产生哪些影响？

16-10　简述丙烯氨氧化生产丙烯腈的基本原理。

16-11　丙烯腈生产中，原料中加入水蒸气的作用是什么？

16-12　丙烯氨氧化合成反应器，各有何优缺点？

16-13　丙烯氨氧化生产丙烯腈的工艺流程包括几部分？

第十七章 卤 化

本章学习要求

1. 熟练掌握的内容

烃类主要的氯化方法和氟化方法；乙烯的加成氯化；乙烯的氧氯化；乙烯平衡氧氯化法生产氯乙烯的工艺流程。

2. 理解的内容

乙烯加成氯化、乙烯氧氯化和二氯乙烷裂解反应机理；饱和烃热氯化反应机理；氟代烃数字代码命名法的原则；其他化合物合成过程。

3. 了解的内容

主要的氯代烃、氟代烃品种，性质，用途以及生产方法进展动态。

第一节 卤代烃的应用领域

卤化法（氯化、氟化）是烃类加工的重要途径之一。在化合物分子中引入卤素原子以生产卤素衍生物或卤代脂肪烃的反应过程统称为卤化。烃类的卤代物应用甚广，有各种各样的用途。它们有的是高分子材料的重要单体；有的是优良的不燃溶剂；有的是合成其他各类有机产品的重要原料和中间体；有的可直接用作冷冻剂、麻醉剂和灭火剂等。烃类的氯化不仅可以获得许多具有各种重要用途的氯代产品，而且还可促进烧碱工业的发展。近年来含氟材料解决了宇航、航空喷气技术上的许多难题。氟塑料、氟橡胶、氟油等其防腐性胜过贵金属，有的可制成代血浆和有效医药制剂等。

脂肪族氯化物的生产规模很大，以聚氯乙烯为例，1994 年全世界的产量已达到 2500 万 t。脂肪族氟化物的生产规模尽管比脂肪族氯化物的生产规模小得多，但比溴代烃的产量大。故本章仅讨论氯化物与氟化物的性质及生产方法。

卤化剂主要用游离卤素和无水卤化氢。即氯、氟、氯化氢、氟化氢等。

表 17-1 所列各种卤化产品其卤化反应主要有下列三类：

1. 加成卤化

例如：

$$CH_2\!=\!CH_2 + Cl_2 \longrightarrow ClCH_2CH_2Cl$$

$$CH\!\equiv\!CH + HCl \longrightarrow CH_2\!=\!CHCl$$

$$CH_2\!=\!CH_2 + F_2 \xrightarrow{\text{N}_2 \text{ 稀释剂}} FCH_2CH_2F$$

2. 取代卤化

例如：

$$CH_4 + Cl_2 \longrightarrow CH_3Cl + HCl$$

$$CH_3CH\!=\!CH_2 + Cl_2 \longrightarrow ClCH_2CH\!=\!CH_2 + HCl$$

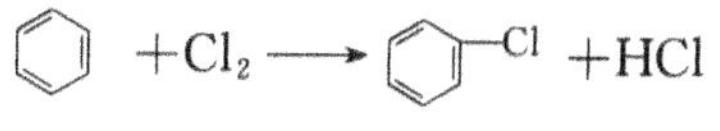

$$\bigcirc + Cl_2 \longrightarrow \bigcirc^{Cl} + HCl$$

$$CHCl_3 + 2HF \longrightarrow CHClF_2 + 2HCl$$

表 17-1　几种烃类的主要卤化产品及其用途

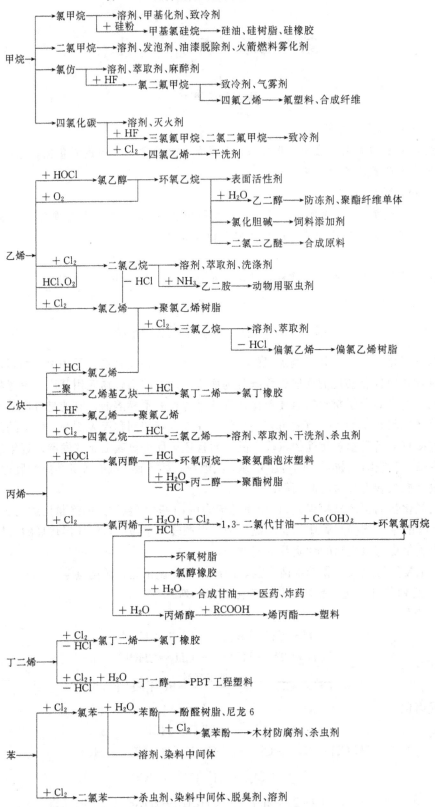

3. 氧氯化

例如

$$CH_2{=}CH_2 + 2HCl + \frac{1}{2}O_2 \longrightarrow ClCH_2CH_2Cl + H_2O$$

$$\bigcirc + HCl + \frac{1}{2}O_2 \longrightarrow \bigcirc{-}Cl + H_2O$$

根据氯化反应的类型，工业上采用的氯化工艺主要有下列三种。

（1）热氯化法　该方法是以热能激发氯分子，使其解离成氯自由基，进而与烃类分子反应而生成各种氯衍生物。

（2）光氯化法　该方法以光子激发氯分子，使其解离成氯自由基，进而实现氯化反应。光氯化法可用于加成反应，也可用于取代氯化反应。

（3）催化氯化法　该法是利用催化剂以降低反应活化能，促使氯化反应的进行。有均相催化氯化和非均相催化氯化两种。所用的催化剂都是金属卤化物，如氯化铁、氯化铜、氯化铝、三氯化锑、五氯化锑、氯化汞等。均相催化氯化法是将这类催化剂溶于溶剂中，然后进行氯化反应。例如乙烯与氯加成制备二氯乙烷即采用均相催化氯化法，此法反应条件比较缓和。非均相催化氯化是将上述这些催化活性组分载于活性炭、浮石、硅胶、氧化铝等载体上而制备成固体催化剂，乙炔与氯化氢加成制备氯乙烯，乙烯氧氯化制备二氯乙烷等都是采用非均相催化氯化法。

工业上氟代烃的生产，采用的氟化工艺主要有下列三种。

（1）金属氟化物氟化法　该法是利用高价金属的氟化物（CoF_3，MnF_3）与烃反应，然后在氟的作用下将低价的金属氟化物氟化成高价金属氟化物。

（2）电化学氟化法　该法的实质是在有机物的溶液中进行无水氟化氢的电解（添加金属氟化物以提高导电性），此时在阳极上放出的氟与有机物起反应。由于反应在液相中进行，而且有搅拌，所以导出热量良好，可以调节反应。适合于可溶于氟化氢的低级酸、胺、酯、醚全氟取代物的生产。

（3）用氟化氢氟化　该法是用氟化氢反应使氟置换氯原子，而合成有机氯化物只是制取有机氟化物的中间步骤，该法是制取脂肪族氟化物更常用的方法。

第二节　氯代烃类

一、烃的取代氯化

烃的取代氯化是工业上制取氯代烃类的重要方法之一，这种取代氯化可以发生在饱和碳原子上和不饱和碳原子上，也可发生在芳烃体系中。

（一）饱和烃的取代氯化

饱和烃的取代氯化可以得到很有用的氯化物，其中以甲烷的热氯化为最重要。

1. 热氯化反应机理及产物分布

烃类的热氯化反应是典型的自由基链锁反应，首先是氯在高温作用下解离为氯自由基，并以氯自由基为链载体与烃发生氯代反应，其反应机理（以甲烷热氯化为例）为：

链引发　　$Cl_2 \xrightarrow{\triangle} 2\dot{Cl}$

链传递　　$\dot{Cl} + CH_4 \longrightarrow \dot{C}H_3 + HCl$

　　　　　$\dot{C}H_3 + Cl_2 \longrightarrow CH_3Cl + \dot{Cl}$

链终止　　　　$\overset{\cdot}{CH_3} + \overset{\cdot}{CH_3} \longrightarrow CH_3CH_3$ 等

　　但氯化反应并不只停留在一次取代阶段，生成的氯甲烷会继续发生取代氯化，生成二氯甲烷、三氯甲烷、四氯化碳等氯化产物。

$$CH_4 + Cl_2 \longrightarrow CH_3Cl + HCl + 100.0 \text{ kJ} \tag{1}$$

$$CH_3Cl + Cl_2 \longrightarrow CH_2Cl_2 + HCl + 99.2 \text{ kJ} \tag{2}$$

$$CH_2Cl_2 + Cl_2 \longrightarrow CHCl_3 + HCl + 100.4 \text{ kJ} \tag{3}$$

$$CHCl_3 + Cl_2 \longrightarrow CCl_4 + HCl + 102.1 \text{ kJ} \tag{4}$$

　　这四个反应的反应速度常数与温度的关系如图 17-1 所示。从图描述的几条直线可以看出，一氯甲烷比甲烷更易氯化，反应（3）和反应（1）的反应速度常数相接近，只有 $CHCl_3$ 比甲烷较难氯化。故甲烷的热氯化产物，总是四种氯代甲烷的混合物。其产物组成取决于原料中氯与甲烷的用量比，同时还与反应温度有关。图 17-2 是在 440℃ 条件下，氯和甲烷的摩尔比对产物分布的影响。由图 17-2 可看出，要使主要产物为一氯甲烷，甲烷必须大大过量，以抑制多氯甲烷的生成。

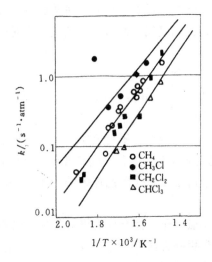

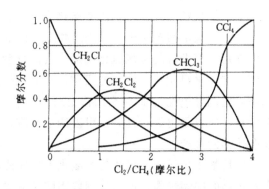

图 17-1　甲烷及其氯衍生物的氯化反应速度常数
1atm＝101325Pa

图 17-2　Cl_2/CH_4 摩尔比与甲烷氯化产物组成的关系

2. 甲烷热氯化制取甲烷氯化物

　　甲烷热氯化产物除一氯甲烷为无色气体外，二氯甲烷、三氯甲烷和四氯化碳均为难溶或不溶于水的无色油状液体，它们的沸点依次为 $-23.7℃$、$40.1℃$、$61.2℃$ 和 $76.7℃$。

　　当氯与甲烷的用量摩尔比高时，可得到较多的三氯甲烷和四氯化碳，但因甲烷氯化是强放热反应，生成的多氯衍生物愈多，放出的热量愈大，反应愈剧烈，难于控制。如温度升至 500℃，会发生爆炸性分解反应（也称燃烧反应）。

$$CH_4 + 2Cl_2 \longrightarrow C + 4HCl + 292.9 \text{ kJ}$$

故工业上甲烷的热氯化总是采用大量过量甲烷（$CH_4 : Cl_2 = 3 \sim 4 : 1$，摩尔比），氯化产物是以一氯甲烷和二氯甲烷为主。如要获得更多的多氯甲烷，往往是将已部分氯化的产物，再进行氯化。即使采用大量过量甲烷，要使氯化反应能顺利进行，氯与甲烷必须充分混合，以避免局部浓度过高而使反应发生局部过热现象。甲烷热氯化反应温度较高，反应过程中不仅有大量热量放出，且有大量强腐蚀性氯化氢气体产生。反应器材质必须能耐酸。工业上是采用绝热式反应器，反应释放的热量由大量过量的甲烷带出。

甲烷热氯化制取甲烷氯衍生物的工艺流程如图 17-3 所示。

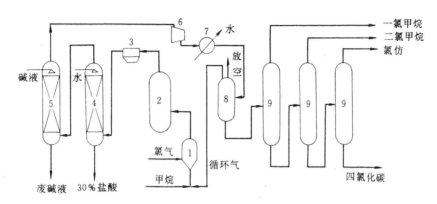

图 17-3　甲烷热氯化制甲烷氯衍生物工艺流程

1—混合器；2—反应器；3—空冷器；4—水洗塔；5—碱洗塔；6—压缩机；
7—冷凝冷却器；8—分离器；9—蒸馏塔

甲烷、氯和循环气以一定比例在混合器中混合后，进入绝热式反应器，在 380～450℃进行反应，反应产物经空气冷却器冷却、水洗（除去 HCl）、碱洗（中和酸性气体）后，进行压缩和冷凝冷却，使四种甲烷氯衍生物都冷凝下来。不凝气体中 70％左右为甲烷，其余为氮和少量氯甲烷，不凝气少量放空，大部分作为循环气在系统中循环使用。冷凝液经精馏分别得到一氯甲烷、二氯甲烷、三氯甲烷和四氯化碳。如要获得更多的三氯甲烷和四氯化碳，可以采用多台反应器（有时是五台）串联的方式，甲烷依次进入各台反应器，而氯气则分别进入每台氯化反应器，并保持总的甲烷与氯气进料摩尔比为 3～4：1，这样可实现甲烷直接热氯化生产四氯化碳，收率可达到 97％（质量）。

用上述方法生产甲烷氯衍生物，副产物 HCl 没有充分利用，因此氯的利用率只有 50％。为了合理利用副产 HCl，工业上采用了甲醇与 HCl 反应生产一氯甲烷和一氯甲烷再光氯化制取四种甲烷氯衍生物的工艺。此工艺采用氯甲烷再氯化所生成的 HCl 与甲醇反应制取一氯甲烷。

$$CH_3OH + HCl \longrightarrow CH_3Cl + H_2O$$

反应可在气相中进行，也可在液相中进行。气相反应所用催化剂为 $ZnCl_2$/浮石，Cu_2Cl_2/活性炭等，反应温度 340～350℃，压力 0.3～0.6MPa，HCl 与甲醇的摩尔比为 1.2～1.5：1，HCl 过量可抑制二甲醚的生成。液相反应是在氯化锌水溶液中进行，反应温度 100～150℃。反应生成的水以 22％HCl 溶液形式除去。

3. 其他饱和烃的取代氯化

乙烷氯化在 400℃、烃过量下进行，氯化反应产物主要是氯乙烷，1,1-二氯乙烷较少，乙烷中第二个氢原子被氯取代的反应速度是生成一氯化合物 C_2H_5Cl 的四分之一，从而得到上述反应结果。

$$C_2H_6 + Cl_2 \longrightarrow C_2H_5Cl + HCl$$

反应用催化剂为 $AlCl_3$/浮石、Cu_2Cl_2/活性炭等。乙烷光氯化也可以在 30％HCl 溶液中进行。氯乙烷可作为工业溶剂、冷冻剂，可用于生产乙基纤维素、丁基橡胶、硅树脂的原料。

熔融的固体石蜡可在 90～120℃氯化到需要的深度，这时得到的多氯石蜡烃有特殊用途。

在氯化物中 25 个碳原子链上，约有 7 个氯原子时（$C_{25}H_{45}Cl_7$；含氯量为 42%～44%）是相当难挥发的流动性液体；约含 15 个氯原子时（$C_{25}H_{37}Cl_{15}$；含氯量为 60%～62%）是软树脂；约含 22 个氯原子时（$C_{25}H_{30}Cl_{22}$；含氯量为 70%）则是脆性树脂。含氯量小于 70% 的氯化石蜡是熔融石蜡直接通入氯气生产的，而含氯量大于 70% 的固体氯化石蜡则是将石蜡溶于四氯化碳溶液中，在引发剂存在下进行氯化，然后用水析出产品或用薄膜蒸发器制得产品。

氯化石蜡可用作耐火浸渍材料、增塑剂以及耐化学腐蚀、耐水和耐火涂料等。

饱和烃用过量的氯液相氯化制多氯化合物，其中全部氢原子被氯所取代，这种方法称为彻底氯化法。制取多氯化合物总是伴有副反应，因为这些化合物在高温下受热分解，生成分子量较小的不饱和氯代烃和饱和的全氯化合物，这个过程又称为破坏性氯化（氯解）。

例如：　　甲烷在 480～650℃ 彻底氯化时，副产四氯乙烯：

$$CH_4 + 3Cl_2 \longrightarrow 0.5Cl_2C{=\!=}CCl_2 + 4HCl$$

丙烷彻底氯化可以得到 30%～65% 四氯乙烯和同样量的四氯化碳。

正丁烷在 400～600℃ 下彻底氯化得到六氯-1,3-丁二烯：

$$n\text{-}C_4H_{10} + 8Cl_2 \longrightarrow \underset{\begin{array}{c}|\\Cl\end{array}\underset{\begin{array}{c}|\\Cl\end{array}}{}}{Cl_2C{=\!=}C{-\!\!-}C{=\!=}CCl_2}$$

而正戊烷彻底氯化则得六氯环戊二烯：

$$n\text{-}C_5H_{12} \xrightarrow[-9HCl]{+9Cl_2} C_5H_3Cl_9 \xrightarrow{-3HCl}$$

（二）烯烃的取代氯化

1. 烯烃取代氯化与加成氯化反应的竞争

烯烃的氯化反应要比饱和烃复杂，因为除了发生取代氯化外，还可以发生加成氯化。一切卤素都容易加成到烯烃上，其反应活性由氟到碘依次减小：

$$F_2 > Cl_2 > Br_2 > I_2$$

卤素在双键上的加成反应与取代反应的竞争，以氯化反应最为明显。反应温度是主要的影响因素。

正构烯烃与氯易发生加成氯化，但当温度高时就有取代氯化为主的反应发生（>50%）。这个温度范围对不同烯烃是不同的：乙烯为 270～350℃、丙烯为 250～300℃、2-丁烯为 170～220℃、2-戊烯为 150～200℃。对于具有 α-氢原子的异构烯烃（如异丁烯）在通常条件下只发生 α-氢的取代氯化，除非在低温时（-40℃ 以下），才有加成氯化反应。

2. 丙烯氯化合成 α-氯丙烯

α-氯丙烯是无色具有腐蚀性的刺激性液体，微溶于水，沸点 45.1℃，是制取丙烯醇、烯丙酯、环氧氯丙烷和合成甘油的中间体。工业上氯丙烯是由丙烯高温气相取代氯化制得的。

（1）主副反应

主反应　　$CH_3CH{=\!=}CH_2 + Cl_2 \longrightarrow ClCH_2CH{=\!=}CH_2 + HCl + 112.1\ kJ$

副反应

α-氯丙烯继续氯化生成二氯丙烯

$$ClCH_2CH{=\!=}CH_2 + Cl_2 \longrightarrow Cl_2CHCH{=\!=}CH_2 + HCl$$

丙烯发生加成氯化生成 1,2-二氯丙烷

$$CH_3CH{=}CH_2 + Cl_2 \longrightarrow \underset{\underset{Cl}{|}}{CH_3CH}\underset{\underset{Cl}{|}}{CHCH_2}$$

丙烯在氯中燃烧生成 C 和 HCl

$$CH_3CH{=}CH_2 + 3Cl_2 \longrightarrow 3C + 6HCl$$

此外尚有丙烯和 α-氯丙烯的热裂解，以及丙烯和热裂解产物缩合生成苯和高沸物等副反应。

（2）影响丙烯氯化的主要因素

温度对丙烯氯化产物组成比的影响如图 17-4 所示。从图中可以看出，当氯化温度为 450 ℃时，仍有较多的加成氯化产物生成，而温度过高，生成苯的缩合反应加快。这两种情况，都会使生成 α-氯丙烯的选择性下降。适宜的反应温度为 500～520 ℃。

另外，丙烯氯化反应放出大量热量，为了防止丙烯在氯中的燃烧反应和碳析出等过热现象的发生，必须采用大量过量丙烯，以提高 α-氯丙烯收率。图 17-5 为 C_3H_6/Cl_2 的原料配比与 α-氯丙烯收率的关系。从图中可以看出，C_3H_6/Cl_2 摩尔比愈大，α-氯丙烯的收率愈高。但用量比过高，需要有大量丙烯循环，从技术经济角度看并不有利。一般采用 C_3H_6/Cl_2 摩尔比为 4～5：1。

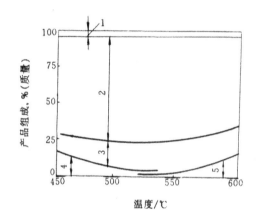

图 17-4　温度对丙烯氯化产物的影响
1—易挥发物；2—α-氯丙烯；
3—高沸物；4—二氯化物；5—苯

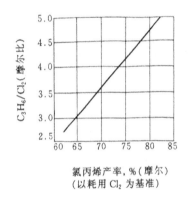

图 17-5　C_3H_6/Cl_2 摩尔比对 α-氯丙烯收率
的影响（以 Cl_2 为计算基准）

原料丙烯和氯的混合对 α-氯丙烯收率也有明显影响。工业上采用原料丙烯在进氯化反应器前预热至 340～370℃，然后在特殊的喷射器内与常温的氯充分混合而进行反应。这样即可防止局部氯浓度偏高，又缩短了混合原料气升温的时间。

3. 丙烯氯化合成 α-氯丙烯的工艺流程

各种制取 α-氯丙烯工艺流程的主要差别在于从反应气体中分离产品的方法不同，可用冷凝法或吸收法。图 17-6 所示为采用冷凝法分离的流程。

干燥的原料丙烯预热至一定温度后，与氯按一定配比混合，并以很大的速度通过氯化反应器。为了避免丙烯氯化副反应的发生，反应停留时间仅为几秒钟。经过反应，氯气的转化率可接近100%，反应温度可以通过改变丙烯预热温度进行调节。自反应器出来的高温反应气体，含有未反应的丙烯、产物 α-氯丙烯、低沸点和高沸点含氯副产物以及 HCl，还带有一些炭粒，经冷却器冷却后，进入冷凝蒸出塔，以液态丙烯直接喷淋降温。丙烯和氯化氢等气体

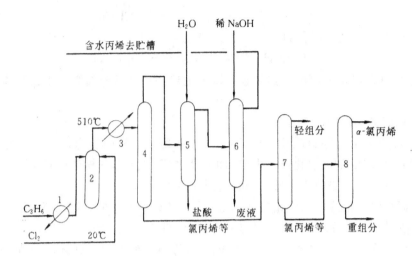

图 17-6 丙烯高温氯化制 α-氯丙烯的工艺流程

1—丙烯预热器；2—氯化反应器；3—冷凝器；4—冷凝蒸出塔；5—水洗塔；

6—碱洗塔；7—脱轻组分塔；8—α-氯丙烯塔

自塔顶分出，经水洗和碱洗除去 HCl 并干燥后，循环回收使用。冷凝蒸出塔釜液即为含量 75% 左右的粗 α-氯丙烯，经脱轻组分塔分出轻组分，在 α-氯丙烯塔塔顶获得高浓度产品 α-氯丙烯。塔底重组分又称为"DD 混剂"（二氯丙烷与二氯乙烯的混合物），可用来制取丙二醇或农药等。

二、不饱和烃的加成氯化

在烯烃、二烯烃和炔烃等不饱和烃的分子中，有双键和三键存在，它们能与 Cl_2、HCl、HOCl 等氯化剂发生加成反应而生成相应的氯化物。

加成氯化有液相法和气相法两种。下面以这两种不同的工艺为例进行讨论。液相加成氯化过程以乙烯液相加氯合成 1,2-二氯乙烷为例，气相加成氯化过程以乙炔气相加氯化氢合成氯乙烯和丁二烯、气相加氯合成氯丁二烯为例。

（一）乙烯液相加氯合成 1,2-二氯乙烷

1,2-二氯乙烷为无色液体，不溶于水，沸点 83.5℃，它不仅是重要的溶剂，也是以乙烯为原料制取氯乙烯的中间体，1,2-二氯乙烷经高温裂解脱除一分子 HCl 可转化为氯乙烯。自 60 年代起，由于氯乙烯的生产转向以乙烯为原料，因此 1,2-二氯乙烷的产量迅速增长。

1. 乙烯加氯反应原理

乙烯与氯加成得 1,2-二氯乙烷。

$$CH_2=CH_2 + Cl_2 \longrightarrow ClCH_2CH_2Cl + 200.9 \text{ kJ}$$

由于反应放热量大，工业上采用液相催化氯化法，根据导出热量的方式不同，或由气相（靠反应产物蒸发导出热量）或（由液相外置换热器导出热量）制得产品。

乙烯液相加氯是在极性溶剂中进行，常用的溶剂是反应产物 1,2-二氯乙烷本身。反应过程中，氯气带入的微量氧气能抑制 1,2-二氯乙烷的取代氯化反应，所以反应产物中几乎没有多氯化合物。

乙烯液相加氯反应工业上一般采用三氯化铁为催化剂，它能促进 Cl^+ 的生成，该反应的反应机理为：

$$FeCl_3 + Cl_2 \longrightarrow FeCl_4^- + Cl^+$$

$$CH_2{=}CH_2 + Cl^+ \longrightarrow CH_2ClCH_2{}^+$$

$$CH_2ClCH_2{}^+ + FeCl_4{}^- \longrightarrow CH_2ClCH_2Cl + FeCl_3$$

该反应速率方程为

$$\frac{dc_D}{dt} = k \cdot c_E \cdot c_C \tag{17-1}$$

式中 $\dfrac{dc_D}{dt}$——1,2-二氯乙烷的生成速度，kmol/(L·s)；

c_E——溶液中乙烯浓度，kmol/L；

c_C——溶液中氯浓度，kmol/L；

k——反应速度常数，1/(kmol·s)；

反应速度常数 k 是反应温度和催化剂 $FeCl_3$ 浓度的函数。

2. 乙烯液相加氯合成 1,2-二氯乙烷工艺流程

乙烯液相加氯合成 1,2-二氯乙烷工艺有低温氯化法和高温氯化法两种，低温氯化法反应温度控制在 40℃左右，反应产物 1,2-二氯乙烷以液相出料。高温氯化法反应温度控制在 88℃左右，反应产物 1,2-二氯乙烷以气相出料。为了确保氯气能全部反应掉，乙烯与氯气用量摩尔比控制在 1.25：1，高温氯化法工艺流程如图 17-7 所示。

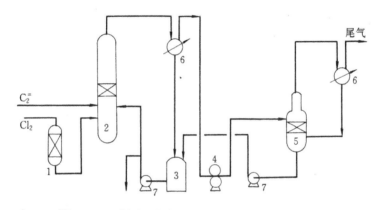

图 17-7　乙烯液相加氯合成二氯乙烷工艺流程

1—碳滤器；2—氯化反应器；3—贮罐；4—压缩机；5—雾分离器；6—冷凝器；7—泵

氯气经焦炭过滤器除去夹带的硫酸酸雾等杂质后和乙烯进入氯化反应器，反应器内予先盛有二氯乙烷液体，在液体中含有三氯化铁作为催化剂，原料乙烯与氯气保持一定的分子比，以便氯气全部参加反应，反应在低压和 88℃左右下进行。

氯化反应器为不锈钢制圆筒形立式反应器，其下部有一特殊的气体分布器，气体分布器上方还充填以一定高度的瓷环，气体分布器与瓷环均浸没在二氯乙烷液体中，原料气经气体分布器进入液相中得到了良好的混合和均匀地分布，促进氯气全部转化。

乙烯液相氯化反应为一较强的放热反应，反应热靠反应产物的汽化从反应器顶部带出，气态反应产物在冷凝器中冷却冷凝至 40℃，冷凝液大部分返回氯化反应器，用之蒸发移走反应热，小部分作为本过程的产品。冷凝器出来的不凝气体经过压缩、雾分离器分离除去夹带的二氯乙烷后，因其中含有少量乙烯，送往氧氯化反应过程中作为原料气使用。

（二）乙炔气相加氯化氢合成氯乙烯

氯乙烯沸点 -13.9℃，在室温下为无色气体，易聚合，并能与乙烯、丙烯、醋酸乙烯酯、

偏二氯乙烯、丙烯腈、丙烯酸酯等单体共聚，制得各种性能的树脂，加工成管材、薄膜、塑料地板、各种压塑制品、建筑材料、涂料和合成纤维等。氯乙烯是高分子材料工业的重要单体，产量很大，故氯乙烯的生产在有机化学工业中占有重要的地位。

氯乙烯的生产方法主要有两种：一种是以乙烯为原料的乙烯平衡氧氯化法；另一种是以乙炔为原料的乙炔与氯化氢加成法。美国和日本的氯乙烯生产在 1970 年前后已基本上淘汰了乙炔法制氯乙烯生产工艺，我国目前尚有约二分之一年产量的氯乙烯是采用乙炔法生产。故有必要讨论乙炔法的原理和工艺流程等问题

1. 乙炔加成氯化氢反应原理

乙炔与氯化氢加成反应方程式如下：

$$CH\!\equiv\!CH + HCl \longrightarrow CH_2\!=\!CHCl + 124.8\ kJ$$

当采用 $HgCl_2$/活性炭催化剂时，反应机理认为是氯化氢吸附于催化剂的活性中心，然后与气相中乙炔反应生成吸附态氯乙烯，最后氯乙烯再脱附下来。即：

$$HCl + HgCl_2 \longrightarrow HgCl_2 \cdot HCl$$
$$C_2H_2 + HgCl_2 \cdot HCl \longrightarrow HgCl_2 \cdot C_2H_3Cl$$
$$HgCl_2 \cdot C_2H_3Cl \longrightarrow HgCl_2 + C_2H_3Cl$$

反应的控制步骤是吸附氯化氢和气相乙炔的表面反应。根据此机理推导得到在 $130\sim180^\circ\!C$ 范围内的反应动力学方程为：

$$-\gamma(C_2H_2) = \frac{k \cdot K(HCl) \cdot P(HCl) \cdot P(C_2H_2)}{1 + K(HCl) \cdot P(HCl) + K_{vc} \cdot P_{vc}} \tag{17-2}$$

式中　　　　$-\gamma(C_2H_2)$——原料乙炔转化反应速度，kmol 乙炔/[kg(催化剂)·h]；

　　　　　　　　k——反应速度常数，$k=1.714\times10^{14}\exp(-27.55\times10^3/RT)$；

　　　　$K(HCl)$——HCl 的吸附常数，$K(HCl)=1.108\times10^{-20}\exp(39.60\times10^3/RT)$；

　　　　　K_{vc}——氯乙烯的吸附常数，$K_{vc}=1.783\times10^{-6}\exp(12.90\times10^3/RT)-$
　　　　　　　　　　2.53；

$P(HCl),P(C_2H_2),P_{vc}$——分别是 HCl，乙炔，氯乙烯的分压，MPa；

　　　　　　　　T——反应温度，K；

　　　　　　　　R——气体常数，$R=8.319\ kJ/(kmol \cdot K)$；

2. 反应条件的选择

(1) 反应温度　温度对于氯乙烯合成反应有较大影响。从热力学角度分析，在 $25\sim200^\circ\!C$ 温度范围内，该反应的热力学平衡常数均很高，如表 17-2 所示，因此有可能获得较高平衡分压的氯乙烯。

表 17-2　热力学平衡常数与温度的关系

温度/℃	25	100	130	温度/℃	150	180	200
K_P	1.318×10^{15}	5.623×10^{10}	2.754×10^9	K_P	4.677×10^8	4.266×10^7	1.289×10^7

另外在 $25\sim200^\circ\!C$ 温度范围内，随着反应温度的升高，反应速度常数也是增加的，因此提高反应温度有利于加快氯乙烯合成反应速度，获得较高的转化率。但是过高的反应温度易使催化剂的活性组分氯化汞 ($HgCl_2$) 升华而随气流带逸，降低催化剂活性及使用寿命，同时还会使副反应产物含量增加。工业上适宜的反应温度一般控制在 $130\sim180^\circ\!C$ 之间。

(2) 催化剂　乙炔与氯化氢加成制取氯乙烯的反应，常用的催化剂是 $HgCl_2$/活性炭。其组成为 100 份活性炭中加入 $8\sim12$ 份 $HgCl_2$，催化剂采用浸渍吸附法制备。随着 $HgCl_2$ 含量的

增高其活性也增大。该催化剂的主要缺点是活性稳定性较差，随反应温度升高，$HgCl_2$ 易升华而影响其使用寿命。$HgCl_2$ 含量过高，则反应过于激烈，反应放热也多，若不能及时导出反应热，必将造成局部过热，导致 $HgCl_2$ 升华，所以催化剂组成与反应温度二者相互关系密切。工业上控制氯化汞的含量在催化剂中占 10% 左右。

（3）分子比　原料 C_2H_2/HCl 的进料摩尔比对催化剂的活性和反应选择性也有影响。当用量比过大时，过量的乙炔会使催化剂中的 $HgCl_2$ 还原成 Hg_2Cl_2，甚至析出金属汞。Hg_2Cl_2 和金属汞无催化作用，从而使催化剂活性下降，因此 C_2H_2/HCl 摩尔比不宜过大。但太小也会降低反应选择性，因为过量的 HCl 会与氯乙烯进一步发生加成反应而生成 1,1-二氯乙烷。

$$CH_2\!\!=\!\!CHCl \ +HCl \longrightarrow \ CH_3CH \diagdown \diagup \begin{matrix} Cl \\ \\ Cl \end{matrix}$$

工业上综合考虑，氯化氢比乙炔价格便宜且容易除去等因素，一般采用 HCl 略微过量，C_2H_2/HCl＝1：1.05～1.1。

（4）原料气纯度　氯乙烯合成反应对原料气乙炔和氯化氢纯度和杂质含量均有严格的要求。一般要求乙炔纯度≥98.5%，氯化氢纯度≥93%。因为原料气中的惰性气体量过高，不但会降低加成反应转化率，还会降低精馏总收率；乙炔气体中若含磷化氢、硫化氢等杂质，会使催化剂中毒。

$$HgCl_2+H_2S \longrightarrow HgS+2HCl$$
$$3HgCl_2+PH_3 \longrightarrow \ (HgCl)_3P+3HCl$$

原料气中含水应愈低愈好，一般控制在 0.03% 以下，含水则有盐酸生成，腐蚀和堵塞管道及设备。水分还易使催化剂结块，导致转化器阻力上升，影响转化器的正常操作。此外，水分还易与乙炔反应生成有害杂质乙醛：

$$C_2H_2+H_2O \longrightarrow CH_3CHO$$

从而消耗了原料，降低了氯乙烯收率。

原料气中还应严格控制含氧量以及游离氯杂质含量，因为二者会影响工艺过程的安全，所以其含量愈低愈好。

3. 乙炔气相加氯化氢合成氯乙烯工艺流程

（1）转化器　乙炔加氯化氢合成氯乙烯的反应属于气固相催化反应，而且是放热反应，因此必须及时地移出反应热才能使反应正常进行。工业上常采用多管式固定床反应器（又称转化器）。转化器是一个圆柱形列管式设备，其构造如图 17-8 所示。该设备的上下封头为锥形，外壳用钢板焊接而成，列管一般均采用 $\phi57\times3.5$ mm 的无缝钢管与管板胀接结构。管间有两块花板将整个圆柱列管部分隔为三层，每层均有冷却水进出口，以通冷却水带走反应热。列管内装催化剂，原料气从转化器上部进入，均匀地通过各个列管并发生反应，从转化器下部导出。

应认识到，作为列管式固定床反应器，在反应时列管中存在着径向的和轴向的温度分布。即当乙炔与氯化氢发生加成反应时，虽然列管外的传热介质为沸腾状态的水，给热系数较大，但列管内的气相反应是在导热系数小的固相活性炭催化剂上进行的。也就是说，列管内气固相反应产生的热量难于传递到管外，使反应温度沿列管横截面存在着一个径向分布，管中心部位的温度最高。另一方面反应温度沿列管管长也存在轴向分布，在反应初期反应气体进入

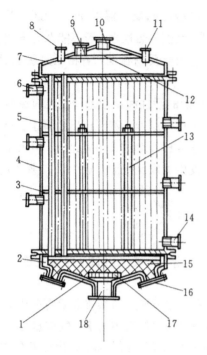

图 17-8 转化器结构

1—锥形底盖；2—瓷砖；3—隔板；4—外壳；
5—列管；6—冷却水进口；7—大盖；
8、11—热电偶插孔；9—手孔；10—气体进口；
12—气体分配板；13—支撑管；14—冷却水进口；
15—填料；16—手孔；17—下花板；
18—合成气出口

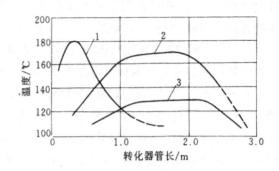

图 17-9 转化器内反应温度的轴向分布

催化剂使用时间：

1—0～1000 h；2—1000～3000 h；3—>3000 h

列管催化剂上层时，由于催化剂活性高，反应物浓度高，因此在该区段反应放热量大，温度显示也最高(这一列管区段的最高温度又称热点)。随着催化剂使用时间的增加，热点将向列管下层移动。如图17-9所示。

针对上述现象，工业上采取的对策是尽量采用较小管径的列管，以消除径向温度分布对反应带来的不利影响。消除轴向温度分布对反应带来的不利影响，其措施是采用列管外侧分层通冷却水的方法，对热点区段加大冷却水用量，防止反应温度差过大，延长催化剂使用寿命。

（2）工艺流程　乙炔气相加氯化氢制氯乙烯

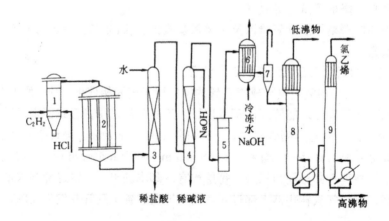

图 17-10 乙烯加氯化氢制氯乙烯工艺流程

1—混合器；2—反应器；3—水洗塔；4—碱洗塔；5—干燥器；6—冷凝器；7—气液分离器；
8—冷凝蒸出塔；9—氯乙烯塔

的工艺流程如图17-10所示。乙炔可由电石水解得到，经净化和干燥后与干燥的 HCl 以1：1.05～1.1的比例混合进入转化器进行加成反应，乙炔转化率可达99%左右，副产物1,1-二氯乙烷的生成量约为1%左右。自转化器出来的气体产物中除含有产物氯乙烯和副产物1,1-二氯乙烷外,还含有5%～10%的HCl及少量未反应的乙炔。反应气经水洗除去大部分HCl,再经碱洗和固体碱干燥除去微量的HCl,其他反应产物再经冷却冷凝得粗氯乙烯凝液。粗氯乙烯进行精馏分离,在低沸塔塔顶蒸出乙炔等低沸物,塔底物料在氯乙烯塔进行精馏,塔底除去1,1-二氯乙烷等高沸点物质,塔顶蒸出产品氯乙烯贮于低温贮槽。

电石乙炔法生产氯乙烯技术成熟,流程简单,副反应少,产品纯度高。但由于生产电石要消耗大量电能,故能耗大,产品成本偏高,而且汞催化剂毒性大,不利于环境保护,因此该方法已逐步为乙烯氧氯化法所取代。

(三)氯丁二烯的生产

氯丁二烯是不饱和烃的重要氯衍生物,它是生产氯丁橡胶的单体。

氯丁二烯是无色液体,沸点59.4℃,难溶于水,易溶于四氯化碳和苯等有机溶剂。氯丁二烯容易聚合,常温时放置数日即变成粘稠的液体,一般采用加入阻聚剂,降低温度等方法防止其聚合。

氯丁二烯在工业上有两种主要制法,一种是丁二烯氯化法,另一种是乙炔二聚制得乙烯基乙炔再与氯化氢加成制得氯丁二烯。

1. 丁二烯氯化法

丁二烯氯化制取氯丁二烯包含三个反应过程:首先是丁二烯与氯的加成反应,将预热的丁二烯和氯在常压、300℃左右进行气相反应。生成由3,4-二氯-1-丁烯、顺式1,4-二氯-2-丁烯和反式1,4-二氯-2-丁烯所组成的混合物。其化学反应式为:

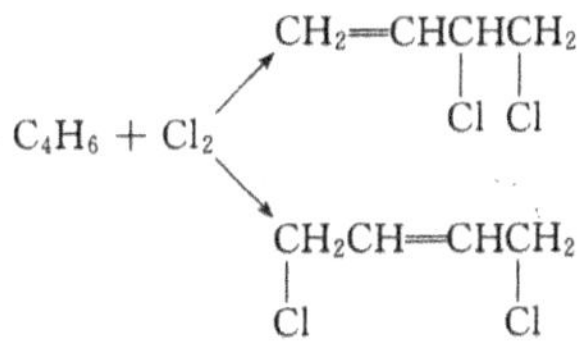

由于只有3,4-二氯-1-丁烯脱氯化氢能生成氯丁二烯,而顺式、反式1,4-二氯-2-丁烯脱氯化氢生成的不是所需的产物。为了提高丁二烯和氯的利用率,减少副产品的生成量,必须使顺式、反式-1,4-二氯-2-丁烯异构化成3,4-二氯-1-丁烯。其化学反应式为:

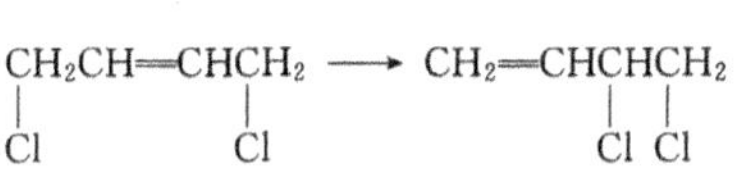

由于3,4-二氯-1-丁烯的沸点(123℃)较顺式、反式1,4-二氯-2-丁烯的沸点(153～156℃)低,所以异构化反应是将二氯丁烯混合物在铜丝和氯化亚铜存在下进行反应精馏,塔顶产物即为3,4-二氯-1-丁烯。

3,4-二氯-1-丁烯和碱溶液一起加热就生成氯丁二烯,其反应式如下:

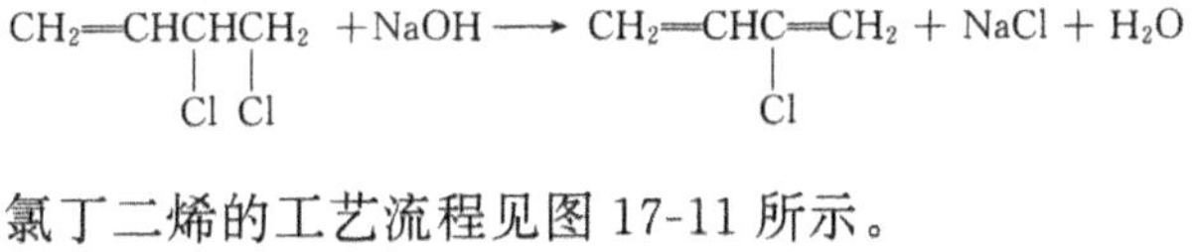

丁二烯氯化制取氯丁二烯的工艺流程见图17-11所示。

等摩尔比的1,3-丁二烯(或烃过量)与氯发生加成反应,反应气体从氯化反应器出来迅速冷却,进入脱气塔,使有机氯化物与未反应的丁二烯和氯化氢分离,未反应的丁二烯循环使用,生成的有机氯化物在铜盐存在下经过异构化,生成3,4-二氯-1-丁烯,送入脱氯化氢塔,

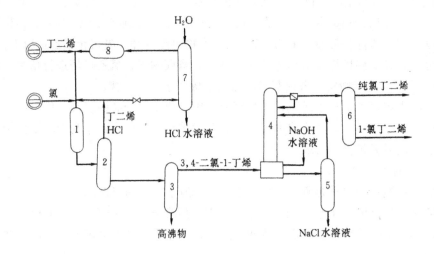

图 17-11　丁二烯氯化法制氯丁二烯工艺流程图

1—氯化反应器；2—脱气塔；3—异构化塔；4—脱氯化氢塔；5—溶液蒸出塔；

6—氯丁二烯提纯塔；7—氯化氢洗涤塔；8—干燥器

用氢氧化钠水溶液使 3,4-二氯-1-丁烯脱氯化氢，再经精馏提纯即得氯丁二烯产品。

2. 乙炔法制氯丁二烯

氯丁二烯是由乙烯基乙炔在催化剂存在下与氯化氢加成制得的，反应式如下：

$$2CH{\equiv}CH \longrightarrow CH{\equiv}C{-}CH{=}CH_2$$

$$CH{\equiv}C{-}CH{=}CH_2 + HCl \longrightarrow CH_2{=}C{-}CH{=}CH_2$$
$$\qquad\qquad\qquad\qquad\qquad\quad | $$
$$\qquad\qquad\qquad\qquad\qquad Cl$$

目前，乙烯基乙炔唯一的生产方法就是乙炔二聚。反应是在氯化亚铜和氯化铵为催化剂的酸性水溶液中进行的。而由乙烯基乙炔生产氯丁二烯的催化剂也是含有 15%～25% 的氯化亚铜水溶液。反应温度为 20℃，反应压力为常压，反应产物经三塔精馏即得产品氯丁二烯。

三、烃的氧氯化

烃类的氧氯化是指饱和烃或者不饱和烃在氧气和催化剂存在下，以 HCl 为氯化剂进行的氯化反应。这类反应即包含饱和烃的取代氯化，如甲烷的氧氯化反应

$$CH_4 + HCl + \frac{1}{2}O_2 \xrightarrow{\ CuCl_2\ } \begin{cases} CH_3Cl \\ CH_2Cl_2 \\ CHCl_3 \\ CCl_4 \end{cases} + nH_2O$$

又包含不饱和烃的加成氯化反应，如乙烯的氧氯化反应

$$C_2H_4 + 2HCl + \frac{1}{2}O_2 \longrightarrow C_2H_4Cl_2 + H_2O$$

由于这类反应解决了大规模有机氯化物生产过程所产生的氯化氢的经济合理利用问题，所以氧氯化反应愈来愈受到人们的重视。本节将重点讨论乙烯氧氯化制二氯乙烷和乙烯平衡氧氯化法生产氯乙烯的基础理论和生产方法。

（一）乙烯氧氯化主、副反应

乙烯在含铜催化剂存在下氧氯化生成 1,2-二氯乙烷，该反应为放热反应。

$$C_2H_4 + 2HCl + \frac{1}{2}O_2 \longrightarrow C_2H_4Cl_2 + H_2O + 263.6kJ$$

乙烯氧氯化过程的主要副反应有三种。

①乙烯的深度氧化：

$$C_2H_4+2O_2 \longrightarrow 2CO+2H_2O$$

$$C_2H_4+3O_2 \longrightarrow 2CO_2+2H_2O$$

②乙烯的深度氧氯化：

$$C_2H_4+3HCl+O_2 \longrightarrow C_2H_3Cl_3+2H_2O$$

$$C_2H_4+3HCl+2O_2 \longrightarrow CCl_3CHO+3H_2O$$

③生成其他氯衍生物的副反应。除了生成上述1,1,2-三氯乙烷副产物外，尚有少量的各种饱和或不饱和的一氯或多氯衍生物生成。例如三氯甲烷、四氯化碳、氯乙烯、顺式1,2-二氯乙烯等。但这些副反应产物的总量仅为主反应产物1,2-二氯乙烷生成量的1%以下。

（二）乙烯氧氯化催化剂

乙烯氧氯化常用的催化剂是金属氯化物，其中以$CuCl_2$的活性为最高。工业上普遍采用的是以γ-Al_2O_3为载体的$CuCl_2$催化剂，根据氯化铜催化剂的组成不同，可以分为三种类型。

1. 单组分催化剂

即$CuCl_2/\gamma$-Al_2O_3催化剂。其活性与活性组分$CuCl_2$的含量有关。图17-12为$CuCl_2/\gamma$-Al_2O_3催化剂中铜含量对其活性和选择性（以CO_2的生成率表示）的影响。由图17-12中曲线知，铜含量增加，催化剂的活性显著增加。当铜含量达到5%～6%（质量）时，HCl的转化率几乎接近100%，其活性已达到最高。另外还可看到，随着铜含量的增加，深度氧化副反应产物CO_2的生成率也有所增加，但铜含量超过5%时，CO_2的生成率基本维持在一定的水平上。工业上所用的$CuCl_2/\gamma$-Al_2O_3催化剂，铜含量控制在5%（质量）左右，采用共沉淀法制造。过程为氯化铜的盐酸溶液与铝酸钠溶液，控制在一定的pH值下相混合，得到凝胶状的铜-铝氢氧化物沉淀，该沉淀物经过喷雾成型、干燥、灼烧即制得具有高活性与高选择性的催化剂。但这类催化剂的主要缺点是氯化铜易挥发，在反应过程中由于$CuCl_2$的挥发流失，使催

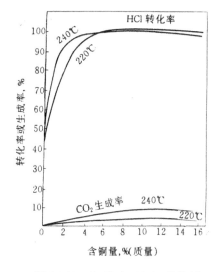

图 17-12　$CuCl_2/\gamma$-Al_2O_3 催化剂
中铜含量与催化剂性能的关系
$C_2H_4：HCl：O_2=1.16：2：0.9$空速$612h^{-1}$

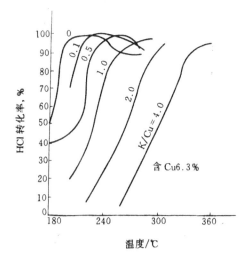

图 17-13　不同 K/Cu 原子比
的 $CuCl_2$-KCl/γ-Al_2O_3 的催化活性

化剂的活性下降，反应温度越高，$CuCl_2$ 的挥发流失量越大，活性下降越快。

2. 双组分催化剂

为了改善单组分 $CuCl_2/\gamma\text{-}Al_2O_3$ 催化剂的热稳定性和使用寿命，在催化剂中加入第二组分，常用的为碱金属或碱土金属的氯化物，主要是 KCl。KCl 能抑制乙烯的深度氧化产物 CO_2 的生成，能抑制 $CuCl_2$ 的挥发流失。图 17-13 所表示的是以不同 K/Cu 原子比制成的双组分催化剂在氧氯化反应中的催化活性，K/Cu 原子用量比越高，显示高活性所需温度也越高。当各种反应条件综合考虑时，一般认为 K/Cu 原子比小于 $0.5\sim1.0$ 时效果较好。

3. 多组分催化剂

为了寻求低温高活性催化剂，氧氯化催化剂组成的研究逐渐向多组元发展，$CuCl_2$/碱金属氯化物/稀土金属氯化物组成的多组分催化剂。如在双组分催化剂配方中再加入氯化铈，氯化镧等制成的催化剂，具有较高活性和热稳定性。

（三）乙烯氧氯化反应机理和反应动力学

乙烯的氧氯化反应机理，国内外都作了很多研究工作，但尚未取得一致看法，有些认为是络合-氧化还原机理，有些认为是氧化乙烯机理，有些认为是氧化还原机理。下面着重介绍前两种机理。

1. 络合-氧化还原机理

北京大学等认为乙烯以 π 键络合吸附在催化剂表面 Cu^{++} 周围，使乙烯双键活化，接着乙烯双键打开和周围的 Cl 结合生成二氯乙烷。

根据 Cu^{++} 具有四配位结构特点，$CuCl_2/\gamma\text{-}Al_2O_3$ 可能具有下列表面结构：

$$
\begin{array}{c}
Cl \\
| \\
O{-}Cu^{++}{-}O \\
| \\
Cl \\
| \\
{-}Al{-}O{-}Al{-}
\end{array}
$$

Cu^{++} 的最高配位数为 6，当 C_2H_4 存在时，使 Cu 由四配位变成五（或六）配位：

$$
O{-}Cu^{++}{-}O + C_2H_4 \longrightarrow O{-}Cu^{++}{-}O \longrightarrow O{-}Cu^{++}{-}O
$$

由于 Cu-C 键不稳定，立即与周围的 Cl 结合生成二氯乙烷；并将活性中心上的 Cu^{++} 还原为一价 Cu^{+}。

$$
O{-}Cu^{++}{-}O \xrightarrow{+HCl} O{-}Cu^{++}{-}O \longrightarrow O{-}Cu^{+}{-}O + CH_2Cl{-}CH_2Cl
$$

生成的 Cu^{+} 配位不饱和，又继续吸附 HCl，并和氧作用生成 Cu^{++} 和水，催化剂恢复原来的状态。

$$
O{-}Cu^{+}{-}O \xrightarrow{+HCl} O{-}Cu^{+}{-}OH \xrightarrow{+O} O{-}Cu^{++}{-}O + H_2O
$$

由上述历程知，乙烯在 Cu^{++} 上 π 络合后，即与周围的 Cl^- 反应生成二氯乙烷，使 Cu^{++} 还原为 Cu^+，接着再与 HCl 及氧反应恢复为 Cu^{++} 并生成水。这个历程包含络合、还原、氧化等主要步骤，其中乙烯络合吸附是主要控制步骤。

2. 氧化乙烯机理

在 190～250℃ 下，研究乙烯在 $CuCl_2/\gamma\text{-}Al_2O_3$ 催化剂上的氧氯化反应及反应动力学，认为乙烯首先被氧化成类似环氧乙烷的中间体，再与 HCl 反应生成二氯乙烷，其反应速度随乙烯与氧的分压增加而增加，与 HCl 无关。其反应机理为：

$$C_2H_4 + \sigma \Longleftrightarrow C_2H_4\sigma$$

$$O_2 + \sigma \Longleftrightarrow 2O\sigma$$

$$HCl + \sigma' \Longleftrightarrow HCl\sigma'$$

$$C_2H_4\sigma + O\sigma \longrightarrow \underset{O}{CH_2\text{—}CH_2}\sigma + \sigma$$

$$\underset{O}{CH_2\text{—}CH_2}\sigma + 2HCl\sigma' \longrightarrow C_2H_4Cl_2 + H_2O + \sigma + 2\sigma'$$

式中　σ——是吸附乙烯与氧的活性中心；

σ'——是吸附 HCl 的活性中心。

根据上述机理表明：该反应的控制步骤是吸附乙烯与吸附氧的表面反应，其动力学方程式为：

$$r = \frac{k \cdot K_E \cdot K_O^{0.5} \cdot p_E \cdot p_O^{0.5}}{[1 + K_E p_E + (K_O p_O)^{0.5}]^2} \tag{17-3}$$

式中　　　k——反应速度常数，$k = 4.93 \times 10^3 \exp(-13.3 \times 10^3/RT)$；

K_E、K_O——分别是乙烯和氧气的吸附平衡常数，$K_E = 7.36 \times 10^3 \exp(-8.41 \times 10^3/RT)$；$K_O = 3.25 \times 10^{-3} \exp(5.20 \times 10^3/RT)$；

p_E、p_O——分别是乙烯和氧气的吸附平衡分压。

（四）反应条件的影响

1. 反应温度

乙烯氧氯化反应是强放热反应，反应热可达 263.6kJ/mol，因此反应温度的控制十分重要。温度过高，乙烯完全氧化反应加速，CO_2 和 CO 的生成量增多，副产物三氯乙烷的生成量也增加，反应选择性下降。此外温度过高，催化剂的活性组分 $CuCl_2$ 挥发流失快，使催化剂活性下降，寿命缩短。图 17-14～图 17-16 为在 Cu 含量 12%（质量）的 $CuCl_2/\gamma\text{-}Al_2O_3$ 催化剂上，温度对 1,2-二氯乙烷（EDC）生成速度、选择性和乙烯燃烧副反应的影响。

由上述三图可看出，当温度高于 250℃ 时，1,2-二氯乙烷的生成速度增加缓慢，而选择性显著下降，乙烯燃烧反应明显增多。一般在保证 HCl 的转化率接近全部转化的前提下，反应温度以低些为好。适宜的反应温度与催化剂的活性有关。采用高活性的 $CuCl_2/\gamma\text{-}Al_2O_3$ 催化剂时，适宜反应温度为 220～230℃。

2. 反应压力

压力对乙烯氧氯化反应既影响反应速度又影响反应选择性。增高压力可提高反应速度，但却使选择性下降。图 17-17 和图 17-18 为压力对反应选择性的影响。

由图 17-17 和图 17-18 可看出，压力增高，产物 1,2-二氯乙烷的选择性降低，而副产物氯乙烷的生成量增加。故反应压力不宜过高。

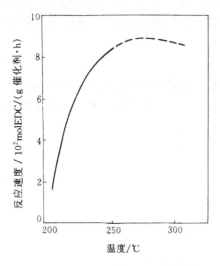

图 17-14　温度与反应速度关系

3. 配料比

按乙烯氧氯化方程式的计量关系，乙烯、氯化氢和氧所需摩尔比应为 $1:2:0.5$。在正常操作情况下，乙烯和氧都是过量的。若 HCl 过量，则过量的 HCl 吸附在催化剂表面，会使催化剂颗粒胀大，视密度减小。若氧氯化反应采用的是流化床反应器，还会引起催化床层急剧升高，甚至发生节涌现象。而采用乙烯稍过量，能使 HCl 接近全部转化。但乙烯过量太多，则乙烯的燃烧反应增多，尾气中 CO 和 CO_2 的含量增多，使选择性下降。氧稍过量，也能提高 HCl 的转化率，但过量太多也会使选择性下降。适宜的原料气配比为：乙烯：氯化氢：氧气 $=1.6:2:0.63$。

4. 原料气纯度

氧氯化反应采用纯度较低的乙烯原料或者纯度较高的乙烯原料均可，因为 CO、CO_2 和 N_2 等惰性气体的存在对反应并无影响。采用空气或纯氧作为氧源也均可以。但是惰性气体量（如 N_2 气数量）的增加，使单位时间氧氯化反应生

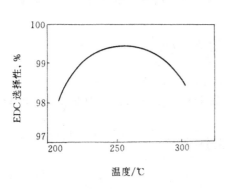

图 17-15　温度对二氯乙烷选择性关系

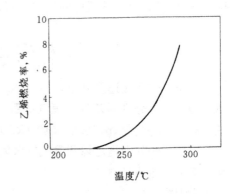

图 17-16　温度与乙烯燃烧率关系

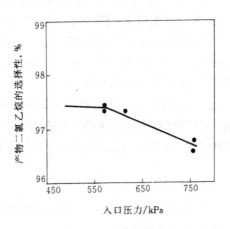

图 17-17　压力对选择性的影响
（氧化剂-氧）

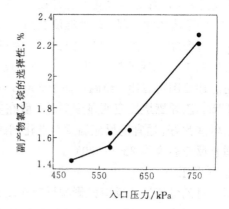

图 17-18　压力对生成副产物氯乙烷的影响
（氧化剂-氧）

成的 1,2-二氯乙烷的量下降,废气排放量增大。各种因素综合分析,采用高纯度的乙烯和氧气在技术经济方面是有利的。原料气氯化氢由二氯乙烷裂解得来,要严格控制其中的乙炔、丙烯等杂质的含量,因为它们在氧氯化过程中会生成四氯乙烯、三氯乙烯、1,2-二氯丙烷等多氯化物,影响主产品 1,2-二氯乙烷的纯度。

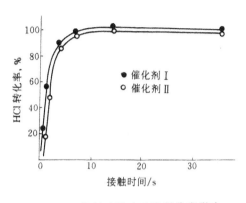

图 17-19 停留时间对 HCl 转化率影响

5. 停留时间

图 17-19 为停留时间对 HCl 氧氯化反应转化率的影响。由图可看出,要使 HCl 接近全部转化,停留时间最好控制在 10～15 s。停留时间过短,HCl 反应不完全;停留时间过长会发生 1,2-二氯乙烷裂解生成氯乙烯和氯化氢的连串副反应,使 HCl 转化率反而下降。

(五) 乙烯氧氯化生产 1,2-二氯乙烷的工艺流程

乙烯氧氯化生产 1,2-二氯乙烷是一放热量较大的气固相催化氧化反应,过去均采用空气作氧化剂,70 年代开发了以纯氧作氧化剂的生产工艺。乙烯氧氯化反应,就除去反应热和要求反应系统内温度均匀来说,选用流化床反应器是适宜的。下面介绍以纯氧为氧化剂,采用流化床反应器的乙烯氧氯化工艺流程。

1. 流化床氧氯化反应器

流化床氧氯化反应器的构造如图 17-20 所示。反应器为立式上部粗下部细结构,下部为不锈钢制作的孔板式气体分配器,在中下部有嵌在反应器内的冷却管挡板,二者对进入反应器的混合气体均匀分布和催化剂优良流化态起着重要作用。反应器中下部设置了一定数量的直立冷却管组,管内通入加压热水,籍水的汽化以移出反应热,并产生相当压力的水蒸气。反应器上部设置四组三级旋风分离器,用以分离回收反应生成气中夹带的催化剂,收回的催化剂送回至反应器底部。

由于氧氯化过程有 HCl 气体及水产生,若反应器的一些部位保温不好,温度过低,当达到露点温度时,将使设备遭受严重腐蚀。

2. 工艺流程

循环气(主要含未反应的乙烯及惰性气)由循环气压缩机加压先与补充的新鲜乙烯混合,再与 HCl 气体混合,最后在混合器内与氧气混合一起进入流化床反应器。反应气体在氧氯化反应器外部混合,可以避免一旦反应气体形成爆炸混合物时对反应器的损坏,有利于安全生产。反应气体依次通过气体分配器和挡板,进入催化剂床层,发生氧氯化反应,放出

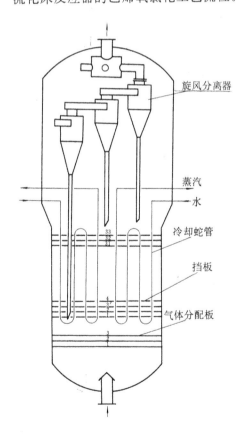

旋风分离器

蒸汽
水

冷却蛇管

挡板

气体分配板

图 17-20 流化床氧氯化反应器

的热量借助冷却管中热水的汽化而移走，反应温度是由调节气水分离器的压力进行控制。

如图 17-21 所示，自氧氯化反应器顶部出来的反应混合气含有反应主产物 1,2-二氯乙烷，

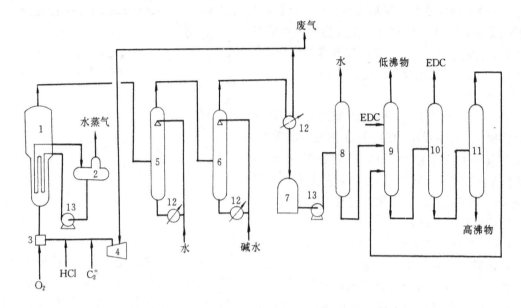

图 17-21　乙烯氧氯化制二氯乙烷及其精制工艺流程

1—氧氯化反应器；2—汽水分离器；3—混合器；4—循环气压缩机；5—骤冷塔；6—碱洗塔；7—粗 EDC 贮缸；
8—脱水塔；9—低沸塔；10—高沸塔；11—EDC 回收塔；12—换热器；13—泵

副产物 CO、CO_2 和其他少量的氯衍生物，以及未反应的乙烯、氧、HCl 及惰性气体，还有主副反应生成的水。此反应混合气进入骤冷塔用水喷淋骤冷至 90℃并吸收气体中的 HCl 和洗去夹带出来的催化剂粉末。骤冷塔顶不凝气送入碱洗塔，碱液洗涤除去其中的二氧化碳，碱洗塔顶部逸出的气体经过冷凝，大部分二氯乙烷和水被冷凝下来，与骤冷塔底部物料混合送入倾析器，将二氯乙烷分出送入粗二氯乙烷贮罐。经冷凝后的不凝气，进入循环气体压缩机加压循环，部分送至废气焚烧炉处理，大部分循环至氧氯化反应器中作为原料气使用。

粗二氯乙烷贮罐中含水二氯乙烷经换热后进入脱水塔。在常压下水与二氯乙烷形成共沸物，自塔顶逸出经冷凝将水分出。塔底物料与乙烯液相加氯制得的二氯乙烷和氯乙烯精制过程得到的粗二氯乙烷，分别送入二氯乙烷低沸塔，塔顶将低沸物蒸出。该塔塔底物料中除含二氯乙烷之外，还有高沸物如 1,1,2-三氯乙烷等送入二氯乙烷高沸塔，顶部馏出物为高纯度的二氯乙烷，供二氯乙烷裂解制氯乙烯的原料。二氯乙烷回收塔在真空下从二氯乙烷高沸塔塔釜中回收二氯乙烷。塔釜高沸残液进行焚烧处理。

（六）乙烯平衡氧氯化法生产氯乙烯

自从乙烯氧氯化制取 1,2-二氯乙烷的方法在 60 年代工业化后，采用石油乙烯为原料的平衡氧氯化法生产氯乙烯的工艺已成为占主导地位的生产方法。

所谓乙烯平衡氧氯化法生产氯乙烯工艺，是指在整个生产过程中 HCl 的生成量与消耗量相平衡，生产氯乙烯的原料只需乙烯、氯气和纯氧气（或空气）并且氯气可全部被利用来制成氯乙烯。这是该工艺经济合理，技术较先进的关键。该工艺包括下列三步反应：

即
$$CH_2\!=\!\!CH_2 + Cl_2 \longrightarrow ClCH_2CH_2Cl$$

$$CH_2\!=\!\!CH_2 + 2HCl + \tfrac{1}{2}O_2 \longrightarrow ClCH_2CH_2Cl + H_2O$$

$$2ClCH_2CH_2Cl \longrightarrow 2CH_2{=}CHCl + 2HCl$$

总反应式　　$2C_2H_4 + Cl_2 + \dfrac{1}{2}O_2 \longrightarrow 2C_2H_3Cl + H_2O$

其工艺过程可以简单地用方框图 17-22 表示。

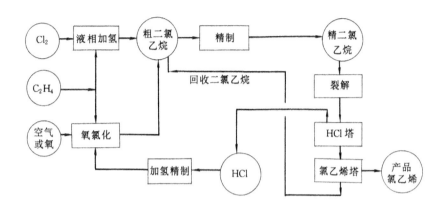

图 17-22　乙烯平衡氧氯化生产氯乙烯的工艺过程

以上三个反应过程，乙烯液相加氯和乙烯氧氯化制二氯乙烷前面已经讨论过了，下面仅讨论 1,2-二氯乙烷高温裂解制氯乙烯反应及工艺流程，就能全面了解掌握乙烯平衡氧氯化法制氯乙烯生产过程。

1. 1,2-二氯乙烷热裂解反应原理

1,2-二氯乙烷加热至高温能脱去一分子氯化氢而转化成氯乙烯，该反应为吸热可逆反应：

$$ClCH_2CH_2Cl \underset{\triangle}{\rightleftharpoons} CH_2{=}CHCl + HCl - 79.5 \text{ kJ}$$

由于采用高温裂解，反应过程中还会发生若干连串和平行副反应，生成碳、乙炔、偏二氯乙烷、氯甲烷、氯丁二烯等。

$$ClCH_2CH_2Cl \longrightarrow H_2 + 2HCl + 2C$$

$$CH_2{=}CHCl \longrightarrow CH{\equiv}CH + HCl$$

$$CH_2{=}CHCl + HCl \longrightarrow CH_3CHCl_2$$

1,2-二氯乙烷裂解反应机理也是自由基链锁反应：

链引发　　$ClCH_2CH_2Cl \xrightarrow{k_1} \dot{C}H_2CH_2Cl + \dot{C}l$

链传递　　$\dot{C}l + ClCH_2CH_2Cl \xrightarrow{k_2} HCl + Cl\dot{C}HCH_2Cl$

　　　　　$Cl\dot{C}HCH_2Cl \xrightarrow{k_3} CH_2{=}CHCl + \dot{C}l$

链终止　　$\dot{C}H_2CH_2Cl + \dot{C}l \xrightarrow{k_4} CH_2{=}CHCl + HCl$

在稳定状态下，总反应速度常数为

$$k = [k_1 \cdot k_2 \cdot k_3 / k_4]^{0.5}$$

2. 1,2-二氯乙烷裂解反应条件的影响

(1) 原料纯度　原料中若含有抑制剂，就会减慢裂解反应速度和促进生焦。在 1,2-二氯乙烷中能起强抑制作用的主要杂质是 1,2-二氯丙烷，当它的含量达 0.1%～0.2% 时，1,2-二氯乙烷的裂解转化率就会下降。如提高温度以弥补转化率的下降，则副反应和生焦会更多。此外三氯甲烷、四氯化碳等多氯化物也有抑制作用。1,2-二氯乙烷中如含有铁离子，会加速深度

裂解副反应，引起结焦。故含铁量要求小于$1×10^{-6}$（质量分数），为了防止对裂解炉管的腐蚀，水分应控制在$5×10^{-6}$（质量分数）以下。

（2）反应温度 提高反应温度对1,2-二氯乙烷裂解反应的平衡和速度都有利。温度小于450℃时，转化率很低；当温度升高至500℃时，裂解反应速度显著加快。但反应温度过高，二氯乙烷深度裂解和氯乙烯分解、聚合等副反应也相应加速。当温度高于600℃，副反应的速率将大于主反应的速率，故反应温度的选择，应从二氯乙烷转化率和氯乙烯选择性两方面考虑，一般控制在500～520℃。

（3）反应压力 1,2-二氯乙烷热裂解是体积增大的反应，提高反应压力对反应平衡不利，但在实际生产中常采用加压操作。其原因是为了保证物流畅通，维持适宜空速，避免局部过热，加压还有利于抑制能造成积炭的副反应，提高氯乙烯的选择性。从整个工艺流程考虑，加压操作还有利于降低裂解反应产物分离的温度，节省冷量，以及提高设备的处理能力。生产中有采用低压法（约0.6 MPa）、中压法（约1.0 MPa）和高压法（＞1.5 MPa）等几种。

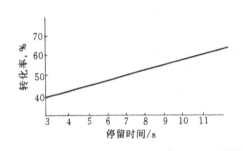

图 17-23 停留时间对 1,2-二氯乙烷转化率的影响
0.5 MPa, 530℃

（4）停留时间 停留时间与1,2-二氯乙烷裂解转化率的关系见图17-23。停留时间长，能提高裂解转化率，但同时生焦副反应增加，使氯乙烯选择性下降，且炉管的烧焦周期缩短。所以生产上常采用较短的停留时间以期获得高选择性。通常停留时间控制在9 s左右，1,2-二氯乙烷转化率为50%～60%，氯乙烯选择性为98%左右。

3. 1,2-二氯乙烷裂解制氯乙烯的工艺流程

1,2-二氯乙烷裂解以及裂解产物分离工艺流程如图17-24所示。

将精1,2-二氯乙烷（EDC）贮罐的二氯乙烷由进料泵送入裂解炉，裂解炉是以液化石油气为加热燃料的双面辐射管式炉，材质为耐高温、耐腐蚀的不锈钢制炉管，横向水平排列于炉膛中部。1,2-二氯乙烷在炉管中经过加热、蒸发、

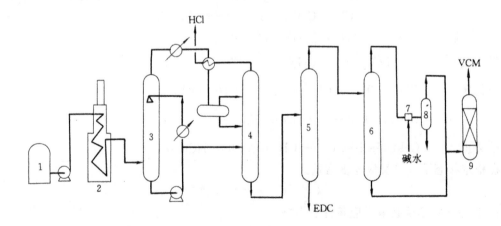

图 17-24 二氯乙烷裂解制氯乙烯及其精制工艺流程图

1—精二氯乙烷贮罐；2—裂解炉；3—骤冷塔；4—HCl塔；5—氯乙烯1#塔；6—氯乙烯2#塔；

7—混合器；8—分离器；9—固碱干燥器

过热和裂解，在压力 2.0 MPa 和温度 510℃下，生成氯乙烯（VCM）和氯化氢。二氯乙烷单程转化率为 55% 左右。从裂解炉出来的裂解反应气，立即进入骤冷塔，该塔为具有多层喷嘴的喷淋塔。为了防止盐酸对设备的腐蚀，骤冷剂不用水而用二氯乙烷，出骤冷塔的裂解气再经冷却冷凝（利用来自氯化氢塔的低温氯化氢进行热交换），分为不凝气和含氯乙烯之凝液，再与骤冷塔底液一并送入氯化氢塔，脱除出浓度为 99.8% 的 HCl，作为乙烯氧氯化过程的原料。塔釜液为含有微量 HCl 的二氯乙烷和氯乙烯混合液，送入氯乙烯塔。氯乙烯塔釜液流出的二氯乙烷返回到氧氯化工艺过程的高沸塔进行精制。氯乙烯塔塔顶分出的氯乙烯含有少量的 HCl，经冷凝后送入氯乙烯 2# 塔，在此作进一步精制，塔顶蒸出含有 HCl 的氯乙烯，经碱液中和后与塔釜纯氯乙烯一并送往固碱干燥器脱除微量 HCl 后，即得纯度为 99.99% 的成品氯乙烯。

4. 平衡氧氯化法生产氯乙烯的技术经济指标

平衡氧氯化法生产氯乙烯的原材料和公用工程消耗定额见表 17-3。

表 17-3　平衡氧氯化法生产氯乙烯的原材料和公用工程消耗定额

原　材　料	消耗定额/1000kg 氯乙烯	原　材　料	消耗定额/1000 kg 氯乙烯
乙烯（按 100%计）	476 kg	水蒸气（0.6 MPa）	620 kg
氯（按 100%计）	606 kg	电	130 kW·h
氧（按 100%计）	154 kg	冷却水	300 t
公用工程		燃料（气体）	5.0×10^6 kJ
水蒸气（2.8 MPa）	690 kg	氧氯化催化剂	0.05 kg

注：1. 氧氯化反应以氧作氧化剂；

2. 乙烯加氯采用高温液相氯化法。

第三节　氟代烃类

脂肪族含氟化合物比氯代烃发展的晚，氟氯烷烃是 1930 年美国科学家为使潜艇能用上无毒不燃的安全制冷剂而研制、开发并实现工业化生产的。目前全世界氟氯烷烃的年产量为 130 万 t 以上。我国目前的年产量约为 7 万 t 左右由于氟氯烷烃有破坏大气臭氧层，造成地球变暖，导致皮肤癌病人增多的危险，国际社会正在有计划地限制其在气雾剂等方面的使用。目前推动氟代烃化工生产的发展，除了氟氯烷烃之外，主要是由于有机氟高聚物品种和精细有机氟化合物品种的不断涌现，因其耐高温或耐低温、耐腐蚀等优异性能，成为军事工业、尖端技术、航空航天以及民用工业不可缺少的材料。

氟代烃的命名除采用系统命名法外，习惯上还有数字代码命名法。数字代码命名法的原则是：氟代烃化合物母体名以大写字母 "F" 代替；F 后左起第一位数表示氟代烯烃分子中双键的个数，对于氟代烷烃则省略；第二位数表示氟代烃分子中的碳原子个数减 1，如为零则省略；第三位数表示分子中的氢原子个数加 1；第四位数则表示分子中的氟原子个数；氯原子数不标出，若分子中含溴原子，则溴原子个数标于右端 "B" 之后。例如 $CFCl_3$、CF_2Cl_2、CHF_2Cl、$CFCl_2-CF_2Cl$、CCl_3-CClF_2、CF_3Br，用数字代码命名法分别可以表示为：F-11、F-12、F-22、F-113、F-112、F-13B_1。数字代码命名法简单方便，一般在致冷剂工业中应用较普遍。但也有缺点，特别是含碳多或者异构体多的氟代烃命名，会使符号复杂化，氟代烃的品种很多，较重要的氟代烃种类及其用途见表 17-4 和表 17-5。

表 17-4 氟代烃主要品种及其用途

名　称	分子式	代表符号	沸点/℃	用　途
一氟三氯甲烷	CCl_3F	F-11	23.7	致冷剂、气雾剂
二氟二氯甲烷	CCl_2F_2	F-12	−29.8	大气悬浮装置推进剂
三氟一氯甲烷	$CClF_3$	F-13	−81.5	防火防爆溶剂
四氟甲烷	CF_4	F-14	−128.06	泡沫塑料发泡剂
一氟二氯甲烷	$CHCl_2F$	F-21	8.9	
二氟一氯甲烷	$CHClF_2$	F-22	−40.8	
三氟甲烷	CHF_3	F-23	−82.2	
一溴一氯二氟甲烷	CF_2ClBr	F-12B₁	−4	高温下的有效灭火剂（燃
一溴三氟甲烷	CF_3Br	F-13B₁	−57.8	烧链反应的有效抑制剂）
二溴四氟乙烷	CF_2Br-CF_2Br	F-114B₂	47.3	
三氟三氯乙烷	$Cl_2FC-CClF_2$	F-113	47.57	
四氟二氯乙烷	$ClF_2C-CClF_2$	F-114	3.5	
二氟乙烷	CH_3CHF_2	F-152	−24.95	
氟乙烯	$CH_2=CHF$	F-1141	−72.2	制取含氟聚合材料
偏二氟乙烯	$CH_2=CF_2$	F-1132a	−85.7	合成其他种类（酸、酯、胺）
四氟乙烯	$F_2C=CF_2$	F-1114	−76.3	含氟化合物
三氟氯乙烯	$ClFC=CF_2$	F-1113	−28.3	
全氟丙烯	$F_2C=CF-CF_3$	F-1216	−29.4	

注：a 表示异构体，以便与对称的二氟乙烯相区别。

表 17-5 含氟聚合材料及含氟精细化学品主要品种及其用途

名　称	分子式	用　途
聚四氟乙烯	$\{CF_2-CF_2\}_n$	氟塑料
聚三氟氯乙烯	$\{CF-CF_2\}_n$ 中Cl	氟塑料
全氟环氧丙烷	$F_2C-CF-CF_3$ 中O	耐腐蚀材料
全氟聚醚	$F\{CF-CF_2-O\}_nC_2F_5$ 中CF_3	人造血浆
三氟乙醇	F_3CCH_2OH	液压剂、氟橡胶原料
三氟乙酸	CF_3COOH	溶剂
全氟辛酸	$C_7F_{15}COOH$	表面活性剂
全氟三丁胺	$(CF_3)_3N$	麻醉剂

一、氟化方法

在有机化合物中引入氟的反应可分为两类，一类是氟置换氢或其他集团；另一类是氟或氟化氢加成到烃的双键上。工业上应用的氟化方法主要有：直接氟化法；金属氟化物氟化法；电化学氟化法；卤素交换法。

（一）直接氟化法

由于有机化合物直接用氟氟化时放出大量热量（435.3 kJ/mol），许多情况下使反应温度无法控制，甚至爆炸。因此在反应系统中必须加入惰性稀释剂（氮、氦和二氧化碳等）稀释氟或氟化氢，以便氟化放出的热量被吸收或带走，这样氟就能置换烃中的氢原子。

用氟元素直接氟化的反应机理为自由基链锁反应，引发反应可以用光或热，反应一般在室温下即可进行，这一机理可用甲烷氟化来说明。

$$F_2 \rightleftharpoons 2\dot{F}$$
$$CH_4 + \dot{F} \longrightarrow \dot{C}H_3 + HF$$

$$\dot{C}H_3 + F_2 \longrightarrow CH_3F + \dot{F}$$

$$\cdots\cdots$$

如此继续反应可氟化至四氟甲烷，同时副产六氟乙烷，反应如下：

$$CHF_3 + \dot{F} \longrightarrow \dot{C}F_3 + HF$$

$$2\dot{C}F_3 \longrightarrow CF_3CF_3$$

工业上直接氟化法是在装有铜屑的反应器中进行的，铜屑为银层所覆盖，反应器中送入用氮气稀释的氟和烃蒸气，铜的作用是利用其高导热性将反应放出的热量积蓄并导出。银在氟的作用下变成 AgF_2，使烃类缓缓氟化。

（二）金属氟化物氟化法

为了解决直接氟化的大量放热问题，本世纪 50 年代前后发展了用金属氟化物使有机化合物中的氢被氟取代的方法。在该法中，高价金属氟化物（AgF_2、CoF_3、MnF_3）与烃反应放出的热量不大：

$$RH + 2CoF_3 \longrightarrow RF + HF + 2CoF_2 \qquad \Delta H = -217 \ kJ/mol$$

在氟的作用下 CoF_2 变成 CoF_3，

$$2CoF_2 \xrightarrow{F_2} 2CoF_3 \qquad \Delta H = -243 \ kJ/mol$$

反应放出的热量（460 kJ/mol）实际上分散在两步中，烃只参加其中一步，因此目的产物收率较高。反应的引发可能是由于在 CoF_3 作用下生成烃的自由基或离子自由基的结果。金属氟化物氟化法常用于合成烃的全氟化合物。

$$C_7H_{16} \xrightarrow[150\sim165℃；\ 275\sim300℃]{CoF_3} C_7F_{16} （质量收率 91\%）$$

工业上金属氟化物氟化法是把 CoF_3 装入一卧式带搅拌的钢管中，管中一半装填 CoF_3，从管的一端通入烃蒸气和 5～10 倍的氮气，沿着管长方向的温度：进口为 150～200℃，出口为 300～380℃，反应最佳停留时间为 2～3 min，当反应消耗掉 50% CoF_3 时，停止进烃，用氮气吹扫，然后在 250℃ 通入用氮气稀释的氟元素，以使生成的 CoF_2 再生。以后重复进行上述操作过程。

（三）电化学氟化法

该法是生产带官能团的全氟化合物（分子量较少的酸、胺、酯、醚全氟化合物）的主要工业生产方法。该方法的实质是在有机物的溶液中进行无水氟化氢的电解（添加碱金属氟化物以提高导电性）在低于释放氟元素的电压（5～6 V）下操作，在铁阴极上放出氢，在镍阳极上放出的氟与有机物反应生成氟化产物。由于该法在氟化时不用氟而用氟化氢，比较安全，腐蚀性小，电解槽紧凑，体积效率高，比其他生产方法经济。

工业上电解槽采用圆筒形钢制容器，镍阳极板和阴极板交替放置，间距 12.5 cm，内装盘管通水或盐水进行冷却。无水氟化氢和有机物连续加入电解槽，一般控制操作温度为 0～20℃，电流强度 1～2 A/cm²。用在阴极上放出的气体搅拌液体，氟化产物在阳极上生成。反应产物通过冷却冷凝器，气体氟化氢返回电解槽，液体产物经分离提纯可得氟化产品。用该方法生产的产量较大的产品有全氟辛酸和全氟辛磺酸等。

（四）卤素交换法

该方法对于制取脂肪族氟化物而言更是一种基本方法。反应通式如下：

$$\overset{|}{\underset{|}{-C}}-X + M^+F^- \longrightarrow \overset{|}{\underset{|}{-C}}-F + M^+X^-$$

式中　X——Cl、Br、I

　　　　M——K、Sb、Hg、Ag

置换顺序为 I＞Br＞Cl。作为氟的来源主要是氟化氢，用氟化氢反应使氟置换氯，是制取氟代烃的重要方法。氯代烃的结构与氟置换反应能力之间有以下关系：

$$ROCl＞C_6H_5CH_2Cl＞CH_2=CHCH_2Cl＞RCl＞ArCl$$

氯硅烷、酰氯以及在芳核或乙烯基的 α 位有卤素原子的氯化物，其氯原子很容易被无水氟化氢所置换。其他结构的氯代烃用氟化氢置换氯时，要加入催化剂。用得最多的是添加五氯化锑或氯气的三氟化锑物系。例如

$$CHCl_3 + 2HF \xrightarrow{SbCl_3 + SbCl_5} CHClF_2 + 2HCl$$

这个方法在工业上应用最广。当不断提供氟化氢和氯化物，不断排出氯化氢和反应产物时，卤化锑处于混合的氯化物-氟化物形态，推测是生成了 $SbCl_2F_3$ 或 $SbF_5 \cdot SbCl_5$，这种形态的卤化锑能使 C—Cl 键削弱，有利于氟置换其氯原子。另外反应产物组成还与反应物的比例及反应温度有关。反应温度的选择又取决于氯化物结构的反应能力。对带有—CCl_3 基团的多氯代烃，温度为 100℃ 即可；对于带有反应能力较弱的—$CHCl_2$ 和 CCl_2 基团的氯代烃反应温度则需高一些，如 150℃。因此置换五氯乙烷中氯原子的顺序如下：

$$Cl_2CH—CCl_3 \xrightarrow[-HCl]{+HF} Cl_2CH—CCl_2F \xrightarrow[-HCl]{+HF} Cl_2CH—CClF_2$$

$$\xrightarrow[-HCl]{+HF} ClFCH—CClF_2 \xrightarrow[-HCl]{+HF} F_2CH—CClF_2$$

而不对称的四氯乙烷则只置换二个氯原子：

$$ClCH_2—CCl_3 \xrightarrow[-HCl]{+HF} ClCH_2—CCl_2F \xrightarrow[-HCl]{-HF} ClCH_2—CClF_2$$

卤素交换法主要用于生产氟氯烷烃，如氟氯甲烷、氟氯乙烷等，这类产品占有机氟化学工业中产量的绝大部分。

二、四氟乙烯单体的生产

氟代烃的重要应用之一就是制备含氟聚合材料。如氟塑料、氟橡胶等。在有机氟单体中最重要的就是四氟乙烯和三氟氯乙烯。下面主要讲四氟乙烯单体的生产。

四氟乙烯在常温常压下是无色气体，分子式为 $CF_2=CF_2$，分子量为 100.02，沸点为 $-76.3℃$。能均聚为非常有用的聚四氟乙烯树脂，也可与乙烯、全氟丙烯、偏二氟乙烯、三氟亚硝基甲烷、全氟烷基乙烯基醚等共聚，生成各种含氟塑料、橡胶和各种离子交换材料。

工业上四氟乙烯的生产方法常采用二氟一氯甲烷脱卤化氢法。即将二氟一氯甲烷在 650～700℃ 下热裂解制取或用水蒸气为稀释剂在氧化铝上裂解制取，裂解产物再经净化、分离提纯即得四氟乙烯单体。

（一）二氟一氯甲烷裂解反应的化学过程

1. 主、副反应

二氟一氯甲烷在高温下可发生裂解反应：

$$2CHClF_2 \rightleftharpoons CF_2=CF_2 + 2HCl$$

根据研究认为，上述反应是分两步完成的：

$$CHClF_2 \rightleftharpoons CF_2{:} + HCl$$

$$2CF_2{:} \rightleftharpoons C_2F_4$$

在热裂解过程中，主要发生下列副反应，生成分子量较高的烯烃氟化物、环化物和四氟乙烯与氯化氢的调聚物。

$$CF_2: +C_2F_4 \rightleftharpoons CF_2 = CF-CF_3$$

$$2C_2F_4 \rightleftharpoons \begin{array}{c} CF_2-CF_2 \\ | \quad\quad | \\ CF_2-CF_2 \end{array}$$

$$nC_2F_4 + HCl \longrightarrow H\{CF_2-CF_2\}_n Cl \qquad n=2\sim7$$

2. 热力学分析

F-22 的裂解反应是一个体积增加的吸热反应，在较高的反应温度下其平衡常数较大，如表 17-6。但是随着温度的升高，副反应的速度亦随之加快，当温度大于 900℃时，副反应速度将大于主反应速度，从而使四氟乙烯产率下降。

表 17-6 F-22 裂解反应平衡常数与温度的关系

温度/℃	500	600	700
平衡常数 K_P	9.12×10^{-3}	8.51×10^{-2}	5.25×10^{-2}

另外，由于 F-22 的裂解反应是一个体积增大的反应，由图 17-25 可见，降低裂解反应压力，缩短反应的停留时间，可以提高 F-22 的转化率。采用加入惰性气体作为稀释反应物的方法，可以起到与降低裂解反应压力相同的效果。

综上所述，通过热力学分析，F-22 热裂解较佳的反应条件是温度 800～900℃，压力 0.05～0.4 MPa，停留时间 0.1～0.8 s。当 F-22 热裂解转化率为 25%～35%时，C_2F_4 的产率可达 90%～95%。

（二）四氟乙烯单体生产工艺流程

四氟乙烯单体生产工艺流程如图 17-26 所示。

首先将纯净的 F-22 和回收的 F-22 液体按一定比例进行配料，并在汽化器中进行气化和预热，再进

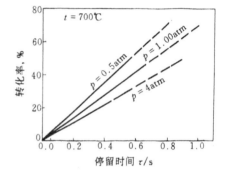

图 17-25 热分解压力、停留时间和
CHClF$_2$ 转化率的关系
1atm=101.325kPa

入裂解炉进行高温裂解反应。裂解后含有四氟乙烯的裂解气温度在 800～900℃，要在套管急冷换热器进行骤冷以及在冷却器中降温至 45℃左右，然后进入水洗塔，用水除去 HCl 等酸性物质，进入碱洗塔，除去微量的酸性物质，最后裂解气送到气柜准备精制提纯。

将 pH 值等于或大于 7 的裂解气经过二级压缩，压力提高到 0.7～1.0 MPa，此时的裂解气还要经过油分离器除油和硅胶干燥器除去微量水，使其含水量小于 1×10^{-4}（质量）。随后裂解气再经两台冷却冷凝器将气相裂解气冷凝成液相，不凝气排出系统。由于裂解产物组分很复杂，在精制过程中主要将其分离为四个馏分。即沸点低于四氟乙烯沸点的低沸物；产品四氟乙烯；高于四氟乙烯沸点的全氟丙烯副产物以及高沸残液。

液体裂解产物首先送入脱气塔，塔顶分出低沸点物质；塔底物料送入单体精制塔，在单体精制塔顶得到产品四氟乙烯；塔底物料再送入回收塔，在回收塔塔底分离出高沸残液，高沸点残液须进行焚烧处理以减轻环境污染。在回收塔塔顶回收副产物全氟丙烯及 F-22，由于全氟丙烯和 F-22 能形成共沸物，所以要用特殊精馏的方法回收 F-22，作为循环物料返回裂解

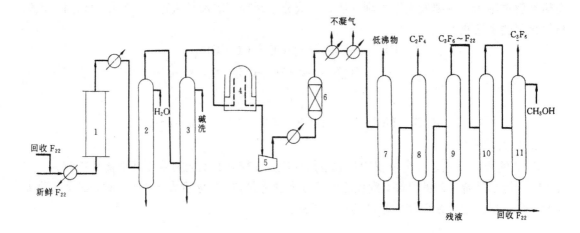

图 17-26　四氟乙烯单体生产工艺流程图

1—裂解炉；2—水洗塔；3—碱洗塔；4—气柜；5—压缩机；6—干燥器；7—脱气塔；

8—单体精制塔；9—回收塔；10—粗分塔；11—CH$_3$OH 吸收塔

炉重新使用。

思考练习题

17-1　烃类主要的氯化方法和氟化方法有哪些？

17-2　简述饱和烃热氯化反应机理。

17-3　分析乙炔加氯化氢反应主要操作条件对于生产氯乙烯的影响。

17-4　简述乙烯加成氯化反应机理。

17-5　丁二烯氯化制取氯丁二烯包含哪几个反应过程？

17-6　什么叫烃的氧氯化反应？乙烯氧氯化制取二氯乙烷反应主要控制哪些工艺条件？

17-7　简述乙烯氧氯化反应机理和催化剂组成。

17-8　目前国内乙烯氧氯化制取二氯乙烷反应装置采用哪种型式的反应器？该反应器有何特点？

17-9　以简单框图形式画出乙烯平衡氧氯化法生产氯乙烯的工艺过程；说明该工艺过程成为主要的氯乙烯生产方法的依据。

17-10　简述氟代烃数字代码命名法的原则。

17-11　简述以 F-22 为原料制取四氟乙烯的工艺流程。

参 考 文 献

[1] 施亚钧、陈五平编，《无机物工学》（一），中国工业出版社，1965。

[2] 姜圣阶等编著，《合成氨工学》（一）、（二）、（三），石油工业出版社，1978。

[3] 斯拉克 A.V，詹姆斯 G·R，会《合成氨》（一）、（二）、（三），石油化工规划设计院译，石油化学工业出版社，1977。

[4] 陈五平主编，《无机化工工艺学》，化学工业出版社，1989。

[5] 张成芳主编，《合成氨工艺与节能》，华东化工学院出版社，1988。

[6] 朱炳辰主编，《无机化工反应工程》，化学工业出版社，1981。

[7] Joly，A.，clar，R：Nitrogen No. 52，30，(1968)。

[8] Schillmoler C. M.，Hydrocarbon Processing，sept，63～65 (1986)。

[9] Nielsen. A. An Investigation on Promoted Iron Catalyst，for the sythesis of Ammonia，3rd edition，Jul Gjellerups Forlag，1968。

[10] 马林 K. M. 等著，《硫酸工学》上、下册，中译本，高等教育出版社，1956。

[11] 赵师琦编，《无机物工艺》，化学工业出版社，1985。

[12] 姚梓均主编，《无机物工艺学》，化学工业出版社，1981。

[13] 吴志泉等编，《工业化学》，华东化工学院出版社，1991。

[14] 《化肥工业大全》编辑委员会编，《化肥工业大全》，化学工业出版社，1988。

[15] 蒋家俊编，《化学工艺学》无机部分，高等教育出版社，1988。

[16] 上海化工研究院磷肥室编，《磷肥工业》，化学工业出版社，1979。

[17] 联合国工业发展组织国际肥料中心编，《化肥手册》（中译本），上海对外翻译出版公司，1984。

[18] 苏裕光等编，《无机化工生产相图分析》（一），化学工业出版社，1985。

[19] （美）O.P. 英格尔斯塔德编，《化肥技术与使用》（中译本），化学工业出版社，1992。

[20] 中国纯碱工业协会主编，《纯碱工学》，化学工业出版社，1990。

[21] 方度等主编，《氯碱工艺学》，化学工业出版社，1990。

[22] 陆忠兴等主编，《氯碱化工生产工艺》（氯碱分册），化学工业出版社，1995。

[23] 吴指南主编，《基本有机化工工艺学》，化学工业出版社，1990。

[24] C.B. 阿杰尔松等著，梁源修等译，《石油化工工艺学》，中国石化出版社，1990。

[25] 张旭之等主编，《丙烯衍生物工学》，化学工业出版社，1995。

[26] 严福英主编，《聚氯乙烯工艺学》，化学工业出版社，1990。

[27] 魏文德主编，《有机化工原料大全》第一卷，化学工业出版社，1987。

[28] 张旭之等主编，《乙烯衍生物工学》，化学工业出版社，1995。

[29] 吴章扔主编，《基本有机合成工艺学》上、下册，化学工业出版社，1982。

[30] 王书芳等主编，《聚氯乙烯及有机氟》，化学工业出版社，1995。

[31] 上海科学技术情报研究所编，《国外石油化工产品工艺流程简介》，上海科学技术文献出版社，1979。

[32] 李作政主编，《乙烯生产与管理》，中国石化出版社，1992。

[33] 中国化学工业年鉴编写组编，《中国化学工业年鉴》，94/95，95/96。

[34] 房鼎业等编，《甲醇生产技术及进展》，华东化工学院出版社，1990。

[35] 赵炜，物理化学学报，7，3，358～361 (1991)。

[36] Pei Hua Ma，Spectro Chemical Acta，46A，4，5 (1990)。

[37] 魏狄等，石油化工，24，215～220，1995。

[38] 缪京嫒等编，《氟塑料加工与应用》，化学工业出版社，1987。

内 容 提 要

本书从便于自学和实际应用出发，以必需、够用为度，加强基础理论和工程训练，提高分析解决化工实际问题的能力为目的。

全书共十七章，主要介绍了合成氨、常用无机化学肥料、基本无机酸和碱以及烃类的热裂解、裂解气的净化和分离、烃类的催化加氢与脱氢和烃类卤代等典型化工产品的反应原理、工艺流程评述、操作条件选择及反应设备的选型。

本书适用于各类高职高专的化工工艺专业使用，还可供相关专业选用。